面向21世纪课程教材
Textbook Series for 21st Century

兽医内科学

Veterinary Internal Medicine

王小龙　主编

中国农业大学出版社

主　　编	王小龙	南京农业大学
副 主 编	石发庆	东北农业大学
	张德群	安徽农业大学
	张才骏	青海大学
	唐兆新	华南农业大学
	郭定宗	华中农业大学
	邵良平	福建农林大学

编写人员　（按姓氏笔画为顺序）

	王小龙	南京农业大学
	王　哲	中国人民解放军军需大学
	王　凯	佛山科学技术学院
	王捍东	扬州大学
	石发庆	东北农业大学
	孙卫东	南京农业大学
	向瑞平	郑州牧业工程高等专科学校
		（华南农业大学博士后）
	张才骏	青海大学
	张乃生	中国人民解放军军需大学
	张德群	安徽农业大学
	何宝祥	广西大学
	李家奎	华中农业大学
	李锦春	安徽农业大学
	汪恩强	河北农业大学
	邵良平	福建农林大学
	杨保收	内蒙古农业大学
	唐兆新	华南农业大学
	夏兆飞	中国农业大学
	郭定宗	华中农业大学
	谭　勋	山东农业大学

审　　稿	林藩平	福建农林大学	教授
	李庆怀	中国农业大学	教授

序

改革开放 20 多年来,我国畜牧生产获得了突飞猛进的发展。特别是我国加入 WTO 之后,不仅肉蛋类畜产品产量均已跃居世界的首位,而且畜产品的安全质量亦日益提高。这与我国广大畜牧兽医工作者在控制重大疫病(其中既包括传染性疾病,也包括非传染性群发性疾病)方面的努力和成就不无关系。他们兢兢业业卓有成效地工作,为我国跃居为世界畜牧业大国提供了坚实的基础。进入 21 世纪,畜牧业生产已经越来越显示出其成为我国农村重要的支柱产业之一的地位,随着畜牧业集约化程度不断地提高,在畜禽传染病日益受到控制的条件下,群发性、多病因的内科病逐渐显示出其对养殖业所造成的危害,日益受到人们的关注。中国农业大学出版社的领导、编审人员组织了南京农业大学、中国农业大学、安徽农业大学、东北农业大学、华南农业大学、华中农业大学、福建农林大学、解放军军需大学等院校 20 位专家教授学习和继承我国老一辈的科学家的学术成就,同心协力,团结奋斗,各献其长,经过两年多的努力,撰写完成了这本被教育部列为"面向 21 世纪课程教材"的《兽医内科学》。该教材是高等教育面向 21 世纪教学内容和课程体系改革 04-15 项目研究成果。

这本教材编写组的组成是按照老中青三结合的原则,邀请了国内一批兽医内科学专家,尤其是一批崭露头角、才华横溢的年轻专家组成编写班子。该教材编写过程中,除了遵循扩大知识视野,活跃学术思想,能更多地反映科技最新成就的原则之外,还充分注意到结合我国畜牧业在大农业中比例明显提高的生产实际情况,注意到我国加入 WTO 后所面对的世界畜牧业生产情况,关注未来畜牧业的发展趋向。因此,这本教材在内容编排上既注意按照兽医临床诊断疾病的过程为序,又注意增添一些常见多发病的种类和内容,并力图以此区别于国内其他几本"兽医内科学"书籍。此外,这本教材在内容选取上和问题的切入角度上力求"创新"和"学科交叉",刻意追求新的目标,即学生通过本教材的学习,在发现问题、分析问题和解决问题的能力上有所提高,使本书真正成为学生的良师益友。

　　我们深信,本书的出版将对于提高兽医科技水平,保障畜禽健康,增加畜牧业生产效益做出应有的贡献。

蔡宝祥

2003 年 9 月

目　录

第一篇

概　论

第一章　兽医内科学概述

第一节　兽医内科学的概念与研究内容

兽医内科学(veterinary internal medicine)是研究动物非传染性内部器官疾病的一门综合性兽医临床学科,是运用系统的理论及相应的治疗手段,研究疾病的病因、发生、发展规律,临床症状、转归、诊断和防治等理论并与临床实践紧密结合的学科。

兽医内科学研究的主要内容,包括传统兽医内科学的器官疾病,如消化器官病、循环器官病、血液及造血器官病、泌尿器官病、神经器官病、内分泌器官病、营养代谢病、中毒病和遗传性疾病。随着畜牧业现代化、规模化和集约化发展的需要,一些与免疫力下降和应激相关的疾病,特别是动物群体性疾病和多病因性疾病,如常发的畜禽营养代谢病和中毒病,由于其给畜牧业生产带来的损害越来越引起人们的重视,因而对这些疾病发病机理和防治的研究逐渐成为本学科研究的热点,如肉鸡腹水综合征、硒不足与缺乏症等已进行了较深入的研究并取得了可喜的成果。随着我国人民生活水平的不断提高,宠物饲养数量不断增加,犬、猫等宠物疾病的诊疗又逐渐成为人们关注的新领域,成为本学科研究的另一个新内容。

第二节　兽医内科学与相关学科的渗透和交叉及其研究方法

兽医内科学,具有较强的实践性、理论性,病因、症状的多样性以及疾病发生发展的基本规律性等特点。因此研究与学习兽医内科学,首先必须坚持科学的认识论,立足于临床实践,防治常见病、研究疑难病、探索新出现的疾病及其他重大实践和理论问题,使兽医内科学在认识论的科学理论和方法指导下,不断实践,不断认识,不断总结,以保证其不断发展与提高。其次必须应用分子生物学、细胞生物化学、现代电子技术等先进科学理论和技术方法,同时也只有应用现代科学理论和先进技术手段武装兽医内科学,才能实现在崭新角度、更深层面上,阐明发病机制、弄清临床病理学特点,解释症状间的内在联系,进而明确疾病的演变规律,促进兽医内科学进入新的发展阶段。另外,兽医内科学是建立在畜禽解剖学、动物生理学、动物生物化学、动物病理学、兽医药理学与毒理学、动物饲养学、动物营养学、家畜传染病学、家畜寄生虫学以及家畜卫生学等学科基础上的临床学科，每一疾病的内容无不渗透着上述相关学科的基础理论知识，因此学习与研究兽医内科学，必须密切联系并能熟练地应用相关专业基础理论和技术方法，只有如此才能理解疾病的发生发展规律，描述临床症状和病理变化，制定治疗与预防措施，并及时吸纳相关学科的新理论与新技术，才能保证兽医内科学得以不断充实、更新与提高。

第三节　兽医内科学的发展史

　　兽医内科学，是前人在与畜禽疾病长期斗争的实践中逐步形成发展起来的。中国是一个历史悠久的农业大国，也是世界上栽培植物，豢养动物，医药卫生的重要起源中心之一，因此我国的兽医内科学源远流长，成就辉煌，在古代曾位居世界前列。

　　兽医内科学的起源与发展历史　早在西周时已经出现专职医疗家畜的兽医，在王室中兽医隶属于医师之下，与食医、疾医、疡医平行，兽医掌疗兽病，疗兽疡，虽不分内外科，但其在医疗实践中强调，内科病以五味、五谷、五药疗其病，显然已有兽医内科学的萌芽。春秋战国时期的《晏子春秋》说："大暑而疾驰，甚者马死，薄者马伤"。当时已认识到暑热和疾驰使两阳相并，则令马中暑和黑汗，重者则导致马匹死亡。晏婴不是兽医，而是用防治马病作譬谕一个邦国的治理，但从另一个侧面反映当时却已有精于中暑等内科病的优秀马医。汉代对马痉挛性腹痛病的辨证论治和方药选用上已达相当水平，如《流沙坠简》、《居延汉简》中记载：马伤水症是由于饮冷水过多而引起的一种腹痛起卧症，并已知用止腹痛、整肠理气的药草来治疗，而此时已出现了专治牛病的牛医。马属动物最常见的内科病如肠便秘，在晋代已应用"以手内（纳）大孔（肛门），探却粪，大效；探法：剪却指甲，以油涂手，恐损破马肠"，此乃是直肠触诊和掏结，打碎结粪以治粪结症的最早记载。

　　隋唐五代时期，畜牧业生产欣欣向荣，促进了兽医实践和兽医教育的发展，又以唐代的马政建设最出色，当时中央设太仆寺，机构庞大，仅从业的兽医即达600余人，从隋朝开始设立兽医学博士于太仆寺中，用以培养高级兽医师。《隋书·百官志》："太仆寺又有兽医博士员120人"，《旧唐书》记载，神龙年间（公元705—707年）太仆寺中有兽医600人，兽医博士4人，教育生徒百人。生指贡生，即各地选送至中央培训人员；徒即随师学艺的人；博士学生，以相传授，这是世界上最早的兽医教学机构，世界上其他国家的兽医高等教育在18世纪开始设立，较我国迟1 000余年。唐代司马李石编著的《安骥集》，是一部兽医学经典著作，也是我国的珍贵的兽医学遗产,书中充分反映了现代兽医内科学领域的马属动物疝痛病(36 起卧病源图歌),马、牛、猪的食道阻塞(草噎),牛瘤胃臌气、瘤胃积食(肚胀症病)、动物胃肠炎(腹泻)、肝炎(肝黄症)等。

宋朝开始建立兽医院,宋真宗景德四年(公元 1007 年),设置牧养上下监,以疗京城诸坊病马,以后又规定(公元 1036 年)"凡收养病马……取病浅者送上监,深者送下监,分十槽医疗之";设立兽医专用药房,在群牧司内设药蜜库,"掌受糖蜜药物,供马医之用"。兽医专著出版有 13 种之多,如《贾枕医牛经》、《贾朴牛书》、《疗驼经》等。这时期,本草学有较大发展,出版专著多部;另外,金朝的《黄帝八十一问》、元代的《痉骥通玄论》,也是重要的兽医学著作,书中对马便秘、牛肠便秘、马肠炎、心脏疾病、肝脏疾病等进行了论述。

明清时期,我国兽医学发展达到了新高峰,先后出版的兽医学著作有:《元亨疗马集》、《牛经大全》、《牛经切要》、《猪经大全》、《相牛心镜要览》、《活兽慈丹》等,其研究对象除马病而外,还广泛地涉及到黄牛病、水牛病、猪病、羊病、犬病;就其学科领域除重点研究兽医内科病、外科病、传染病、寄生虫病的实践与理论问题外,在马体解剖、生理、病理等方面,也有了显著进展。由于这一时期兽医学术整体水平的提高,推动兽医内科病的防治研究进入了新阶段,如《元亨疗马集》对小肠便秘和大肠便秘的病因及其治疗;冷痛起卧症的病因、症状与治疗;牛百叶干的发病及治疗;心黄症的症状诊断、脉象、口色等症候特征及预后判定标准;应用脉象与口色诊断肝脏疾病等均有了更合理的解释和辩证原则。再如《牛经大全》、《猪经大全》中,论述了牛食道阻塞可因阻塞部部位和阻塞程度不同而有不同类型,提出了牛因过食生豆类、红花草、有毒植物而致发的肚胀的不同疗法;对牛百叶干与肠便秘的病因、症状、病机的描述更为准确,治疗方法也更为有效;开始出现牛肺脏疾病的专门记载,对因寒冷刺激引起的咳嗽、支气管肺炎等肺脏疾病的病因、疾病类型、不同的治疗方剂有了详细地描述;对血尿症、砂石淋症的病因与治疗有初步认识和临床实践。在猪的常见内科症状如呕吐症、大便秘结、泄痢稀粪症、黄膘症、尿血症、咳喘症、食毒草症等,总结了很多防治经验。

兽医内科学的沿革与现代兽医内科学的形成 我国早期兽医内科病的防治理论与实践,有着辉煌历史并取得了位居世界前列的学术成就,由于历史的局限性,当时并未建立起真正意义上的"兽医内科学"。晚清年间,由于清王朝腐败无能,列强侵略,战乱灾荒,畜牧业生产衰退不振,制约了临床兽医学的发展。

此后,随着先后开办的北洋马医学堂、清华学校、南通学院、中央大学等高等学校,高等兽医教育和近代兽医内科学科开始建立,并先后有《兽医内科学提要》(崔步瀛)、《马氏内科诊断学》(罗清生译)、《家畜内科学》(贾清汉)等兽医内科学专著出版。然而,在解放前的几十年期间,由于日本的入侵及长期战乱的影响,我国兽医内科学的发展缓慢,与发达国家的差距逐渐拉大。

1949年,中华人民共和国的诞生,给兽医内科学发展带来了曙光,各大区和省市农学院相继开设兽医专业,兽医内科学学科建设有了长足进步,出版的兽医内科学著作有:《家畜普通病学》,罗清生著(1950);《农畜常见内科病》,陈振旅著(1951);《波氏兽医内科诊断(英)》,波得著、殷震等译;《家畜内科学》(上、下册),倪有煌著(1985)。

20世纪70年代末开始,我国进入改革开放新时代,现代兽医内科学开始了快速发展的新阶段。在学科建设上,现在已建立起本科生、硕士生、博士生系列化的高等兽医内科学教学体系,为兽医事业输送了大批不同层次的专门技术人才。在学科体系上,更新、改造了以器官疾病为主体的传统兽医内科学,逐渐拓展并形成了以器官疾病、营养代谢病、中毒病、免疫与遗传性疾病为主要骨干内容的现代兽医内科学新学科体系。随着科学技术的发展,科研成果和临床经验的不断积累,通过加强与相关学科间的交叉与渗透,对本学科领域里的某些内容进行重新整合,又形成了某些新的学科,如家畜中毒病学、动物营养代谢病学、兽医临床病理学、动物遗传与免疫病学,使兽医内科学能够在更广的范围和更深的层次上,研究与解决兽医实践中出现的一系列理论和技术问题。在学术研究上,解放后尤其是改革开放以来,由于广大兽医临床技术人员、科学研究人员、高校师生的共同努力,先后在牛黑斑病甘薯中毒、栎树叶中毒、霉稻草中毒、白苏中毒、钼中毒、羊萱草根中毒、猪亚硝酸盐中毒、马霉玉米中毒、马肠便秘、奶牛酮病、牛血红蛋白尿病、牛尿结石、反刍动物胃肠弛缓、动物缺硒症、铜缺乏症、钴缺乏症、禽腹水综合征等疾病的研究上,取得了一系列新成就、新进展,有些成果接近或达到国际先进水平,这些新理论与新技术方法,不仅促进了畜牧业发展,而且丰富、充实和更新了兽医内科学,推动学科的不断发展。在学术著作出版上,出现了空前繁荣的局面。80年代以后,先后出版的主要学术著作有:《家畜内科学》,段得贤主编(1983);《家畜内科学丛书》,王洪章、祝玉琦、倪有煌等主编(1988);《家畜中毒学》,王洪章、段得贤主编(1985);《动物普通病学》,李毓义、杨谊林主编(1994);《兽医内科学》,倪有煌、李毓义主编(1996);《动物营养代谢病》,熊云龙、王哲主编(1995);《兽医临床病理学》,王小龙主编(1995);《动物营养代谢病和中毒病学》,王宗元主编(1997);《动物遗传·免疫病学》,李毓义、李彦舫主编(2001);《动物中毒病理学》,丁伯良著(1996);《兽医临床症状鉴别诊断》,陈越、刘应义主编(1996);《动物疾病速查速治与兽医写作》,张德群等编著(2002)。大量学术著作的出版,预示着新世纪的兽医内科学,将进入一个崭新的发展阶段。

　　面向 21 世纪,一批才华横溢、崭露头角的中青年兽医内科学工作者必将再创新的辉煌,为我国畜牧业发展做出更大的贡献。

(张德群　王小龙)

［附］　在临床诊疗中如何使用本教材
（how to use this text-book in veterinary clinical practice）

　　希望读者能通过对从本教材的学习尽可能多地得到帮助。为此建议学生或其他读者按照图 1 中所要求的程序操作,以求把书本知识与临床实践有机地结合起来,尽可能在临床实践中建立起符合客观实际的诊断结论和行之有效的治疗方案。

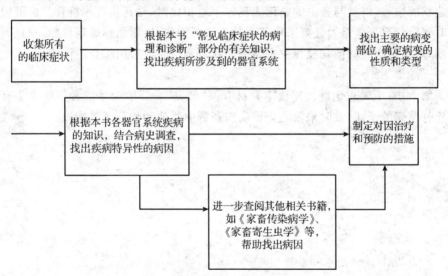

附图　临床诊疗程序操作

　　按照上述程序操作,长此以往,反复实践,临床工作者将有望使自己变为有独立思考能力和真正能解决生产问题的兽医临床专家。

　　为帮助学生或其他读者理解上述过程,试以以下的实例来说明之:

　　1 头 1 周龄小公牛突然发生呼吸困难、发热、食欲不振、胸部听诊有异常呼吸音,流鼻液。

第一步：小公牛的主要症状是呼吸困难，在"常见临床症状的病理和诊断"部分中找到有关"呼吸困难"的章节。

第二步：在"呼吸困难"章节阅读中，将帮助和引导你去考虑患牛的呼吸困难是呼吸系统疾患还是心脏疾患或其他疾患所致。

第三步：通过参考上述章节，假如确定是呼吸系统的问题，通过临床检查收集证据，进一步确定病理损害部位是否在肺部。

第四步：查阅本书有关肺部疾病部分的描述，再根据临床检查及其他检查所见，判断损伤的部位是属于一般炎症还是肺炎。

第五步：假如怀疑该小公牛罹患肺炎，通过查阅本教材或其他相关书籍，将所有的有关牛的各种肺炎一一列出，从中找出与你所诊治的病牛最为相似的一种或几种肺炎。

假如怀疑为巴氏杆菌所引起的肺炎，则可通过有关索引，找到有关牛巴氏杆菌病症状的描述，将其与患牛的临床表现仔细地相比对，看其是否相符合？也可根据当时实际情况决定是否还要采取某些补充诊断措施，以帮助你确定诊断。一旦确定诊断，可根据本教材或其他相关书籍的治疗方案适时地采用综合防治措施，以抢救患牛。

第六步：不要忘记继续阅读本教材有关"肺炎"一节中论述或者其他书籍有关巴氏杆菌病的论述，及时采取阻止该病向畜群中其他动物蔓延的措施。

第二篇

常见临床症状的
病理和诊断

第二章　常见临床症状的病理和诊断

　　动物患病时,由于组织、器官发生形态改变和机能异常而呈现出的异常临床表现,称为症状(symptom),通常又称体征(sign)。在兽医临床上,只能运用客观的方法检查患病动物,对获得的异常表现用"症状"这个术语表示。疾病的症状很多,同一疾病可有不同的症状,不同的疾病又可有某些相同的症状,因此在诊断疾病时必须结合临床所有资料进行综合分析,切忌单凭某一个或几个症状而做出诊断。

　　症状学(symptomatology)是研究症状的识别、出现原因、发生机制、临床表现特点及其在诊断中的价值的学问。某些症状常依固定的关系而联系在一起,并同时或在同一病程中先后出现,这种症状的组合称为综合征候群或综合征(syndrome)。某一综合征候群常可提示某一特定器官、系统的疾病,或可反映疾病的基本性质。症状诊断学是研究如何根据以动物表现的主要临床表现进行诊断的一门学科。症状的表现是病畜就诊的原因,又是兽医诊断疾病的线索、依据和向导。兽医专业学生踏入临床医学,也就是从学习症状学开始,症状学可以说是把学生由对疾病无知导向对疾病有知的敲门砖。临床表现的症状多种多样,许多不同的疾病可以表现相同的症状,即异病同症,同一症状又可以由不同的原因所引起,即同症异病,因此在疾病诊断过程中,首先要从疾病的症状发生原因入手,掌握发生同一症状的各种原因,提出相似可能的疾病,再分析患病动物的病因类型,最后确立疾病诊断。

　　本章仅对临床上较为常见的部分症状加以阐述,分析常见症状的发生原因、发生机理和建立诊断的思维方法,以理论为引导,以实用为主旨,使读者在处理异病同症或同病异症的疾病时,能认识其所以然而加以鉴别,并启发临床工作者对实验室检验项目进行正确的抉择。

第一节　毒血症(toxemia)

　　毒血症是由细菌或动物机体细胞产生的毒素所引起的。由植物、昆虫产生的有毒物质或摄入有机或无机毒物而引起的疾病不在此列。从理论上来说,只有证明毒素已在血流中出现的情况下毒血症才能够被诊断。实际上,当下面将要描述的症状一旦出现时,就可以对毒血症建立诊断。在很多情况下,有证据表明毒素可能的来源,然而这些毒素实际上很难被鉴定或分离出来。

病因 毒素可以分为抗原性毒素和代谢性毒素两种。

抗原性毒素 这些毒素主要是由细菌产生的,也有一小部分是由寄生虫产生的,各种寄生于宿主的生物,作为抗原可刺激动物机体产生抗体。抗原性毒素又可分为外毒素和内毒素两类。外毒素(exotoxins)是一种由细菌产生的蛋白质类物质,释放到周围介质中,这些毒素在药理学作用和刺激机体产生抗体方面均具有特异性。比较重要和常见的细菌外毒素是由梭菌属细菌产生的,市场上已有相对应的抗毒素出售。有的毒素可能通过食入而致病,如肉毒中毒;有的通过在肠道内大量繁殖致病,如肠毒血症;有的则通过在组织内生长而起致病作用,如黑腿病。肠毒素(enterotoxins)是外毒素的一种,它们主要在肠黏膜起作用,引起动物机体水和电解质平衡的紊乱。内毒素(endotoxins)尽管可由不同的细菌所产生,但它们的药理作用非常相似。它们由脂多糖类组成,经常作为细胞壁组成的一部分存在于细胞内。当细胞壁被破坏时,内毒素就被释放出来,进入周围组织和全身血液循环。通常情况下,它们不被肠黏膜吸收,但在肠黏膜受损伤之后,例如在肠炎或急性肠梗阻时,内毒素就会被吸收,并且可以引起全身性中毒。一般情况下,少量的内毒素被吸收进入血液循环之后,在肝脏内被解毒,但如果肝功能受损,或内毒素产生的量过大,就会产生内毒素性毒血症。内毒素还可通过除肠道之外的其他径路被大量吸收,其中包括乳房炎、腹膜炎、脓肿以及其他腐败性病灶,或者是大面积的烧伤或其他受损伤的组织。最常见的内毒素是大肠杆菌内毒素、沙门氏菌内毒素和棒状杆菌内毒素。其中大肠杆菌肠毒素已被广泛用做试验性内毒素中毒的模型。

代谢性毒素(metabolic toxins) 机体正常代谢所产生的毒性物质清除不全或者机体代谢发生异常时,代谢性毒素就会产生聚积。正常情况下,由消化道或组织产生的有毒产物通过粪和尿排泄出体外,或者在血浆和肝脏内解毒。当这些正常机制发生紊乱,特别是肝脏功能受损害时,毒素就会聚积,当其超过一定量时,就会出现毒血症的症状。在消化道后段阻塞时,一些有毒物质,如苯酚、甲酚、胺类等的吸收量增加(这些物质正常情况下通过粪便排出体外),极易出现自体中毒的症状。在单胃动物,通常这些蛋白质的腐败产物不被大肠黏膜吸收,但当肠内容物向小肠返流时,腐败产物就会很快地为小肠所吸收,这当然是与小肠壁缺乏一种保护性的屏障有关。肝脏疾病时,许多正常的解毒机制丧失,这些机制包括氧化、还原、乙酰化以及与甘氨酸、葡萄糖醛酸、硫磺酸、半胱氨酸等相结合的能力等。上述这些物质在健康动物体内由于不断被结合,不可能积聚到足以引起动物致病的浓度。异常代谢产生的毒素包括组织胺及组织胺样物质。脂肪代谢异常产生的酮血症,急性瘤胃食滞产生的乳酸血症是异常代谢所致毒血症的两个最常见的实例。单胃动物的剧烈呕吐和牛真胃扭转所致的代谢性碱中毒以及动物肾脏疾患所致的尿毒症亦是临床上常见的实例。

病理发生　一些特殊的细菌性毒素和代谢性毒素的作用将在一些书籍的相关章节中专门予以论述。在细菌产生的内毒素中，众所周知的是大肠杆菌产生的内毒素，这些内毒素是强大的致热源，会引起严重的休克，使组织血液灌流量减少，发生弥漫性血管内凝血和全身性施瓦茨曼反应(generalized schwartzman reaction)，即伴有坏死的一种严重出血性反应。血液浓缩，嗜中性粒细胞减少，低血糖症和流产亦是大肠杆菌性内毒素中毒的典型表现，沙门氏菌毒素中毒亦可引起一系列症状，如发热和消化道蠕动停滞等。在霉形体病发生时，至少有一部分的毒性作用是由毒素中的半乳糖类引起的。半乳糖类有很强的局部作用，可引起肺泡小管和肺血管壁出血，进而肺动脉压升高，体动脉压降低。随后的病变是肺水肿和毛细血管血栓，形成了临床上胸膜肺炎的典型病变。弥漫性血管内凝血亦是假单胞菌属毒素中毒的特征病变。内毒素性毒血症所致的全身性反应，可通过注射或其他路径给予纯化的毒素而实验性地诱发出来。在自然发生的病例，毒素所致的影响除细菌性毒素本身以外，还包括机体组织对细菌毒素作用发生应答反应时所产生的物质。下面是毒血症临床发生时的一些描述。炎性应激所致毒血症影响碳水化合物、氮、微量元素和激素的代谢及这些物质在体内的分布。在疾病的高峰期这些病理变化可能对患畜有利，但它们会导致上述物质的缺乏，需要随后予以补充。

对碳水化合物代谢的影响　对碳水化合物代谢的影响包括血糖降低，其降低的程度和速度依毒血症的严重性而异；肝糖原消失和组织葡萄糖耐量降低，因此补充葡萄糖时不能迅速地得到利用。由于组织血液流量减少和组织进行无氧代谢的结果，使血液丙酮酸盐和乳酸水平升高。从已知的马属动物内毒素性休克的病理变化推断，乳酸的积聚对于精神不振、存活率降低可能起着很重要的作用。

对蛋白质代谢的影响　毒血症发生时组织崩解增加，血液非蛋白氮水平升高。然而，尽管有组织崩解的因素存在，抗体的产生亦可能导致血清总蛋白的升高。血液中氨基酸的相对比例发生改变，血浆蛋白的电泳图谱亦会发生改变，球蛋白增高，而白蛋白减少。

对矿物质代谢的影响　毒血症常引起矿物质元素代谢的负平衡，包括低铁血症和低锌血症，但血铜增加，同时血浆铜蓝蛋白也增加。

对组织的影响　毒血症所致病变是如何产生的目前仍还不很清楚，但已观察到当传染性因子刺激吞噬细胞时，它会释放出一种物质。此类传染性因子还能够影响内分泌腺和酶系统，特别是肝内的酶系统。内分泌腺体常出现病变，特别是垂体前叶和肾上腺。应用皮质激素对大部分毒血症具有保护和治疗作用。患畜肝实质和肾实质的损伤亦很明显。

对全身各系统的影响　低糖血症、高乳酸血症、血液 pH 值降低等共同作用，会影响组织酶系统，使实质器官发生退行性变化，降低大部分组织的功能活性。在所有这些因素中，乳酸盐可能是最重要的。新生动物则例外，因为对新生动物来说，葡萄糖水平与乳酸水平同样重要。心肌收缩力减弱，每搏输出量降低，心脏对刺激的反应性降低。有的病例，毛细血管壁受到损害，引起有效循环血量减少；有效循环血量减少与心输出量减少一起导致血压降低，最后发展为循环衰竭。组织中血液灌流量的减少，动物口腔黏膜呈现暗红色。肝功能降低，肾小管和肾小球受损，引起血浆非蛋白氮水平升高和出现蛋白尿。消化道功能及胃肠运动性下降，食欲降低，经常出现便秘。同时，骨骼肌紧张性也会降低，它是通过机体衰弱以及后期发生倒地不起而得以表现的。除了一些特殊的毒素如破伤风毒素、肉毒毒素对神经系统造成特异性的影响之外，毒素还造成一般性的功能性精神抑制，表现为沉郁，精神不振以致最后昏迷。造血系统的变化包括血细胞生成减少，白细胞数量增加。但发生增加的白细胞的类型经常随毒血症的类型和严重程度不同而不同。白细胞数也可能会减少，但经常与病毒或外源性物质（如放射性物质）引起的白细胞生成组织发育不良联系在一起。内毒素性中毒所引起的大部分病理生理学效应都已通过实验得以复制，很明显，即使是很少量的内毒素也会对肠道病造成严重的影响，特别是在马。超敏反应（hypersensitivity）一些毒素会产生继发性影响，即第一次感染后使动物发生变态反应，当第二次感染后就会发生过敏反应，如出血性紫癜。猪注射了大肠杆菌内毒素后会产生全身性施瓦茨曼反应，饲喂缺乏维生素 E 日粮的猪较饲喂普通日粮的猪具有更高的易感性。维生素 E 具有保护作用，而硒则没有这种保护作用。

症状　大部分非特异性毒血症的临床表现基本相似。仅随中毒过程的快慢和中毒严重程度不同而变化。但症状的变化大部分仅是程度上有差异而已。抑郁、精神不振、离群独处、厌食、生长速度降低、生产力下降和消瘦等均是特征性的症状。经常发生便秘，脉搏弱而快但很规则，可能会有蛋白尿。心率增加，心音强度降低，可能伴有血液性杂音。有的病例可能发热，也有的不发热。细菌感染或组织崩解所致的大部分毒血症均会发热，而代谢性毒血症则不会发热。后期肌肉松弛和倒地不起直至虚脱，最后伴随着昏迷或痉挛而死亡。

中毒性休克型　当毒素形成的速度或进入血液循环的速度较快，足以使毒素的毒性作用充分显现，从而使心血管症状迅速出现，形成"毒素性"或"败血性"休克。这种患畜外周血管严重扩张，导致血压降低，黏膜苍白，体温下降，心率过速，脉搏细小，肌肉松弛。这些症状在"休克"一节中有专门论述。这种症状通常与革兰氏阴性细菌,特别是大肠杆菌感染所致的菌血症或败血症有关。

临床病理学变化　通过繁杂的程序对特异性外毒素进行分离鉴定并确定其来源是可能的。对于循环血液中非特异性的内毒素,可通过一种生物学技术对其进行鉴定和分类,但对这种试验的可信性不同学者观点不一。患病动物会表现出低血糖,血液非蛋白氮值升高,血清总蛋白升高,电泳检查球蛋白显著增加,发生再生障碍性贫血,白细胞增多和出现蛋白尿。单胃动物会发生与人类的糖尿病相似的葡萄糖耐量曲线变化,并且用胰岛素进行治疗时效果不明显,在反刍动物这种变化的重要性尚不得而知。

剖检变化　肉眼剖检变化仅见于产生毒素的部位。显微镜下检查可见肝实质、肾小管和肾小球以及心肌变性,肾上腺亦可能发生变性和坏死。

诊断　毒血症的临床诊断主要是依靠上面所描述的症状,这种做法显然是不得已而为之,因为兽医师往往很难通过实施复杂的程序分离出毒素或确定其来源。这样就很容易将毒血症与砷或其他金属元素的亚急性中毒相混淆。这些金属中毒时对大部分机体酶系统都有抑制作用。在这种情况下,要想做出明确的诊断,就必须对环境毒源进行检查,明确每一种中毒的特异性症状,了解食物构成情况,同时也要对肠内容物和组织进行检查。毒血症是一种复杂的症候群,在许多原发性疾病的过程中都会出现,它所起的作用主要是继发性的,需要认真和适宜的治疗。在所有的败血症中,泛发性炎症和组织的变性是导致动物患病和死亡的重要原因。

治疗　若有可能,应立即脱离毒源,给予特异性抗毒素和支持疗法以减少毒血症的影响。连续静脉输注水和电解质直至动物开始有饮食欲为止。所补充的液体的种类和数量在有关书籍中将会说到。如果食欲不振、消化不良,则应给予胃肠外补充营养,在输液治疗时加入葡萄糖、氨基酸和脂肪乳剂。应用胰岛素未必有效,但维生素制剂,特别是复合维生素 B,可通过修复酶系统加强葡萄糖的利用。糖皮质激素在治疗毒血症中现已广泛应用,特别是在病理过程中出现休克的时候。在急性病例大剂量应用糖皮质激素非常普遍,如每 24 h 按每千克体重 1 mg 剂量注射地塞米松(dexamethasone),具有皮质激素样活性的非类固醇类抗炎药物如阿司匹林和保泰松(phenylbutazone)也已得到应用。保泰松常规应用初次按每千克体重 15 mg 应用,间隔 6～12 h 后按每千克体重 10 mg 应用。最新介绍的类似药物还有消炎痛(indomethacin),sodium necloferamate 和 ltunixin meglumine 等。若是细菌产生毒素对机体造成威胁的话,推荐使用广谱抗生素,如氨苄青霉素(ampicillin),磺胺甲氧嘧啶或磺胺增效剂等;如果内毒素来源于肠道的话,药物应当以口服为宜。对于马应特别注意,因为马很容易罹患内毒素性毒血症,并且对毒血症很敏感。

含硫代硫酸钠(sodium thiosulfate)和亚甲蓝(methylene blue)的制剂在治疗

非特异性毒血症的兽医实践中应用很普遍,但除了在一些特殊的中毒如砷中毒、氢氰酸中毒和亚硝酸盐中毒治疗中有特效外,在其他中毒治疗中似乎很少有效。

第二节　败血症(septicemia)

败血症是疾病过程中的一种状态,它以毒血症、高热,在循环血流中存在大量具有感染作用的微生物,如细菌、病毒和原虫等为特征。

病因　许多病原微生物都能引起败血症.菌血症和败血症的区别在于:前者是指那些病原微生物一时性地存在于血流之中,而且不引起动物产生临床症状;而后者是指在患畜血流中病原微生物存在于整个疾病过程之中,并且与疾病过程中所出现的症状相关。能侵袭各种动物的病原微生物所引起的一些疾病过程中均会出现败血症.如炭疽、巴氏杆菌病、沙门氏菌病、裂谷热、钩端螺旋体病、由多杀性巴氏杆菌和溶血性巴氏杆菌引起的牛、绵羊和猪的巴氏杆菌病、侵袭绵羊羔的嗜血杆菌病,由溶血性巴氏杆菌所致的马属动物的巴氏杆菌病。此外,还有鸡的新城疫、传染性法氏囊病、鸡和鸭的大肠杆菌病、鸭的默李氏杆菌病、猪痘、非洲猪瘟、猪的链球菌病、猪丹毒等。

有两种比较特殊的败血症:一种是因为亚急性放射性损伤,损害了骨髓制造白细胞的能力,致使动物白细胞数量明显减少,成为产生败血症并致动物死亡的主要原因;另一种是动物具有先天性的免疫缺陷,或者是老年动物在应用可的松作为治疗药物时,或一些诸如蕨类的毒物作用而产生的免疫抑制时,都易使动物发生败血症。

病理发生　败血症病理发生主要表现在两个方面:其一是由病原微生物迅速繁殖并散布至全身,产生的内毒素和外毒素造成严重的毒血症和严重的发热,有时病变在许多器官局灶化并造成严重损害,但这些动物尚能在毒血症的条件下存活;其二是病原微生物可直接损害血管内皮细胞,并引起组织出血。在病毒血症发生过程中基本原理是相似的,其区别是在于毒素不是由病毒所产生的,患畜所产生的全身症状是由病毒所杀死的组织细胞的产物所为。败血性疾病通常会发生血管内弥散性溶血,特别是在疾病的末期更是如此。这种病理变化起始于血管完整性的部分损伤,它常是由于存在于循环血液中的异物所引起,例如细菌的细胞壁、抗原抗体的复合物和内毒素,随着血小板的黏附作用,形成血小板性栓塞.血液凝固发生后,当一些凝血因子和血小板被大量消耗,使血液由高血凝状态转变为低血凝状态,此时,纤维蛋白溶解酶系统被激活,成为出血性渗出性素质的主要原因。

症状　发热,黏膜下和皮下出血,多为瘀点状,偶尔也呈瘀斑状。发生出血斑最为常见的部位是眼结膜下，口腔黏膜和阴户黏膜；在关节、心脏瓣膜、脑膜、眼或其他的局部器官所出现的症状通常是由这些局部器官被感染所引起。在患畜呈现高热期间，从其血液中可分离和培养出致病菌，或以其血液接种易感动物可使动物感染。血液学检查时出现白细胞增多症或白细胞减少症都有助于疾病的诊断；患畜白细胞反应的种类及程度对疾病预后的判断有重要参考意义。消耗性凝血病可以通过血小板计数值的减少，凝血酶原的活性和纤维蛋白原数值的降低以及产生纤维蛋白降解物等指标的变化来予以诊断。除了由毒血症或体温过高所引起的变化之外，多个被牵累的患病器官可能有浆膜下或黏膜下出血和栓塞性病灶，但这些变化通常可为特异性病原引起的病变所掩盖。

诊断 只有从血液中分离出致病病原时才能做出败血症的阳性诊断。然而在黏膜或眼结膜上呈现出血点时可以提示有败血症存在。体温升高还可能与外界环境温度很高有关。在一些器官中呈现的局灶性病变乃是败血症正在发生或已经发生的证据。

治疗 治疗原则是去除毒素，治疗败血症和缓解体温过度升高。当循环系统和呼吸系统发生衰竭时宜应用兴奋循环系统和呼吸系统的药物。控制感染可应用抗生素或抗病毒药物或抗原虫药物。非特异性疗法包括应用一些肾上腺皮质激素类药物，以促进组织的修复以及对炎症过程的缓解，但应用这些药物时必须同时应用大剂量的抗生素。还应该强调的是及早对败血症的治疗，如应用抗生素或抗病毒药物或抗原虫药物，也可应用抗血清或抗毒素等，越快越好，越早越好。在治疗患畜的同时还应该注意环境卫生的问题，竭尽全力避免传染性疾病的散播。

第三节 猝死（sudden death）

猝死是一种俗称，指的是动物生前未呈现任何可作为诊断依据的症状而突然死亡。有些猝死的动物，即使经过尸体剖检后诊断亦很困难，多数是因为缺乏临床症状和流行病学调查方面的资料。因此，在遇到动物发生猝死现象时，宜将可能发生猝死的疾病一一列出，逐一地进行排查，针对其中可能性较大的病因做进一步的实验室检验和其他方面的检查，为动物猝死的诊断提供依据。

病因 根据临床上动物猝死是否为群发性，可将其分为个体动物的猝死和群发性动物猝死。

个体动物猝死的病因有 ①自发性内部器官出血：见于母牛心填塞（cardiac tamponade in cow）、马的主动脉或心房破裂、马的先天性主动脉瘤、马的蠕虫性肠系膜动脉瘤、猪的食道胃溃疡或猪的肠道出血综合征。②最急性内源性毒血症：见于马的胃破裂、牛的真胃破裂和母马在产驹期结肠破裂时,使大量胃肠内容物迅速进入腹腔所致。③最急性外源性毒血症:这种猝死可能是被毒蛇咬伤,患畜尚未见到症状就已死亡。④由创伤所致的猝死:它既可因内出血所致,也可由对中枢神经系统的损伤所致,特别是对脑和处于寰枕关节中的延髓损伤所致。多数病例可见到体表有外伤,而且有格斗、摔倒或马有跳跃障碍物的病史。或当马在小山坡的下坡地面上自由地奔跑,地面又滑,突然与墙壁碰撞而倒地时发生。也有的病例外伤并不明显,这种动物通常套上了笼头,当其受惊或碰及通电的围栏时,猛烈地向后退让,而栓系缰绳的桩子又太长,可引起撞伤。⑤医源性猝死:常见于兴奋状态的母牛静脉注射过大剂量的钙盐溶液(如氯化钙),或者是患有肺水肿的病畜快速的输液,或在患畜静脉注射了普鲁卡因青霉素混悬液,最常发生的猝死是马静脉注射作为致敏原的青霉素晶体之后,死亡在用药后 60 s 即可发生。偶见受外伤的水牛注射破伤风抗毒素,出现过敏反应而猝死。

　　动物群发性猝死的原因有　　①有些原因,既可引起家畜群发性猝死,也可在农户散养家畜中因单个动物与病原相接触而使个别动物发生猝死。雷击通常是引起一群动物猝死,电击通常引起与电线相接触的动物猝死。现场的调查研究可帮助找到病因。②放牧地点的改变,使牛突然吃到能够引起急性瘤胃臌气、低镁血症、氰化物中毒、亚硝酸盐中毒、氟醋酸盐中毒的植物,从而引起牛群的猝死。另外,猝死也可因为采食了来自池塘或湖泊中藻类,引起急性非典型间质性肺炎所致。由于饲料中维生素 E 和硒的缺乏,使幼畜罹患急性心肌病而猝死。急性心肌病和心力衰竭可以由摄入牧地上的藕草属(*Phalaris* sp.)中的有毒物质所引起,或者是摄入坚硬毒麦属(*Lolium rigidum*)上的青草线虫(*Grass nematodes*)所引起,或者是大沙叶属(*Pavetta*)的种子所引起,或者是摄入某些植物如夹竹桃以及含有氟醋酸盐的树,如平展叶相思树等所引起。③舍饲动物在调制饲料过程中,摄入了有毒物质常引起动物的猝死,氰化物则是其中之一。作为添加剂的莫能霉素(monensin)拌料后用来喂马或喂牛,当其所用剂量过大时均可引起动物心力衰竭而死亡。有机磷农药经常引起动物急性中毒死亡,但其症状比较明显。铅,特别是可溶性的铅,能引起幼畜迅速死亡。近年来,我国苏、皖、豫、鲁、冀等省市发生的牛、羊、猪等动物猝死,有人认为与杀鼠药氟乙酰胺中毒有关。④常可引起败血症和毒血症的某些传染性病原微生物是导致动物猝死的重要原因。如炭疽、黑腿病(气肿疽)、出血性败血症,最急性的巴氏杆菌病的病原等常引起绵羊、牛的猝死。上面提及的我国许多省区流行的猪、牛、羊猝死症,也有人认为是梭菌感染所引起。猪的桑葚心病,仔猪水肿病,兔的梭菌病引起动物猝死,马的结肠炎亦可引起猝死。用谷物育肥的肉牛瘤胃骤然强烈的过度负荷亦可引起猝死。环境、饲养管理条件、季节、气候等因素均可为病因提供线索。⑤对于幼畜，包括新生畜，它们对生存环境具有不相适应的先天性缺陷，在发育成熟之前，通常由于其免疫系统发育不完善，易于发生败血症，其中大肠杆菌和某些内分泌腺体功能低下常是其猝死的重要原因。⑥注射一些生物制剂，如疫苗、血清引起动物的过敏反应，通常只会引起个别动物的死亡。但新生仔猪存在维生素 E 和硒缺乏时，注射铁制剂则会引起一窝猪中若干头仔猪的猝死。⑦现代育成的生长快速的肉鸡猝死综合征，其病因尚在探索之中。

诊断　仔细地调查病史，将有可能揭示饲料及其来源所出现的问题，调查饲料是否暴露于有毒物质中或饲料是否经过有毒物质的处理，将有利于对疾病的诊断。

仔细对周围环境进行调查研究，寻找致病微生物，但要注意保护检查者自身安全。检查者在潮湿的厩舍中检查宜穿上橡皮靴子。

仔细检查被检动物是否存在生前挣扎痕迹，鼻孔是否有分泌物，天然孔有无不凝固血液流出，有无臌胀或黏膜苍白等现象，有无被烧伤的标记或痕迹，有无因强力而引起的碰伤痕迹。更要多注意前额部，触诊观察其是否有骨折和破损之现象，要保证在比较理想的尸体剖检场所进行剖检，死后剖检要由有专长的病理学家来操作和完成，其所作的报告和结论较具有权威性和公正性。

对于可疑病料的采集，最好是一式两份，其中一份是为将来对检验结论可能会持有反对意见者准备的，以便重检。对病料做微生物学检查时必须按照操作程序严格地进行，尤其是初步抹片检查见到革兰氏阳性杆菌时，必须将炭疽杆菌与枯草杆菌的诊断区别开来。对怀疑由中毒所致的猝死动物，可对其胃肠内容物做相应的毒物检验。

肉鸡猝死综合征的诊断通常可以依据如下几点：发病死亡的鸡一般是该鸡群中生长发育较快、个体较大的肉鸡；患鸡生前不呈现任何明显的症状，通常在食槽附近突然倒地两脚朝天，双翅扑打几次而死去；剖检时可见到胃肠内容物比较充满，胆囊空虚，心脏紧缩。

第四节　免疫功能低下（immune deficiency）

免疫功能低下是指动物对感染的易感性显著增加，通常与体液免疫和细胞免疫能力下降相关。患畜具体表现可为：生后 6 周内就发生感染，对反复的或持续的抗感染治疗效果很差，对少量病原微生物的感染表现出很高的易感性，即使是注射弱毒苗亦能导致全身性的感染和疾患。由于淋巴细胞减少或是嗜中性粒细胞减少引起白细胞计数值降低,有的还与血小板数量减少有关。

病因和病理发生　免疫功能低下可分为原发性的和继发性的两大类。

原发性免疫功能低下　是指免疫过程中的某些与生俱来的缺陷。

阿拉伯马结合性免疫缺陷(combined immunodeficiency,CID)是由于其遗传性地缺乏对 B 和 T 淋巴细胞前体识别和转化成 B 和 T 淋巴细胞的能力。标准种马和美国良种马丙种球蛋白缺乏症(agammaglobulinemia),可能是遗传性不能产生 B 淋巴细胞所致。但这些病马寿命要超过那些罹患 CID 的病马。一种或多种球蛋白缺乏症的患马中,有的阿拉伯马缺乏 IgM;有的是 IgM 和 IgA 同时缺乏,而且有的还伴 IgG 降低的现象。低球蛋白血症(缺乏 IgG)曾见于阿拉伯马的马驹,一直到 3 月龄以后它们才趋于正常。牛的致死性性状,遗传性角化不全(inherited parakeratosis A46)出现属于一种原发性免疫缺乏症,它影响 T 淋巴细胞,并损害细胞免疫的功能。IgG_2 缺乏症的牛可出现对气肿疽、乳房炎和其他传染病易感染性的增加。这是一种原发性的合成 IgG_2 能力缺乏的疾病,曾在红色丹麦奶牛中有发病的记载。

切迪阿克—东综合征(chediak-highshi syndrome)是一种致命的常染色体隐性全身性疾病,伴有眼皮肤白化病和大量白细胞包涵体(巨大溶酶体),身体各种器官组织细胞浸润,各类白细胞生成减少,尤其是嗜中性粒细胞和单核细胞吞噬能力下降,使患畜抗感染能力下降。该综合征是一种遗传性缺陷所致,见于包括牛在内的多种动物。在绵羊和猪似乎未见到原发性遗传性免疫缺乏症的报道。

继发性免疫缺乏症　见以下几种原因引起:

(1)不能将初乳中的抗体被动地由母畜传递(failure of passive transfer,FPA)给仔畜是众所周知的新生仔畜免疫力下降的原因。作为兽医临床工作者,了解新生仔畜摄入初乳后对其中免疫球蛋白的吸收特点是非常有益的。一般而言,不同种类动物的新生畜能够吸收初乳免疫球蛋白时间不尽相同,犊牛出生后一般为 6～8 h。犊牛吸收免疫球蛋白量的还取决于摄入初乳的量(一般以 2 L 为最理想)和出生至摄入初乳间隔时间(时间越短则吸收量越大),再则通过母牛乳头哺乳的犊牛较之奶瓶饲喂的犊牛对免疫球蛋白吸收量多。环境高温亦能抑制犊牛对初乳中免疫球蛋白的吸收能力。山羊羔对初乳中免疫球蛋白的吸收可持续至 4 d;而犬则为 12 d;绵羊羔,生后 15 h 吸收能力已明显降低,但吸收仍可持续至 24～48 h;在仔猪,免疫球蛋白的吸收在生后 12～17 d 显著地减少;在马驹这种吸收大约于 24 h 时终止。然而,也有人提出新生仔猪吸收初乳中的免疫球蛋白可延续至 3 d,仔猪摄入初乳越早,对免疫球蛋白的吸收效果则越好。当然,母畜产生初乳的质和量对仔畜免疫球蛋白的水平的影响也是毋庸置疑的。

影响仔畜血液免疫球蛋白水平的因素大致有如下几种：①没有摄入足量的免疫球蛋白：a. 多种原因使母畜不能产生含足量免疫球蛋白的初乳，例如饲养管理条件很差，使肉用母牛不能产生足量的初乳，继而使犊牛不能吃到足量的初乳。然而有人研究证明，在妊娠后半期日粮中蛋白质和代谢能力降低似乎对免疫球蛋白水平无多大的影响。b. 初乳中免疫球蛋白含量降低，例如某些马驹血清中 IgG 缺乏，其实是由于初乳中 IgG 缺乏所致。不同母猪初乳中 IgG 的浓度可有 10 倍之差，这取决于猪场的场址、母猪的胎次、日粮的营养组成、该猪场中饲养母猪的数量和饲养的模式等。初乳中 IgA 的浓度亦有高低不同的变化，可能的影响因素大致与猪的品种和胎次等因素有关。②不能从初乳中吸收足量的免疫球蛋白：a. 延误了开始吃初乳的时间；b. 影响从母畜初乳中有效地吸收免疫球蛋白。这一点尽管文献中并没有明确的记载，但是在传染病严重流行的马场中，不能将初乳中 IgG 传递给纯种马驹的现象可高达 24%。用肾上腺皮质激素处理母牛并不会影响犊牛对初乳中免疫球蛋白的吸收，而内源性皮质激素对新生犊牛吸收免疫球蛋白性能的影响尚不能定论。产犊过程超过 4 h 需要助产时，初生犊牛血清内糖皮质激素水平低于自然分娩的犊牛，这种犊牛可能会降低对初乳中免疫球蛋白的吸收。肠道内存在大量细菌可能会影响新生畜对初乳中免疫球蛋白的吸收，因此强调尽可能早地让新生犊牛吃到初乳是十分必要的。另外，无论在分娩前移动母畜或产后几天内转移新生畜都是极为不利的，因为母畜此时不可能针对新环境中病原微生物在循环血液中产生抗体，同样新生畜亦不可能从初乳中得到对抗新环境中病原微生物的特异性免疫球蛋白。

(2)淋巴组织的萎缩，继而引起淋巴细胞减少常见于下列一些情况：①感染：如新生马驹的疱疹病毒感染、牛瘟、牛病毒性腹泻、猪瘟等，所有这些疾病的病原均能抑制淋巴组织功能，降低其免疫反应能力。引起牛病毒性腹泻的病理发生可能是通过病毒损害多形核白细胞的功能而呈现的。霉形体和副结核分支杆菌感染具有与病毒相类似的作用。②一些生理性应激，如胎儿初生时环境应激可引起免疫抑制，使它们对一些病原微生物特别易感。与此同时，环境应激对母畜的免疫功能亦有抑制作用，如母羊的围产期应激使其对一些蠕虫的侵袭特别易感。实验动物精神紧张亦增加它们对感染的易感性。一般说来，环境应激，包括营养性应激，如蛋白质和能量吸收异常亦是一种抑制免疫反应的应激，但是这种抑制不是通常所说的抑制，从广义而说，对细菌和寄生虫侵袭的抵抗力增强时，对病毒感染的抵抗力可能会增强，也可能会减弱。寒冷应激和缺氧会起免疫抑制的作用。③某些毒素，如欧洲蕨

(bracken)、用四氯乙烯(tetrachlorethylene)萃取油脂后的豆粕做饲料、一些原子辐射作用等均可抑制白细胞的生成作用。某些环境污染亦会引起免疫抑制,如DDT、黄曲霉毒素、某些重金属等的污染都有这种作用。饲养管理不善和营养缺乏,是继发性免疫力低下最为常见的原因,也应倍加注意。

综上所述,动物的免疫力低下,尤其是非遗传性的免疫抑制(immunosuppresion)通常与下列因素有关。①病毒引发的免疫抑制(viral-induced immunosuppresion);②应激导致的免疫抑制;③某些霉菌毒素低剂量长期作用;④重要营养物质的缺乏,如维生素 A、维生素 C、维生素 E、β-胡萝卜素、硒、铬等缺乏所致的免疫抑制;⑤药物性与治疗性免疫抑制;⑥寄生虫或癌肿所致的免疫抑制。

防治　在畜牧业生产中,如何通过营养条件提高畜禽免疫力,对减少疾病的发生有着重要的意义。建议采取如下一些措施,防治畜禽继发性免疫力下降。

改善饲养管理　①改善光照条件:如肉鸡生产中实施间歇光照制度,促进松果体内褪黑激素的释放,从而改善细胞免疫应答,提高肉鸡免疫力。②减少应激因素:创造良好的饲养条件,把应激减少到最低程度。例如,控制适宜的饲养密度,如笼养蛋鸡 3 或 4 羽/笼,垫料平养 4～6 羽/m²,网上平养 6～8 羽/m²,有利于保持动物良好免疫力。热应激会诱发产生热休克蛋白,它们可能在 B、T 淋巴细胞和巨噬细胞中表达,从而使这些免疫细胞的功能受损害。另外,强的冷应激会使机体体液免疫能力下降。还应指出的是厩舍湿度过大,易于使仔猪发生腹泻。其他的诸如噪声、转群、人工授精、惊扰、环境卫生等都可作为应激原,使动物免疫力受到影响,应引起充分的注意。③宜规范地使用一些预防性药物:在畜牧业生产中,抗生素被大量地用做生长促进剂和防治细菌和某些寄生虫的感染。但是某些抗生素会对动物的免疫系统造成不良的作用。如金霉素对消化道相关的淋巴组织有一定的毒害作用,四环素会对抗吞噬细胞的功能,土霉素会干扰 T 淋巴细胞的作用,氯霉素会抑制造血组织的功能等。因此,必须规范地应用一些预防性药物。

饲料中适当添加营养物质　饲料中营养物质缺乏或配制不合理,可能增大畜禽对疾病的易感性。此外,必须使人们清晰地认识到,畜禽要想获得最佳的免疫力,其对营养物质的需求远远高于满足其最大生产性能发挥时对营养的需求。①调整日粮中蛋白质和氨基酸的水平:一般认为,蛋白质缺乏,抗体合成受阻。苏氨酸是 IgG 产生的第一限制性氨基酸,鸡最佳免疫力所需苏氨酸的水平与最大生产力所需的水平是一致的,而最佳免疫力产生所需的蛋氨酸水平则大大超过最大生长所需的水平。对鸡而言,机体免疫机能最佳时适宜的蛋白质、赖氨酸、蛋氨酸及苏氨酸水平分别为 18%,1.3%,0.39% 和 0.68%。宜注意的一点是 L-苯丙氨酸过量会抑制抗体的合成。②添加维生素：适当添加维生素 A,B,C,D,E 对增强畜禽免疫力有良好的作用。家禽最佳免疫所需维生素 A 量远远超过最佳生长对它的需要量；维生素 C 具有较好的抗应激能力，应用维生素 C 后可使 NK(自然杀伤)细胞的细胞活性明显升高。维生素 C 能保护淋巴细胞膜避免脂质过氧化，以维持畜禽免疫系统的完整性。有人通过试验证明，在雏鸡和仔鸡饲料中按 200 mg/kg 剂量添加维生素 C 可提高其增重速度和成活率。在饲料中添加生长需要量 3～6 倍的维生素 E，可提高机体的免疫力，激发吞噬细胞的功能。有试验证明，在给牛注射疱疹病毒疫苗的同时注射维生素 E，使牛抗体滴度明显高于未同时补给维生素 E 的牛，因此有人将维生素 E 称作为免疫刺激剂。在养禽生产中，对抗原刺激机体前 2 周添加维生素 E，可提高鸡对新城疫、EDS-76 和传染性法氏囊病体液免疫的效果。③添加 ω-3 型脂肪酸：适量添加 ω-3 不饱和脂肪酸，如深海鱼油可减少促炎因子信息的产生而提高免疫力。

使用非营养性添加剂　①添加寡糖或真菌、植物多糖：在畜牧业生产中，添加异麦芽寡糖、果寡糖和甘露寡糖使动物体内白细胞介素 2(IL-2)显著增高，从而促进 T 淋巴细胞和自然杀伤细胞的增殖，促进 B 淋巴细胞的分化和增殖，促进抗体的生成。这已在防治仔猪腹泻中得到广泛的应用。此外，真菌和植物多糖如香菇多糖、酵母多糖、灵芝多糖、茯苓多糖为多功能免疫增强剂，它能激活自然杀伤细胞，并发挥抗肿瘤作用。我国已开发的香菇多糖，业已证明其有良好的抗病毒感染作用，并已开始投入生产与应用。②使用中草药添加剂：研究表明，服用黄芪后可明显提高血液中 IgE 和 IgG 的含量，此类中草药是具有良好开发前景的天然药物。③添加微生态制剂：益生素是良好的免疫激活剂，可刺激宿主免疫细胞活性，促进吞噬细胞活力。在高温条件下，添加饲喂含嗜乳酸菌的日粮，肉用仔鸡增重比不添加乳酸菌者高。仔猪饲喂含乳酸菌的饲料，其腹泻发病率大大降低。④添加大蒜素：大蒜素在适当数量(如 3.12～12.5 mg/mL)时，对 T 淋巴细胞激活有促进作用。此外，大蒜素还有抗菌、抗过氧化、增强食欲等作用。另外，针对上述引起动物免疫抑制的一些因素，采取对因防治的方法，便可有效的提高畜群的抗病力。通过提高畜群自身免疫力来防制传染病的暴发，已越来越为人们所重视。

第五节　过敏反应和过敏性休克
(anaphylaxis and anaphylactic shock)

过敏反应是一种由抗原抗体反应所引起的急性疾病。假如该种反应剧烈，则可引起过敏性休克。

病因 家畜最为常见的过敏反应是由通过非经口的径路应用了某些药物或生物制品所引起。但是致敏原有时也可通过呼吸道或消化道进入机体引起过敏反应。反应发生的部位既可是抗原-抗体直接发生作用的局部部位,也可发生在身体其他的位置。一般而言,过敏反应是由于动物机体第二次接触到了曾经进入机体血流并使机体已经致敏的蛋白质类物质。在兽医临床实践中,这些致敏物质尽管不易分离鉴定,但这类过敏反应却常常发生,令人感到困惑的是动物突然发生了严重的过敏反应时,却很难找到何时何地其曾经与该致敏物质有过首次接触史。在大动物门诊实践中,常常发生的是动物注射过血清或菌苗之后,特别是异种血清与菌苗。而且这种菌苗制备过程中曾经应用过上述异种血清作为培养基之时。过敏反应有时在某个牛群中发病率高于其他牛群,变态反应通常见于下列一些原因:①反复静脉注射一些生物制剂如腺体的提取物。②反复输入同一供体的血液。③反复注射口蹄疫和狂犬病疫苗。④在很少的情况下,首次注射某些常用药物如青霉素或某些肝功能测试中用的磺溴酞钠(bromsulphalein)后而产生过敏反应。在人类这是属于血清病的回忆性反应,因为人们不知道先前曾经接触过这类物质,可能是很早以前发生过接触。这种反应可以很快就发生,但通常是注射后几个小时才发生。⑤类似的罕见的情况还见于注射了冻干的牛布氏杆菌和沙门氏菌菌苗之后,但这的确是非常罕见的过敏反应,因为患畜显然没有与致敏原接触的病史。⑥放牧和育肥的牛摄入某种蛋白质后可引起过敏反应。⑦某些断奶的牛在断奶过程的过敏反应,是在断奶后 18～24 h 表现出荨麻疹和呼吸窘迫的症状。⑧牛皮蝇蛆(*Hypoderma sp. larvae*)在皮下被杀死后可以成为致敏原而发生全身性过敏反应,这也很可能是牛皮蝇蛆降解产物的毒性作用所致。⑨通过注射瘤胃内容物中提取的内毒素样物质可实验性地复制出犊牛过敏反应。急性毒血症大概在 30 min 后发生,但是注射该提取物的过敏反应要在 15 d 后发生。

病理发生 过敏反应是抗原与循环抗体或与细胞相结合的抗体相作用的结果。在人和犬,一种特异性的抗体 IgE 已被鉴定出来,它对某些固定组织的巨细胞具有特殊的亲和力。巨细胞在组织中的分布能部分地解释为什么某些器官成为某种动物过敏反应的靶器官的道理。亲同种细胞的抗体在动物中已被检出,但是这类过敏反应所涉及到的抗体种类尚未完全鉴定清楚。过敏反应的抗体能够通过初乳传递。抗原抗体反应发生于其某些固定组织的巨细胞、嗜碱性粒细胞、嗜中性粒细胞等细胞相接触时,或相接近时使上述细胞的活性被激活,释放出具有药物活性的物质,以介导过敏反应,这些物质包括生物胺类,如组织胺、5-羟色胺(serotonin)、儿茶酚胺(catecholamines)、血管多肽如激肽、阳离子蛋白质、过敏反应素、血管活性酯类如前列腺素、过敏性反应物质(slow reacting substance of anaphylaxis SRS-A)以及其他一些物质，动物过敏反应介导物的种类和重要性已在一些严重的试验性诱发的过敏反应中得以研究。这些介导物质在次严重的过敏反应中亦可能有重要的意义。从已经进行的研究看来，组织胺作为一种过敏介导物质对农畜与对其他种类动物的作用相比较而言，只具有次要的作用，而前列腺素和SRS-A却具有重要的作用。缓激肽(bradykinin)和5-羟色胺(5-HT)对牛而言，也是一种过敏反应的介导物。对所有的动物而言，过敏反应均是一个复杂的涉及到介导物作用的过程。通过精确地阐明过敏反应发生类型的复杂性，其药物动力学动态变化的过程将得到解释。马过敏反应存在4个时相：第一时相期是在注射引发物后出现急性低血压，并伴发2～3 min的肺动脉高压，其间还同时有组织胺的释放；第二时相期，血浆中的5-羟色胺水平升高，中心静脉压剧升3 min，也可继续保持升高；第三时相大概在8～12 min时开始，呈现剧烈的反应，表现为血压剧烈地升高，窒息和呼吸困难；第四时相期，出现了第二次并且时间更长的全身性低血压，这是由于前列腺素和过敏性慢反应物质持续作用的缘故。这种作用持续一段时间后才恢复至正常。对牛而言，也有相类似的双相的伴有显著的肺静脉收缩和肺动脉高压的全身性反应，肠系膜静脉压力升高和肠系膜血管阻力的增高引起血液在肠系膜静脉系统中多量的积聚。马和牛的这种类型的反应通常伴有严重的血液浓缩、白细胞减少症、血小板减少症和高钾血症。绵羊和猪也呈现显著的肺部反应。相对于马和牛而言，其肺部血管紧张性显著增高，还常伴有血管渗透性的增加和黏液腺分泌活动的增加，同时支气管痉挛这种重要的反应可促进肺充血、肺水肿、肺气肿和继发肠壁的水肿，动物常常死于缺氧。即使是次等严重的过敏反应同样也取决于介导物对毛细血管渗透性、血管紧张性以及腺体分泌活动等的影响。主要的病理表现同样也取决于在各个器官被抗体致敏的细胞和易被损害的平滑肌的分布，对牛，上述反应主要发生在呼吸道和消化道，皮肤当然也可成为靶器官，绵羊和猪大部分反应集中在肺部，马的这种反应常常表现在肺、皮肤和肢蹄上。当动物首次与抗原接触后，患畜的致敏期大约需要10 d的时间，其敏感性产生后可持续很长时间，可以是数月或数年。

　　症状　过敏反应的牛最初症状包括突然发生严重的呼吸困难，肌肉震颤、不安。某些病例有显著的流涎，而其他的一些病例有中度的膨气，还有一些则有腹泻。在输血后的第一个症状经常是打呃，还常有荨麻疹、血管神经性水肿和鼻炎。肌肉严重震颤，体温上升至40.5℃。如果疾病的后期出现严重的呼吸困难，肺水肿和肺气肿,胸部听诊则可听见增强的水泡状爆烈样啰音。在绝大多数存活的病例,如果已发生了肺气肿,尽管症状在 24 h 内已经减弱,但其呼吸困难却可能要持续一段时间。在自然病例,静脉注射反应素(reagin)后反应发生可延迟 15~20 min,在实验性病例注射反应素后,严重的反应可在 2 min 内出现,死亡则可在 7~10 min 发生。临床症状包括虚脱、呼吸困难、乱冲乱撞、眼球震颤、发绀、咳嗽、从鼻孔流出泡沫样分泌物,幸存者将在 2 h 内完全康复。绵羊、猪表现出急性呼吸困难;马除此症状外,还常有蹄叶炎和血管神经性肺水肿。蹄叶炎也偶见于反刍动物。自然情况下,发生的马过敏性休克表现为严重的呼吸困难和呼吸窘迫、仰卧和痉挛。死亡时间短的只需 5 min,通常需要 1 h。试验性诱发的过敏反应通常是致死性的,但其死亡经过时间不至于如此之短。在注射反应素后 30 min 内患马呈现不安,心跳疾速,发绀和呼吸困难。继而,眼结膜血管充血,肠蠕动增加,水泻,全身出汗,被毛逆立,幸存者可在 2 h 内康复,重症者通常在注射后 24 h 死亡。猪实验性诱发过敏性休克可能在几分钟之内发生死亡。此时在数分钟内产生全身性休克。在 2 min 内为严重期,死亡通常于 5~10 min 发生。临床病理学检查时,发现患畜血液中组织胺水平可能升高也可能不升高。至于患畜的嗜酸性粒细胞计数变化,其可借鉴的资料亦很少。用于诊断的特殊致敏原的检查工作很少有人做,但将其作为调查研究的工具是很必要的。将某些蛋白质加入饲料后,在血清中测定其抗体是否存在倒是可行而且有价值的工作。关于牛、马即刻发生的过敏反应期间所出现的一些显著的变化能否作为诊断依据还难以确定。一般患畜还有 PCV 值升高、血钾浓度升高和嗜中性粒细胞减少等变化。

幼年牛和绵羊的急性过敏反应的尸体剖检能见到的变化多局限于肺脏,形成肺水肿和肺血管充血。成年牛有肺水肿和肺气肿,但没有肺血管充血的现象。在犊牛缓慢型试验性诱发的过敏反应的明显损伤是真胃和小肠的充血和水肿。猪和绵羊剖检时存在肺气肿,至后期肺血管充血则很明显。过敏反应的马呈现肺气肿和肺广泛性点状出血,并伴有大肠壁的大面积水肿和出血,也可能同时有皮下水肿和蹄叶炎。

诊断 假如异体蛋白性物质在数小时之前注射于突然发病的动物,过敏反应的诊断则是无疑的。但是在通过口服进入机体的情况下,也可能产生过敏反应。当出现前面所提及的一些特征性的症状时也能提示对过敏反应的诊断或怀疑,当采取相应治疗措施后得以奏效则更能建立诊断。急性肺炎可能与过敏反应相混淆,但急性肺炎通常有毒血症,肺部的病理变化较明显,而且多分布在腹侧部分,而过敏反应患畜肺部病理变化分布在整个肺脏。

治疗　治疗措施宜尽快实施,稍有几分钟延误则可能导致患畜死亡.肾上腺素仍是最为有效的治疗急性过敏反应和过敏性休克的药物.肾上腺素通常用肌肉注射(或者其中 1/5 的剂量直接静脉注射)常常效果明显,一旦用药后症状就可减轻.肾上腺皮质激素能增强肾上腺素的作用,通常宜在肾上腺素注射后立即注射肾上腺皮质激素.抗组织胺类药物也是一种常用的药物,但由于某些过敏反应的呈现起源于介质的作用,而不是组织胺的作用,因此这时抗组织胺类药物会呈现不确定的效果.至于阿托品的效果常常是有限的.

在动物过敏性休克中,研究者往往有兴趣去鉴定某些介导物而不去鉴定组织胺,因为人们发现那些对抗介导物的药物似乎更加有效,乙酰水杨酸(acetylsalicylic acid)、甲氯灭酸钠盐(sodium medofenamate)以及乙胺嗪(diethylcarbamazine)等在牛和马试验性人工诱发过敏性休克治疗中均显示出抗过敏功效.

在临床治疗过程中,特别是处理患马时,很重要的工作之一是首先要确定,患马一旦用某种药后是否能足以使其处于过敏反应危险状态.因为那种急性过敏反应,甚至死亡可能在静脉注射青霉素之后马上发生.因而对于那些可疑病例,习惯的做法是皮肤内或结膜内做 20 min 的敏感性试验,自然这种试验亦有其局限性,因为这些测试方法不一定和动物过敏性休克有关.换言之,全身性过敏反应与皮肤或结膜敏感性或全身抗体滴度之间的关系至今尚未完全确定,有时还会呈现假阴性反应,之所以某些动物发生全身性过敏反应,而有些动物只出现皮肤反应,这与动物和反应原的性质无关,而与反应原进入机体的剂量有关.

第六节　黄疸(jaundice or icterus)

黄疸是动物高胆红素血症所致的机体组织被染成不同程度黄色的一种症状,当血清胆红素数量超过 15 mg/L 时,从临床生化角度上来看可被认定为黄疸;当血清胆红素数量超过 20 mg/L 时,动物可视黏膜、巩膜和皮肤均呈现黄色,通常称其为临床型黄疸.

病因　高胆红素血症的发生通常是由于胆红素在肝脏或肾脏中产生的速度大于其被排除的速度所致.胆红素乃是血红素代谢产物,主要来源于红细胞的血红蛋白,此外也可来源于肌红蛋白和细胞色素酶.从兽医临床角度探讨黄疸发生的原因通常可分为:肝前性、肝性、肝后性 3 大类(表 2-1).

表 2-1 黄疸发生的原因

分类	发生机理		病因
肝前性	胆红素生成过多	溶血性	1. 先天性　丙酮酸激酶缺乏症、卟啉症、遗传性裂口性红细胞症 2. 获得性 ①物理性因素：严重烧伤，低渗液体输入 ②化学性和植物性因素：硫化二苯胺(phenothiazine)中毒、洋葱中毒、红枫(red maple)中毒、黑麦草(rye grass)中毒、芸薹科(Brassicaceae)植物中毒、苯佐卡因(benzocaine)中毒、醋氨酚(acetaminophen)中毒、苯基偶氮吡啶二胺(phenazopyridine)中毒、铜中毒、蛇毒中毒、蓖麻籽(ricin)中毒 ③免疫介导性：自体免疫性溶血性贫血、红斑性狼疮、新生畜(驹、犬、仔猪、犊)免疫性溶血 ④某些寄生虫感染：巴贝西虫病、牛无浆体病、犬血巴尔通体病、附红细胞体病 ⑤细菌性传染病：钩端螺旋体病、溶血性梭菌病 ⑥病毒性传染病：马传染性贫血、鸡传染性贫血 ⑦代谢病：牛产后血红蛋白尿、某些奶牛铜缺乏症、某些营养素过多
		非溶血性	造血系统功能性紊乱，如放射病、铅中毒、某些饲料中毒
肝性	肝细胞处理胆红素能力降低	肝细胞对胆红素摄取障碍	①新生幼畜由于 Y 蛋白和 Z 蛋白合成能力低下，影响肝脏对胆红素的摄取，容易发生新生畜黄疸 ②某些药物如新生霉素、黄绵马酸或利福平等摄入过多时，都可能使肝细胞对胆红素摄取障碍，引起黄疸
		肝细胞对胆红素结合障碍，胆红素葡萄糖醛酸基转移酶(BGT)不足或抑制	①新生畜 BGT 合成不足或活性被抑制，影响胆红素在肝脏中的酯化而容易发生新生畜黄疸 ②某些药物如新生霉素、氯霉素或孕二醇等用量过多，均可抑制 BGT 活性，影响胆红素酯化而形成黄疸
		肝细胞对胆红素的排泄功能障碍	①在病毒性肝炎，钩端螺旋体病、败血症、肝脓肿、肝癌、四氯化碳中毒或磷中毒时，广泛损害肝细胞，使肝脏对胆红素摄取、酯化，尤其是排泄功能受到影响而发生黄疸 ②肝内胆汁郁滞导致肝细胞对胆红素排泄障碍，见于肝硬变、病毒性肝炎、缺氧及投服某些药物(如氯丙嗪、磺胺嘧啶、水杨酸等)
肝后性	肝外胆汁排泄障碍		胆结石、胆管炎症、寄生虫等所致胆道阻塞

病理发生　诚如以下几类胆色素肠-肝循环图所示(图 2-1 至图 2-4)。

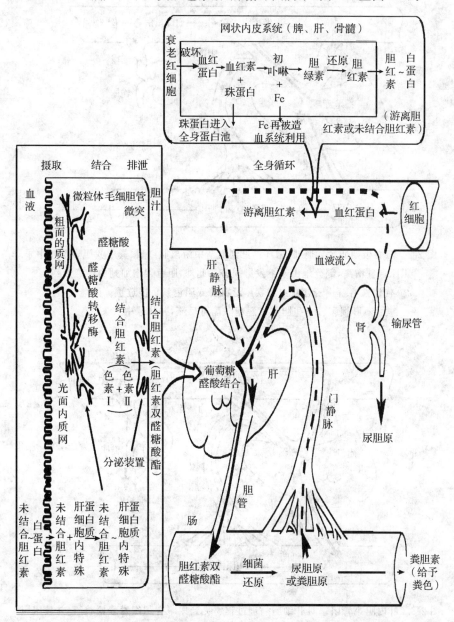

图 2-1　正常胆色素肠-肝循环(仿 Cornelins,1963,以下同)

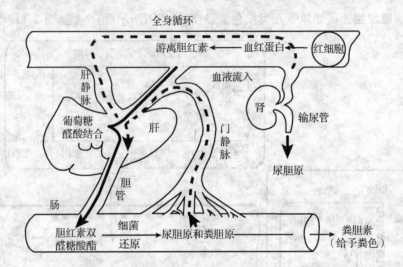

图 2-2　溶血极期胆色素肠-肝循环。见到血清中游离胆红素、粪中粪胆素及尿中尿
胆原含量增高，部分地由于继发肝损害。此外，胆色素增加则由于红细胞
代谢性溶解。若含铁血黄素广泛沉着或胆色素负担过重。则继发
肝损害。一些胆红素醛糖酸酯可反流，并从尿中丧失

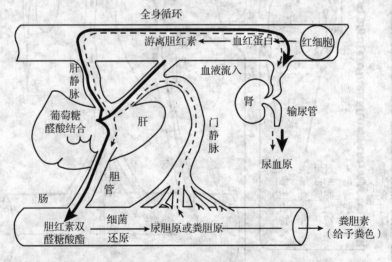

图 2-3　肝内胆小管阻塞时肝细胞病理过程。见到尿中有胆红素醛糖酸酯，并且尿胆
原增加；而尿中粪胆原增加，则由于损伤的肝细胞没有再分泌一定数量尿
胆原，以进入胆汁中去的能力。由于肝脏对胆色素的摄取减少，
而血清中游离胆红素亦可升高

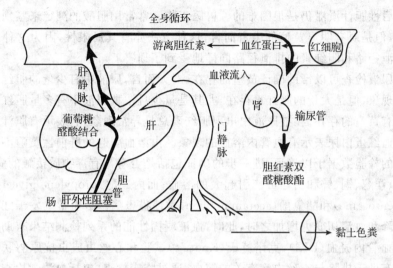

图 2-4　肝外阻塞时胆色素肠-肝循环。见到在肝脏中结合的所有胆红素双酶糖酸
　　酯反流到血清中，并随即跑到尿中，但是尿中尿胆原和粪中粪胆素都缺乏

　　症状　引起动物黄疸的原因不同，既往病史则有所不同。某些病例症状表现较为显著，有的却不然。患畜通常表现倦怠、虚弱和运动耐受性差。皮肤颜色改变，尿液颜色变深。细心的畜主能发现患畜腹壁中部、巩膜、可视黏膜黄染。尿液呈深黄色，是由于尿液中胆红素排出量增加，或者出现血红蛋白尿所致。出现无胆汁粪便，指粪便颜色呈灰白色或白陶土样，是因粪便缺乏胆红素代谢物所致。通常表明胆汁排泄完全阻断，是肝后性黄疸的特征。大多数呈黄疸的犬、牛、马等，能从可视黏膜和巩膜的颜色上清晰地反映出来。猫的早期黄疸可在软腭上反映出。肝前性黄疸多由溶血引起，故在出现黄疸的同时，可视黏膜亦呈苍白色，因此患畜还出现与贫血相关的一些症状，如心搏加快、衰弱、脉搏微弱等。

　　诊断　临床血液学检查尤其是红细胞计数、红细胞压积检查，血浆的颜色将更有助于对黄疸的确证。严重的贫血又伴有黄疸的出现表示有溶血的存在，属肝前性黄疸。严重溶血往往会出现再生性贫血的反应，如循环血液中网织红细胞、有核红细胞增多，出现异形红细胞症、红细胞大小不一症、再生性白细胞增多症、血小板增大症，自体凝集现象和球形细胞增多症将进一步说明免疫介导性溶血性贫血的存在。临床生化检查及其他检查，如血清总胆红素量的检查可以证明黄疸是否存在及黄疸的严重程度。对小动物而言，直接和间接胆红素的测定较少进行，因为上述两种胆红素常有相互重叠的现象，妨碍对高胆红素血症的进一步鉴别。测定血清酶的活性将有助于鉴别肝性黄疸和肝后性黄疸。但若仅凭一些酶的测定欲鉴别肝内性和肝后性胆汁淤滞仍是很困难的。兽医工作者常常用胆酸的测定来鉴别多种肝脏疾病,但是对有明显黄疸的患畜而言,这种方法亦有其局限性,因为这种患畜的胆酸排泄径路和胆红素的排泄径路同样地受到了损害。

尿液检查可以帮助确证黄疸的存在。对犬而言,尿液中有少量的胆红素存在属正常现象,但是大量的胆红素存在,尤其是量少且浓稠尿液中有多量胆红素时就可表示有黄疸的存在。在猫尿液中出现胆红素总是异常现象,它表示有胆汁淤滞和黄疸。血红蛋白尿表示有血管内溶血的现象。由溶血引起的肝前性黄疸不能仅根据较少的检验数据予以确证,进一步的确证包括是否有与有毒物质接触的病史,如亚甲蓝、洋葱、铜、锌和铅等可能引起犬的溶血;而丙二醇(propylene glycel)、苯佐卡因(benzocaine)和醋氯酚(acetaminophen)常使猫患病。溶血常继发于红细胞抵抗力下降和血流切变力增加之时,此时,血液凝固性能的系列检测结果有助于排除弥散性血管内凝血(DIC),克诺特氏(Knott's)试验和心丝虫成虫抗原酶联免疫吸附试验有助于排除与心丝虫病有关的溶血。通过临床检查,包括血清学检查可排除犬猫的巴通体和犬巴贝斯焦虫所致的溶血。免疫介导原因所致的溶血检查包括直接抗球蛋白试验(coomb's 试验)、抗细胞核抗体试验、红斑性狼疮试验等。如果上述试验均为阴性,红细胞的结构或功能方面的先天性缺陷则应予以考虑。

肝内性和肝后性黄疸的(区)鉴别诊断依赖于对胆道系统的检查。如果检出胆道被阻塞或者渗漏则可诊断为肝后性黄疸。胆道系统各部分的检查常用腹部超声检查法。如果胆囊增大或胆道扩张则提示存在肝外性胆道阻塞。超声检查还可检查胰腺中是否有块状物的形成以及与胆道阻塞相关的胰腺炎。在偶然的情况下,胆道肿瘤、胆结石或胆汁浓缩团块物可成为肝后性黄疸的原因。如果不具备超声检查的条件,应进行胆道造影或施行剖腹探查以确定是否有胆道的阻塞。与腹膜炎相关的胆道破裂可以通过病史、临床症状得以鉴别,然而腹腔穿刺对于确诊胆汁性腹膜炎则是一种有用的方法。肝内性胆汁淤滞所致的黄疸既可由影响肝细胞胆汁代谢的全身性疾病所引起,也可由原发性肝病所引起。细菌性败血病和猫的甲状腺机能亢进就是两个实例,为进一步确诊,可以做血液的细菌培养或病猫血清中甲状腺素浓度测定,同时再对其进行临床病史调查。至于原发性肝病的诊断则依赖于对患畜肝脏活体采样,以做组织病理学检查。

治疗 肝前性黄疸的治疗宜针对引起溶血的原因采取相应的措施,例如去除某些毒素,治疗引起溶血的一些传染性疾病和寄生虫病,对一些免疫介导性溶血性贫血施以免疫抑制疗法。对某些贫血的动物可能还要用输血疗法。对于因胆道阻塞或破裂所致的肝后性黄疸通常采用外科手术疗法,取出阻塞物,甚至施行胆囊摘除。但由胰腺炎所致的胆道阻塞则属于例外的情况,实施支持疗法和精心护理,有可能在几周内使胆道阻塞的问题得以缓解。肝性黄疸的治疗效果取决于患畜肝脏病变的性质和程度,某些患畜随着肝病的痊愈黄疸则消失,有的却不然。

第七节　发绀(cyanosis)

发绀是指皮肤或黏膜呈蓝紫色,系循环血液中还原血红蛋白或称去氧血红蛋白或变性血红蛋白增多所引起。

病因　一般而言,还原血红蛋白量达到 50 mg/L 时方能检查出发绀。从病理生理的角度分析发绀的机理有 4 类:①动脉或毛细血管中呈现低氧血症;②毛细血管血液中氧被过度摄取;③由于静脉系统扩张或淤滞,致使皮肤中含氧量很少的静脉血数量增加;④循环血液中异常血红蛋白增加。从兽医临床角度看,发绀原因可分为全身性的和末梢性的两大类(表 2-2)。

表 2-2　发绀的原因

全身性发绀	末梢性发绀
动脉性低氧血症	血管收缩性发绀
氧的吸入减少	暴露在寒冷之时
呼吸功能损伤	心力衰竭
肺泡性通气量不足	休克
氧向肺泡壁毛细血管弥散过程受到损害(气血交换障碍)	动脉血管阻塞
肺泡通气与肺血流的灌注量之间不匹配	静脉血管阻塞
解剖性血流短路现象	
先天性心脏病	
肺内血流短路	
高铁血红蛋白血症	

全身性发绀　正常动物个体的氧饱和度通常在 95%～97%,维持这种氧饱和度依靠动脉血中的氧分压(11 305～13 333 Pa)。在动脉血中氧饱和度和氧分压之间的关系,可用氧解离曲线表示,在氧分压高于 7 983 Pa 时解离曲线则相对比较平坦,氧饱和度变化亦极小,在此水平上发绀几乎不能被检出,这种低氧血症发生时并不出现发绀的现象。

动脉性低氧血症的发生通常有 5 种原因:①吸入气体中氧的浓度低:见于高海拔地区或麻醉时吸入含氧量低的混合气体。②肺泡的通气不足:是指单位时间内吸入肺泡内新鲜空气的量不足,它总是伴随有动脉血中二氧化碳分压增加。其发生的原因通常见于:a. 控制呼吸运动的脑干部受到损伤(创伤、出血或炎症)或抑制(吗啡、巴比妥和其他麻醉药的作用);b. 脊髓通路上的严重的损伤,特别是颈椎脊髓部的损伤影响到呼吸肌的运动功能;c. 由于神经肌肉的疾病或麻醉影响到胸壁吸气肌肉的功能;d. 严重的气道堵塞:如咽麻痹、支气管萎陷、支气管内有异物等。③氧的扩散与交换受到损害(气血交换障碍):是指在肺泡中氧气与肺血管内氧气之间未达到平衡,这是由于氧从肺泡到达肺血管中血红蛋白间的屏障增厚的缘故。生理情况下,肺泡中的氧弥散到血红蛋白时要穿过肺泡上皮、肺间质、毛细血管基底膜及毛细血管上皮细胞。动物静息时,只需很短的气血交换时间,肺泡中的氧和毛细血管内氧之间就足以达到平衡状态,这表示即使在运动状态下,这种氧的弥散存在着很大回旋空间,即使两者间接触的时间再短促,也不会出现问题。氧气弥散过程的损害通常发生在能使上述屏障变厚的一些疾病,如肺炎、肺纤维化、肺水肿及其他肺浸润性疾病。在临床上氧弥散过程损害,仅仅是引起低氧血症的次要原因,这是因为肺泡和肺血管间氧充分接触所需时间尚存在很大余地。④肺泡通气量和肺血流灌注量不相匹配:是指肺泡的通气与血流灌注量在肺的不同区域不能适当地相匹配,因此造成气体不能充分得到运送,这是低氧血症最常见的原因,常常发生在肺实质的疾病,如肺炎、肺水肿、严重的慢性支气管炎、慢性阻塞性肺脏疾病、肺气肿和肺栓塞等情况下。⑤解剖性血流短路(或形成侧枝循环):是指某部分血流未曾经过肺脏的通气区而直接到达肺静脉内,造成动脉血和静脉血的混合。在某些先天性心脏病时,可形成通过侧枝循环,致使右心血液不经过肺循环,直接到达左心。

高铁血红蛋白血症时血红蛋白中亚铁血红素的二价铁被氧化成三价铁,从而失去结合氧的能力。临床上高铁血红蛋白血症可能有获得性和先天性两类,前者通常是由于血液中出现了一些氧化性物质,增加了对亚铁血红素中二价铁氧化的速率。这些氧化物质包括硝酸盐、亚硝酸盐、亚甲蓝、苯胺衍生物、磺胺类药等。先天性高铁血红蛋白还原酶缺乏症在犬曾有过报道。

末梢性发绀　　常常与末梢血液循环异常相关,而且通常与末梢血管床的异常收缩有关,这种血管收缩可能是由于肢体暴露在寒冷环境中、心力衰竭或休克所引起。当然也可能在动脉或静脉的栓塞时发生。

症状和诊断

病史和体格检查　　了解有无肺部疾患(肺炎、肺气肿)或异物吸入的病史;发绀出现的时间,如自幼即有发绀,表示大多数为先天性心脏病;有无和上述药物和致病饲料接触的病史(如牛饲喂富含亚硝酸盐和硝酸盐的返销菜,猪饲喂重施氮肥,并且经过堆积发热的叶菜类饲料);疾病后期的患畜出现发绀常伴有濒死前其他症状;心力衰竭或呼吸系统疾患出现发绀时,多显现出呼吸困难;局部发绀可能伴有静脉怒张和局部水肿的现象；心肺和喉部的检查，注意观察有无肺部实变或肺气肿的体征。

实验室检查 ①血相检查：将呈现暗褐色或巧克力色的静脉血液置于玻管内震摇，使其充分地与空气接触后仍不能改变其颜色，而正常动物静脉血在空气中震动后将会与氧结合而变为红色或鲜红色。红细胞压积测定对于提示全身性（中央性）发绀具有重要的意义。在兽医临床实践中，先天性心脏病性发绀常常伴有由于低氧血症引起的红细胞增多症。②胸部 X 射线检查：由于任何全身性发绀总是与心脏和肺脏的异常有关，用 X 射线检查心脏的大小和/或形状有无异常，肺脏实质有无异常可提供重要的诊断依据。③动脉血血气分析：动脉血的血气分析结果常能为发绀的确切诊断提供有价值的依据。如何确定是全身性或末梢性发绀，可借助于氧分压的测定。氧分压降低（低氧血症）通常发生在各种原因引起的全身性发绀，而末梢性发绀则氧分压正常。低氧血症还可通过动脉血二氧化碳分压测定做出进一步的区分，当肺泡性通气量不足时总会使二氧化碳分压升高，呈现出呼吸性酸中毒。由于大多数患畜通过加强呼吸通气做出代偿，可使二氧化碳分压仍保持正常。④心电图学检查：大多数心脏病引起的发绀常伴有肺动脉高压，通过心电图检查则可清晰地反映出这种发绀的本质。

治疗 有效的治疗取决于准确的诊断，不同类型的发绀则应采取不同的治疗方法（表 2-3）。

表 2-3 对发绀的治疗

常用药物	剂量	用药方法	次数	适应症
氧气	含量为 30%～40%的氧气	吸入	根据需要而定	改善血红蛋白中氧的饱和度
亚甲蓝	每千克体重 1～2 mg	静脉注射	1 或 2 次	应用于高铁血红蛋白血症
N-乙酰半胱氨酸	首次按每千克体重 140 mg 剂量用药，以后则每 6 h 一次按每千克体重 70 mg 剂量用药	口服或静脉注射	5～7 次	用做犬、猫的退热药醋氨酚中毒时的解毒药

第八节 体重的变化（changes in body weight）

体重变化是指体重下降或体重增加两种情况。动物在正常的饲养条件下，在短时间内体重迅速发生变化，是由于机体代谢和营养消耗多于或少于能量摄入。在一定时间内监测体重的变化可反映机体的营养状态。动物的营养状态与食物的摄入、消化、吸收和代谢等因素密切相关，认识体重或营养状态的变化可作为鉴定动物健康或疾病程度的标准之一。当评价动物体重变化时，应考虑到体表形态、骨骼结构和遗传特性。而体重下降或增加，通常是指根据系列测量和标准体重图来判定体重小于或大于标准体重的 10%。

一、体 重 下 降

体重下降是指动物在较短时间内体重明显降低。

病因　①营养因素：食物摄取不足、饲料质量低劣或适口性差、各种原因引起的厌食、吞咽障碍、返流或呕吐、消化不良、吸收不良，微量元素缺乏，如反刍动物钴缺乏，常呈地区性疾病，矿物元素缺乏导致骨骼发育不良，如常量元素钙、磷、镁、钠、钾、氯以及微量元素铜、锌、硒、锰的缺乏，维生素 A、维生素 D、维生素 E 和硫胺素缺乏等诸多因素都可以引起机体生化功能障碍导致代谢降低。②蛋白质和碳水化合物过度丧失：糖尿病引起的尿糖增加，各种胃肠道疾病引起的粪便蛋白质排出增加，肾脏疾病引起的蛋白尿，体表或体内寄生虫引起的蛋白过度丧失。③消化吸收障碍：导致腹泻的各种类型的肠炎，反刍动物的肠道线虫病、结核病、球虫病、无浆体病、住肉孢子虫病、山羊和绵羊的约尼病（牛慢性痢疾，Johne's disease）、捻转血矛线虫病、马的圆线虫病、丽线虫病；猪的肾虫病、圆线虫病和蛔虫病。胃肠道肿瘤和胃肠道溃疡也是可能的病因。各种肠道寄生虫病和病毒感染引起的慢性肠绒毛萎缩，使慢性肝脏疾病吸收的营养物质不能充分利用，各种器官的肿瘤、慢性感染，食物中的各种真菌毒素影响营养物质的吸收。其他器官系统疾病如各种原因导致的心力衰竭等。④能量需求增加或过度消耗：极度高热、严寒等是常见的病因之一。在许多生理和病理状态下，也发生能量需要增加，如泌乳、过劳、妊娠、发热或炎症引起的代谢增加，甲状腺机能亢进以及各种原因引起的体液和电解质丧失。当体重下降超过 10% 时应做全面检查。体重下降可导致消瘦、恶病质，最终死亡。消瘦是由于营养不良，并导致自体蛋白质和脂肪的降解所造成的，表现为体重严重下降，通常超过 20%，骨骼突出。恶病质是体重下降和消瘦的最终阶段，与严重虚弱、厌食和精神沉郁有关。在进行全面病史调查的同时还应注意食欲、日粮、胃肠道症状和环境的变化。

症状　①厌食：见于多种传染性疾病，如炎症、肿瘤、中毒、神经性或代谢性障碍。厌食可包括假性厌食（如牙齿疾病、颚下颌肌炎）、原发性厌食（中枢神经功能障碍）、继发性厌食（代谢性或中毒性）、应激环境因素（如长途运输、气温过高、犬猫有新的家庭成员）等。②营养不良：这类体重下降应通过详细调查饲料成分，以发现饲料质量、类型、饲料添加剂的变化。③胃肠道症状：除厌食之外，还可见返流或呕吐、腹泻等。④食欲不减少、贪食而体重下降：主要由于营养消耗过多、代谢旺盛，见于甲状腺机能亢进、妊娠、泌乳、慢性传染病、生长过快、剧烈的活动、肿瘤以及糖尿病、肾病等。

诊断 ①病史调查：详细询问动物的临床症状表现，如是否腹泻、咳嗽、多尿。体重急速下降 5％～10％是否十分明显，重要的是定量确定体重下降程度，并区别是原发性还是继发性的体重变化。②临床检查：确定临床上的症状，如吞咽动作异常、有无腹泻、腹围大小、瘤胃蠕动、有无厌食、心脏和肺部异常表现以及动物的饥饿状态等。③饲料分析：检查饲料气味、营养成分及其适口性，比较动物饲料摄入量与动物的营养需要量，在考虑环境因素的前提下，饲料成分和性状不变，要充分分析原发病的病因。④实验室检查：包括血液、尿液和粪便的检查。针对不同的动物、品种差异，有目的地进行血、尿、粪的常规分析，为临床诊断提供参考依据。⑤特殊诊断：根据病史调查和临床检查确定引起体重下降的原因，在血液生化、尿液分析、粪便检查后，确定是否进行胸腹部 X 射线检查、甲状腺素浓度检查等。

二、体 重 增 加

体重增加是指动物体重在短时间内明显上升。

病因 过食是肥胖的主要原因，药物治疗、活动减少、内分泌障碍及遗传性因素也可引起。大多数体重增加是因为能量摄入增加，即采食增加而活动减少引起的。某些内分泌障碍，如垂体功能减退、性腺功能减退和甲状腺功能减退等，也能引起肥胖。动物妊娠期间的体重增加是常见的生理现象，必要时需进行直肠检查及超声诊断。体重增加导致的肥胖是临床常见的问题，无论是小动物还是大动物，都会由于肥胖而继发一系列的临床综合征，在反刍动物则易发生在怀孕晚期和泌乳期间的生产性和代谢性疾病经过中。

症状和诊断 检查时应注意鉴别和诊断腹水、水肿、肌肉肥大、内脏巨大等，同时应注意体温、脉搏和皮肤的检查以提供引起体重增加的临床资料。腹水或外周水肿见于低蛋白血症（肝脏疾病、肾病、肠病）、心脏疾病（充血性心力衰竭、右心衰竭）、传染性或炎性腹部疾病（犬传染性腹膜炎、脓性腹膜炎、胰腺炎）、肝病（肝硬化、门脉栓塞）。肌肉增多见于活动和能量的增加、内分泌障碍如胰腺瘤、肢端肥大症、药物治疗。活动增加同时摄入高能量饲料可导致体重增加和瘦肉的增加。内脏巨大见于某些内分泌障碍，如肾上腺机能亢进和肢端肥大症。肾上腺机能亢进的犬猫表现肝巨大、脂肪重新分布，临床表现多饮、多尿和皮肤症状，肢端肥大症的猫常继发于糖尿病。

　　根据不同的病因调查和临床表现进行综合分析判断,确定原发性疾病,进行必要的血液学检查和内分泌功能的检查,以便进一步确诊。

第九节　体温调节异常(thermoregulation abnormality)

　　正常动物在体温调节中枢的调控下,机体的产热和散热保持着动态平衡,将体温稳定在较狭窄的正常范围内,但体温也不是绝对恒定的,存在昼夜温差,大多数变化在1℃左右。当体温调节功能发生障碍,导致产热多于散热,使体温超出正常范围并出现热候时,即称为发热。在大多数情况下,发热是机体防御疾病的反应之一。但在某些病理状态下,机体由于散热超过产热则发生体温低下。一般来说,渐进性体温低下,可引起渐进性的器官功能抑制。

　　体温增高主要由于体热的产生增多、热的吸收增加或散热障碍而造成的,某些药物或代谢性疾病引起的中枢神经系统功能紊乱也可导致体温改变,剧烈的运动可使体温提高2℃左右。

一、体温低下(hypothermia)

　　病因　①产热减少:麻醉药诱导的下丘脑体温调节机能抑制,麻醉药诱导的代谢抑制、由于某种原因减少肌肉活动、心输出量减少、外周灌注量减少及休克,如产后瘫痪、急性瘤胃阻塞;代谢机能下降,如肾上腺功能减退、垂体功能减退和黏液性水肿。许多疾病后期的发热动物体温突然下降则预后不良。②散热增加:湿冷多风环境及小动物输入冷溶液、躺在冷而没有隔热的地面、高热时的过度降温处理,脱毛和体表潮湿等,散热超过动物的产热能力,特别是因病虚弱的动物。③体温调节障碍:应用药物,如酚噻嗪、安乃近;中枢神经系统疾病,如脑外伤、肿瘤和水肿;内源性毒素导致下丘脑调节中枢损伤及肾上腺功能和交感神经系统损伤;新生和老龄动物最易由于外界环境温度低下而散热增加。④营养性衰竭症:能量与蛋白质缺乏,特别在严寒的季节,如新生仔猪低糖血症,常见其体温低下。

　　症状及临床检查　除测量体温外,应观察动物的表现,分析病因。由于体温低下的原因、程度和持续时间不同,应进行全面的血液学分析、生化和凝血参数的检查,以确定在严重或长期体温低下时的器官功能障碍状态及其异常特征。

　　治疗　轻度体温低下不需强制性增加体温,但中度或重度体温低下则需要提高体温,要注意避免仅仅应用体表加温。增加体温方式可采取以下措施,首先减少散热,保持体表干燥,对小动物可用毛毯、毛巾等包裹的方法,或用循环热水毯、红外灯、婴儿加热箱、手术灯、热水床、电加热板、电热毯等增加环境温度,在治疗时采取加温输液等。

临床治疗时应注意,当体温下降伴有败血症其预后要慎重,因机体可能丧失了防卫机能。严重的体温低下(<30℃)表现肌肉活动减少和反射能力下降,血容量减少和心功能下降,导致低氧血症、酸中毒、心率不齐。新生动物常出现低糖血症和钾代谢紊乱。这些动物应注意通过增加环境温度进行保暖,如没有厩舍环境控制而直接体表加热会引起皮肤血管扩张,反而会加剧体温下降。

严重体温低下的动物要 24 h 保暖,仔细监护体温和心血管功能,足够的补液对防止心脏衰竭尤为重要,酸中毒和钾失衡是常见的,并波动大,因此要反复测量,持续地监测,特别是在保暖的条件下,临床状况逐步恶化时应加倍小心,在保暖过程中,常需要将电解质溶液加温至接近正常体温,同时应监测血糖水平和进行补糖疗法,对新生动物尤为重要。

吸入温热潮湿的氧气疗法对治疗低氧血症和保暖是十分必要的,也可通过瘤胃或直肠灌注温热液体。然而要注意快速地恢复体温,因基础代谢速率紊乱和全身补液可导致威胁生命的心率不齐和代谢性酸中毒和低氧血症加剧。体温低下的动物发生休克时,特别是新生动物,严重肠壁缺氧会导致严重的腹泻,黏膜脱落和肠道梭菌生长。

二、体温过高(hyperthermia)

体温过高是由于产热增加和吸热过多,或散热障碍引起的现象,升高后的体温通常仍在动物体温临界点可调节范围之内,并无热候。中暑(heat stroke)是临床最常见的体温过高现象。

病因　①高温环境:特别是在高温、高湿的环境,肥胖、毛厚的动物和车船运输时散热不良等因素可诱发高热,但不同动物品种对耐受高温、阳光直射和运动等存在着差异,如水牛较不耐热,泌乳和非泌乳奶牛也存在差异,泌乳奶牛对高温环境其直肠温度、呼吸和心率反应明显;②其他因素:神经性高热如下丘脑损伤,包括丘脑炎症、新生物或其他损伤损害丘脑体温调节中枢;动物脱水导致蒸发散热困难;过度的肌肉活动;由于甲状腺激素水平增高所致甲状腺毒症(thyrotoxicosis)均可导致体温升高。某些能够提高机体代谢速率的药物也可使动物体温升高,炎热天气给绵羊注射镇静药物及某些原因导致的中毒。

症状　体温升高是主要诊断依据,大多情况下,可通过测量直肠温度获得第一手资料。温度可高达 42℃,甚至 43.5℃,呼吸、心率增加,脉搏细弱。早期饮欲增加,动物寻找阴凉处或躺在水中。当体温高达 41℃时,呼吸困难,呼吸变浅而不规则,脉搏急速变弱,动物先表现安静,但很快表现反应迟钝,并伴有衰竭、痉挛、昏迷。当体温达到 41.5～42℃时,大多数动物会发生死亡。

　　诊断　根据临床症状、体温变化结合环境的变化及病史分析,不难做出诊断。但应注意与败血症、毒血症等疾病相鉴别。

　　治疗　首先脱离高温环境,增加空气流通,应用适当的镇静药物以减少动物的活动。临床治疗常采取静脉输注等渗盐水和 5％葡萄糖溶液,同时应用物理降温的方法,如冷水浴、直肠灌注冷水等方法,小动物可采取酒精涂擦体表增加散热,结合临床表现适当应用支持疗法,如补充葡萄糖和蛋白质、充足的饮水等。

　　体温过高需要详细检查各个器官系统,去除病因,注射解热药维持正常的体温。治疗主要根据病因和体温升高的程度而定。轻度体温升高(＜40℃)一般不需治疗,在治疗原发病后体温会很快下降。但体温过高(＞41℃)应采取降温措施,首先输氧、静脉输注等渗盐水或复方氯化钠溶液。内部和外部降温同时进行。用冰袋体表降温引起外周血管收缩,障碍皮肤辐射散热,当体表温度到 22～28℃时,从中枢到外周热的传导最大,皮肤的降温不会增加身体内部降温速率,除非皮温下降到 10℃以下。如某些动物出现热休克,可以应用肾上腺皮质激素,也可应用广谱抗菌药物,防止胃肠黏膜损伤所致的继发感染,同时可用速尿(furosemide)促进排尿。

三、发热(fever)

　　发热是体温过高的一种特殊类型,真正的发热是由于体温调节中枢的临界点提高,体温升高到一个新的临界点发生的适当的生理反应。发热与体温过高的区别在于,发热使体温升高不仅仅是到一个新的体温临界点,而且还出现热候。

　　病因　外源性致热原或抗原进入机体通过激发内源性致热原的释放引起发热反应,内源性致热原在肺脏、肝脏和脾脏通过吞噬细胞储存和释放,淋巴细胞不产生内源性致热原,但可通过分泌淋巴因子产生发热反应,某些肿瘤细胞也可产生和分泌内源性致热原,已知许多刺激内源性致热原的因素包括病毒、革兰氏阳性菌、革兰氏阴性菌内毒素、真菌、某些类固醇、抗原抗体复合物、某些无机化合物以及引起迟发型过敏反应的抗原。

　　常见的病因主要包括细菌或病毒性肺炎、胸膜肺炎、胃肠道寄生虫感染、肠炎、沙门氏菌病、马驹轮状病毒性腹泻、内毒素血症、脓毒败血症、子宫炎、腹膜炎、乳腺炎、心内膜炎、肿瘤病如淋巴肉瘤、牛白血病等;药物源性发热;非感染性因素如各种类型肝炎、呼吸道内异物、急性肾衰竭、烧伤以及反刍动物的产后血红蛋白尿等。

　　症状　突然发生,持续性发热,食欲不振或厌食,精神沉郁,不愿活动,淋巴细胞总数明显增加,体温增加由于病因不同而表现不同的热型。

诊断　根据临床症状和临床检查即可进行诊断,关键是确定病因。不同种属和年龄的动物可表现不同的临床症状,临床检查时要注意心血管系统、呼吸系统和消化系统的检查,结合热型的变化和血液学分析做出诊断。

治疗　发热的治疗主要是针对病因,积极治疗原发病,有目的地选择抗生素,对原因不明的发热可选用广谱抗生素,同时结合临床症状进行对症治疗,如大剂量输液、输氧、表面冷却技术,如使用电扇、水、乙醇、冰袋、全身水浴等和内部冷却技术如输注冷却的等渗溶液。还可应用解热药物如安乃近、氨基比林等。

第十节　全身器官系统疾病所致的眼的表现
（ocular manifestations of systemic disease）

眼部有丰富的血管和淋巴组织,动物眼的异常不仅反映眼部本身疾病,而且也常见于许多全身性疾病,包括代谢性疾病、传染病、寄生虫病、脑部疾病、食物或药品过敏或中毒以及心、肾、肝等器官疾病等,掌握眼病的检查技术和治疗原则具有特殊的临床意义。

病因

皮肤病　皮肤或黏膜疾病导致的眼部疾病;过敏或免疫介导的皮肤病,如速发或迟发性过敏反应;眼睑炎,干性角结膜炎等;传染性皮肤病（链球菌感染、寄生虫性皮肤感染）。

代谢性疾病　糖尿病是常见的内分泌紊乱的疾病,常引起白内障;角膜脂肪营养不良与高脂血症和高脂蛋白血症等脂类代谢疾病有关。

血管疾病　高血压、贫血、血液凝固障碍、红细胞增多症等。

营养性疾病　牛磺酸缺乏、硫胺素缺乏、维生素 A 缺乏、维生素 E 缺乏等。

传染性疾病　常见于弓形虫病、利什曼病、犬埃利希氏病、眼蛆病,隐球菌病、芽生菌病、球孢子菌病、组织胞浆菌病、传染性肝炎、犬瘟热,猫的鹦鹉热衣原体病、霉形体病和猫疱疹病毒感染等,在猫还可见于杯状病毒、呼肠孤病毒、黏液病毒感染。

肿瘤病　腺瘤、恶性淋巴瘤、猫的网状细胞增多症、浆细胞骨髓瘤,其中腺瘤常常由于肾肿瘤、甲状腺肿瘤、胰腺癌、鼻腔肿瘤、子宫癌和乳腺瘤的转移所致。

诊断　眼的结构评价基础是眼的检查技术和正常眼的状况,判定眼部正常与否和内部疾病的关系,常需进行血液、尿液和放射学检查。品种和遗传倾向也可为判定原发或继发性眼病提供有价值的资料。

炎症和出血是全身性疾病的重要特征。眼周组织的炎症表明免疫介导或感染皮肤病,炎症发生于色素层则反映内部器官疾病。与创伤无关的出血应充分考虑凝血功能不良、高血压和肿瘤病。

治疗 眼前包括眼外部、虹膜和睫状体。常用局部用药,虽然常进行全身用药,但局部用药可减轻眼前疾病。玻璃体、视网膜和视神经异常等眼后疾病,局部用药无效,除非用药达到全身用药的浓度,故常用结膜下或全身给药。

眼的感染治疗常用抗炎性药物,以减少疤痕和维持视敏度。局部注射阿托品可缓解睫状肌痉挛和疼痛,防止许多疾病导致的虹膜粘连。能引起眼部变化的疾病治疗方案参考其他各个章节。

第十一节 虚弱与晕厥(weakness and syncope)

虚弱(weakness) 临床分为几种类型,如倦怠无力、疲劳、全身肌肉虚弱、晕厥、癫痫发作和意识状态的改变。倦怠无力和疲劳是指缺乏能量。其他近义词可包括昏睡、不愿活动等。这种状态需要与意识状态的改变相区别,如昏迷、木僵以及嗜眠症。

全身性肌肉虚弱或软弱无力,是指力量的丧失,可以发生在持续性的或反复肌肉收缩以后,软弱无力发展成为不全麻痹、运动性瘫痪、感觉丧失、共济失调。

晕厥(syncope) 是指一种伴有突然衰竭、暂时性意识丧失和全身性虚弱的临床综合征,其原因是由于含能量物质、氧气或葡萄糖不足,引起脑部代谢功能障碍。猫的临床症状不易发现,一旦发现疾病已进入晚期。相反小型玩具犬的早期临床症状特别明显;但大型犬疾病表现不明显,直到晚期才明显。

病因 晕厥发生的 3 个主要原因是缺氧、贫血和缺血。缺氧常发生于肺部疾病,或生活在低氧环境如高海拔地区。贫血则导致降低血液运送氧的能力。缺血则见于引起降低心输出量的各种疾病,如心肌梗塞或心率失常。

虚弱常发生于大部分疾病经过中,如贫血、血管异常渗漏、心血管疾病、慢性炎症或感染、慢性消耗性疾病、不合理的用药、电解质紊乱、内分泌紊乱、发热、代谢功能障碍、肿瘤、神经功能障碍、神经肌肉疾病、营养障碍、过度活动、精神障碍、肺部疾病和骨骼疾病。腹腔急性或慢性积液发生虚弱是由于器官功能障碍、蛋白质损失、疼痛。

发生急性贫血时,晕厥比虚弱常见,在急性失血时虚弱常突然发生;相反长期贫血与慢性虚弱有关,呈间歇性发作。犬贫血时,当血红蛋白下降至 70～80 g/L,红细胞压积小于 0.22～0.25 L/L 时常出现虚弱。猫贫血时,血红蛋白下降到 40～

50 g/L 和红细胞压积下降到 0.15 L/L 时临床症状明显。

诊断　根据病史分析、临床症状以及用药情况,结合实验室检查结果进行诊断。

病史分析　确定症状发生时间和持续时间,结合现症,尽可能获取家庭病史资料,是否用过药物治疗,了解药物的副作用。

临床检查　应详细检查心血管系统和神经系统,如心率、心杂音、心电图,神经反射、运动功能、感觉异常等,以便发现疾病的原因,例如呼出气味有异味,表明可能有尿毒症或糖尿病,难闻的口腔气味表明口腔、牙齿、咽部和食道损伤。贫血、发绀、黄疸和静脉回流的黏膜颜色变化表明心脏、贫血等疾病。淋巴结增大表明淋巴肉瘤或与肿瘤和败血症有关的局部淋巴结肿大。心肺听诊确定心音节律不齐、心杂音和异常呼吸音。发热是犬猫虚弱的常见病因。

实验室检查　血细胞计数、血糖测定、血尿素氮或血清肌酐测定、血电解质分析、血浆二氧化碳水平。必要时进行全面的血液生化分析、甲状腺功能检查、胸腹部X射线检查、心电图检查等,特殊情况下还需进行特殊的实验室检查。

治疗　虚弱和晕厥的临床治疗效果是有限的,应积极治疗原发病,对症处理。

第十二节　皮肤状态异常作为全身性疾病的信号
(the skin as a senor of internal medical disorders)

皮肤病变是兽医临床实践中的难题之一,主要是由于不同的病因所导致的临床皮肤问题具有相似的临床症状。成功的诊断和治疗需要通过详细的临床检查和病史分析以及必要的实验室诊断。皮肤本身的疾病很多,许多疾病在病程中可伴随着多种皮肤病变。皮肤的病变和反应有的是局部的,有的是全身性的。皮肤状态的变化常可作为临床全身性和局部性疾病诊断的信号和参考。皮肤病变除颜色改变外,亦可为湿度、弹性的改变,以及出现皮疹、出血点、发绀、水肿等。皮肤病变的检查一般通过视诊观察,必要时配合触诊及特殊的实验室和仪器检查等。

病因及症状

(1)遗传性疾病:①先天性皮肤缺陷(先天性上皮发育不全)、先天性秃毛症、遗传性皮肤病,这类疾病在出生时出现或稍后出现。显然此类动物不宜作为种用。②皮肌炎:主要见于犬。皮肤的变化主要发生在皮肤黏膜连接处、前肢、耳尖和尾部,出现结痂、溃疡、水疱和脱毛,肌肉的变化为颞肌和咬肌萎缩,临床上皮肤病变和肌肉症状同时发生或单一出现。③周期性中性粒细胞减少症:主要发生于犬。常见口腔和唇部溃疡,甚至发生严重的坏死性口炎。④酶缺乏症:如黏多糖病(储积病)是由于芳基硫酸酯酶 B 或 α-L-艾杜糖苷酸酶缺乏导致黏多糖在不同组织中蓄积。本病仅在猫有报道。病患猫表现脸平、小耳、角膜混浊。偶尔出现皮肤结节、跛行、胸部凹陷,在 6 周时症状明显。酪氨酸血症,青年犬表现角膜混浊、蹄垫和鼻部溃疡和腹部红斑和大水疱。

(2)免疫功能异常:变应性皮炎(昆虫叮咬、接触性和饲料性)、红斑狼疮、药物反应、疱疹样皮炎、血小板减少性紫癜等。

(3)内分泌功能障碍:肾上腺功能减退、肾上腺皮质功能亢进、生长激素异常、性腺激素反应综合征。主要出现脱毛但无瘙痒的症状。这类疾病是呈现皮肤症状的常见疾病。①甲状腺功能减退:皮肤症状表现全身或局部脱毛、脂溢性皮炎、色素沉着过多、皮肤增厚浮肿、容易碰伤、干燥且易脱毛。继发脓皮病和/或皮肤病、外耳炎。常见瘙痒,特别在发生脓皮病或脂溢性皮炎时。②肾上腺皮质功能亢进:皮肤损伤主要表现脱毛(通常在躯干,偶尔发生在面部)、色素沉着过多、脂溢性皮炎、脓皮病,易感染皮肤真菌病或螨病,继发免疫抑制、皮肤变薄、粉刺、容易碰伤和皮肤钙沉着。在发生脓皮病、螨病和钙沉着的部位瘙痒。③性激素异常:约 1/3 患睾丸足细胞瘤的犬发生脱毛和雌性化,精原细胞瘤可出现同样症状。其他性激素分泌异常比较少见,如睾酮或雌激素反应性脱毛。④生长激素依赖综合征:主要表现脱毛和脓皮病及色素沉着过多。⑤糖尿病:糖尿病发生皮肤损伤者较少,可出现脱毛、脓皮病、皮肤变薄,继发螨病和黄瘤病。据报道溃疡性皮肤病与糖尿病有关。在蹄垫出现红斑、结痂和脱毛。⑥食物过敏:犬的临床表现主要是瘙痒、丘疹和红斑,但也可发生耳炎、蹄部真皮炎和脂溢性皮炎。猫主要是脸、头和颈部瘙痒。

(4)营养失调:维生素 A、维生素 B、维生素 C、维生素 D 缺乏,锌缺乏等。①锌反应性皮肤病:这种疾病出现两种综合征,一种是皮肤黏膜连接处、面部、蹄垫和腹部出现结痂、鳞屑、红斑和脱毛,但并不都是双侧性的,瘙痒也有不同;另一种是由于补充过高钙的饲料引起,在头、躯干、末端和蹄垫出现鳞屑和角化不全,以及精神沉郁、发热和厌食等。②维生素 A 反应性皮肤病:主要表现脂溢性皮炎症状。③脂肪织炎:主要由于维生素 E 缺乏和抗氧化功能障碍引起。感染猫常表现精神沉郁、发热,厌食,皮肤或腹部触诊出现疼痛反应,皮下和腹部脂肪增厚或凸凹不平。

(5)皮肤肿瘤:嗜铬细胞瘤、皮肤纤维瘤、纤维肉瘤、脂肪瘤、皮肤乳头状瘤、肥大细胞瘤、淋巴肉瘤、鳞状细胞瘤、黑色素瘤等。

(6)细菌和病毒感染:局部感染见于皮肌炎、葡萄球菌脓皮病、金黄色葡萄球菌、溶血性和非溶血性链球菌、大肠杆菌感染等疾病。呈现皮肤症状的常见传染病如口蹄疫、猪瘟、猪丹毒、猪肺疫、狂犬病、伪狂犬病、猪水疱病、猪水肿病、皮肤鼻疽、皮肤结核、恶性水肿、坏死杆菌病、放线菌病。犬、猫常发生葡萄球菌感染,葡萄球菌性脓皮病是猫第二类常见的皮肤病。常认为是自发性的,兽医应排除疾病病因,如过敏(食物、蚤)、内分泌疾病(甲状腺功能减退、肾上腺皮质功能亢进)和其他免疫抑制的情况,如肿瘤、注射可的松或抗肿瘤药。犬布氏杆菌病,感染这类细菌偶尔发生阴囊水肿和皮炎,并继发睾丸炎和肉芽肿性皮炎。

（7）真菌感染:分支孢菌感染引起皮肤结节和化脓性损伤。其他真菌如原壁菌和暗色丝状菌病也可引起皮肤病变。深部或全身性真菌病,如皮炎芽生菌、荚膜组织胞浆菌、荚膜隐球菌和球孢子菌可感染许多器官。皮肤损伤的差异很大,如结节、脱毛、脓皮病。

（8）寄生虫侵袭:①螨病:青年犬感染螨病认为是一种特异性 T 淋巴细胞缺陷引起,老龄犬螨病的感染应考虑与肾上腺皮质功能亢进、糖尿病和内部的肿瘤有关。②利什曼病(leishmaniasis):皮肤损伤明显,脱毛、红斑、耳及黏膜皮肤连接处溃疡。这些犬常伴发高蛋白血症、高球蛋白血症、非反应性贫血和蛋白尿。确诊主要从皮肤、脾脏、肝脏、骨髓或滑膜液中分离微生物,也可进行细胞培养。治疗通常静脉注射锑化合物。③立克次体病:埃利希氏病引起黏膜和皮肤的瘀斑,这些疾病也可引起末梢部水肿。④心丝虫病:发生水肿说明感染严重。⑤肠道线虫和绦虫:钩虫、鞭虫、蛔虫和绦虫可引起皮肤疾病。钩虫引起感染皮肤炎性疹块和丘疹。肠道寄生虫感染出现瘙痒、丘疹、红斑和脂溢性皮炎症状。抗蠕虫药治疗疗效显著。犬巴贝斯焦虫病有时出现皮肤水肿、瘀斑、红斑和荨麻疹。

（9）其他系统疾病:①肝脏疾病:人类肝胆疾病常引起皮肤瘙痒和其他临床症状,但小动物发生者相对较少。偶尔猫胆管肝炎和其他肝脏疾病发生皮肤瘙痒。②胰腺疾病:较少发生,在伴有红斑的严重胰腺炎时,皮下脂肪坏死,认为与受损的胰腺释放高浓度的脂肪酶有关。③肾脏疾病:尿毒症引起口腔溃疡,同时存在肾脏衰竭症状。④铊中毒:动物急性铊中毒在 $4\sim5$ h 引起死亡,慢性铊中毒病程可持续 $3\sim6$ 周。在腋窝、耳和生殖器、后腹部、爪和皮肤黏膜连接处出现脱毛、红斑、结痂甚至溃疡。检查尿液铊元素进行确诊。

诊断　评价动物的全身状态,通过触诊检查病变是局部还是全身,损伤部位的分布,范围大小,形态的变化,皮肤的干湿度以及病变部位的性状等。诊断技术包括皮肤刮片,表皮细胞培养及组织病理学检查,细菌、真菌培养等,以及必要的实验室检查,确定病因,治疗原发病。

第十三节　临床血液学和生物化学值在疾病综合征中的诊断意义

(clinical haematological and biochemistry values as a guides to disease syndromes)

一、血液细胞象变化

中性粒细胞增多症:多发生在细菌感染引起的病理过程中。生理状态下如运动、缺氧、兴奋、妊娠也可出现中性粒细胞增多。病理状态下如糖皮质激素增多或应用糖皮质激素、炎症早期及炎症形成,如慢性肺炎、胸膜炎、慢性腹膜炎、腹部脓肿或其他内部器官脓肿、慢性创伤性网胃腹膜炎、慢性子宫炎、肝脏脓肿、肠炎、细菌引起的心内膜炎、慢性肝炎等,也可发生于某些化学制剂或药物的中毒。中性粒细胞减少症:通常发生在细菌性败血症、胃肠疾病、子宫炎和乳腺炎引起的内毒素血症,某些病毒性疾病及过敏也可引起中性粒细胞减少。在急性细菌感染和内毒素血症时,因中性粒细胞消耗增加引起中性粒细胞减少,各种病毒性疾病、辐射及癌症化疗时引起中性粒细胞生成减少,猫的白血病病毒等可引起无效粒细胞生成。单核细胞增多:可见于中性粒细胞增多的情况,包括健康状态下的生理性反应及对皮质类固醇的反应。主要发生于慢性炎症、内部出血、溶血性疾病、化脓、肉芽肿、免疫介导性疾病。至于单核细胞减少并无显著的临床意义。淋巴细胞增多:生理条件下如运动等因素引起的肾上腺素活性增加及某些疫苗注射后暂时性淋巴细胞增多。病理状态下如慢性感染和淋巴肉瘤。淋巴细胞减少:见于糖皮质激素分泌增多,如肾上腺皮质功能亢进、外科手术、休克、外伤、冷热刺激以及外源性糖皮质激素治疗等;化疗、辐射、长期皮质激素治疗及先天性 T 细胞免疫缺乏。在牛地方性流产、犬冠状病毒感染、犬瘟热、犬细小病毒病、内毒素血症、马疱疹病毒感染、马流感、猫泛白细胞减少症、犬传染性肝炎、霉形体感染、羊蓝舌病等,血液都可出现淋巴细胞减少。嗜酸性粒细胞增多:见于过敏反应、寄生虫感染、嗜酸细胞性小肠结肠炎、犬猫嗜酸细胞性肉芽肿、犬猫嗜酸细胞性肺炎、犬的葡萄球菌性皮炎、嗜酸细胞性粒细胞白血病、巨细胞白血病。嗜酸性粒细胞减少:见于皮质激素分泌增多,如内源性肾上腺皮质功能亢进和应激引起的炎症以及应用皮质激素类药物治疗时。

二、血清酶活性异常

碱性磷酸酶(ALP)活性增高:见于胆管阻塞、糖皮质激素和扑米酮、苯巴比妥药物的诱导、青年动物骨骼生长、甲状旁腺功能亢进、肿瘤(乳腺瘤、血管肉瘤)及急性中毒性肝损伤。淀粉酶(AMY)和脂肪酶(LPS)活性增加:主要见于犬猫的胰腺腺泡细胞损伤,如胰腺炎或胰腺癌,在牛和马 AMY 不可用于诊断胰腺炎或其他疾病。在犬肾血流量减少或肾功能下降可引起 AMY 和 LPS 活性升高。犬的肝癌和用地塞米松治疗后也可见 LPS 活性升高。天冬氨酸氨基转移酶(AST)增加:肌肉损伤、红细胞溶血、肝脏疾病(线粒体损伤时)。在牛和马,AST 增加是肝细胞损伤的一般标志酶,但肌肉损伤、溶血也引起血清 AST 活性增加,AST 虽可作为犬和猫肝细胞损伤的指示酶,但并不像 ALT 具有组织特异性,因此并无诊断意义。丙氨酸氨基转移酶(ALT)活性增加:见于肝细胞损伤、肝细胞再生和肌肉损伤(轻微增加)。犬和猫在肝细胞损伤和严重的肌肉疾病时,AST 增加是主要标志酶。但其在牛和马的肝细胞中含量少,不能作为肝细胞损伤有用的诊断指标。肌酸激酶(CK)活性增加:CK 增高见于肌炎(感染、免疫介导性红斑狼疮)、内分泌(甲状腺功能减退、肾上腺皮质功能亢进)和营养性因素、肌肉损伤(长时间运动、肌肉内注射)、低热、心肌病。也可发生于神经组织损伤的疾病。乳酸脱氢酶(LDH)活性增加:作为各种动物肝细胞损伤的标志酶,也见于红细胞崩解、肌肉和其他细胞坏死。

三、血清蛋白质浓度变化

高蛋白血症:见于血液浓缩(腹泻、呕吐、肾脏浓缩功能障碍、出汗及血管渗透性增加)、炎性疾病(细菌、病毒、真菌及原虫感染、坏死),肿瘤、免疫介导疾病,B 淋巴细胞瘤。低蛋白血症:见于血中蛋白产生减少(肠道吸收不良、消化功能障碍、营养不良和慢性肝脏疾病)、损失增加(有慢性蛋白尿的肾脏疾病、外部出血、皮肤损伤和失血)以及高球蛋白血症和腹腔积液的补偿过程中。低球蛋白血症:见于新生动物缺乏初乳、失血、失蛋白性肾病和肠病以及联合免疫缺陷。高球蛋白血症:见于浆细胞性骨髓瘤、埃利希氏病、淋巴肉瘤、犬传染性腹膜炎、慢性细菌感染、寄生虫病、肿瘤、免疫介导性疾病和脱水。低纤维蛋白原血症:见于严重肝脏疾病、弥漫性血管内凝血和先天性纤维蛋白原缺乏症;高纤维蛋白原血症见于炎性疾病。

四、矿物离子浓度及其他生化指标的变化

高钙血症:见于高白蛋白血症、恶性肿瘤的高钙、原发性甲状旁腺功能亢进、肾上腺皮质功能减退、维生素 D 过多症、肾脏疾病、持续低热。低血钙症:见于低白蛋白血症、原发性甲状旁腺功能减退、继发肾性甲状旁腺功能亢进、原发性肾脏疾病、坏死性胰腺炎、肠道吸收障碍、牛的生产瘫痪、猪的草酸盐中毒等。高磷酸盐血症:见于肾小球滤过率降低、处于生长期的动物,维生素 D 过多症、骨骼疾病(骨瘤)、

软组织外伤、肾小球滤过率正常的甲状旁腺功能减退、猫甲状腺功能亢进。低磷酸盐血症:见于伴有酮血症的糖尿病、恶性肿瘤的高钙血症、原发性甲状旁腺功能亢进、维生素 D 过少、呼吸性碱中毒、吸收不良或饥饿、牛产后血红蛋白尿、糖尿病使用胰岛素后和低热。低钠血症:见于胃肠道内容物损失(呕吐、腹泻)、充血性心力衰竭(水肿)、肾上腺皮质功能减退、利尿药的使用、不适当应用抗利尿激素、低渗溶液的输液、腹膜炎、胰腺炎、糖尿病、肾脏疾病。高钠血症:见于失水增加(发热、高温环境、高热)、通过胃肠道丢失体液(呕吐、腹泻)、肾脏衰竭、糖尿病(使用胰岛素后)、盐摄入增加或静脉输液。低钾血症:见于胃肠道内容物丢失(呕吐、腹泻)、碳酸氢盐和利尿药治疗、醛固酮过多症、急性肾衰竭、肾小管性酸中毒、慢性肾衰竭(猫)、胰岛素治疗、碱中毒。高钾血症:见于肾上腺皮质功能减退、肾衰竭、继发于休克的弥漫性细胞死亡、代谢性酸中毒、糖尿病性酮性酸中毒、凝固血液分离过慢、不适量的氯化钾输液。高胆红素血症:见于肝胆疾病、溶血性贫血、胆固醇过高。低胆固醇血症:见于消化吸收不良、肝脏衰竭、胰腺的内分泌功能不足、失蛋白性肾病、饥饿(严重恶病质)。高胆固醇血症:见于采食后,甲状腺功能减退、糖尿病、肾上腺皮质功能减退、肾病综合征、肝外胆道阻塞、高脂血症、猫高乳糜微粒血症、猫先天性脂蛋白酯酶缺乏、高脂肪日粮。高糖血症:见于糖尿病、糖皮质激素增加(应激、肾上腺皮质功能亢进、应用糖皮质激素或 ACTH 治疗)、急性胰腺炎、生长激素增加、药物诱导(噻嗪类利尿药、吗啡、葡萄糖静脉输液)。低糖血症:见于分离血清过慢、肝脏疾病、高胰岛素血症、胰腺外肿瘤、内毒素血症或脓毒败血症、内分泌功能低下、药物诱导(外源性胰岛素)、饥饿。尿素氮和肌酐增高:见于脱水、心血管疾病、休克、高蛋白日粮、出血进入胃肠道(仅尿素氮升高)、尿道阻塞。尿素氮降低:见于日粮蛋白质限制和严重多尿。肌酐增加:见于严重的恶病质。

第十四节　末梢水肿(peripheral edema)

水肿(edema)是指组织间隙有过多的液体积聚使组织肿胀,而末梢水肿(peripheral edema)是指在外周间质组织中蓄积大量体液。末梢水肿即皮下水肿,一般发生在胸腹下部和四肢末梢。水肿本身不是一种疾病,而是许多疾病中的一个症状。

病因与病理发生　水肿的发生主要与毛细血管压增加(静脉高压、静脉阻塞、动静脉瘘管、充血性心力衰竭、肝纤维化引起的门脉高压)、血浆胶体渗透压降低(低蛋白血症)、淋巴阻塞(炎症、外伤、肿瘤和原发性淋巴瘤)、毛细血管渗透性增加

（烧伤、炎症、外伤、血管神经性水肿）有关。

全身水肿的原因　伴有腹水的低蛋白血症、右心衰竭和心包积液以及没有腹水的低蛋白血症。

局部水肿的原因　单一末梢水肿如炎症或感染、外伤、静脉或淋巴管阻塞及动静脉瘘管；两前肢水肿而后肢不发生水肿，如颅静脉腔阻塞；两后肢水肿而两前肢不发生水肿伴有腹水的慢性门动脉高压和尾静脉腔阻塞，以及无腹水发生的腰下髂静脉阻塞。面部水肿见于血管神经性水肿、幼畜脓皮病初期和黏液性水肿。

症状　动物发生水肿前组织间隙积聚液体明显增加，发生水肿时体重增加，无其他特异症状。根据水肿发生的严重程度和发生的部位，临床检查时应注意确定是否体腔积液、皮下积液以及体腔和皮下同时发生积液，胸部听诊和叩诊检查确定是否发生胸腔积液。通过视诊和触诊检查皮下水肿。当发生皮下水肿时，指压后组织发生凹陷，称压陷性水肿（pitting edema）。

动物全身性水肿主要检查心脏、肾脏、肝脏、胃肠道疾病。某些器官功能障碍如咳嗽、不耐运动、呕吐或腹泻、多尿等临床症状有利于诊断。

由心脏疾病引起的水肿多伴有心杂音、奔马调、颈静脉怒张、心率不齐等心脏疾病的症状。腹部检查腹水，腹围大小，肝脏和肾脏大小和形态，肠管蠕动音。

非炎性水肿无热无痛，皮肤柔软完整；而炎性水肿常导致局部发热、疼痛、渗出、发红甚至溃疡。一后肢或一前肢或两前肢水肿一般由于静脉或淋巴管阻塞，应对肢体触诊和听诊，如两后肢发生水肿而没有腹水发生则应做直肠检查和详细腹部触诊。

诊断　诊断时常需要确定末梢水肿的病因，包括临床病理、心电图、中心静脉压、X射线检查、超声检查、心血管造影和探针检查。末梢水肿必须确定是否发生低蛋白血症。由于血清白蛋白决定大部分血浆胶体渗透压，测定白蛋白浓度十分重要。伴有尿白蛋白损失的肾脏疾病导致低血清白蛋白和正常的血清球蛋白。伴有白蛋白产生减少的肝脏疾病导致低血清白蛋白和正常或升高的血清球蛋白。由于胃肠蛋白损失导致清球蛋白均降低。在肾脏或胃肠疾病引起的低蛋白血症时，没有血管充盈现象，在水肿发生之前出现血清白蛋白和球蛋白含量下降。BSP试验和凝血酶原时间可以作为肝功能障碍的诊断指征。怀疑胃肠道出血应进行粪便潜血试验加以证明。血清球蛋白明显下降主要见于体外慢性出血，主要经过尿和粪便。如腹水存在，应检查腹水并确定病原。当存在腹水和全身性末梢水肿，在鉴别诊断中应考虑心脏病。应用ECG和胸部X射线检查可确定心脏肥大，心脏肥大时中心静脉压升高是由于右心衰竭造成的。正常状态下犬猫的中心静脉压（CVP）为5 cm

水柱,在大多数右心衰竭病例,CVP 为 8～15 cm 水柱,严重病例可高达 20～30 cm 水柱,超过 30 cm 水柱则表明静脉回流受阻而不是右心衰竭。心脏疾病,特别是右心衰竭或阻塞,可应用超声诊断,通过超声诊断可确定三尖瓣严重缺损。

第十五节　器官病变所致的行为变化
(behavioral signs of organic disease)

　　大多数动物患病或受伤后会出现行为变化,如昏睡或难以接近。在许多疾病出现的行为改变、问题或症状常常难以适当定义,也不需要对每一个动物用同样的含义。有些人将猫正常发情表现看做痴呆,有些人将脑部肿瘤引起的极端行为失常看成正常衰老。

　　在正常环境下,动物的行为改变常由畜主或临床人员确证。诊断的目的是确定行为的改变是由于某些器官疾病还是非器官的精神状态引起或两者兼而有之。

一、不常见的器官病变引起的行为改变

　　攻击行为:竞争、恐惧、疼痛;害怕:遇到雷暴、枪声、消防车警笛、其他动物或特殊人群;狂叫:非真正的运动功能亢进;破坏性行为:撕咬、抓、挖;不适当的排粪和排便:划定领地、猫喷洒尿液和顺从;性行为异常:爬跨异常、缺乏性欲;母性行为异常:烦躁、假孕、食子和冷淡;捕食行为:食粪癖、异食癖、厌食、咀嚼木头、犬猫采食青草或植物;自残行为:撕咬自己的肢蹄、尾巴,狂叫;应激反应:自残行为、吸吮腹部、摇头、抓脸面等。

二、常见器官疾病的异常行为

　　转圈运动、无目的徘徊、头抵墙角、定向功能障碍、不能认识主人或熟悉的物体、精神沉郁或昏睡、躲避、癫痫、突然食欲增加或丧失、突然频繁排尿、随意排粪、无原因颤抖、耳聋、冲撞物体。

　　行为特点与环境和治疗的关系以及查询当前疾病是诊断的关键步骤。根据临床特征至少要进行神经学检查。必要时要进行血液、血清学和其他试验。

　　一般来说,对异常行为不仅要进行全身和神经系统检查,而且要进行必要的病史和环境情况的调查。必须把症状的病因分成真正的非器官行为和器官行为疾病,将脑、脊髓和外周神经疾病或器官疾病与环境因素综合考虑。

三、行为特征的类型

攻击性行为　攻击行为是一种常见的行为特征,但很少是由于器官疾病引起的。对犬、猫的初步诊断时,要详细描述行为特征。攻击行为的对象是什么? 在什么样的环境下发生,持续时间多长以及引发的因素是什么?动物在攻击的时候是原地还是不断后退。动物的自残行为表现为舔、咬、抓和摩擦身体局部,同时临床检查人员应确证涉及的身体部位,自残程度,环境应激和畜主的存在,跛行或突然吼叫以及病史。

恐惧、定向功能障碍和昏睡　动物表现躲避、畏惧,惊恐或反应力下降,定向功能障碍,昏睡时应注意疼痛的原因,进行全身疾病的检查,同时注意动物的听觉和对光的敏感程度。每次发作的频率和持续时间,多数脑部疾病都能导致这种非特异性症状。

性情改变　性情的改变如友善、攻击性、孤独或喜群居、易怒等。这些特征发生的频率以及产生过程对鉴别局部和弥漫性中枢神经系统疾病和代谢性疾病尤其重要。

排尿和排粪习惯的改变　动物在睡眠时滴尿或排粪(雌性激素失调),是否寻找一个适当的地方放松自己(多尿或尿频),是否尽力靠近某一地点,是否在畜主面前、家具旁或当时的任何地方排泄,动物做出排粪姿势是否排粪。在一个固定地点或在癫痫发作后排泄,在附近的邻居是否有动物,如果是这样,什么时候发生或它们是否患病。

重复行为　仰头嘶叫,摇头、摆尾,间歇性转圈,回顾腹部,摩擦面部和吸吮腹部的动作与环境和家庭情绪的改变有一定的相关性。这些主要见于非器官性疾病。动物可对畜主的情绪变化产生快速反应,也许畜主没有注意到。

踱步和圆圈运动　踱步和不停的圆圈运动可能是急性或渐进性行为活动,并伴有神经功能障碍症状(自体感觉丧失,头部倾斜和晕厥)。也可能发生于弥漫性退行性中枢神经系统疾病或局部脑损伤,如肿瘤、中风或脑炎。非烦躁的无目的嘶叫可能由类似疾病或耳聋引起。

严重的定向功能障碍或癔病　完全脱离它们的环境、失去方向感或癔病,这在诊断上没有困难,因为器官疾病或病史调查可以确证。

四、畜　主　关　系

除了解行为改变动物的病史外,必须重视诊断的其他方面以及与畜主的关系。

临床兽医应了解动物的一些行为方式,如不知道动物为什么这样做,不理解动物怎样开始或学会这种行为,那么就难以对动物某些行为变化做出客观的判断。即使临床兽医不能相信在某种环境下出现某一症状,也应对畜主的描述和意见给予重视,即使后来证明是不准确的。临床兽医不应低估应激或其他因素的改变对行为改变的影响。例如,应激可以增加癫痫发作的频率,加重结肠炎、导致多饮、多尿,以及破坏行为和攻击行为。

攻击性行为发生时通常出现动物威胁特征,如动物瞳孔放大以及紧张不眨眼的凝视,这可能是癫痫样发作而不是一种简单意义上的行为改变,即使畜主说明攻击行为过后表现友好,也应注意癫痫样发作。

畜主倾向于认为大多数的伤残、咬尾、间歇性转圈和过多的修饰性行为是对疼痛或瘙痒的反应。对于动物主人来说,他们难以接受一只小狗会由于焦虑或紧张而啃咬自己的爪子或尾巴,一只小猫会因为应激而舔自己的毛,甚至可使大部分被毛掉光,一些动物甚至会突然跳起攻击或凝视身体的某部位,似乎受到惊吓。严重自残的大多数病例不是器官疾病。

五、诊 断 目 的

虽然行为改变的诊断和治疗的主要目的是确定动物是否有器官疾病,然而不是总能成功的。对行为改变的原因的诊断经常是不准确的,而且由于缺乏客观的资料和其他可能的相关解释会使诊断陷入困境。由于某些病例的某些方面显示器官疾病而其他方面显示只是非器官疾病,这常令诊断人员感到困惑。

六、特 殊 疾 病

脑肿瘤和中枢神经系统网状细胞增多:通常是一个缓慢过程,从性情呆板,无目的持续踱步,转圈和对家人不认识,一直到昏睡、迟钝和癫痫。症状可能是持续的,用糖皮质激素治疗会有所好转。攻击性行为并不常见。癫痫可以导致中度的发作症状,如恐惧、定向功能障碍、踱步、口渴、饥饿、不认识主人、沉郁以及退缩。

第十六节　厌食与贪食(anorexia and polyphagia)

厌食(anorexia)是指动物食欲减退,摄食减少或拒食,甚至发生明显的营养衰竭。不同的病因可导致完全和部分厌食,有的病例表现对食物有兴趣或饥饿但不能摄取足够的食物,有的对食物的刺激完全失去反应。

　　贪食(polyphagia)是指动物食欲旺盛并过量摄取食物,这种现象在某些生理条件下是正常反应,如泌乳、妊娠、极度寒冷和剧烈运动等,但过度的贪食会导致肥胖,也见于应用抗惊厥药、糖皮质激素、甲地孕酮及少见的下丘脑损伤的病例。贪食还见于机体试图补偿某些疾病引起的体重下降,如糖尿病、甲状腺机能亢进。

　　病因　摄食中枢位于下丘脑,临床许多疾病均可导致食欲的变化。厌食主要发生于炎性疾病(细菌、真菌、病毒、原虫感染)、免疫介导性疾病、肿瘤和胰腺炎、消化系统疾病(胃肠疾病、吞咽障碍)、恶心(引起呕吐中枢兴奋的各种原因)、代谢性疾病(肝脏、肾脏、心脏衰竭、高钙血症、糖尿病性酮血症、甲状腺机能亢进)、嗅觉丧失、中枢神经系统疾病、心理因素、高温环境等。但低温环境可促使食欲增加。

　　症状和诊断　厌食和贪食的临床症状较为明显。一方面,厌食和贪食不是疾病的特异性症状,必须进行详细的病史调查以确定病因;另一方面,贪食是一种特殊症状,可能是生理的也可能是病理的。但病因分析又十分困难,因涉及的病因复杂多样,临床上主要注意以下几个方面:持续时间和程度;厌食或贪食的持续时间和程度有助于确定疾病的严重程度;日粮改变:日粮质量的变化或由于日粮缺乏适口性可引起厌食,而可口的食物则可引起贪食;环境应激:许多动物在精神应激时发生暂时性厌食,如运输、更换新的动物及新的主人等。贪食可由寒冷应激或竞抢食物引起;体重变化:突然迅速的体重下降表明疾病严重,贪食引起体重增加或下降或不变,也可见于更换可口的日粮、应用药物诱导,偶尔见到下丘脑损伤。伴随体重下降的贪食与消化吸收不良或内分泌失调有关,如糖尿病和甲状腺机能亢进。

　　发热、脱水、贫血和黄疸可作为与厌食有关疾病的症状。临床检查包括头颈、胸腔、腹腔和神经等部位。仔细检查头颈、观察口腔、牙齿和颈部损伤引起的咀嚼疼痛或吞咽困难;胸腔进行听诊和触诊,心肺疾病常导致严重的厌食;肝肿大和腹部膨胀同时发生,医源性肾上腺机能亢进与贪食有关,可明显发现腹部肠襻疼痛、异物、团块和肠壁增厚,涉及脾脏、肾脏和膀胱的疼痛要加以鉴别;神经系统检查有助于提示引起厌食的中枢神经系统的疾病。在进行临床检查的同时,根据需要进行血液细胞计数和血清化学检查,包括肝脏和肾脏功能及电解质检查。尿液分析则可评价肾脏疾病的状态。还可进行粪便寄生虫检验、特异性内分泌试验和某些传染病检验都有利于诊断的建立。

　　治疗　全身和胃肠道疾病的特殊治疗在相关章节中介绍。单纯地治疗厌食要求给予温暖的食物,或应用某些饲料添加剂,如大蒜可刺激食欲。饲喂应为柔软或液态的易消化的食物。轻度肠炎要禁食 24 h,治疗发热、脱水和电解质紊乱,恢复食欲。必要时可应用鼻饲管饲喂。应用苯二氮卓类镇静药物,如地西泮、奥沙西泮,依法西泮,刺激动物的食欲,地西泮静脉注射 $0.05\sim0.4$ mg/kg 能刺激猫的食欲,但应注意使用剂量,以免发生中毒。

贪食的治疗涉及全身疾病、内分泌、代谢病等,食物及其能量应适当控制,防止肥胖。

第十七节　流涎(salivation)

流涎是由于诸多病理因素引起的唾液分泌增加或唾液吞咽障碍至使其在口腔中积蓄并从口内大量流出的现象。

病因　唾液分泌过多所致的流涎常见于一些产生口腔黏膜炎性损害的传染病过程中,如口蹄疫、牛瘟、牛病毒性腹泻、牛恶性卡他热、牛流行热、猪水疱性口炎、猪水疱病、绵羊的蓝舌病和颌骨放线菌病等。也见于有机磷农药中毒、牛的铅中毒、亚硝酸盐中毒、舌损伤、口腔肿瘤、牙齿疾病、腮腺炎、下颌骨骨折等疾病过程中。唾液吞咽障碍所致的流涎常见于狂犬病(咽麻痹)、破伤风、脑病、食道疾病(如食道阻塞、食道狭窄、食管麻痹等)、食盐中毒、纤维性骨营养不良过程中。

症状与诊断　患畜的唾液由口角或下唇不自主地流出,有时流出的唾液稀薄呈浆液性,有时黏稠呈牵缕样,有时则混有饲料残渣。对伴有流涎症状的一些传染病常通过流行病学调查、病原学、血清学检查以及一些特征性症状表现得以证实。如放线菌病患牛,局部软组织和骨组织肿胀,逐渐增大变硬,破溃后流脓,可形成一个或数个瘘管,并有咀嚼和吞咽障碍以及流涎的症状;口蹄疫常见于牛、猪等偶蹄兽,除流涎外口腔和指(趾)间均见有水疱和烂斑;牛瘟俗称"烂肠瘟",以黏膜,特别是消化道黏膜卡他性、出血性、纤维素性和坏死性炎症为特征;牛病毒性腹泻主要表现为口腔及消化道黏膜糜烂,溃疡和腹泻为特征;恶性卡他热的患牛,多有与绵羊同舍或同牧的病史,高热不退,并以口、鼻、眼黏膜炎症为特征;牛的流行热是以高热、呼吸困难、流泪、流涎、流鼻液以及四肢关节疼痛等为常见症状,部分病牛卧地不起,种公牛常有皮下气肿等症状;猪水疱病的病猪口腔、蹄部、鼻端、母猪乳头周围均有水疱,该病康复猪血清或高免血清有良好保护作用;水疱性口炎可发生在马、牛、猪和其他一些动物,主要表现为口腔黏膜,偶尔在蹄部和趾间皮肤上出现水泡,流出唾液呈泡沫样;蓝舌病多发生于绵羊,也见于牛,患畜发热、流涎、流鼻液和口鼻黏膜溃烂;狂犬病患畜易于惊恐、体温升高,眼神凶恶,具有攻击性,吞咽肌麻痹而大量流涎,吠声嘶哑,可能与声带不全麻痹有关;破伤风患畜除流涎外,口腔不能自如地张开,身体僵硬甚至可呈木马状,对于轻微的刺激,患畜有剧烈的全身性痉挛,重症者头颈后仰,呈角弓反张状,第三眼睑外翻;单纯性口炎患畜口温增高、口腔黏膜潮红,有烂斑,咀嚼障碍;与舌损伤、口腔肿瘤、牙齿疾病有关的流涎在口腔检查时分别可见到舌的伤斑、肿瘤的瘤体、牙齿磨灭不整;腮腺炎患畜除流涎外,腮腺局部检查时有肿、痛现象,破溃后还可从腮腺部流出唾液与脓汁;下颌骨骨折,除流涎外,还有局部疼痛、肿胀,有时可听见骨断端相互摩擦音和有骨片移位感;多发于犬的颌关节脱位,除流涎外,还可见患犬口腔张大,下颌下垂,不能采食和咀嚼;有机磷农药中毒、亚硝酸盐中毒、铅中毒等除了均可从患畜与毒物有接触史得以提示之外,还可从各种毒物特有的中毒症状得以鉴别,如有机磷农药中毒除流涎外,常有瞳孔缩小、肠音亢进、腹泻、骨骼肌震颤、血浆或全血胆碱酯酶活性降低等症状;亚硝酸盐中毒常有呼吸困难、全身发绀、血液呈酱油色、凝固不良等特征;铅中毒的患牛除流涎外,还有哞叫和神经症状发生;有机氯农药中毒患牛常呈后退动作,面部肌肉痉挛,常有皱鼻眨眼动作。

治疗　找出引起流涎的原发性疾病,并针对原发病予以治疗。

第十八节　呕吐、返流和咽下障碍
（vomiting，regurgitation and dysphagia）

一、呕吐（vomiting）

呕吐是不自主地将胃内或偶尔将小肠部分内容物经食管从口和/或鼻腔排出体外的现象。呕吐,在绝大多数动物属于病理现象,但由于胃和食管的解剖生理特点和呕吐中枢感受性不同,犬、猫容易发生呕吐,猪和反刍动物次之,马属动物极少发生。

病因　引起呕吐的病因很多,按发病机制可归纳为以下几类:

(1)胃功能障碍:胃阻塞、慢性胃炎、寄生虫病(犬猫的泡翼线虫)、胃排空机能障碍、过食、胆汁呕吐综合征、胃溃疡、胃息肉、胃肿瘤、胃扩张、胃扩张-扭转综合征、胃食管疾病(食管裂疝),膈疝,胃食管套叠等。大动物见于马属动物急性胃扩张、牛的生产瘫痪、大量液体进入瘤胃如洗胃或胃导管投药等。猪可发生于传染性胃肠炎以及引起吞咽障碍的疾病、真菌毒素如镰刀菌毒素中毒。

(2)咽、食管疾病:如舌病、咽内异物、咽炎、食道阻塞等疾病可引起呕吐。

(3)肠道机能障碍:肠道寄生虫、肠炎、肠管阻塞、小肠变位、弥漫性壁内肿瘤、真菌感染性疾病、肠扭转及麻痹性肠梗阻,盲肠炎、顽固便秘、过敏性肠综合征。

(4)腹部器官或组织的疾病:胰腺炎、腹膜炎、肝炎、胆管阻塞、脂肪织炎、肾盂肾炎、子宫蓄脓、尿道阻塞、膈疝、肿瘤。

(5)饲料因素:如突然更换饲料、摄食异物、吃食过快、食物过敏和对某种特殊食物的不耐受以及采食刺激性食物。

(6)药物因素:如犬、猫对某些药物不耐性,如抗肿瘤药物、强心苷、抗微生物药物(红霉素、四环素)及砷制剂;前列腺素合成的封闭剂(非类固醇抗炎药);抗胆碱药的错误应用如偶尔剂量过大等;内服某些药物,如阿扑吗啡、吗啡、洋地黄、氯仿、硫酸铜、水杨酸钠、氯化铵、氨茶碱等,可刺激胃肠黏膜反射性引起呕吐。

(7)中毒性疾病:有机磷、磷化锌、酚、亚硝酸盐、猪屎豆、狼毒、白苏、闹羊花等中毒性疾病,也可引起中枢性呕吐。

(8)新陈代谢紊乱:如尿毒症、肝炎、酸中毒等,可因代谢产物作用于呕吐中枢而发生呕吐。糖尿病、犬的甲状腺机能亢进、肾上腺机能低下、肾脏疾病、肝脏疾病、脓血症、酸中毒、高钾血症、低钾血症、高钙血症、低钙血症、低镁血症和中暑、细菌毒素。

(9)神经机能障碍:精神因素(疼痛、恐惧、兴奋、过度紧张)、运动障碍、炎性损伤、水肿及癫痫和肿瘤。如犬等动物的晕车、晕船、长途运输等,使呕吐中枢神经功能紊乱,从而引起呕吐。

(10)颅内压增高的疾病:如脑震荡、脑挫伤、脑肿瘤、脑及脑膜感染性疾病、脑出血所引起的颅内压升高,常常导致脑水肿,脑缺血缺氧,使供给呕吐中枢的血氧不足而发生呕吐。

症状和诊断　呕吐持续时间及系统检查:呕吐是急性还是慢性,现症、病史及用药和治疗情况,特别是非类固醇抗炎药物和红霉素、四环素、强心苷等的用药情况。对慢性病例,初期并无明显的临床症状而出现急性呕吐,炎性肠道疾病常出现类似症状,同时对各种病例应详细了解食物的类型、疫苗注射情况、旅行和环境的变化。

呕吐与采食的时间关系　正常情况下,采食后胃的正常排空时间为 7~10 h,采食后立即呕吐,见于饲料质量问题、食物不耐受、过食、应激或兴奋、胃炎等;采食后 6~7 h 呕吐出未消化或部分消化的食物,通常见于胃排空机能障碍或胃肠道阻塞;胃运动减弱常在采食后 12~18 h 或更长时间出现呕吐,并呈现周期性的临床特点。

呕吐物的性状　要注意呕吐物的颜色变化,呕吐物中有胆汁见于炎性肠综合征、胆汁回流综合征、原发或继发胃运动减弱、肠内异物及胰腺炎。呕吐物带有少量陈旧性血液见于胃溃疡、慢性胃炎或肿瘤，大量血凝块或咖啡色呕吐物常标志胃黏膜损伤或出血性溃疡。

喷射状呕吐　所谓喷射状呕吐指呕吐物被用力排出并喷射一定的距离，见于胃及邻近胃的小肠阻塞等疾病，如异物、幽门息肉或幽门肿瘤、幽门肥大，但临床上并不常见。

间歇性慢性呕吐　间歇性慢性呕吐是临床上常见症状之一，常与采食时间无关，呕吐内容物的性状变化很大，且呕吐呈周期性发生，并伴发其他症状，如腹泻、昏睡、食欲不振、腹部不适和流涎等，当出现这一系列症状时，应重点考虑慢性胃炎、肠道炎性疾病、过敏性肠综合征、胃排空机能障碍并进行类症鉴别诊断，做出确诊需要进行胃和肠道黏膜活检。一般说来，全身性疾病或代谢疾病引起的急性或慢性呕吐与采食时间和呕吐内容物性状无直接关系。

呕吐的检查　主要包括：临床症状、急性（3～4 d）或慢性、呕吐的频率和程度（轻度、中度或重度）、呕吐物的物理检查。必要时，进行血细胞计数、血液生化分析、尿液分析和粪便检验等。为了进一步分析临床检查结果，可通过 X 射线透视或摄影、B 超检查、内窥镜检查综合分析，进行确诊。

黏膜检查可判定失血、脱水、败血症、休克和黄疸，猫的黄疸通过硬腭检查，口腔检查是否有异物，猫的口腔检查尤为重要，在某些病例适当使用镇静药物以便检查，呕吐时颈部软组织触诊检查甲状腺，判定甲状腺机能是否亢进。心脏听诊检查发现代谢性疾病引起的心音或心率的异常变化，如肾上腺机能亢进表现心率徐缓和股动脉弱脉，伴发休克的传染性肠炎表现心率过速和弱脉，胃扩张扭转综合征表现心率过速、弱脉和脉搏缺失。

仔细检查腹部疼痛反应，弥漫性疼痛见于胃肠道溃疡、腹膜炎或严重肠炎，局部疼痛见于胰腺炎、异物、肾盂肾炎、肝脏疾病、肠道炎性疾病的局部炎症。其他腹部检查包括器官的大小，如肝肿大、肾脏大小、胃肠扩张的程度以及肠音的变化，在腹膜炎时肠音常常消失，而急性炎性时肠音增强。

直肠检查主要检查肠黏膜的状态，观察是否有带有血液或黏膜的粪便、黑粪及异物的存在，同时采集粪便作寄生虫检查。当怀疑胃肠道出血或确诊时，详细的直肠检查尤为重要。

治疗　由于呕吐的病因不同应采取不同的治疗方法，一般治疗包括去除病因，控制呕吐和纠正体液、电解质和酸碱平衡。必要时，应用止呕药以缓解病情和减少体液及电解质的损失。

二、返流（regurgitation）

返流（regurgitation）是指采食的食物被动逆行到食道括约肌的近端，常发生在采食的食物到达胃之前。主要由于食道功能障碍引起，在反刍动物则为生理的反刍现象。虽然反刍动物的返流是正常的生理现象，但过多的返流则是疾病的征候。返流是许多疾病的一种临床症状，不是原发性疾病。巨大食管，即蠕动弛缓扩张的食管的一种特异综合征，是犬最常见返流症状的原因之一。严重的返流导致吸入性肺炎和慢性消耗性疾病。返流主要发生于犬、猫，大动物则极为少见。

病因　常见于食道损伤、食道内异物、气管和支气管内异物、脓肿和外伤，马属动物的胃扩张、反刍动物的食道内肿瘤、各种毒素中毒和某些植物中毒。在犬、猫还可发生于重症肌无力和多发性肌炎、肾上腺皮质功能减退、甲状腺机能低下等。

症状　症状表现常被畜主认为是呕吐，在临床检查时应注意加以鉴别，确定原发性疾病以及返流与采食的时间关系。

咳嗽和呼吸困难　继发于返流的咳嗽或呼吸困难，伴有巨大食管的病例应首先进行 X 射线检查，判定是否发生吸入性肺炎，同时应做详细的问诊和胸部 X 射线检查以确定肺炎是否为原发性的，猫先天性巨大食管常伴发咳嗽和流鼻液。

虚弱　与返流有关的虚弱或衰竭见于全身性疾病，如重症肌无力、肾上腺机能低下和多发性肌炎，这些疾病都可引起食道运动障碍或巨大食管症。在重症肌无力病例中，返流发生在肌肉虚弱临床症状之前，而犬的重症肌无力并不表现虚弱。

体重下降　伴有返流的体重下降表明摄入的营养不能满足机体需要，主要是由于采食量下降或转入到胃的内容物减少。

采食后窘迫　采食后（几秒或几分钟）迅速发生不安或窘迫，表现为头颈伸展、频繁吞咽，发生返流表明食管狭窄，而这一症状往往伴发旺盛的食欲。

旺盛食欲　发生返流同时又具有旺盛的食欲表明饥饿，常见于食管阻塞和巨大食管症。

物理检查　胸部听诊有返流的吸入性肺炎，伴有捻发音，发生肺炎的病例出现脓性鼻液。检查内容包括虚弱（重症肌无力）和心率徐缓（肾上腺机能低下）、肌肉疼痛（多发性肌炎），症状还包括全身性疾病引起的关节疼痛、跛行、舌炎及其他症状（红斑狼疮）。

诊断　在返流的诊断中，X 射线检查是第一步，也是最重要的一步，结合钡剂进行确诊。同时根据临床发生特点并结合血液细胞学和血液生化检查、CPK 和尿液分析等作为辅助诊断。怀疑其他疾病可进行特殊试验，如肾上腺机能低下进行

ACTH 刺激试验,红斑狼疮进行抗核抗体检查、重症肌无力进行血清 AchR 抗体检查等。

治疗 返流治疗的主要目的是尽早去除病因,防止吸入性肺炎发生和补充足够的胃肠营养。各种原因引起的返流症状参考其他各个章节具体治疗方法。

三、咽下障碍(dysphagia)

咽下障碍(dysphagia) 是指咀嚼和吞咽异常,与口腔、唇、咽、食道、颚及咀嚼肌的疾病以及中枢神经或外周神经的损伤导致这些部位功能异常有关。

病因

疼痛 疼痛是引起马和反刍动物咽下障碍的常见原因。包括牙龈脓肿和牙周疾病、牙磨灭不整、口腔、咽或鼻腔内异物、口腔水泡、溃疡、血肿、食道炎、食道的脓肿、蜂窝织炎、创伤、肿瘤、食道阻塞和创伤、白肌病、舌伤等。下颌关节疾病、咬肌炎和局部肌无力也可出现疼痛表现。

阻塞 见于食道异物阻塞、食道的脓肿、外伤、肿瘤、口腔和颚的肿瘤等。

神经肌肉障碍 见于李氏杆菌病、狂犬病、破伤风、白肌病、脑炎、脑膜炎等。

症状 引起咽下障碍的临床症状包括急性作呕、吞咽次数增加、流涎、旺盛的食欲(由于饥饿)、偶见食欲不振和咳嗽。咽下障碍和返流常同时发生,特别是食管近端机能障碍时。

诊断 详细的病史调查和临床检查是必要的,颈胸部 X 射线检查可观察食管状态。必要时应用钡剂造影检查。

第十九节 腹泻(diarrhea)

腹泻是指粪便稀薄如水样或稀粥样,临床上表现排粪次数明显增多。腹泻是最常见的临床症状之一,可以是原发性肠道疾病的症状,也可以是其他器官疾病及败血症或毒血症的非应答性反应。各种动物由于其消化生理的差异,腹泻的发生机制也不相同。一般来说,各种致病因素导致的胃肠分泌和吸收变化都可引起腹泻,马属动物水的重吸收主要在盲肠和大结肠进行,其腹泻也主要与大肠肠壁或肠腔异常有关。

引起动物腹泻的病因很多,常常由细菌性、病毒性、真菌性、寄生虫性、中毒性、营养性等因素引起。然而,造成腹泻的病因是很复杂的,还因动物而异。下面将按动物种类分别叙述引起腹泻的常见病因。

一、引起牛腹泻的常见病因

1. 细菌性　产肠毒素的大肠杆菌（*E. coli*），沙门氏菌（*Salmonella* spp.），B 型和 C 型产气荚膜梭菌（*Clostridium perfringens* types B and C），副结核分支杆菌（*Mycobacterium paratuberculosis*），变形杆菌（*Proteus* spp.）和假单胞菌（*Pseudomonas* spp.），空肠弯曲杆菌（*Campylobacter jejuni*）。

2. 真菌性　念珠菌（*Candida* spp.）。

3. 病毒性　轮状病毒（*Rotavirus*）和冠状病毒（*Coronavirus*），牛病毒性腹泻病毒（*Bovine diarrhea virus*）；牛瘟（*Rinderpest*）、牛恶性卡他热（bovine malignant catarrhal fever）和口蹄疫（aftosa）等病毒。

4. 寄生虫性　胃线虫（*Ostertagiasis*），艾美耳球虫（*Eimeria* spp.），隐孢子虫（*Cryptosporidium* spp.）。

5. 化学因子　砷、氟、铜、氯化钠、汞、钼、硝酸盐、有毒植物、真菌毒素中毒。

6. 物理因子　沙、土、青饲料、含乳酸的饲料。

7. 营养缺乏　因过多钼摄入而继发的铜缺乏。

8. 饮食性　反刍动物谷物过食，单纯消化不良，劣质的代乳品，其他病因或病因不明，冬痢（winter dysentery），肠二糖酶缺乏。

9. 其他　充血性心力衰竭；毒血症如超急性大肠杆菌性乳房炎。

二、引起马腹泻的常见病因

1. 细菌性　沙门氏菌，驹放线杆菌（*Actinobacillus equuli*），马棒状杆菌（*Rhodococcus equi*），梭菌病（*Clostridiosis*）。

2. 病毒性　轮状病毒（*Rotavirus*），冠状病毒（*Coronavirus*），腺病毒（*Adenovirus*），立克次体（*Rickettsia*）。

3. 真菌性　烟曲霉（*Aspergillus fumigatus*）。

4. 寄生虫性　圆线虫（*Strongylus* spp.）、毛线虫（*Trichonema* spp.）和蛔虫（*Ascaris* spp.）。

5. 物理因子　沙石疝（*Sand colic*）又有人称之为肠积沙性疝痛。

6. 其他　应激诱发（stress-induced）、磺琥辛酯钠中毒（dioctyl poisoning）、保泰松中毒（phenylbutazone toxicity）、肿瘤如淋巴肉瘤（lymphosarcoma）；其他不明原因或病因不明的疾病：诸如 X-结肠炎（colitis-X），肉芽肿性肠炎（granulomatous enteritis），四环素诱发（tetracycline-induced）的腹泻，自发的腹泻或病因不明腹泻

(idiopathic or unknown)。

三、引起猪腹泻的常见病因

1. 细菌性　产肠毒素的大肠埃希氏菌、沙门氏菌、C 型产气荚膜杆菌、猪痢疾密螺旋体(*Treoibena*)、猪痢疾(hyodysenteriae)、猪冬痢(swine dysentery)。

2. 病毒性　传染性胃肠炎(transmissible gastroenteritis，TGE)、轮状病毒和冠状病毒感染。

3. 原虫性　等孢子球虫(*Isospora* spp.)感染。

4. 寄生虫性　蛔虫(*Ascaris lumbricoides*)、猪鞭虫(*Trichuris suis*)感染。

5. 营养缺乏性　铁缺乏(iron deficiency)。

6. 其他原因和病因不明的腹泻　增生性出血性肠病。

四、引起绵羊腹泻的常见病因

1. 细菌性　产肠毒素的大肠埃希氏菌、B 型产气荚膜杆菌(*Clostridium perfringens* type B)、沙门氏菌、副结核分支杆菌感染。

2. 病毒性　轮状病毒和冠状病毒感染。

3. 寄生虫性　细颈线虫(*Nematodius* spp.)、胃线虫(*Ostertagia* spp.)、毛圆线虫(*Trichostrongylus* spp.)、艾美耳球虫(*Eimeria* spp.)、隐孢子虫(*Cryptosporidium*)感染。

五、引起犬猫腹泻的常见病因

1. 细菌性　沙门氏菌(*Salmonella* spp.)、小肠结肠炎耶尔森菌、空肠弯曲杆菌、毛样杆菌、梭菌、分枝杆菌感染。

2. 病毒性　犬瘟热(*Canine distemper*)、犬细小病毒(*Canine parvovirus*)、犬冠状病毒(*Canine coronavirus*)、猫泛白细胞减少症病毒(*Feline panleukopenia virus*)、猫冠状病毒(*Feline coronavirus*)、猫免疫缺陷病毒(*Feline immunodeficiency virus*)感染。

3. 真菌性　荚膜组织胞浆菌、白色念珠球菌、原壁菌感染。

4. 寄生虫性　等孢子球虫、肉孢子虫、贝诺孢子虫、弓形虫、结肠小袋虫感染。

5. 饮食性　突然改变日粮、食物过敏、摄入毒素。

6. 其他因素　急性胰腺炎、肝脏疾病、肾脏疾病、药物诱导、肾上腺机能低下、甲状腺机能亢进等，胃肠内异物、毒素，如铅、杀虫剂等，肠道肿瘤，如腺癌(adenocarcinoma)、淋巴肉瘤(lymphosarcoma)。

六、引起禽类腹泻的常见病因

1. 病毒性　新城疫病毒(newcastle disease virus)、传染性法氏囊病病毒(infectious bursal disease virus)、禽腺病毒(*Aviadenovirus*)、疱疹病毒。

2. 细菌性　沙门氏菌、大肠杆菌、多杀性巴氏杆菌(*Pasteurella multocida*)、链球菌(*Streptococcus*)、魏氏梭菌 A 型或 C 型(*C. perfringens* type A and C)。

3. 寄生虫性　球虫(*Eimeria*,*Isospora*,*Wenyonella*,*Tyzzeria*,*Cryptosporidium*)、住白细胞原虫(*Leucocytozoon*)、棘口吸虫(*Echinostomatidae*)。

分类及病理发生　正常消化道吸收功能任何环节异常或缺损以及肠道受到破坏时均可产生腹泻,但每一种腹泻均非单一发病机制,常有多种机制的共同参与,如在各种病原体引起的肠道感染之后,常有一段时间的吸收不良,这是由于肠道黏膜修复过程中,隐窝细胞代偿性增生,以补充受损的绒毛细胞,但其功能尚不成熟,缺乏消化酶及吸收功能之故。按腹泻的病理发生可将其分为渗出性、渗透性、分泌性和肠管运动机能异常性 4 类。

1. 渗出性腹泻　渗出性腹泻又称炎症性腹泻,是各种致病因子产生的炎症、溃疡,使肠黏膜完整性遭受破坏,造成大量渗出并刺激肠壁而引起的腹泻。粪便中可查到红细胞和白细胞,伴有腹部或全身性炎症反应,如发热、疲乏等。渗出性腹泻病因很多,大致可分为感染性渗出性腹泻和非感染性渗出性腹泻。感染性渗出性腹泻由各种感染引起,病毒性如轮状病毒、细小病毒等,细菌性如痢疾杆菌、大肠杆菌等,寄生虫性如类圆线虫、毛线虫、肠道蠕虫等,其他感染如组织胞浆菌、隐球菌等。非感染性渗出性腹泻由肠道肿瘤如结肠直肠癌、小肠淋巴瘤等,血管原因如缺血性肠病、肠系膜静脉血栓形成、维生素缺乏如烟酸缺乏、恶性贫血以及中毒如砷中毒等引起。

感染性渗出性腹泻时,病原体侵入上皮细胞及黏膜下层,并在其中生长繁殖,释放内毒素或水解酶,破坏肠壁引起炎症反应。

2. 渗透性腹泻　由于肠腔内不能吸收的溶质增加或肠道吸收功能障碍,引起肠腔渗透压增加,滞留大量水分而产生的腹泻,称为渗透性腹泻。致发渗透性腹泻的病因较多,如消化功能不全(如慢性胰腺炎、胰腺癌、胃切除、胰腺切除等),胆盐不足(如严重肝脏疾病、长期胆道阻塞、细菌大量繁殖、回肠疾病等),肠黏膜异常(如双糖酶缺乏、肠激酶缺乏等),其他因素(球虫感染、隐孢子虫感染),肠黏膜淤血(如充血性心力衰竭、肝静脉阻塞等),药物(硫酸镁、硫酸钠)。

由吸收功能障碍所致的渗透性腹泻以糖类吸收不良较为常见,但脂肪和蛋白质消化吸收不良也是渗透性腹泻的重要原因。肠黏膜病变、胆盐不足、感染常与脂肪泻有关。发生特点为粪便量增加、禁食后腹泻好转、粪便酸度增加。

3. 分泌性腹泻　由于胃肠道水和电解质分泌过多,或吸收减少,分泌量超过吸收量所引起的腹泻,称为分泌性腹泻。正常肠道水电解质的分泌以隐窝上皮细胞为主,而吸收则以绒毛上皮细胞为主,当其分泌功能增强、吸收功能减弱,或两者并存时肠道水与电解质净分泌增加,产生分泌性腹泻。常见病因包括肠毒素性(体外产生,如金黄色葡萄球菌、产气荚膜梭状芽孢杆菌;体内产生,如霍乱弧菌、产毒素性大肠杆菌、肺炎杆菌等),内源性促分泌物(如血管活性肠肽、胃泌素、5-羟色胺、前列腺素、降钙素等),导泻剂(如外源性泻剂,如酚酞、番泻叶、大黄、芦荟、蓖麻油、短链脂肪酸等)及其他原因如药物(胆碱能药物、前列腺素 E、胆碱酯酶抑制剂)、食物过敏及变态反应性肠炎,砷、有机磷及重金属中毒等。

肠毒素性分泌性腹泻是由于各种产毒素性细菌进入肠腔后,产生不耐热肠毒素,与上皮细胞神经节苷酯结合,其 A 亚单位进入细胞,激活细胞内腺苷酸环化酶,使细胞内 cAMP 增加,通过其第二信使作用引起细胞分泌功能亢进而腹泻。血管活性肠肽、胃泌素、5-羟色胺、前列腺素等内源性促分泌物质与肠上皮细胞结合后,促使细胞内质网释放 Ca^{2+},而导致细胞分泌功能亢进;大肠杆菌耐热肠毒素则可能通过细胞 cGMP 为第二信使引起腹泻。酚酞等导泻剂则先引起肠道前列腺素增加,最终产生腹泻。

分泌性腹泻的临床特征:粪便量多,呈水样,无红细胞和白细胞,其 pH 值近中性或偏碱性,禁食后腹泻仍持续存在,须待分泌物消除后,腹泻才会停止。

4. 肠管运动异常性腹泻　胃肠道运动影响肠腔内水和电解质及食物与肠黏膜上皮细胞接触时间,进而影响这些物质的吸收。肠管运动功能亢进时,肠内容物通过肠道时间缩短,肠内未经正常消化的滞留物增加引起腹泻;肠管运动减弱或停滞时,可因细菌过度生长而发生腹泻。肠管运动受神经、活性介质等调节,凡其中的因素之一异常,均可导致腹泻。肠管运动异常性腹泻原因复杂,诊断较为困难。一些促进产生动力激素或介质疾病,如胆盐增加、感染性腹泻、肠痉挛等及应用一些使肠神经兴奋性改变的药物(如新斯的明、乙酰胆碱、甲状腺素等)等。

症状　全面系统的临床症状检查能为判定腹泻的原因和严重程度提供有价值的资料,如判断腹泻发生的部位、为急性抑或慢性、为原发性或继发性及其与所用药物的关系,如能发现严重疾病的警示性症状如发热、腹部疼痛、严重脱水和血样粪便,有助于进行快速诊断,以便提出最佳的治疗措施。

一般检查应注意小肠疾病明显影响体液、电解质和营养平衡,水样腹泻导致脱水和电解质减少,表现精神沉郁、消瘦和营养不良。与小肠性腹泻有关的发热表明黏膜损伤严重,而大肠性腹泻的动物则活泼、状态良好。

详细的腹部触诊检查应注意有否疼痛、机体损伤和肠系膜淋巴结病。腹部疼痛的动物表现气喘、精神沉郁、背腰弓起,积液的肠道表明肠管炎症或肠梗阻。肠襻增厚可能是肿瘤细胞或炎性细胞的浸润的结果。通过直肠检查可判定直肠积粪、直肠狭窄及肛门疾病。此外,尚应注意以下几个方面:①腹泻持续时间:腹泻的持续时间有助于鉴别诊断单纯性腹泻和慢性腹泻。②环境因素:动物的环境可以确定发生传染性和寄生虫性疾病的可能性,处于应激环境下的动物也可能发生腹泻。③日粮:近期日粮性质和日粮种类的改变对评价腹泻是极为重要的。④粪便的特征:带有未消化的食物、脂肪小滴或黑色的稀软水样粪便可能提示是小肠疾病,带黏液或有时伴有鲜血的半固体粪便提示是大肠疾病。⑤粪便的量:小肠性腹泻粪便量增加,而大肠性腹泻粪便量可能增加或正常。⑥排粪频率:小肠疾病可能排粪次数增加,但大肠疾病总是伴有排粪次数增加,常伴有黏液和血液。⑦整体状态:小肠疾病的动物常表现营养水平低下,主要由于厌食、呕吐、水和电解质平衡失调,动物表现被毛粗乱、昏睡和体重下降。而大肠疾病通常能维持正常的营养状态。⑧里急后重或排粪困难:里急后重或排粪困难是大肠疾病的特征,应考虑盲肠、直肠和肛门的炎症及阻塞。⑨呕吐:带有呕吐的腹泻主要反映小肠疾病,少数情况下也应考虑结肠炎伴发呕吐。

诊断 可根据临床表现、流行病学特点、实验室检查,对腹泻病畜进行病因学分类,如要进行确诊必须进行血液学检查、粪便检查、X射线摄片、细菌培养,必要时进行胃肠功能试验和肠管的大体剖检及组织病理学检查。

(1)病史:年龄与性别,起因和病程,急性腹泻多数由感染引起,应注意询问流行病史、粪便性状。

(2)伴随症状:急性腹泻伴发高热者,以细菌性可能性较大;慢性腹泻伴发腹痛时,要注意腹痛的性质与部位。慢性腹泻伴发发热、贫血、消瘦者,应考虑肠结核,肠淋巴瘤等;伴有体重下降,但无发热者,提示吸收不良、甲状腺机能亢进、肠道肿瘤、肠道慢性炎症。

临床上常见的未断奶仔猪的腹泻的鉴别诊断可参见表2-4。猪的腹泻的年龄特征可参见表2-5。

(3)临床检查:对腹泻病例应做全面体检。急性腹泻有严重脱水症状,应考虑食物中毒性感染。

(4)实验室检查和特殊检查。

表 2-4　未断奶猪腹泻的鉴别诊断

疾病	年龄	发病率	死亡率	仔猪其他症状	腹泻物外观	发病及经过	肉眼剖检	光镜变化	诊断
大肠杆菌病	仔猪黄痢常发于1周龄内，仔猪白痢多发于10～30日龄，猪水肿病多见于断奶仔猪	不一，通常全，窝感染，但邻窝可正常	不一、中等	脱水、腹膜苍白、尾可能坏死，母猪不感染，初产母猪产的仔猪比经产母猪的严重	黄色或白色，浆状稀粪、恶臭，腹泻液呈碱性	渐进发作，慢慢散播遍及全舍，产后的几窝严重，常与管理差、环境差、温度低有关	胃内充满，乳糜，管内有脂肪，肠充血或无充血，肠壁轻度水肿，肠浆膜无充血，体，黏液和气体	无病变	小肠黏膜检出大肠杆菌，分离大肠杆菌并检测毒力
传染性胃肠炎	除未断奶猪外，各种年龄均可发生	近100%	10日龄内达100%，仔猪、母猪和肥猪较低	呕吐、脱水、母猪厌食、无乳，迅速传播	水样、黄色、白色、腹泻液至酸性	暴发性，所有窝同时感染，在该病老疫区发病率和严重性相对较低	小肠壁薄、半透明、肠管扩大，无满半液状内容物	小肠黏膜绒毛萎缩，小肠绒毛长度和肠腺隐窝深度之比，正常为7:1，病猪为1:1	小肠做荧光抗体检查，肠内容物直接电镜检查，分离病毒
球虫病	小于5d的猪不发病，常发于6～15日龄	不一，可达75%	通常低	消瘦、被毛粗，断奶时体重较轻，母猪正常	糊状至大量水样灰色，pH7.0～8.0，有的呈尿粒	母猪正常，散慢，逐渐增加	纤维素性坏死、固膜，特别是在空肠和回肠，大肠无病变	轻度至重度绒毛萎缩、固膜、纤维素性坏死性肠炎	空肠或回肠黏膜涂片，瑞氏或姬姆萨染色，甲基蓝裂殖子
轮状病毒性肠炎	1～5周龄	一般为50%～80%	缺乏母源抗体者达100%，3～8周龄为10%～30%，保护体龄	偶见呕吐、消瘦、被毛粗、母猪很少发病	水样、糊状混有黄色凝乳样物，pH6.0～7.0	流行性，突然发生，快速传播	胃内有乳或凝乳块、肠壁薄、无满液样乳糜管内有不等量的脂肪	空肠、回肠的绒毛中度萎缩、盲肠、结肠扩张、结肠管内有不等量萎缩	小肠做荧光抗体检查，肠内容物直接电镜检查，分离病毒
类圆线虫感染	4～10日龄	50%		呼吸困难，中枢神经系统症状			肠黏膜点状出血、肺偶见出血		粪便内虫卵
猪痢疾	7～12周龄	75%	5%～25%	黏液性或黏液出血性下痢	黄灰色水样、带血和黏液		病变局限于大肠和回肠盲结合处，并覆盖黏液和带血纤维素	表层坏死和出血	培养、组织病理学

续表 2-4

疾病	年龄	发病率	死亡率	仔猪其他症状	腹泻物外观	发病及经过	肉眼剖检	光镜变化	诊断
沙门氏菌病	各种年龄均可发生			体温升高，先便秘，后腹泻	浓黄色或灰绿色，恶臭		整个胃肠道卡他，出血性到坏死性肠炎。实质器官和淋巴结出血和坏死，肝局灶坏死。胃肠道弥漫性或局灶性溃疡	肠黏膜溃疡，肝脏和脾脏坏死灶	培养、组织病理学
猪丹毒	通常1周龄以内	全窝散发	中度至高度	高热（41～43℃），先便秘，后腹泻，亚急性型皮肤出现瘀血斑或疹块			体表皮肤出现红斑为特征，卡他性出血性胃炎，胃浆膜出血	淋巴结出血，出血	培养、血清学
伪狂犬病	任何年龄，青年仔猪较重	高达100%	高度，50%～100%	体温升高，新生仔猪表现神经症状、呕吐、共济失调，中枢神经系统症状，母猪流产		在以前未感染过的猪群中暴发	坏死性扁桃体炎、肝脏和脾脏死灶，肺充血、肺水肿	非化脓性脑膜脑炎，有明显的血管套现象	从冰冻的扁桃体和脑分离病毒，冷的扁桃体和脑的荧光抗体，血清抗体
弓形虫病	各种年龄	不一	不一	呼吸困难，发高热，青、链霉素治疗无效，有中枢神经系统症状，母猪流产	水样		肠溃疡，各器官可见坏死灶，淋巴结炎	局灶性坏死区	组织学和找出虫体，血清学检查
猪流行性腹泻	各种年龄	母猪发病率15%～90%	中度到高度	呕吐、脱水，年龄越小症状越重	水样腹泻	暴发，病程短	小肠膨胀，充满大量黄色液体	小肠绒毛上的肠细胞空泡化，脱落	粪便中病毒抗原和血液中特异性抗体

表 2-5　猪腹泻性疾病的年龄特征容易发生的腹泻性疾病

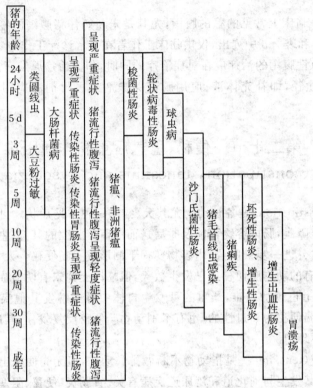

A. 粪便检查:应注意大便量、外观、性状,有无食物残渣、黏液、血和脓液。显微镜检查应注意红细胞和白细胞、虫卵、原虫、食物残渣。感染性腹泻还应施行粪便病原学检查。粪便检查标本应尽量新鲜,避免尿液或其他物质的污染。粪便检查可清楚地提示肠道病变性质及部位。如粪便量多而无渗出物,则患病主要部位可能在小肠,量少是远段结肠及直肠疾病;新鲜粪便标本含脓细胞或黏液,表明末段结肠炎病变。粪便含血是重要临床表现。其外观鲜红,出血可能来自远段结肠,粪便色黑或紫酱油色,出血可能来自上消化道,如胃及小肠。

粪便中致病菌的分离培养是诊断细菌性肠道感染的重要方法,必须在疾病早期,应用抗菌药物之前留取粪便,分离细菌。粪便培养时,标本应立即接种,多次培养,选择不同类型的培养基,进行药物敏感实验,确定抗菌药物的类型。

B. 血液检查:腹泻患畜应进行血常规、电解质、血气分析等检查。急性感染性腹泻,有外周血白细胞升高,肠道寄生虫病时可有嗜酸性粒细胞增加。

C. X 射线检查:胃肠道 X 射线检查可以发现胃肠道肿瘤,观察胃肠道黏膜形态、小肠分泌吸收及胃肠动力。据病情需要,可选择腹部平片、胃肠钡餐,钡剂灌肠等检查。

现将兽医临床上常见的猪的腹泻,尤其是未断奶仔猪腹泻的鉴别诊断方法在本节的表 2-4 和表 2-5 中列出,仅供临床工作者在日常诊疗工作中参考。

治疗 急性腹泻的治疗应在对症治疗的同时,积极治疗原发病。腹泻的治疗主要通过 3 种途径,即补充体液、应用肠道保护剂或吸附剂和应用全身性抗生素治疗。

第二十节 便秘、里急后重和排便困难
(constipation,tenesmus and dyschezia)

便秘(constipation)是各种动物尤其犬、猫的一种常见症状。由于某种因素致使肠蠕动机能障碍,肠内容物不能及时后送而滞留于肠腔的某部(主要在结肠和部分直肠),其水分进一步被吸收,内容物变得干涸形成了肠便秘。犬、猫对便秘都有较强耐受性,有的动物肠便秘虽已发生数天,但临床上并未有明显症状。便秘时间越久,在治疗上也越加困难,严重的可发生自体中毒或继发其他疾病而使病情恶化。多数动物肠便秘为一过性的,也有个别动物肠便秘反复发作,其原因尚不清楚,治疗效果也不理想。

里急后重(tenesmus)是指动物不断做排粪动作,但无粪便排出或仅排出少量黏液的行为,其发生与消化道和泌尿道疾病有关。直肠炎、便秘、阻塞或炎性疾病均可引起消化道源性的里急后重,阻塞发生的原因包括肠道的解剖结构、蠕动和括约肌的功能异常以及粪便坚硬或含有异物。局部炎性疾病多由于非特异炎症、局部感染、创伤和肿瘤等。膀胱炎、尿道炎、尿道阻塞、阴道炎、肿瘤以及怀孕等可引起泌尿道源性的里急后重。

排便困难(dyschezia)是指粪便排出困难和/或排便时疼痛,发生原因与里急后重基本相同。

病因 ①便秘主要见于马和猪的大肠阻塞、年老体衰、慢性腹水、大肠部分阻塞、麻痹性肠梗阻、肛门疼痛、牛慢性锌中毒、奶牛妊娠后期等。结肠阻塞、肿瘤、直肠异物、脓肿或先天性狭窄。②里急后重见于下消化道疾病,如结肠炎和球虫引起的直肠炎。生殖道疾病,如胎衣不下、严重阴道炎。犊牛雌激素中毒如雌激素埋植。某些中毒病如镰刀菌中毒、4-氨基吡啶中毒。后段脊髓损伤,狂犬病。猪仅发生于妊娠母猪。马很少发生。③小动物发生便秘和里急后重的因素有食物和环境因素。食入骨头、毛发和异物与粪便混合纠缠在一起,难以顺利地通过肠腔;一次食入大量的骨头、肉、肝等，使之消化不充分，易形成便秘。此外，由于环境突然改变，缺乏运动等，破坏动物正常排粪习惯，都可引起便秘。直肠或肛门部位受到机械性压迫或阻挡，如会阴疝、直肠息肉或肿瘤、肛门囊肿、直肠狭窄、骨折后盆骨变形、缺钙、骨盆发育不良、腹腔或盆腔新生物、前列腺增大、膀胱积尿等原因。④其他病因：诸如老年性肠蠕动机能减弱、腰荐神经损伤致使肛门括约肌丧失排便反射，髋关节脱位或四肢骨折时改变了排便姿势也可导致肠便秘。另外，某些慢性疾病，如机体脱水，衰弱或应用抗胆碱药物、抗组织胺药、硫酸钡、阿片等，都有可能发生便秘。老年猫直肠便秘较多见。

症状　便秘动物常试图排便，但排不出来。初期在精神、食欲方面多无变化，久而久之会出现食欲不振，直至食欲废绝。患病动物常因腹痛而鸣叫、不安，有的出现呕吐。直肠便秘时，进行肛门指检，常可触及到干硬粪便，或触诊腹部发现在直肠内有长串粪块。有的动物可见腹围膨大，肠胀气。结肠便秘时，由于不完全阻塞，可能发生积粪性腹泻，即褐色水样粪液包裹干涸粪团而排出。小型犬猫通过腹部触诊，常能触摸到粪结块。马属动物便秘，又称肠阻塞，多数出现起卧不安和疝痛症状，直肠检查可摸到结粪块。

诊断　根据病史和临床症状，结合肛门内指检或直肠检查和腹部触诊，易于做出诊断。有条件的地方通过 X 射线照片，清晰可见肠管扩张状态，其中含有致密粪块或骨头等异物阴影。

治疗　对单纯性便秘，可采用温水、2%小苏打水或温肥皂水反复灌肠，并配合腹外适度地按压肠内便秘粪块，一般多能奏效。灌肠时用液量应视犬猫体型大小、肠腔紧张度不同而增减，常用液体量一次为 20～80 mL，切忌灌注量过多，防止肠腔过度扩张使肠壁受伤。灌注后不要让其立即流出，可对肛门稍加按压。必要时相隔 1～2 h 后再次灌肠。

直肠后段或肛门便秘阻塞时，为保证动物安全，防止肠黏膜损伤，可在动物全身麻醉后用镊子破碎干涸粪块取出。

严重结肠便秘，用上述方法不能奏效时，可行外科手术取出肠腔结粪，术后注意护理。肠便秘治疗应注意对症治疗，采取补充体液、强心等措施。

马属动物便秘的治疗请参考腹痛性疾病中有关章节。

第二十一节　呼吸困难、呼吸迫促或呼吸窘迫
(dyspnea and respiratory distress or tachypnea)

呼吸困难(dyspnea)在人类医学是指难于呼吸的感觉。动物呼吸困难是一种主

观现象,难以进行准确的定义。为了应用呼吸困难这一术语,有必要进行客观描述。呼吸困难即呼吸窘迫是根据呼吸速率、节律和特征所表现的不适当呼吸的程度。根据呼吸困难的原因和程度表现为费力、阵发和持续性几种类型。呼吸迫促(tachypnea)即呼吸急促是指呼吸速率增加。呼吸窘迫(distress)是指动物呼吸费力的症状。重要的是要鉴别呼吸困难有关的呼吸迫促与正常生理活动的呼吸迫促,如正常气喘、运动、高热和烦躁等。

病因 ①上呼吸道疾病:鼻腔疾病(鼻狭窄、阻塞如感染、炎症、肿瘤、外伤、出血等);咽喉疾病(软腭水肿、猫咽息肉、喉水肿、异物、炎症、外伤、瘫痪、痉挛、肿瘤);颈部气管疾病(衰竭、狭窄、外伤、异物、肿瘤及寄生虫病);②下呼吸道疾病:颈部和胸部气管疾病,淋巴结病、心基部肿瘤,左心房扩张,支气管疾病如过敏、感染、寄生虫病,慢性阻塞性肺病;③肺实质疾病:心性或非心性水肿、肺炎(传染性、寄生虫性或吸入性肺炎)、肿瘤、过敏、栓塞(恶丝虫病、肾上腺皮质机能亢进、弥漫性血管内凝血)、外伤或非肉芽肿病;④胸膜疾病:气胸、胸膜腔积液、胸壁外伤、胸壁肿瘤、胸壁瘫痪、膈疝;⑤其他疾病:纵隔疾病(感染、外伤和肿瘤)、腹膜腔疾病(器官肿大、积液)、血红蛋白疾病(贫血、高铁血红蛋白血症、发绀)、中枢神经系统疾病(脑、脊髓)、外周神经疾病和肌肉疾病、代谢性疾病如代谢性酸中毒、烦躁、恐惧和疼痛等。

症状 要注意与某些品种和年龄有关特殊原因的呼吸困难,如短头犬和短脸猫发生的短头综合征,在老龄小型犬发生的气管衰竭和某些大型犬的喉瘫痪。地理位置和环境在真菌感染型疾病十分重要,如组织胞浆菌病、芽生菌病、球孢子菌病和恶丝虫病。在外伤和传染性疾病诊断时应考虑环境因素、免疫程序和病史调查。当诊断目前动物疾病状态时,病史的调查和免疫程序有助于确定呼吸困难的病因、呼吸困难的持续性和渐进性,治疗的效果及机体其他器官疾病。

呼吸困难时应观察异常鼻液、有无其他损伤和呼吸类型的变化。尽可能确定呼吸困难是吸气性、呼气性或混合性,或是阻塞性和限制性呼吸困难。听诊检查正常呼吸音和异常呼吸音,如捻发音和喘鸣音以及心音的变化。如上呼吸道阻塞时可通过喉部和气管的触诊进行确诊。

诊断 根据检查某些呼吸困难或呼吸迫促的病因明显。如根据病史和临床检查呼吸困难病因不明,通常采用以下程序确定病因:①呼吸频率和节律;②呼吸类型变化:吸气性或呼气性或混合性;③呼吸音变化,正常或异常呼吸音如捻发音和喘鸣音;④呼吸类型是限制性或阻塞性或两种同时存在;⑤咳嗽的有无及咳嗽的性质。

鼻腔疾病在进行鼻镜检查和鼻组织活检之前应用 X 射线投照进行早期确诊。当发生咽喉阻塞时，在检查前必须麻醉，采用吸气和呼气投照和下呼吸道投照。在 X 射线投照确定呼吸道疾病和肺实质疾病时，如咳嗽存在要进行经气管吸引术，对抽出物进行细胞学检查，同时进行厌氧和需氧微生物培养。在气管或支气管疾病时，特别是阻塞性疾病，进行内窥镜检查。如存在胸膜腔积液时，进行胸腔穿刺和穿刺液分析。如为渗出液，需要进行厌氧和需氧培养（猫传染性腹膜炎例外）。如为漏出液，要进行反复 X 射线检查，区别心脏疾病、膈疝或异物。在此种情况下，最好应用超声检查。必要时结合钡剂造影检查。

肺实质疾病的诊断如应用上述方法不能确诊，可应用肺组织活检进行诊断，特别对肿瘤更有帮助。如呼吸频率和深度增加，没有阻塞或其他支气管肺部疾病，可进行血清总二氧化碳、碳酸氢根浓度、血液生化分析、尿液分析和动脉血血气分析确定代谢性酸中毒。

对呼吸运动降低，特别是呼吸速率下降，首先应排除医源性因素，如巴比妥酸盐过量。应进行神经系统的检查，发现引起呼吸中枢抑制的脑部疾病或引起换气障碍的脊椎和外周神经疾病。在中枢神经系统疾病适当进行脑脊髓液分析，如神经疾病是颅外性疾病，必须鉴别上运动神经元和下运动神经元疾病，必要时进行 X 射线投照。如肌肉弛缓，可能是下运动神经元疾病，如重症肌无力、肉毒梭菌毒素中毒、多发性神经炎或肌病。下运动神经元疾病有呼吸迫促的症状。

治疗 呼吸困难和呼吸迫促根据病因采取支持疗法和对症疗法，必要时进行特殊治疗以减缓症状。

第二十二节　咳嗽（coughing）

咳嗽是一种保护性反射动作，能将呼吸道异物或分泌物排出体外。咳嗽亦为病理状态，当分布在呼吸道黏膜和胸膜的迷走神经受到炎症、温热、机械和化学因素刺激时，通过延脑呼吸中枢反射性引起咳嗽。

病因 ①呼吸器官炎症：见于咽炎、喉炎、扁桃体炎、气管支气管炎、慢性支气管炎、支气管扩张、肺炎（细菌性、病毒性、真菌性）、肉芽肿、脓肿、慢性肺纤维症、气管麻痹、肺门淋巴结肿大；②呼吸器官肿瘤：见于气管、咽、纵隔、肋骨、胸骨、肌肉及淋巴的原发性或转移性肿瘤；③心血管疾病：见于左心衰竭、左心扩张、肺血栓、肺充血和肺水肿；④过敏反应：见于支气管哮喘、嗜酸性粒细胞性肺炎等；⑤外伤及生理性：由异物（食道、气管）、刺激性气体、外伤、气管麻痹、气管形成不全、肝肿大所致;⑥寄生虫:由血丝虫病、寄生虫在内脏移行及肺丝虫所致。

症状和诊断 咳嗽的一般检查包括既往病史和目前的治疗情况、用药剂量和方法,全面进行物理检查和颈胸部 X 射线检查。同时注意检查心音和肺部异常呼吸音,对喉部、气管和胸部进行适当触诊。必要时,应用血细胞计数、粪便悬浮检查和心恶丝虫检查。特殊情况下进行血液生化分析、心电图检查、支气管冲洗、细菌培养、支气管镜检查及血气分析等。

在临床上,如眼鼻分泌物增多的年轻猫应首先考虑细菌、病毒、寄生虫引起的传染性疾病,伴有咳嗽而没有眼鼻分泌物的老龄猫可能是类气喘综合征,中老龄的小型犬可能是慢性肺阻塞性疾病,而中老龄大型犬常是充血性心肌病或肺炎。

咳嗽的性质 检查咳嗽是如何发生的,是湿性或干性,是原发还是继发。夜间咳嗽与心脏病、精神性和气管衰竭有关,也可能是由各种原因引起的肺水肿。心性咳嗽初期主要在夜间,后期逐渐发展为昼夜咳嗽,肺炎初期表现为白天剧烈咳嗽。在传染性、寄生虫性及肿瘤等疾病的初期,最常见在白天咳嗽。湿性咳嗽常见于咽喉炎、支气管炎、支气管肺炎、肺脓肿以及寄生虫或过敏引起的疾病。干性咳嗽见于心源性疾病、支气管炎、气管支气管炎、扁桃体炎、大部分过敏性咳嗽及弥漫性肺间质疾病。

咳嗽伴有干呕 临床上咳嗽常伴有干呕,见于在心源性疾病、气管炎、支气管炎及肺通道的非传染性疾病的早期,心源性咳嗽具有原发病症状并进一步发展为肺水肿,咳出的液体呈粉红色或带有血液。在这些疾病的早期,仅有少量白色或清亮的黏痰。

与咳嗽有关的环境因素 由于环境污染,城市饲养的动物常发生慢性呼吸道疾病,乡村饲养的动物常由于寒冷环境和空气中的尘埃易感肺炎、呼吸异物和与青草有关的过敏。室内饲养的动物比室外饲养的动物感染心恶丝虫的可能性小。而与寄生虫中间宿主接触的犬猫有较高的感染率。室内饲养或与其他动物隔离饲养的猫很少感染上呼吸道病毒和寄生虫病。潮湿的环境是呼吸道疾病的一个因素,同样,饲养在干燥地区也易发生咳嗽,吸入有毒气体和烟雾也倾向发生咳嗽。

兽医临床上对患畜有咳嗽症状时,诊断的思路可参考图 2-5。

治疗 咳嗽的治疗主要根据病史调查和环境条件的分析,同时结合临床检查和实验室检查确定原发病,通过临床检查判定咳嗽的频率、声音和本质,制定适当的治疗措施。一般传染性疾病应用抗生素,过敏性疾病应用皮质激素,充血性心力衰竭应用地高辛、利尿剂和血管扩张剂。特殊的疾病需要特殊处理。

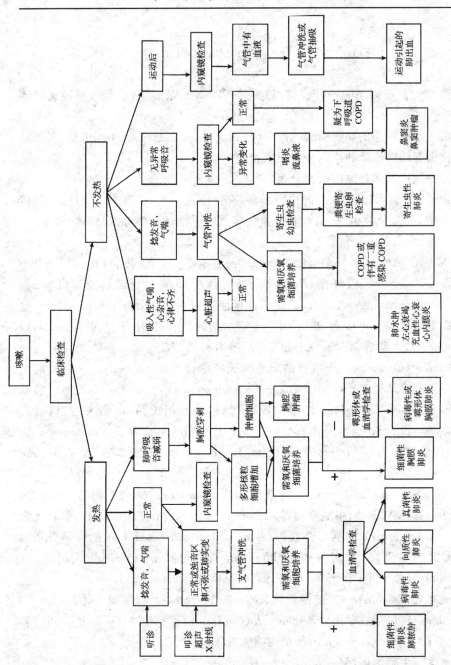

图 2-5　对咳嗽症状的诊断思路

支气管冲洗：broncheoalveolar lavage；慢性阻塞性肺病：chronic obstructive pulmonary disease(COPD)；＋：细菌培养阳性；－：细菌培养阴性

第二十三节　流产(abortion)

流产是母畜妊娠期的一种症状,通常是指孕畜妊娠中断,胎儿过早地从母体排出。

病因　不同种类的动物引起流产的原因既有相似之处,亦有不同之处。现按动物种类将引起动物流产的原因分别予以叙述。

引起牛流产的常见原因及其分类:

传染性因素　引起牛流产的原因很多,有传染性因素,也有非传染性因素;传染性因素中,有特异性病原,也有非特异性病原,包括细菌、病毒、螺旋体、霉形体、立克次氏体、原虫等。

细菌　化脓性放线杆菌(*Actinomyces pyogenes*)、地衣(苔癣)杆菌(*Bacillus licheniformis*)、流产布氏杆菌(*Brucella abortus*)、胎儿弯曲杆菌病亚种(*Campylobacter fetus* subsp. *venerealis*)、胎儿弯曲菌胎儿亚种(*C. fetus* subsp. *tetus*)、空肠弯曲菌(*C. jejuni*)、红斑丹毒丝菌,俗称丹毒杆菌(*Erysipelothrix rhusiopathiae*)、大肠杆菌(*Eschrichia coli*)、嗜血杆菌(*Haemophi*)、肺炎克利伯氏菌(*Klebsiella pnemoniae*)、产单核细胞性李氏杆菌(*Listeria monocytogenes*)、溶血性巴氏杆菌和多杀性巴氏杆菌(*Pasteurella haemolytica*, *P. multocida*)、绿脓假单胞菌(*Pseudomonas aeruginosa*)、沙门氏菌(都柏林沙门氏菌、鼠伤寒沙门氏菌)(*Salmonella* spp. *S. dublin S. typhimurium*)、金黄色葡萄球菌(*Staphylococcus aureus*)、链球菌(*Streptococcus* spp.)、伪结核耶氏杆菌(*Yersinia pseudotuberculosis*)。

病毒　腺病毒(*Adenovirus*)、阿卡巴病毒(*Akabane*)、牛疱疹病毒1(*Bovine herpes virus-1*, BVH-1)、牛疱疹病毒4(*Bovine herpes virus-4*, BVH-4)、蓝舌病病毒(*Blue tongue virus*)、牛病毒性腹泻(*Bovine virus diarrhoea*)、羊脑脊髓炎病毒(病原属黄热病毒科,本病由蜱传播)(*Ovine encephalomyelitis*, louping ill the virus belongs to the flaviviridae familly)、细小病毒(*Parvovirus*)。

螺旋体(*Spirochaetes*)　疏螺旋体(*Borrelia coriaceae*)、钩端螺旋体(*Leptospira interrogans*);包括波摩那(*Pomana*)、犬(*Canicola*);流感伤寒(*Grippotyphosa*)和黄疸出血(*Icterohaemorrhagide*)等型钩端螺旋体。

霉形体　牛霉形体(*Mycoplasma bovis*)。

真菌/酵母菌　犁头霉属(*Absidia* spp.)、黄曲霉菌(*Aspergillus flavus*)、念珠菌(*Candida parapsillosis*)、皮肤毛孢子霉菌(*Trichosporon cutanerum*)、接合菌亚

纲(Zygomycetes)。

立克次氏体　蜱热(tick borne fever)、心水病(heart water)、Q 热(Q fever)、衣原体(Chlamydia)。

原虫　牛巴贝西虫(Babesia bovis)、肉孢子虫属(Sarcocystis spp.)、龚地弓形虫(Toxoplasma gondii)、牛胎儿毛滴虫(Trichomonas foetus)、刚果锥虫(Trypanosoma congolense)。

其他因素　药物、不适当授精或子宫内膜炎、甲状腺机能低下、创伤或应激、高热及内毒素、外毒素、营养、双胎和遗传等。

引起羊流产病的原因:

裂谷热病毒(lift valley fever virus，RVF virus)、维舍斯布隆病毒(Wesselsbron virus)、立克次氏体(蜱热)(Rickettsia pathogocytophilia)、母羊地方流行性流产(衣原体)(Chlamydia psittaci)、布氏杆菌(Brucella)、沙门氏菌(包括伤寒沙门氏菌 Salmonella typhimurium、羊流产沙门氏菌 S.obortus ovis、都柏林沙门氏菌 S.dublin)、胎儿弯曲菌(Campylobacter fetus subsp.)、钩端螺旋体(包括波摩那和黄疸出血型钩端螺旋体)(Leptospires pomana，L.icterohaemorrhagiae)、龚地弓形虫(Toxoplasma gondii)、疯草中毒(LOCO poisoning)、碘缺乏(iodine deficiency;goiter)。

引起母猪流产、死胎和木乃伊的原因:

钩端螺旋体(包括波摩那型、黄疸出血型)(Leptospira pomana，L.icterohaemorrhagiae)，布氏杆菌(Brucella)。其他细菌包括大肠杆菌、化脓棒状杆菌、金黄色葡萄球菌、巴氏杆菌、类马链球菌、假单胞菌、李氏杆菌、猪丹毒杆菌、沙门氏杆菌等(other bacteria including various bacteria such as Eschrichia coli，Corynebacterium pyogenes，Staphylococcus aureus，Pasteurella，Streptococcus equisimilis，Pseudomonas，Listeria，Erysipelothrix rhusiopathiae，Salmonella)。其他病毒包括细小病毒(Parvovirus)、流行性乙型脑炎病毒(Flavivirus)、伪狂犬病病毒(Pseudurabies virus)、猪流感病毒(Influenza virus)、猪肠病毒(Porcine enterovirus)、猪腺病毒(Porcine adenovirus)、猪呼肠孤病毒(Porcine reovirus)、猪巨细胞病毒(Porcine cytomegalovirus)、猪瘟病毒(Hog cholera virus，HCV)，牛病毒性腹泻病毒(bovine virus diarrhea virus，BVDV)、非洲猪瘟病毒(African swine fever virus)、口蹄疫病毒(foot-and-mouth disease virus，FMDV or aphthavirus)、猪水泡性疱疹病毒(calicivirus，杯状病毒)。其他包括龚地弓形虫(Toxoplasma gondi)、麦角中毒(poisoning by claviceps purpurea)、T_2 毒素中毒(trichothenone toxin，T_2 toxin)、玉米赤霉烯酮(F_2)中毒(zearalenone，F_2，ARL)、有

机磷中毒(poisoning by organphosphatic compounds)、环境高温（high environment temperature)、维生素 A 缺乏(dificiency of vitamin A)等原因。

症状 流产可以是散发性的，亦可是群发性的。有的流产母畜不显现其他临床症状，但有的却表现出其他临床症状。流产可以发生在妊娠的不同阶段，有的发生在妊娠早期，有的在妊娠中期，有的则在妊娠后期。流产胎儿个体较大时易于被发现，而流产胎儿的个体较小，特别是被掩埋于较厚的垫草之中时，则不容易被发现。有时流产的母畜阴户外尚悬挂着部分胎膜或者从阴道中排出恶露，还有的从乳腺排出液体。在现代集约化肉牛群管理过程中，或在小母牛或干奶牛群管理中，流产牛在放牧时多数不愿接近管理人员，仅能见到的症状是重新发情，直肠检查时才能发现是空怀。

在畜群中流产如呈散发性，这常常与一些不为人所注意的因素有关。有人指出在牛群中死胎率仅为 3％～4％时仍属于正常现象。牛群流产发病率超过 5％时才能被认为是异常。

诊断 对特定病原所引起的流产做出正确的诊断通常取决于实验室检查。然而对理想样品的采集及按要求将其完好地呈送到实验室，临床兽医起着十分重要的作用。对各种不同类型流产的病理发生和流行规律所具备的知识是临床兽医客观而正确地选择样品的基本前提。

调查研究所有流产病畜的发病情况乃是明智之举，尽管这项费用比较昂贵，但这对于搞清楚疾病状况以及制定降低流产发病率的办法提供了基础性的资料。世界上有许多国家制定了法令，要求将畜群发生流产的疫情向有关部门报告，并及时地将病料送检以确定是否为诸如布氏杆菌病之类的传染性疾病，以便及时地采取相应的防治措施。

通常对畜群中 1/4 到 1/3 的流产病例进行调查研究后才能做出诊断意见。当然，如果对畜群中 5 例流产病例按照程序合理调查研究，而且在病因相同的情况下，亦可得出诊断意见。

有关畜群流产的诊断程序包括：病史调查，患畜一般检查，胎儿和胎盘的检查，供实验室检查用的样品的收集，各种检查完成后对流产现象的解释。

病史调查 假如畜群中有较多的流产病例出现，病史调查有助于了解流产时妊娠日龄及畜群或母畜患病的其他征兆。

由于有些流产的病因对繁殖性能及繁殖的其他阶段同样发生影响，因而对不孕症其他异常表现的检查也是很有意义的，例如是否常有死胎及新生畜衰弱现象，是否有胎衣滞留和子宫内膜炎。对于上述发病率增高的现象等应一一予以记录。注射疫苗过程的细节亦应注意，有的学者提出，由于存在免疫失败的可能性，注射疫苗不能与畜体获得免疫力等同起来。畜主的记忆或记录有时并不十分可靠。

畜群中是否曾从外地购入家畜,特别是新引进种公畜的细节必须认真了解,这对于确定一些传染病的诊断具有重要的价值。当若干例流产发生后,宜注意分析流产母畜在畜群中年龄的分布特点及按管理要求分群的各群家畜中流产的分布特点。这有利于揭示管理上存在的一些问题。尤其注意头胎母畜,它们对某些传染病特别易感。同时还应注意畜群是采用人工授精还是自然交配,倘若是自然交配,则应考虑遗传性疾病或性传播性疾病。

应调查流产畜群的营养是否平衡,这可能将揭示长期的营养缺乏问题,或者揭示与流产胎儿妊娠日龄相关的胎儿发育的不同阶段的营养变化问题。检查所用的精饲料和青饲料的质量,还应包括真菌对于青干草、牧草、青贮或谷类饲料污染状况的调查。

青贮料的化学分析可作为日粮合理配合的依据之一,根据分析的结果还可提示有效的发酵状况,这些发酵状况还可能影响多种病原微生物,如李氏杆菌、地衣形菌等的生存条件。任何与季节相关的群发性流产,有利于揭示与其相关的一些管理因素中存在的问题。

一般检查　可提示母牛流产的一些可能性原因,但不能做出特异性诊断。

胎儿与胎盘的检查　包括测量胎儿从头到臀部的长度,估计胎儿的月龄,观察死亡胎儿的新鲜程度及其重量等项目。用测量臀部至头部距离来估测月龄的公式是:

$$x = 2.5(y + 2.1)$$

其中:x 为妊娠日龄,y 为头到臀部的长度(单位为厘米)。

通常由临床兽医完成流产胎儿的死后剖检及胎盘的检查,同时进行样品采集。这时的检查通常不能提供做出特异性诊断的依据,但却能有力地提示可能存在的一些特异性原因。现以牛流产胎儿死后剖检及胎盘的检查为例予以说明,见表2-6:

表 2-6　牛流产胎儿剖检及胎盘异常的一些常见原因

剖检可见变化	可能的一些致病原因
胎儿自溶严重	沙门氏菌(*Salmonella* spp.)感染 钩端螺旋体感染(*Leptospira* spp.) 牛胎儿毛滴虫感染(*Trichomona foetus*) 化脓性放线菌感染(*Actinomyces pyogenes*)

续表 2-6

剖检可见变化	可能的一些致病原因
不同程度自溶	弯曲杆菌感染（*Campylobacter* spp.） 流产布氏杆菌感染（*Brucella abortus*） 李氏杆菌感染（*Listeria* spp.） 牛病毒性腹泻/黏膜病（BVD/MD） 传染性鼻气管炎病毒（IBR）
胎儿新鲜或存活	曲霉菌病（*Aspergillus* spp.） 地衣（苔藓）杆菌（*Bacillus* spp.） 流产布氏杆菌（*Brucella abortus*） 弯曲杆菌病（*Campylobacter* spp.） 牛病毒性腹泻/黏膜病（BVD/MD） 亚硝酸盐中毒（nitrate toxicity）
肝脏损害	传染性牛鼻气管炎：局灶性坏死（IBR；local necrosis） 李氏杆菌病：皱缩的、软的、灰色的局灶性脓肿（*Listeria* spp.：shrunken，soft，gray，local abscesses）
皮肤损害	霉菌病（mycosis）
胎膜损害	霉菌病（mycosis） 弯曲杆菌病（*Campylobacter* spp.） 地衣（苔藓）杆菌病（*Bacillus licheniformis*） 流产布氏杆菌（*Brucella abortus*） 化脓性放线菌感染（*Actinomyces pyogenes*） 传染性鼻气管炎病毒（IBR）
甲状腺增大（腺体大于体重的0.03%）	甲状腺功能亢进（goiter）
脑损害（小脑发育不良，脑积水）	牛病毒性腹泻/黏膜病（BVD/MD）
胎粪污染皮肤和肺脏	胎儿缺氧（继发于胎盘炎）
肾周围水肿或出血	传染性牛鼻气管炎（IBR）

　　实验室检查样品的采集　在很多情况下，临床兽医对母畜流产的病原学诊断寄希望于实验室检测。比较理想的办法是将整个流产的胎儿及其胎盘以及从母体可采集的相关样品尽快地送到实验室。如何正确地选择、收集和运送样品，临床兽

医应事先和实验室检验人员请教和讨论。流产时所检查的特殊项目要根据该地区流产病因的流行病学调查以及实验室具备的设备而定。其中所提出的一些特殊检查总是与相应的病因学检查相关连。特别强调的是特异的传染原的分离检查或者与其相对应的抗体检查。许多非传染性原因所致流产的诊断一时难以确定,要诊断这些病例必须仔细调查病史及观察流产胎儿的病理学变化。

在进行特异性血清学检查以及免疫学检查时,不同的实验室往往得出不同的结论,应予以注意并客观仔细地进行分析。

实验室检查结果的分析 对母体某种病原的特异性抗体滴度水平变化予以解释常常是非常困难的事情。比较理想的情况是:在流产时和流产后3~4周样品的抗体滴度显著地升高,这就提供了动物处于感染活性阶段的良好证据。然而在很多情况下,母畜发生了流产,此后数周母畜的抗体滴度可以达到峰值,也可能会下降。尤其特殊的是钩端螺旋体病,母畜流产时其抗体滴度可能是很低的,在这种情况下,应从畜群中多点采样测定其抗体滴度,掌握主要变化规律,以确定主要的流行病原。有时在一个正在流行疾病的畜群中,某些个体的抗体滴度可能很高,而大多数动物抗体滴度却很低。这种使人难以判断的情况,在牛群中常见于牛病毒性腹泻(BVD)流行之时。对这种难以诊断的现象在流产大流行之前有人提出以下几条标准作为BVD的诊断依据:①BVD在畜群中流行,常表现出流行性腹泻的症状;②该病毒能从流产的胎儿中发现;③犊牛在吃初乳前就能够测出抗体的滴度;④犊牛表现出中枢神经系统的损害。

如果能从胎液或胎儿血清中测定出特异性的抗体,则是传染性疾病通过子宫感染的良好证据。假如无抗体滴度则反映出感染的发生是在胎儿能产生免疫能力的发育阶段之前或者是最新近的感染使胎儿还来不及产生抗体。与此相反的一方面亦应看到,许多能穿过胎盘的病原微生物虽不影响妊娠,却能刺激胎儿抗体的产生。此外有人曾证明,绵羊抗体从母体转运至胎儿与胎盘的损伤有关,通过这种损伤可以使母体和胎儿的循环系统相交汇和相融合,牛传染性疾病引起胎盘炎症也可能引起相类似的抗体转移。

总之,对所有相关疾病的最后诊断,宜在综合分析病史、流行病学调查、相关病原分离、胎儿或胎盘特异性病变检查、血清学检查的结果后再得出最终结论。

在我国养猪生产中,母猪流产、死胎和胎儿木乃伊化常见多发,其发生原因虽然已经在前面有所涉及,为了帮助建立诊断,特列表2-7专门论述。

表 2-7 母猪流产、死胎和胎儿木乃伊化的诊断

病原学分类		母猪症状	流产胎龄	胎儿与胎盘病变	其他诊断要点
营养性	采食不足	母猪消瘦	无胎龄特点	无	参考病史、母猪体况
	锌缺乏	妊娠时间过长或过短		胎儿活力低,脐出血	饲料分析
	维生素 A 缺乏	无	胎儿死亡可为相同胎龄或不同胎龄	死胎或弱胎,无眼,腭裂,小眼,失明,全身水肿	病史,眼异常
	碘缺乏	无	胎儿死亡可为相同胎龄或不同胎龄	木乃伊,死胎,出生时体重轻,畸形,皮下积液性水肿	病史与症状
病毒性	细小病毒	无	胎儿常死于不同发育阶段	胎儿可能被重吸收,窝仔数减少,常有木乃伊、死胎和弱胎,分解的胎盘紧裹着胎儿	病毒分离
	日本乙型脑炎病毒	无	胎儿死于不同发育阶段	有胎儿脑积水,皮下水肿,胸腔积液,小点出血,腹水,肝、脾有坏死灶	患病猪群中公猪常呈现睾丸炎;可对胎儿做荧光抗体检测
	伪狂犬病病毒	出现轻度或严重症状,喷嚏,咳嗽,厌食,便秘,流涎,呕吐,有神经症状	胎儿死于不同发育阶段	肝局灶性坏死,死胎,木乃伊,因胎儿吸收窝仔数减少,坏死性胎盘炎	从母猪采集双份血清样品送检;用胎儿脑组织接种兔子
	猪流感病毒	极度衰弱,嗜眠,呼吸费力,咳嗽	胎儿常死于不同发育阶段	因胎儿吸收窝仔数减少,死胎,木乃伊,新生仔虚弱	从母体采集双份血清样品
	肠病毒腺病毒呼肠孤病毒巨细胞病毒	常无症状	胎儿常死于不同发育阶段		从母体采集双份血清样品

续表 2-7

病原学分类	母猪症状	流产胎龄	胎儿与胎盘病变	其他诊断要点
猪瘟病毒	嗜眠,厌食,发热,结膜炎,呕吐,呼吸困难,发绀,红斑,共济失调,抽搐	胎儿死于不同发育阶段	死胎,木乃伊,水肿,腹水,头和肢畸形,肺小点出血,小脑发育不全,肝坏死	胎儿组织尤其是扁桃体做荧光抗体检测
牛病毒性腹泻病毒	无症状,但母猪有与牛接触的病史	胎儿常死于不同发育阶段	无病变	病毒分离,血清学检查
非洲猪瘟病毒	嗜眠,厌食,发热,充血,呕吐,腹泻,呼吸困难	胎儿死亡通常为相同的胎龄,但流产可发生于任何胎龄	斑点状出血	胎儿组织荧光抗体检测
水疱性疾病、口蹄疫、水疱性口炎和猪水疱病病毒	鼻、口、蹄等部位有水疱与烂斑	胎儿死亡通常为相同的胎龄,但流产可发生于任何胎龄	无肉眼可见病变	用水疱液做荧光抗体或病毒中和试验
脑心肌炎病毒	无	胎儿死亡通常为相同的胎龄,但流产可发生于任何胎龄	水肿	病毒分离
猪繁殖与呼吸障碍综合征病毒	嗜眠,厌食,发热,皮肤斑状变红,发绀	胎儿死亡通常为相同的胎龄,但流产可发生于任何胎龄		病毒分离
蓝眼病病毒	可能厌食,发热,沉郁,偶见角膜混浊	胎儿死亡通常为相同的胎龄,但流产可发生于任何胎龄		病毒分离

续表 2-7

病原学分类		母猪症状	流产胎龄	胎儿与胎盘病变	其他诊断要点
钩端螺旋体和细菌性	钩端螺旋体	出现症状的动物不多,轻度厌食发热,腹泻流产	胎儿死亡几乎都是同一胎龄,多半发生在妊娠的中后期	死胎或弱仔,偶见弥漫性胎盘炎	暗视野观察胎儿身体中的菌体;培养物做动物接种实验;母猪采集双份血清,或单份滴度超过1:800者
	布氏杆菌	较难识别出症状,妊娠期任何时间均可发生流产	妊娠中断、胎儿死亡几乎都是同一胎龄,流产可发生于任何胎龄	可能呈现胎儿自溶,或伴有皮下水肿却外观正常,腹腔积液或出血,化脓性胎盘炎	从胎儿培养出细菌;从猪群中检出阳性血清;母猪采集双份血清
	其他细菌诸如大肠杆菌、金黄色葡萄球菌、巴氏杆菌、类马链球菌、假单胞菌、李氏杆菌、猪丹毒杆菌和沙门氏杆菌等,一般无临床症状,胎儿死亡通常是同一胎龄,但流产可发生于任何胎龄;胎儿及胎盘病变可能接近正常,或者是伴有水肿的自溶现象,有化脓性胎盘炎。诊断依赖于微生物培养				
寄生虫性	龚地弓形虫	通常无症状,但有的呈现群发性高热(41℃或42℃),抗生素治疗一般无效	任何胎龄	流产,死胎,弱仔,木乃伊很少	组织病理学检查,血清学检查。磺胺类药物治疗有效
霉菌毒素性	麦角菌污染饲料	可能在末梢和尾部有干性坏疽	均为同一胎龄	流产,死胎,弱仔,无肉眼病变	病史调查及饲料分析
	T_2毒素	有的可见嗜眠或厌食,严重者可引起呕吐	妊娠晚期	流产,死胎,弱仔,无肉眼病变	病史调查及饲料分析
	玉米赤霉烯酮	阴户肿胀或水肿,偶见处女猪乳房发育	均为同一胎龄	流产,死胎,弱仔,无肉眼病变	病史调查及饲料分析

续表 2-7

病原学分类		母猪症状	流产胎龄	胎儿与胎盘病变	其他诊断要点
有害环境性	一氧化碳	发生于最寒冷季节,与不合理取暖方式有关,母猪通常无症状	常足月死胎	组织鲜红,胸腔内有大量浆液性出血性液体	临床症状和病史可提示诊断,及时改变取暖方式及适度换气使发病减轻
	二氧化碳	母猪无症状,但流产常发生于最寒冷季节	常足月死胎	皮肤及呼吸道内有胎便	临床症状和病史可提示诊断,更换通风设备使发病减轻
	母猪发热(任何全身性感染如丹毒,传染性胃肠炎,附红细胞体,胸膜肺炎和放线菌病)	母猪发热,疾病的其他症状依特异病原而定	胎儿死亡均为相同的胎龄,但流产可发生于任何胎龄	常无	病史与临床症状
	环境温度过高	产仔时高温,母猪气喘,充血	流产或胎儿重吸收足月的死胎	无	病史与临床症状
	环境温度过低	母猪消瘦,可能多尿与烦渴	胎儿死亡都为同一胎龄,流产可发生在任何胎龄	无	病史与临床症状
	物理性损伤	个体大小和体况不同的母猪混养在一起,相互斗殴,常表现为皮肤损伤	胎儿死亡都为同一胎龄,流产可发生在任何胎龄	无	病史与临床症状

续表 2-7

病原学分类		母猪症状	流产胎龄	胎儿与胎盘病变	其他诊断要点
中毒性	有机磷中毒	流涎,排粪增加,呕吐,肌肉震颤,麻痹	胎儿死亡都为同一胎龄,流产可发生在任何胎龄	无	症状与病史全血胆碱酯酶活性降低
	氯烃中毒	高应激性,肌肉痉挛,癫痫发作	胎儿死亡都为同一胎龄,流产可发生在任何胎龄	无	症状与病史肝、肾和脑中氯烃的水平升高
	五氯酚中毒	沉郁,呕吐,肌肉无力,后躯麻痹	常见妊娠足月的胎儿为死胎	无	接触过五氯酚处理的木材,血中有五氯酚

总之,流产发生后,如要对相关疾病做最后诊断,宜将症状、病史、流行病学调查、组织病理学检查、分离相关病原、血清学检查、饲料分析与饲养调查、环境状况评价等各方面的资料综合分析与判断,才能做出初步诊断意见。据此采取相应的防治措施,使畜群中的流产现象终止后,方能得出最后的诊断。

治疗　在大多数情况下,临床兽医亲眼目睹家畜流产之前畜群中流产已经发生,因此临床工作者必须致力于维护患畜全身性健康状况以及某些生殖道的疾患的治疗,如胎衣滞留及子宫内膜炎等。

尽可能避免传染性流产的病原的散播,乃是十分重要的工作。临床兽医可根据初步诊断意见果断地采取相应的预防措施。

外科手术之外,有人建议应用使子宫松弛的药物、孕激素、孕酮或者抗前列腺素药物等。

第二十四节　红尿(urine of red colour)

红尿是指动物在病理或异常条件下排出红色的尿液。根据其发生原因可分为血尿、血红蛋白尿、肌红蛋白尿、卟啉尿和药物性红尿等。在临床上牛、马、羊、猪和犬均可发生。

病因　5 种红尿按其不同发生的原因,分述如下:

血尿　是指尿液中含有红细胞。可见于急性肾炎;伴有显著变性的肾病;肾脏梗塞;被动性肾充血;肾脏、膀胱和前列腺的肿瘤;肾脓肿;尿道、膀胱、输尿管和肾脏的结石症;肾盂炎;肾盂肾炎;尿道炎;由于粗暴插管引起的尿道破损;母畜发情期间或产后,尿液为子宫或阴道分泌物所污染;某些传染病的严重感染,如炭疽、钩端螺旋体病、犬传染性肝炎等;应用某些化学物质时的作用,如铜中毒、汞中毒、曾应用氨基磺胺(sulfonanlides)、酚(phenol)、硫化二苯胺、百浪多息、乌洛托品(methenamine)等;血小板减少症;甜苜蓿中毒;某些寄生虫病,如犬肾膨结线虫病(dioctophyma renale in the canine)和犬恶丝虫病(dirofilaria immitis in the canine);犬的急性花菜样心内膜炎和充血性心力衰竭。

　　血红蛋白尿　尿液中含有血红蛋白,但无红细胞者,通常是由于红细胞过度溶解所致。常见于如下一些情况:①传染性疾病,如由溶血梭状芽孢杆菌(clostridium hemolyticum)、A 型产气荚膜梭状芽孢杆菌(clostridium perfringens type A)和钩端螺旋体等引起的细菌性血红蛋白尿。②一些寄生虫病,梨浆虫病(piroplasmosis)中的巴贝西虫病(babesiasis),血红蛋白尿是其一个重要的症状,并以此作为与无浆体病(anaplasmosis)和泰勒尔梨浆虫病(theileriasis)等鉴别诊断依据之一。③一些代谢病和中毒病,如牛分娩性血红蛋白尿;饲喂了大量甜菜浆(beet pulp);动物食入某些致红细胞溶解的物质,如氨苯磺胺(sulfonamides)、铜和汞制剂等;或采食了某些植物,如金雀花(broom)、新疆圆柏(savin)、藜芦(hellebore)、毛茛属(Ranunculus)、旋花属(Convolvulus)、秋水仙属(Colchicum)、栎树根(oak shoots)、桉树(ash)、榛属(Hazel)、冻坏的萝卜或其他的一些根类植物、女贞属(Privet)、犬饲喂过多洋葱。④新生幼龄动物同种免疫溶血性疾病,见于新生骡驹、马驹和仔猪吃了母乳之后。⑤不相合血液的同种动物输血时。⑥犊牛水中毒。

　　肌红蛋白尿　通常是由于肌肉组织变性、坏死,肌红蛋白经由肾脏排出所致。见于马的麻痹性肌红蛋白尿,由硒缺乏引起马的地方性肌红蛋白尿和周龄犊牛的麻痹性肌红蛋白尿,偶见于犬的劳累性横纹肌溶解症(exertional rhabodomyolysis in dogs),还偶见于野生动物抓捕性肌病(capture myopathy of wild animals)。

　　卟啉尿　指尿中含有卟啉而呈红色,是由于动物体内血红蛋白合成障碍,引起卟啉过多所致。见于牛和猪遗传性先天性卟啉症。

　　药物性红尿　指应用某些药物后导致尿液呈现红色。如牛应用红色素(百浪多息钠)和马服用硫化二苯胺之后常出现红尿。

　　症状与诊断　健康动物的尿色,因动物种类、所摄入的饲料、饮水、使役和运动等条件的不同而异。通常马尿呈黄白色,如米汤样;黄牛、奶牛和羊的尿液为透明的淡黄色;犬尿呈透明的鲜黄色;水牛和猪尿呈水样。红尿虽不是一种独立的疾病,但在各种动物的某些疾病过程中均可发生,尤其以马、牛、羊和猪较为多见。

　　血尿源于机体凝血机制障碍、毛细血管内皮损伤或血小板减少,引起红细胞渗漏至尿液中,同时,动物机体一些其他部位如黏膜和浆膜亦常有出血的现象,严重时甚至还可引起贫血。尿路炎症或损伤所致的红尿可能同时伴有尿路阻塞、排尿困难,尿液中除红细胞外,还有其他病理性产物,病性严重时可能还有诸如氮质血症之类的其他全身性症状。临床上肾性血尿、膀胱性血尿和尿道性血尿的表现则有所不同。

肾性血尿常伴有肾性疼痛症状,尤其在触压肾区时有疼痛反应。有的患畜还有肾性水肿。尿液检查除见有多量红细胞之外,还可见到肾上皮、肾盂上皮、脓细胞和管型等病理性产物。

膀胱性血尿常呈现尿淋漓症状,排尿时患畜不安,尿液混浊并混有多量黏液、血液或凝血块,呈较浓氨臭味。尿沉渣中除见多量红细胞外,还可见到膀胱上皮细胞。我国西南地区蕨中毒患牛除排血尿外,还在膀胱内见到数量不等的瘤状物。

尿道性血尿常见于尿道炎和尿道结石,患畜排尿动作异常,频频排尿,尿液呈滴状或断续排出。尿液检查除见有红细胞外,还可见尾状上皮细胞,而无肾上皮及管型等。当尿路完全被堵塞时,呈现尿闭症状,此时直肠检查可触及胀大的膀胱。

血红蛋白尿系循环血液中,红细胞因各种病理性因子作用过度崩解,释放出大量游离血红蛋白,当超过珠蛋白所能结合的量后,过剩的血红蛋白经肾脏排出形成血红蛋白尿,此乃血管内大量溶血的一个标志。水牛血红蛋白尿尿液色如酱油样,其他动物可呈红色。患畜呈现不同程度的贫血、缺氧。由细菌、病毒和某些血液寄生虫所致的血红蛋白尿还常伴有发热及其他全身性症状,而营养代谢病和中毒病所致的血红蛋白尿则不呈现发热的症状。在巴贝西虫侵袭的患畜还能在血涂片的红细胞中见到虫体。钩端螺旋体和梭菌所致的血红蛋白尿亦分别能从患畜脏器中分离发现病原微生物。犊牛水中毒所致的血红蛋白尿则有过量饮水后不久发病的病史。牛产后血红蛋白尿常有低磷酸盐血症的特征,应用 NaH_2PO_4 治疗有明显的疗效。慢性铜中毒所致血红蛋白尿患畜常有长期与铜制剂接触的生活史。

肌红蛋白尿见于长期逸居且过量饲喂优质而富含谷物饲料的家畜,在重度使役时突然发病,患畜运动障碍,后肢从运动不灵活至负重困难,最后完全不能负重。患畜血清中磷酸肌酸激酶(CPK)和天门冬氨酸氨基移位酶(AST)活性明显增加。与硒缺乏有关的马的地方性肌红蛋白尿和周龄犊牛的肌红蛋白尿除了血硒水平下降之外,血清的磷酸肌酸激酶(CPK)和天门冬氨酸氨基移位酶活性亦明显升高。血红蛋白尿与肌红蛋白尿的区分可以用 1‰ 邻联甲苯胺溶液和 3‰ 双氧水做检验予以鉴别,前者呈阳性反应。

卟啉尿,排卟啉尿的患畜除尿液呈葡萄酒色外,牙齿、骨骼常呈淡红色或褐色,尿中卟啉含量可增至 $5.0\sim10.0\,g/L$。药物性红尿往往有投用使尿液变成红色的药物的病史。

治疗　除药物性红尿之外，首先要治疗原发病，对于血尿应注意应用止血药物.对于过敏反应所致的红尿，宜应用免疫抑制药物，如可的松之类；对于寄生虫及细菌源性的可分别应用贝尼尔、黄色素、阿卡普林和抗生素等。对无浆体病一旦出现红尿时的治疗除应用四环素类药外，还应同时施行输血治疗；对牛的产后血红蛋白尿患畜应用 NaH_2PO_4 治疗效果较好；对于肌红蛋白尿的治疗常用 $NaHCO_3$；与硒缺乏有关的马地方性血红蛋白尿治疗还应注意补硒。

第二十五节　红细胞增多症（polycythemia）

红细胞增多症是一种以红细胞计数及与其相关的参数如血红蛋白浓度、红细胞压积等增高为特征的综合征。这些参数增高可能会、也可能不会与全身红细胞总数相关连。红细胞增多症可分为相对性和绝对性红细胞增多症两大类，前者是以红细胞总量正常为特征，后者则是以红细胞总量增加为特征的。

病因　红细胞增多症可分为相对性和绝对性两大类。而绝对性红细胞增多症又可分为原发性和继发性两类。相对性红细胞增多症可由血浆容量减少所引起，见于动物剧烈呕吐、严重腹泻和末梢循环衰竭之时；脾脏收缩时血浆容量虽正常，也会出现红细胞增多症。原发性绝对性红细胞增多症是髓细胞增生性疾病，认为是与获得性干细胞功能异常有关。这种侵害犬、猫的罕见的综合征表现出血浆中促红细胞生成素水平显著降低，有时甚至不能被检出。这可能与某些病毒感染引起多向干细胞异常的自身性的增生有关。绝对性继发性红细胞增多症通常与患畜体内促红细胞生成素浓度增高相关。根据促红细胞生成素浓度增高的不同情况，将它分为促红细胞生成素适度增高型和不适度增高型两类。适度促红细胞生成素增高型通常与组织缺氧有关，能够缓慢地引起血中氧分压降低的一些慢性肺脏疾病、慢性心脏病及高海拔的环境或肥胖病等都可能引发动物该型红细胞增多症。不适度促红细胞生成素增高型的红细胞增多症通常与肾脏肿瘤形成、肾盂积水、多囊性肾脏疾病、肾上腺皮质功能亢进、嗜铬细胞瘤等疾病相关。

症状　当调查病史时，患畜常有倦怠，不愿行动，咳嗽，呼吸困难，血尿，幼畜生长发育不良，双侧性鼻出血，有在高海拔地区生活过等的既往史。现症检查时患畜具有全身充血的现象（或有或无发绀），有的病畜有心脏杂音，肥胖，肺部有粗厉的呼吸音、脾肿大、体表有瘀斑，小动物腹部触诊时在肾脏部位可触及肿块。之所以呈现上述既往病史和现症是由于红细胞增多症发生时,血液黏滞度增加,血容量增大,影响到患畜心血管系统,特别是影响到氧气运送到组织的功能,继而又进一步刺激促红细胞生成素的释放,容易促成局部血栓的生成;血容量增加造成血管,特别是脑部静脉过度充盈,因而在临床上患病的人上会表现出眩晕、头痛、耳鸣等症状,这些症状在动物则可能与倦怠、食欲不振、不安、不愿行动等状况有关。静脉过度充盈可能与频频的双侧性鼻出血有关,心脏杂音可能与慢性先天性心脏病有关。

诊断 红细胞计数、红细胞压积和血红蛋白测定分别大于 10.0×10^{12} 个/L、0.65 L/L 和 220 g/L 则可诊断为红细胞增多症,如果受检患畜的血浆蛋白水平正常,又无脱水现象,患畜表现平静则可排除相对性红细胞增多症。胸部 X 射线检查可帮助发现慢性支气管炎或肺气肿,超声心电图检查可帮助鉴定心脏缺损,腹部超声波检查有助于肾脏肿瘤的发现。如果有条件可做促红细胞生成素水平检查,这有助于对绝对性继发性红细胞增多症的诊断。在那些有红细胞增多症的患犬或患猫,其促红细胞生成素水平升高,但又无严重的心肺疾病存在,则可诊断为一种不适度促红细胞生成素产生增多性红细胞增多症。诚如前述,由于骨髓细胞增生性疾病所致的红细胞增多症其促红细胞生成素的水平降低或甚至不能被检出。

治疗 对于不同病因的红细胞增多症的患畜宜采用不同的方法。对于骨髓内红细胞前体细胞增生所致的红细胞增多症采用定期静脉放血术,使红细胞压积降至 0.55 L/L 以下,一般对犬猫每隔 3 d 按每千克体重放血 20 mL 为宜。对于顽固的病例可试用烷基化物(alkylating agents)或苯丁酸氮芥(chlorambucil)。对于有慢性肺脏疾病的患畜可用舒张支气管的药物、抗生素等治疗。对肥胖动物设法减低其体重,以提高肺脏气体交换能力,以尽可能减少其促红细胞生成素的生成。偶尔也可采用静脉放血的办法。对于有先天性心脏病如法乐氏四联症的患畜宜尽早采用手术矫正的方法,对于左心充血性心力衰竭的患畜也可采用强心贰、舒张血管药物、利尿药等,以改善肺脏氧气交换能力,继而降低红细胞压积。切除肾脏上的肿瘤能减低红细胞的压积。在肾上腺疾病中,对于肾上腺肿瘤宜行切除术,对于垂体性依赖性肾上腺皮质功能亢进可用 O′P-DDD(mitotane),使皮质激素水平正常化以降低红细胞的一些指数。

第二十六节 贫血(anemia)

贫血指外周血液中单位容积内红细胞数(RBC)、血红蛋白(Hb)浓度及红细胞压积(PCV)低于正常值,产生以运氧能力降低、血容量减少为主要特征的临床综合征。贫血按骨髓反应情况可分为再生性和非再生性贫血两类。

病因 再生性贫血发生原因常包括失血性贫血(急性失血,如外伤、创伤性内脏破裂、各器官疾病性出血;慢性出血,如胃肠溃疡、各器官炎性出血,出血性素质等反复长期出血,出血性肿瘤、某些寄生虫感染等)和溶血性贫血(生物因素,包括病毒、细菌和寄生虫感染如溶血性梭菌病、锥虫病、血孢子虫病,异型输血,幼畜同族红细胞溶血,遗传性疾病如磷酸果糖激酶缺乏、丙酮酸激酶缺乏等)。

非再生性贫血发生原因常包括缺铁性贫血(铁吸收障碍、铁丢失过多)、慢性病性贫血(慢性炎症、肿瘤、脓肿、结核)、肾病性贫血(肾脏衰竭如间质性肾炎、慢性肾小球肾炎)、营养缺乏性贫血(叶酸或钴胺缺乏)、低增生性贫血(骨髓坏死、骨髓纤维化、骨髓瘤)、再生障碍性贫血(化学物质、生物因素及电离辐射等)。

有关贫血的其他分类方法、病因、症状、诊断和治疗等请参阅本书第六章第一节"贫血"中的相关内容。

第二十七节 血液凝固障碍(disorders of hemostasis)

血液凝固是由血管、血小板和凝血因子相互作用,使可溶性纤维蛋白原转变成不溶性的纤维蛋白,从而形成血栓的一种阻止出血的过程。而血液凝固障碍是因血管、血小板或凝血因子的异常,影响了上述凝血过程的正常进行,患畜在临床上表现为自发性出血,轻微外伤后出血不止,俗称为出血性疾病,其实它是兽医临床上的一种常见病症。

病因和症状 血液凝固障碍的病因大致分为 3 类,即血小板障碍,血管异常,凝血和纤溶异常。

血小板异常可分为遗传性血小板异常和获得性血小板异常两类。前者又称血小板机能不全(thrombasthenia),是一种常染色体隐性遗传病,有较严重的出血性倾向,血小板数量低于正常,但其形态正常,其特点是血小板对各种诱导剂都不发生聚集,血块不收缩,出血时间延长,血小板不能释放血小板因子Ⅲ,对瑞斯托霉素的聚集反应正常。这种血小板聚集缺陷的机理可能是血小板膜缺乏糖蛋白Ⅱ$_b$和Ⅱ$_a$,临床症状表现严重的紫癜和鼻衄。在牛和犬都可发生。获得性血小板异常是一些引起血小板数量减少或功能异常的后天获得性因素所致,如某些病毒病、自身免疫病、败血症、脾肿大、再生障碍性贫血等可引起血小板数量减少;尿毒症、药物性变态反应或恶性肿瘤可引起血小板功能异常。

血管壁异常发生原因有两大类,一类是遗传性假血友病(von willebrand's disease，VWD），是一种遗传性血管壁异常，又称血管性假血友病，发生于猪、犬和兔等动物，症状是出血性素质。如胃肠道、泌尿道、黏膜、皮肤发生出血，这是一种常染色体不完全显性遗传病。它与血友病是有区别的，血友病是 $F_Ⅷ$ 缺乏（A 型），而且为X-连锁隐性遗传；遗传性假血友病是 $F_Ⅷ$ 及其相关抗原的缺乏，因子Ⅷ的血小板复合物存在于血管内皮中，此类患畜主要表现为血管壁损伤，遗传方式通过常染色体，为不完全显性遗传。另一类血管壁异常称为坏血病，亦称维生素 C 缺乏症，临床特点是出血和骨骼病变，这是因为维生素 C 缺乏时，胶原的合成受到影响，血管基底膜的胶原蛋白不足，细胞间隙增大，另外胶原又是结缔组织的重要组成成分，故维生素 C 缺乏的结果致使毛细血管的脆性和通透性增加，导致出血。这种出血多为自发性的，起初局限在毛囊周围，以后皮下、肌肉和关节等均可发生出血，严重时内脏亦可发生出血。

凝血因子（E）异常的原因可分为两大类，一类为遗传性凝血因子缺乏；另一类为获得性凝血因子异常。遗传性凝血因子异常可见于 $F_Ⅰ$ 缺乏，如山羊和犬的遗传性纤维蛋白原（$F_Ⅰ$）缺乏，是一种常染色体不完全显性遗传病，又可将其细分为纤维蛋白原完全缺乏和不完全缺乏两种，患羊表现出严重出血、多发性关节积血、皮下组织出血，用生物学或免疫学方法检测，常见纤维蛋白原含量极低或不能测出。其杂合子表现为低纤维蛋白血症（hypofibrinogenemia），这类患畜的血浆或全血中加入凝血酶后亦不发生凝固。遗传性凝血因子缺乏也见于 $F_Ⅰ$ 缺乏症，在犬的低凝血酶原血症是一种遗传性凝血酶原异常的疾病，其特征是鼻出血和新生动物脐出血，成年动物黏膜表面轻度出血，其遗传方式为常染色体隐性遗传。遗传性凝血因子异常还见于血友病，这是一组与凝血酶原生成有关的凝血因子先天性缺乏导致血液凝固障碍的出血性素质疾病，有 A 和 B 两型，A 型血友病是因为 $F_Ⅷ$ 因子先天性缺乏；B 型血友病是因为 $F_Ⅸ$ 因子先天性缺乏，两者均呈 X-连锁隐性遗传。获得性凝血因子异常较多见，见表 2-8。

表 2-8　动物获得性凝血因子异常的一些常见原因

原因	常见的病因举例
中毒	霉败饲料中毒、棉籽饼中毒、华法令（鼠药）中毒
维生素缺乏	维生素 K 缺乏
肝脏疾病	阻塞性黄疸、犬传染性肝炎、肝肿瘤
血管内凝血和纤溶	脓毒败血症、恶性肿瘤、休克
药物性	阿司匹林、呋喃西林、磺胺药、抗组胺药、镇定药

　　诊断　病史调查,对于出血性疾病诊断往往能提供有价值的线索。如果结合临床症状,采用表 2-9 用的几种实验室检查,基本能满足诊断的需要。

表 2-9　出血性疾病的诊断

诊断项目	病因分类					
	血小板异常		血管异常	凝血因子异常		
	血小板减少	血小板不减少		外源性	内源性	循环抗凝血素纤维蛋白原缺乏
血小板计数(BPC)	↓	—				
出血时间	↑	↑	—或↑	—或↑	—或↑	—或↑
毛细血管脆性	↑	↑或—	↑			
血块退缩力	↓	↓	—	—		—或↓
凝血酶原时间(PT)				↑		↑
部分凝血酶原时间(APTT)					↑	—或↑
疾病	血小板减少症	血小板功能异常	血管性紫癜	Ⅱ因子缺乏 Ⅴ因子缺乏 Ⅶ因子缺乏	血友病	纤维蛋白原缺乏症

　　注:"—"表示正常;"↑"表示延长或增加;"↓"表示减少或降低。

　　治疗　根据不同的发病原因,采取相应的对因疗法。如坏血病患畜可应用维生素 C 治疗;对不同原因所致的维生素 K 缺乏,一方面补给维生素 K,另一方面采取对因的措施,打断引起维生素 K 缺乏的连锁环节。

第二十八节　脱毛(alopecia)

　　脱毛是指动物的被毛从皮肤上异常脱落的现象,它既可是局灶性的,也可是全身性的;既可是被毛部分断裂,也可是整根被毛彻底脱落;既可呈斑片状,也可是弥散性的;既可呈可逆性,也可呈非可逆性。此外,脱毛的原因既可是先天性或遗传性的,也可是后天获得性的。一般而言,脱毛通常是由于毛囊的疾病引起,也可能是一些其他皮肤疾病的后果。

　　病因　脱毛病因由于分类方法的不同,可用不同的方式予以表达。常用的分类方法是以毛的生成障碍或已生成的被毛受到损害而脱落的情况来区分:

毛囊不能生成被毛纤维常见于以下几种情况　遗传性稀毛症,呈对称性脱毛;垂体前叶发育不良所致的仔猪秃毛症;由于母畜碘缺乏所致仔畜先天性甲状腺功能不足,从而形成的先天性仔猪秃毛症(图2-6);由于母畜受病毒感染,如牛病毒性腹泻而使仔畜发生先天性脱毛症;外周神经受到损害可引起神经性脱毛症;毛囊感染常引起脱毛;深部皮肤外伤,损伤毛囊后,愈合时可导致斑痕性无毛症。

图2-6　新生仔猪碘缺乏症,皮肤脱毛、增厚,甲状腺肿大

已形成的被毛纤维脱落常见于以下几种情况　皮肤真菌病,如癣菌病,各种动物由于刚果潜登属(*Dermatophilus congolensis*)感染的真菌性皮炎(图2-7);营养代谢性脱毛可发生在营养吸收不良或罹患严重疾病过程中,例如在犊牛代乳品中加入过多的鲸鱼油、棕榈油或豆油,使被毛纤维生长期发生营养性或代谢性应激,进而使毛干产生一段脆弱部分,从而使其易被折断;损伤性脱毛,由畜体表部过度地擦痒将毛干擦脱;此外,还见于铊中毒或某些树叶中毒(tree leucaena leucocephala)。

另外,也有学者按表2-10分类方法阐述其病因。

症状　动物脱毛的症状,常常在发病年龄、品种、病史、毛色、脱毛的部位、脱毛的速度及是否出现瘙痒等方面表现各不相同,这些不同的表现,对于提示脱毛的原因将是很有价值的。①年龄:幼龄动物脱毛通常与感染、皮肤寄生虫病、皮肤遗传性疾病有关。②品种:某些品种较易罹患引起脱毛的皮肤病。③毛色:动物的某些毛色与脱毛有特别的关联,如某些毛为红色和蓝色品种的犬易发生脱毛。④病史:先天性脱毛多发生在1岁以内动物,某些毛囊的疾病多发生在已充分发育的动物。⑤脱毛的速度:突然脱毛反映出动物处于急性应激性时期,它可引起处于生长末期阶段的被毛的脱落,其特点是对称性与弥散性;慢性脱毛多半是与内分泌平衡失调相关。如新生仔猪碘缺乏症时,由于甲状腺机能不足可引起脱毛(图2-6)。⑥脱毛的部位:首先出现脱毛的身体部位常能提示某些疾病,例如首先出现在尾部的脱毛通常与早期的甲状腺功能不足或其他内分泌功能异常相关。⑦是否有瘙痒出现:瘙痒症状包括对皮肤的舐、咬、摩擦等表现。瘙痒性皮肤病常导致轻度至中度局灶性或弥散性脱毛,引起动物瘙痒的病因可参考本书"瘙痒"一节。

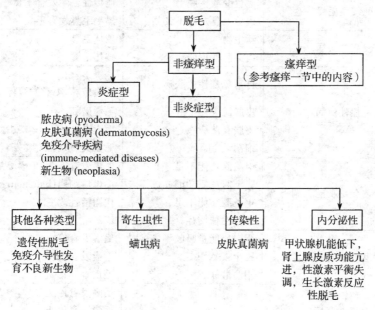

图 2-7　脱毛病理发生示意

诊断　皮肤病诊断最基本的资料是皮肤刮取物检查和真菌的培养的结果。皮肤刮取物检查将帮助鉴定能引起脱毛的外寄生物。正确刮取样品的关键应该是:①刮取样品部位宜在患病皮肤的无毛区或经过剪毛的患病区域;②刮取样品应达到适当的深度,通常要到达呈现红色部位,即到达皮肤中部有毛细血管的部位,呈现出微微出血为止;③每一个采样点刮取范围要达到 2 cm×2 cm 之大小;④采样宜多点进行。

如果怀疑患畜为真菌性皮肤病,最可靠的方法是做真菌培养。做真菌培养时适宜的被检毛样的收集可通过拔取或用刷子梳取已断裂或被损坏的被毛。当有炎症发生时,皮肤刮取物压片的细胞学检查将有助于诊断。

表 2-10　动物脱毛的病因及其机理

	病因分类	实　例	脱毛的机理
原发性毛囊疾病	毛囊发育不全	无毛品种（大鼠、犬、猫）	毛囊发育不全
		先天性稀毛症	毛囊发育不全
		外胚层发育不良	外胚层不完全发育
		上皮增殖不良	皮肤上皮各个部分发育不良
	弛缓型毛囊疾病	毛色变淡性脱毛	遗传性毛囊发育不良
		黑毛毛囊发育不良	黑毛毛囊发育不良
	浸润性疾病	新生物	破坏毛囊
		肉芽肿性皮肤疾病	破坏毛囊
	炎症性疾病	自身免疫性皮肤病	毛囊炎、疖病 毛囊破坏，毛囊发育停止
		皮肤肌炎	毛囊破坏
		皮肤真菌病	毛囊炎、疖病、毛囊发育停止
		细菌性毛囊炎	毛囊炎、疖病，毛囊发育停止
继发性脱毛	内分泌功能失调	甲状腺功能不足	毛囊发育不全，毛囊萎缩
		肾上腺皮质功能亢进	毛母质细胞（hair matrix cell）
		生长腺功能不足	代谢活性改变
		垂体性侏儒症	
	营养缺乏症	蛋白或能量吸收不良	毛囊发育停止
		维生素 A 缺乏	毛囊发育不良
		脂肪酸缺乏	毛质量异常
	应激		毛囊发育停止
	全身性疾病		毛囊发育停止

　　如果脱毛动物有瘙痒的病史或症状，对患畜宜进行某些特异性的引起瘙痒的疾病的检查，皮内试验或试管内过敏性试验可帮助提示患畜是否存在变态性反应的问题。为排除食物引起变态反应的可能性，可通过停喂某些食物得以验证。进行外寄生虫病检查或应用药物进行螨虫病治疗可帮助进一步排除隐性外寄生虫病。有人建议应用粪便飘浮法帮助鉴定那些偶然会引起过敏反应的内寄生虫病。此外，当粪便中见到被毛时常常表示患畜有瘙痒的现象存在，对猫来说尤其是如此。对那些有小脓包和丘疹出现的脱毛患畜做细菌培养可帮助确定病原，当有炎症性损伤出现时，将病料制成压片做细胞学检查也有助于确定诊断。

　　假如脱毛与动物的瘙痒无关，可进行血液学检查以推断引起脱毛的全身性疾病。在任何情况下，凡见到慢性或复发性皮肤病时必须要做全身性健康状态的检查。内分泌平衡失调，全身性疾病或应激总可能在血液学、血液生物化学或尿液分析的一些指标变化上得以反映。因而一些特异性内分泌学检测可用于常见或少见的与脱毛有关的内分泌性疾病的诊断。只要有可能,对于一些功能性的检测,如应用促甲状腺激素的刺激,应用促肾上腺皮质激素的刺激或者是应用低剂量强的松龙抑制试验均可对内分泌的功能进行检查。测定性激素的浓度以求反映其失衡状态,一般说来无多大实际价值,对非繁殖用的家畜而言,多半推荐用外科去势的办法进行诊断。皮质类性激素(adrenal sex hormones)及其代谢物异常认为是某些品种双侧对称性脱毛的原因。测定一些皮质类性激素有助于确定患畜的皮质类性激素平衡失调,但是这些测定只有少数的几个实验室能进行。

皮肤的活体采样检查可以找到脱毛发生的原因,并提供重要诊断依据,然而这种证据可能要由细心的、有经验的兽医皮肤病病理学专家经过仔细观察皮肤病理组织学切片而获得。皮肤样品活体检查常常可以提供引起脱毛的诸如毛囊发育不良、内分泌平衡失调、寄生虫或者是传染性病原等的证据。此外,皮肤活检还可提供毛囊病理变化的时期及其完整性,继而可帮助临床兽医提供被毛再生的可能性方面的信息。当然不能指望皮肤活检成为确定诊断的惟一指标,但它的确能作为处理病畜的重要依据。

治疗　畜主对患畜,尤其是对宠物的被毛能否再生很关心,假如能确定病因,并做对因治疗,其答案当然是"能再生";假如毛囊已被炎症过程所破坏,被毛的再生则不可能。"脱毛"现象一般并不会影响患畜的生命,但由一些全身疾病所致的脱毛必须采取一些对因治疗的措施,临床兽医的任务就是千方百计探明病因,建立正确的诊断,以便能真正地实施对因治疗,并使患畜痊愈。

第二十九节　瘙痒(pruritus)

瘙痒是兽医临床上,特别是小动物诊疗实践中畜主最常反映的症状之一。所谓瘙痒是指患畜自身皮肤上的一种主观的痒感觉,动物通过擦痒以缓解或解除由某种刺激所致的皮肤上的不适感觉。临床兽医既可通过观察患畜擦痒行为,也可通过观察体表上显著的红斑、表皮的脱落、皮肤上的癣斑斑块、体表擦伤的伤口或者是脱毛等临床表现认定瘙痒症状的存在。在临床上动物瘙痒动作常表现为对患部皮肤处的舌舔、啃咬、摩擦,使患部敏感、脱毛,甚至使患畜个性改变,出现忍耐性降低,行为具有攻击性等。瘙痒性皮肤疾患由于是动物自身不断造成的损伤,因而使其成为临床治疗中最棘手的综合征之一。

病理发生　皮肤具有外周神经系统的感觉功能。它能通过特异性小体作为感受器或者是通过纤细的树枝样网状神经末梢将触摸、温度、疼痛、痒感等刺激传入到中枢神经系统。在皮肤上的敏感区或发痒点的敏感程度与该区域上游离神经末梢密度有相关性。痒感或痛感向中枢传导通常是沿着无髓鞘的缓慢传导的 C 神经纤维，少量的也沿着有髓鞘的 A delt 神经纤维进行的。有髓神经元的细胞轴索从游离神经末梢携带痒感的冲动传至位于脊髓后角的神经元，轴索的第二层次的若干神经元将这种冲动的信息穿过中线再传至外侧脊髓丘脑束，向上到达丘脑和丘脑中的神经元。然后再将这种信号传达到大脑皮层的后中央沟回区，在此区域最终将这种信息转译成痒的感觉。瘙痒通常会促成身体创伤的形成。但通过擦痒来缓解痒感的机理尚不明了。一方面，体表摩擦的这种神经刺激可能会干扰痒感的冲动在脊髓中的传导过程；另一方面，过度的擦痒能导致自体创伤，继而以疼痛感觉来掩盖或缓解痒感。

弥散性内生物化学介导物质与痒感的产生有关。这些介导物大概包括组织胺、多肽类（如肽链内切酶类、缓激肽、脑啡肽、内啡肽等）、蛋白水解酶或蛋白酶类（如胰蛋白酶、胰凝乳蛋白酶、巨细胞胃促胰酶、血液纤维蛋白溶酶、激肽释放酶、组织蛋白酶、血浆酶等）、前列腺素、一羟脂肪酸和阿片肽等。蛋白水解酶通常被认为是犬、猫和人类最为重要的与痒感相关的介导物。为细菌和真菌所合成的肽链内切酶对于引起瘙痒皮肤的感染可能是很重要的。在节肢动物唾液中、动物毒素中、体液中、有毒的毛中所存在的生物物质起着化学介导物的作用，这些物质包括蛋白水解酶、组织胺、组氨酸、脱羧酶、激肽类、5-羟色胺、肽链内切酶类等。多种介导物综合积加效应引起动物的瘙痒还能为另一个事实所证明，那就是没有任何一种单个的药物能够有效地止痒。因此有人指出，无数的事实业已证明，的确难以找到任何一种药物有能像阿司匹林有效止痛那样来止痒。

"瘙痒"现象的理论假设提出，神经中枢的若干种因子可增大或减弱痒感，调节传入的刺激或冲动的反应可发生在脊髓或脊髓以上的部位。应激、焦虑、烦躁和诸如疼痛、热、冷或者是触摸等感觉可以改变痒感。在人类，应激、焦虑可以通过释放阿片类增加痒感。环境性或者是皮肤的局部因素变化，例如皮肤温度、皮肤的干燥程度、处界的低湿度变化等可以增高皮肤的敏感度，继而增大了对痒刺激的反应。痒的"阈值"的概念对于正确地理解瘙痒病理发生是很重要的。具有一定程度的痒负荷动物可以耐受痒刺激而不出现瘙痒的临床症状，一旦增加痒刺激并使其超过痒感"阈值"时动物则会出现临床症状。人类和动物痒感的"阈值"当刺激减少时如在夜间通常是降低的。瘙痒动作的刺激加上皮肤疾病本身的刺激同时作用，当超过"阈值"时，动物常发生瘙痒症状。例如，轻度的蚤源性变态反应，并发其他皮肤疾病时动物出现瘙痒的症状。动物不断瘙痒的不良循环更使瘙痒成为综合原因所致的一个症状。

诊断　患畜基本情况、病史、体检、实验室检查、药物疗效观察等资料对于建立诊断均十分重要。有时，详尽的病史与品种、年龄、性别等相关的引发瘙痒的知识，与体检相比较时能为最后诊断的确立提供更重要的提示，这是因为许多瘙痒的皮肤病都会引起自身瘙痒性的损伤，就肉眼检查而言，它们的确十分相像，临床上的确难以区别。

病畜的基本情况　病畜的基本情况如年龄可提供重要的诊断线索和鉴别诊断的依据。例如，某些皮肤疾病常发生于幼龄动物，而另一些疾病则常见于中老龄动物。临床上常在幼犬发生的皮肤疾病有蚤源性变态反应性皮炎、痒病、伴有脓皮病或不伴有脓皮病的犬毛囊蠕螨病、肠道寄生虫所致的过敏反应等。与此相似的多见于幼猫的蚤源性变应性皮炎、猫的痂螨属螨病、猫耳癫螨病等。而特异性反应、食物变应性反应，脓皮病和鳞屑样脱皮病（如皮肤角化缺陷症）多见于成年动物。又如动物的品种越来越显示出与某些皮肤病有密切的相关性，甚至有些皮肤病，具有品种特异性。一些小型品种的犬正在不断增加特异性反应，我国的一种小型犬似乎对特异性反应、食物性变应性反应、脓皮病、蠕螨病等特别容易感染。性别与皮肤病的发生之间关系较小，但也有个别情况下瘙痒与性激素分泌失调相关。

病史　包括一般病史和特殊病史。①一般性病史：如食物的种类和组成、动物所处的环境、动物的用途、对动物皮肤保健状态（洗澡是否过于频繁），近来是否有暴露于有害物质之中的历史，家中其他动物是否有皮肤病，在同一环境中，其他动物或人类是否存在瘙痒的现象，动物所处的环境是否有痒病、伪狂犬病流行，马和犬是否存在绦虫病的病史，动物是否存在黄疸症状等，这些资料对于鉴别诊断都具有重要的价值。其中犬和猪的食物过敏现象远远多于人们以前的认识，只不过它常与其他的诸如蚤源性变应性皮炎、特异反应性皮炎、变应性皮肤病同时发生而已。脂类缺乏的日粮通常会加剧犬的脂溢性皮炎，并引起动物的瘙痒。传染性疾病、外寄生虫性皮肤病都是通过与特定环境接触而感染。一些较为少见的外寄生虫病也见于任其自由活动的动物，至于猫的痒病只局限在某个地域发生。与新近引入的动物同一厩舍或同一食槽，也同样可能增加传染性和外寄生虫性皮肤病发生的可能性。在动物饲养集散场所和兽医诊疗场所均使动物增加了接触感染的机会。与其他动物接触的病史常常给以重要的提示，犬猫之间有一些共患的诸如蚤源性变应性皮炎之类的外寄生虫病，虽然在犬发生得更多，其实这些病原多来源于猫体，而这些猫既可为家舍内也可为家舍外饲养，而且其自身并未受到感染。无症状的犬的痒病带毒者的确存在，因为犬痒病症状的出现还包括过敏反应。宠物体表有瘙痒性丘疹样红斑表示有犬和猫的痒病或螨病的存在。畜主出现红斑性损伤，有可能表示宠物体表存在真菌病。②特殊病史：每个病例与现有症状相关的特异性病史都有重要的参考价值。例如,皮肤原始的损伤部位及发生与发展的情况、瘙痒的严重程度、季节性变化、对治疗的反应等。掌握与皮肤最初发生损害部位有关的知识将有助于诊断的建立。例如,犬的痒病往往起始于耳廓的边缘;迅速发生的瘙痒症更多地怀疑蚤源性过敏性皮炎、犬或猫的痒病、螫螨病、恙螨病和药物过敏等疾病。隐匿性发生瘙痒更大程度上说明是属于特异反应性皮肤病、食物过敏、脓皮病、马拉色霉菌(糠疹癣菌)皮炎和脂溢性皮炎。③瘙痒的强度:绝大多数动物在诊疗室内通常不表现出瘙痒的症状,但是犬、猫的痒病和犬的跳蚤性皮炎则属例外。至于瘙痒的频率和瘙痒的强度可从畜主提供的情况而得知,通常是看只有畜主在场时患畜每小时瘙痒(包括抓痒、啃咬或舌舐)的次数。④发病季节:变应性皮肤病或者蚤源性过敏性皮炎在世界各地均有明显的季节。马拉色霉菌性皮炎多发生在湿度高的季节;周而复始发生却无季节特点,表明是一种与其他环境改变相关的接触性皮炎;精神性(心因性)瘙痒能预料其发生,例如当患畜接近某种装置之时就发生。食物性变态反应可以持续地发生,除非改变日粮症状才可消失。⑤已用药物疗效:对于先前应用的药物,特别是可的松类和抗生素类有无反应乃是十分有用的信息。尽管过敏性疾病对皮质固醇类药物有不同程度的反应,但是皮质固醇类对食物性变态反应的疗效,又不如对其他变应性反应或蚤源性过敏反应好。对抗生素治疗有效,表明该病例类似于脓皮病。

临床体检　对于家畜任何一种皮肤病的诊断,全面的体检是必不可少的。皮肤病可继发于某些内科病。适宜的光照具有相当的重要性。具有瘙痒症状的动物进行检查时,皮肤、黏膜和它们相连接处、口腔、耳、生殖道以及淋巴结等的检查是备受重视的。临床兽医应该注意观察患畜一般的行为举止以及瘙痒的一些病史及症状。瘙痒时的一些客观症状包括擦痒、被毛无光泽、断裂和脱落等。瘙痒发生时的原发性损伤,可能见到也可能见不到,如果见到诸如丘疹、脓包、斑点等原发性病变,将有助于诊断的建立,假如同时存在脱毛的现象将为诊断提供更有价值的线索。一旦发生自我损伤经常会引起红斑、擦伤、苔藓化样病变和脱毛等,从而使原发性病变消失,不利于诊断的建立。"疹子发痒"(a rash that it ches)的概念是指原发性皮肤病变原本就有发痒的特性;"发痒而出疹子"(an itch that rashes)的概念是指那些皮肤表面正常而具有发痒症状的动物在发生瘙痒后自我损伤的现象。外寄生虫病、脓皮病、皮脂溢是比较常见的瘙痒性皮肤病,它们的原发性病理损害是一致的。与此相反,变应性疾病和食物过敏性疾病所致原发性的皮肤损害是很少见到的。瘙痒动物皮肤病变的分布情况以及主要病灶所处的位置将具有重要的诊断价值。

鉴别诊断及其程序　诊断的确定是建立在鉴别诊断的基础之上,而鉴别诊断是临床兽医通过症状、病史以及体检结果等临床资料综合判断而完成的。图 2-8 则为诊断程序示意图。

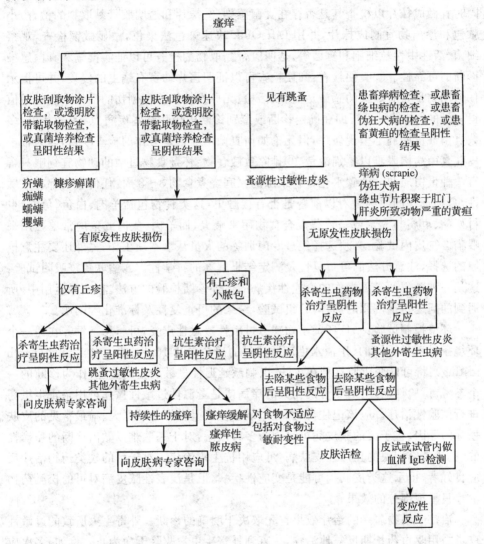

图 2-8　在动物出现瘙痒症状时一般诊断程序的示意图

关于具体诊断方法的简述：①皮肤黏取物或刮取物的检查：对于所有的有瘙痒症状的动物宜多处黏取或刮取皮屑,对患区应细致地清理,用 10 号外科刀片蘸取矿物油后,刀口与皮肤表面垂直,并沿被毛生长方向刮取皮屑。将黏取物洒布于载玻片上,在强光下用显微镜观察,蠕形螨一般比较容易被确认,而痒螨只有50%以下的患犬被检出,未被检出病原的可疑病例需要做治疗性诊断试验。干燥的黏取物同时宜做成抹片以检查其是否存在真菌感染。②抹片和透明胶带黏取物的检查:小脓包和渗出物宜制成抹片,并用 Diff-Quik 快速染色法染色,做显微镜检查,观察细菌、活性中性粒细胞和真菌等。透明胶带黏取物的检查可以证实攫螨和真菌感染诊断的可靠性。③粪便检查:粪便检查可以证明瘙痒幼畜有蠕虫的侵袭,并可揭示任何动物是否有螨虫的感染。④皮肤活检:无原发性损伤的创伤的活体检查是最值得一做的。其结果可帮助在确定诊断或鉴别诊断中排除某些疾病。⑤真菌培养:多数真菌性皮肤病不呈现瘙痒,但无论如何真菌培养常是必作的检查项目,因为很多皮肤真菌病肉眼难以鉴别清楚。⑥排除致敏食物:怀疑食物过敏的动物宜饲喂只含有一种蛋白质和一种碳水化合物来源的家庭烧煮食物3~8周。任何食物都有致敏性,食物选择的原则是看以前曾是否有接触史,这类食物包括羊肉、白鱼、兔肉、乡村奶酪、豆腐与大米或马铃薯混合食物用来喂犬,而羊肉、兔肉或猪肉常单独用来喂猫。⑦皮内试验:必须选择经过专门训练的人员从事本项工作,另外还要注意抗原的选择,注意方法的可重复性及测定结果解释的科学性。⑧酶联免疫吸附试验:这是一种既方便又可操作的变应性疾病的体外诊断检验的方法。在实际运用中,所遇到的问题包括抗原的选择,分组试验,结果的可重复性及标准化等问题。

环境控制试验:一旦怀疑动物罹患过敏性接触性皮炎,可将患畜饲养在另一个环境条件截然不同的、用清水彻底冲洗过的房舍内达 10 d 之久。斑片试验(patch testing):将可疑变应原接种在皮肤,以刺激延迟性过敏反应的发生,作为诊断的一个参考。试验性治疗:对于可疑为犬的痒病或是蚤源性过敏性瘙痒可用杀寄生虫药进行试验性治疗。应该记住,蚤源性过敏性皮炎是世界各地区犬、猫最常见的皮肤瘙痒的原因。鉴于犬的脓皮病可呈现为多种形态,对于一些难以做出诊断的瘙痒性的、有浅表结痂块的丘疹性皮肤病,可应用抗生素治疗。对于可的松类药物治疗反应良好者,提示这类皮肤病可能是变应性疾病,但是浅表性脓皮病对可的松类药物治疗只呈现部分的效果。

治疗 动物瘙痒的治疗效果首先取决于明确的诊断。外寄生虫所致的过敏性皮炎需用驱虫药长期反复地治疗,一直到外寄生虫被驱除干净为止。例如,多次应用阿维菌素才能使一些犬的螨病得以控制。治疗跳蚤所致的过敏性皮炎也是需要长期进行的一项工作。对变应性反应最好是使动物降低或缺乏敏感性。与其用可的松类长效地调节动物敏感性药物,倒不如推荐应用一些短效的隔日口服的可的松类药物,如普列德尼松(prednisone),普列德尼猪龙(prednisorone)或甲基普列德尼猪龙(methylprednisolone)。在治疗蠕螨病和脓皮病时可的松类药是禁忌的。

有许多瘙痒的患畜需要长期地用香波和润肤剂做表面皮肤处理或者是用止痒剂冲洗。

如果对皮肤疾病不能确定诊断，最好去求助皮肤病专家。当没有确定诊断时，对长期地使用皮质类固醇药物宜采取慎重的态度。

第三十节　肿块和淋巴结病(lumps and lymphadenopathy)

新生物、脓肿、囊肿、血肿、肉芽肿和过大的纤维瘢痕组织是兽医临床上最为多见的肿块。临床兽医遇到这些肿块时，需要回答的主要问题是：什么是最好的治疗方案？然而，要解决这一问题则又取决于对肿块发生原因的阐明及性质的确定。

概念与病因

新生物　新生物乃是由于某一细胞系无限制生长所致。它们可产生于任何组织，并位于动物身体的任何部位。一般而言，新生物多发生在老龄动物，但幼畜亦同样可以发生。诚如畜主所描述，某些瘤体生长很快，而有的却较慢。体检时所见瘤体的变化不一，这主要取决于肿瘤的种类。结缔组织的肿瘤多趋于坚硬，而脉管组织的肿瘤则变化不一，经常见到的是它有像脓肿样的柔软区域。恶性肿瘤与其他组织间有大面积的联系，并弥散到其下层组织结构中去，还固定于皮肤组织上，发生溃疡灶。良性肿瘤也是蔓延性地生长，但与其下层组织并不粘连，有时似有包膜。有蒂的肿瘤通常是良性的。

血肿　血肿可由局部创伤引起血液从破裂血管外渗所致。血液凝固异常，如血友病或者抗血液凝固的杀鼠药中毒亦可是血肿发生的原因。当血液向血管外渗流时，血肿的发生是很迅速的，当血肿形成后，通常不再变大，有的畜主会报告，这种肿块逐渐变得很坚硬，并逐渐缩小。这种现象的发生可能是血肿发生机化与血块收缩及其中的液体被吸收有关。血肿临床检查时的特点是：未附着在任何组织上；无包囊形成；开始生成时能感到其内为液体所充满，过一段时间血肿一旦机化，肿块则变得很坚硬。

脓肿　当脓性渗出物积聚在组织中时，则发生脓肿，渗出物是由死亡的嗜中性粒细胞和由嗜中性粒细胞所释放的酶所杀死的组织细胞构成，其外由脓肿膜围绕，最靠近炎灶的脓肿膜，则由坏死组织和纤维蛋白所组成。越靠近膜的外部，则有越来越多的肉芽样组织。随着脓肿内的压力不断增加，包膜最后将发生破溃。脓肿的出现过程比较快，畜主可能会注意到炎症发生时的一些症状，如红、肿、热、痛和功能障碍。甚至有些畜主会说明到兽医院就诊前 2～3 d 动物曾经受过伤。脓肿可附在深部组织或皮肤上，它的质地根据机化的阶段而异，既可坚硬也可有波动性。肿块坚硬而中心部位柔软则表明其为脓肿,当触诊时动物可能会有痛觉反应。

　　囊肿　囊肿是非疼痛性的、充满液体的一种肿块样结构。囊肿常常是组织碎块阻塞小腺体导管而形成的,也可能由脓肿转化而来。有时脓肿痊愈,但未能将其内液体排出,这种情况多发生在炎症被缓解,及通过酶的消化消除脓液之时。在正常情况下,脓肿内残留的液体部分将被吸收。如果脓膜是完整的,当脓液被消化后,其内液体部分将不再被吸收,于是就形成了囊肿。炎症的症状虽然可能为人们所注意,但当这类肿块的大小减少时,就可能为人们所忽视。年幼动物在组织中发生囊肿的原因很可能是非同寻常的。

　　肉芽肿　它可能是由于细菌、病毒、寄生虫的感染、机械性刺激或对化学物质过敏性等作用所引起的一种慢性炎症性反应的结果。纤维母细胞、上皮样细胞和巨细胞等受到刺激后,围绕着受侵害物形成一个包囊,畜主可能注意到炎症及其后出现的坚硬的团块,无疼痛症状,肉芽肿质地坚硬,可能连接到其下的组织或皮肤上。注射疫苗经常会引起肉芽肿。

　　纤维瘢痕组织　它常发生在组织损伤之后,大多数出现瘢痕组织,同时又具有小肿块的病例常常是脓肿的结果。如果说炎性刺激被缓解后,某些脓肿的痊愈无须排脓,通过酶的消化去除脓液,剩余的水样液体可被吸收。如果化脓过程延长了,脓肿包膜上的纤维母细胞可以增生,通常会出现由致密纤维组织构成的小肿块。

　　淋巴结病　淋巴结病意指淋巴结的疾病,但通常是指淋巴结增大,所以说淋巴结增大是淋巴结病的正确名称。这可发生在传染性疾病、免疫介导性疾病、炎症性疾病、新生物增生性疾病等的过程中。无疼痛、全身淋巴结增大却不出现全身性症状的疾病最可能是淋巴肉瘤;如果动物出现全身症状、传染性疾病、自体免疫性疾病、全身增生性疾病等则应予以考虑。单个淋巴结增大有可能是淋巴肉瘤,则应仔细检查病区附近的淋巴结。如有肿瘤切除病史,将可提示此淋巴结存在转移性病灶。

　　诊断　可用多种办法诊断肿块性质,其中病史调查和体检、X 射线检查、超声波检查、细胞学检查、组织病理学检查等都是非常有用的诊断方法。

　　病史调查和体检　收集病史能够避免误诊。某些畜主只提供极少的病史信息,而另一些畜主却能提供宠物很详尽的日常情况。当兽医遇到肿块时迫切需要了解的信息包括:发现肿块的时间有多久?其形状和颜色是否发生了改变?肿块是否有痛感?畜主如能回答这类问题,对临床兽医来说则是十分有价值的。但如果收集的是错误的信息则比没有信息更糟糕。

　　在超声波应用的时代,电子计算机配备在 X 射线、核磁成像、自动血液化学分析仪等设备上,提供了最为令人满意的诊断效果。当电子计算机解释心电图变化时,临床体检的地位似乎黯然失色了,因而对一些病例建立诊断时,临床检查倒反而经常被忽视。其实,系统器官完整的临床检查不但能帮助诊断疾病,而且能防止治疗上的错误。在用外科手术办法切除新生物时,若事前不对淋巴结做触诊检查,可能会导致治疗不彻底的后果。具体地说,术前不搞清楚肿块波及的范围,就可能导致高昂的花费及不必要的手术过程,并且治疗效果差,当然这与肿块主要结构未被切除直接相关。临床兽医对肿块进行检查时,首先要找到原发性肿块,检查其质地是否均匀一致?其大小如何?这些均应做记录,以备将来做对照时用。是否有感染?是坚硬的还是柔软的?肿块是否与皮肤、皮下组织或深部组织相连?肿块是否能移动或是紧密地连接在与其相连的组织上?这种与肿块相连组织是什么组织?肿块是否在相应淋巴结范围之内?

实验室诊断　能为肿块的诊断提供更多依据的办法包括:放射线学检查、超声波学检查、细胞学和组织学检查等。在决定对患畜进行外科切除手术之前,务必对动物整体情况进行全面的检查,例如全面临床血液学检查、血液生物化学检查以及尿液常规检查等。如果发现动物有肝脏或肾脏衰竭方面的问题,其治疗方案务必做出相应的改变。

放射线学检查　常用于评价原发性肿块。如果是恶性肿瘤的话,还可检测其是否存在转移性。原发性肿块放射线学检查,可帮助临床兽医确定是否有不为 X 射线穿透的物体存在,也有助于判断该肿块是否蔓延到骨骼、胸腔或腹腔内。腹腔放射学检查,对确定腹腔肿块的位置是很有帮助的。胸部 X 射线检查对于确定大多数胸腔内肿瘤,对于判断肺实质具有转移性病灶的疾病也是十分重要的,任何外科手术实施之前,必须先进行肺实质的检查,从 3 个角度的 X 射线检查是常采用的方法:即背腹部检查和左右两侧的检查,无论左侧或右侧,侧位 X 射线检查时动物通常采用侧卧姿势。在肺上部转移性病灶比较容易看出来,这是因为这部分肺区气体比较充满,充满气体肺组织与水样密度肿块之间反差较大。基于镇静剂或麻醉剂有可能抑制呼吸,拍胸片时最好事前不要用这类药物。在发生淋巴结病时,胸腔和腹腔检查是很必要的,因为这有助于观察在相关区域内的淋巴结。

要获得高质量的 X 射线检查结果,受检动物事前必须做相应的处理,例如为了使消化道内不能存在大量的食糜,检查前必须禁食或灌肠,以免消化道内的食糜与腹腔内器官结构相混淆。为了更好地确定肿块的部位,胸腹腔图像或泌尿道图像与肿块的反差务必要显现出来。

超声波检查　它可用于确定肿块的性质,是属于囊肿还是实质性肿块。囊肿或脓肿中经常见到的是絮状物或纤维样物,容易予以证明。肝脏实质的超声检查有助于揭示具有转移性肿块的疾病。

细胞学检查 此法应用于所有肿块的检查,因为这种方法既快,又无危险,而且检查费用低廉。尤其有价值的是此法能快速解释肿块性质,通常可由临床兽医自己直接完成。为慎重起见,他们有时要去请教细胞病理学家,这就可能延迟检查报告的发出。一般说来,炎症反应过程中,肿块中常含有嗜中性粒细胞、嗜酸性粒细胞或吞噬细胞,而且常常能见到致病微生物,特别是组织胞浆菌、芽生菌、隐球菌和球孢子虫等。新生物中通常含有同一类型的细胞,但它们大小不一,所处的发育阶段不一。癌肿中通常有呈圆形或角形的细胞,它们常集合成块状,肉瘤通常有呈纺锤形的,单个散在的细胞。正常的淋巴结中含有75%~90%的小淋巴细胞。发生炎症反应的淋巴结中通常会呈现含有小淋巴细胞、前淋巴细胞、淋巴母细胞、浆细胞和吞噬细胞等的混合型细胞相。淋巴肉瘤在抹片中呈现出以淋巴母细胞为主的细胞相为特征。转移型的新生物会使淋巴结发炎,并以呈现肿瘤细胞为特征。任何样品都能进行细胞学检查。如果肿块有液体流出,挤压肿块后可进行涂片显微镜学检查。在进行此类检查时,必须牢记的是污染现象经常是存在的。炎症性细胞即令在肿瘤中也是存在的。用细针头穿刺吸取内容物进行检查,常常可提供比较可靠的疾病过程的信息,通常用20号或更细的针头连接于10 mL或更大容量的注射器上,以负压吸取样品。采样区应事前把毛分开,并予以清洁处理,如果动物被毛很厚,则应予以修剪。如果肿块位于胸腔或腹腔内,相关部位的被毛必须剃剪,皮肤亦应做外科处理后再切开。当肿块的性质属无移动性时,用针刺入,并连接在注射器上吸出穿刺组织块。应该对肿块的不同部位穿刺采样,但须当心,不要将针尖穿透肿块或结节。一般说来,病灶的周边可取得最理想的样本,而不宜在坏死的中心部位采集软化的样品。样品被采集后,将注射器与针头分离,在注射器内吸满空气后,再将针头与注射器接上,推动注射器内芯将样品吹于载玻片上,将其制成均匀的抹片,空气中自然干燥后用罗曼诺夫斯基-姬姆萨法染色。胸腹腔内或肺内肿块的细胞学检查可用细针头吸取,在腹腔内肿块样品被吸取前,肿块宜推至腹腔侧壁,以免伤及腹腔内其他器官和组织结构。宜在穿刺前应用镇静剂,以免针头在腹腔内移动时伤及其他脏器。在利用X射线确定肺脏肿块位置的基础上,可以对肺脏肿块进行穿刺,事前将被毛剃去,皮肤施行术前外科处理,一旦针头刺入,迅速吸取被检物,注射器容量宜选用20 mL以上,以形成较大的负压便于样品的吸出。利用细针头穿刺几乎没有多大负面作用,即使在具有丰富血管的组织中,也不至于引起明显的出血。对于那些诸如脓肿之类的囊肿在穿刺时宜当心,在穿刺过程中要尽量避免将细菌或其他不明确的病原菌引入体腔而引起并发症。施行胸腔内穿刺肿块易引起并发症,事前应对动物做仔细的观察。如果说穿刺不向侧方移动的话,并发症发生的可能性将很小。

组织病理学检查　将用福尔马林固定后的组织块进行组织病理学检查,对于诊断肿块有重要的作用。正确地采集样品并对组织块做适当处理之后,连同详尽而且正确的病史及肿块检查情况,呈送到相关实验室做病理组织学检查。

活体采样可以用多种仪器设备进行,也可以用手术刀在病理组织的边缘切取。如果肿块很小,则可将其全部切除。必须要记住的一点是:如果肿块的类型和性质不相同的话,当你只采取一个小组织块样品时,应考虑其代表性的问题,将尽可能多类型的样品送给病理学家检查显然是上策。有淋巴结病的病例,可将淋巴结切除。临床上经常遇到的是由于活体采样的样品不理想,因此不能给出正确诊断结论。手术后的病理组织样品宜连同伤口边缘的正常组织样品一道送检,以便确定病理组织是否完全被切除。在处理活体采样的样品时必须十分当心,通常是以锐利的刀具采集,电烙器具绝忌应用。如果样品中附有大量血液或渗出液,宜用生理盐水冲洗,注意组织样品绝不能用自来水冲洗,因为自来水是低渗的,它可引起细胞的溶解。组织样品宜尽快地固定,作为常规染色的固定液为10%中性福尔马林。为达到良好的固定效果,固定液容积至少10倍于组织块的体积。鉴于福尔马林每24 h可向组织内渗透深度达3~4 mm,为了保证组织在自溶之前得到固定,组织块厚度不能大于6 mm。因为大块样品中心部位不可能被固定,因此常将它们切成很薄的小片。有时为了保留肿块一侧原来形状和结构,人们只能从该肿块的另一侧将其切取下来。用外科手术法切除肿块而获取活体采样的样品之前,对各种参考意见务必慎重考虑。其决定性因素在于是否将活体检查结果做依据以改变治疗措施。如果是为了改变治疗措施,用外科手术法活体采样之前宜向畜主郑重声明。组织病理学检查的费用较之肿块的外科切除术要少得多。辅助性治疗对于某些肿块,如由传染源引起的肉芽肿以及某些恶性肿瘤都是有好处的,如果一时尚不能确诊,也只能推荐应用这些辅助性治疗。

腹腔中肿块的活体采样可应用特殊活检器械或通过外科手术将整个肿块切除。经常有肿瘤细胞扩散至腹部其他部位的可能性,因此将整个肿瘤全部切除被视为上策,对于脾脏上的肿块而言,摘除术显然是很容易做到的。对于那些在腹腔内不易移动的肿块,或是可能通过推挤将其固定在体壁的某一侧的肿块,可用活检器械实施直接穿刺;有时候也可在腹腔内窥镜或超声波的帮助和指引下得以完成;还有的可以通过切开腹腔来完成,这都得根据个体病例实际情况而灵活地采取相应的办法。腹腔内窥镜的优点在于:快和只造成很小的创口情况下而能见到腹腔内部器官的结构,其缺点是不易对肿块做治疗性手术切除,而且使肿瘤细胞散播开来的可能性依然存在。

以超声图像引导的活体采样针采样的优点在于:无须造成外科创口即可完成,

仅仅只要做麻醉性止痛或局部麻醉而已。尽管这种活体采样不能直接在肉眼可见情况下进行,但超声图像法可在活体采样器械和器官同时显示的条件下,进行活体采样,这样可使肿块的活体采样在器官内精确地进行,但它不可能将小肿块切除。

对肿块进行诊断的临床检查程序见图 2-9。

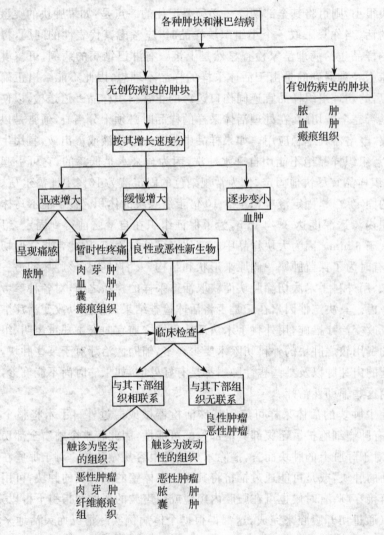

图 2-9 对肿块进行诊断时的临床检查程序

　　剖腹术是在许多情况下为人们乐于采用的方法,因为它既可进行活体采样,又可将肿块直接切除掉,还有一个优点是无须特殊的仪器设备,而且其手术过程亦为大多数临床兽医所熟悉,还能对腹腔中其他组织器官顺便地进行检查。

　　临床检查的目的是对各类肿块、淋巴结病等做出正确的诊断,据此可为畜主提供最理想的治疗病畜的方案。为了达到这一目的,必须充分利用一切可以利用的资源和手段,包括病史调查、临床体检、某些特殊的检查、细胞学检查、组织病理学检查等。所有这些检查结果应该进行综合考虑。必须记住一点,其中任何一项检查结论都存在着不正确的可能性,因为临床兽医平时经常是过于看重组织病理学检查的结果,假如病理学家的解释与其他项目检查结论不相吻合时,对病理学家的结论则应慎重考虑,因为它仅仅是多种信息来源之一而已。

　　对肿块进行穿刺检查时的诊断程序如图2-10所示。

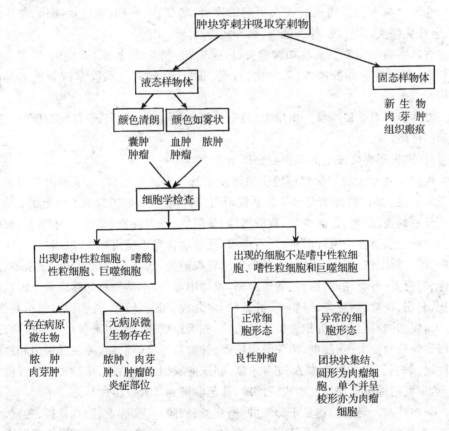

图 2-10　对肿块穿刺检查时的诊断程序

第三十一节　疼痛(pain)

疼痛的概念纯粹是主观概念,是指机体对某些有害刺激产生的感觉.这些刺激包括外伤、化学、机械、炎症、缺血和冷热等.虽然动物不能口头表述疼痛,但可以通过生理状态及行为的变化显示疼痛的存在,如心率和血压异常、出汗、呼吸急促、鸣叫、哀鸣、特殊肢蹄的运步错乱、不愿运动、正常行为的改变.但各种动物甚至同一种属的动物对相同的刺激也可表现不同的反应,有些动物特别是经过训练的动物,甚至可耐受较强的疼痛刺激也不表现临床症状.

病因和病理发生　根据发生部位,动物疼痛分为皮肤疼痛、内脏疼痛和肌肉骨骼疼痛.

皮肤疼痛　是指由皮肤损伤引起的疼痛,如烧伤、冻伤、割伤及撞伤、急性皮炎、急性乳腺炎、蹄叶炎、外伤感染、腐蹄病等.

内脏疼痛　由浆膜炎症如胸膜炎、腹膜炎、心包炎、胃扩张、肠扩张、尿道和膀胱扩张,器官肿胀如肝肿大、脾肿大、肾炎、肠炎、纵隔和肠系膜牵拉等所引起的疼痛.

躯体和肌肉骨骼疼痛　由肌肉损伤、骨髓炎、关节炎、脱臼、肢体深部刺伤等所引起的疼痛.

另外,根据疼痛发生的部位可分以下几个类型:

腹部疼痛　大动物腹部疼痛主要继发于肠道阻塞或变位,绵羊和山羊则多发生于尿石症.肠源性疼痛是由于肠系膜牵引、肠管膨气和肠壁缺血所引起的.马主要见于盲肠炎、肠炎、盲肠变位、盲肠扭转、肠阻塞、肠内异物(如沙、结石等)、腹膜炎、急性肝炎、急性中毒性肠炎、尿石症等.反刍动物见于瘤胃膨气、皱胃扭转、皱胃溃疡、肠扭转变位、便秘、腹膜炎、创伤性网胃腹膜炎、尿结石、瘤胃积食、肠阻塞、肠粘连、瘤胃炎、肝炎、肝脏脓肿、肠道肿瘤、植物中毒等.小动物腹部疼痛的原因包括外伤、刺伤、炎症、胰腺炎、腹膜炎、肝脓肿、睾丸或脾脏扭转等.外伤因素包括刺伤、椎间盘疾病、脊髓挫伤、脊椎骨折或骨脱位.先天性或遗传性因素包括牙齿疾病.感染因素包括骨髓炎、脑膜炎、椎关节强硬等.肿瘤包括椎体肿瘤、神经索肿瘤和神经节肿瘤.饲料因素如维生素A过多症等.临床症状因动物品种、年龄和疾病程度而异,从中度精神沉郁到反复踢腹或踏蹄,甚至发展到具有攻击性行为.

胸部疼痛　马属动物见于肺脓肿、胸膜炎、胸膜肺炎、肺炎、肋骨骨折、肿瘤、骨髓炎、白肌病等,反刍动物主要见于胸膜肺炎、肺炎、运输综合征、创伤性网胃心包炎、肋骨骨折、胸膜炎、骨髓炎等.涉及胸部的疼痛,如定位后则触诊有敏感反应,若发生弥漫性炎症,如胸膜肺炎,则难于定位;同样,如炎症的发展加重疼痛刺激,动物则表现不安或不愿卧地;呼吸浅表快速,通常随胸腔积水量的增加,疼痛程度减轻。

　　四肢末端疼痛　马属动物退行性关节疾病、修蹄不当、外伤、蹄底溃疡或脓肿、滑膜炎、撕裂伤、韧带拉伤、蹄底脓肿、蹄叶炎、骨髓炎、骨软骨炎、化脓性关节炎、马蹄角质瘤、白肌病等。反刍动物主要见于退行性关节炎、腐蹄病、蹄叶炎、蹄底脓肿、蹄底刺伤、创伤性膝关节炎、骨髓炎、骨膜炎、白肌病等。

　　小动物末梢疼痛的原因有外伤、骨折、脱位、肌肉挫伤。先天性或遗传性疾病者包括非脓肿性坏死如骨软骨炎。感染因素所致的如全耳炎、骨髓炎、多关节炎、皮下蜂窝织炎、脓肿等。

　　常见动物步态和姿势的改变,通过运步和快步急行确定患肢,重要的是确定疼痛刺激来源,如皮肤、肌肉、关节和确定疼痛刺激因素。应用触诊的方法检查骨骼和关节,确定病原,必要时可应用局部环状封闭,有助于进一步确诊和治疗。同时应用X射线摄片、超声检查和关节镜检查,明确病因。

　　颈背部疼痛　马属动物颈背部疼痛主要见于肌肉损伤、骨折、过度骑乘、韧带扭伤、血栓性静脉炎,也可见于破伤风。反刍动物还可发生于尿石症、脑膜炎、肾脏疾病如急性肾小球性肾炎和肾小管炎、白肌病。小动物颈背部疼痛的原因有外伤、先天性或遗传性损伤、感染或炎症、肿瘤、饲料等原因。大动物颈部疼痛主要表现是不愿从地面采食或活动头部。创伤是常见的病因,但脑膜炎也可引起颈部疼痛。

　　诊断　通常根据不同的解剖部位进行临床鉴别诊断,如颈背部、四肢末端和腹部。

　　外伤病因明显,主要注意外伤的程度以及涉及的器官。检查患病肢蹄,有时要注意有的虽然涉及到肢蹄但症状不明显。了解发病时间、急性或慢性。早晨或外出时缓慢运动发生疼痛可能是关节问题。此外,还应考虑不同年龄、品种和性别的差异。临床检查时,应在运动或休息状态下分别进行,以确定疼痛的部位,单肢或多肢。如肥胖的中年犬拖拽着两后肢,可能的原因为骨盆骨折;头颈部不愿活动则为颈部问题。背部拱起或腹部肌肉收缩应寻找腹部或胸腰段疾病。患畜不愿上下活动则可能是脊柱损伤。全面触诊不仅可以定位患病部位,而且可以帮助进一步诊断和预后。怀疑口腔疼痛则应检查是否有异物、牙病。下一步是检查颈部,存在疼痛则应进一步检查确定病变部位。触诊肢蹄,轻轻活动每一个关节,1岁以下的犬则可能是骨软骨病,局部肿胀温热则可能是蜂窝织炎、脓肿或软骨炎。腹部检查也十分重要。

　　神经功能检查有助于确定末梢、脊柱或头颅的疾病。应用上下运动神经原支配的器官,检查判定损伤的部位。应用X射线摄片、超声诊断、核磁共振等技术,配合临床检查,有助于发现引起疼痛的体内的一些病理变化。

治疗 治疗包括双重意义,即缓解疼痛和恢复受影响器官的功能。宜采取多重处理,包括药物和外科手术。止痛药分为3类,即麻醉止痛药、麻醉药拮抗药和非类固醇类抗炎药。麻醉止痛药和麻醉药拮抗药都可以增加疼痛的耐受性,而非类固醇类抗炎药可提高疼痛阈值。同时也可考虑针灸疗法。

第三十二节 共济失调,不全性麻痹(轻瘫)和麻痹
(ataxia,paresis and paralysis)

一、共济失调(ataxia)

家畜正常而协调的运动依靠正常的肌紧张性和健全的神经系统进行调控。在肌紧张性正常的情况下,运动的协调性发生障碍称为共济失调。家畜正常步态的特点是准确、敏捷、协调和平稳。共济失调步态的特点:是在运动时肢体的协调障碍、交叉和广踏,构成一种蹒跚、摇摆的步态,不能维持躯体的平衡和正常姿势。

病因 感觉性共济失调是由深部感觉径路的损伤所引起,如多发性神经炎、脊髓炎、脊髓脓肿、脊髓肿瘤、脊髓外伤以及先天性脊髓畸形等。外周前庭性共济失调是由前庭及其通路的损伤所引起,如内耳炎、肿瘤、先天性前庭缺损,以及耳毒性药物(如链霉素、新霉素、卡那霉素、庆大霉素)的影响等。中枢前庭性共济失调是由脑干和前庭核的损伤所引起,如低血糖症、肝脑病、脱髓鞘症、脑积水、脑脓肿、细菌性脑膜脑炎、狂犬病、伪狂犬病、犬瘟热、真菌毒素中毒、重金属元素中毒、肿瘤(如脑膜瘤、神经胶质瘤、脑神经的神经纤维瘤、淋巴肉瘤等),先天性大孔畸形以及头部外伤等。小脑性共济失调是由小脑的损伤所引起,如感染(犬瘟热、猫传染性腹膜炎、真菌性疾病等)、肿瘤(年轻动物有神经管胚细胞瘤、成年动物有神经胶质瘤、脑膜瘤)、网织红细胞增多症、糖原储积病、小脑疝、小脑发育不全、枕骨发育异常及枕骨外伤等。

诊断 对共济失调的诊断主要观察病畜的站立姿势和步态。在鉴别时应注意:步态异常的表现和程度;做仰姿位检查,判断病畜的平衡和体位反应是否正常;有无头部病征(如倾斜、震颤等);有无病理性眼球震颤;一侧性或双侧性,对称性或非对称性共济失调;遮闭眼睛后共济失调有无加重;必要时进行脑脊液检查和颅部X射线检查。

感觉性共济失调的临床症状具有以下主要特点:①由于外周神经和脊髓病损所引起的感觉性共济失调主要表现为四肢的共济失调,一般没有头和眼的病征;

②病畜虚弱,即肌肉应答的强度、力量和耐力均减弱。严重的虚弱可掩盖运动失调症状;③本体反应缺失;④遮闭病畜眼睛时共济失调明显加重;⑤根据发生运动失调的肢体以及脊髓的病征(反射减弱和疼痛等)可对损伤的脊髓做定位诊断。

外周前庭性共济失调的临床症状具有以下主要特点:①非对称性共济失调伴有明显的平衡障碍;②定向力缺失;③头倾斜,常斜向病侧;④病理性眼球震颤、眼震的方向常向着患侧,人为地将病畜头部做上下、左右摆动,眼震颤与头的摆动无关;⑤病畜在行走时向患侧漂移、转圈乃至跌倒;⑥本体反应一般正常;⑦某些病例出现面神经和交感神经功能障碍;⑧耳镜检查常可发现中耳和内耳病变。

中枢前庭性共济失调与外周前庭性共济失调同样具有头倾斜、转圈和病理性眼球震颤,两者临床症状不同之处在于:中枢前庭损害所引起的平衡障碍一般较轻。两者所发生眼球震颤的表现亦不一样,外周前庭病损时眼球震颤是水平和旋转的;中枢前庭损伤时眼球震颤常是垂直性的,并随着头位置的改变而频频变换方向。中枢前庭性共济失调常伴有脑神经异常,可能发生意识障碍和轻瘫。

小脑性共济失调一般呈对称性失调,病畜在站立时表现静止性平衡障碍、肢体叉开呈广踏姿势,头部震颤,躯体摇晃不稳。行走时运步辨距不良,多为辨距过度,跨步过大,步态笨拙蹒跚,不能直线前进,常偏向患侧。共济失调可因转圈或转弯而加重,患畜肌肉张力降低,肢体出现意向性震颤。但一般不伴有感觉障碍,运动失调不因闭眼而加重,缺乏恐吓反应,亦不伴发轻瘫。体位反应一般正常,小脑性共济失调与前庭性共济失调临床症状的区分在于:前者罕见头倾斜和转圈、眼球震颤亦不常见,即使发生也是所谓类震颤,即眼快速而不规则地颤动。

二、不全性麻痹(paresis)和麻痹或称瘫痪(paralysis)

不全性麻痹(轻瘫,paresis)和麻痹或称瘫痪(paralysis)是指由于脑干、脊髓、外周神经或脊神经节功能异常导致的肌肉随意运动能力的减退或丧失。临床上按照神经系统损害的解剖部位可分为中枢性瘫痪和外周性瘫痪,按照瘫痪的程度可分为完全性瘫痪和不完全性瘫痪,后者亦称为轻瘫;按照发生瘫痪的部位可分为单瘫、偏瘫、截瘫和四肢瘫。

动物的运动包括两种类型:一种是不随意运动,通常是反射性活动;另一种是随意运动,这是依靠大脑并通过传导系统支配肌肉来完成的一种有目的的运动,受意识所控制。当控制、传导或完成随意运动的神经肌肉结构或机能发生障碍时,便会发生瘫痪,这是动物神经系统的常见症状之一。

病因　中枢性瘫痪(上运动神经元性瘫痪):由于上运动神经元有关组织,即大脑皮质、脑干、延髓和脊髓腹角受损而引起瘫痪,家畜的锥体束系统不发达,有关组织受损时，一般只引起综合性神经症状，当病情严重或病的后期可能出现瘫痪症状。引起上运动神经元受损的常见疾病如下：①血管性病变如出血、血栓形成、梗塞、脑缺氧；②占位性疾病如脑肿瘤、脑水肿、多头蚴包囊；③脑外伤；④感染如病毒性脑炎、狂犬病（上行性瘫痪）、脑脓肿、李氏杆菌病、肉毒梭菌毒素中毒；⑤中毒如铅、一氧化碳、有机汞、萱草根等中毒；⑥先天性髓鞘形成不全、神经轴水肿、先天性后躯麻痹。外周性瘫痪（下运动神经元性瘫痪）：由于下运动神经元有关组织，即脊髓腹角细胞、脊髓腹根、与肌肉联系的外周神经干等受损时，直接引起所支配的肢体瘫痪，这在家畜较常见。引起下运动神经元受损的常见疾病如下：①炎症如多神经根神经炎、脊髓腹角灰白质炎、脊髓膜炎；②外伤如脊椎某节段外伤（如摔倒、跌伤）、椎骨骨折、脱位等；③脊髓压迫如肿瘤、骨髓脓肿、骨折、脱位、椎间盘突出、外生骨疣、脊髓畸形；④神经丛损害如臂神经丛神经（常见肩胛上神经麻痹和桡神经麻痹）、腰神经丛神经（常见如荐骨神经麻痹）损伤；⑤感染如狂犬病（下行性瘫痪）、牛白血病、脑脊髓丝虫病；⑥储积病如氨基葡萄糖苷性麻痹。肌病性瘫痪：常见于以下疾病：①非感染性炎症如特发性多肌炎、嗜伊红性肌炎、系统性红斑狼疮；②感染性炎症如梭菌属细菌侵害、弓形虫病、细螺旋体黄疸出血症、类圆线虫病；③营养代谢性如白肌病、缺铜症、缺钙症、缺镁症、低血糖症、维生素 E 缺乏症；④肌肉变性如横纹肌溶解；⑤内分泌性如肾上腺皮质机能亢进（类固醇肌病）、甲状腺机能低下；⑥遗传性如某些品种犬的肌病。

　　诊断　①首先应确定是否瘫痪，可根据病史，临床症状，实验室检查以及特殊检查（X 射线检查、肌电图检查等）与引起运动功能障碍的其他有关疾病和症状加以鉴别。②确定瘫痪的范围和程度，通过临床检查确定是单瘫、偏瘫、截瘫或四肢瘫，并判定是不完全性瘫痪（轻瘫）还是完全性瘫痪（瘫痪）。轻瘫时患肢运动功能减弱，负重或运步困难，容易摔倒，但在人工扶助下尚有一定活动能力。瘫痪时则患肢运动能力和感觉完全消失。③瘫痪的类型可以表明受损害的部位，故应从瘫痪的范围、肌紧张力、肌肉是否萎缩以及病理反射等病征来区分上或下运动神经元损害，并进而做更确切的定位诊断。

　　治疗　共济失调、轻瘫和麻痹发生的病因十分复杂，临床治疗上应根据不同的致病因素治疗原发病，同时对症处理。对急性脊髓损伤建议静脉注射琥珀钠甲泼尼龙、强的松龙琥珀酸钠，在损伤后 8 h 内效果较好。

第三十三节　震颤和颤抖(trembling and shivering)

　　震颤和颤抖(trembling and shivering)是指身体一部分或几部分经常地不随意地震动，主要是由于对侧肌肉的收缩引起，如伸屈运动、前后旋转及外展内收，应与眼球震颤、惊厥和肌肉自发性收缩等运动相鉴别,在睡眠状态下可不出现这些运动形式。

生理性震颤和颤抖　主要发生于体温调节、恐惧、疲劳等情况下。

病理性震颤和颤抖　主要见于中毒性疾病、代谢性疾病(高钾血症、低钙血症、低糖血症是 3 个发生震颤的主要代谢性疾病)、小脑疾病(包括先天性和后天性脑病,常伴发过度伸展和共济失调)、神经节疾病。

老年性震颤　老年犬偶尔发生震颤或颤抖,常常在运动或站立时症状加剧,在休息时症状减轻或消失。可见于单肢或四肢,有些动物表现虚弱,缺乏其他的神经症状,其病因学和病理机制尚不清楚。虚弱的犬可能有潜在的肌肉骨骼疾病和神经性疾病,发生于单肢的犬应考虑外周神经或神经节受到周围组织的压迫,两后肢震颤可发生于脊髓损伤,四肢震颤可发生于全身性神经肌肉疾病与损伤相关的脑干疾病。低糖血症和低钙血症也可引起震颤,但应与自发性肌肉收缩相鉴别。患病犬颤抖本身不会引起明显的临床功能障碍,用于治疗人类颤抖的有效药物如心得安和扑米酮等,在治疗老年犬颤抖上具有一定的作用。

药物或毒素引起的颤抖　某些引起颤抖的药物或毒素也可导致肌肉自发性收缩,应用消毒剂六氯酚洗浴或食入六氯酚后发生中毒可发生意向性颤抖,猫特别敏感,有些犬在中毒 1 周内可自行康复,有的会出现神经症状甚至死亡。有机磷杀虫剂倍硫磷可引起典型的颤抖,活动时症状加重,有些表现精神沉郁,有些除颤抖外,表现正常。氟哌利多和枸橼酸芬太尼联合应用作为镇静剂可引起犬颤抖,特别是肌肉自发性收缩明显,在 1～3 周康复。

小脑性颤抖　小脑疾病是犬猫颤抖的最常见病因,特别是头颤抖,也可发生于四肢,小脑性颤抖应与其他原因引起的颤抖相区别,具体疾病见有关章节。

第三十四节　意识状态的改变:昏迷和木僵
（altered states of consciousness：coma and stupor）

昏迷(coma)和木僵(stupor)是家畜小脑或脑干结构、代谢异常而引起意识高度抑制的一种临床表现,见于重剧脑病和其他引起脑功能紊乱的重剧疾病,通常是病情危重的信号。昏迷指动物对各种刺激不能产生应有的意识反应。木僵则指与昏迷临床表现相似,但在强刺激作用下能够觉醒,去除刺激因素动物很快进入睡眠的一种状态。

病因　①代谢性疾病:肝性脑病、肾上腺皮质机能低下、糖尿病昏迷、低糖血症昏迷、甲状腺机能低下、尿毒症昏迷、低血氧、酸碱平衡紊乱、中暑、高脂血症和体温过低;②营养性疾病:硫胺素缺乏的晚期(脑灰质软化症);③肿瘤性疾病:原发性肿瘤和转移性肿瘤,如原发性神经胶质瘤、原发性脑膜瘤和网织红细胞增多症;④感染:犬瘟热、狂犬病、猫传染性腹膜炎、真菌、原虫或细菌感染;⑤毒素或药物因素:药物中毒(镇静剂、麻醉剂或水杨酸制剂过量)、一氧化碳中毒、乙醇中毒、重金属盐类中毒和霉菌毒素中毒;⑥其他病因:颅部外伤(如脑挫伤、脑震荡)、脑部疾病(脑炎和脑膜脑炎包括感染性、肉芽肿性、寄生虫移行性脑炎)、脑水肿、癫痫、脑疝、脑内出血和梗塞、脑畸形如平脑畸形、脑内积水等和其他原因引起的循环衰竭。

病理发生与症状　家畜的正常意识包括意识内容(如精神状态、记忆能力、个性以及对周围环境的反应性和机敏性等)和醒觉水平。畜体通过各种感受器接受感觉冲动,经各传导束传递到丘脑,再沿着脑干的特异性和非特异性上行投射系统,投射到大脑皮质的感觉区,使大脑皮质处于醒觉状态,保持清醒的意识,产生各种意识内容。因此,凡投射系统路径和大脑皮质的病变,均可引起意识障碍。

家畜的意识障碍按其程度可分为沉郁、定向力障碍、木僵和昏迷。

沉郁　家畜对周围环境的刺激反应迟钝,神态淡漠,常处于嗜睡状态,但仍具有按正常方式做出反应的能力。沉郁是病畜的常见表现。

定向力障碍　家畜意识模糊,虽然能对周围环境做出反应,但反应的方式不适当。

木僵　家畜在不受打扰时处于熟睡状态,仅在强烈的刺激,特别是疼痛或有害的刺激下才能醒来,当除去刺激后又陷入原先的无反应状态。

昏迷　家畜完全失去意识,对各种刺激无反应,仍可有反射活动,例如强力刺激脚趾,可引起屈曲反射,但不会引起行为反应(例如叫喊、啃咬或扭转头部等)。深度昏迷则各种反射亦消失。

诊断　当病畜发生昏迷时,首先要安置在安静和通风良好的环境,避免任何不必要的刺激,使之保持呼吸通畅,并适当进行全身支持疗法。然后按下述要点进行诊断。

一、详细了解病史

①发病缓急:突然发生昏迷多为颅部外伤,脑内出血和梗塞、损害脑实质的急性感染或中毒、中暑等病,慢性进行性昏迷则多为代谢性或肿瘤性疾病;②昏迷前的环境及与药物或毒物的接触史;③伴随症状:有无高热、抽搐、偏瘫或四肢瘫痪等。

二、临床检查

除必要的一般检查,如体温、呼吸、脉搏外,应着重于神经系统的检查。

①有无非对称性、局灶性或侧位性症状:局灶性或侧位性症状常反映脑的器质性病变。其中急性进行性症状见于颅部外伤、脑水肿等病;急性非进行性症状见于

脑出血和梗塞；慢性进行性症状见于脑的肿瘤；非局灶性或侧位性症状，同时也没有脑膜刺激症状，见于代谢性或中毒性脑病、休克和脑的畸形。②有无脑膜刺激症状：脑膜刺激征见于脑和脑膜的炎症以及蛛网膜下出血，脑的血管炎多见于病毒感染，而脑膜炎则多由细菌或真菌引起。③瞳孔检查：检查瞳孔的大小、位置和对光反应。脑干不同平面受损影响到瞳孔的大小，间脑和脑桥的病损可见到小的瞳孔，对光反应减弱到消失；中脑水平的病损可见到中等到散大的瞳孔，对光反应消失；病损在脑干以外，代谢性脑病在对光反应时出现中等或小的瞳孔。昏迷病畜如瞳孔逐渐扩大提示病的恶化。④眼的活动检查：有无生理性或病理性的眼球震颤。病理损伤在大脑水平一般没有病理性眼球震颤；间脑和中脑的器质性损害一般没有自发性病理性眼球震颤，可能出现体位性病理性眼球震颤以及外眼肌麻痹，后者眼向所有方向的运动麻痹；脑桥的损害出现自发性病理性眼球震颤、体位性病理性眼球震颤以及异常的生理性眼球震颤。⑤姿势和肌紧张力：由于累及上运动神经元，昏迷常表现肌紧张力增强。当病损累及前部中脑，未受刺激时姿势正常，受刺激时可出现短暂的去大脑强直，其特征是角弓反张，即头后仰伸展以及四肢极度强直性伸展。当病损累及脑桥和前庭器时，肌紧张力降低。⑥呼吸强度和类型：代谢性昏迷的病畜常表现呼吸异常，代谢性酸中毒(糖尿病昏迷，肾病末期)和呼吸性碱中毒(肝昏迷、严重的肺部疾病、败血症)时出现过度呼吸(换气过度)。而在呼吸性酸中毒(药物中毒、呼吸麻痹)和代谢性碱中毒(家畜罕见)时则呼吸不足(换气不足)。大脑损害的家畜一般呼吸正常，脑干损害的家畜则有失调和不规则的呼吸。

三、实验室检查

血液生化检查对确诊或排除代谢性疾病极为重要，脑脊液检查则有助于诊断或排除原发性中枢神经系统疾病。

治疗　首先，确保呼吸道的畅通和心脏功能。其次，放置静脉内导管收集血液样本，检查红细胞压积、血液尿素氮和血糖含量及尿液密度。静脉输液补充血容量，但应注意过度输液会诱发脑水肿。治疗脑水肿可应用3类药物即皮质类固醇、渗压性利尿药和过度通气。其中皮质类固醇减轻脑瘤引起的水肿，但使用剂量应注意。渗压性利尿剂如甘露醇通过减少脑水含量降低颅内压。过度通气通过增加 PCO_2 和减少 PCO_2 来降低颅内压。此外，护理也十分重要，保持适当的营养，维持体液和电解质平衡，保持柔软的地面或水床等。

第三十五节　癫痫样发作(seizure)

癫痫样发作(seizure)是指脑神经元异常放电引起暂时性的脑机能障碍，以行为、意识、运动、感觉的变化为临床特征。行为改变包括意识模糊、痴呆、发狂和恐惧，甚至丧失意识。运动机能变化表现不随意运动或阵发性痉挛及涉水样动作，发作时出现牙关紧闭、咀嚼、舔食、奔跑、圆圈运动等。感觉异常对于动物难以发现，如抓面部、追尾及撕咬自体等。癫痫发作时还可出现流涎、排粪、排尿和呕吐等。

病因　原发性脑病：如脑积水、脑膜脑炎、脑损伤、脑血管疾病、脑肿瘤等疾病经过中。

代谢性疾病：低血糖、低钙血症、硫胺素缺乏症、肝性脑病、尿毒症性脑病。

中毒性疾病：一氧化碳中毒、有机磷农药中毒、士的宁中毒、铅中毒、汞中毒等。

传染病和寄生虫病：犬瘟热、狂犬病、弓形虫病、猫传染性腹膜炎等。肠道寄生虫如绦虫、蛔虫、钩虫等，外周神经损伤、过敏反应等也能引起癫痫样发作。

症状　癫痫样发作具有突然性、暂时性和反复性3个特点，按临床症状可分为大发作、小发作和局限性发作3种类型。

大发作　是最常见的一种发作类型。原发性癫痫的大发作可分为3个阶段：即先兆期、发作期和发作后期。先兆期表现不安、烦躁、摇头、吠叫、躲藏暗处等，仅持续数秒或数分钟，一般不被人所注意；发作期意识丧失、突然倒地、角弓反张、肌肉强直性痉挛，继之出现阵发性痉挛，四肢呈游泳样运动，常见咀嚼动作，此时瞳孔散大，流涎，粪尿失禁，牙关紧闭，呼吸暂停，口吐白沫，一般持续数秒或数分钟。癫痫发作的时间间隔长短不一，有的1 d发作多次，有的数天、数月或更长时间发作1次。在间歇期一般无异常表现。

小发作　动物罕见。通常无先兆症状，只发生短时间的晕厥或轻微的行为改变。

局限性发作　肌肉痉挛仅限于身体的某一部分，如面部或一肢。

诊断　根据反复发生的暂时性意识丧失和强直性或阵发性肌肉痉挛为特征的临床表现做出诊断。但要明确病因，需要进行全面系统的临床检查。

治疗　癫痫样发作时，应尽可能保持动物安静，避免外界刺激，防止机械性损伤。对于原发性癫痫，为了减少发作次数和缩短发作持续时间，可选用苯巴比妥进行治疗，同时积极治疗原发病。

（王小龙　唐兆新　向瑞平　李锦春）

第三篇

器官系统疾病

第三章　消化系统疾病

消化系统疾病,包括口腔及相关器官疾病、食道疾病、胃及肠道疾病、反刍动物前胃疾病、肝脏病、胰脏病及腹膜疾病等。常见多发于各种动物,对养殖业危害严重,是兽医内科学教学及临床防治的重点之一。

引起消化系统疾病的原因很多。概括起来,其原发性疾病的病因,主要是饲料饲养失宜,管理护理不当,环境气候的影响等;继发性疾病主要见于某些肠道细菌、病毒感染,寄生虫侵袭,中毒病,营养物质缺乏与代谢紊乱,也见于循环系统、神经系统、内分泌系统及免疫系统疾病的经过中。

关于病理发生,各个病有不同的发生发展规律,并具有各自的病理变化特点,但就主要胃肠疾病而言,其病理演变过程中又表现为消化、吸收、分泌与排泄的功能障碍,这是本系统疾病病理发生中的基本病理过程。因此,在学习过程中要学会"由个别到一般,再由一般到个别"的分析方法,善于从诸多个别疾病的病理特点中,概括出其基本规律,并用其规律指导每个病的病理发生的学习。如在学习肠炎时,首先要掌握如下基本病理过程:肠壁出现炎症,肠黏膜通透性升高,过量体液从血液经肠黏膜漏到肠腔,在肠黏膜吸收不良时,则发生漏出性腹泻;因肠道炎症,肠吸收机能与消化液分泌机能障碍,肠道内营养物质消化、吸收不完全,肠腔内渗透压升高,导致渗透性腹泻。肠分泌过多和肠内渗透作用增强,又促进了腹泻过程的发生与发展。由于腹泻,引起机体脱水、酸碱和电解质平衡失调,再则肠内环境改变,肠道菌群紊乱,常继发病毒或细菌感染,最后则导致自体中毒与休克。掌握这一病理过程后,重点是要注意与其他腹泻性疾病如霉菌性肠炎、马属动物急性盲结肠炎、黏液膜性肠炎等进行比较、综合,概括出共同规律。可以发现,虽然它们病因有些不同,病理过程与特点各有差异,但腹泻、脱水、酸碱中毒等是其共同的病理过程。在学习过程中若如此,则能触类旁通,举一反三。

临床症状,主要表现消化障碍,流涎,单胃动物常有呕吐,腹痛、腹泻,便秘和少便,腹胀,脱水等。需要强调的是:因消化道病理损害的部位与性质不同,就某疾病而言,因患病动物种类、个体、病程或病情不同,其临床表现均有差异。在学习尤其在临床实践过程中,要注意应用动物生理学、病理学等相关学科的基础理论知识,分析产生症状的病理学基础,阐明症状间的彼此关系,论证胃肠功能损害的部位及性质,建立诊断,并据此提出防治原则与措施。

第一节　口腔及相关器官的疾病

口炎（stomatitis）

　　口炎是口腔黏膜炎症的统称，包括舌炎、腭炎和齿龈炎。按炎症性质分为卡他性、水泡性、纤维素性和蜂窝织性等类型。各种动物均可发生。病因有两类，非传染性病因有机械性、温热性和化学性损伤，以及核黄素、抗坏血酸、烟酸、锌等营养缺乏症；传染性口炎，见于口蹄疫、坏死杆菌病、牛黏膜病、牛恶性卡他热、牛流行热、水泡性口炎、蓝舌病、鸡新城疫、犬瘟热、羊痘等特异病原性疾病。临床症状：卡他性口炎主要表现泡沫性流涎，采食、咀嚼障碍，口腔黏膜潮红、增温、肿胀和疼痛；其他类型口炎，除具有卡他性口炎的基本症状外，还有各自的特征性症状，如口黏膜的水疱、溃疡、脓包或坏死等病变（图 3-1 和图 3-2），有些病例尤其是传染性口炎伴有发热等全身症状。治疗：除去致病原因，给予柔软饲料和清凉饮水；用 1%食盐或明矾、2%～3%硼酸等消毒、收敛液冲洗口腔，口腔恶臭时用 0.1%高锰酸钾或 0.5%过氧化氢液洗口，溃疡面涂布碘酊、龙胆紫或 1%磺胺甘油混悬液，病情严重的要及时应用抑菌消炎等全身疗法。对传染性口炎，重点是治疗原发病，并及时隔离，严格检疫。

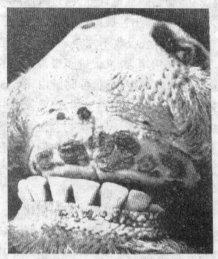

图 3-1　坏死杆菌性口炎
下唇和鼻镜上的红斑，齿垫上
附着牢固的同心环状覆盖物

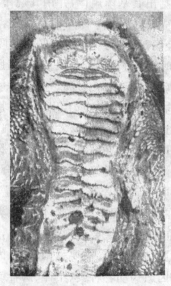

图 3-2　牛的烂斑性口炎
硬腭、嘴、唇和唇缘上的烂斑

犬猫牙齿疾病（dental diseases in canine and feline）

犬猫牙齿疾病是指牙周病、齿龈增生、牙髓疾病、龋齿、牙齿发育异常及牙结石等一组疾病的统称。

牙周病是由于牙周组织受细菌感染而致发的炎症过程，一般分为齿龈炎和牙周炎两种。牙周炎表现口臭、流涎、有食欲但只能吃软质或流质食物，偶尔碰及牙齿发生剧烈疼痛；齿龈红肿、变软，牙齿松动，挤压齿龈流出脓性分泌物（齿槽脓肿）或血液。治疗首先要除去病因，将牙垢、牙石彻底消除；用盐水冲洗牙龈，涂以碘甘油（1∶3）或0.2％氧化锌；肌肉注射广谱抗生素和复合维生素B；进食过少时静脉注射补充营养，给以软质或流质食物，采食后冲洗口腔。

齿龈炎以齿龈充血和肿胀为特征，在齿颈周围齿龈边缘，有一鲜红狭窄带，非常脆弱易于出血，严重时发生溃疡，齿龈萎缩，齿根大半漏出；转为慢性时齿龈肥大。治疗首先除去病因，洗口后涂以碘甘油，注射抗生素、维生素K_1、复合维生素B。肥大的齿龈如病变不太广泛可以切除。

龋齿是指牙齿腐烂，多发生于白齿颈部，最初是釉质和齿质表面发生变化，以后逐渐向深部发展，当釉质被破坏时，牙齿表面粗糙，称为一度龋齿；随着龋齿的发展，逐渐形成黑褐色空洞（未与齿髓腔相通），称为二度龋齿；再向深发展，龋齿腔与齿髓腔相通时，称为三度龋齿；此时可继发齿髓炎与齿槽脓肿。一度龋齿可用20％硝酸银溶液涂擦龋齿面。二度龋齿应彻底清除病变后，充填固齿粉。三度龋齿应拔除。

牙髓疾病包括牙髓充血、牙髓炎、牙根化脓。牙髓充血起因于牙齿的损伤，若长时间的充血、压迫，会出现坏死。治疗主要是减少刺激，清除坏死组织，再用抗菌消毒制剂。牙髓炎是牙髓发生不可逆的肿胀、脓肿及组织坏死，患齿呈红褐色或黑灰色，剧痛；牙根化脓是牙髓疾患在牙根部形成空洞性坏死。治疗以消炎与修复牙齿为原则。

牙齿发育异常包括牙齿错位交合与釉质发育不良和永久性色斑。错位，一般是当乳齿未脱落而永久齿又长出且位于乳齿侧旁时，未吸收的乳齿牙根会使正在长出的永久齿发生倾斜，导致牙齿异位；或由于颌与牙床相对大小不等，如颌过小而致使颌内牙齿拥挤而出现错位。治疗，早期可拔除遗留的乳齿或选择性地去掉个别永久齿。釉质发育不良和永久性色斑，是在釉质发育期间，牙齿内的一些化学物质的活动和沉积致使釉质出现永久性的损害。若牙冠的结构与质地正常可不予治疗；若釉质出现凹窝或不规则，可施行填补术或牙壳保护术。

牙结石主要是由于食物残渣或/和细菌分泌物沉积附着在牙齿周围的一种症状；口腔细菌在此繁殖，引起发炎，这样进一步加剧了食物在牙周的沉积，时间久了，即形成牙结石，结石的存在，刺激牙龈，造成牙龈炎，严重即引起牙周疾病。症状表现:病初对犬猫的影响不大,主要表现采食小心,不敢或不愿吃食过硬或过热的食物,喜欢吃食柔软或流质食物。严重病例表现为口臭,流涎,有食欲,但不敢采食,或在采食过程中突然停止;或抽搐或痉挛,有的转圈或摔倒,抗拒检查。打开口腔检查,可以发现病犬或病猫牙齿有黄色或黄褐色结石附着在牙齿上,一般臼齿多发,发病初期,轻轻触及患牙即表现明显的疼痛,当牙齿松动时,疼痛减轻。牙龈容易出血。如感染化脓,轻轻挤压,即可排出脓汁。治疗时,首先除去病因,消毒口腔,在全身麻醉的情况下,彻底清除牙垢和牙石。拔去严重松动的牙齿或病齿,充分止血,盐水冲洗,清理口腔,用碘甘油或 1%龙胆紫药水等消毒口腔。在清洗或消毒口腔过程中,应让患犬或患猫的头部低于后躯。其次控制感染,抗菌消炎,选用广谱抗生素如阿莫西林、罗红霉素、棒林等口服,也可口服甲硝唑、增效磺胺或四环素等药物。肌肉注射或静脉注射可以选用广谱青霉素(如氨苄青霉素)或头孢菌素,也可以应用喹诺酮类药物肌肉注射。在抗菌消炎过程中,也可以配合皮质类固醇药物进行治疗。另外进行支持疗法,清理牙石以后仍然不敢进食,或进食很少者,应实行静脉输注葡萄糖、复方氨基酸、三磷酸腺苷(ATP)、辅酶 A(CoA)等,并口腔或肌肉注射复合维生素 B 等制剂。也可以给予犬猫用浓缩营养膏或专用处方罐头、或自制的稀软的流质食物。

唾液腺炎(sialadenitis)

　　唾液腺炎是腮腺、颌下腺和舌下腺炎症的统称。各种动物均可发生,以马、牛、猪多发。原发性病因主要是饲料芒刺或尖锐异物的损伤;继发性唾液腺炎,多见于口炎、咽炎、马腺疫及流行性腮腺炎等病的经过中。主要症状表现流涎;头颈伸展(两侧性)或歪斜(一侧性);采食、咀嚼困难以致吞咽障碍;腺体局部红、肿、热、痛等。腮腺炎时,单侧或双侧耳后方温热、肿胀、疼痛,口臭难闻。颌下腺炎时,下颌骨角内后侧温热、肿胀、疼痛,触压舌尖旁侧、口腔底壁的颌下腺管,有脓液流出或有鹅卵大波动性肿块(炎性舌下囊肿)。舌下腺时,触诊口腔底部和颌下间隙肿胀、增热、疼痛,腺叶突出于舌下两侧黏膜表面,最后化脓并溃烂。治疗主要是局部消炎,用 50%酒精温敷或涂布鱼石脂软膏;有脓肿时,可切开后用 0.1%高锰酸钾液冲洗;必要时配合抗生素治疗。

第二节　咽与食管疾病
(diseases of the pharynx and esophagus)

咽炎(pharyngitis)

　　咽炎是咽黏膜、软腭、扁桃体(淋巴滤泡)及其深层组织炎症的总称。按病程分为急性型和慢性型；按炎症性质，分为卡他性、蜂窝织性和格鲁布性等类型。在临床上，它可能是一种原发性疾病，但更常见的是作为一种临床症状，出现在马腺疫、牛口蹄疫、猪瘟、犬瘟热等疾病的经过中。

病因　原发性病因，主要是饲料中的芒刺、异物等机械性刺激，饲料与饮水过冷过热或混有酸碱等化学药品的温热性和化学性刺激，受寒、感冒、过劳或长途运输时，机体防卫能力减弱，链球菌、大肠杆菌、巴氏杆菌、坏死杆菌等条件致病菌内感染而引发本病。继发性咽炎，常伴随于邻近器官的炎性疾病如口炎、食管炎、喉炎以及流感、猪和马的咽炭疽、口腔坏死杆菌病、巴氏杆菌病、牛恶性卡他热等传染病。

症状　主要临床特征：咽部肿痛；头颈伸展，转动不灵活；触诊咽部敏感；吞咽障碍和口鼻流涎。

一般病畜畏忌采食，勉强采食时，咀嚼缓慢；吞咽时，摇头缩颈，骚动不安，甚至呻吟，或将食团吐出。由于软腭肿胀和机能障碍，在吞咽时常有部分食物或饮水从鼻腔逆出，使两侧鼻孔常被混有食物和唾液的鼻液所污染。

口腔内常积聚多量黏稠的唾液，呈牵丝状流出，或在开口时涌出。猪、犬、猫出现呕吐或干呕；咽腔检查可见软腭和扁桃体高度潮红、肿胀，附着脓性或膜状覆盖物。沿第一颈椎两侧横突下缘向下颌间隙后侧舌根部向上做咽部触诊，病畜表现疼痛不安并有痛性咳嗽。

严重病例，尤其是蜂窝织性和格鲁布性咽炎，或是继发细菌感染，伴有发热、脉搏、呼吸增数，咽区及颌下淋巴结肿大；炎症蔓延到喉部，呼吸促迫，咳嗽频繁，咽黏膜上和鼻孔内有脓性分泌物。

慢性咽炎，病程缓长，症状轻微，咽部触诊疼痛反应不明显。

诊断　临床上容易诊断，其依据是头颈伸展，口鼻流涎，吞咽障碍，触压咽部疼痛，视诊咽部黏膜潮红、肿胀等。需与下列类症鉴别：

(1)咽腔内异物：也出现吞咽困难，口鼻流涎等症状，但本病突然发生，咽腔检查可见有异物。以牛和犬常见。

(2)咽腔肿瘤：其特点是咽部无炎症变化，缺乏相应的急性症状，触诊咽部无疼痛现象。

(3)喉卡他：虽有流鼻液、咳嗽等症状，但吞咽无异常。

(4)食管阻塞：有吞咽障碍、口鼻流涎症状，但咽部触诊无疼痛，多为突然发生，反刍动物易继发瘤胃臌气。

治疗　治疗原则，加强护理，抗菌消炎。对吞咽困难的病畜，要及时补糖输液，维持其营养;尚能采食的给予柔软易消化饲料,肉食动物喂食米粥、肉汤、牛奶等;疑似传染病的应及时隔离观察与治疗。严禁经口投药。

药物治疗,应根据口炎类型和病情的不同,选择合适的治疗方法,才能达到预期效果。病的初期,咽部先冷敷后热敷,每日 3 或 4 次,每次 20～30 min。也可用樟脑酒精或鱼石脂软膏、止痛消炎膏涂布。小动物可用碘甘油或鞣酸甘油直接涂布咽黏膜。必要时,可用 3%食盐水喷雾吸入,有良好效果。

病情重剧的用 10%水杨酸钠液,牛、马 10 mL,猪、羊、犬 10～20 mL,静脉注射,或用普鲁卡因青霉素 G,牛、马 200 万～300 万 IU,驹、犊、猪、羊、犬 40 万～80万 IU,肌肉注射,每日 1 次。蜂窝织性咽炎宜早用土霉素,牛、马 2～4 g,猪、羊、犬0.5～1 g,用生理盐水或葡萄糖液做溶媒,分上下午 2 次静脉注射。若出现呼吸困难并有窒息现象时,用封闭疗法进行急救,有一定效果,用 0.25%普鲁卡因液,牛50 mL,猪 20 mL;青霉素,牛 100 万 IU,猪 40 万 IU;混合后做咽喉部封闭。或用20%磺胺嘧啶钠液 50 mL,10%水杨酸钠液 100 mL,分别静脉注射,每日 2 次。

中药可用口青黛散,青黛 15 g、冰片 5 g、白矾 15 g、黄连 15 g、黄柏 15 g、硼砂10 g、柿霜 10 g、栀子 10 g 共研细末,装入布袋内衔于口中,每日更换 1 次。

咽堵塞(pharyngeal obstruction)

咽堵塞是由异物、咽部病理性组织等,占位于咽腔,使咽腔口径缩小而导致梗阻的一种疾病。病因有两类:一是因采食过急或采食时受惊吓,使大块硬物如骨头、玉米棒、甘薯或马铃薯、成团的金属丝、塑料绳等滞留咽腔;二是咽腔部位出现病理性肿胀而导致堵塞,如牛结核病、放线杆菌病、马腺疫病时,咽后淋巴结肿大,或牛与猪的咽壁、软腭中淋巴组织的弥漫性肿大等均可引发本病。症状:主要表现吞咽和呼吸障碍;由于吞咽困难,病畜饥饿欲食,或将食团从口中咳出,饮水一般可咽下;吸气性呼吸困难是最先发现的症状,吸气时发出鼾声,呼气延长,腹部显著用力;如系炎症肿胀或肿瘤坏死时,呼出气体有恶臭味。诊断:应进行咽部视诊和触诊,对咽部明显的病理肿胀,可进行抽取物的细胞学检查和培养,对实体团块和肿大的淋巴结要进行活组织检查。类症鉴别:咽炎虽有吞咽困难,但咽部疼痛明显,常伴有全身症状,无明显的呼吸障碍;咽麻痹有吞咽障碍,但不出现呼吸障碍,咽部无堵塞物;食道阻塞时虽伴有食物和唾液的回流,但咽腔无形态与机能的病理变化,也不出现吸气性呼吸困难。治疗:异物堵塞可通过口腔摘除之,因其他疾病继发的,除局部做常规处理外,关键要治疗原发病。

咽麻痹（pharyngeal paralysis）

咽麻痹是支配咽活动的脑神经和/或延髓中枢受侵害所致的吞咽机能丧失，按损害的神经部位不同，分末梢性和中枢性两类。病因：末梢性咽麻痹多因颅底骨骨折的损伤、炎症或局部的血肿、脓肿、肿瘤等，致使舌神经和迷走神经咽支受到损害或压迫而引发本病；中枢性麻痹，常因脑病引起，如脑炎脑脊髓炎、脑挫伤、肉毒中毒、狂犬病等经过中，导致吞咽中枢所在的延脑发生病理变化而出现咽麻痹。症状：主要表现饥饿，饮食贪婪，又不见吞咽动作，食物与饮水立即从口腔和鼻腔逆出；不断流涎；从外部触压咽部无疼痛反应，不出现吞咽动作，咽内触诊其肌肉不紧缩，吞咽反射完全丧失；继发性咽麻痹有明显的原发病症状，原发性的一般无全身反应，但随病程延长，因机体脱水或缺乏营养而迅速消瘦。诊断：表现不能吞咽，咽部无疼痛，吞咽反射消失等临床特征；结合咽腔视诊即可建立诊断。治疗：末梢性咽麻痹应查明并除去病因，然后实施对症治疗；中枢性咽麻痹，尚无有效疗法。

食道炎（esophagitis）

食道炎是食道黏膜及其深层组织的炎性疾病。发生于各种动物，以马、牛、猪多见。病因：原发性食道炎多因机械性刺激，如粗硬的饲草、尖锐的异物、粗暴的胃管探诊；温热性刺激，如过热的饲料饮水；化学性刺激，如氨水、盐酸、酒石酸锑钾等腐蚀性物质等，直接损伤食道黏膜引起炎症，并常伴有口腔和咽腔的炎症过程。继发性食道炎，常见于食道狭窄和阻塞、咽炎和胃炎、马胃蝇幼虫和鸽毛滴虫重度侵袭，以及口蹄疫、坏死杆菌病、牛黏膜病、牛恶性卡他热等疾病。症状：轻度流涎，咽下困难并伴有头颈不断伸曲，神情紧张，马常有前肢刨地等疼痛反应；病情重剧的不能吞咽，在试图吞咽时随之发生回流和咳嗽，并伴有痛性的嗳气运动和颈部与腹部肌肉的用力收缩；外部触诊或必要时探诊食道，可发现某一段或全段敏感，并诱发呕吐动作，从口鼻逆出混有黏液、血块及伪膜的唾液和食糜；颈段食道穿孔，常继发蜂窝织炎，颈沟部局部疼痛、肿胀，触诊感捻发音，最终形成食管瘘，或筋膜面浸润而引发压迫性食道狭窄和毒血症；胸段食道穿孔，多继发坏死性纵隔炎、胸膜炎甚至脓毒败血症；牛病毒性腹泻、恶性卡他热等疾病经过中，食道主要出现糜烂、溃疡等病理损害，无明显的食道炎症状。治疗：首先禁食 2～3 d，并静脉注射葡萄糖和复方氯化钠液，以补充营养和电解质；病初冷敷后热敷，促进消炎；内服少量消毒和收敛剂如 0.1%高锰酸钾液或 0.5%～1% 鞣酸液;疼痛不安时,可皮下注射安乃近,或用水合氯醛灌肠;全身用磺胺与抗生素疗法,控制感染;颈部食道穿孔可手术修补,胸部食道坏死穿孔无有效疗法。

食道阻塞(esophageal obstruction)

食道阻塞是由于吞咽的食物或异物过于粗大和/或咽下机能障碍,导致食道梗阻的一种疾病。发生于各种动物,以牛、马和犬较为常见。按阻塞程度,分为完全阻塞和不完全阻塞;按其部位,分为咽部食道阻塞、颈部食道阻塞和胸部食道阻塞。病因:引起本病的堵塞物,常见的有甘薯、马铃薯、甜菜、萝卜等块根、块茎饲料,及棉籽饼、豆饼、花生饼块,谷秆、稻草、干花生秧、甘薯藤等粗硬饲料;软骨及骨头、木块、棉线团、布块等异物。原发性阻塞,多发生在饥饿、抢食、采食时受惊等应激状态下,因匆忙吞咽而阻塞于食道。继发性阻塞,常伴发于异嗜癖、脑部肿瘤以及食管的炎症、狭窄、扩张、痉挛、麻痹、憩室等疾病。临床病例多呈急性过程,病畜突然停止采食,不安,用力吞咽,随之食物回流,口腔和鼻腔大量流涎;低头伸颈,不断徘徊,频频出现吞咽动作,常随颈项挛缩和咳嗽,饮水与唾液从口鼻喷涌而出;反刍动物常迅速发生瘤胃臌气,张口伸舌,呼吸困难;马则用力吞咽与干呕,不断起卧,骚动不安;颈部食道阻塞,见有局限膨隆,能摸到阻塞物,压之病畜敏感疼痛;也常见到牛的胸部食道阻塞,缺乏颈部食道阻塞的上述视诊、触诊变化,其特点是瘤胃穿刺排气,病情缓解后,不久又发生急性瘤胃臌气,胃管探诊可感知阻塞物。治疗:在反刍动物继发瘤胃臌气时,首先应做瘤胃穿刺排气,缓解呼吸困难,控制病情,然后再行治疗;为镇痛与缓解食道痉挛,用水合氯醛,牛、马 10～25 g/次,羊、猪 2～4 g/次,犬 0.3～1 g/次,配成质量分数为 1%～5% 灌肠,然后用 0.5%～1% 普鲁卡因液 10 mL,混合少许植物油或液石蜡灌入食道;在缓解痉挛、润滑管腔的基础上,依据阻塞部位和堵塞物性状,选用以下方法疏通食道:疏导法,栓缰绳于左前肢系凹部在坡道上来回驱赶(马)或皮下注射新斯的明注射液,马 3～10 mg/次,牛 4～20 mg/次,羊、猪 2～5 mg/次,犬 0.25～1 mg/次,皮下或肌肉注射,借助于食道运动而使之疏通;推压法,插入胃导管并抵住阻塞物,缓慢用力将其推压入胃;挤出法,手掌抵堵塞物下端,对侧颈部垫以平板,手掌用力将堵塞物向咽部挤压;上述方法无效时,手术切开食道取出堵塞物。

第三节 嗉 囊 疾 病

嗉囊阻塞（obstruction of ingluvies）

嗉囊阻塞又称硬嗉症，是由于嗉囊的蠕动机能减弱所致的嗉囊内食物停滞。本病多发于鸡。发病因素主要包括长期饲喂糊状饲料，或寄生虫重度侵袭所致的嗉囊弛缓；维生素、矿物质元素缺乏，或砾石缺乏造成的异嗜癖，导致食入不易消化的食物或异物；过量啄食高粱、豌豆等干燥谷粒饲料，胡萝卜、马铃薯等块根、茎饲料，拌有糠麸的干草，或大量吞食柔韧的水生植物，等等。病鸡的临床症状表现为食欲废绝，喙频频开张，流恶臭黏液，嗉囊胀大，触之呈面团状或坚硬。大多数病例于数日内死于窒息，或自体中毒，或嗉囊破裂。少数转为慢性，后遗嗉囊下垂。治疗措施是：先按摩嗉囊，压碎内容物，经口排除。然后用消毒收敛溶液冲洗。按摩无效的，尤其是异物性阻塞，可施行嗉囊切开术。

嗉囊扩张（dilatation of ingluvies）

嗉囊扩张是在某些病因的作用下，导致嗉囊体积增大、松弛和下垂。食糜在嗉囊中积滞，腐败发酵，并可能产生毒素，引起自体中毒。如不及时处理，火鸡群的死亡率可高达 25%。在许多鸡群和火鸡群中，嗉囊扩张都有少量发生，在一些群体发病率可达 5%。严重的病鸡嗉囊极度扩张，充满食物、垫料颗粒和酸臭的液体，嗉囊内表面有时形成溃疡。病鸡继续采食，但消化受阻，消瘦，并可能发生死亡。病鸡的胴体在加工时一般被废弃。关于嗉囊扩张的病因，有人提出与遗传素质有关；有人注意到在炎热气候下，火鸡摄入水分增多后发病率增高；有人认为与禽只缺乏运动有关。日粮成分与嗉囊扩张可能也有一定的关系，这一点在饲喂含西瑞糖（一种淀粉的替代物）日粮的试验中得到证实。尽管如此，有关嗉囊扩张的病因尚需进一步研究。实施手术，切除嗉囊的扩张部分和口服或肌肉注射适量的抗生素预防手术后感染，多数的病例可以获得康复。

嗉囊卡他（ingluvitis）

嗉囊卡他又称软嗉病，是嗉囊黏膜的炎症性疾病。常见于鸡、火鸡、鸽子等。不论是成年禽或幼雏均可发生。原发性病因主要由于采食发霉变质的饲料或易发酵的饲料，如霉变种子、霉败鱼粉、腐肉、霉败酒糟；采食其他的异物，如烂布团、细绳、塑料碎片、化肥、污水和不易消化的杂草等。这些饲料或异物在嗉囊中不易或不能被消化,并在嗉囊中停滞时间过长,腐败发酵并产生大量气体,使嗉囊胀满,引起本病。继发性病因多见于:①某些中毒病,如瞿麦,磷、砷、食盐及汞的化合物等中毒;②某些寄生虫病,如鸡胃虫病、毛滴虫病,等等;③某些传染病,如白色念珠菌感染(鹅口疮)、鸡新城疫,等等;④某些营养代谢病,如维生素缺乏症,等等。

病禽的临床症状表现为精神沉郁,两翼下垂,头向下,鸡冠呈紫色,从喙或鼻孔排出污黄色的浆液性或黏液性的液体,食欲消失。嗉囊柔软,而且温度升高。压迫嗉囊,恶臭的气体或液体从口腔排出。病情严重的病禽反复伸颈、频频张口、呼吸困难,迅速消瘦,衰弱,最后因窒息而死亡。本病多呈急性经过,转为慢性的病例则可发展为嗉囊扩张。

清除嗉囊内容物后,多数的病例可以获得康复。将病禽尾部抬高,头朝下,拨开鸡喙的同时,轻轻向喙的方向挤压嗉囊,将内容物排出。冲洗嗉囊可用注射器吸取0.1%高锰酸钾溶液、3%硼酸溶液或5%碳酸氢钠溶液,经口注入,再将其排出,反复几次。当嗉囊内容物无法排出时,可进行嗉囊切开术。为了消除炎症可内服抗生素、磺胺药等,每日2次,连服2~3 d。

第四节 反刍动物胃脏疾病

单纯性消化不良(simple indigestion)

单纯性消化不良系由前胃弛缓引起,临床上以厌食、缺乏瘤胃运动和便秘等为特征,多发生于乳牛和舍饲的肉牛,而放牧牛和绵羊少见,呈单发或群发。

病因 最常见的是采食过量质量低劣的食物,特别是在食入含蛋白少、发霉的、过热的、冰冻的饲料,采食难以消化的粗饲料、稿秆、垫草、干旱时期采食灌木饲料,饮食异常也会促使动物采食难以消化的粗饲料,在此情况下,如饮水限制时则可促进本病的发生,青贮料在正常下不认为是难以消化的粗饲料,但高产奶牛无限制采食过多,也会引起消化不良,特别是在干草和谷物日粮不足的冬天;另一个常见的原因是轻度或中度地过食谷物精料(稍多饲喂了超过它们正常能够消化的精料,如过食精料则引起瘤胃酸中毒等症状)或谷物饲料的突然改变,尤其是燕麦换成大麦或小麦时。此外,长期或大剂量口服磺胺类药物或抗生素,抑制了正常瘤胃微生物,可能会引起消化不良(如发生在娟姗牛会引起前胃弛缓)。还有一种不常见的情况是:为了提高乳产量,给奶牛饲喂一种人用的含大量不饱和脂肪酸的特殊饲料,为了防止食物中的脂肪在瘤胃内氢化作用,在其外包被一层福尔马林,这种饲料的饲喂效果和安全性取决于福尔马林与精料的混合是否彻底,如不能彻底混合,则游离的福尔马林会引起严重的瘤胃炎。

病理发生 食入过多的精料,可使瘤胃内容物的 pH 值发生改变;食入过多的谷物,超过了正常的消化,会在瘤胃内发酵产酸,使酸度增加;食入过多的豆类饲料,可产生多量的氨,使碱度增加,这些都可使瘤胃内环境发生变化,进一步影响瘤胃运动和瘤胃内微生物的正常消化功能。食入过多难以消化的饲料会积聚在一起,机械性妨碍瘤胃活动,蛋白质腐败会产生有毒的酰胺、胺和组胺,引起前胃弛缓。瘤胃弛缓后采食量减少,使挥发性脂肪酸的产生急剧下降而出现乳产量明显下降和采食减少。

症状 最早出现的症状是食欲突然减少和乳牛产奶量下降,精神轻度沉郁,反应稍迟钝、反刍停止,大多数病例都有粪便少而坚硬,最典型的症状是瘤胃停滞和蠕动减弱,收缩次数、收缩力和蠕动波的持续时间都减少,或蠕动次数增加但收缩力减弱,在饲喂冰冻和霉败饲料的牛,可能有轻度或中度的臌气,但通常所见的瘤胃呈一种坚实的生面团状,并无明显的胀大,无全身反应,脉搏、体温和呼吸次数无异常,一般不发生疼痛。采食了大量适口性好的饲料如青贮料的牛,可能会出现持续数小时的严重瘤胃臌胀以及轻度的腹痛,但当瘤胃运动恢复正常和瘤胃体积恢复后疼痛即随之消失,大多数病例能自愈或经简单治疗后 48 h 内痊愈。

临床病理学 瘤胃菌群活动发生改变,常用沉淀活力试验和纤维素消化试验。

沉淀活力试验 吸取瘤胃液并滤去粗渣,将滤液静置于玻璃容器内,在体温相同条件下,记录微粒物质飘浮所需要的时间,正常情况下,刚饲喂过后的飘浮时间在 3 min 以内,如饲喂一段时间之后,则在 9 min 内,患单纯性消化不良时,会发生微粒物质沉淀(表示微生物菌群严重无活力)或飘浮时间延长(不很严重)。

纤维素消化试验 是观察瘤胃消化棉线所需要的时间,在一条棉线的末端系一个小球以指示何时发生断离,消化时间超过 30 h 表示异常。也可用试纸检查瘤胃液的 pH 值,在 6.5～7 之间为正常,饲喂谷物饲料的牛,pH 值正常为 5.5～6;但饲喂粗饲料的牛,如 pH 值过低,则怀疑为乳酸中毒。

病理学检查 本病一般无致死性,病理学变化意义不大。

诊断 本病无明显的示病症状,主要是瘤胃功能减退、停滞和蠕动减弱,诊断时应与其他以前胃弛缓为常见临床症状的前胃和皱胃疾病等,以及继发瘤胃弛缓的其他系统疾病进行鉴别诊断。

酮病:数天内食欲和产奶量下降,发生于产后的头 2 个月,瘤胃收缩比正常弱。创伤性网胃炎:突然发生,中度体温升高,疼痛等。皱胃变位:通常在生产之后突然发生,在左侧底部可听到皱胃蠕动音。迷走神经性消化不良:迷走神经受到损伤引起,引起瘤胃和皱胃不同程度的麻痹。急性瘤胃阻塞:是一种严重的疾病,伴有脱水和神经错乱症状,并有过食的病史;低钙血症:持续 6~18 h,通常伴有厌食和粪便减少,瘤胃机能减弱,用钙制剂治疗后食欲恢复正常。

治疗 治疗原则是恢复胃肠的正常运动机能及清除胃肠内的致病内容物,主要采用对症治疗,常见的方法有自然恢复,许多单纯性消化不良可以自然恢复,少量多次给适口性好的干草可以刺激食欲;应用兴奋前胃运动的药物,如促反刍注射液;副交感神经兴奋剂可广泛用在兴奋瘤胃,但有引起副作用的缺陷,而且作用时间非常短暂,大剂量可抑止瘤胃的运动,而小剂量短时间内反复应用可增加瘤胃的活动,并可促使结肠排空。对于非常虚弱或患有腹膜炎的动物,怀孕后期的动物应当禁止使用应用硫酸镁和其他盐类泻药物,但此类药物对兴奋瘤胃是有效的,而且价格低廉,体质好的可应用 0.5~1 kg;调节酸碱平衡,比较合理的治疗应当是在瘤胃内容物过酸时使用碱,如氢氧化镁,剂量为每头成年母牛(体重 450 kg)400 g;如果瘤胃内容物呈现碱性时(饲喂大量高蛋白饲料可产生多量的氨,使内容物偏碱性)可使用酸,如醋酸或食用醋 5~10 L。可用 pH 试纸测定瘤胃液的 pH 值;如瘤胃内容物太稠,则可用胃管灌入 14~19 L 的水或生理盐水;恢复瘤胃微生物活力,病程超过数天的消化不良的病例和各种原因而长期厌食的家畜,均可使瘤胃微生物菌群大量减少,特别是 pH 值有明显改变之时。移植瘤胃内容物重建菌群是很有效的,可以从屠宰场获取瘤胃内容物,也可在健康牛反刍时取食团,还可吸取健康牛的瘤胃液,如瘤胃液少可以灌生理盐水再吸取,过滤后给病牛灌服,效果较好,也可重复使用;但对口服抗生素引起的食欲减少的羔羊在恢复瘤胃蠕动过程中,未发现如此好的效果。由于患本病且处于泌乳期的奶畜会继续泌乳(尽管产量会降低),这样会引起低钙血症,因此在治疗时必须注意补充钙,最好是静脉注射葡萄糖酸钙。

瘤胃弛缓(rumen atony)

瘤胃弛缓又称前胃弛缓,是指瘤胃肌肉的兴奋性和活动性降低,它并不是一个独立的疾病,而是作为许多疾病过程中特征性的综合征,而且它常常不是一种原发性疾病,而被认为是一种症状而已。然而在对"瘤胃弛缓"问题的认识上,我国一些兽医书刊和西方的几本兽医名著间存在着差异,其实质是涉及对疾病命名的问题。疾病的命名方法虽有多种,较为多见的是根据病原或病因来定病名的,如"巴氏杆菌病"、"创伤性心包炎"、"硒缺乏"等,这些疾病的命名既反映了疾病的本质,又向人们指明了治疗的目标和原则,不失为一种能为大多数人所接受并沿袭的疾病命名方法。显而易见,将"瘤胃弛缓"列为独立的疾病来命名,既不能反映病因,也不能指明治疗的目标和原则。反而有误导人们将疾病的诊断仅仅停留在"瘤胃弛缓"上,而不去探索深层次原因的可能性。

病因　在兽医临床上出现"瘤胃弛缓"症状常见疾病有：急性谷类饲料过食症、牛单纯性消化不良、分娩性搐搦、淋巴肉瘤、真胃变位、创伤性网胃腹膜炎、一些病原微生物感染所致败血症、牛的肝片吸虫病、牛流行热和酮病等；有时因长期和大量地经口投服抗生素和磺胺类药物，使瘤胃中微生物区系发生改变，呈现消化不良而表现为瘤胃弛缓；当耕牛被过度使役后也可表现出瘤胃弛缓。

症状　瘤胃弛缓的主要临床表现为食欲减少或消失，反刍次数减少或停止；体温、脉搏、呼吸及全身其他机能状态无明显改变，但奶牛泌乳量下降；瘤胃收缩力减弱，蠕动次数减少，时而嗳出带有酸臭味的气体，瘤胃内容物充满，有轻度或中度臌胀，粪便干燥，有时表现为下痢，有的患牛呈现空口咀嚼；瘤胃内容物的 pH 值改变，纤毛虫数量减少。

诊断　瘤胃弛缓在临床上表现为食欲和反刍异常，瘤胃蠕动强度和频率均下降，瘤胃内容物的性质改变等，诊断并不困难。关键是要通过病史、流行病学调查及其他临床检查，以确定引起瘤胃弛缓症状出现的真正原因。

治疗　重要的是要针对引起瘤胃弛缓症状出现的疾病及时地予以治疗。例如，临床上常常见到的真胃移位所致的瘤胃弛缓，则应首先治疗真胃移位；又如由肝片吸虫病所致的耕牛瘤胃弛缓，治疗时必须注意应用驱除肝片吸虫药物吡喹酮或丙硫咪唑（吡喹酮用量为每千克体重 10～20 mg，肌肉注射，每日 1 次，连用 3 d；内服量为犊牛每千克体重 100 mg，1 次内服，羔羊每千克体重 30～50 mg，连服 5 d，每千克体重 75 mg，连服 3 d。丙硫咪唑口服量为牛每千克体重 5～20 mg）。至于对单纯性消化不良过程中出现的瘤胃弛缓的治疗，可参考"单纯性消化不良"一节中相关内容。

瘤胃积食（ruminal impaction）

是因前胃的兴奋性和收缩力减弱，采食了大量难以消化的粗硬饲料或易臌胀的饲料，在瘤胃内堆积，使瘤胃体积增大，后送障碍，胃壁扩张，使瘤胃运动和消化机能障碍，形成脱水和毒血症的一种疾病。该病又叫急性瘤胃扩张或瘤胃食滞，中兽医叫宿草不转或胃食滞，临床特征是瘤胃体积增大且较坚硬。

在兽医临床上，通常把由于过量粗硬饲料引起的叫瘤胃积食，其特点是口腔稍酸臭，舌尖有薄的舌苔，口腔黏滑，瘤胃臌胀，腹围增大。而把由采食过量碳水化合物饲精料引起的叫瘤胃酸中毒，其特点是中枢神经兴奋性增高，视觉紊乱，脱水和酸中毒。牛羊均可发病，其中以老龄体弱的舍饲牛多见。

病因　本病的病因主要是过食，多见于贪食了大量易于臌胀的青草、苜蓿、紫云英、甘薯、胡萝卜、马铃薯等,特别是在饥饿时采食过量的谷草、稻草、豆秸、花生藤、甘薯蔓、棉花秸秆等含粗纤维多的饲料,缺乏饮水,难以消化,而引起积食;亦有采食过量谷物饲料如玉米、小麦、燕麦、大麦、豌豆等,大量饮水,饲料膨胀而引起积食;长期舍饲的牛羊,运动不足,神经反应性降低,一旦变化饲料,容易贪食;或长期放牧的牛羊突然转为舍饲,采食多量难以消化的粗干草而发病,耕牛也有因食后即役或役后即食影响消化功能,产后及长途运输后也可发生此病;胃肠道患有其他疾病,如前胃弛缓、真胃及瓣胃疾病、创伤性网胃炎、便秘、或牛羊长期处于饥饿状态,消化力减弱,如此时饲喂大量难以消化的饲料就可引起本病。

病理发生　由于采食大量的饲料,使瘤胃内容物大量增加,引起消化机能紊乱,刺激瘤胃的感受器,使得他的兴奋性升高,蠕动增强,产生腹痛,久之就会由兴奋转为抑制,瘤胃蠕动减弱,内容物后送机能障碍,逐渐积聚而发生膨胀。积聚的食物内部可发生腐败发酵,产生分解产物和有害气体和乳酸,这些有害物质能够刺激黏膜,引起炎症和坏死,吸收后引起自体中毒和酸中毒,使全身症状加重,同时由于腹压的增大,压迫膈肌,加上自体中毒有害物质的作用,影响心肺活动,使心跳、呼吸发生变化。

临床症状　发病快(但比瘤胃臌气要慢),一开始就发现腹痛,表现不安,后蹄踢腹,回头顾腹,前蹄刨地,起卧,有的磨牙,摆尾,也有少数病例在采食后 12 h 内不出现明显的症状,反刍、嗳气及瘤胃蠕动都正常;腹围增大,触诊瘤胃时,内容物较多,且较坚硬,用力按压后可形成压痕(呈面团状),有些病例按压时表现为不安;食欲、反刍及嗳气减少或停止,空嚼、口腔干燥,鼻镜随着病情的加重而逐渐干燥,双眼睁大,并有轻度脱水;听诊时病初蠕动次数增加,但随着病程的延长,则蠕动减弱或消失(兽医门诊上通常见到是处于此时的情况);排粪便开始时次数增加,但数量并不多,以后次数减少,粪便变干,后期坚硬呈饼状,有些病例会发生下泻;心跳、呼吸随着腹围的增大而加快和出现发生呼吸困难,以后心跳疾速,可达 120 次/min,皮温不整,四肢、角根、耳鼻的温度下降甚至出现厥冷、体温下降至 35℃以下,全身颤抖、衰竭,眼球下陷,黏膜发绀,卧地不起、陷于昏迷状态。

出现毒血症的病例,预后不良。

诊断　根据过食的病史,腹围增大,瘤胃内容物质多且较坚硬,呼吸困难,腹痛等症状比较容易诊断,不过必要时应于下列疾病鉴别:前胃弛缓、瘤胃臌胀、创伤性网胃腹膜炎、皱胃阻塞、变位、黑斑病甘薯中毒、子宫扭转等。

治疗　治疗原则,促进瘤胃内容物的运转,消食化积,制止发酵,恢复前胃机能,防止脱水和自体中毒。

首先绝食 1～2 d,在此时给一些下泻的药物,如硫酸镁、硫酸钠,用量应当比治疗前胃弛缓时大,再给制酵剂,注意盐类泻剂在使用时加水的量应大(一般配成质量分数为 6%～8%),也可用鱼石脂加酒精,同时应用兴奋瘤胃运动的药物,如乙酰胆碱、毛果芸香碱、促反刍注射液等。内服酵母粉 500～1 000 g(酵母的发酵能力强而产气少),如食入的内容物易发酵,则可加一些小苏打,如内容物过多,则可进行洗胃,必要时可进行瘤胃切开,也可使用油类泻剂。应用泻剂后应注意及时补液、糖、电解质、碱、维生素 C 等,如内容物已排空而食欲尚未恢复时,可用健胃剂,如大蒜酊、木别酊、龙胆末等,中药可用大承气汤等。

反刍动物急性碳水化合物过食症
(acute carbohydrate engorgement of ruminants)

反刍动物急性碳水化合物过食症又叫瘤胃乳酸中毒、中毒性消化不良等,是由于反刍动物采食了过多容易发酵、富含碳水化合物的饲料,在瘤胃内发酵产生大量乳酸而引起的前胃机能障碍、瘤胃微生物群落活性降低的一种疾病,临床上以严重的毒血症、脱水、瘤胃蠕动停止、精神沉郁、食欲下降、瘤胃 pH 值下降和血浆二氧化碳结合力降低、虚弱、卧地不起、神志昏迷和高的死亡率等为特征。农场和肉牛饲养场肥育期的牛群,因过食谷物而发病,发病率可达 10%～50%,我国耕牛、奶牛、肉牛乃至犊牛、奶山羊都有本病的发生,可造成很大的经济损失。

病因 首先是过量食入(饲喂)富含碳水化合物的谷物饲料,如大麦、小麦、玉米、水稻、高粱,以及含糖量高块根、块茎类饲料,如甜菜、萝卜、马铃薯及其副产品,尤其是加工成粉状的饲料,淀粉充分暴露出来,被反刍动物采食后在瘤胃微生物区系的作用下,极易发酵产生大量的乳酸而引起本病,饲喂酸度过高的青贮玉米或质量低劣的青贮饲料、糖渣等也是常见的原因。

其次是饲养管理的因素,饲料的突然改变,尤其是平时以饲喂牧草为主,没有一个由粗饲料向高精饲料逐渐变换的过程,而突然改喂含较多碳水化合物的谷类的饲料,农村散养舍饲的牛最常见的原因是在母牛生产前后,畜主会突然添加大量的谷类精料,尤其是玉米粉、小麦粉、大麦粉、高粱粉等而引起该病。另外,气候骤变,动物处于应激状态,消化机能紊乱,如此时不注意饲养方法,草料任其采食,在奶牛、山羊、肉牛容易引起本病。

病理发生 反刍动物采食过多容易发酵的富含碳水化合物的饲料后 2～6 h,瘤胃中的微生物群落出现明显的变化,革兰氏阳性菌链球菌数量显著增加,它们利用丰富的碳水化合物而产生大量的乳酸,致使瘤胃 pH 值降至 5.0 以下;而低的pH 值则适于乳酸杆菌的迅速繁殖,此时消化纤维素质的细菌和原虫被破坏,乳酸杆菌利用瘤胃中大量的碳水化合物而产生更多的乳酸,乳酸能使瘤胃蠕动力降低,在数小时内就可使瘤胃蠕动停止,造成食物积滞。乳酸又能提高瘤胃内液体的渗透压,并能使全身体液通过血液循环系统由细胞外液间隙进入瘤胃,使血液中浓缩,机体脱水(PCV 由正常的 0.3~0.32 L/L 升高至 0.5~0.6 L/L),少尿、后期无尿,甚至可发生尿毒症,血压下降,外周组织灌注压和供氧减少,使细胞呼吸产生的乳酸进一步增加。由于瘤胃液的酸度过高,微生物死亡,出现有毒的胺,如组胺和酪胺,还会出现蹄叶炎,蹄叶炎的发生与组胺的产生有关,这是因为其能够导致毛细血管的通透性增加和小动脉扩张之故。

当瘤胃内的 pH 值降低到 5 左右时,则引起唾液分泌和瘤胃的蠕动抑制,因而中和酸的唾液分泌减少,pH 值继续降低,同时由于蠕动减弱不能把瘤胃内容物推向第三胃,以致引起酸性很强的内容物长期停滞在瘤胃内,瘤胃上皮必然受到损害,结果引起炎症和出血,以致使绒毛脱落,有些资料将这种炎症称为化学性瘤胃炎。瘤胃的 pH 值低有利于毛霉、根霉和犁头霉等真菌的生长,这些真菌繁殖和侵袭瘤胃的血管,引起血栓和梗塞,也可直接扩散到肝脏,严重的还引起细菌性瘤胃炎,给坏死杆菌和化脓性棒状杆菌等进入血液创造侵入途径,这些细菌进入血液后可引起肝脓肿、腹膜炎等。近年来,也有人通过研究发现,瘤胃急性碳水化合物过食症除乳酸外,还有其他各种毒素因子起作用,瘤胃内产生大量乳酸的同时,也可产生多量的游离内毒素(比平时增高 15~18 倍);而在健康动物少量的内毒素可通过网状内皮系统解毒,但在该病情况下,由于大量的乳酸,pH 值下降,引起氧化不全血症,网状内皮系统受到损害,影响解毒功能。并由于机体防卫结构遭到破坏,因而导致内毒素性休克,毒素进入中枢神经系统往往也表现神经症状。所有上述各种病理因素并非孤立的,而是共同对机体起作用,反刍动物过食容易发酵的谷物饲料,在瘤胃内产生大量的乳酸,酸碱平衡失调,微生物群系的共生发生异常变化,产生内毒素,由于内毒素被吸收,各组织器官受到损害,神经体液调节功能异常紊乱,从而加剧瘤胃酸中毒的病理演变过程,显示出病情危急和险恶的征兆。

临床症状　本病的多数呈现急性经过,一般 24 h 发生,有些特急性病例可在两次饲喂之间(饲喂后 3~5 h)突然死亡,主要与饲料的种类、性质及食入的量有关,以玉米、大米、小麦及大麦的发病较快,食入加工粉碎的饲料比饲喂未经粉碎的饲料发病快。在过食初期(数小时内),瘤胃胀满并偶尔有腹痛(蹄腹);病情轻的牛有精神恐惧、厌食、腹泻、粪便松软、瘤胃蠕动减弱,反刍减少,奶牛泌乳量减少,乳脂含量降低;如病情稳定,通常不治疗可在 3~4 d 恢复采食。

临床上大多数病例都呈现急性瘤胃酸中毒综合征,并具有一定的中枢神经系统兴奋症状,病畜精神沉郁、目光呆滞、惊恐不安、步态不稳、食欲废绝、流涎、磨牙、空嚼。瘤胃运动消失,内容物胀满、黏硬,腹泻,粪便呈淡灰色,有酸奶气味。生理常数发生变化,多数病牛体温正常或偏低(36.5~38.5℃),少数病例体温升高,有的可达 41℃以上,呼吸加快,心跳可达 60~80 次/min,气喘,甚至呼吸困难,心跳加快,可达 100 次/min 以上,严重的病例出现心力衰竭,心跳增加 120~140 次/min 以上,呈现循环虚脱状态。

神经症状,过食碳水化合物饲料后,精神迟钝,运动强拘,姿势异常,神志不清,眼睑反射减弱或消失。中枢神经兴奋性增高,目盲狂暴不安,无法控制。随着病情的发展,后肢麻痹,瘫痪,卧地不起,昏睡,眼球震颤。以后兴奋与抑制交替出现,进一步发展会陷入昏迷死亡。

脱水和蹄叶炎是本病常见的病征,大量乳酸在瘤胃内存在,增加了渗透压,使得体液大量进入瘤胃,引起机体脱水,皮肤紧缩、干燥,眼球下陷,血液浓缩(PCV增高),尿量减少或无尿(如果在治疗后尿量增加是一个良好的征兆),血液碱储降低,pH 值下降,酸度升高,血钙降低,同时由于酸的刺激,引起化学性瘤胃炎。在病情的发展中,由于瘤胃内容物微生物菌群失调,产生内毒素等物质,引起许多病例出现蹄叶炎的症状,慢性蹄叶炎可能发生于数周至数月以后。

临床病理学 瘤胃酸中毒病例的瘤胃液、血液和尿液等检查均发生变化。PCV 从正常的 0.32~0.35 L/L 上升到 0.50~0.60 L/L,并伴有血压下降,血气酸碱分析,血液 pH 值由正常的 7.35~7.45 下降到 6.9 以下,尿液 pH 值也降低至 5.0 以下,二氧化碳结合力降低至 47.5%~55.7% 以下。碱储(正常时血液碳酸氢根离子为 22~27 mmol/L)降低;血清钙水平降低,由正常的 2.3~3.25 mmol/L 降低至 1.5~2.0 mmol/L。瘤胃液检查无纤毛虫,正常瘤胃中的革兰氏阴性细菌丛被革兰氏阳性细菌丛所取代。

病理学检查 在 24~48 h 死亡的急性病例,瘤胃及网胃内容物稀薄如粥样,并有酸臭味,下半部角化的上皮脱落,呈现斑块状。许多病例有皱胃炎和肠炎,血液浓稠;持续 3~4 d 的病例,网胃和瘤胃壁可能发生坏疽,呈现斑块状,坏疽区胃壁厚度可能比正常增加 3~4 倍,出现一种高出于周围正常区域之上的表面呈软的黑色的黏膜,通过浆膜表面可见外观呈暗红色,增厚区质地很脆,刀切时如胶冻样。病理组织学检查,有真菌菌丝体浸润和严重的出血性坏死,病呈较长的病例(72 h 以上或更长)在神经系统中有髓鞘脱落。

诊断 根据有过食碳水化合物的病史,结合临床表现,如中枢神经兴奋性增高,目盲,严重脱水,瘤胃内有多量的液体,瘤胃 pH 值降低,血液二氧化碳结合力降低,碱储下降,卧地不起,具有蹄叶炎和神经症状,尿液 pH 值降低等,应进行综合分析,不难做出诊断。但必须与瘤胃积食、皱胃阻塞和变位、急性弥漫性腹膜炎、生产瘫痪、酮病、肝昏迷、奶牛妊娠毒血症等进行鉴别。

治疗 本病在治疗上以阻止瘤胃内容物乳酸的继续产生及中和已产生的酸、解除脱水、调节电解质平衡、维持血液循环、促进前胃运动、强心补液、解毒及对症治疗为原则。

中和酸可用饱和石灰水或 5％的碳酸氢钠溶液洗胃,直至胃液的 pH 值呈碱性为止,根据原西北农业大学的经验,饱和石灰水洗胃效果较好,经济实惠,同时静脉注射 5％的碳酸氢钠(5 000 mL 左右);输液最好用等渗的液体,常用复方生理盐水或葡萄糖生理盐水,也可用任氏液,输液的量根据脱水的情况而定,有些病牛输液量可达 10 000~15 000 mL,在输液时加入强心药物如安钠咖等效果更好。还可应用维生素 B₁、酵母等以增强丙酮酸氧化脱羧,增强乳酸的代谢。对症治疗可用抗组胺的药物治疗蹄叶炎,用皮质类固醇激素治疗休克,以及用副交感神经兴奋药物增强前胃运动。对中枢神经兴奋的患牛可用盐酸氯丙嗪镇静,肌肉注射按每千克体重 1 mg 的剂量用药。

预防 本病预防的关键是饲养管理,在饲喂高碳水化合物饲料时,要有一个逐渐适应的过程,注意饲料的选择与调配,不能随意增加碳水化合物精料的用量,同时也要注意补充一定的矿物质(如钙、磷、钾、钠等)及必需的微量元素以及维生素等。在育肥动物饲养高谷物饲料的初期,适当加一些干草等,使之逐渐过渡适应;一种预防酸中毒的较新方法是:将已经适应高碳水化合物饲料的动物瘤胃液移植给尚未适应的动物,可使其迅速适应高水平谷物饲料提高消化功能。

创伤性网胃腹膜炎(traumatic reticulo-peritonitis)

本病俗称"铁器病"或"铁丝病",是由于金属异物进入网胃,导致网胃和腹膜损伤及炎症的疾病。金属物造成网胃壁的穿孔,开始伴有急性局部性腹膜炎,然后发展为急性弥漫性或慢性局部性腹膜炎,或转变为其他器官损伤的后遗症,包括心包炎,迷走神经性消化不良,膈疝,以及肝、脾化脓性损害。

关于网胃壁创伤性穿孔的后遗症,由于本病发生过程复杂,给诊断和预后带来很大困难,除常具有创伤性网胃腹膜炎综合征外,有时还具有继发创伤性心包炎、脾炎、肝炎、膈疝等其他病征。

当牛(羊、骆驼等极少发生)吃食混有金属异物的饲料后,创伤的形成是有一定条件的。从屠宰牛证明,在网胃中能发现各种各样的金属异物,其中主要的是铁丝和铁钉,虽然有时数量很多,但发病率不很高,因为异物的硬度、直径、长度、尖锐性、存置于网胃中的部位、网胃运动时对异物的压力,以及异物与胃壁之间所呈现的角度等条件因子,都与能否形成创伤,以及形成的创伤的性质和程度有很大关系。若网胃中存在的金属异物数量虽然很多,但都不具备一定的穿孔条件,那么至多也只能导致前胃弛缓。然而,有时虽只有 1 或 2 个金属异物进入网胃,由于具备了穿孔条件,就能发生创伤性网胃腹膜炎,甚至是致死性的。

病因 与其他原发性前胃疾病不同,主要由于饲料本身的数量和质量变化,以及在管理上造成贪食、运动不足、劳逸不均等而发生,而本病仅是由于饲料中混进了金属异物。金属异物的种类是多样的,其中以钢丝、铁丝危险性最大。这些异物在某些饲料中经常混同存在,例如各种油饼、渣糟,以及冶金、机械工业区收割的饲草。

病理发生 牛的口腔对不能消化的异物辨别能力比较迟钝(口黏膜的敏感性、舌背和颊部的角质化乳头等结构),同时牛的吃食习惯(容易囫囵吞枣)和网胃解剖生理特征,都与吞食异物、导致网胃创伤有密切关系。被吞咽的异物到达瘤胃或网胃,通常沉积在网胃底部,当网胃收缩时,由于前后壁加压式地紧密接触,导致胃壁穿孔。由于异物尖锐程度、存置部位及其与胃壁之间呈现的角度不同,所以创伤的性质大体上分为穿孔型、壁间型和叶间型。在异物对向胃壁之间越接近于 90°角就越容易导致胃壁穿孔,越接近于 0°或 180°角(即与胃壁呈同一水平面),穿刺胃壁的机会就越少。穿孔型必然伴有腹膜炎,最初常呈局部性,以后痊愈或发展为弥漫性。重度感染则呈急性,以后死亡或转为慢性。可继发膈肌脓肿或膈肌薄弱及破裂,形成膈疝。若穿刺到脾、肝、肺等器官,也可引起这些器官的炎症或脓肿,但最常继发的则是创伤性心包炎。异物往往暂时性地保留在脓肿或瘘管之内。随异物穿刺方向而定,还可向两侧胸壁穿刺,以致形成胸壁脓肿。

壁间型引起前胃弛缓,或损伤网胃前壁的迷走神经支,导致迷走神经性消化不良或壁间脓肿,若异物被结缔组织所包围,则形成硬结。

叶间型损害是极其轻微的,叶间穿孔时无出血,临床上缺乏可见病征,有时则牢固地刺入蜂窝状小槽中。这种情况由于异物暂时被固定而不能任意游走,可减少向其他重要器官转移的危险性。

症状 典型的病例主要表现消化扰乱,网胃和腹膜的疼痛,以及包括体温、血象变化在内的全身反应。

消化扰乱 食欲减少或废止,反刍缓慢或停止。瘤胃蠕动微弱,可呈现持续的中度臌气,粪量减少、干燥,呈深褐色至暗黑色,常覆盖一层黏稠的黏液,有时可发现潜血。

网胃疼痛 典型病例精神沉郁,拱背站立,四肢集拢于腹下,肘外展,肘肌震颤,排粪时拱背、举尾、不敢努责,每次排尿量亦减少。呼吸时呈现屏气现象,呼气抑制,做浅表呼吸。有人发现压迫胸椎脊突和胸骨剑状软骨区,可发现呼气呻吟声。病牛立多卧少,一旦卧地后不愿起立,或持久站立,不愿卧下,也不愿行走。病牛为了减轻腹部疼痛,站立时常以后肢踏在尿沟内,或在卧下时,先是后肢屈曲,屁股下沉及坐地,然后是前肢腕部屈曲及下跪(所谓"马卧动作")。据观察,当牛群放出到运动场时,病牛总是最后离开牛房,且走步缓慢;而当放回牛房时,病牛则迟迟逗留在运动场内,最后才返回牛房,给予强迫运动时,病牛两前肢摸索前进,特别当下坡或急转弯时，在急性病例中，表现得十分缓慢和小心，甚至不肯继续前进，同时伴有呻吟（音低沉、弱，不注意则听不到）。此外，还可发现病牛不敢跨越沟渠，或遇到前进中一般障碍物就踌躇不前。

全身症状　当呈急性经过时，病牛精神较差，表情忧郁，体温在穿孔后第一到第三天升高1℃以上，以后可维持正常，或变成慢性，不食和消瘦。若异物再度转移，导致新的穿刺伤时，体温又可能升高。有全身明显反应时，呈现寒战，浅表呼吸，脉搏达100～120次/min。乳牛突出症状，就是在病的一开始便发现泌乳量显著下降。当伴有急性弥漫性腹膜炎时，上述全身症状表现得更加明显。

血液学变化往往是典型的，对诊断和预后有重要参考意义。典型的病例，第一天白细胞总数可增高至8 000～12 000/mm³，并增高持续高达12～24 h。白细胞总数可增高达14 000/mm³，其中嗜中性粒细胞由正常的30%～35%增高至50%～70%，而淋巴细胞则由正常的40%～70%降低至30%～45%。这种情况是乳牛血象变化的一般规律，因而在无并发症的情况下，淋巴细胞与嗜中性粒细胞比率呈现倒置（由正常的1.7：1.0反转为1.0：1.7）。严重的病例，伴有明显的嗜中性粒细胞核左移现象，以及出现中毒性白细胞（细胞质的空泡形成，不正常地着色，细胞膜的破裂，核脱出，核不规则等），甚至在早期，就可见到白细胞的核脱出现象。在慢性病例，白细胞水平有一个很长时间不能回复到正常，并且单核细胞持久地升高达5%～9%，而缺乏嗜酸性白细胞这一点颇有诊断意义。在急性弥漫腹膜炎时，白细胞总数往往急剧地下降，但大多数并发严重继发病的病例，一般其白细胞总数下降不一致，或是总数急剧下降，或是总数伴同嗜中性粒细胞总数一致地急剧升高，并同时出现一定比例的未成熟的嗜中性粒细胞。

由于异物的迁移，症状相应地要么是减轻，要么是加重，特别是由于腹内压增高（如当妊娠、分娩、配种、运输、过劳、瘤胃臌气时），以致症状突然恶化。亦有曾一度出现消化不良病征，但随后病征迅速消失，并自然痊愈。

若异物向胸壁下方或侧方转移，可刺入胸骨或肋间肌，形成胸壁脓肿，当皮肤穿孔后，异物可达于体表。若异物向前方透过膈肌，并进入心包，心跳骤然增快，随后伴有心-血管系统机能障碍。若向上前方（通常偏向左侧）进入肺脏，则呼吸增快，肺部出现啰音，不久呼气呈现腥臭味。若膈肌变薄或脓肿形成及破裂，可导致膈疝。若发现败血症、高热及多发性化脓性关节炎，常表明继发创伤性脾炎，且于左侧最后两肋间叩诊有疼痛。若于右侧这个部位叩诊，有类似疼痛，同时动物逐渐消瘦、贫血和慢性臌气（当肝脏食道沟区脓肿时），则可疑为创伤性肝炎。

诊断　由于临床上十分典型的病例不多，所以诊断时应该系统观察，善于从多种现象中发现疾病的主要特征和变化的基本规律，特别对早期伴有慢性腹膜炎的病例,单凭1或2项类似病征,很难做出正确诊断。

由于胸骨剑状软骨区的疼痛是不可避免的(只是在时间上和程度上的不同),因此建议用器官(网胃)叩诊法(用拳头或150～280 g重的叩诊锤叩诊网胃)或剑状软骨区触诊法帮助诊断。有不少病例经过检查,不能轻易地说成就是一种"阳性"结果。也曾建议用一根木棍通过剑状软骨区的腹底部给予猛然抬举,给网胃施加强大压力进行检查,但检查结果不易做出客观的解释,如急性病例的反应可能是明显的;即使有明显反应,但不表明就是创伤性网胃炎所致。当肝脏坏死或真胃穿孔性溃疡而其损害波及腹膜时,都可产生相似结果。为了区别起见,对肝脏损害须补充右前腹上方叩诊,对真胃损害须补充右前腹下方叩诊。其他类似的疼痛检查,例如沿膈肌在胸壁上附着点的压诊、网胃的透热疗法或感应电疗,检查结果同样不容易做出正确的解释。至于所谓"反射性疼痛试验",那就更靠不住了。已提出的反射性疼痛试验有两种,一种是用耆甲部皮肤捏诊,以观察网胃在耆甲部产生的反射性疼痛;另一种是借前方乳头挤奶,以判断网胃在乳头产生的反射性疼痛(据说阳性反应表现不安,头伸直,颈下垂,呻吟声延长,交替踏足等)。由于牛的个体敏感性有差异,也由于役用牛的耆甲部和乳用牛的乳房部,可能本来就存在隐性疼痛,从而容易造成混淆,导致误诊。

对网胃和心包囊的金属异物,利用金属探测器检查(能在胸壁60 cm以内检查出18 mm长的针头,而粗针头则能在整个网胃区和心包囊周围检查出来),一般可获得阳性反应。但要注意,凡探测呈阳性者,未必表明业已造成穿孔,且其他一些非铁质的金属物或塑料等硬质的尖锐物,也可导致网胃壁的穿孔(例如,硬竹枝造成穿孔)。若探测为阴性,则大致可以排除铁器伤。不过有时虽然异物转移到网胃区之外,但尚保留网胃腹膜炎综合征也是可能的。金属探测器与金属异物摘出器的结合,对牛群的普查和预防确实有价值,而在手术前判断异物存在的位置,以及在手术后和缝合前判断异物是否完全被取除,应用金属探测器的辅助检查是必要的。

曾有人使用内窥镜(用一种镜头装置,通过剑状软骨和脐线中央的腹壁切口插进腹腔)作为一种直视诊断,这种方法在创伤的初期能发现网胃浆膜上存在红斑,若未发现红斑,也不能随便下结论。

腹腔穿刺液呈浆液-纤维蛋白性,能在15～20 min凝固,Rivalta反应呈阳性(2滴水醋酸加100 mL蒸馏水,再加2滴穿刺液,呈白色沉淀为阳性,表明含蛋白质在4%以上),并在显微镜下发现大量白细胞及一些红细胞。然而,在其他原因所导致的腹膜炎,其穿刺液也具有类似性的变化,因此单项穿刺液检查是没有意义的。

理想的诊断方法是借X射线检查。当应用X射线诊断创伤性网胃腹膜炎时,宜同时与金属异物探测器检查结合进行,以弥补两者之不足。对于一些可穿透性的异物,通过 X 射线检查,仍然不能做出区别。

　　利用血液学上特殊变化,对诊断有参考意义。这种变化根据疾病的病程、腹膜损害的程度和炎症变化的范围,在白细胞总数和白细胞分类方面有差异的变化(表3-1),但不应孤立地满足于血液学诊断。

表 3-1　乳牛几种常见病的白细胞总数和白细胞分类变化表(Gibbons 等,1970)

病例	年龄	体温(℃)	临床诊断	白细胞总数(个/μL)	白细胞成分(%)								注　释
					髓细胞	中髓细胞	杆状嗜中性粒细胞	分叶嗜中性粒细胞	淋巴细胞	单核细胞	嗜酸性粒细胞	嗜碱性粒细胞	
一	5	40.6	急性乳房炎	1 800	0	0	0	6.5	75.5	16.5	1.5	0	病程不足 24 h,第二天
				9 050	0	9.5	20.5	29.5	26.0	12.5	1.5	0.5	
二	4	39.5	创伤性网胃炎	2 200	2	4	4	27	53	8	2	0	白细胞减少症伴有核左移
三	2	40.3	创伤性心包炎	11 450	0	0	0	71	25	2	2	0	嗜中性粒细胞增多,但不呈现白细胞增多症
四	2	39.4	创伤性网胃炎而伴有局部性腹膜炎	20 550	0	0	0	65	24	4	7	0	嗜中性粒细胞增多的白细胞增多症
五	4.5	38.9	化脓性肝炎	36 000	0	1	5	79	9	6	0	0	高度白细胞增多症,不治死亡
六	10	38.5	急性大肠杆菌性乳房炎(第六天)	7 800	4	23	8	7	51	0	0	0	高度左移,死亡
七	4	39.5	子宫炎而伴有转移性肺炎	16 250	0	0	18±	63	17	2	0	0	杆状嗜中性粒细胞含有中毒性颗粒,患牛死亡

由于本疾病诊断较复杂,所以要求务必掌握疾病的基本特征,如在病史上注意到饲料种类与来源,与腹内压增高的关系;临床上注意到消化扰乱、胸壁疼痛、肘部外展、泌乳曲线骤然下降,以及临床白细胞像变化和特种检查结果(金属探测器、X射线等);治疗上注意到按一般消化不良(前胃弛缓)给予药物治疗的反应。无论直接诊断或是间接诊断,若能充分注意到这些问题,并予以综合分析,确诊是不难做到的。

预防　主要是杜绝饲料中混入金属等异物,特别是收割饲草时更应注意。饲养场内严禁非工作人员随意进入。设置废品回收箱,常将废铜、铁等金属物品收集起来。对混有金属的饲料和饲草采取有效措施去除(如水池洗涤饲草,使金属异物沉在水底;过筛饲料,用电磁吸引器吸除铁器异物等)。有人成功地应用一种"笼磁铁"(称为"永久性磁铁")通过食道投入胃网内,能吸附铁器异物,并加以保护,不使其再度游离和危害。为避免原先投入的磁铁放置过久引起网胃底部坏死,可在放置6~7年后,定期取出更换。建立新的牛场,宜选择城市郊区,远离工矿场所。

治疗　治疗方法有两种,即保守法和手术疗法。

关于保守疗法,一种是将病牛站立在一种站台上,使病牛前躯升高,以减低腹腔网胃承受的压力,促使异物由胃壁上退回到胃内,即所谓"站台疗法"。站台是牛床前方垫高,使病牛前肢提高至 15~20 cm,同时肌肉注射普鲁卡因青霉素 300 万IU 及双氢链霉素 5 g,并且在临床症状出现后 24 h 以内就开始治疗,可获得较高的痊愈率,但有少数病例仍可能复发,以后有人改站台为卧床,要坚持 10~20 d 或症状消失后 24 h 以内停止。另一种是用磁铁(如由铅、钴、镍合金制成,长 5.7~6.4 cm,宽 1.3~2.5 cm)经口投至网胃,同时肌肉或腹腔内注射青霉素 300 万~500万 IU,链霉素 5 g(腹腔内注射,须混于橄榄油中),可有 50% 的痊愈率,但约有10% 的病例可能复发。

还有一种保守疗法,目的是为了暂时性地减轻瘤胃和网胃的压力,例如投服油类泻剂,并随后投服制酵剂(如鱼石脂 15 g,酒精 40 mL,加水至 50 mL,每天 2 或3 次)。

关于手术疗法,目前认为是治疗本病的一种比较确实的办法。一种是瘤胃切开术,另一种是网胃切开术,采用前者较多。但对大型的牛,常不能达到检查网胃的目的,这时以采用后者为宜。

网胃手术是在左侧第九肋前缘切开腹壁,从腹腔和前胃解剖学研究中发现,这里正好是瘤胃和网胃交界之间的部位,既可将网胃拉向切口,也可将瘤胃拉向切口。但继发瘤胃臌气时,由于网胃向前略推移至第八肋骨,这里切开后做网胃手术就困难。第九肋骨部位切开腹壁后,有时既不切开网胃,也不切开瘤胃,仅从外表检查就能查明是否穿孔或是否与邻近组织粘连。已知腹腔的前界是膈肌与各个毗邻的肋骨固定附着点所连成的一条线,这条线从最下斜综第九肋骨至第八、第七肋软骨,最后附着在胸骨剑状软骨上。因此,选择第九肋骨部位切开腹腔,对网胃和瘤胃都接近,截除一部分肋骨及肋软骨而可无损于膈肌。

动物取站立保定,用两根皮带垂直地分别在胸骨区和髋骨区固定在保定栏上。用3％普鲁卡因溶液 10 mL,分别在第八、第九、第十肋骨前缘略高于切口,进行肋间神经封闭麻醉。

手术是从第九肋骨中部软组织中(在肋软骨接合处向上不超过 10 cm 处)向下做一切口至肋软骨一部分。先切开皮肤,顺序是皮下结缔组织、具有皮肌的浅筋膜、深筋膜,在肋骨上端部分是胸部腹侧筋膜,到骨肋下端部分则是腹外斜肌,最后切至骨膜(用剪刀),并沿肋骨内侧剥离骨膜。在切口上部膈肌附着点之下方锯断肋骨,而其下部则保留部分软骨。然后靠近肋骨后缘切开骨膜并打开腹腔,此时务必防止损伤膈肌。为了防止瘤胃或网胃内容物流入腹腔,若打开瘤胃,事先须将瘤胃壁缝合在腹壁创周围的皮肤上;若打开网胃,事先须将网胃内容物引出。经探查后,切口用两层缝合(第一道为全层缝合,第二道为浆膜-肌层缝合),最后缝合腹壁创,常可达到第一期愈合。

选择手术疗法时,先研究病牛术前体温和血象变化情况,再考虑术中及术后可能发生哪些问题。据报道(Carroll 和 Robinson,1958),从乳牛 200 例的体温和血象变化情况,分析它们对手术可能会出现的 4 种预后(表 3-2)。

表 3-2　病牛术前体温和血象变化

临床诊断	体温 (℃)	嗜中性 粒细胞 (％)	淋巴 细胞 (％)	单核 细胞 (％)	嗜酸性 粒细胞 (％)	嗜碱性 粒细胞 (％)
正常乳牛	38.6	33	62	2	3	0
早期伴有腹膜炎	39.4~41.7	68	29	1	2	0
伴有局部性腹膜炎及粘连	38.8~40	57	38	2	3	0
伴有广泛粘连	38.6~38.8	46	45	6	3	0
创伤性腹膜炎	40.5~41.6	71	15	9	5	0

第一种病例,手术危险性小;第二种手术性危险性不大;第三种手术危险性最大;第四种手术很少有希望。

但须注意,在手术疗法时,当取出异物之后和缝合瘤胃之前,须用金属探测器做一次补充检查,确定为阴性结果才能缝合。此外,在没有确诊之前,不宜用瘤胃兴奋剂。

慢性病例,可能由于异物已被包埋于网胃壁内,必须采用手术疗法。穿孔后的急性局部性腹膜炎,结合持续的抗菌素的应用,手术疗法的痊愈率也比较高。急性弥漫性腹膜炎而能早期确诊者,配合广谱抗菌素治疗(例如 2~3 g 的土霉素,溶于 4 000 mL 生理盐水中做腹腔内注射)的手术疗法,也是有痊愈希望的;然而有一部分病例,由于转为慢性弥漫性腹膜炎,虽然外表上似乎是健康的,但实际上已极大地丧失了生产力或劳动力。

迷走神经性消化不良(vagus indigestion)

迷走神经性消化不良是指支配前胃和皱胃的迷走神经腹侧肢受到机械性或物理性损伤,引起前胃和皱胃发生不同程度的麻痹和弛缓,致使瘤胃功能障碍、瘤胃内容物转运迟滞,发生瘤胃臌气,消化障碍和排泄糊状粪便等为特征的综合征。本病是牛的一种常见病,绵羊偶尔发生。

病因　多数病例的病因是创伤性网胃腹膜炎,炎性组织和瘢痕组织使分布于网胃前壁的迷走神经腹肢受到损伤。有些病例虽然迷走神经未受到损伤和侵害,却因瘤胃和皱胃发生粘连,或因前胃与皱胃受到物理性损伤,影响食道沟的反射机能,从而引起消化不良;在迷走神经牵张感受器所在处的网胃内侧壁生长硬结时,直接影响食道沟的正常反射作用,也有的因迷走神经的胸侧肢受到肺结核或淋巴肿瘤的侵害和影响,导致本病的发生,此外,瘤胃和网胃的防线菌病,膈疝,绵羊肉孢子虫病,细颈囊尾蚴病,亦可能引起迷走神经性消化不良。

症状　迷走神经性消化不良是一种临床综合征,通常分为以下 3 种类型:①瘤胃弛缓型:常见于母牛妊娠后期乃至产犊后。病牛食欲、反刍减退,肚腹臌胀,消化不良,瘤胃收缩减弱或消失,应用泻药和润滑药物、副交感神经兴奋药物等治疗无明显效果,迅速消瘦,体质虚弱,病的末期营养衰竭,卧地不起,陷于虚脱状态。②瘤胃臌胀型:病的发生与妊娠和分娩无关,临床主要特征是瘤胃运动增强,充满气体,肚腹臌胀,即使食欲减少,消化障碍,迅速消瘦,但瘤胃的收缩仍然有力,蠕动持续不断,瘤胃内容物通常是充分浸软和几乎是泡沫性的,粪便少或正常,呈糊状,心率减慢,有时可出现缩期杂音,瘤胃臌胀消失时心脏杂音也随之消失,用常规治疗,久治不愈。③阻塞型:多数病例常在妊娠后期发生,病牛厌食,消化机能障碍,粪便排泄减少,呈糊状,直到后期,肚腹不胀大,无全身反应,末期心脏衰弱,脉搏急速,尤其引人注意的是皱胃阻塞,右下腹部臌起,直肠检查时,可摸到充满而坚实的皱胃,瘤胃收缩力完全丧失,陷于高度弛缓,大量积液,终因营养衰竭而死亡。上述 3 种主要类型可能会联合发生,特别是瘤胃弛缓引起的肚腹臌胀易和皱胃阻塞并发。临床病理学检查,凡是创伤性网胃腹膜炎引起的病例,中性白细胞明显增加,且核左移,单核细胞增加,其他病例血象无明显变化,皱胃扩张和阻塞的病例有不同程度的低血氯、低血钾性的碱中毒。

诊断　本病的主要症状是前胃和皱胃的高度弛缓和麻痹,对刺激的感受性降低,食欲反刍减弱或消失,呈现消化障碍,伴发前胃弛缓、皱胃阻塞、瓣胃秘结等,应用拟胆碱类药物治疗无效,久治不愈,呈现迷走神经消化不良的综合征,可初步诊断,但临床上必须与创伤性网胃腹膜炎、瘤胃臌气、皱胃阻塞、瓣胃秘结以及母牛产后皱胃变位等疾病进行鉴别诊断。

治疗　瘤胃弛缓型和幽门阻塞通常用手术疗法,但使用皱胃切开手术,由于皱胃运动机能丧失,难以恢复,因此疗效不好。应用石蜡油 1 000～3 000 mL 排除胃内容物及软化内容物疏通胃肠,效果也不理想。对妊娠母牛在临产前输液、平衡电解质、用地塞米松引产等,也许有一定效果,瘤胃臌胀型采用瘤胃切开,取出内容物,可逐渐恢复。

膈疝(diaphragmatic hernia)

膈疝是由于膈的完整性破坏,使腹腔器官进入胸腔,在牛常见网胃通过膈的破裂口进入胸腔,可引起慢性瘤胃臌气、厌食和心脏变位。临床上绝大多数病例的发生是由于创伤性网胃腹膜炎、创伤性心包炎病程中尖锐异物直接划破膈肌或炎症引起膈膜变弱、强度变小容易损伤而引起,也有因其他机械性因素如跌倒、挤压、碰撞、冲击等引起,个别还有先天性的膈肌有穿孔。呼吸困难是膈疝的主要临床症状,多突然发生,并且有日渐严重的趋向,腹式呼吸明显,吸气急促,瘤胃持续发生中度或轻度臌气,食欲好坏不定,体况明显下降,磨牙,体温不升高,胸腔下部听诊时许多牛可在心脏部位出现网胃蠕动音,特别是整个网胃进入胸腔时,并且每次网胃收缩时,可能干扰呼吸和出现疼痛症状,心脏听诊可听到缩期杂音,心音强度改变表明心脏变位(一般被网胃压向前方或左方)。病畜通常在臌气开始后 3～4 周死于虚弱。本病诊断应与迷走神经性消化不良、食道阻塞等鉴别。本病基本无治疗价值,有人曾尝试用手术治疗,但都未能成功,对瘤胃臌气,按照常规治疗方法无效,采用前高后低的姿势可使症状缓解。但最终以死亡告终,因此应当尽快淘汰。

瘤胃异常角化(ruminal parakeratosis)

瘤胃异常角化是指瘤胃黏膜表层扁平上皮细胞的异常角化,它是以瘤胃壁乳头硬化和增大为特征的一种疾病。多因饲喂精料(尤其是谷类精料)过多,粉碎过细,粗饲料不足造成的瘤胃内容物中挥发性脂肪酸产生过多、过快,瘤胃内 pH 值下降(低于 6.0),而粗饲料的不足又使瘤胃的兴奋性降低,唾液分泌受到反射性抑止,瘤胃内的酸度得不到调节与缓冲,致使瘤胃黏膜受到酸的作用而发生损伤,而过细无刺激性的饲料又不能促进上皮细胞的角化过程,从而导致瘤胃异常角化。此外,青绿饲料不足、维生素 A 缺乏、有加热处理的含有大量精料的苜蓿颗粒饲料等,都可使瘤胃黏膜受到损伤,而引起上皮异常角化。本病多发生于犊牛,肥育期肉牛及绵羊,成年公、母牛都可发生,发病率可达 40%。本病无明显的特征性临床症状,故不引起人们的注意,仅有瘤胃消化功能降低、减弱,脂肪吸收障碍,乳脂率降低,病畜喜食干草、秸秆等粗饲料,异嗜、舔食自体或同群的牛,并呈现前胃弛缓、瘤胃臌胀、瘤胃 pH 值下降(至 6.0 以下)等症状,本病生前多不易诊断,多数是在死后剖检时才能确诊,瘤胃黏膜上有食糜附着,用水冲洗不易脱落,冲洗后检查有异常角化的乳头区,其中乳头变硬呈褐黑色,无乳头区的黏膜(背前盲囊)常有多发性异常角化的病灶,每个病灶都有黑褐色的痂块。治疗本病的关键是在于清除病因,控制精料的饲喂量,给予一些容易消化的青干草,作物秸秆,同时内服碳酸氢钠,以调节瘤胃内 pH 值,使其恢复到 6.35 以上,同时也可用维生素 A 治疗。

创伤性脾炎和肝炎(traumatic splenitis and hepatitis)

这两种病如作为创伤性网胃腹膜炎的一种继发症,发病率虽然不高,但常引起脾、肝脓肿或败血症及死亡。要么是在网胃第一次穿孔时继之穿刺到肝、脾,要么是在网胃第一次穿孔后,表面上看来似乎体征是消失了,但随后几个星期,由于异物的突然转移,以致穿刺到肝、脾。

症状　主要有发热(38.5~40.5℃),心率增加,吃食量和泌乳量逐渐下降,但瘤胃仍出现蠕动,并且可能蠕动正常。用检查创伤性网胃腹膜炎的疼痛方法做腹部叩诊,通常呈阴性反应,用力深部触诊,可能引起轻度哼声。诊断性体征是用拇指在左侧(脾)或右侧(肝)最后肋间中途往腹下部一步步地触诊呈现疼痛。在脾或肝脓肿病程持久以后,有食欲扰乱,严重衰弱,消瘦及腹膜炎。当脾脓肿时,可并发多发性关节炎及败血症。当肝脓肿时,可呈现黄疸及贫血。

血液学检查有重要意义。白细胞总数显著升高(12 000 个/mm^3 以上),分类计数呈明显的嗜中性粒细胞增多症及核左移。

治疗　通常不进行瘤胃切开术,除非为了诊断目的。如果相当早地应用抗菌素治疗,可以制止脓肿形成。有些病牛,口服磺胺二甲基嘧啶,可见暂时效果。

瘤胃臌气(ruminal tympany or bloat in ruminant)

瘤胃臌气是由于瘤胃和网胃内产生大量的发酵气体而引起,临床上以呼吸极度困难,反刍、嗳气障碍、腹围急剧增大等症状为特征。瘤胃臌气通常有两种形式,一种是气体与瘤胃内容物混合的持久泡沫型；一种是气体与食物分开的游离型。该病主要发生于牛，也常发生于羊。

病因 原发性瘤胃臌气，也称泡沫性臌气(frothy bloat)，其特点是正常发酵的气体以稳定的泡沫的形式夹杂于瘤胃液内。其主要病因是采食了豆科牧草或者大量的谷物饲料，但遗传因素也影响到个体的易感性。易感动物的瘤胃内积留有较高浓度的小的饲料颗粒，影响了发酵气体的排出。大量的泡沫性气体不能通过嗳气排出体外，因而瘤胃内压增高。然而决定瘤胃臌气是否能发生最主要的因素乃是瘤胃内容物的性质，其中饲草中植物蛋白起着最主要的发泡剂的作用。饲草中植物蛋白的含量和消化率又是影响瘤胃臌气发生的潜在因素。在一定的时间内，这种可以引起臌气的饲草和动物本身的某些因素使瘤胃内形成了较高浓度的小的饲料颗粒，从而增加了动物发生臌气的可能性。豆科植物如苜蓿(alfalfa)和三叶草(clover)等，含有丰富的蛋白质，并且易于消化。给牛饲喂苜蓿后，瘤胃内形成了富含蛋白质的小的饲料颗粒，易于引起臌气。其他豆科植物，如驴喜豆(sainfoin)和鸟脚车轴草(birdsfoot trefoil)，虽然含有丰富的蛋白质，但牛羊采食后并不发生臌气，这可能是因为这些豆科植物含有较高浓度的鞣酸，具有沉淀蛋白质的作用，并且它们不如苜蓿和三叶草那样易于消化。豆科植物性臌气最常发生于将牛羊放养于丰盛的牧草地，特别是以快速生长的豆科植物为主的牧草地。饲喂富含蛋白的高质量的干草有时也可以引发臌气。

继发性瘤胃臌气，也称游离气体型臌气(free gas bloat)。物理性嗳气障碍发生于由食管狭窄、食管外器官肿大(如淋巴结肿大)压迫食管所致的食道阻塞。在迷走神经性消化不良和膈疝时，食道功能受到影响，也可以引起慢性瘤胃臌气。这种情况还发生于破伤风。

食管或者网胃壁的肿瘤以及其他病变引起阻塞性臌气的现象并不多见。网胃壁的病变(包括牵张受体和分辨气体、泡沫和液体的受体的病变)会影响正常的神经反射，而这种反射对于气体从瘤胃中排出是比较重要的。

慢性瘤胃臌气也可以继发于急性瘤胃弛缓。急性瘤胃弛缓发生于过敏和过食谷物之后，会引起瘤胃 pH 值的下降，进而引起食管的炎症和瘤胃炎，从而影响到嗳气功能。慢性瘤胃臌气经常发生于 6 月龄的牛，并且难以找到任何明显的原因。这种形式的臌气通常能够自行痊愈。

非正常的姿势，特别是长时间的侧卧姿势，易于引起继发性瘤胃臌气。如果动物在不正确的保定或运输时，长时间地被迫呈背卧姿势，就有可能会因臌气而死亡。

发病机理 正常情况下，瘤胃内产生的气体与排出气体保持动态平衡，牛采食后每小时可产生 20 L 气体，采食 4 h 后每小时产气 5～10 L，大部分以嗳气的形式排出,当采食大量易发酵的饲料时,在瘤胃细菌的作用下,迅速产生大量的气体,并超过机体的排气功能,致使气体在瘤胃内大量积聚,气体、食团及瘤胃壁之间的压力极不平衡,可使瘤胃内容物显著地超过贲门,同时由于压力感受器和化学感受器受过强的刺激,使嗳气发生障碍,这样瘤胃内的气体只产生而不排出,致使瘤胃过度充满或剧烈扩张,并直接刺激胃壁的神经肌肉,引起瘤胃痉挛性收缩,致使病畜出现腹痛。

一般认为有 4 个基本因素影响泡沫性瘤胃臌气的形成:①瘤胃的 pH 值下降至 $5.6\sim6.0$;②有大量的气体生成;③有相当数量的可溶性蛋白存在;④有足够数量的阳离子与表面膜的蛋白质分子结合。过去认为是皂甙果胶和半纤维素起作用,但现在已知在豆科植物引起的臌气中,叶的细胞质蛋白是主要的起泡因素,也有人认为与瘤胃产生黏滞性物质的细菌增多有关,细菌产生可使泡沫形成。起初瘤胃臌气可引起瘤胃兴奋而运动,而运动过强又可加剧瘤胃内容物的起泡。

唾液的流出速度和成分对瘤胃臌气的发生也有影响,这种影响是通过唾液对瘤胃内容物的 pH 值的缓冲作用或者是其他内容物中黏蛋白的变化而产生的,瘤胃食物被唾液稀释的物理作用可能也是重要的,瘤胃内液体所占的比例与臌气发生率之间呈负相关,含纤维素低的和含水高的饲料可抑制唾液的分泌量。

泡沫性瘤胃臌气时瘤胃内的泡沫是怎么形成的,其机理还不完全清楚。除上述植物蛋白的作用之外,一般还认为可能是给牛饲喂高碳水化合物的日粮后,瘤胃内某些类型的微生物产生了不可溶性的黏液,具有致泡沫的作用;或者是发酵产生的气体被细的饲料颗粒封闭住形成泡沫而不能排出。细的颗粒物,如磨细的谷粒可以显著影响泡沫的稳定性。牛群发生臌气通常发生于饲喂了 $1\sim2$ 个月的谷物类饲料之后。在这一时间内,瘤胃内产黏液性微生物会大量繁殖。

症状

泡沫性臌气　发病快而且急,可在采食易发酵饲料过程中或采食后迅速发生,15 min 内产生臌气,病畜表现不安,回头顾腹,吼叫等;特有症状,腹围明显增大,左肷部凸起,严重时可突出脊背,按压时有弹性,胃壁扩张,叩诊呈鼓音,下部触诊,内容物不硬,腹痛明显,后肢蹄腹,频频起卧,甚至打滚;饮食欲废绝、反刍、嗳气停止,在病初期瘤胃蠕动增强,有金属音(但临床上往往见不到),但很快就减弱甚至消失,瘤胃内容物呈粥状,有时呈射箭状从口中喷出;呼吸高度困难,严重时张口呼吸,舌伸出,流涎和头颈伸展,眼球震颤,凸出,呼吸加快,达 $68\sim80$ 次/min,结膜先充血而后发绀,心率亢进,脉搏细弱、增数达 $100\sim120$ 次/min,颈静脉及浅表静脉怒张,但体温一般正常。病牛后期精神沉郁,兼有出汗(耳根、肷部、肘后明显),不断排尿,病至末期,病畜运动失调,行走摇摆,站立不稳,倒卧不起,不断呻吟,全身痉挛而最终死亡。

游离气体型膨气　大多数发病缓慢,病牛食欲减少,左腹部膨胀,触诊腹部紧张但较原发性低,通常膨气呈周期性,经一定时间而反复发作,有时呈现不规则的间歇,发作时呼吸困难,间歇时呼吸困难又转为平静,瘤胃蠕动一般均减弱,反刍、嗳气减少,轻症时可能正常,重症时则完全停止,病程可达几周甚至数月,发生便秘或下痢,逐渐消瘦、衰弱。

但只有继发于食道阻塞或食道痉挛的病例,则发病快而急。

病理学检查　病畜死后立即剖检的病例,瘤胃壁过度紧张,充满大量的气体及含有泡沫性内容物;死后数小时剖检的病例,瘤胃内容物泡沫消失,有的皮下出现气肿,偶尔有的病例瘤胃或膈肌破裂,下部瘤胃黏膜特别是腹囊具有明显的红斑,甚至黏膜下淤血,角化的上皮脱落,肺脏充血,肝脏和脾脏由于受压而呈贫血状态。

诊断　原发性瘤胃膨气不难诊断,可根据病史及临床症状,如吃了过多多汁青草,易发酵的饲料,本病多见于夏秋之间及春季动物抢青时;症状中的腹围增大,叩诊呈鼓音,呼吸困难,结膜发绀等可进行初步诊断,但应与炭疽、中暑、食道阻塞、单纯性消化不良、创伤性网胃心包炎、某些毒草、蛇毒中毒等疾病进行鉴别诊断。继发性瘤胃膨气的特征为周期性的或间隔时间不规则的反复膨气,故诊断并不难,但病因不容易确定,必须进行详细地临床检查、分析才可做出诊断。

治疗　瘤胃膨气发病迅速、急剧,必须及时抢救,防止窒息。治疗原则是:及时排出气体,制止瘤胃内容物继续发酵,理气消胀,健胃消导,强心补液,适时急救。

病的初期,对病情较轻的病例,使病畜头颈抬起,适度按摩腹部,可促进瘤胃内气体的排出。同时用松节油20～30 mL,鱼石脂10～15 g,酒精30～50 mL,加适量的水内服,具有消胀作用,也可用大蒜酊。有人用小木棒(最好是椿木)涂擦松馏油或食盐,横衔于口中,两端用绳子固定于角根后部,将病畜牵拉于斜坡上,前高后低,使之不断咀嚼,促进嗳气,促进唾液的分泌,也可拉舌运动,左腹按摩。

对膨胀严重的,有窒息危险的则应采取急救措施,可用胃管放气,或用套管针穿刺放气,穿刺部位选择在左侧腹壁的上部,即中兽医所讲的饿眼穴(位于髋结节与最后肋骨连线的中点),将针向右肘方向刺入,刺入后抽出针芯,为了防止再度发酵,可在放气后用胃管灌入或用注射器经套管针注入制酵剂,0.25%的普鲁卡因溶液50～100 mL,青霉素100 U,注入瘤胃,效果很好,如有条件,可在放气后接种健康牛瘤胃液3～6 L,效果更佳。值得注意的是,无论哪种放气,都不宜过快,以防止血液重新分配后引起大脑缺血而发生昏迷。在牧区牧民通常是用刀子放气,目的是暂时不发生死亡,回到家中再屠宰。

对于泡沫性膨气,放气效果不明显,可用长的针头向瘤胃内注入止酵剂或抗生素,如松节油、青霉素等,在临床常常用下列配方:豆油、花生油、菜籽油,用量一般250～500 mL,二甲基硅油(即消胀片)30～60 片(每片含 15 mg),松节油 30～60 mL,鱼石脂 10～20 g,酒精 30～40 mL,配成合剂应用,对泡沫性和非泡沫性臌气都有较好的效果。

对非泡沫性臌气,可内服镁乳(8%的氢氧化镁混悬液),或氧化镁 50～100 g,加水 50～1 000 mL 内服。

为了排出瘤胃内易发酵的内容物,可用盐类或油类泻剂,如硫酸镁、硫酸钠400～500 g,加水 8 000～10 000 mL 内服,或用石蜡油 500～1 000 mL 内服,也可用其他盐类或油类泻剂。为了增强心脏的机能,改善血液循环,可用咖啡因或樟脑油。根据西北农林科技大学的经验,无论是哪种臌气,首先灌服石蜡油 800～1 000 mL,对消气可收到良好的效果。

在临床实践中,应注意调整瘤胃内容物的 pH 值,用 2%～3%的碳酸氢钠溶液洗胃或灌服。

中兽医将瘤胃臌气称为气胀或肚胀,治疗时用消滞化气,通肠利便原则,常用莱菔籽 150 g,芒硝 200～300 g,滑石 100～300 mL,研末加油 500 mL 内服。在农村、牧区紧急情况下,可用醋、稀盐酸、大蒜、食用油等内服,具有消胀和止酵作用。

预防　在春季,放牧前 1～2 周,给一些青干草或粗饲料,或先放入贫瘠的草地,逐渐过渡,在幼嫩多汁的草地放牧应小心限量饲喂。采食后不要直接饮水,也可在放牧中备用一些预防器械(如套管针等)。目前,预防奶牛瘤胃臌气成功的惟一方法是用油和聚乙烯等阻断异分子的聚合物,每天喷洒草地或制成制剂每日灌服两次,对放牧肉牛的惟一安全预防方法是在危险期间内,每天喂一些加入表面活化剂的干草,将不引起臌气的粗饲料至少以 10%的含量掺入谷物日粮中,以及不饲喂磨细的谷物,在预防肥育动物的臌气中已经取得了较好的效果。

瓣胃阻塞(omasum impaction)

瓣胃阻塞又称为瓣胃秘结,中兽医叫"百叶干",是由于前胃的机能障碍,瓣胃的收缩力减弱,大量内容物在瓣胃内积滞、干枯而发生阻塞的疾病,耕牛多见,其次是奶牛,是前胃疾病中发病率较少但又十分严重的一种疾病。病因目前尚不清楚,直接病因是瓣胃弛缓,可能与长期饲喂柔软刺激性小或缺乏刺激性的饲料有关;也可能与过多饲喂粗硬、坚韧、含纤维素多的难以消化的饲草或饲草中混有泥沙、饲料的突然改变;还可继发于皱胃、瘤胃疾病、发热性疾病等。饮水不足在病的发生上有重要意义。早期临床症状不明显,主要呈现前胃弛缓和间歇性瘤胃积食的症状,中后期症状明显,食欲、反刍停止,鼻镜干燥、龟裂,粪便干而黑小,成球状或算盘珠状、烧饼状,表面附有黏液,后期排粪停止,触诊瓣胃大而坚硬,排尿少或无尿,最后发生脱水和自体中毒体质虚弱,卧地不起等。本病早期诊断困难,多在疾病后期症状明显或死后剖检时才可确诊。治疗原则是促进瓣胃内容物的软化和排出,恢复前胃的运动机能,防止脱水和自体中毒。早期用泻剂、兴奋前胃的药物,同时补液,也可施行瓣胃内注射软化剂和泻剂等,但效果往往都不理想,根据西北农林科技大学的经验,在怀疑本病的初期,施行手术疗法,兼有诊断和治疗双重作用,可收到较好的效果。

皱胃变位(abomasal displacement)

皱胃变位即皱胃解剖学位置发生改变的疾病。有两种类型。

皱胃左方变位(left displaced abomasum),简称 LDA,是指皱胃由腹中线偏右的正常位置,经瘤胃腹囊与腹腔底壁间潜在空隙移位于腹腔左壁与瘤胃之间的位置改变,系临床常见病型。

皱胃右方变位(right displacement of abomasum),简称 RDA,及其继发的皱胃扭转(abomasal torsion),简称 AT,是皱胃在右侧腹腔内各种位置改变的总称。有 4 种病理类型。皱胃后方变位,又称皱胃扩张,是指皱胃因弛缓、膨胀而离开腹底壁正常位置,做顺时针方向偏转约 90°,移位至瓣胃后方、肝脏与右腹壁之间,大弯部朝后,瓣胃皱胃结合部和幽门十二指肠区发生轻度折曲或扭曲。皱胃前方变位,即皱胃逆时针方向偏转约 90°,移位至网胃与膈肌之间,大弯部朝前,瓣胃皱胃结合部和幽门十二指肠区常发生较明显地折曲和扭曲,并造成幽门口的部分或完全闭塞。皱胃右方扭转,即皱胃逆时针方向转动 180°～270°,移位至瓣胃上方或后上方,肝脏的旁侧,大弯朝上,瓣胃皱胃结合部和幽门十二指肠区均发生严重拧转,导致瓣-皱孔和幽门口的完全闭塞。瓣胃皱胃扭转,是皱胃连同瓣胃逆时针方向转动 180°～270°,皱胃原位扭转,皱胃移至瓣胃后上方和肝脏旁侧,大弯朝上,网胃瓣胃结合部和幽门十二指肠区均发生严重拧转,导致网-瓣孔和幽门口的完全闭锁。

皱胃变位主要发生于乳牛,尤其多发于 4～6 岁经产乳牛和冬季舍饲期间,发病高峰在分娩后 6 周内;LDA 在妊娠期乳牛、公牛、青年母牛,肉用牛极少发生;RDA 则不同,也常见于公牛、肉用牛和犊牛,一般断乳前多发 RDA,断乳后 RDA 与 LDA 都发生。

病因 说法不一,但基本致病因素已被公认。鉴于胃壁平滑肌弛缓,或胃肠停滞,是发生皱胃膨胀和变位的病理学基础,因此各种引发皱胃和/或胃肠弛缓的因素,即是本病的发病原因。首先,现代奶牛日粮中含高水平的酸性成分(如玉米青贮、低水分青贮)和易发酵成分(如高水分玉米)等优质谷类饲料,可加快瘤胃食糜的后送速度,并因其过多的产生挥发性脂肪酸使皱胃内酸浓度剧增,抑制了胃壁平滑肌的运动和幽门的开放,食物滞留并产生 CO_2,CH_4,N_2 等气体,导致皱胃弛缓、膨胀和变位;其次,某些代谢性和感染性疾病,是导致本病的重要诱发因素,如子宫内膜炎(反射性皱胃弛缓)、低钙血症(液递性皱胃弛缓)、皱胃炎及溃疡(肌源性胃弛缓)、迷走神经性消化不良(神经性皱胃弛缓)等疾病时,容易发生 DA;第三,车船运输,环境突变等应激状态,以及横卧保定,剧烈运动也是 DA 的诱发因素。另外,代谢性碱中毒;妊娠与分娩过程机械性地改变子宫、瘤胃间相对位置,常是本病发生的促进因素或前提条件。

病理发生 LDA 发生、发展过程一般认为皱胃在上述致病因素作用下发生弛缓、积气与膨胀,在妊娠后期随胎儿增大子宫下沉,机械性地将瘤胃向上抬高与向前推移,使瘤胃腹囊与腹腔底壁间出现潜在空隙,此时弛缓与气胀的皱胃即沿此空隙移向体中线左侧,分娩后瘤胃下沉,将皱胃的大部分嵌留于腹腔左侧壁之间,整个皱胃顺时针方向轻度扭转,先后引起胃底部和大弯部、幽门和十二指肠变位(图3-3)。其后,皱胃沿左腹壁逐渐向前上方移位,向上可抵达脾脏和瘤胃背囊的外侧,向前可达瘤胃前盲囊与胃网之间。

RDA 发生发展过程 同 LDA 一样,在致病因素作用下,皱胃弛缓、积气与膨胀,向后方或前方移位,历时数日或更长,皱胃继续分泌盐酸、氯化钠,由于排空不畅,液体和电解质不能至小肠回收,胃壁越加膨胀和弛缓,导致脱水和碱中毒,并伴有低氯血和低钾血症。在上述皱胃弛缓和/或扩张的基础上,如因分娩、起卧、跳跃等而使体位或腹压剧烈运动,造成固定皱胃位置的网膜破裂,则皱胃沿逆时针方向做不同程度的偏转,而出现皱胃扭转或瓣胃皱胃扭转(图3-4),导致幽门口或瓣-皱孔和网-瓣孔的完全闭锁,引发皱胃急性梗阻,加剧了积液、积气和膨胀,严重的胃壁出血、坏死以至破裂,因循环衰竭而死亡。

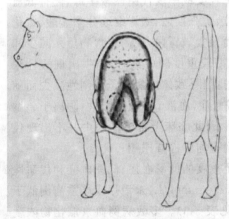

图3-3 牛皱胃左侧移位

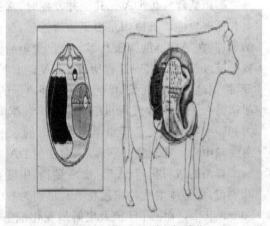

图3-4 牛皱胃右侧移位

症状　一般症状出现在分娩数日至1～2周(LDA)或3～6周(RDA)内。若患单纯性LDA或RDA的奶牛,主要表现食欲减退,厌食谷物饲料而对粗饲料的食欲降低或正常,产奶量下降30%～50%,精神沉郁,瘤胃弛缓,排粪量减少并含有较多黏液,有时排粪迟滞或腹泻,但体温、脉搏和呼吸正常。当发生皱胃右方扭转与瓣胃皱胃扭转,多呈急性过程,症状明显剧重,表现食欲废绝,泌乳量急剧下降;突发剧烈腹痛;粪便混血或呈柏油状;心率过缓(低于60次/min,呼吸正常或减少(重度碱中毒时);脱水,末梢发凉,常引发循环衰竭或皱胃破裂。

腹部检查。发生LDA的病牛,视诊腹围缩小,两侧饥窝部塌陷,左侧肋部后下方、左饥窝的前下方显现局限性凸起,有时凸起部由肋弓后方向上延伸到饥窝部,对其触诊有气囊性感觉,叩诊发鼓音。听诊左侧腹壁,在第九至第十二肋弓下缘、肩—膝水平线上下听到皱胃音,似流水音或滴答音(叮玲音),在此处做冲击式触诊,可感知有局限性震水音。用听-叩诊结合方法,即用手指叩击肋骨,同时在附近的腹壁上听诊,可听到类似铁锤叩击钢管发出的共鸣音——钢管音(砰音);钢管音区域一般出现于左侧肋弓的前后,向前可达第八、第九肋骨部,向下抵肩关节-膝关节水平线,大小不等,呈卵圆形,直径10～12 cm或35～45 cm。犊牛LDA典型钢管音区在肋弓后缘、向背侧可延伸至饥窝。

RDA时,视诊右腹部明显膨大,右肋弓部后侧尤为明显,在此处冲击式触诊可感有震水音。进行听叩结合检查,在右肋弓部至右腹中部可发现较大范围的"钢管音"区域,向前可达第八、第九肋,向后可延伸至第十三肋或肌窝部。早期的皱胃变位与扭转,除应用手术探查外很难区别,但相比较而言,皱胃变位一般病情较重,心率过速,"砰音"区较大,冲击式触诊时发出震水音的液体量较多。

临床病理　患DA无其他并发症时,常见轻度或中度代谢性碱中毒,伴有低氯血和低钾血症。其原因是由于皱胃弛缓、变位、扩张期内,皱胃继续分泌盐酸、氯化钠和钾,在皱胃继续膨胀及部分排出受阻后而聚集皱胃内,或高钾食物摄入减少和肾脏连续排钾等病理过程所致。DA伴有长期或重度碱中毒时,病牛出现酸性尿液,推测这一反常现象,可能与大量钾离子的排出导致体内氢离子强制性减少而随尿排出有关。DA伴发严重酮病时会出现酮酸血症,血液pH值呈酸性,阴离子差增大和碳酸氢钠浓度低于患单纯DA时的水平,因此临床上常有些病牛并不出现代谢性碱中毒。此现象强烈提示,对任何DA病畜均应检查尿酮。

典型的皱胃扭转(AT),血液黏稠,中度至重度的低氯血症、低钾血症和代谢性碱中毒。血清中氯化物浓度在AT早期为80～90 mmol/L,未治疗或严重病例低于70 mmol/L,(血液pH值及电解质变化范围见表3-3)。多数病例血浆氯化物浓度和剩余碱基值多与临床预后直接相关,但判定预后必须考虑其整体状态。在晚期的

AT 病例,由于皱胃缺血性坏死,及其他器官衰竭,机体脱水、休克,最终出现较原代谢性碱中毒占优势的酸中毒,全身症状迅速恶化,预后不良。

表 3-3　牛发生皱胃变位(DA)和扭转(AT)时血液酸碱度与电解质变化表

	pH	Cl$^-$ (mmol/L)	K$^+$ (mmol/L)	HCO$_3^-$ (mmol/L)	碱过剩
正常静脉血	7.35～7.50	97～111	3.7～4.9	20～30	−2.5～2.5
典型 LDA	7.45～7.55	85～95	3.5～4.5	25～35	0～10
典型 RDA	7.45～7.60	85～95	3.0～4.0	30～40	5～15
重度 RDA	7.45～7.60	80～90	3.0～6.5	35～45	5～20
典型 AT	7.45～7.60	75～90	2.5～3.5	35～50	10～25
晚期 AT	7.45～7.65	60～90	2.0～3.5	35～55	10～35
晚期 AT	7.30～7.45	85～95	3.0～4.5	15～25	−10～0
并发皱胃坏死 典型 AT	7.15～7.30	85～95	3.5～4.5	15～30	−10～0
并发重度酮病					

威廉·C·雷布汉．奶牛疾病学,1999。

诊断

LDA 诊断要点　分娩或流产后出现食欲缺乏,产奶量下降,轻度腹痛及酮病综合征,对症治疗无效或复发;视诊左肋弓部后上方有局限性膨隆,触压有弹性,叩诊发鼓音;冲击式触诊感有震水音;在特定区域听叩结合检查可听有"砰音",在砰音区做深部穿刺可抽取褐色、酸臭的混浊的皱胃液,pH2.0～4.0,无纤毛虫。皱胃顺时针前方变位,因病变部位深,在听叩检查无砰音。左侧肋弓部无膨隆,开腹探查可在网胃与膈之间摸到膨胀的皱胃。

RDA 诊断要点　多在产犊后 3～6 周起病,轻度腹痛,脱水,低氯血、低钾血症,代谢性碱中毒;右肋弓后腹中部显著膨胀,听叩结合检查有较大范围的砰音区,在此冲击式触诊有震水音;砰音区深部穿刺可取得皱胃液;直肠检查可摸到积气、积液的皱胃后壁。皱胃逆时针前方变位与后方变化比较,其临床表现和血液检验变化更明显和重剧,但它不具备后腹部局部膨隆及听叩检查和冲击式触诊的相关变化,在心区后上方可发现砰音和震水音等症状。

AT 诊断要点　呈急性过程;中度或重度腹痛,全身症状重剧,常迅速出现循环衰竭体征和休克危象;排柏油样粪便,在砰音区穿刺皱胃抽取液混血;右侧腹中部显著膨胀,右肋弓后至腹中部有范围较大的砰音区,在此做冲击式触诊有震水音;严重的代谢性碱中毒,尿液呈酸性,后期病例会出现较原代谢性碱中毒占优势的代谢性酸中毒。

鉴别诊断,重点是对有腹痛并在右侧和左侧腹壁出现砰音的类症进行鉴别,如瘤胃臌胀、迷走神经性消化不良、瘤胃排空综合征(rumen void syndrome)、腹腔积气、十二指肠和空肠积液积气、盲肠扭转与扩张、子宫扭转并积气等。依据砰音区的位置、范围和形状,然后结合可能患病器官的解剖位置,通过直肠检查、阴道检查、体外穿刺以及其他临床特征,逐一鉴别和准确判断(表 3-3)。

治疗 LDA 有 3 种治疗方法:即药物疗法、滚转疗法和手术整复法。考虑到费用、并发症及术后护理等方面的限制因素,药物疗法常作为治疗单纯 DA 的首选方法。常用口服轻泻剂、促反刍剂、抗酸药和拟胆碱药,借助胃肠蠕动机能和胃排空机能加强,促进皱胃的复位;存在低血钙时,可静脉注射钙剂;用氯化钾 30～120 g,每日 2 次,溶于水中胃管投服;药物治疗(或配合滚转疗法)后,应让病畜多采干草填充瘤胃,既可防止 LDA 复发,又可促进胃肠蠕动;在食欲完全恢复前,其日粮中酸性成分应逐渐增加;有并发症时要及时对症治疗。

滚转疗法,据文献记载有 70% 的成功率。其方法是:饥饿数日并限制饮水,病牛左侧横卧,再转成仰卧;以背轴为轴心,先向左滚转 45°,回到正中,然后向右滚转 45°,再回到正中,如此左右摇晃 3～5 min;突然停止,恢复左侧横卧姿势,转成俯卧,最后站立。经过仰卧状态下的左右反复摇晃,瘤胃内容物向背部下沉,含大量气体的皱胃随着摇晃上升到腹底空隙处,并逐渐移向右侧而复位。

手术整复法,上述方法无效尤其是皱胃与瘤胃或腹壁发生粘连时,必须进行手术整复。常用右肋部切口及网膜固定术。其方法是病牛左侧卧保定,腰旁及术部浸润麻醉,于右腹下乳静脉 4 或 5 指宽上部,以季肋下缘为中心,横切口 20～25 cm,打开腹腔,术者手沿下腹部向左侧,将皱胃牵引过来,若皱胃臌气扩张时,可将网膜向后拔,把皱胃拉到创口外,将其小弯上部网胃固定在腹肌上。手术后 24 h 内即可康复,成功率达 95% 以上。长春兽医大学建立了一种 LDA 简易手术整复固定法,简便易行,疗效确实,已治愈的病例中无一复发。其主要特点是行站立保定,在左侧腰椎横突下方 30 cm、季肋后 6～8 cm 处,做一长 15～20 cm 的垂直切口,打开腹腔后穿刺皱胃并排除其中气体,牵拉皱胃寻找大网膜并将其引至切口处;用 1 m 长的肠线,一端在皱胃大弯的大网膜附着部做一褥式缝合并打结,剪去余端;另一端带有缝合针放在腹壁切口外备用。术者将皱胃沿左腹壁推倒瘤胃下方的右侧腹底正常位置;皱胃复位无误后,术者右手掌心握着带肠线的备用缝针,紧贴左腹壁伸向右腹底部,令助手在右腹壁下指皱胃正常体表投影位置,术者按助手所指示部位将缝针向外穿透腹壁,助手将缝针带缝线一起拔出腹腔,拉紧缝线,在术者确认皱胃复位固定后,助手用缝针刺入旁边 1～2 cm 处的皮下再穿出皮肤,引出缝线将其与入针处留线在皮外打结固定。最后向腹腔内注入青、链霉素溶液,常规法闭合腹壁切口。术事第五天可剪断腹壁固定肠线。术后第七至第九天拆除皮肤切口缝线。

RDA 一般病情重且发展快,治疗效果决定于能否早期诊断与矫正。多数病例在起病后 12 h 内做出诊断与矫正则预后良好;病程超过 24 h,手术矫正后 50% 预后良好;病程超过 48 h,通常预后不良。因此,有人建议,对于有商品价值的牛急宰是最好的办法,具有相当大经济价值的母牛,可用手术整复配合药物治疗。单纯的皱胃右方变位,尤其是右侧后方变位,经及时手术整复并配合药物治疗,一般预后良好。药物治疗,尤其对皱胃扭转的病例,应当在术前进行适当体液疗法,防止出现进行性低血钾引发弥漫性肌肉无力;术后用药重点在纠正脱水和酸/碱平衡失调及电解质紊乱,为此对早期病例或仅有轻度脱水的,口服常水 20~40 L、氯化钾 30~120 g/次,每日 2 次;中度或严重脱水和代谢性碱中毒的用高渗盐水 3~4 L,静脉滴注,或含 40 mmol/L 氯化钾生理盐水 20~60 L,静脉注射。并发低血钙、酮病等疾病时同时进行治疗。

预防　应合理配合日粮,对高产乳牛增加精料的同时,要保证有足够的粗饲料;妊娠后期,应少喂精料,多喂优质干草,适量运动;产后要避免出现低血钙。对围产期疾病应及时治疗,减少或避免并发症的发生。

皱胃阻塞(abomasal impaction)

皱胃阻塞又称皱(真)胃积食,是由于受纳过多和/或排空不畅所造成的皱胃内食(异)物停滞、胃壁扩张和体积增大的一种阻塞性疾病。按发病原因,分为原发性阻塞和继发性阻塞;按阻塞物性质,分为食物性阻塞和异物性阻塞。在我国,黄牛、水牛、肉牛和乳牛均有发生,尤其是农忙季节的役用牛,肥育期的肉牛以及妊娠后期的母牛等,常有本病发生。

病因　原发性皱胃阻塞,主要病因一是由于长期大量采食粗硬而难以消化饲草,尤其被粉碎的饲草;二是吞食异物。农户散养的黄牛、水牛,在冬、春季节缺乏青绿饲料,日粮营养水平低下,主要用谷草、麦秸、玉米秆、稻草等经铡碎喂牛;在夏、秋季以饲喂麦糠、豆秸、甘薯蔓、花生藤等秸秆为主,加上使役过度、饮水不足、精神紧张和气象应激,常发生本病。规模养殖的牛场,用粉碎的粗硬秸秆与谷粒组成混合日粮喂肥育牛和妊娠后期的乳牛,可提高本病的发病率。饲草混有泥沙,可引起皱胃沙土性阻塞。吞食异物,如成年牛吞食塑料薄膜、塑料袋、棉线团或啃舔被毛在胃内形成毛球;犊牛、羔羊误食破布、木屑、塑料袋以及啃舔被毛在胃内形成毛球等,则导致皱胃异物阻塞。作者曾见到多例犊牛因毛球引起的皱胃阻塞,并多伴发皱胃炎或皱胃溃疡。

继发性皱胃阻塞,常见病因包括由腹侧迷走神经受损伤导致的幽门排空障碍,由皱胃扭转、腹内粘连、幽门肿块或粘连以及淋巴肉瘤导致的血管和神经损伤,尤其是创伤性网胃腹膜炎和因穿孔性皱胃溃疡引发的腹膜炎等疾患,均可引起皱胃神经性和机械性排空障碍,致使皱胃内容物积滞发生阻塞。

症状　病初临床表现与迷走神经性消化不良相似,食欲、反刍减退,瘤胃蠕动音弱,排粪迟滞、干燥、量少。随病情发展,食欲废绝,反刍停止,瘤胃蠕动音极弱或消失,瓣胃蠕动音消失,常出现排粪姿势,粪量少,呈糊状,棕褐色,或呈煤焦油状,有恶臭味,混有多量黏液和少量血丝,体重迅速而明显地减少;右侧中腹部至肋弓后下方局限膨隆,冲击式触诊可感知黏硬或坚实的皱胃,病牛表现呻吟、退让等疼痛反应;发病1～2周后,肌体虚弱而卧地,体温正常,瘤胃多空虚或积液、积气,继发瓣胃阻塞。病后期,精神极度沉郁,卧地不起,鼻镜干燥,常流出少量黏液性鼻液,眼球凹陷,血液黏稠,脉搏增多,每分钟达100次以上,呈现严重脱水和自体中毒症状。多在几周后死亡。

作者在临床实践中体验,皱胃阻塞多继发瓣胃阻塞,皱胃阻塞时其蓄积的饲草饲料量较多,有一例达24 kg,致使皱胃体积急剧扩张,此时直检除怀孕后期母牛外,一般可触摸到阻塞的皱胃。

临床病理　由于皱胃阻塞是种渐进过程,尽管发生了阻塞和皱胃弛缓,但其仍继续分泌氢离子、氯离子和钾离子以及回渗到胃脏的液体,不能从皱胃流至小肠回收,而发生不同程度的低氯血症、低钾血症以至代谢性碱中毒和脱水等病理过程。

诊断　诊断要点:有长期饲喂粗硬或细碎草料的生活史,腹部视诊、触诊右肋弓后下方有局限性膨隆,低氯血症、低钾血症及代谢性碱中毒,直肠检查或必要时开腹探查可发现阻塞的皱胃。

要与继发性皱胃阻塞及症状类似疾病进行鉴别。创伤性网胃腹膜炎并发的皱胃阻塞,多发生于妊娠后期,偶有轻度体温升高,触诊剑状软骨处可引起疼痛反应,常出现白细胞增多现象,瘤胃体积增大并有反复发作的慢性臌气。瓣胃阻塞的临床特征是,粪便少,干硬呈粒状,鼻镜干燥或干裂,中度脱水,右侧肋弓后冲击式触诊可感知坚硬的瓣胃,结合瓣胃穿刺可确诊。肠阻塞主要表现厌食,粪便少,腹痛,脱水,右腹部叩诊有"钢管音"区、冲击式触诊有震水音,瘤胃内容物稀软或有积气、积液等。

治疗　目前尚缺乏简便有效的治疗方法。对于病程长、卧地不起、心跳过速、全身衰弱的重症牛,建议急宰。对于病情较轻或初期病例,按照恢复皱胃机能,消除积滞食(异)物,纠正机体脱水和缓解自体中毒的原则进行治疗。为了增强胃壁平滑肌的自动运动性,解除幽门痉挛,恢复皱胃的排空后送功能,用1%～2%盐酸普鲁卡因液80～100 mL,做两侧胸腰段交感神经干药物阻断,并多次少量肌肉注射硫酸甲基新斯的明液。为清除皱胃内的阻塞物,用硫酸镁或氧化镁,植物油和液状石蜡,或用 25%的磺琥辛酯钠溶液 120～180 mL,用胃管投服,每日 1 次,连续 3～5 d。中后期重症病牛,可试用瘤胃切开和瓣胃皱胃冲洗排空术,即切开瘤胃,取出内容物,后用胃导管插入网瓣孔,通过胃导管灌注温生理盐水,大部分盐水在回流至瘤胃时,冲刷并带走了部分瓣胃内容物,如此反复冲洗瓣胃及皱胃,直至积滞的内容物排空为止。实践证明,此种方法虽有较好的疗效,但因费时、费力,临床应用的较少。为了纠正脱水和缓解自体中毒,尤其对病情较重的病牛进行急救时,可用 5%葡萄糖生理盐水 5～10 L,10%氯化钾液 20～50 mL,20%安钠咖注射液 10～20 mL,静脉注射,每日 2 次。或用 10%氯化钠液 300～500 mL,20%安钠咖液 10～30 mL,静脉注射,每日 2 次,连用 2～3 d,兼有兴奋胃肠蠕动的作用。在皱胃阻塞已基本疏通的恢复期病牛,可用氯化钠(50～100 g)、氯化钾(30～50 g)、氯化铵(40～80 g)的合剂,加水 4～6 L 灌服,每日 1 次,连续使用,至恢复食欲为止。

皱胃溃疡(abomasal ulcers)

皱胃溃疡是皱胃黏膜局限性糜烂、缺损和坏死,或自体消化形成溃疡病灶的一种皱胃疾病。病情较轻的有轻微出血,呈现消化不良,病情严重的可导致胃穿孔并继发急性弥漫性腹膜炎。本病多发于肉牛、乳牛和犊牛,黄牛和水牛也有发生;犊牛皱胃溃疡多为亚临床经过,无明显症状,但对其生长发育有一定影响。

病因 原发性皱胃溃疡,常起因于饲料粗硬、霉败、质量不良、饲养突变等所致的消化不良,特别是长途运输、惊恐、拥挤、妊娠、分娩、劳役过度等应激因素,因此本病多发生于肥育期的肉牛,妊娠分娩的乳牛。犊牛多发于哺乳期或离乳后采食的饲料过于粗硬,难以消化,胃黏膜受到损害;或因饲养不当,人工哺乳时因乳汁酸败,造成消化障碍而引发本病。

继发性皱胃溃疡,常见于皱胃炎、皱胃变位、皱胃淋巴肉瘤以及血矛线虫病、黏膜病、恶性卡他热、口蹄疫、牛羊水疱病等疫病的经过中,致发皱胃黏膜的出血、糜烂、坏死以至溃疡。

病理发生 本病的病理发生尚未完全阐明。正常情况下,皱胃黏膜保持组织的完整性,表面有黏液层被覆,以防止胃酸和胃蛋白酶的消化。病理情况下,常发生的皱胃黏膜缺损是形成糜烂乃至溃疡的基础,但黏膜缺损不一定导致黏膜糜烂,黏膜糜烂也不一定致发溃疡。溃疡形成的基本条件是胃酸分泌增多和黏膜抵抗力降低。如皱胃淋巴肉瘤时,皱胃溃疡的形成就是起因于胃壁组织的淋巴细胞浸润使黏膜的血液供应障碍。动物实验显示,胆酸、挥发性脂酸等可使胃酸分泌增多,黏膜对氢离子(H^+)的通透性大大增加,而导致胃溃疡的形成。在这种情况下,胃蛋白酶也随同扩散进入黏膜下各层,引起进一步的损伤和溃疡向深层组织发展。各种原因造成的应激状态,可刺激下丘脑-肾上腺皮质系统,使血浆中的皮质类固醇水平增高,促进了胃液大量分泌,胃内酸度升高,保护性黏液分泌减少或缺如,胃蛋白酶在酸性胃液中逐渐侵蚀消化黏膜的缺损部,而导致糜烂和溃疡的形成。

伴有血管糜烂的急性溃疡,则有急性胃出血和幽门的反射性痉挛以及液体积聚于皱胃,引起皱胃臌胀、代谢性碱中毒、低氯血和低钾血以及出血性贫血,一般在24 h内有部分皱胃内容物进入肠道,形成黑粪。非出血性的慢性溃疡,主要表现为慢性胃炎过程;也可因瘢痕形成而自然愈合。

有的溃疡扩展至浆膜层并发生穿孔,若穿孔被网膜封锁包围,即在腹腔中形成一个直径 12～15 cm 的大腔,填满血液、食糜和坏死的碎屑,发展为慢性局限性腹膜炎;或食糜和血液从穿孔处流入腹腔,造成腐败性腹膜炎而于短时间内死于内毒素休克。

症状　依据是否发生出血和穿孔,一般可分 3 种病型。

糜烂及溃疡型　皱胃出现多处糜或浅表的溃疡,出血轻微或不伴有出血。多发生于犊牛。临床上无明显的全身症状,除粪便有时能检出潜血外,其他表现与消化不良类似,生前诊断较难。此型的糜烂和溃疡,一般能自行愈合,预后良好。

出血性溃疡型　皱胃内溃疡范围广并扩展至黏膜下,损伤了胃壁血管,但未贯通浆膜层。发生于成年牛在泌乳的任何阶段,但以前 6 周的泌乳牛发病率最高,是临床上最常见病型。以出血程度不同分两类。有少量出血的,皱胃溃疡症状不明显,但在粪便中可间歇性地出现未完全消化的小血凝块,表现轻度慢性腹痛,周期性磨牙,食欲不定,有时吃进几口饲料即停止,似乎已经感到腹部不适,粪便潜血检查阳性。严重出血的皱胃溃疡病牛,体温正常,有明显的黑粪症,部分或完全厌食;当食欲废绝、精神极度沉郁时,则表现为大量失血症状,即可视黏膜苍白,脉搏可达100～140 次/min,脉弱,呼吸浅表疾速,末梢发凉;在黑粪污染的尾部及会阴周围可嗅出典型的血液消化后产生的微甜气味。

穿孔性溃疡型　分为溃疡穿孔及局限性腹膜炎型、溃疡穿孔及弥漫性腹膜炎型两种临床类型。溃疡穿孔及局限性腹膜炎型,临床表现酷似创伤性网胃腹膜炎,包括不同程度厌食,不规则发热,体温常达 39.44～40.56℃,反复发作前胃弛缓或臌气以及运步拘谨、不愿走动、轻微腹痛、呻吟等腹膜炎症状。两者的区别在于腹壁触痛点不同:皱胃穿孔的压痛点在剑状软骨的右侧,网胃炎的压痛点在剑状软骨的左侧。犊牛发病症状与上述基本相同,但由于局限性腹膜炎易诱发肠梗阻而出现瘤胃臌气。

　　溃疡穿孔及弥漫性腹膜炎,成年牛与犊牛均可发生,但不常见。由于大量皱胃内容物漏出使腹膜感染并迅速扩散,病牛表现急性厌食或食欲废绝,前胃及远侧胃肠道完全停滞,出现数小时发热(典型温度 40.0~41.39℃),皮肤和末梢发凉,脱水,不愿活动,强迫运动或起立时呼气有咕噜声或呻吟,广泛性腹痛,心率可达100~140 次/min,精神高度沉郁,呈现败血性休克状态。发病急,病程短,通常在 6 h 内死亡;若实施治疗可存活 36~72 h 或更长,但仍预后不良;若在初诊时病牛体温已开始下降或已降至正常体温以下,则多在 12~36 h 死亡。

　　临床病理学　出血性皱胃溃疡时,粪便呈暗棕色至黑色,潜血检查呈阳性反应,若是急性胃出血则伴发急性出血性贫血。溃疡穿孔及急性局限性腹膜炎,有历时几天的中性白细胞增多和核左移,以后白细胞总数和分类计数可能正常;腹腔穿刺(最佳辅助性诊断),典型变化为穿刺液中白细胞总数升高(> 5 000~6 000 个/mm³),蛋白含量超过 3.0 g/100 mL。溃疡穿孔及弥漫性腹膜炎,腹腔穿刺即可确诊。主要变化有容易取得大量的腹腔炎性渗出液,腹水中总固形物和总蛋白升高(>3.0 g/100 mL),白细胞总数并不很高(<10 000 个/mm³),其原因是尽管存在明显的广泛的炎症,但白细胞已被大量的渗出液所稀释;白细胞象出现伴有核左移的中性白细胞减少,血清中清蛋白和总蛋白下降。

　　病理变化　剖检可见幽门区和胃底部黏膜皱襞上散在有数量不等的糜烂或溃疡。糜烂为数众多,范围浅表而细小。溃疡大多在胃底部的最下部,少数在胃底部和幽门部的交界处,呈圆形或椭圆形,其边缘整齐,界限明显,直径由 3~5 mm 至50~60 mm,深度可达黏膜下、肌层以至浆膜层,有的发生穿孔。

　　诊断　糜烂及溃疡型,不表现特征性临床症状,易误诊为一般性消化不良,确诊困难,必要时需反复进行粪便潜血分析,并依据临床及实验室检查(包括腹腔穿刺术等),排除其他能引起食欲减退和产奶量下降的疾病,有助于建立诊断。出血性溃疡,可依据排柏油状黑粪和明显的出血性贫血等建立诊断;但有的病例因继发性幽门痉挛或伴发幽门毛球阻塞(犊牛)而在胃出血后 24~28 h 不见黑粪排出,且直肠检查或右肋弓后腹胁部触诊叩诊可发现有积液、积气而膨胀的皱胃,容易误诊为皱胃右方变位或扭转,应注意鉴别。其鉴别要点是:出血性溃疡有突然出现的明显乃至重剧的贫血体征,并在胸骨剑突后右侧做皱胃深部触诊,有隐痛和呻吟,其痛点的特征是深压时不痛,而检手抬举时疼痛。对表现慢性腹泻,长期排黑粪,渐进性消瘦和贫血的出血性溃疡,应考虑皱胃淋巴肉瘤的存在,必要时可进行牛白血病病毒有关的病原学诊断。穿孔性皱胃溃疡,若呈急性穿孔性弥漫性腹膜炎表现,症状典型,容易确诊;若表现局限性腹膜炎症状,应重点与创伤性网胃腹膜炎区别,其鉴别要点在临床症状中已做阐述。

治疗 治疗原则是镇静止痛,抗酸制酵,消炎止血。

对多数皱胃溃疡病例,应保持安静,单圈舍饲;改善饲养,日粮中停止添加高水分玉米、青贮饲料和磨细的精料,给予富含维生 A、蛋白质的易消化饲料,如青干草、麸皮、胡萝卜等,避免刺激和兴奋,减少应激来源。

为减轻疼痛和反射性刺激,防止溃疡的发展,应镇静止痛,用安溴注射液100 mL,静脉注射,或肌肉注射布洛芬。

为中和胃酸,防止黏膜受侵蚀,宜用硅酸镁或氧化镁等抗酸剂,使皱胃内容物的 pH 值升高,胃蛋白酶的活性丧失。硅酸镁 100 g,逐日投服,连用 3～5 d;氧化镁(日量)每千克体重 500～800 g,连续 2～4 d 投服,在某些病牛有效;将上述抗酸剂直接注入皱胃,效果更好,但通过腹壁的皱胃注入技术难以掌握,因此简单、易行、更有效的给药途径,值得研究。为制止胃酸分泌,国外兽医临床从 20 世纪 80 年代开始试用组胺受体(H_2)阻断剂,如甲腈咪胍(cimetidine)每千克体重 8～16 mg,每日 3 次投服。

为保护溃疡面,防止出血,促进愈合,犊牛可用次硝酸铋 3～5g 于饲喂前 0.5 h 口服,每日 3 次,连用 3～5 d。

出血严重的溃疡病牛,可用维生素 K 制剂止血,或用 1‰刚果红溶液 100 mL,静脉注射;亦可用氯化钙溶液或葡萄糖酸钙溶液加维生素 C,静脉注射。最好实施输血疗法,一次输给 2～4 L(犊牛)或 6～8 L(成牛),可获良好效果。牛有多种血型,一般不会发生输血反应,可省去交叉输血试验;另外牛骨髓造血机能对失血反应较快,一旦输血使动物度过危险期,机体失去的血液可很快得到补充。因此,有价值的奶牛或良种牛患病时,若 PCV 低于 14%并出现呼吸和心率(>100 次/min)加快、黏膜苍白等,应输全血。

溃疡穿孔及限局性腹膜炎的治疗,除改善饲养、调整日粮外,药物治疗主要是应用广谱抗生素,连续用 7～14 d 或直到动物保持正常体温 48 h 以上以控制腹膜炎;口服抗酸保护剂;出现并发症如低血钙或酮病等,应对症治疗。因皮质激素类抗炎药可加重溃疡使病情恶化,应禁止使用。

溃疡穿孔及弥漫性腹膜炎,常因迅速发生内毒素性休克,多预后不良,通常不做治疗,予以淘汰。

预防 加强饲养管理,供给足够的粗饲料和大颗粒的精料,减少应激反应,可减少本病的发生。

羔羊和犊牛的皱胃膨胀(abomasal bloat in lambs and calves)

羔羊和犊牛皱胃臌胀是以皱胃内充满气体、液体、未凝固代乳品,致使胃体急剧扩张为病理特征的一种超急性致死性皱胃病。主要病因是犊牛和羔羊采食大量温热(15℃以上)的代乳品,尤其是已有几小时未进食而突然供给适口温热的代乳品,更易发病。而冷的含难溶成分少的代乳品或经充分冷冻过的代乳品,即使随意饮喂亦很少或不发生膨胀。病理发生被认为是与产气有关的微生物增殖并释放出过量的气体,因气体不能排出而突然充满皱胃,严重扩张的皱胃挤压了胸廓和腹腔脏器及其血管,最终导致病畜窒息和心力衰竭。主要症状,一般在采食代乳品之后的 1 h 内突然起病,腹部急剧膨胀,饥窝部隆起,叩诊呈鼓音,触诊有弹性。由于腹压极度增高,障碍呼吸与循环,多数在显现腹账之后,若干分钟后死于窒息和/或急性心力衰竭。治疗可用套管针在右肋弓后的腹部穿刺皱胃,放气减压,然后经由套管针向皱胃内注入 0.5%福尔马林液等制酵剂,羔羊 10～20 mL;犊牛 30～50 mL。预防本病,可在 20%的固体代乳品中按 0.1%的比例加入福尔马林(37%甲醛),可减少本病的发生,而对羔羊的产生性能不会产生不利的影响。

第五节　胃肠疾病

胃肠卡他(gastro-enteric catarrh)

胃肠卡他是胃肠黏膜表层炎症和消化紊乱的统称,又称卡他性胃肠炎,或消化不良(indigestion)。各种动物均可发生,多见于马、猪、犬和猫。常见病因有饲料品质不良如饲草粗硬、霉败、受冻;饲养管理不当如饥饱不一,饲草种类及饲喂方法突然改变;误用刺激性药物或健胃酊剂过浓、过量等。伴发或继发于各种疾病,如热性传染性疾病,胃肠道的细菌、病毒感染及寄生虫侵袭,以及多种中毒病等。症状包括:食欲减退或废绝,有的异嗜;口腔干燥或湿润,有臭味,口色红黄或清白,有舌苔;肠音增强、活泼、不整或减弱,粪便或干小或稀软,含消化不全的粗纤维或谷粒;全身症状不明显,体温、脉搏、呼吸无大变化。因病变部位(以胃为主还是以肠为主)、病程经过(急性还是慢性)、肠内微生态失调(致发酵的微生物占优势还是致腐败的微生物占优势)的不同,临床表现也有差异。治疗,首先要消除病因,改善饲养管理,病初减饲 1～2 d,给予优质易消化饲料,其次要清理胃肠内容物,制止腐败发酵过程,可用缓泻剂或清洗肠道(猪、犬、猫),如用液体石蜡加适量鱼石脂或克辽林加水稀释后内服,马 250～750 mL,牛 500～1 000 mL,犊牛、马驹、羊、猪 50～100 mL,犬 10～50 mL,猫 5～10 mL;亦可用硫酸镁或硫酸钠等盐类泻剂。调整胃肠机能:对以胃机理障碍为主的消化不良,可用稀盐酸(马 10～30 mL,猪 2～10 mL,犬 2～5 mL),混在饮水中自行饮服,每日 2 次,连用 3～5 d,同时内服苦味健

胃剂和助消化剂;对马属动物的酸性胃肠卡他,用人工盐或碳酸盐缓冲合剂 80~
100 g,加各种健胃剂,温水 3~5 L 灌服;对碱性胃肠卡他病马,用 10%氯化钠液
300~400 mL,20%安钠咖液 10~20 mL,5%硫胺素 20~40 mL,一次静脉注射。

猪食道胃溃疡(esophagogastric ulcers in pig)

俗称的猪胃溃疡是特发于猪的一种以胃食道区局限性溃疡为病理特征的胃
病,又称食管区溃疡、胃食道溃疡及胃溃疡综合征等。本病可侵害各种日龄的猪,以
3~6 月龄的猪多发,处于分娩期的经产母猪也易发。据报道,屠宰场调查统计表
明,现代圈养猪的胃损伤包括角皮症、糜烂和溃疡,发病率可达 90%,其中胃溃疡
发病率,低的占 2%~5%,高的可达 15%~25%,因此本病已成为屠宰猪的常见多
发病。

病因 病因复杂,目前尚无定论。多数学者认为,致发胃溃疡的主要因素是饲
养和/或管理不当等。

首先,饲料加工工艺和饲粮因素与本病的发生密切相关。现代养猪生产中,许
多用来提高饲料利用率和降低饲料成本的技术,引起了胃损伤病例的增加。如饲喂
细小颗粒组成的日粮,使胃内容物流动性增强,胃内不同部位内容物相互混合的几
率增加,导致胃食管区和幽门区之间的 pH 值梯度消失,并引起幽门区 pH 值上升
刺激胃酸分泌,胃酸和蛋白酶与敏感而缺乏保护层的胃食管区上皮接触,引发胃溃
疡的发生。其次,颗粒料在加工过程中,尤其是蒸气生产颗粒料法将使饲料温度升
高到约 80℃,这样将导致淀粉凝胶化,而谷物的热处理已被证实可引起胃溃疡。第
三,日粮中富含玉米和小麦而纤维素不足,或在加工过程中,纤维素被辗磨过细而
失去了有益效应,均容易引发胃溃疡。

突然中断摄取饲料是引发溃疡的又一重要原因。停饲可成功地实验性诱发猪
胃溃疡。屠宰场的实践表明,经过 24 h 停饲的猪与来自同一猪群刚抵达不停饲就
屠宰的猪相比,前者胃溃疡的发生显著增加并且程度严重。引起饲料中断的原因,
可能是饲料不足,水缺乏,拥挤,猪混养,疾病或高温引起的食欲下降或废绝等。

酸败脂肪的摄入以及硒维生素 E 缺乏,可能通过激活了应激机制,引起胃酸
分泌增加而致发胃溃疡。遗传易感性在溃疡的发生上也起一定作用,有报道称高生
长率和/或低背脂含量与胃溃疡的高发病率有关;也有报道注射猪生长激素后可使
胃溃疡的发生与严重程度均有增加。有人认为,为促进生长饲喂含铜量很高的日
粮,与猪胃溃疡发病率升高有着密切的关系。

饲养制度的改变;初产母猪从育成舍转移到育种群及待分娩时采食中断;患有
急性传染病,如有呼吸道疾病的猪比没有此类疾病猪的胃溃疡发病率高 9~12 倍;

夏季高温等因素均与本病发生有关。

圈养时多种应激因素对本病发生起促进作用。例如过度拥挤,转群后互相陌生的猪只之间争夺,过度快速地生长等。此外,运输应激,恶劣外界环境的应激作用也促进本病的发生。

病理发生　猪胃食管区有一层角化、分层的鳞状上皮,不分泌保护性黏液,因此是一个敏感的相对保护性较差的区域。尽管本病的发生机理尚未完全弄清,但是任何影响胃分泌功能和黏膜完整性的各种机制均可参入胃溃疡的形成。

首先,是功能性因素的致病作用,与其他动物比较,猪胃活动力较弱,且很少是空的。正常情况下,后摄取的饲料紧位于食管开口处并覆盖在先前摄取的食物上面,食物的混合主要发生在幽门窦。当食入精细饲料尤其是颗粒料时,胃内容物稀薄,流动性大,极容易混合,使食管区和幽门区 pH 值梯度丧失,不仅可引起酸与敏感的鳞状黏膜接触,也可使幽门区 pH 值升高,刺激胃分泌素释放,增加胃的酸度。其次,是饲料成分与形态,如日粮中含高糖,尤其是玉米和小麦经精细辗磨制成的颗粒料,而纤维素不足,可极大地促进微生物发酵并产生有机酸,有人已证实,结合短链脂肪酸能够比盐酸更快地穿透食管区黏膜并造成损伤。第三,饲料酸败、突然停饲、长途运输、拥挤、受热、饲喂制度不稳定,蛔虫和胃线虫感染以及 *Helicobacter heilmannii* 螺旋菌感染等,均可致发胃的分泌功能障碍和黏膜的完整性破坏。

关于胃溃疡形成的过程,一般推测为由于食管区受到损伤,致使上皮细胞增殖,细胞的快速发育导致了未成熟细胞的产生,同时因为细胞增多而营养供给不足,使上皮细胞之间的紧密连接被破坏,消化液得以进入深层组织,开始是上皮表面剥落,随损伤发展则深层组织也受到侵害,最终损伤黏膜肌层和黏膜下层,即形成食管区的糜烂和溃疡。

症状　急性病例,因出血而导致食欲减少、衰弱、贫血、黑色柏油状粪便,在数小时或数天内死亡,或表面看上去很健康的猪而突然死亡。慢性病例,生长发育不良,表现明显的贫血症状,如黏膜苍白,精神委顿,虚弱,呼吸频率增快,食欲下降或废绝;有时出现黑粪;有些猪出现腹痛症状,如磨牙,弓腰,偶有呕吐;体温多低于正常的;病猪可存活几周。亚临床症状的猪,主要表现为在预期内达不到发育成熟,在此情况下,溃疡通常愈合并留下瘢痕,并进而形成食管至胃入口处的狭窄;患有此狭窄症的猪,常表现采食后不久即呕吐,然后因饥饿又立即采食,尽管食欲良好,但生长缓慢。

病理变化　猪胃食管区为一长方形,呈白色、有光泽、无腺体的鳞状上皮区域。剖检时通常在这个区域,见到由直径 2～2.5 cm 或更大的、火山口状外观的扣状溃疡,并包围着食道,火山口状结构外观如一乳白色或灰色多孔状区域,可含有血凝块或碎屑。急性出血的在胃和小肠前段内含有黑色血液。早期病理变化特征，是在食道通向胃的开口处发生鳞状上皮角化过度即形成角皮病，使黏膜增厚、粗糙、有裂隙，随后这种增生性病理变化糜烂而形成溃疡，并因胆汁着色使胃食管部呈淡黄色。愈合的溃疡表现为星状的瘢痕。

诊断　一般根据临床病史和病理剖检建立诊断。临床上在一栏猪中，有1或2头表现精神不振、食欲减退、体重下降、贫血、排黑色粪便以及有时出现呼吸困难，或发现外观健康的猪而突然死亡，则提示胃溃疡的发生。但对余下猪的胃溃疡发生及其严重程度的判定，甚为困难。

治疗　急性型病例，由于病程急促，多在短时间内死亡。慢性型生前诊断困难，目前尚无有效疗法。

如果能查明病因，可采取针对性治疗措施，如用中等粗糙的含纤维素的谷物饲料，替代精细的颗粒料；营养缺乏或维生素E及硒缺乏时，可调整日粮，补充相应的营养物质；对于继发呼吸道疾病的应采取药物治疗。

若患病猪是珍贵种畜，宜采取综合疗法，早期可静脉注射含电解质或维生素K的葡萄糖液；尽早地输血，按体重150～200 kg的猪1 h内输入1～2 L血液；配合注射含铁及B族维生素制剂，以促进造血功能和增强食欲，有利病猪康复。

为中和胃酸，减少胃酸分泌和/或促进溃疡愈合，可用非吸收的抗酸剂如氢氧化铝和硅酸镁，其作用缓慢、持久，较在饲料中添加1‰碳酸氢钠更有效。

曾有报道，内服甲氰咪（cimetidine）300 mg，每日2次，以及呋喃硝胺等组胺H_2受体拮抗剂，治疗早期病猪有效，然而新近研究表明，上述组胺H_2受体拮抗剂不能减少由磨细饲料引起的胃溃疡发病率和/减轻症状。

预防　本病重在预防，主要措施有：减少日粮中的玉米数量，不喂精细颗粒料改喂粗粒料或粉料；增加日粮中纤维量和粗磨成分，据报道苜蓿富含维生素E和维生素K，并可提供多的纤维，按日粮的9％添加，可降低发病率与减轻症状；颗粒料要大小合适、粒径均一并在合适的温度下（避免高温）生产；稳定饲喂制度，监视饲喂过程，防止突然停饲、缺水以及热应激反应等。另外，在饲料中添加某些保护剂如硫酸甲硫氨酸、聚己酸钠、褪黑激素等，可减少胃溃疡的发生。

禽腺胃炎（proventriculitis of chicken）

禽腺胃炎是指因非传染性因素或传染性因素引起的腺胃表层黏膜及深层组织的重剧炎症。常见的发病原因有：传染性病毒性腺胃炎、马立克氏病、新城疫、禽流感、法氏囊炎、包涵体肝炎、组织滴虫、隐孢子虫、四棱线虫、鸡白痢；食盐、汞、喹乙醇、痢菌净、霉菌毒素等中毒；饲料（鱼粉）中的生物胺；以及低纤维日粮等。还有人认为与鸡传染性支气管炎感染或呼肠孤病毒感染有关。相关的病因可参考其他书籍或本书其他章节，这里主要描述传染性病毒性腺胃炎。

在美国，一项为期5年对肉鸡腺胃进行组织学诊断的研究中，研究人员发现，49.5%的病例出现深部非化脓性坏死性腺胃炎，伴有腺上皮肥大和增生。用透射电镜检查的5份病例中，腺胃病变的细胞核内均发现有病毒，而在正常腺胃内未见到核内病毒，并将其命名为传染性病毒性腺胃炎（transmissible viral proventri-culitis，TVP）。在美国的得克萨斯、阿肯色、密西西比和特拉华地区，鸡的腺胃中都发现有本病病毒的存在。荷兰、澳大利亚等国家也有本病的报道。

生长缓慢，苍白，消瘦，粪便中含有未消化或消化不良的饲料为本病的临床特征。主要的肉眼病变是腺胃肿大，外观呈灰-白-黄色斑驳状；腺胃壁增厚，切面可见灰-白色的病灶（独立的腺体）；部分腺体肿胀，用手指轻压时，从腺体中流出白色黏性物；腺胃黏膜变厚、有皱褶，乳头孔不明显。病变组织淋巴细胞和巨噬细胞数量增多，腺泡胃蛋白酶原和盐酸分泌细胞坏死，含有空泡的微嗜碱性立方、或短柱状上皮细胞，取代了被破坏的腺泡分泌细胞。

雏鸡，TVP感染后5～9 d，腺胃浆膜下出现多处白-灰-黄色融合性病灶。表现出多灶性、深部非化脓性、坏死性腺胃炎，分泌胃蛋白酶原的腺泡和盐酸分泌细胞坏死并引起微小溃疡，腺泡细胞核染色质边移、中心透明。肠道相关淋巴组织肿大、淋巴细胞增生和逐渐坏死。感染的中期，除了上述病变以外，还出现腺泡上皮细胞再生和多灶性腺上皮肥大和增生。感染的后期，腺胃肿大，伴有腺胃-肌胃峡部明显变宽。除肠道相关淋巴组织肥大外，还出现多灶性浅表性非化脓性腺胃炎，多灶性、非化脓性、坏死性深部腺胃炎，腺泡和腺上皮肥大和增生，局部或弥散性淋巴细胞和巨噬细胞增多。

本病尚无特效疗法。

禽肌胃糜烂（gizzard erosion）

肌胃糜烂是指禽的肌胃类角质层出现糜烂和溃疡的一种消化道的疾病。由于肌胃类角质层丧失保护作用，出现与哺乳动物和人的胃肠溃疡和出血相似的疾病。临床上以呕吐黑色嗉囊内容物、排褐色稀粪、消瘦为特征。剖检可见肌胃糜烂、溃疡，嗉囊、腺胃、肌胃、肠道内含有褐色物质为特征。本病主要发生于1～5周龄的肉鸡、成年鸡。鹅亦可发生。

病因　本病的病因有多种说法。有人认为胃酸过多，胆酸或氧化胆酸缺乏，饲料中组织胺过多。有人认为，喂颗粒饲料的鸡易患本病，提出可能是因饲料加工过程中损失了某些营养物质，导致某些营养物质缺乏所致。有人认为，是由腐败的脂肪酸引起的,与维生素 B_6、维生素 K 缺乏有关。也有人认为,与鸡的日粮中硫酸铜含量过高有关。

试验表明,鱼粉的质量、鱼粉的用量、鱼粉颗粒大小与本病发生有密切关系。凡用高温处理的鱼粉,尤其是秘鲁鱼粉,易发生肌胃糜烂,如经 110℃ 加热 1 h 的鱼粉就会导致发病,130℃ 加热的鱼粉发病更加严重。鱼粉颗粒越细小,发病越多,症状也越严重,说明了毒性物质主要集中在小颗粒鱼粉中。饲料中鱼粉含量在 8% 以下,少见发病;鱼粉含量在 10%,约 1/4 鸡发病;鱼粉含量在 12% 以上,可有 60% 以上鸡发病。可见病情轻重与摄入鱼粉量成正比。本病的发生与制作鱼粉的鱼的种类也有关系。以鲭鱼(mackerel)和沙丁鱼(sardine)等鱼类为原料的鱼粉加热处理后,较易发生本病。

分析小颗粒鱼粉中有毒物质,发现毒物的前体物中有组氨酸、组织胺和核苷酸。这些物质未经加热处理不具备致病作用。经加热后,形成组氨酸-酪蛋白复合物才具致病作用,可复制出与自然病例相同的疾病。用酸水解可降低毒物毒性。有人将引起肌胃糜烂的物质称为肌胃糜烂素(gizzerrosine),学名为 2-氨基-9(4 咪唑基)-7-氮-唑醇,是从鱼粉中分离到的,能引起雏鸡试验性肌胃糜烂。亦有人怀疑在鱼粉中加入过磷酸钙,可增加变质鱼粉的毒性作用。

症状 本病的主要症状为发育不良,鸡冠变白,精神委靡不振,食欲不佳,脱水,全身羽毛逆立,头下垂,嗜眠。典型的症状是病鸡或死亡鸡从口腔或鼻腔流出暗黑色液体。嗉囊外观淡褐色,故有人称之为黑嗉病。病鸡肌肉苍白,从口腔到直肠的全段消化道内,尤其是嗉囊、腺胃及肌胃内,积满暗黑色液体(经镜检多数为红细胞)。腺胃松弛,无弹性,乳头扩张,膨大。腺胃黏膜增厚,并有 1~2 mm 大小的溃疡。肌胃黏膜的皱襞排列不规则。肌胃与腺胃结合部位和十二指肠开口部有不同程度的糜烂,以及米粒大小或更大些的散在性溃疡灶。十二指肠病变较显著,内容物呈黑色,黏膜易剥离。其他脏器均无明显变化。组织病学理变化为肌胃角质层和腺胃的腺体组织结构消失,炎症反应不显著,主要呈急性坏死,而腺体层有许多异嗜细胞和淋巴细胞浸润,严重者浆膜的肌层发生断裂,断裂边缘有少量单核细胞浸润,其他器官无明显的病变。

诊断 主要根据病理解剖,如肌胃与腺胃结合部及十二指肠开始部有溃疡及糜烂,消化道内容物呈黑色,同时对饲料进行分析,检查鱼粉的用量、鱼粉的来源等,可做出初步诊断。

治疗 本病无特效治疗方法,多取对症治疗,如在饲料、饮水中加入 0.2%~0.4% 碳酸氢钠,早晚各 1 次,连用 2 d。同时予以止血、消炎和防止并发感染。在每千克日粮中加维生素 K_3 2~8 mg,维生素 B_6 3~7 mg,维生素 C 30~50 mg,维生素 E 5～20 mg。给每只病鸡肌肉注射维生素 K_3 0.5～1 mg 和止血敏 50～100 mg，按每千克体重 5 IU 注射青霉素，并在饲料中加 0.5 g/kg 的甲氰咪呱。

鱼粉是主要蛋白质饲料，应合理搭配，并了解是否已做了高温处理，对含毒鱼粉可先进行酸水解后，再加以利用。鱼粉用量不宜超过 8%，一般以 5% 为宜。一旦发现有上述症状的鸡应立即更换鱼粉。

鸵鸟腺胃堵塞（impaction of proventriculus in ostrich）

鸵鸟腺胃堵塞是鸵鸟在采食过程中，摄入过量的沙石、木质素含量较高的草料或其他异物（如铁丝、木条、塑料等），在腺胃弛缓的条件下，沉积于腺胃中，造成消化机能障碍，引起食欲减退、消瘦、体弱，以至死亡。本病是鸵鸟饲养过程中较常发生的一种消化系统疾病。常见于 6 月龄以内的鸵鸟。成年鸵鸟由于消化系统较发达，排泄机能完善，所以较少发生。

根据引起腺胃阻塞物质的不同，腺胃阻塞可分沙阻塞、草阻塞、异物阻塞 3 类。在我国，由于目前鸵鸟的饲养栏舍多以沙做垫料，所以沙阻塞最为普遍。本病一年四季均可发生，以春、夏季危害性大些，是 1～6 月龄小鸵鸟育成率较低的一个重要因素，发病率 4%～20%。

病因　本病在梅雨季节或多雨季节易发。饲养环境比较潮湿，环境卫生较差，幼鸵鸟采食沙粒的数量比少雨干燥季节要多得多。这种现象可能与不适的环境应激，以及病原微生物（细菌、真菌、病毒）繁殖快，使得鸵鸟患胃炎或其他消化道疾病增多有关。据报道，在广东地区每年 3—7 月份多雨季节，小鸵鸟发生腺胃沙阻塞的概率最大。

小鸵鸟采食行为具有好奇性，对异形、异色的物体比较敏感，喜欢采食。一些小鸵鸟喜欢采食散落在地面上青、精饲料，容易造成异物食入。这些都容易引起异物性腺胃堵塞。

突然改变日粮（包括青饲料），会引起鸵鸟的采食量减少。此时，鸵鸟因饥饿而增加采食沙石或异物，造成阻塞的发生。

患细菌性或真菌性胃炎的鸵鸟比较喜欢采食沙粒，容易引起沙阻塞。阻塞与胃炎有着较密切的关系，胃阻塞会引起胃炎，患胃炎鸵鸟容易发生胃阻塞。在兽医临床实践中，有时较难分辨两者发生的先后顺序。

饲养环境、场地、饲料、人员、噪声、天气突然改变，运输，混群等，能刺激鸵鸟对沙粒和异物的采食量。

症状　病初食欲减退，粪便较干。发病中期，精神不振，食欲较差，喜饮水，粪便呈羊粪粒状，尿液较浓稠。触诊腺胃时，可触及有大量沙石或异物积留其中。初期，腺胃蠕动音强劲,之后蠕动音减弱,蠕动次数显著减少。到后期,腺胃蠕动完全停止。病情严重时,体质衰弱,步态沉重,两脚无力,常卧地和呈昏睡状态。

诊断　根据食欲、粪便、精神变化和腺胃触诊可做出初步诊断。

防治　加强饲养管理,保持鸵鸟饲养环境的稳定、安静,饲料的改变要有逐渐适应的过渡计划,给予充足的饮水,加强运动,可减少本病发生。

对于已发生沙阻塞的鸵鸟,首先要改变其饲养方式,改沙地面为水泥地面、草地面或塑料地面等,将其饲养在一个无沙石的环境中,以限制鸵鸟过量采食沙粒。轻症的病例可自行将腺胃内已有的积沙排出体外,而达到治疗目的。一般的病例可根据鸵鸟的状态,可采用下述方法治疗。

洗胃　一条长约 1.5 m 的导管,涂上润滑油,由口腔插入腺胃中。将鸵鸟的头颈尽量往下方压低的同时,经由导管向腺胃内灌入温水或凉水(交替使用效果更好),即有大量胃内容物流出。如此反复冲洗,直到胃内容物全部洗出。对严重肺气肿及体弱的病鸵鸟,不宜洗胃。

按摩　对于病情不特别严重的雏鸵鸟,可通过腹部按摩,加强其胃肠蠕动,促进自身的作用来达到治疗目的。

灌药　根据鸵鸟的体况及病情严重程度,灌服不同类型的泻药。对机体状态较好的病例(如采食较正常、精神较好),灌服硫酸镁或硫酸钠(每千克体重 0.4～0.8 g)、液体石蜡或植物油等。对于机体状态差,但仍可采食者,采用中草药或中成药,如大黄苏打片(每千克体重 0.1～0.3 g)、龙胆,等等。对于体弱的病例,不能自己采食者,一般不采用药物治疗。

手术治疗　对病情严重或药物治疗无效的病例应尽早实行腺胃切开手术治疗。

胃肠炎(gastroenteritis)

胃肠炎是胃黏膜和/或肠黏膜及黏膜下深层组织重剧炎性疾病的总称。按炎症类型分为黏液性、化脓性、出血性、坏死性、纤维素性等不同类型肠炎;按病因分为原发性和继发性肠炎;按病程经过,又有急性和慢性之分。临床特征:腹泻、脱水、偶有腹痛,不同程度的酸碱平衡失调。是各种动物的常见多发病,尤其多见于马、牛、猪、犬。

病因　原发性肠炎,常见病因首先是饲料的品质不良,如发霉变质的玉米、大麦、豆饼、糟粕,冰冻腐烂的块根、块茎、青草,受到霉菌侵染的谷草、麦秸、藤秧、青贮饲料,误食了蓖麻、巴豆等有毒植物及酸、碱、磷、砷、汞、铅等刺激性化学物质。其次是使役管理不善,如畜舍阴暗潮湿,环境卫生不良,过度使役、车船输送、仔猪断奶、舍内拥挤受热等使机体处于应激状态，容易受到致病因素侵害；或机体防卫能力降低，而受到如沙门氏杆菌、大肠杆菌、坏死杆菌等条件致病菌的侵袭，引发原发性胃肠炎。

继发性胃肠炎，常见于某些传染病如猪瘟、仔猪副伤寒、猪痢疾、猪传染性胃肠炎、仔猪大肠杆菌病、仔猪梭菌性肠炎、猪流行性腹泻，犊牛大肠杆菌病、轮状病毒及细小病毒感染、沙门氏菌病，鸡白痢，犬细小病毒肠炎等，某些寄生虫病，如犊牛隐孢子虫病、弓首蛔虫病、牛血矛线虫病，猪蛔虫病，禽球虫病等；急性胃肠卡他及各种腹痛病的治疗不当或病情重剧的经过中，均可出现胃肠炎的病理过程和临床症状。

病理发生　在原发性病因的作用下，特别是长途驱赶、车船运输等致使机体抵抗力降低，饲料单一、饲喂不当而使肠道菌群紊乱，胃肠屏障作用减退的情况下，肠道内的大肠杆菌及其亚型、产气荚膜杆菌及其亚型、各种沙门氏菌等兼性致病菌的致病性增强，变成优势菌（占 95%～98%），并产生肠毒素而损伤胃肠壁，造成胃肠黏液分泌增多、黏膜水肿、出血、纤维蛋白渗出、白细胞浸润以至溃疡或坏死。

当炎症局限于胃和小肠时，由于交感神经的紧张性增高，对胃肠运动的抑制性增强，肠蠕动减弱，且大肠吸收水分的功能相对完好，所以临床表现排粪迟滞而不显腹泻。当炎症波及大肠或以肠炎为主时，肠蠕动增强，出现腹泻，尤其是由细菌、病毒、真菌、原虫和化学因子所引起的肠黏膜急、慢性炎症或坏死将引起液体分泌和炎症产物的增加，而对液体和电解质的吸收减少，此时肠腔内渗透压升高以及分泌－吸收不平衡进一步促进了液体的大量分泌，加剧了腹泻的发展。当肠管炎性病变加剧，以至肠出血、坏死时，则导致肌源性肠弛缓或弛缓性肠肌麻痹，肠腔内积滞大量液体和腐败发酵产生的气体，则出现胃肠积液和臌气。炎性产物、腐败产物以及细菌毒性产物（肠毒素，尤其内毒素）经肠壁吸收入血，导致自体中毒甚至内毒素血症和内毒素休克，最终发生弥漫性血管内凝血。

胃肠黏膜分泌大量黏液、肠运动增强和腹泻，是机体对炎症刺激的保护性应答，具有双重性生物学意义。其不利的作用表现在，过多的黏液，包裹食糜，妨碍消化酶的接触和营养物的消化吸收。进入肠道尤其是大肠内的黏液蛋白，成为腐败菌大量繁殖的营养基质，促进大肠内的腐败过程，加剧自体中毒。肠蠕动加快及腹泻，使大量体液、电解质（主要是 Na^+，K^+）和碱基（主要是 HCO_3^-）丢失，导致不同程度的脱水、失盐和酸中毒。机体脱水和酸中毒，使血液浓缩、循环血量减少，微循环淤滞，从而加重内毒素休克和弥漫性血管内凝血过程，病情迅速恶化而转归于死亡。

症状　病的初期，多呈急性肠胃卡他的症状，以后逐渐或迅速地出现以下肠胃炎的典型临床表现。

全身症状重剧　精神沉郁,闭目呆立;食欲废绝而饮欲亢进;结膜潮红,巩膜黄染;体温升高至40℃以上,少数病畜后期发热,个别病畜始终不见发热;脉搏增数,每分钟80~100次,初期充实有力,以后很快减弱。

胃肠机能障碍重剧　表现口腔干燥,口色潮红、红紫或蓝紫,有多量舌苔,口臭难闻。常有轻微腹痛,喜卧。猪、犬、猫等中小动物常发生呕吐。持续而重剧的腹泻是肠胃炎的主要症状,频频排粪,粪便稀软、粥状、糊状或水样,常混有数量不等的黏液、血液或坏死组织片,有恶臭或腥臭味。肠音初期增强,后期减弱或消失。后期有排粪失禁和里急后重现象。

脱水体征明显　胃肠炎腹泻重剧的,在临床上多于腹泻发作后18~24 h可见明显(占体重10%~12%)的脱水特征,包括皮肤干燥、弹性降低,眼球塌陷、眼窝深凹,尿少色暗,血液黏稠暗黑。

自体中毒体征明显　病畜衰弱无力,耳尖、鼻端和四肢末梢发凉,局部或全身肌肉震颤,脉搏细数或不感于手,结膜和口色蓝紫,微血管再充盈时间延长,有时出现兴奋、痉挛或昏睡等神经症状。

胃和小肠为主的胃肠炎,主要临床特征为无明显腹泻症状,排粪弛缓、量少、粪球干而小,口症明显如舌苔黄厚、口臭味难闻,巩膜黄染重,自体中毒的体征比脱水体征明显,后期可能出现腹泻。

由特定病原引起的传染性胃肠炎,临床上较为多见。猪瘟病发热明显,体温可高达40.5~41℃以上;发热初期便秘,接着转变为严重的水样灰黄色下痢;伴有结膜炎,运动障碍或后肢麻痹,后期在腹部、鼻、耳和四肢中部呈现紫色,败血症变化明显。仔猪副伤寒,呈持续下痢,其主要症状与猪瘟类似,但主要发生于2~4月龄仔猪。仔猪梭菌性肠炎,其特征为排出浅红或红褐色稀粪,或含有坏死组织碎片,且发病急、病程短促,死亡率极高。猪痢疾,病原为猪痢疾密螺旋体,主要发生于2~3月龄仔猪;临床特征是先排软粪,渐变为黄色稀粪,内混黏液或带血,严重的排红色糊状稀粪,内含大量黏液、血块及脓性分泌物,有的排出灰色、褐色或绿色,内含气泡、黏液及纤维素伪膜。猪传染性胃肠炎与猪流行性腹泻,均为病毒引起,主要临床特征是呕吐、水样的腹泻与脱水;不同点是前者发生于1周龄以内的乳猪,死亡率几乎达100%,1月龄以上的仔猪很少死亡,而后者并非所有乳猪都会发病,新生猪死亡率低,且日龄较大的患猪常出现嗜睡、精神沉郁和急性腹痛。犬细小病毒肠炎,主要表现为先呕吐后腹泻,粪中含多量黏液和伪膜,2~3 d后粪中带有血丝,腥臭难闻;精神委顿,食欲废绝,体温升高,渴欲增加,后期严重脱水,衰竭等。

动物的寄生虫性肠炎,如肠道线虫病,犊牛、羔羊的球虫病及隐孢子虫病,犊牛弓首蛔虫病等,亦以腹泻,腹泻物中混有黏液、血液、不同程度腹痛为特征,但与胃肠炎比较其病情较轻,病程较长,致死率较低。

临床病理　初期,白细胞总数增多,中性粒细胞比例增大,核型左移,出现多量杆状核和幼稚核(增生性左移);后期病例,白细胞总数减少,中性粒细胞比例不大,且核型左移(退行型左移)。由于脱水和循环衰竭而出现相对性红细胞增多症指征,包括血液浓稠,血沉减慢,红细胞压积容量增高($>40\%$);出现代谢性酸中毒,血浆重碳酸盐减少,低钠血、低氯血和低钾血症;尿少比重高,含多量蛋白质、肾上皮细胞以至各种管型。

病理学检查　胃肠炎的病理学变化,因为病因、病程的不同而存在很大差异。常见变化有黏膜或黏膜下层组织的水肿、充血、出血,或有纤维蛋白性炎症、黏膜的溃疡和坏死;呈急性坏死的有明显的出血、纤维蛋白伪膜和上皮碎片,慢性炎症其上皮可能相对正常,但肠壁增厚或有水肿。寄生虫性胃肠炎,剖检时可见有虫体,粪检可发现虫卵。

诊断　一般肠胃炎的临床诊断依据:全身症状重剧,口症明显,肠音初期增强以后减弱或消失,腹泻明显,以及迅速出现的脱水与自体中毒体征。症状的不同组合,有利于判断病变发生的部位,如口腔症状明显,肠音沉衰,粪球干小的,主要病变可能在胃;腹痛和黄染明显,腹泻出现较晚,且继发积液性胃扩张的,主要病变可能在小肠;腹泻出现早,脱水体征明显,并有里急后重表现的,主要病变在大肠。

继发性胃肠炎的病因和原发病的确定比较复杂和困难。主要依据于流行病学调查,血、粪、尿或其他病料的检验,草料和胃内容物的毒物分析,以区分单纯性胃肠炎、传染性胃肠炎、寄生虫性胃肠炎和中毒性胃肠炎。必要时可进行有关病原学的特殊检查。在鉴别诊断时,应与胃肠卡他从全身症状、肠音及粪便变化上进行鉴别。

治疗　治疗原则是抑菌消炎,消理胃肠,补液、解毒、强心。

抑菌消炎　抑制肠道内致病菌增殖,消除胃肠炎症过程,是治疗急性胃肠炎的根本措施,适用于各种病型,应贯穿于整个病程。可依据病情和药物敏感试验,选用抗菌消炎药物,如黄连素、环丙沙星、诺氟沙星、磺胺脒、酞磺胺噻唑或琥珀酰磺胺噻唑,伍用抗菌增效剂三甲氧苄氨嘧啶(TMP)等。

缓泻与止泻　是相辅相成的两种措施,必须切实掌握好用药时机。缓泻,适用于病畜排粪迟滞,或排恶臭稀粪而肠胃内仍有大量异常内容物积滞时。病初期的马、牛、猪,常用人工盐、硫酸钠等,加适量防腐消毒药内服。晚期病例,以灌服液状石蜡为好。对犬、中小体型猪的肠弛缓,宜用甘汞内服,猪 $0.3\sim2$ g;犬 $0.015\sim0.12$ g。也可用甘油(犬按 0.6 mL/kg)、液状石蜡(犬按 $10\sim30$ mL/次)内服。据国外资料报道,槟榔碱 8 mg 皮下注射,每 20 min 1 次,直至病状改善和稳定时为止,对马急性肠胃炎陷于肠弛缓状态时的清肠效果最好。止泻,适用于肠内积粪已基本排净,粪的臭味不大而仍剧泻不止的非传染性肠胃炎病畜。常用吸附剂和收敛剂,如木炭末,马、牛一次 $100\sim200$ g,加水 $1\sim2$ L,配成悬浮液内服,或用矽炭银片 $30\sim50$ g,鞣酸蛋白 20 g,碳酸氢钠 40 g,加水适量灌服。中小动物按体重比例小量应用。

补液、解毒和强心是抢救危重肠胃炎的三项关键措施。补液以用复方氯化钠或生理盐水为宜;输注 5% 葡萄糖生理盐水,兼有补液、解毒和营养心肌的作用;加输一定量的 10% 低分子右旋糖酐液,兼有扩充血容量和疏通微循环的作用。补液数量和速度,依据脱水程度和心、肾的机能而定;常以红细胞压积容量(PCV)测定值为估算指标,一般而言,病畜 PCV 测定值比正常数值每增加 1% 应补液 $800\sim1\ 000$ mL;临床上,一般以开始大量排尿作为液体基本补足的监护措施。为纠正酸中毒而补碱,常用 5% 碳酸氢钠液,补碱量依据血浆 CO_2 结合力测定值估算,通常以病畜血浆 CO_2 结合力测定值比正常值每降低 3.5%,即补给 5% 碳酸氢钠液 500 mL。当病畜心力极度衰竭时,既不宜大量快速输液,少量慢速输液又不能及时补足循环容量,此时可施行 5% 葡萄糖生理盐水或复方氯化钠液的腹腔补液,或用 1% 温盐水灌肠。对于中毒性、寄生虫性和传染性肠胃炎,除采用上述综合疗法外,重点应依据病因不同,加强针对性治疗,方能奏效。

霉菌毒素中毒性肠炎(enteritis caused by mycotoxicosis)

霉菌性毒素中毒性肠炎是指动物采食了被真菌(俗称霉菌)污染的草料,由其中真菌的有毒代谢产物——真菌毒素所致发的胃肠黏膜及其深层组织的炎症过程。因此,本病又称真菌性毒素中毒性胃肠炎。主要发生于舍饲期间的马、骡、牛、猪、兔等。多见于我国南方地区的梅雨季节和多雨年份的秋收以后。病因:主要是长期采食霉败的谷草、麦秸、稻草以及麦类、玉米、糟粕类、根菜类等草料,常见的毒性较强的真菌菌株分属于镰刀菌属、青霉菌属和曲霉菌属。临床症状:多表现突然群发,以个体大、食欲旺盛的动物先发病且病情重,食欲减退或废绝,口腔干燥有舌苔、口臭;排出粥状稀粪,混有黏液,有恶臭,潜血检查多呈阳性反应;眼结膜潮红或黄染,有的发绀;呼吸促迫;脉搏增数;表现特征性神经症状;兴奋不安,流涎,嘴唇松弛垂下,步态不稳,反应迟钝或嗜睡;血液学变化与一般胃肠炎相反,表现为白细胞数明显减少;尿蛋白阳性,有时出现血尿。治疗可采用胃肠炎的综合措施;但在病初清理胃肠和排毒时,宜用氧化剂,如 $0.02\%\sim0.1\%$ 高锰酸钾液,洗胃或内服;并用 5% 硫代硫酸钠液静脉注射,并给予鞣酸蛋白或牛奶内服;为防止继发感染,可用黄连素、磺胺类、诺氟沙星等药物。

马属动物急性结肠炎（acute colitis in horses）

马属动物急性结肠炎是以盲肠、大结肠尤其下行大结肠的水肿、出血和坏死为病理特征的一种急性、高度致死性、非传染性疾病。各种年龄段的马属动物均可发生，以2～10岁青壮年马多见。常年散发，有时呈群发流行。病因尚无定论，但多数学者认为并已被证实是由于突然过量采食高淀粉饲料（尤其是玉米粉）；气候骤变、过度疲劳、车船运输、妊娠分娩以及流感、传贫、呼吸道感染等疾病经过中，动物处于应激状态；滥用抗生素，特别是内服或注射土霉素、四环素等广谱抗生素等，使肠道微生态环境改变，肠道菌群失调，其中如大肠杆菌、沙门氏菌等革兰氏阴性菌大量增殖并崩解释放出多量肠毒素和内毒素，导致病马的内毒素血症和内毒素休克状态。症状：病畜精神高度沉郁，肌肉震颤，皮温低，耳、鼻、四肢发凉，体温升高（39～42℃），呼吸急促，脉搏过速；暴发性腹泻，随后严重脱水，由于毛细血管回流量减少，导致低血容量性休克，或由于内毒素致发中毒性休克，表现黏膜发绀，少尿或无尿，微血管再充盈时间延长等。急性暴发性病例3 h内、亚急性病例24～48 h死亡。典型病例，在发病短时间内红细胞压积容量可高达40%～70%，白细胞总数减少，出现核左移，以及代谢性酸中毒和电解质失衡。治疗：首先，选用针对革兰氏阴性菌的抗生素如静脉注射庆大霉素、肌肉注射多黏霉素B、氯霉素、或内服痢特灵、链霉素等。其次，重点是大量补液补碱，以恢复循环血容量和纠正酸中毒，输注顺序是先输等渗盐液，继之5%碳酸氢钠液，然后低分子右旋糖苷液，最后葡萄糖盐水并加速效强心剂或肾上腺皮质激素滴注；在补足血容量和纠正酸中毒的前提下，选用抗休克药以改善组织的微循环灌注，常用1%多巴胺液，0.5%盐酸异丙肾上腺素等静脉注射。另外，还应及时应用强心剂、利尿剂，适时补钾等治疗措施。

黏液膜性肠炎（mucomembraneous enteritis）

黏液膜性肠炎是肠黏膜发生以纤维蛋白原渗出和黏液大量分泌为主要病理过程的一种特殊类型炎症。以肠黏膜表面覆盖一种主要由黏液并混有少量纤维蛋白所构成的网状管型为其特征。本病呈偶发性，各种动物均可发生，多见于牛和马，其次是猪和肉食兽。病因和病理发生尚不清楚，但多倾向于认为是某变应原所致的超敏反应，与副交感神经紧张性增高也有一定关系。可作为变应原的，可能包括肠道常在菌的代谢产物、肠道寄生虫的虫体蛋白及寄生虫性毒素、饲草和饲料霉败变质形成的特殊性蛋白质及机体内形成的异常代谢产物等。症状：主要表现发热，消化障碍，不同程度的腹痛，排恶臭稀软粪便，猪常排粪迟滞，频频努责，常表现里急后重，往往在多次努责后，排出膜状黏液管型或条索状黏液膜或黏液条片，呈灰白色、黄白色、微黄色或棕色，一般长达 0.5～1 m，或更长，横断面层次分明，有 7 或 8 层之多。膜状管型一旦排出，则腹痛停止，1～2 d 或数日后即可康复，多数病例预后良好。治疗：用抗过敏药物，如盐酸苯海拉明，肌肉注射量均为每千克体重 0.55～1.1 mg；制止渗出，可静脉注射 10％氯化钙液，或 5％葡萄糖氯化钙液；清理肠胃可用植物油或液状石蜡内服。

马肥厚性肠炎（hypertrophic enteritis in equine）

　　马肥厚性肠炎是以十二指肠、空肠、回肠黏膜和浆膜的结缔组织增生、淋巴细胞浸润以及黏膜肌层、肠肌层的增生肥大为病理学特征的一种慢性炎症。又称肥大性肠炎，确切的全称病名应为慢性增生性肥大性小肠炎。只发生于马。病因不明，一般认为是由于饲养管理条件的急剧改变、长途驱赶或车船运输的应激，以及马匹调教的过度疲劳所致的急性胃肠卡他，因其病因作用强烈而持久，转为慢性病程，导致小肠的器质性病变。症状：表现食欲不定，饮水减少，异嗜明显，肠音不整，粪球干小且外附多量黏液，恶臭，体温、脉搏、呼吸无明显改变，按慢性消化不良治疗难以奏效。直肠检查可触诊小肠多段或全段肥厚，其粗细和硬度如同胶管（胃导管），可视为诊断的重要依据。剖检变化，小肠显著增粗、增厚，收缩状态下的小肠肠管口径比正常增粗 1 倍，管壁的厚度平均为 10～15 mm，为正常的 3～5 倍。肠壁各层的厚度均有不同程度的增加。胃、盲肠、结肠有轻度慢性卡他性炎症。目前，尚无有效疗法。

家禽肠炎（enteritis in poultry）

　　家禽肠炎是指由肠黏膜及其深层组织的炎症引起的，以腹泻为共同特征的一类疾病。腹泻的严重程度和粪便的特征，随病因和肠黏膜损伤的严重程度不同，而有较大差异，轻者粪便稀薄或呈水样腹泻，重者粪便恶臭，呈暗红色，混有血丝或血液。

　　病因　分原发性肠炎和继发性肠炎两种，临床上以继发性肠炎多见。

　　原发性肠炎　主要是由于饲养管理不当、饲料品质不良及气候突变等因素引起的。常见原因有：饲料中含有毒物质或毒素；饲料霉变或酸败；饲料配合不合理引起消化吸收困难；饮水不洁，特别是在育雏期饮水不洁；天气突变，受寒或中暑；滥用抗生素引起肠道微生物菌群失调等。

　　继发性肠炎　见于某些细菌、病毒性传染病或寄生虫病。细菌性传染病包括鸡白痢、鸡伤寒、鸡副伤寒、大肠杆菌病、禽霍乱，还有由魏氏梭菌引起的坏死性肠炎和棒状杆菌引起的肠炎等；病毒性疾病包括鸡新城疫、马立克氏病、小鹅瘟等；寄生虫病见于球虫病、组织滴虫病、蛔虫病、绦虫病等。

症状 腹泻、脱水和衰弱是家禽肠炎的共同特征,根据其病程的长短可分为急性、亚急性和慢性腹泻。根据肠黏膜损伤的程度不同又分为以下 4 种类型:

卡他性肠炎 这是所有肠炎中肠黏膜损伤最轻微的一种炎症,病理特征为肠黏膜充血、肠内容物含有大量浆液或黏液,粪便稀薄。多见于由饲料品质不良、饲料酸败或腐败、中毒引起的肠炎等,常呈急性经过。

出血性肠炎 以肠黏膜局灶性或弥漫性出血为特征,粪便中通常混有血丝或血液。常见于禽霍乱引起的十二指肠弥漫性出血、各类球虫引起的小肠或盲肠黏膜出血性炎症等。

纤维素性坏死性肠炎 以肠黏膜坏死、脱落和纤维素性物质渗出为特点,常见于由新城疫引起的空肠枣核状溃疡、组织滴虫引起的盲肠纤维素样坏死、魏氏梭菌引起的坏死性肠炎等。

化脓性肠炎 在家禽少见,主要以粪便中含有大量脓性分泌物为特征。

治疗 治疗视病因而定。但不论是继发性或原发性肠炎,均要控制肠道感染,并给予充分饮水和投服吸附剂(2%木炭末)。可用诺氟沙星,雏鸡混饲 50 g/t 饲料;恩诺沙星,鸡混饮 50 mg/L,连饮 3 d,肌肉注射每千克体重 2.5 mg,每日 2 次,连用3 d;或用庆大霉素或庆大小诺霉素 8 万 IU/L 饮水,连饮 3~5 d。亦可用阿莫西林每千克体重 30 mg、红霉素每千克体重 10 mg 饮水,以清除肠道有害物质,然后在饲料中加入 0.5%的磺胺脒,连用 3 d。另外,也可选用一些新型广谱抗生素。

预防 关键是加强饲养管理,合理搭配饲料,供给优质饲料和饮水,做好禽舍防寒保暖工作,控制各种传染病,不滥用抗生素。

蛋鸡开产前后水样腹泻综合征
(water-like diarrhea syndrome in starting laying hens)

蛋鸡开产前后水样腹泻是近几年来在养鸡业上多见的一种疾病,临床上以剧烈的水样腹泻为特征。

流行病学 发生于开产前后的青年母鸡,在夏季和初秋季节开产的蛋鸡发病最为明显。发病日龄通常在 110~150 日龄,低于或超过该日龄范围的蛋鸡很少发病。即便在同一鸡场,饲喂的饲料完全相同,发病也仅见于刚开产的青年母鸡,而已过开产期的蛋鸡则不发病。患鸡的采食量和生产性能不受明显的影响,死淘率较低。

病因 目前尚不清楚,可能与开产前后饲料中钙含量的改变和应激密切相关。该病只发生在开产前后的一段时间内,提示本病的发生可能,与蛋鸡由育成期向产蛋期过渡过程中,某些饲料营养成分的改变有关。在此过渡阶段,含量增加最快的是日粮中的钙。按照我国现行的饲养标准,育成料钙含量为0.6%,从开产到产蛋率达65%之前为3.2%,产蛋率在65%~85%之间为3.4%,产蛋高峰期(产蛋率高于80%)为3.5%。尽管从育成料改换成开产料要经过3~4 d的过渡,但这种短期内高幅度改变仍然不可避免地对鸡群造成生理应激,而在开产前期,只有少数发育成熟的鸡开始产蛋,这种高钙日粮实际上远远超过了鸡群中大部分尚未开产的蛋鸡的实际需要,多余的钙不能被吸收,则和肠道中未消化的物质一起从粪便中排出,此时通过肾脏的排泄也增加,这可能导致鸡的饮水增加,粪便变稀。国外已有研究表明,在预开产期饲喂产蛋料与饲喂含钙量为1%的育成料或含钙量为2%的预开产料相比,前者可引起开产蛋鸡饮水增加,粪便变稀(含水量增加4%~5%),提示日粮中钙含量增加可能与本病有关。尽管钙摄入量增加可引起粪便变稀,并且可能引起机体内环境平衡发生改变,但在大多数情况下,并不会引起严重后果,比如在夏、秋季节以外的开产蛋鸡,其粪便变稀通常被忽略。通常只有在开产前后遭受热应激时才转变为剧烈的水泻,这可能与热应激时蛋鸡饮水增加和尿液生成增多密切相关。日粮中钙含量的改变是否是本病的直接病因,生理性应激反应是否是本病的促进因素,以及使用高钙日粮引起饮水增加、粪便变稀的发生机理尚待进一步研究证实。

症状　病鸡剧烈腹泻,拉黄色或灰黄色粪便,稀薄如水。患病鸡群精神较好,采食量正常,但饮水明显增加。产蛋上升幅度与同日龄未发生腹泻的健康对照鸡群没有明显差异,但蛋重减轻。腹泻鸡群死淘率未见增加。天气炎热时腹泻加重,天气转凉时症状减轻。

治疗　用各种抗生素、抗病毒药治疗无明显疗效。饲料中添加益生素、腐植酸钠、维生素C等不能缓解病情。

预防　由于本病的发生可能与日粮钙的含量有关,所以预防本病应该从调整日粮中钙的配比着手。对于在开产前期或开产期饲料中钙的合适浓度尚无统一意见,有学者认为应该根据鸡群中成熟较早的鸡的钙的代谢需要量来确定开产前饲料中钙的水平,但这往往会超过鸡群整体对钙的平均需要量,并可能引起腹泻。但在这一阶段延长饲喂低钙日粮也不可取,因为这对鸡群中一部分体重较大且发育早熟的鸡不利。所以,对于本病的防治,既要考虑经济价值,又要考虑疾病本身可能造成的影响。国外学者推荐在开产前到产蛋率达1%之前,饲喂含钙量为2%的预开产期日粮,这种措施既能满足发育早熟的鸡对钙的需要,又不会对鸡群造成任何不利影响,但由于这一过程较短,在生产上推广有一定的困难。

猪增生性肠炎（porcine proliferative enteritis）

猪增生性肠炎又称猪肠道腺瘤病（porcine intestinal adenomatosis），猪增生性出血性肠病（porcine proliferative hemorrhagic enteropathy），猪回肠炎（porcine inleitis）。临床上以腹泻、肠黏膜增生和回肠结肠的炎症为特征。多见于仔猪和保育仔猪。该病的发病程度一般较轻，但伴有持续性腹泻。坏死性肠炎或出血性肠炎时，病猪常有较高的死亡率。一种被称为 ileal symbiont（IS）的胞内菌是引起该病的主要原因，其他因素（如断奶仔猪上网饲养 4 周左右，常因低量添加抗菌剂，可在 2～3 周使其发病率达 50%；恶劣的气候条件，特别是昼夜温差大或在湿热条件下等）可促进本病的暴发。非出血型病猪（18～36 kg）表现为突然腹泻，排出水样至糊状的棕色或带血丝的粪便，2 d 后病猪的粪便中常含有黄色纤维蛋白性坏死物。大多数病猪可自愈，但康复猪常出现渐进性消瘦并伴有坏死性肠炎。出血型病猪表现为皮肤苍白，乏力，排便出血，黑色或柏油状粪便。根据组织学观察到的特征性肠黏膜增生和其炎症变化即可对本病做出诊断。由 IS 感染引起的可应用 PCR 法进行检测，并做出诊断。本病还应与猪痢疾、猪沙门氏菌、猪（毛首）鞭虫感染的鉴别诊断区分开来。

防治 对急性病例用抗组胺药、皮质类固醇、维生素 E 及抗生素联合治疗，曾获得成功；对伴有增生性肠病和弯杆菌属细菌感染的，可在饲料中添加泰乐菌素 200 mg/kg，或用金霉素 400 mg/kg，溶于水中或拌料给药，也可用相同剂量肌肉注射，连用两周。预防本病可在饲料中按 5 mg/kg 的剂量加入痢菌净等药物，同时做好猪场的灭鼠工作。

第六节 腹痛性疾病

马胃扩张（gastric dilatation in equine）

马胃扩张是由于采食过多和/或胃内容物的后送机能障碍所引起的胃急性膨胀或持久性胃容积增大。临床上分为，急性胃扩张和慢性胃扩张。胃扩张是马属动物常见的真性腹痛病之一，约占马腹痛病的 6%，在某些高发地区，可占腹痛病的 32.12% 乃至 44.8%。

病因 原发性胃扩张主要是采食过量难以消化和容易膨胀与发酵的饲料，如黏团的谷粉或糠麸，冻坏的块根类，堆积发霉的青草；饲养管理不当，如饲喂失宜，过度疲劳，饱饲后立即重役，采食精料后立即大量饮水等；病畜原来患有慢性消化不良、肠道蠕虫病，或饲料中混有大量沙土砾石，使胃壁的分泌和运动机能遭到破坏而发生本病。

继发性胃扩张，急性型病例常继发于小肠积食、小肠变位等剧烈的腹痛经过中；肠阻塞，胃内容物后送障碍；肠阻塞前部肠断分泌激增，过多的肠内容物经肠逆蠕动而返回胃内。慢性胃扩张，继发于慢性胃排空机能障碍，如胃内肿瘤和脓肿压迫、瘢痕性收缩而致使胃幽部狭窄，或因胃蝇蛆密集寄生、溃疡等慢性刺激的持续作用而致使幽门括约肌失弛缓。

症状　原发性急性胃扩张多在采食直后或经 3～5 h 后突然起病，继发性的一般由原发病表现，以后才出现胃扩张的症状。急性胃扩张的症状包括：有中度的间歇性腹痛，表现起卧滚转，快步急走或直往前冲，有的呈犬坐姿势。消化系统和全身症状明显，病初口腔湿润而酸臭，肠音活泼，频频排少量而松软粪便，有灰黄色舌苔，肠音减弱或消失，排粪减少或停止，有嗳气表现，个别病马发生呕吐或干呕，呕吐时鼻孔张开并流出酸臭的食糜。多数病马呼吸促迫而腹围不大，脉搏增数，在胸前、肘后、耳根等局部出汗或全身出汗，重症的伴有脱水体征，血氯化物含量减少、血液碱储增多等碱中毒指征。胃管检查，如从胃管中排出大量酸臭气体和少量食糜后，腹痛减轻或消失，即表明为气胀性胃扩张；若仅能排出少量气体，腹痛不减轻，表明可能是食滞性胃扩张。直肠检查，在左肾下方常能摸到膨大的胃后壁，随呼吸前后移动，触压紧张而有弹性，多为气胀性或积液型；触压呈捏粉样硬度，多为食滞型，而这三型胃扩张病例的脾脏位置都后移。

慢性胃扩张，表现厌食，是轻微或中度腹痛，粪干稀不定、恶臭并含有消化不全植物纤维和谷粒，逐渐消瘦，饲喂。后常出现呕吐和阵发性腹痛。直肠检查可摸到胀大的胃。疗程长达数月或数年不等。

诊断　诊断要点和诊断程序如下：首先，依据起病情况、腹痛特点、腹围大小与呼吸促迫的关系以及胃管插入等来判定是不是胃扩张。若是采食后突然起病或在其他腹痛病的经过中病情突然加重，表现剧烈腹痛、口腔湿润而酸臭、频频嗳气、腹围不大而呼吸促迫，即可考虑是急性胃扩张。随即做食管及胃的听诊，如听到食管逆蠕动音和胃蠕动音，即可初步诊断为急性胃扩张。此时应立即插入胃管，目的是确定胃扩张的性质；若从胃管喷出大量酸臭气体和粥样食糜，腹痛随之缓和或消失，全身症状好转，即为气胀性胃扩张；如仅排出少量酸臭气体，导出少量或全然导不出食糜，腹痛无明显减轻，反复灌以 1～2 L 温水能证实胃后送机能障碍，且直肠检查能摸到质地黏硬或呈捏粉样的胃壁，则提示可能胃食滞性胃扩张；如从胃管自行流出大量黄绿色或黄褐色酸臭液体，而气体和食糜均甚少，则为积液性胃扩张，多是继发性的，要注意探索其原发病，包括小肠积食、小肠变位、小肠炎、小肠蛔虫性阻塞等,依据各原发病的临床特点,逐一加以鉴别。

慢性胃扩张诊断要点,慢性病程迁延数月或更长,消化不良经久不愈,采食后腹痛反复发作;剖检可见胃容积极度增大,胃壁增厚坚韧或菲薄如纸。

治疗　治疗原则:制酵减压,镇痛解痉和强心补液。

胃制止胃内腐败发酵和降低胃内压,对气胀性胃扩张,在导胃减压后经胃管灌服适量制酵剂即可,用乳酸 10~20 mL 或食醋 500~1 000 mL,75%酒精 100~200 mL,液状石蜡 500~1 000 mL,加水适量 1 次灌服。或用乳酸 15~20 mL,75%酒精 50~100 mL,松节油 40~60 mL,樟脑 3~5 g,加水适量混匀灌服。食滞性的,重点是反复洗胃,直至导出胃内物无酸味为止。积液性的多为继发,重点是治疗原发性,导胃减压只是治标,仅能暂时缓解症状。

为了镇痛,解除幽门痉挛,用 5%水合氯醛酒精液 300~500 mL,1 次静脉注射;0.5%普鲁卡因液 200 mL,10%氯化钠液 300 mL,20%安钠咖液 20 mL,1 次静脉注射;水合氯醛 15~30 g,酒精 30~60 mL,福尔马林 15~20 mL,温水 500 mL,1 次内服。

为防止脱水和自体中毒,保护心脏,可依据脱水失盐性质,最好补给等渗或高渗氯化钠或复方氯化钠液,切莫补给碳酸氢钠液。

犬胃扩张-扭转复合症
(canine gastric dilation-volvulus complex)

胃扭转是指胃幽门部从右侧转向左侧,并被挤压于肝脏、食道的末端和胃底之间,导致胃内容物不能后送的疾病。胃扭转之后,由于胃内气体排出困难,很快发生胃扩张,因此称之为胃扩张-扭转复合症。非完全性胃扭转可能不发生胃扩张,或发生轻度胃扩张。本病多发于大型犬和胸部狭长品种的犬,中型犬和小型犬也可以发生,但发病率较低。雄性犬发病率高于雌性犬。犬胃扩张-扭转复合症是一种急腹症,病情发展迅速,预后应该慎重。

病因　关于该病的病因,目前尚不十分清楚,但是可以肯定犬的品种、饲养管理和环境因素等与本病发生有密切的关系。

胃扩张-扭转复合症可以发生于任何品种的犬。临床资料显示,大型犬和巨型犬,如大丹犬、圣伯纳犬、德国牧养犬、笃宾犬和拳师犬等,比其他品种犬易发该病。胸部狭长的小型犬,如腊肠犬等也具有易发倾向。虽然犬的体型与该病的发病率有关,但并不表明具有相同体型犬的发病率相似。

饲养管理不当亦是引发本病的重要原因。胃内食糜胀满,饲料质量不良,或过于稀薄,吃食过快,每日只喂 1 次,食后马上训练、配种、狩猎、玩要等可促使该病的发生。

　　其他因素,如胃肠功能差,胆小恐惧的犬,或脾肿大、胃韧带松弛、应激等均为诱发因素。

　　雄性犬的发病率高于雌性犬。

　　症状　患犬多突然发病,主要表现为腹痛,口吐白沫,躺卧于地上,病情发展十分迅速,严重胃扭转时,由于胃贲门和幽门都闭塞,胃内气体、液体和食物,即不能上行呕吐出去,也不能下行进入肠管,因而发生急性胃扩张,在短时间内即可见到腹部逐渐胀大,此时叩诊腹部呈鼓音或金属音,冲击式触诊胃下部,有时可听到拍水音。病犬脉搏频数,呼吸困难,很快休克,在数小时内死亡,最多不超过 48 h 死亡。

　　临床上也可以见到胃扭转不是十分严重的病例,病犬的贲门和/或幽门未被完全闭塞,这时病犬症状较轻,可以存活数天或更长。非完全胃扭转病存活时与胃扭转的程度和胃扩张的程度有关。

　　诊断　主要根据犬的品种、体型、性别、饲养管理状况、病史、临床症状和 X 射线拍片或胃插管检查来确诊。

　　胃扩张-扭转复合症在症状上与单纯性胃扩张、肠扭转和脾扭转有相似之处,应注意鉴别诊断。简单易行的办法是以插胃导管进行区分。

　　单纯性胃扩张,胃管易插到胃内,插到胃内以后,腹部胀满可以减轻;胃扭转时,胃导管插不到胃内,因而无法缓解胃扩张的状态;肠扭转或脾扭转时,胃管容易插到胃内,但腹部胀满不能减轻,并且即使胃内气体消失,患犬仍然逐渐衰竭。

　　治疗　一旦患犬被诊断为胃扩张-扭转复合症,通常的治疗方法如下:

　　手术之前,确诊该病以后,应马上输液,以保证血压,防止休克,在输液过程中应使用皮质类固醇药物和抗生素。穿刺放气,减轻腹压。在轻度麻醉的情况下,试插胃导管,或进行 X 射线透视拍片,决定是否需要马上手术。

　　手术矫正胃扭转和防止复发　严重的胃扭转病例必须马上进行手术。在麻醉的状态下,手术切开腹壁(由剑状软骨到脐的后方),将扭转的胃整复到正常位置。如胃整复困难,应先行穿刺放气后再进行整复。然后用插入的胃导管将胃内物吸出或洗出来。必要时可行胃切开手术,取出胃内食物,然后清洗、缝合胃壁。扭转的胃被整复以后,为防止再次复发,可将胃壁固定到腹壁上。手术本身可能很成功,但患犬仍然会因为休克、出血或心衰而死亡。

　　手术之后,患犬的恢复是缓慢的,手术后的前 3 d 十分重要,应密切观察。手术后 1 周之内,静脉输液旨在保持酸碱平衡、电解质平衡,使用抗生素治疗,甚至输血治疗是十分必要的。常用输液药物有林格氏液、乳酸林格氏液、糖盐水、复方氨基酸、ATP、CoA、维生素 C、小苏打等。常使用的抗生素有氨苄青霉素、头孢菌素、喹诺酮类药物等。如胃肠蠕动较差，也可以使用甲基硫酸新斯的明或复合维生素 B 皮下注射。

　　手术后的病犬 1 周之内，应喂给少量易消化的流质食物，1 周之后逐渐过渡到正常食物。食物的喂量应由少到多逐渐增加，分 3 或 4 次或更多次数饲喂。在手术的恢复期，应严格限制犬的锻炼。

　　预防　导致犬胃扩张-扭转复合症的因素很多，有些因素（如饲喂方式、食物、应激等）可以控制，有些因素（如品种、性别、年龄等）无法控制。总之，预防该病的发生应综合考虑，如不喂过于稀薄的食物，不喂的过饱，食后不马上运动，每日分 2 次饲喂等。

兔胃扩张（gastric dilatation in rabbit）

　　兔胃扩张是由食入多量易发酵膨胀和难消化饲料，致使胃排空机能障碍，引起胃急性扩张的一种腹痛性疾病。以 2～6 月龄幼兔多发。原发性病因有采食过多的麸皮、豆渣、豆科牧草、被雨水浸湿的青绿饲料等；继发性的病因常见于毛球病引起胃肠阻塞，或肠便秘的经过中。一般在喂食后几小时发生，主要表现腹痛不安，腹围增大，流涎，鸣叫，心跳加快，呼吸促迫；触诊腹部感知其胃或肠内有多量饲料和气体，但要注意与毛球病、肠便秘等胃肠疾病鉴别。治疗，先用较粗的注射针头穿胃放气；腹痛明显的用安定注射液每千克体重 5～10 mg，肌肉注射；促进胃内容物排除，用植物油 15～25 mL，1 次内服；为防腐止酵，用大蒜 6 g，醋 15～20 mL，1 次口服，或用姜酊 2 mL、大黄酊 1 mL，加水适量 1 次内服。治疗时辅以腹部按摩或让其运动，能提高疗效。

马肠臌气（intestinal tympany in equine）

　　马肠臌气是由于采食大量易发酵饲料，肠内产气过盛和/或排气不畅，致使肠管过度膨胀而引起的一种腹痛病。又称肠臌胀、风气疝及中兽医称"肚胀"或"气结"等。其临床特征是：腹痛剧烈，腹围膨大而肷窝平满或隆突，病程短急。

　　病因　原发病因常见的主要有吞食过量易发酵饲料，如新鲜多汁、堆积发热、雨露浸淋的青草、幼嫩苜蓿、黑麦、玉米、豆饼等豆类精料，而此后又饮用大量冷水则更易发病。还有与某些应激因素有关，如初到高原，可能因气压低、氧不足而产生气象应激；过度使役或长途运输所产生的过劳应激与运输应激等；机体的应激状态，使胃肠的分泌和运动机能减弱，肠内微生态改变，采食了上述饲料，则更容易发生肠臌气。

继发性肠臌气,常见于完全阻塞性大肠便秘、大肠变位或结石性小肠堵塞。弥漫性腹膜炎引起反射性肠弛缓、出血性及坏死性肠炎引起的肌源性肠弛缓及卡他性肠痉挛等,均可继发本病。

症状 原发性病例常在采食后 2~4 h 起病,表现的典型症状有腹痛,病初因肠肌反射性痉挛呈间歇性腹痛;随着肠管的膨胀,很快转为持续性剧烈腹痛;后期因肠管极度膨满而陷于麻痹,腹痛减弱或消失。消化系统体征,初期肠音高朗并带金属音调;排少量稀粪和气体;以后肠音沉衰或消失,排粪、排气完全停止。

全身症状,腹痛 1~2 h,腹围急剧膨大,肷窝平满或隆突,右侧尤为明显;触诊呈鼓音;呼吸促迫,脉搏疾速,静脉怒张,可视黏膜潮红或发绀。直肠检查,由于全部肠管充满气体,腹压增高,直肠检查手进入困难,各部肠祥胀满腹腔、彼此挤压,相对位置发生改变,难以彻底检查其内容物。

继发性胀气,常在原发病经过 4~6 h 之后,才逐渐显现肠臌气的典型症状。

诊断 依据腹围膨大而肷窝平满或隆突这一示病症状和固定症状,容易做出诊断。重点是要确定肠臌气是原发性的还是继发性的;凡是起病于采食易发酵饲料之后,伴随腹痛而腹围膨大、肷窝迅速平满甚至隆凸的,均为原发性肠臌气;凡起病于腹痛病的经过中,在腹痛最初发作至少 4~6 h 之后,腹围才逐渐开始膨大的,均为继发性肠臌气。

治疗 治疗原则:解痉镇痛,排气减压和清肠制酵。

解除肠管痉挛,以排除积气和缓解腹痛,是治疗原发肠臌气的基本环节,尤其是初中期病例,常在实施解痉镇痛疗法后,即可痊愈。下列方法效果均好:普鲁卡因粉 1.0~1.5 g,常水 300~500 mL,直肠灌入;水合氯醛硫酸镁注射液(含水合氯醛 8%、硫酸镁 10%)200~300 mL,1 次静脉注射;0.5% 普鲁卡因液 100 mL,10% 氯化钠液 200~300 mL,20% 安钠咖液 20~40 mL,混合 1 次静脉注射;针刺后海、气海、大肠俞等穴。

排气减压,尤其在病马腹围显著膨大,呼吸高度困难而出现窒息危象时,应首先实施的急救措施。用细长封闭针头,在右侧肷窝或左侧腹肋部,穿刺盲肠与左侧大结肠;也可用注射针头在直肠内穿肠放气;伴发气胀性胃扩张的,可插入胃管排气放液。

清肠制酵,用人工盐 250~350 g,福尔马林 10~15 mL,松节油 20~30 mL,加水 5~6 L,胃管投服。

马肠痉挛(intestinal spasm in equine)

马肠痉挛是由于肠平滑肌受到异常刺激发生痉挛性收缩所致的一种腹痛病。

其临床特征是间歇性腹痛和肠音增强。本病又称肠痛和痉挛疝,中兽医称为冷痛和伤水起卧。

病因　常见病因主要是寒冷刺激,如汗体淋雨,寒夜露宿,气温骤降,风雪侵袭,采食冰冻饲料或重役后贪饮大量冷水;其次是化学性刺激,如采食的霉烂酸败饲料,病马消化不良时其肠胃内的异常分解产物等,由此致发的肠痉挛,多伴有胃肠卡他性炎症,故特称卡他性肠痉挛或卡他性肠痛;第三,由某些肠道疾病继发,如因寄生性肠系膜动脉瘤所致的肠植物神经功能紊乱,即副交感神经紧张性增高和/或交感神经紧张性降低,或因肠道寄生虫、慢性炎症,提高了壁内神经丛包括黏膜下层(曼氏丛)和肠肌丛(奥氏丛)的敏感性,而导致肠痉挛的发生。

症状　表现阵发性中度或剧烈腹痛,发作时起卧不安,倒地滚转,持续数分钟;间歇期,往往照常采食饮水,外观似无病;间隔若干时间(5~20 min),腹痛再次发作,不过随后腹痛越来越轻,间歇期越来越长,若给予适当治疗或稍作运动,即可痊愈。

肠音增强,两侧肠音高朗,侧耳可闻,有时带有金属音调;排粪次数增多,但粪量不多,粪稀软带水,有酸臭味,有时混有黏液。

全身症状轻微,如体温、脉搏、呼吸无明显改变;口腔湿润,舌色清白,耳鼻部发凉。

诊断　临床诊断要点:腹痛呈现间歇性,肠音高朗连绵,粪便稀软带水,全身症状轻微。但应与以下疾病鉴别:急性肠卡他,一般无腹痛或轻微腹痛,若病程中出现中度或剧烈间歇性腹痛,且肠音如雷鸣的,表明已继发卡他性肠痉挛;子宫痉挛,多发生于妊娠末期,腹肋部可见胎动,而肠音与排粪不见异常;膀胱括约肌痉挛(尿疝),均见于公马及骟马,腹痛剧烈,汗液淋漓,频做排尿姿势但无尿排出,肠音与排粪无异常。

治疗　治疗原则:解痉镇痛,清肠制酵。

因寒冷刺激所致的肠痉挛,单纯实行解痉镇痛即可。以下各项措施均有良效。针刺分水、姜牙、三江等3个穴位;白酒250~500 mL,加水500~1 000 mL,经口灌服;30%安乃近液20~40 mL皮下或肌肉注射;安溴液80~120 mL静脉注射。

因急性肠卡他继发的肠痉挛,在缓解痉挛制止疼痛后,还应清肠制酵。用人工盐300 g,鱼石脂10 g,酒精50 mL,温水5 000 mL,胃管1次投服。

马肠便秘(intestinal impaction in equine)

马肠便秘是因肠运动与分泌机紊乱,内容物停滞而使某几段或某段肠管发生完全或不全阻塞的一种腹痛病。其临床特征是食欲减退或废绝,口腔干燥,肠音沉衰或消失,排粪减少或停止,有腹痛,直检可摸到秘结的粪块。是马属动物最常见的内科病,也是最多发的一种胃肠性腹痛病。

马肠便秘按秘结部位,可分为小肠便秘和大肠便秘;按秘结的程度,可分为完全阻塞性便秘和不全阻塞性便秘等。详细分类有十余种之多。

病因　目前公认的发病原因是,粗硬的饲草是决定肠便秘发生的基本因素,另外激发因素和易发因素可促进本病的发生与发展。

基本因素　包括长期饲喂小麦秸、蚕豆秸、花生藤、甘薯蔓、谷草等粗硬饲草,其中含粗纤维、木质素和鞣质较多,尤其在受潮霉败后,湿而坚韧,不易咀嚼与消化,或因其中含有某种或某些能干扰大肠纤维素消化的因素,降低粗硬饲料的可消化性等致发本病。

激发因素　指的是在饲喂上述粗硬饲草的前提下,促使具备易发便秘因素的马匹发生便秘的各种直接原因,主要包括:饮水不足,机体缺水,喂盐不等,使血浆水分向大结肠内净渗出(每昼夜至少 10L)减少而重吸收过度,肠运动机能减退,肠内容物逐渐停滞或干涸;喂盐不足,致使消化液分泌不足,肠内水分减少,内容物pH 值降低,肠肌弛缓,常激发各种不全阻塞性大肠便秘;饲养突变如草料种类、日粮、组分、饲喂方法,或气候骤变如温度、湿度、气压等急剧变化形成的饲养应激和气象应激,导致胃肠的植物神经控制失去平衡,肠内容物停滞而发生便秘。

易发因素　指的是马骡个体存在的易发便秘的各种内在原因即预置因素。这些易发因素有:抢食或吞食,由于采食过急,咀嚼不细,与唾液混合不充分,胃肠反射性分泌不足,妨碍消化;长期休闲与运动不足,引起胃肠平滑肌紧张性降低,消化腺兴奋性减退,导致胃肠运动弛缓和消化液分泌减少;另外牙齿磨灭不整、慢性消化不良、肠道寄生虫重度感染等,也易引起胃肠的运动与分泌机能障碍或结构异常,成为肠便秘的诱发因素。

病理发生

马肠便秘的发生机理　传统的肠便秘发生机理认为,在上述致病因素作用下,机体植物神经系统机能紊乱,副交感神经兴奋性降低,交感神经兴奋性增高,使肠蠕动减弱,消化液分泌减少,以致草料消化不全,粪便停滞阻塞肠腔而发生。

我国学者李毓义等,提出马骡肠便秘的发生未必都是肠管运动减弱和消化液分泌减少的结果。认为完全阻塞性肠便秘,可能起病于肠肌痉挛或失弛缓;而不完全阻塞性肠便秘,可能起病于肠弛缓或弛缓性麻痹。究其原因,前者主要是由于胃肠植物神经调节功能失调所致;后者则主要起因于肠道内环境的改变,特别是纤维素微生物消化所需条件,如大肠内酸碱度和含水量的改变。

马属动物是单胃草食兽,饲草中的纤维素是在大肠内经纤毛虫、细菌等微生物发酵,产生挥发性脂肪酸而被吸收利用。马主要在采食咀嚼期间分泌唾液,其中腮腺唾液日分泌量为 10~12 L,重碳酸盐含量为 50 mmol/L,能为中和发酵的酸性产物提供充足的碱基。马胰腺分泌是连续性的,饲喂咀嚼可长时间地显著提高胰液的分泌速率,其分泌量大(5~12 L/d),重碳酸盐浓度低,氯化钠含量高(1 800 mmol/L);马胆汁分泌同样是连续性的,也含有大量氯化钠。马与其他动物一样,可向回肠终末端和结肠内分泌重碳酸盐,吸收氯化钠,进行离子交换。因此,马胰液和胆汁内高含量的氯化钠可给回肠和结肠内的阴离子交换提供媒介物,以换取重碳酸根,为缓冲盲肠和腹侧大结肠内纤维素发酵生成的挥发性脂肪酸提供大量碱基,将盲结肠液的 pH 值控制在 7.55~5.94 的变动范围之内,保证大肠运动正常。由此设想,马不全阻塞性大肠便秘时的肠弛缓性麻痹,可能是粗硬饲料咀嚼不细,与唾液混合不完全,胰液和胆汁反射性分泌不足、或其中氯化钠含量过低,以致换取重碳酸根过少,使大肠内环境特别是酸碱度和含水量发生改变,纤维素发酵过程发生障碍的结果。

马肠便秘病理过程的发展机理 完全阻塞性便秘与不全阻塞性便秘在发展进程上迥然不同。

完全阻塞性便秘,由于秘结粪块的压迫,阻塞部前侧胃肠内容物的刺激,使肠平滑肌挛缩,而产生腹痛(痉挛性疼痛)。由于阻塞前部内容物积滞、腐败发酵和分泌液增多,而继发胃扩张和/或肠臌气,腹痛亦随之加剧(膨胀性疼痛)。由于阻塞前部的分泌增加,大量液体渗入胃肠腔,加上饮食欲废绝以及剧烈腹痛引起的全身出汗,而导致机体脱水,尤其是阻塞部位越靠近胃脱水程度越重。由于阻塞前部肠内容物腐败发酵产生的有毒产物被吸收入血;脱水失盐、酸碱平衡失调和饥饿,使代谢发生紊乱,形成许多氧化不全产物;阻塞部肠壁因受粪块压迫而发生炎症或坏死并产生有毒的组织分解产物;肠道革兰氏阴性菌和梭状芽孢杆菌增殖并崩解,释放的内毒素经肠壁或膜吸收入血,引起自体中毒及至内毒素休克。由于腹痛,交感肾上腺系统兴奋,心搏动增强加快,心肌能量过度消耗;脱水血液浓缩,外周阻力增大,心脏负荷加重;腹痛、脱水和酸中毒,使微循环障碍,有效循环血量减少;以及自体中毒对心肌的直接损害,而最终导致心力衰竭。

不全阻塞性便秘,肠腔阻塞不完全,气体、液体和部分食糜尚能后送,不伴有剧烈的腐败发酵,没有大量的体液向肠腔渗出,因此腹痛不明显,脱水、自体中毒、心力衰竭几乎不出现。后期可发生秘结部肠管的发炎、坏死、穿孔和破裂。

症状 肠便秘的临床症状因阻塞程度和部位而异。

完全阻塞性便秘,呈中等或剧烈腹痛;口舌干燥,病程超过 24 h,口臭难闻,舌苔灰黄;初期排干小粪球,数小时后排粪停止;肠音沉衰或消失;初期除食欲废绝、脉搏增数外,全身状态尚好,但8~12 h后即开始增重,表现结膜潮红,脉疾速,常继发胃扩张而呼吸粗迫,继发肠臌气而肷窝平满,或继发肠炎和腹膜炎而体温升高,腹壁紧张;病程短急,多为1~2 d或3~5 d。

不全阻塞性便秘,多表现轻微腹痛,个别的呈中度腹痛;口腔不干或稍干,口臭和舌苔不明显;排粪迟滞、稀软、色暗、恶臭,有的排粪停止;肠音减弱,有的肠音消失;饮食欲多减退;全身病态不明显,一旦显现结膜发绀、肌肉震颤、局部出汗等休克危象,则表明阻塞肠段已发生穿孔或破裂。病程缓长,多为1~2周或更长。

不同部位肠便秘的临床特点:

小肠便秘(完全阻塞)　多在采食中或采食后数小时内突然起病。剧烈腹痛,全身症状明显,并在数小时迅速增重。常继发胃扩张,鼻流粪水,肚腹不大而呼吸促迫,导胃则排出大量酸臭气体和液体,腹痛暂时减轻但很快又复发。病程短急,一般12~48 h,常死于胃破裂。直肠检查,秘结部如手腕粗,呈圆柱形或椭圆形,位于前肠系膜根后方、横行于两肾之间,位置较固定的,是十二指肠后段便秘;其位于耻骨前缘,由左肾的后方斜向右后方,左端游离可牵动,右端连接盲肠而位置固定的,是回肠便秘;其位置游离,且有部分空肠膨胀的,是空肠便秘。十二指肠前段便秘,位置靠前,直肠检查触摸不到。

小结肠、骨盆曲、左上大结肠便秘(完全阻塞)　起病较急,呈中等度或剧烈腹痛,起病6~8 h后显现继发性肠臌气,病程多在1~3 d。直肠检查,小结肠中后段便秘,多位于耻骨前缘的水平线上或体中线左侧,呈椭圆形或圆柱状,拳头至小儿头大小,坚硬且移动性大;小结肠起始部便秘,多呈弯柱形,位于左肾内下方、胃状膨大部左后侧,位置固定,不能后移。骨盆曲便秘,秘结部位于耻骨前缘,体中线两侧,呈弧形或椭圆形,如小臂粗细,与膨满的左下大结肠相连,移动性较小。左上大结肠便秘,可在耻骨前缘、体中线左右摸到,秘结部呈球形、椭圆形,如小儿头大,或呈圆柱形,如小臂至大臂粗,与骨盆曲以及左下大结肠相连。

盲肠和左下大结肠便秘(不全阻塞)　表现不全阻塞性便秘的一般临床症状。直肠检查,盲肠便秘,可在右肷部及肋弓部摸到秘结部,如排球或篮球大,质地呈捏粉样,位置固定。左下大结肠便秘,可在左腹腔中下部摸到长扁圆形秘结部,质地黏硬或坚硬,可感到有多数肠袋和两三条纵带,由膈走向盆腔前口,后端常偏向右上方,抵盲肠底内侧。

胃状膨大部便秘(多为不全阻塞)　起病缓慢,腹痛轻微或中度腹痛,全身症状多在3~5 d后开始增重,常伴有明显的黄疸。有的因秘结部压迫了第二段十二指肠而继发胃扩张。多数病例排粪停止,也有排出少量稀粪或粪水。直肠检查,秘结部位于前肠系膜根部右下方,盲肠体部的前内侧,比排球、篮球还大,后侧缘呈球形,随呼吸而前后移动。

直肠便秘(完全阻塞) 起病较急,腹痛轻微或中度腹痛,不时拱腰举尾做排粪姿势,但无粪便排出。直肠检查,在直肠内即可触即秘结的粪块。

此外,尚有泛大结肠便秘和全小结肠便秘,均为不全阻塞性便秘,表现为起病缓慢,轻微或中度腹痛,排粪停止,大小肠音沉衰,病程较长,多为1周左右,最终发生肠弛缓性麻痹,转归死亡。

诊断 依据腹痛、肠音、排粪及全身症状等临床表现,结合起病情况、疾病经过和继发病症,一般可做出初步诊断,判断是小肠便秘还是大肠便秘,是完全阻塞性便秘还是不全阻塞性便秘,然后通过直肠检查即可确定诊断。

治疗 实施治疗时,应依据疏通肠道为主,结合镇痛、减压、补液、强心的综合性治疗原则。

镇痛 用于完全阻塞性便秘。常用针刺三江、分水、姜牙等穴位;0.25%～0.5%普鲁卡因液肾脂肪囊内注射;5%水合氯醛酒精和20%硫酸镁液静脉注射;30%安乃近液20～40 mL或用布洛芬、扶他林肌肉注射。禁用阿托品、吗啡等制剂。

减压 目的在减低胃肠内压,消除膨胀性疼痛,缓解循环与呼吸障碍,防止胃肠破裂。用于继发胃扩张和肠臌气的病例。可用胃管导胃排液和穿肠放气。

补液强心: 目的在纠正脱水失盐,调整酸碱平衡,缓解自体中毒,维护心脏功能。用于重症便秘或便秘中后期。对小肠便秘,宜大量静脉注射含氯化钠和氯化钾的等渗平衡液;完全阻塞性大肠便秘,宜静脉注射葡萄糖、氯化钠液和碳酸氢钠液;各种不全阻塞性大肠便秘,应用含等渗氯化钠和适量氯化钾的温水反复大量灌服或灌肠,实施胃肠补液,效果确实好。

疏通肠道 泛用于各病型,贯穿于全病程。

小肠便秘 首先导胃排液减压,随即灌服镇痛合剂60～100 mL;然后直肠检查并施行直肠按压术,使粪块变形或破碎;必要时内服容积小的泻剂,液状石蜡或植物油0.5～1.0 L、松节油30～40 mL、克辽林15～20 mL、温水0.5～1.0 L,坚持反复导胃;静脉注射复方氯化钠液,适量添加氯化钾液,忌用碳酸氢钠液。经6～8 h仍不疏通的,则应实施剖腹按压。

小结肠、骨盆曲、左上大结肠便秘: 早期除注意穿肠放气减压镇痛解痉外,主要是破除结粪疏通肠道,最好的方法是施行直肠按压或捶结术,治疗确实好,见效快;或灌服各种泻剂,如常用配方:硫酸钠200～300 g、液状石蜡500～1 000 mL、水合

氯醛 15～25 g、芳香氨醑 30～60 mL、陈皮酊 50～80 mL,加适量水 1 次灌服。起病
10 h 以后,一般治疗不能奏效时,即采用直肠内按压或捶结,若按压或捶结有困
难,可做深部灌肠,仍不见效且全身症状尚未重剧的,应随即剖腹按压。病程超过
20 h,全身症状已经重剧的,应用泻剂显然无效,惟有依靠直肠按压、捶结或深部灌
肠,或剖腹按压。

胃状膨大部、盲肠、左下大结肠便秘及泛大结肠便秘、全小结肠便秘及该类型
不全阻塞性便秘,历来是治疗上的难点。李毓义提出,不全阻塞性便秘肠弛缓性麻
痹的起因,除胃肠植物神经调控失衡,即交感神经紧张性增高和/或副交感神经紧
张性减低外,可能主要是肠道内环境特别是酸碱环境的改变。并据此筛选了一个以
碳酸钠和碳酸氢钠缓冲为主药的碳酸盐缓冲合剂,对 104 例不全阻塞性大肠便秘
自然病马进行了试验性治疗,治愈率高达 98.1%。投用方剂数 1.2 付,结粪消散时
间为 26.7 h。对 47 例重症盲肠便秘的治愈率为 93.6%,投用方剂数为 1.5 付,结
粪消散时间为 35.5 h,迅速而且平和,对妊娠后期病马亦未发现其毒副作用。其方
剂组成:干燥碳酸钠 150 g、干燥碳酸氢钠 250 g、氯化钠 100 g、氯化钾 20 g、温水
8～14 L。用法,每日 1 次灌服,可连用数天。如配合用 1% 普鲁卡因液 80～120 mL,
做双侧胸腰交感神经干阻断,每日 1 或 2 次;对泛大结肠便秘和全小肠便秘,配合
用温水 5～10 L,液状石蜡 0.5～1.0 L,深部灌肠,少量多次肌肉注射硫酸甲基新
斯的明液等,则疗效更佳。此外,依据全身状态要适时补液、强心、加强饲养管理。

预防　加强饲养管理,防止饲草受潮霉败,不喂粗硬难以消化的草料,适当运
动,及时治疗胃肠道某些慢性疾病,增强胃肠消化功能。有关研究确认,马骡肠便秘
的首要致发病因是饲草坚韧和咀嚼不全,并经实践验证:"干草干料增加食盐"饲喂
法是一项切实可行、行之有效的马骡肠便秘预防办法。

马肠变位(intestinal dislocation in equine)

马肠变位是指因肠管自然位置发生改变,致使肠系膜或肠间膜受到挤压绞榨,
肠管血液循环障碍,肠腔陷于部分或完全闭塞的一组重剧性腹痛病。又称机械性肠
阻塞、变位疝。在胃肠腹痛病中,其发病率较低(约占 1%),但病死率最高。

肠变位主要分为肠扭转、肠缠结、肠嵌闭、肠套叠 4 种类型。

肠扭转(intestinal volvulus and torsion)　即肠管沿自身的纵轴或以肠系膜基
部为轴而做不同程度的偏转。较常见的有左侧大结肠扭转等。

肠缠结(intestinal strangulation)　又名肠缠络或肠绞窄,即一段肠管以其他
肠管、肠系膜基部、精索或韧带为轴心,进行缠绕而形成络结。较常见的有空肠、小

结肠缠结。

肠嵌顿(intestinal incarceration)　又称肠嵌闭,旧名疝气,即一段肠管连同其肠系膜坠入与腹腔相通的天然孔或破裂口内,使肠壁血液循环障碍而肠腔闭塞。常见的有小肠或小结肠嵌入大网膜孔、腹股沟管乃至阴囊及腹壁疝环内,并致使肠腔完全或部分闭塞。

肠套叠(intestinal invagination)　即一段肠管套入其邻接的肠管内。套叠的肠管分为鞘部(被套的)和套入部(套入的)。如空肠套入空肠(1级套叠),空肠套入空肠再套入回肠(2级套叠),空肠套入空肠又套入回肠再套入盲肠(3级套叠)。

病因　原发性肠变位,主要见于肠嵌闭和肠扭转。因在奔跑、跳跃、难产、交配等腹内压急剧增大的条件下,小肠或小结肠被挤入腹腔天然孔穴和病理裂口而发生闭塞。或在重剧腹痛病经过中,由于马体连续滚转,左侧大结肠与腹壁之间无系膜韧带固定而处于相对游离状态,此时上行结肠和下行结肠即可沿其纵轴偏转或发生扭转。

继发性肠变位,多发生于肠痉挛、肠臌气、肠便秘等腹痛病的经过中。因肠管运动机能紊乱而失去固有的运动协调性;肠管充满状态发生改变,有的膨胀紧张、有的空虚松弛、或因起卧滚转与体位急促变换等,均可致使肠管原来的相对位置发生改变。

症状　典型的临床症状,呈现剧烈腹痛,排粪停止而常排出黏液和血液,迅速出现休克危象。

腹痛　肠腔完全闭塞的肠变位,初期呈中度间歇性腹痛;2～4 h后即转为持续性剧烈腹痛,大剂量镇痛剂难以奏效;至病后期,腹痛则变为持续而沉重,显示典型的腹膜性疼痛表现,肌肉震颤,站立而不愿走动,趴着而不敢滚转,弓背站立而腹紧缩等。肠腔不全阻塞性肠变位,如骨盆曲折转等,腹痛相对较轻。

消化系统症状　主要表现肠音沉衰或消失,排粪停止,均继发胃扩张和(或)肠臌气,有的可排出少量恶臭稀粪并混有黏液和血液。

全身症状　病势猛烈,全身症状多在数小时内迅速增重,肌肉震颤,全身出汗,脉搏细数,呼吸促迫,体温大多升高(39℃以上)。后期主要表现休克危象,病马精神高度沉郁,呆然站立或卧地不起,舌色青紫或灰白,四肢及耳鼻发凉,脉弱不感手,微血管再充盈时间延长(4 s以上),血液暗红而黏滞等。

腹腔穿刺　病后2～4 h,穿刺液即明显增多,初为淡红黄色,后转为血水样,其中含有多量红细胞、白细胞及蛋白质。

直肠检查　直肠内空虚,腹压较大,检手前进困难,一般可摸到局限部气肠;肠系膜紧张如索状,朝一定方向倾斜而拽拉不动;某段肠管的位置、形状及走向发生改变,触压或牵引则病畜剧痛不安;排气减压后触摸,仍如同往常。不同肠段、不同类型的肠变位,其直检变化亦各有特点。

诊断　依据典型的临床症状及腹腔穿刺液变化,建立初步诊断。然后通过直肠检查和剖腹探查即可确立诊断。

治疗　本病的病情危重,病程短急,一般经过 12～48 h 多因急性心力衰竭和内毒素休克而死亡。因此,尽早实施手术整复,严禁投服一切泻剂,是治疗肠变位的基本原则。推荐下述开腹整复手术方案。

术前准备　先采取减压、补液、强心、镇痛措施,维护全身机能;灌服新霉素或链霉素,制止肠道菌群紊乱,减少内毒素生成。

手术实施　全麻,仰卧或半卧保定;确定手术径路,做腹中线切开、肋弓后平行切开或腹胁部切开;创口不短于 20～30 cm,力争直视下操作;尽量吸除闭塞部前侧的胃肠内容物;切除变位肠段,进行断端吻合。

术后监护　一是进行常规护理,如维护心肾功能、调整水盐代谢和酸碱平衡以及防止术后感染;二是要重点治疗肠弛缓,防止内毒素性休克,为此应通过临床观察、内毒素检验和凝血象检验等,进行临床监查病程进展。

肠系膜动脉血栓栓塞(thrombo-embolism of mesenteric artery)

肠系膜动脉血栓栓塞是由普通圆虫幼虫所致发的寄生性动脉炎,使肠系膜动脉形成血栓,其分支发生栓塞,相应肠段供血不足而引起的腹痛病。主要发生于 6 个月至 4 岁的青年马。普通圆虫(strongylus vulgaris)的幼虫移行到前肠系膜动脉,是其正常发育的一个自然环节,其移行途径是被食入的感染性(第三期)幼虫穿过肠黏膜进入黏膜下动脉腔,然后沿动脉分支逆行同时变为第四期幼虫,约经 3 周栖留于前肠系膜动脉内,以后幼虫发育并沿肠系膜动脉分支向下移行,最后卡于肠壁小动脉末梢部,在黏膜下形成出血性结节。因此,本病的发生,即是因幼虫在肠系膜动脉系统移行,引起动脉内膜发炎,动脉中层肌纤维白细胞浸润,致使与内膜分离而形成空隙,其间充满细胞碎屑,结果动脉壁增厚、肿大、管腔填塞血栓,其中血栓、块或碎片可导致动脉管腔闭塞及下游动脉分支栓塞,相应肠段发生浆液出血性浸润或出血性梗死。临床特征:不定期反复发作的轻度至剧烈腹痛,发热,腹腔穿刺液混血;直检常在前肠系膜动脉根部及其分支处摸到如小指或拇指粗变硬的动脉等,呈梭形、核桃大、串珠状膨隆,搏动明显减弱而感有管壁震颤。治疗:目前尚无理想疗法。据报道用 10% 低分子右旋糖酐或 20%～25% 葡萄糖酸钠液静脉注射,对本病显示较好疗效。此外,要依病情适时应用镇痛解痉、补液强心、制止内毒素休克等对症处置。

肠结石(intestinal calculus)

肠结石是肠内形成结石,堵塞肠腔而致发的一种腹痛病。多发于老龄马骡。真性结石(马宝),主要成分为磷酸铵镁;外表圆滑,结构致密,坚实而沉重。假性结石(粪石),包括植物粪石和毛球粪石,主要成分为植物纤维、动物毛球和异物团块;外表粗糙不平,结构疏松,重量相对轻得多。常见的肠结石多为真石结石。真性肠结石形成的过程:患有慢性消化不良(碱性肠卡他)并饲喂大量富磷饲料的马骡,肠内腐败过程旺盛,产生多量氨、氢氧化铵含量增高,在碱性环境里,与进入大肠的磷酸氢镁结合,生成并析出磷酸铵镁,并围绕某种异物反复沉积而形成结石。症状:当结石未将肠腔完全阻塞时,表现长期周期性轻微的腹痛,造成肠腔的完全阻塞时则呈现剧烈腹痛;并可继发肠臌气和肠炎。直肠检查,常在小结肠、骨盆曲或胃状膨大部摸到坚硬、球形如拳头大或铅球大的结石。治疗:对急性发作的结石性肠堵塞病,首先实施解痉镇痛、穿肠减压、补液强心,不得投服泻剂;病情缓和后应尽早行剖腹术,取出结石,方可根本治愈。

肠积沙性疝痛(sand colilc)

肠积沙性疝痛是马骡异嗜或误食大量沙石,逐渐沉积于肠内所引起的一种腹痛病。多呈群发,常见于半荒漠草原和多沙石地区的马群。主要病因有,长期采食含有多量细沙的饲料;长期饮用混有泥沙的河水、渠水、涝地水及浅水;经年在厚积细沙的浅溪、浅滩处放牧、放饮等。轻症病马表现慢性消化不良的症状,食欲不定,有舌苔,口臭大,逐渐消瘦,轻度腹泻和排粪迟滞交替出现,同时尚呈现经常性轻微腹痛和粪中混有多量泥沙的临床特征;重症病马,主要表现反复发作伴有肠炎的肠堵塞症状,呈中度或剧烈腹痛,全身症状明显或重剧,直肠检查时手臂沾有沙粒,常在骨盆曲、胃状膨大部等处摸到黏硬粗糙的沙包,按压堵塞部肠段病畜疼痛不安。治疗主要用泻剂配合用拟副交感神经药,如用猪油0.5~1 kg,加1‰温盐水8~16 L投服,每隔1~2 h皮下注射1次小剂量毛果芸香碱,在12 h内即可排出大部积沙;等渗温盐水10~14 L,每隔1~2 h投服1次,槟榔碱(实量8 mg)溶液,每隔20~30 min肌肉注射1次,坚持牵遛运动,如此反复,连续8 h,病马排出大量积沙。对积沙性肠阻塞病马,按急腹症实施抢救,病情缓和再做排沙治疗。

马属动物各种疝痛症状的临床表现见图3-5。

图 3-5　马属动物各种疝痛症状的临床表现

牛肠便秘（constipation of cattle）

牛肠便秘是由于肠管运动和分泌机能降低，肠内容物停滞，阻塞于某段肠腔而引起的一种腹痛性疾病。多发于黄牛和水牛，乳牛较少见。阻塞部位多见于十二指肠、结肠和盲肠。

病因　主要病因是长期饲喂富含纤维素的饲料，如麦秸、棉秆、稻草、甘薯藤、花生秧等。粗饲料先对肠道产生兴奋刺激，久之则引起肠道运动和分泌机能减退，肠内容物停滞而发生肠阻塞。劳役过度、缺乏饮水及年老体弱可促进本病的发生与发展。其次，偷食稻谷，谷料沉积在肠腔常引起水牛的盲肠炎肠阻塞；乳牛长期饲喂大量浓汁饲料，粗饲料不足。新生犊牛的胎粪积聚；因异嗜舔食被毛而形成的毛球；某些肠道寄生虫重度感染的大量虫体等，也可引起肠阻塞。

症状　主要症状为腹痛，排粪停止，常有胶冻状分泌物排出。

病初表现食欲明显减少或废绝，反刍停止，结肠阻塞时偶有少量食欲；阵发性轻微腹痛，四肢频频踏地，弓背努责，举尾；前胃弛缓，常伴有轻度臌气；排粪量少而干；乳牛泌乳量下降；体温、心率、呼吸无明显变化。以后腹痛消失，精神沉郁，排粪停止但有白色胶冻状黏液排出；轻度脱水，心率加快，呼吸增数。病的中、后期，病牛精神极度沉郁，卧地，体温低下，心搏动疾速达 100 次/min 以上，中度以上脱水，出现心包摩擦音，可视黏膜由发绀变为苍白，末梢变凉或厥冷，呈休克危象，最后在在昏迷或抽搐下死亡。病程 5～10 d，阻塞部位在后部肠管病程长，结肠阻塞可达 2 周以上。

诊断　依据病史、腹痛、排粪停止而排出胶冻状黏液，机体进行性脱水，结肠阻塞在右腹胁部以拳撞击之有震水音等，做出初步诊断。确诊需经直肠检查，如盲肠便秘、部分小肠便秘、结肠便秘，可直接摸到秘结部位；对于腹腔下部的小肠便秘，直肠检查难以触及，可依据便秘前方肠管积气，便秘后方肠管空虚萎陷等进行判断。必要时可施行开腹探查，确诊后随之按压或手术破结。

治疗　治疗原则，清肠疏通为主，辅以强心、补液、解毒、纠正电解质紊乱和酸碱平衡。

保守疗法，用盐类和油类泻剂内服，或以瓣胃注射，配合用胃肠道兴奋剂等各种药物疏通法，辅以补液、强心、解毒等对症疗法，其治疗果均不理想，特别是对中后期病例；基本上是无效的。因而，一般在用药物治疗 24～48 h，病情未见好转即应及时施行手术治疗。

手术疗法，采用站立保定，右侧腰旁麻醉和胁部切口局部浸润麻醉，在右侧胁部打开腹腔。然后沿膨胀的肠管由前向后或沿萎陷的肠管由后向前，找到秘结部并实施隔肠按压或侧切取粪,肠管坏死的应将其切除,然后施行断端吻合术。

术后治疗,首先应按常规注射抗生素,连用5 d。其次,针对病牛脱水、电解质紊乱和酸碱失衡,可经口补液;除盲肠稻谷性便秘发生代谢性酸中毒,应补充碱性液(5%碳酸氢钠)外,其余各种肠便秘因均出现典型的代谢性碱中毒和血清钾、血清氯减少,一律施用酸性溶液和补钾措施,通常用等渗溶液(氯化钾54 g,氯化铵40 g、蒸馏水10 L,灭菌),一次静脉注射3～6 L,肠疏通后,病牛开始采食,停止补钾,但需给一定量食盐。对重症病例,要适时采取强心、抗休克等对症处置。

牛羊肠变位(intestinal dislocation of cattle and sheep)

牛羊肠变位又称机械性梗阻,是由于肠管的正常位置发生改变,使肠腔发生不全闭塞或完全闭塞所引起的腹痛病。牛羊常发的病型是十二指肠套叠、空肠等小肠嵌闭和盲肠扭转。其发病原因和疾病发生、发展过程,与马属动物的肠变位基本相同。奶牛肠套叠时,常在套叠部位发现牛结节线虫结节或息肉,也有报道在奶牛手术时、因倒卧保定引起肠系膜根部的完全扭转。临床症状:小肠变位全身症状较明显,包括食欲突然消失;胃肠停滞;腹部膨胀,右下腹部隆起,冲击触诊有震水音;腹痛,尤其肠系膜根扭转,小肠缠结和远侧肠管扭转时会出现重剧腹痛、踢腹、吼叫、背部下沉、不愿站立等;初期排少量稀粪,以后粪中带血或呈污黑色,不久排粪停止;全身状态(如脱水、心搏动、呼吸等)呈进行性恶化,变位发生在小肠远侧时出现轻度代谢性碱中毒,发生在十二指肠则出现严重的代谢性碱中毒;直肠检查,可摸到积液膨胀的肠段,并可能寻找到变位的病变部;肠嵌闭时,可在腹壁、脐部、腹股沟部,见有局部肿胀和相应的临床病理变化;腹腔穿刺液呈淡红或暗红色。盲肠扭转病情较轻,排粪减少,不含血;右肷上部轻度膨胀,撞击有震水音,叩击有鼓音,直检可摸到膨大的圆柱体。治疗:手术是肠变位的根本疗法,并辅以对症和支持疗法。

牛盲肠扩张和扭转(cecal dilation and torsion in cattle)

牛盲肠扩张及扭转是由于盲肠内积气而过度膨胀,致使盲肠以基部为轴发生扭转的一种急性腹痛病。常见于奶牛,可发生于怀孕或泌乳的任一阶段,但高发时间是泌乳早期;犊牛和公牛,尤其在饲喂易发酵精料时也有发生。其病因,主要由于日粮中高水平的精料和青贮料,使盲肠内挥发脂肪酸浓度过高,引起盲肠弛缓与积气;低血钙、继发于乳房炎或子宫炎的内毒素血症和消化不良等,均可导致胃肠梗阻,致使盲肠内产生气体无法排出而引发盲肠扩张。盲肠扩张,盲肠尖从正常位置上升并移至盆腔入口,随着进一步膨胀即会导致自身沿顺时针方向旋转即扭转。盲肠扩张初期主要表现食欲不振、排粪减少和腹部膨胀右侧肷窝消失,病情进一步发展,出现轻度至中度腹痛,瘤胃弛缓;叩诊右腹有鼓音,鼓音区位于右肷窝或向前延伸至 11~13 肋,此外冲击触诊有震水音。晚期整个右腹呈现膨胀,发病超过 24 h,可出现轻度或中度脱水,末梢发凉,提示低血钙;直检可摸到膨胀的盲肠。盲肠扭转时症状严重,食欲和排粪减少,中度脱水,继发瘤胃膨胀,右腹显著膨胀,心率加快,右腹鼓音区扩大,冲击触诊有明显震水音。犊牛盲肠扩张及扭转,还出现发热及腹痛。治疗:对仍有排粪,全身状态改变不大,不伴有盲肠扭转的病例,可采用药物疗法,每天给予轻泻剂、促反刍剂、钙剂,配合输液及调整胃肠功能。对盲肠扭转,一经确诊应尽早手术整复或行部分坏死盲肠切除术。

猪肠变位(intestinal dislocation in swine)

猪肠变位是肠管自然位置发生改变,致使肠腔机械性闭塞的急性腹痛病。常发的肠变位类型有肠套叠、肠扭转和肠嵌闭。病因:哺乳仔猪常因母乳不足饥饿状态,肠管长时间空虚,采食品质不良饲料、冷水;断乳期间因饮食改变,采食了刺激性较强的饲料或在施行去势时而捕捉、按压等,致使肠套叠。肠扭转多因饲料含泥沙过多,在急剧运动时,发生某段肠管或肠系膜根部扭转。肠嵌闭,主要见于对阴囊疝或脐疝治疗不及时,致使脱出腹腔的肠管互相挤压、粘连及发炎而发闭塞;成年母猪的去势或剖腹产手术不规范操作,使肠管与腹膜粘连或掉入腹膜破裂口内,或被嵌顿在腹壁肌肉间,致使肠管闭塞。临床特征,发病突然,腹痛明显,出现各异常姿势,初期排稀粪以后排粪停止;小肠肠系膜扭转,主要表现腹部膨胀,突然死亡,死前腹痛明显,病程一般在 2 h 以内;肠嵌闭常有腹壁肌颤抖,两侧腹壁有压痛反应。治疗:在初步诊断为肠变位时,应及时剖腹探查,一经确诊应立即手术整复,遇有肠管坏死时,则行肠切除和肠吻合术。术后注意抗菌消炎和饲养管理。

猪肠便秘(constipation of swine)

猪肠便秘是由于肠内容物停滞,水分被吸收而干燥,致使肠腔阻塞的一种腹痛病。按其病因,有原发和继发之分。原发性肠便秘,主要起因于长期饲喂含粗纤维多的饲料,或精料过多、青饲料不足或缺乏饮水;饲料中混有多量泥沙或其他异物等。继发性便秘,多发生于热性病如感冒、猪瘟、猪丹毒等疾病的经过中。病猪一般表现为食欲减退或废绝,有时饮欲增加,偶见有腹胀、不安;主要症状是:频频取排粪姿势,初期排干小粪球,以后排粪停止;听诊肠音微弱,有时听到金属性肠音;腹部触诊显示不安,小型瘦弱猪可摸到形如串珠状的干硬粪球;后期全身症状重剧,因继发局限性或弥漫性腹膜炎而体温升高。在治疗上,当尚有食欲,腹痛不明显时,宜停食1 d,用微温肥皂水多次直肠灌入,而后按摩腹部,以软化结粪,促进排出;腹痛明显的,用安乃近 3～5 mL,或氯丙嗪按每千克体重 1～3 mg 的剂量,肌肉注射;疏通肠道可植物油或液状石蜡 100 mL 或甘汞 0.2～0.5 g,蜂蜜 25～50 g 加适量水 1 次内服。疏通肠道后,喂给多汁饲料;机体衰弱的及时补液、强心。

犬急性小肠梗阻(acute small intestine obstruction in canine)

犬急性小肠梗阻是由于坚硬食物或异物,以及小肠正常生理位置发生不可逆变化,致使肠腔不通并伴有局部血液循环严重障碍的一种急性腹痛病。临床上以剧烈腹痛、呕吐和休克为特征。

病因　常见病因有:不能消化的食物和异物卡住或堵塞肠道,如骨头、果核、布条、塑料、线团、毛球、纠集成团的蛔虫体,以及肿瘤、肉芽肿、脓肿等。肠变位引发肠腔闭塞,以肠套叠多见,通常发生在空肠或近端回肠以及回盲结合处。主要起因于受凉、采食冰冷的饮水饲料及其他异物的刺激,因肠功能紊乱发生肠套叠而闭塞肠腔;其次为肠嵌闭或肠绞窄,即由于肠腔空虚、肠蠕动亢进、激烈运动等,使肠管坠入天然孔(腹股沟管)或肠系膜、腹肌等破裂口内,或肠管被腹腔某些韧带、结缔组织条索绞结,而致使肠腔不通。常见小肠掉入腹股沟管、大网膜孔、肠系膜破裂孔或膈破裂孔内,以及空肠缠结在肠系膜根上。

症状　由异物引起的肠梗阻,主要表现顽固性的呕吐或呕粪,食欲不振,饮欲亢进,精神沉郁并迅即变得淡漠或痛苦;腹痛,表现常变更躺卧地点,号叫、弓背;呼吸、心率加快,体温偏高;后期严重脱水,体温低于正常。十二指肠阻塞时,出现黄疸;腹部触诊,可摸到臌气肠段,有时可触及到肠内异物和梗阻包块;若异物引起肠穿孔,则可发生弥漫性腹膜炎或出现腹胀肿,表现腹肌紧缩,触诊敏感、疼痛。

肠套叠,初期全身状况无明显变化,只表现排出带血的松馏油样粪便,反复呕吐,食欲减退;以后出现阵发性腹痛,排粪停止,常有里急后重现象,脱水;有的可突然呈现衰竭危象。触诊腹部发硬,并可在腹腔中摸到坚实而有弹性、弯曲而移动自如的香肠样肠段。

肠嵌闭和肠绞窄,其临床特征是腹痛剧烈,全身症状迅速增重,病程短急。患犬表情忧郁,痛苦;呼吸、心率加快,体温升高;呈持续而剧烈腹痛,不时号叫、呻吟或僵硬地伸直四肢,或急起急卧,极度不安,大剂量镇痛剂难以奏效;顽固呕吐,甚至呕粪;腹部触诊可发现局部敏感性增高及臌气的肠段。后期呈高度昏迷、衰弱,体温降低,脉弱无力,常因腹膜炎、肠破裂引发中毒性休克而死亡。

诊断　根据呕吐,腹痛,触诊腹部敏感、腹壁紧张,及触诊到积气、积液气管和梗阻部等做出初步诊断。确诊需经 X 射线检查或腹部探查。

治疗　本病为急性腹痛病,其治疗原则是止痛镇静,排除梗阻原因,恢复胃肠功能,补液及纠正电解质和酸碱平衡失调。关键在于应尽早地施行剖腹术等急救措施。首先,在疼痛剧烈时,可用盐酸哌替啶(杜冷丁)注射液 5~10 mg/kg,皮下或肌肉注射,或用安定注射液 0.1 mg/kg,1 次肌肉注射。对继发胃扩张或肠臌气的可导胃、穿肠排气减压。对危重病犬,为抗炎抗休克,应及时用氢化可的松注射液,每次用 5~20 mg,用生理盐水或葡萄糖注射液稀释后静脉滴注;低分子右旋糖酐液20~50 mL,1 次静脉注射;术前可静脉注射复方氯化钠液或葡萄糖氯化钠液,以调整水盐代谢和酸碱平衡。排除梗阻原因,疏通肠道,根本的治疗措施是尽早施行手术疗法,即剖开腹腔,寻找梗阻部位,随后依据梗阻性质,松解粘连、整复变位的肠管,修补疝轮,或切除、切死肠段并行肠断端吻合术,或隔肠按压、侧切肠管排除堵塞异物等。术后要补液、强心,应用抗生素防止继发细菌感染并加强护理。

兔肠便秘(constipation of rabbit)

兔肠便秘是由于胃肠消化与分泌机能紊乱,肠道弛缓,致使肠内容物后送困难而发生停滞的一种腹痛病。主要起因于长期喂干饲料,饮水不足;精料过量,青饲料不足;饲料或饮水中混有大量泥沙,或因异嗜而误食兔毛、污物等。在热性病及其他能引起胃肠弛缓的全身性疾病的经过中,也能继发肠便秘。症状:表现食欲减退或废绝,肠音减弱或消失;排粪量减少;粪球细小而坚硬,可见两头尖似鼠粪样的粪便,有时在粒状粪球外附有黏液,后期排粪停止;病兔不安,频频出现弓腰、努责、回顾腹部。根据排粪状况,腹痛表现,触诊腹部可感知肠管内有念珠状豌豆大的硬粪颗粒而做出诊断。治疗:轻症病例,可采取调整日粮改善饲养,辅以适当运动,促进胃肠蠕动,疏通肠管。病情较重时,可内服泻剂,用硫酸钠或人工盐 4~6g,幼兔减半,加温水 20 mL,1 次口服;植物油或液状石蜡 16~25 mL;蜂蜜、普通水各 10 mL内服;果导 1 或 2 片,加水适量内服,每日 2 次。配合 5%软肥皂水或温盐水灌肠,可促进粪便排出。

兔毛球病(hairballs of rabbit)

兔毛球病是由于兔毛与胃内容物混合形成坚固的毛球,阻塞肠管或幽门,致使肠道不通的一种腹痛病。家兔食入兔毛的原因较多,如笼舍狭小,互相拥挤而吞食其他兔的绒毛,或绒毛脱落于饲料和垫草中,未及时清扫被兔食入;对长毛兔的被毛梳理不及时,使其粘连成团,在自感不适时而咬毛吞食;日粮中粗饲料不足,缺乏蛋氨酸和胱氨酸,或某些矿物质、维生素缺乏等,致使家兔异嗜而互相啃咬皮毛导致毛球病的发生。症状:表现食欲减退,喜饮水,便秘,粪球中可见到绒毛,常由于绒毛连结使粪球成串;毛球滞留于幽门,继发胃阻塞;滞留于小肠,引发肠梗阻。不论是胃阻塞或肠梗阻,均出现胃肠臌气、神情不安等症状,触诊腹部可摸到积气的胃肠,穿刺放气后可触摸到毛球。诊断:可依据病兔有食毛癖或有互相啃被毛皮习惯,排粪及粪便检查及腹部触诊情况等进行判断。治疗:主要用泻剂促进毛球排出。用植物油或液状石蜡 20～30 mL 内服;或用大黄苏打片 1～3 片,加水适量内服。服药后,配合按摩腹部,能促进毛球排出。毛球排出后 1～2 d,给予易消化饲料和健胃、制酵剂。药物治疗无效时,可施行腹腔手术取出毛球。对有食毛癖的幼兔,可试用石膏治疗,每日 0.5～1.0 g,1 次口服。

第七节　肝脏和胰腺疾病

肝营养不良(hepatic dystrophy)

肝营养不良亦称营养性肝病或营养性肝坏死,是由于饲喂缺乏硒和/或维生素E 缺乏以及富含不饱和脂酸的饲料,致使肝脏发生变性、坏死的一种营养缺乏病。主要发生于生长快速的仔猪,以 3～15 周龄猪多发,常呈群发性,病死率高。野猪、毛皮兽、牛和鸡也有发生。主要病因是由于长期饲喂硒量低于 0.03～0.04 mg/kg的饲料;缺乏青绿饲料,日粮中维生素 E 缺乏与不足;饲料质量低劣或发霉变质,以及不饱和脂肪酸含量增多,机体在代谢过程中产生的内源性过氧化物聚积,引起肝细胞膜和亚细胞膜的结构与功能上的损害,导致肝实质的变性与坏死。临床表现:急性型,多见于生长迅速、体况良好的仔猪,常表现无先兆症状而突然死亡;亚急性型,表现精神沉郁,食欲减退,呕吐,腹泻,粪便带血,腹部和臀部皮下水肿,后躯无力,多在 3 周内死亡,死亡时呈呼吸困难、发绀和虚脱;慢性型,出现黄疸,腹部膨大,消瘦,发育不良。主要病理变化,急性型肝脏肿大,质脆,表面及切面有红黄相间的坏死;慢性型呈肝萎缩,表面粗糙,肝小叶坏死,小叶间结缔组织增生。治疗:主要是补硒,辅以维生素 E,用 0.1% 亚硒酸钠液 1～2 mL,皮下或肌肉注射,间隔1～3 d 后,重复注射 1 或 2 次,配合用维生素 E;补糖保肝,增强肝脏解毒功能,促进有毒物质排出。

急性实质性肝炎(acute parenchymatous hepatitis)

急性实质性肝炎是以肝细胞变性、坏死和肝组织炎性病变为病理特征的一组肝脏疾病。各种畜禽均可发生。按病理变化,分为急性黄色肝萎缩和红色肝萎缩。病因复杂,中毒性肝炎,见于各种化学毒中毒、有毒植物中毒、真菌毒素中毒,如瘤胃酸中毒引发的霉菌性瘤胃炎可进一步引起霉菌性肝炎,饲喂尿素过多或尿素循环代谢障碍所致的氨中毒等。感染性肝炎,见于细菌、病毒、钩端螺旋体等各种病原体感染,如沙门氏菌病、钩端螺旋体病、牛恶性卡他热、猪瘟、猪丹毒、犬病毒性肝炎、鸭病毒性病炎、或瘤胃酸中毒引起的瘤胃炎,使坏死杆菌等经瘤胃血管扩散至肝脏并对其造成损伤。寄生虫性肝炎,主要见于肝片吸虫、血吸虫的严重侵袭。充血性肝炎,主要见于充血性心力衰竭时,肝窦状隙内压增大,肝实质受压并缺氧,而导致肝小叶变性和坏死。临床症状:表现消化不良,粪恶臭且色淡,可视黏膜黄染,肝浊音区扩大并有压痛;精神沉郁、昏睡、昏迷或兴奋狂暴;鼻、唇、乳房等处皮肤红、肿、瘙痒或有溃疡;体温升高或正常,心率徐缓,全身无力,并有轻微腹痛或排粪带痛。治疗:主要是保肝利胆,常静脉注射 25% 葡萄糖液、5% 维生素 C 液和 5% 维生素 B_1 液;服用蛋氨酸、肝泰乐等保肝药;内服人工盐、鱼石脂等,以清肠制酵利胆;有出血倾向的用止血剂和钙制剂;狂暴不安的给予镇静安定药。

肝破裂(hepatic rupture)

肝破裂是肝实质和/或肝包膜因外力所致的偶发性破裂,或因肿大、质地脆弱所致的自发性破裂。其原因,偶发性肝破裂,主要发生于肝区突然受到打击、冲撞、挤压等剧烈的外力作用,或在腹腔创伤、肋骨骨折、创伤性网胃腹膜炎时,被尖锐物体直接刺破;自发性肝破裂,多见于肝脓肿、肝肿瘤、肝淀粉样变性、肝脂肪变性、肝片吸虫病、细颈囊尾蚴病等病理状态下。临床症状:发生肝实质连同肝包膜破裂的病畜,突然显现目光惊惧,肌肉震颤,体躯摇晃,全身出冷汗,体温低下,可视黏膜苍白,脉搏疾速而微弱,表现典型的内出血所致的低血量性休克危象;穿刺腹腔有多量血样液体;常在 1~10 h 死亡。肝包膜下血肿病畜,表现站立不动,运步拘谨,有沉重而稳静的腹痛,可视黏膜苍白,触压肝区有疼痛反应,腹腔穿刺液有时呈红染。病程在数日或数周不等。通常因肝实质同肝包膜破裂,死于低血容量性休克。本病治疗可试用 6-氨基己酸、安络血、止血敏等止血药和钙制剂,但大多无效。

肝硬变(hepatic cirrhosis)

肝硬变即肝硬化,又称慢性间质性肝炎或肝纤维化,是由于各种中毒等因素引发的以肝实质萎缩、间质结缔组织增生为基本病理特征的一种慢性肝病。按病变性质,分为肥大性和萎缩性肝硬变;按病因,分为原发和继发性肝硬变。原发性肝硬变的主要病因是各种中毒,如羽扁豆、猪屎豆、野百合等植物中毒,磷、砷、铅、四氯化碳、酒精等化学物质中毒,长期饲喂酒糟或霉败饲料中毒。继发性肝硬变,主要发生于某些传染病、寄生虫病和内科病的经过中,如犬传染性肝炎、鸭病毒性肝炎、牛羊肝片吸虫、猪囊虫、慢性胆管炎及充血性心力衰竭等疾病。临床症状:表现便秘与腹泻交替发生,久治不愈的消化障碍;反刍兽呈现慢性前胃弛缓或瘤胃臌胀,渐进性消瘦;进行性腹水,穿刺腹腔有大量透明的淡黄色漏出液;肥大性肝硬变,肝、脾浊音区显著扩大,小动物经腹部触诊可以扣及肥大的肝。血清胶体稳定性试验,如硫酸浊度(ZTT)和麝香草酚浊度试验(TTT)等多为阳性反应。病程数月或数年不等。生前诊断困难,确诊需依据肝脏活体穿刺和组织学检查。无根治方法。

胆管炎和胆囊炎(cholangitis and cholecystitis)

胆管炎和胆囊炎是由于寄生虫侵袭,细菌、病毒感染,致发的胆管和胆囊炎症过程。其病理特征,胆管变粗胆囊肿大,其黏膜充血有出血点,管壁和囊壁增厚,胆汁浓缩混浊或污秽,有时胆道内有虫体。主要是由寄生于胆管和胆囊的寄生虫所引起,如肝片吸虫、矛形双腔吸虫、前后盘吸虫及猪、马的胆道蛔虫;并发于某些传染病,如猪、羊的链球菌病、猪瘟、犬传染性肝炎;胆道阻塞(胆石症等),胆汁瘀滞并刺激胆道,致使胆管和胆囊发生炎症。临床症状:由于本病多继发或伴发于某些寄生病和传染病,因此除有原发病的固有症状外,还表现肝机能不全和消化障碍,如食欲不振、消化不良、便秘或腹泻、黄疸、消瘦、贫血、浮肿、腹水等;化脓性胆囊炎,可出现发热、恶寒战栗、白细胞增多和核左移;胆囊穿孔,则出现穿孔性腹膜炎的症状;肝脏部位触诊,病畜有疼痛表现。诊断:依据流行病学、临床症状、粪便的虫卵检查与鉴定,以及腹部X射线及B超检查的结果进行判定。

胆石症(cholelithiasis)

胆石症是由于胆囊和胆管中形成的结石,引起胆道阻塞、胆囊胆管炎症的一种疾病。按胆石成分可分为3种类型:胆红素钙石,主要成分为胆红素钙,呈棕黑色,硬度不一,形状不定,有时呈胆泥或胆沙状,多见于牛、猪、犬;胆固醇石,主要成分为胆固醇,常呈单个大的结石,白色或淡黄色,质较软,多发生于鼠猴和狒狒;混合胆石,主要成分为胆红素、胆固醇和碳酸钙,呈黄色和棕褐色,切面呈同心环状层,常发生在胆囊,见于各种动物。其病因,一般认为是机体代谢紊乱,胆管和胆囊的感染性和寄生虫性炎症,细菌团块和脱落的上皮细胞等形成的结石核心物质,以及胆汁瘀滞等,使胆红素颗粒、胆固醇和矿物盐结晶沉积于核心物质上而形成结石。临床症状,因动物不同而有差异,但主要表现消化机能和肝功能障碍,如厌食、慢性间歇性腹泻、渐进性消瘦、可视黏膜黄染等。牛多为亚临床,但有的出现上述症状。诊断,依据临床症状,怀疑为胆石症时,可进行X射线胆道造影,如发现肝内胆管扩大且不规则,部分胆管狭窄或不显影,胆管内存留过多造影剂或有结石阴影者,应考虑为本病。牛黄紧缺,疑为本病多屠宰"取黄";必须治疗时,可采用中西兽医结合的排石、溶石及手术方法进行治疗。

肝癌（hepatic carcinoma）

肝癌是由于致癌物质进入肝细胞,使其异常地增生而形成的恶性肿块。原发性肝癌,按病理解剖学分为 3 类:巨块型,多位于肝右叶,肿块较大,发展迅速,可导致肝破裂和轻度肝硬变;结节型,较常见,呈现多个大小不等的癌结节分布于整个肝脏或右叶,切面为灰白色或淡红色,与肝组织分界明显;弥漫型,是癌组织广泛地浸润于肝脏的各个部分,肝表面和切面可见许多不规则的灰白色或灰黄色的斑点或斑块。原发性肝癌已见报道于猪、牛、羊、马、犬、鸡、鸽等多种动物,近十几年来,其发病率明显增高,且与人的肝癌发生率上升有相应迹象,应引起我们的重视。目前已知的重要致病因素有病毒如白血病病毒,霉菌毒素如黄曲霉毒素、杂色曲霉素、黄米毒素等,化学性致癌物如亚硝胺类和有机氯农药等。临床表现,早期无明显症状,以后表现为逐渐消瘦,贫血,食欲减退,有时呕吐、腹痛、黄疸、腹水和脾肿大。犬有进行性肌肉麻痹,禽有明显的出血性肝腹水。晚期因肝性昏迷、消化道出血和继发性感染而死亡。诊断:用 B 型超声切面显像法、放射性核素扫描和 CT 扫描法等,均有较高的准确率。畜禽的肝癌多无治疗价值。

胰腺炎（pancreatitis）

胰腺炎是指胰腺的腺泡与腺管的炎症过程。分为急性与慢性两种病型。急性胰腺炎,是由致病因素的作用,使胰液从胰管壁及腺泡壁逸出,胰酶被激活后对胰腺本身及周围组织发生消化作用,而引起的急性炎症;以水肿、出血、坏死为其病理特征。慢性胰腺炎,是由于急性胰腺炎未及时治愈或胰腺炎在反复发作的经过中所引起的慢性、持续性或反复发作性的慢性病变;以胰腺广泛纤维化、局灶坏死与钙化为其病理特征。主要发生于犬,尤其是中年雌犬;牛、猫也有发病,其他动物少见。

病因 急性胰腺炎,已知较明显的病因有:

营养因素 长期饲喂高脂肪食物,又不喜运动,使机体肥胖易发急性胰腺炎;动物患有高脂血症时,胰脂酶分解血脂产生脂肪酸而使胰腺局部酸中毒和血管收缩,也可引发本病。

胆道疾病 如胆道寄生虫、胆石嵌闭、慢性胆道感染、肿瘤压迫、局部水肿、黏液淤塞等,致使胆管梗阻,胆汁逆流入胰管并使未激活的胰蛋白酶原激活为胰蛋白酶,而后进入胰腺组织并引起自身消化。

胰管梗阻 如胰管痉挛、水肿、胰石、蛔虫、十二指肠炎及其阻塞,或迷走神经兴奋性增强引发胰液分泌旺盛等,致使胰管内压力增高,以致胰腺腺泡破裂、胰酶逸出而发生胰腺炎。

胰腺损伤　如腹部钝性损伤、被车压伤或腹部手术等损伤了胰腺或胰管,使腺泡组织的包囊内含有消化酶的酶原粒被激活,而引起胰腺的自身消化并导致严重的炎症反应。

感染　急性胰腺炎可并发于某些传染病如犬传染性肝炎、钩端螺旋体病;寄生虫病如犬、猫弓形虫病;中毒病、腹膜炎、胆囊炎、败血症等,病毒、细菌或毒物经血液、淋巴而侵害胰腺组织引起炎症。

慢性胰腺炎,可由急性胰腺炎未及时治疗转化而来,或急性炎症后又多次复发成慢性炎症,以及邻近器官如胆囊、胆管的感染经淋巴管转移至胰腺,致使胰腺发生慢性炎症。

病理发生　在正常情况下,胰腺消化液含有的数种蛋白分解酶,均呈酶原状态(如胰蛋白酶原、糜胰蛋白酶原等),无消化作用。进入肠腔后,在碱性溶液中,受到肠壁分泌的肠激酶及由总胆管流出胆汁的作用,即转变为活酶,具有消化作用。在致病因素作用下,尤其是胰腺损伤、感染产生的炎性渗出物,逆流进入胰管的胆汁等,使胰蛋白酶原被激活成胰蛋白酶。该酶除对含有蛋白与脂肪的胰腺本身发生消化作用外,还能促使其他酶变成活性酶,如弹性硬蛋白酶原成为弹性硬蛋白酶(elastase),使血壁弹性纤维溶解而引起坏死出血性胰腺炎;磷脂酶 A 原变成磷脂酶 A(phospholipase A),使胆汁中的卵磷脂变成溶血卵磷脂并具有细胞毒性作用,可引起胰腺细胞坏死;胰血管舒缓素原变成血管舒缓素(kallikrein),可引起胰腺及全身血管扩张,通透性增高,导致胰腺水肿、休克;胰脂肪酶原被激活而引起胰腺周围脂肪坏死。活性胰酶还通过血液和淋巴转送全身,引起胰腺外器官的损害。

如果致病因素较弱而长期反复作用,则使胰腺的炎症、坏死和纤维化呈渐进性发展,最后导致胰腺硬化、萎缩及内、外分泌功能减弱或消失,出现糖尿病和严重的消化不良。

症状　急性胰腺炎,主要表现腹痛、呕吐、发热、腹泻且粪便中常混有血液;若溢出的活性胰酶累及肝脏和胆囊,则出现黄疸;腹部有压痛,前腹部有时可触及到硬块,腹壁紧缩少数病例有腹水;严重病例出现脱水及休克危象。

慢性胰腺炎,病程弛缓,缺乏特异性症状。主要表现厌食,周期性呕吐,腹痛、腹泻和体重下降。由于胰腺外分泌功能减退,粪便酸臭,且存有大量未消化脂肪。患病动物有时因食物消化与吸收不良,而出现贪食,并伴有体重急剧下降。猫很少发生慢性胰腺炎,偶尔在剖检中发现。

临床病理学　最有特征性的变化是血清淀粉酶和脂肪酶的活性同时升高,若其中之一急剧升高时则另一指标可能仅有微弱变化。据文献记载,犬急性胰腺炎时,血清淀粉酶活性可升高3～4倍,脂肪酶活性升高2倍或更高。但应注意某些非胰腺疾病,如原发性肾炎衰竭等其血清淀粉酶活性也升高(2.5倍),不同的是急性胰腺炎除出现淀粉酶活性升高外,还伴有继发性肾前性氮血症,其尿比重高于1.030。猪胰腺炎时,淀粉酶活性升高不明显,只出现脂肪酶活性的明显升高。

血液的物理、化学变化还有:由于呕吐和体液丢失使血液浓稠、红细胞压积升高、血浆蛋白浓度增大;中性粒细胞增多和核左移,淋巴细胞和嗜酸性粒细胞减少;急性坏死性胰腺炎的后期,血液钙与腹腔坏死脂肪形成的脂肪酸结合,引起低钙血症;胰腺轻度感染、出血、慢性间质性炎症或胰岛萎缩、变性等。使胰岛素分泌减少而引发高糖血症;急性出血性胰腺炎时,血管外或胰腺周围红细胞崩解产生的血红蛋白,在胰酶作用下,形成正铁血红素进入血液,并与白蛋白结合成正铁白蛋白,引起正铁白蛋白血症,而水肿性胰腺炎无此变化,因此该变化可作为两种胰腺炎类型的鉴别依据之一。

病理学检查 急性病例胰腺肿大,质地松软,呈灰黄或橙黄色,切面多汁,小叶结构模糊。病理组织学可见胰腺实质常有大的坏死灶,血管充血或在其周围出现轻度增生,小叶间结缔组织增生。胰周围脂肪组织坏死,心、肺、肝、肾、脑等器官发生肿胀、出血或坏死。

慢性病例胰腺略小,切面干燥。病理组织学检查,可见在小叶周围或小叶内出现纤维组织大量增生,小叶明显缩小,实质内有营养不良病灶和坏死灶,腺管壁增厚。

诊断 急性胰腺炎的诊断,依据下列临床资料进行综合分析与判断。临床表现剧烈腹痛与重剧呕吐;实验室检查,血液中淀粉酶与脂肪酶的活性同时升高,白细胞增多与核左移,血液浓稠与脂血症、低钙血症、一时性高糖血症;X射线检查,腹前部密度增大,右侧结构模糊,十二指肠向右侧移位且其降支中有气体样物质存留;B超检查,可见胰脏肿大、增厚,或显示假性囊肿形成。

慢性型,表现反复发作的病史以及腹痛、黄疸、腹泻、呕吐等症状;胰腺发生纤维变性时,血中淀粉酶和脂肪酶不升高;X射线检查可见胰腺钙化或胰腺内结石阴影;B超检查,可显示出胰腺内有结石或囊肿等。

治疗 治疗原则是加强护理,抑制胰腺分泌,止痛镇静,抗休克纠正水及电解质紊乱。

急性胰腺炎,在最初的24～48 h,为避免刺激胰腺的分泌,禁止从口给予食物、饮水和药物,以后病情好转时,可喂给少量肉汤与易消化食物;抗胆碱药具有抑制胰腺分泌和止吐作用,常用硫酸阿托品0.03 mg/kg,肌肉注射,每日3次,但应限制在24～36 h使用,以防出现肠梗阻。为防止疼痛性休克发生,用杜冷丁镇痛效果好，犬、猫用 10～20 mg/kg，肌肉注射；马静脉注射 250～500 mg（肌肉注射量加倍）；牛肌肉注射 50 mg。皮质激素对治疗休克有一定作用，可用氢化可的松注射液，犬 5～20 mg/次，猫 1～5 mg/次，猪 20～80 mg/次，马、牛 200～500 mg/次，用生理盐水或葡萄糖注射液稀释后静脉注射。为矫正休克和脱水，恢复机能及胰脏的正常血液循环，可用 5%～20% 葡萄糖液或复方氯化钠液、维生素 C、维生素 B_1 等静脉注射，注意适量补钾。抗感染，用抗生素（强力霉素、氨苄青霉素为首选）。

慢性胰腺炎，应饲喂高蛋白、高碳水化合物、低脂肪饲料，并混饲胰酶颗粒，可维持粪便正常。缩聚山梨醇油酸酯与日粮混饲，可增进脂肪吸收，犬每次 1 g。长期用胆碱可预防脂肪肝的发生，牛每次 15 g，每日 2 或 3 次。只要不发生糖尿病，则预后良好。在胰内分泌机能减退时，必须用胰岛素治疗，此种病例预后不良。另外，依据病情实施对症治疗；在病情逐渐恶化或反复发作，出现假性胰腺囊肿或胆总管梗阻引起黄疸时，可用外科手术治疗。

预防　在于科学地饲养与管理，喂全价日粮，保持营养平衡，避免脂肪过剩，加强卫生防疫，定期驱虫，预防感染。

第八节　腹 膜 疾 病

腹膜炎（peritonitis）

腹膜炎是腹膜壁层和脏层炎症的统称。按病因分为原发性和继发性腹膜炎；按病程经过分为急性和慢性腹膜炎；按病变范围分为弥漫性和局限性腹膜炎；按渗出物性质分为浆液性、纤维蛋白性、出血性、化脓性及腐败性腹膜炎。各种畜禽均可发生，但多见于马、牛、犬、猫和禽。

病因　原发性病因多见于腹壁创伤、手术感染（创伤性腹膜炎）；腹腔和盆腔脏器穿孔或破裂（穿孔性腹膜炎）；禽前殖吸虫、牛和羊的幼年肝吸虫等腹腔寄生虫的重度感染（侵袭性腹膜炎）；家禽的腹膜真菌感染，如孢子丝菌病（霉菌性腹膜炎）。

继发性的见于腹膜邻接脏器感染性炎症的蔓延，如肠炎、肠变位、皱胃炎等，因脏壁损伤，脏器内细菌侵入腹膜致使发炎（蔓延性腹膜炎）；血行感染，如猪丹毒、猪格拉泽氏病、犬诺卡氏菌病、猫传染性腹膜炎等，病原体经血行感染腹膜而致病（转移性腹膜炎）。

症状　因畜种和炎症类型而异。

急性弥漫性腹膜炎　最突出而固定的症状是腹膜性疼痛表现，如弓背，持续站立，避免运动，腹壁紧张等。全身症状重剧，表现体温升高，呼吸疾速浅表，胸式呼吸明显,脉搏快而弱,常继发肠臌气,牛出现瘤胃臌气,犬、猫出现呕吐。触诊腹部敏感疼痛,渗出液多时,叩诊腹部有水平浊音,穿刺腹腔有数量不等或性质不同的渗出液流出。

急性局限性腹膜炎的症状与弥漫性的相似,但症状较轻,体温中度升高,仅在病变区触诊和叩诊时,才表现敏感与疼痛。

慢性腹膜炎 主要表现慢性胃肠卡他症状,反复发生腹泻、便秘或臌气,有的因腹水量多而腹部膨大。全身症状不明显。偶尔可因肠粘连而表现肠狭窄症状。

病程长短不一,马急性弥漫性腹膜炎的病程为 $2\sim4$ d,但穿孔性腹膜炎常因毒血症或中毒性休克在 12 h 内死亡;牛的病程为 7 d 以上。慢性腹膜炎的病程可达数周或数月,粘连严重并造成消化道损害的,预后不良。局限性腹膜炎。除非因粘连而造成肠狭窄,多数预后良好。

治疗 治疗原则是抗菌消炎,制止渗出,纠正水盐代谢。

抗菌消炎,用广谱抗生素或多种抗生素联合进行静脉注射、肌肉注射或大剂量腹腔注入。如用青霉素 200 万 U、链霉素 2 g,0.25%普鲁卡因 300 mL,5%葡萄糖液 $500\sim1\,000$ mL,加温至 37℃左右,大家畜一次腹腔注射(也可加入 $0.2\sim0.5$ g 氢化可的松),每日 1 次,连用 $3\sim5$ d。

为消除腹膜炎性刺激的反射影响,减轻疼痛,可用 0.25%普鲁卡因液 $150\sim200$ mL,做两侧肾脂肪囊内封闭;还可用安乃近、盐酸吗啡,大家畜用水合氯醛等药。

为制止渗出,可静脉注射 10%氯化钙液 $100\sim150$ mL,40%乌洛托品 $20\sim30$ mL,生理盐水 1 500 mL,混合给马、牛 1 次静脉注射。

为纠正水、电解质与酸碱平衡失调,可用 5%葡萄糖生理盐水或复方氯化钠液($20\sim40$ mL/kg)静脉注射,每日 2 次。对出现心率失常,全身无力及肠弛缓等缺钾症状的病畜,可在盐水内加适量 10%氯化钾溶液,静脉滴注。腹腔积液过多时可穿腹引流;出现内毒素休克危象的,应按中毒性休克实施抢救。

腹腔积液综合征(ascites syndrome)

腹腔积液综合征又称腹水,即腹腔内蓄积大量浆液性漏出液。它不是独立的疾病,而是伴随于诸多疾病的一种病征。多见于猪、羊、犬、猫和家禽等中小动物。有多种病因类型:心源性腹水,出现于能造成充血性心力衰竭的各种疾病,如三尖瓣闭锁不全和右房室孔狭窄,使静脉系统淤血,体腔积液。稀血性腹水,出现于能造成血液稀薄和胶体渗透压明显降低的疾病,如慢性贫血或低白蛋白血症等,使蛋白质丢失过多和体液存留而致发本病。淤血性腹水,出现于能造成门静脉系统淤血的各种疾病,如肝硬变、肝片吸虫病等,因门静脉压升高血行受阻,毛细血管内液体渗出而发生腹水。机体硒营养缺乏或不足,使肌组织、肝脏、淋巴器官等受到过氧化损害和微血管损伤,致发渗出性物质,导致腹腔及其他体腔发生积液。临床症状,视诊腹部下侧方见有对称性增大而腰旁窝塌陷,触诊腹部不敏感,冲击腹壁有震水音,叩诊两侧腹壁有对称性的等高的水平浊音,因原发病不同而异,但均腹水过多,障碍膈肌运动而表现持续存在的呼吸困难。治疗的关键在于除去病因,治疗原发病。穿刺腹腔排出积液仅是治标的措施。

肉鸡腹水综合征将在本书的其他章节中,专门予以论述。

牛脂肪组织坏死(fat necrosis of cattle)

牛脂肪组织坏死是指肠系膜和网膜,尤其是结肠、直肠、肾周围的脂肪发生变性、坏死,形成坚硬的脂肪块,导致肠管部分或完全的腔外性梗阻。多发于5岁以上肥胖的乳牛和肉用牛。其病因是由于肥胖而脂肪组织增多,压迫局部毛细血管致使脂肪组织血液循环障碍;机体消瘦、恶病质或肥胖牛急性饥饿,大量动用体脂肪又利用不全,致使脂肪酸蓄积于脂肪组织;胰腺疾病时胰脂酶溢而消化胰周围脂肪等,均可引起脂肪的变性与坏死。坏死的脂肪组织,可以形成小如指头,大似人头的硬块,质地坚硬,外有结缔组织包膜;也可在腹腔脂肪组织中形成弥漫性病灶,使脂肪组织硬度增加。严重病例,其结肠等被硬块包埋、压迫、致使肠狭窄,发生消化机能障碍,动物厌食、粪稀少或排粪停止,偶见腹胀或轻度腹痛。直肠检查可在小肠或结肠附近触及到坚硬的脂肪坏死块。治疗,可用榨豆油副产品(其中含4%维生素E、20%植物固醇)喂牛,每日150 g,连用1~4个月;薏苡仁粉末每日250~300 g,混入饲料,连用3~4个月;或用甲状腺素和口服维生素A(1万~5万IU)等,可使脂肪块软化、缩小或消失。

(张德群　邵良平　孙卫东　李锦春)

第四章 呼吸系统疾病

在兽医内科疾病中,呼吸器官疾病的发病率较高。引起呼吸器官疾病的病因很多,如受寒感冒,化学性、机械性的刺激,过度疲劳等,均能降低呼吸道黏膜的屏障防御作用和机体的抵抗能力,从而导致呼吸道常在菌及外源性的细菌大量繁殖,进一步引起呼吸器官的炎症等病理反应。同时,其他器官的疾病,如慢性心脏病、慢性肾炎等,也能影响呼吸器官;在很多传染病,如猪肺疫、牛结核、犬瘟热、传染性支气管炎、腺疫、鼻疽、传染性胸膜肺炎、流行感冒、家禽的传染性支气管炎及某些寄生虫疾病的经过中,均可出现呼吸器官的病理变化。

呼吸系统是由鼻腔、喉、气管、支气管、肺及胸膜构成。呼吸道黏膜表面是动物与环境接触的重要部分,对各种微生物、化学毒物和尘埃等有害的颗粒有着重要的防御机能。

呼吸系统的防御功能 呼吸道与肺内由其结构的物理、化学特性及肺泡的吞噬系统对各种有害的物质有良好的防御作用(表4-1)。

表4-1 呼吸系统的防御成分

物理/化学特性
鼻腔结构
黏膜结构
黏液的性质(物理特性和化学特性,如黏附能力,非特异性溶菌酶。干扰素、乳铁蛋白、补体、特异性免疫球蛋白)
体液成分(黏液含量和多种免疫调节因子,如淋巴因子)
细胞
吞噬细胞(肺泡巨噬细胞、血管巨噬细胞、组织细胞、单核细胞、嗜中性粒细胞、嗜酸性细胞)
骨髓来源性B淋巴细胞(浆细胞)
来源于胸腺的T淋巴细胞[辅助淋巴细胞、抑制性淋巴细胞、细胞毒性淋巴细胞(自然杀伤细胞)]

鼻腔的鼻毛和皱襞是防止尘埃等有害物质的天然屏障,起滤过作用。在黏液的作用下,气流通过鼻甲周围时将大的尘埃颗粒沉积下来并随后排出;鼻腔还可湿润与温暖空气,使气管和肺免受凉气的直接刺激。

　　气管黏膜上的黏液腺和鼻腔一样,除防止异物和尘埃外,分泌的黏液还有稀释有毒气体作用。此外,呼吸道黏膜上分布丰富的神经末梢和感受器,在其受到任何刺激后便可引起咳嗽或打喷嚏,以排出有害物质。支气管黏膜上的纤毛上皮具有扣留尘埃,并随其纤毛上皮的运动将尘埃和异物排出体外的功能。

　　肺泡巨噬细胞可清除侵入肺泡的异物。非病原颗粒和微生物被吞噬,随后由黏液或淋巴系统清除。病原微生物在黏液中的溶菌酶、干扰素、补体和特异性免疫体蛋白的协助下被杀灭,如果不被肺吞噬细胞清除,就会引起炎症,此时血液中的嗜中性粒细胞进入肺泡,发挥吞噬作用。补体存在于正常血清中,具有酶活性的球蛋白成分,在相应的抗体存在下,能杀死某些种类的细菌。

　　在进入机体的病原未被很快清除或为以往侵入的病原被机体所识别,则吞噬细胞的活性大大加强,从而激活了复杂的免疫反应。在 T 淋巴细胞的介导下,B 淋巴细胞分化成浆细胞,而产生特异性的免疫球蛋白。

　　在体液免疫中,免疫球蛋白起重要作用。呼吸道免疫防御系统中特定的免疫球蛋白(Ig)的产生非常重要,其生物功能是通过非致病性抗原-抗体复合物来中和抗原。黏液中最主要的 Ig 是 IgA,黏液分泌部分也参与 IgA 的分泌,还可能参与 IgM 的分泌。黏液中的 Ig 的主要功能是阻止病原侵入机体。

　　细胞介导的免疫反应是一系列反应效应细胞(细胞毒性 T 细胞、自然杀伤细胞、活化的巨噬细胞)及介导抗体依赖性细胞毒性的细胞的共同作用。细胞介导的免疫反应在病毒性呼吸感染一些疾病中非常重要。

　　呼吸机能不全　　呼吸系统从空气获氧,输入血和通过肺循环经呼气排出二氧化碳,因此呼吸系统的机能,取决于呼吸循环中的氧合作用和排出二氧化碳的能力。呼吸功能不全主要表现为缺氧症、二氧化碳滞留及呼吸衰竭等。

　　缺氧症　　组织氧不足发生下列几种情况:缺氧性缺氧症,出现于肺循环中血液氧合作用不全,常由呼吸道原发病引起;贫血性缺氧症是单位体积血液内血红蛋白含量不足,此时有效的血红蛋白百分饱和度和氧分压均正常,但血液的携氧能力降低,由任何原因引起的贫血都会出现这些特征。血红蛋白转变为无携氧能力的色素也有同样的结果。亚硝酸盐中毒时,血红蛋白变为正铁血红蛋白,失去携氧的能力,发生贫血性缺氧症;循环障碍性缺氧症是由于血液在组织中停滞时间延长,降低了氧的交换速率,导致组织缺氧;组织中毒性缺氧症是组织氧化系统功能衰竭,组织无法利用氧时便发生组织缺氧,其中氰化物中毒就是这种缺氧症惟一的常见原因;动脉性缺氧症常发生于背侧卧保定进行腹部手术的成年动物。在背侧卧式保定的病例中,PaO_2(氧分压)在15 min 内下降,在保定的最初75 min 达到最低值。腹腔内肠管的压迫可导致横膈移位,将使大部分肺脏受压,不能有效地使通气不良的肺区内的血液流向其他肺区。此外,当以背侧卧保定动物时腹腔肠管压迫后部腔静脉,使心输出量和静脉血回流减少,造成血氧供应不足。

若缺氧症发展很慢,机体通过加深呼吸进行代偿,假若代偿仍不能满足组织对氧的需要,则全身组织器官就会呈现机能障碍,影响各器官系统的功能。

低氧血症的原因　当吸入的空气中氧分压过低,以至肺中的血液不能进行充分氧合作用而发生低氧血症,但在动物疾病中,最常见的低氧血症的原因是呼吸道的损伤或机能障碍,其结果导致肺泡空气量供应减少,如肺炎、肺膨胀不全、气胸、肺水肿和肺充血,可使有效的呼吸面积减少,以及胸膜炎等胸壁疼痛时,胸廓起伏减小,致肺静脉血氧分压降低。在肉毒中毒、破伤风和士的宁中毒时由于呼吸肌麻痹也会出现低氧血症。

代偿机制　如果低氧血症发展很缓慢,机体通过加深呼吸来调节,此乃颈动脉和主动脉的化学受体介导的。低氧血症能够刺激脾脏收缩和骨髓红细胞的生成,从而使红细胞增多。心律和心脏泵出的血量增加,则心脏每分钟的排血量提高。如果代偿机制不能足以维持组织氧的充分供应,各器官就会出现功能障碍的症状;中枢神经系统对低氧血症最敏感,因此首先表现出与低氧血症有关的症状;心功能衰竭、肾、肝及消化系统功能等发生改变。

二氧化碳滞留　呼吸不畅可致二氧化碳排出障碍并蓄积于血液和组织中。不能刺激呼吸中枢产生呼吸增强,因此对呼吸调节作用不强。初生幼驹的正常酸碱平衡与成年动物相似,但新生幼驹血脑及血脑脊髓屏障允许二氧化碳快速扩散,而碳酸氢盐扩散却很慢。新生幼驹脑脊液中的酸碱变化不及成年动物,这就解释了为什么二氧化碳过多导致的脑脊液异常多发生于虚弱的新生幼驹。

呼吸衰竭　呼吸衰竭在呼吸机能不全的末期出现,此时呼吸中枢的兴奋性降低,以致呼吸肌运动停止。呼吸衰竭的类型有麻痹性、呼吸困难性或窒息性,主要视原发病而定,呼吸困难性或窒息性主要发生于肺炎、肺水肿及上呼吸道阻塞,这时血中碳酸过多和缺氧。碳酸过多可兴奋呼吸中枢,而缺氧可兴奋颈动脉体的化学感受器,使呼吸运动加快出现困难,并在死亡前发生气喘和窒息。麻痹性呼吸衰竭是由呼吸中枢抑制或由神经休克引起。急性心衰或出血也可导致麻痹性呼吸衰竭,常有不同程度的呼吸困难和气喘。

呼吸机能不全的主要表现　呼吸障碍的主要表现,除缺氧症外,还包括感染疾病、组织损伤的程度和毒血症的影响,其中毒血症(如犊牛白喉、吸入性肺炎以及马胸膜炎)的影响是非常重要的,甚至可导致死亡,尽管氧和二氧化碳的交换并没有严重地受损。

呼吸困难分为吸气性、呼气性和混合性3种。吸气性呼吸困难主要发生于上呼吸道的一些疾病;呼气性呼吸困难见于细支气管狭窄及肺泡弹力降低的疾病;混合性呼吸困难见于肺和胸膜的疾病(图4-1)。

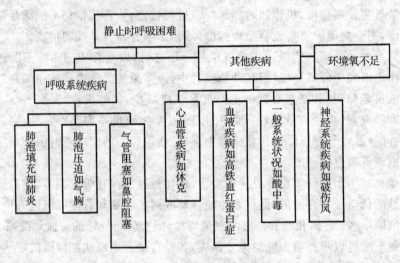

图 4-1　呼吸机能不全的主要表现

　　当静止或轻度运动时出现呼吸困难便是异常现象,常是呼吸系统疾病。由低血氧症与二氧化碳蓄积过多症引起。肺源性呼吸困难常发生于肺部的炎症和充血,呈现呼吸加快而浅表。

　　咳嗽是呼吸道黏膜受刺激引起的一种保护性反射动作,有利于排出聚积在呼吸道内的分泌物、渗出物和异物。咳嗽是呼吸系统疾病的一种共同临床症状。

　　流鼻液也是呼吸系统疾病的一个共同症状;根据鼻液的量、性质、颜色、气味及混有物的状况,对诊断疾病的性质、部位和病程有很重要的作用,有的疾病通过鼻液的检查便可确诊(肺坏疽)。

第一节　上呼吸道疾病

鼻炎(rhinitis)

　　鼻炎是鼻黏膜的炎症。以鼻腔黏膜充血、肿胀和流鼻涕、打喷嚏为特征。

　　病因　原发性鼻炎主要是由于受寒感冒,吸入刺激性的气体,化学药物及机械性刺激引起,其中受寒感冒在其原发性病因中起主导作用。吸入尘埃、毒气、麦芒或粗暴地使用胃管等直接刺激鼻黏膜引起。继发性鼻炎常见于某些传染病(如鼻疽、腺疫、流感、牛恶性卡他热、猪萎缩性鼻炎、犬瘟热等),还见于某些非传染性疾病如邻近器官咽、喉、副鼻窦炎等经过中。

症状　急性鼻炎表现为鼻黏膜充血、潮红、肿胀，打喷嚏、摇头，蹭鼻。从鼻孔流出浆液、黏液或脓性鼻液，下颌淋巴肿大。

慢性鼻炎，则长时间流黏液或脓性鼻液，有时出现臭味，鼻黏膜肥厚，黏膜不平有溃疡或瘢痕（如鼻疽）。犬的慢性鼻炎可听到鼻塞音。

治疗　首先用药液洗涤鼻腔，可选用生理盐水，1%的碳酸氢钠，2%～3%硼酸液，1%的明矾，0.1%的高锰酸钾等，每日1或2次。或用1%复方碘甘油喷雾，连用10 d。鼻黏膜高度肿胀影响呼吸时，可应用0.01%肾上腺素涂擦，严重的可应用氨苄青霉素，每千克体重20 mg口服，每日2或3次。

鼻出血（epistaxis）

鼻出血是鼻腔黏膜出血，由鼻孔流出，它只是一种症状，不是一个独立的疾病。

病因　原发性鼻出血多为机械性损伤，如粗暴地插入胃管、牛羊角骨折、异物、寄生虫等损伤鼻黏膜。继发性鼻出血是由息肉、恶性肿瘤等引起，以及其他疾病如炭疽、鼻疽、恶性卡他热、血斑病、坏血病等。

症状　血液从一侧或两侧鼻孔呈点状、线状或喷射状流出，一般多为鲜红色，不含气泡或有几个较大的气泡。短时间的少量出血不会有全身症状，但长时间的大量出血会出现明显的贫血症状，呈急性贫血，表现呼吸困难，脉搏快而弱，黏膜苍白，不安等。

诊断　一般性的鼻出血，诊断并不困难，但要注意与胃出血和肺出血相区别。

胃出血，血呈褐色，随呕吐由两鼻孔流出并会含有少量饲料碎粒。

肺出血，血色鲜红，由两侧鼻孔流出带有泡沫样的血液，常伴有咳嗽或呼吸困难，肺部听诊有啰音。

治疗　对大动物可采取头部高吊，用冷水浇灌额部及鼻部，数分钟后仍继续出血时，可用一根长绳系纱布球或纱布条，浸0.01%肾上素液填塞鼻腔，经一段时间，待出血停止后，可牵引长绳取出填塞物。或静脉注射10%氯化钙，牛、马50～100 mL。安络血（肾上腺素缩胺脲）肌肉注射液或皮下注射，羊、猪、犬2～4 mL，牛、马10～20 mL，每日2或3次。维生素K_3（亚硫酸氢钠甲萘醌注射液）肌肉注射，羊、猪30～50 mg，犬10～30 mg，牛、马、骆驼100～300 mg，每日2或3次。

喉炎（laryngitis）

喉炎是喉黏膜的炎症，以阵发性咳嗽和喉部敏感为特征。各种动物均可发生，且多发生于寒冷的春、秋、冬季节。

病因　原发性的喉炎主要是由于受寒感冒,物理、化学及机械性刺激引起;继发性喉炎是由邻近器官的炎症蔓延,如鼻炎、咽炎、气管炎等,尤其常与咽炎合并发生咽喉炎。还可继发于某些传染病过程中,如传染性支气管炎、流行感冒、犬瘟热、猪肺疫、结核和鼻疽。

症状　剧烈或连续性咳嗽是主要的症状,其次是喉部肿胀、敏感及头颈伸展。病初呈短、干、痛咳,以后变为湿性咳嗽,饮冷水、吸入冷空气或采食干料时,咳嗽加剧。犬咳嗽时常伴有呕吐。触诊喉部敏感,躲闪并连续咳嗽。如伴发咽炎时,则吞咽困难及流涎。下颌淋巴结呈急性肿胀。重病例,全身症状明显,精神沉郁,体温升高 $1\sim1.5℃$,喉部肿胀严重者,可出现吸入性呼吸困难。轻症喉炎,全身无明显变化,慢性喉炎多呈干性咳嗽,病程较长,病情呈周期性好转或复发。

治疗　主要是消除炎症。对肿胀的喉部可外用10%樟脑酒精或复方醋酸铅粉、鱼石脂软膏涂擦。重症的喉炎可应用磺胺类或抗生素药物,10%SD 牛、马 $100\sim150$ mL,静脉注射氨苄青霉素 1.0 g,用 0.5%奴佛卡因 $15\sim20$ mL 稀释,对喉局部周围封闭,每日2次,猪、犬 0.5 g+0.5%奴佛卡因 $5\sim10$ mL,局部封闭。

镇咳祛痰(见支气管炎的治疗)小动物可内服急支糖浆、止咳糖浆或混合服用甘草片及土霉素片。

喉水肿（laryngeal edema）

喉水肿是喉黏膜和黏膜下组织,尤其是杓状会厌褶和声门的水肿。临床上常见有炎性和非炎性两种类型。

病因　炎性喉水肿常见于荨麻疹、血斑病、血清或药物过敏或吸入有刺激或过热的气体(如草原或森林火灾或人为吸过热的气流);非炎性喉水肿,多因局部静脉淤血引起,如心脏病、创伤性心包炎、稀血症以及饲料中毒引起的肾炎等,或由于刺激局部导致淤血引发喉水肿。

症状　炎性喉水肿的特征性临床症状是突然发生吸入性的高度呼吸困难,并伴有明显喘鸣音和惊恐不安,全身出汗,可视黏膜发绀,体温升高,倒地痉挛,甚至窒息。

非炎性喉水肿发病较缓慢,具有喉水肿的症状,但无窒息现象。

治疗　对过敏性的喉水肿可皮下注射0.01%肾上腺素,大家畜 $4\sim6$ mL,小动物 $1\sim2$ mL,亦可应用苯海拉明、扑尔敏、地塞米松、氢化考地松等;伴有严重吸入性呼吸困难或窒息现象的病例,应立即进行气管切开,缓解呼吸困难,然后再采取抗生素疗法;对非炎性淤血型喉水肿试用消炎药物,涂于喉黏膜上。

喉偏瘫(laryngeal hemiplegia)

喉偏瘫又称喘鸣症(poaring),是因返回神经(喉后神经)麻痹,左声带弛缓,喉舒张肌(环杓后肌)变性与萎缩致喉腔狭窄的一种疾病。以高度吸入性呼吸困难,同时发出喘鸣音为特征。多发于左侧声带与环杓后肌,所以称为喉偏瘫。本病多发生于马、牛,犬偶有发生。

病因 病因迄今尚不完全清楚,一般认为与遗传因素有关,是一种先天性的返回神经远端轴索变性引起喉肌轻瘫。或返回神经受到食管扩张、根蒂较长的肿瘤、或肿大的淋巴结、甲状腺等压迫,在马运动时突然发病,也可由感染腺疫或寄生虫病(媾疫)或中毒病,因细菌毒素或有毒物质作用引起的一种并发症。

症状 典型的临床症状是在吸气(尤其运动)时发出特殊的狭窄音。有的病马在静止时和健康马一样,看不出任何异常变化,当使役或驱赶时,呈高度的吸入性呼吸困难,同时出现喘鸣音(吭哧声),倒地挣扎,惊恐不安,全身出汗,严重时则呈窒息危象。

治疗 目前对该病采取惟一治疗方法是手术,可以通过切开喉头,切除麻痹的声带和杓状软骨;也可通过切开气管,将麻痹的杓状软骨切断,可取得较好的疗效。对不全麻痹者,可用药物或针灸疗法,因淋巴结肿大或炎性渗出压迫引起的,可用碘化钾5 g 内服,每日2 次。

据介绍,用电针疗法也取得良好的效果,方法是从下颌骨和臂头肌的前缘引一条水平线,连线的中点为穴位,由此向喉头方向斜刺3 cm。在该穴下方1 cm 处又1穴,向斜上方气管刺入7~10 cm,针尖抵气管环,但不刺伤气管,进针后,连接电疗机两极,电压与频率的调节由低到高,由慢到快,看患畜的表情,以能忍受为限。

气囊卡他(catarrhal aerocystitis)

气囊卡他又称喉囊卡他,是气囊黏膜及其周围淋巴结的卡他性炎症,气囊中蓄积炎性渗出液或气体,常引起呼吸困难,为马、骡所特有的一种疾病。

病因 原发性气囊卡他因饲料及骨碎片等异物从咽腔进入气囊而引起或由致病性的曲霉菌通过耳咽管侵入发生感染;继发性气囊卡他常见于鼻炎、喉炎、咽炎、咽侧淋巴结炎、鼻疽、腺疫疾病的过程中。

症状 典型病例,患侧喉囊肿大,头颈姿势异常,头转向健侧并稍向前伸展,患侧鼻孔流出黏液或脓性或腐败性的分泌物,当低头或压迫喉部时,可流出多量的分泌物。触诊患侧气囊感觉较坚硬、热和疼痛,下颌淋巴结有时肿大疼痛或有炎症或化脓。当渗出物腐败分解后,气囊积气,叩诊呈鼓音。严重病例可出现喘鸣音,甚至窒息。用内窥镜检查咽腔时,杓状软骨的旁边及前方咽腔侧壁隆起,咽腔狭窄。气囊黏膜充血、水肿和脓性分泌物。X射线检查,在特别明亮的气囊投影下部呈水平阴影(液面),随头部移动而波动。

治疗　治疗主要是针对其原发病(如咽炎、喉炎等)进行抗菌消炎等措施。为使炎性渗出物排出,可采取压迫气囊或令头部低下或进行气囊穿刺,排出抽取内容物并随后注入抗生素进行冲洗,配合全身应用抗生素疗法,多数病例效果良好。

第二节　支气管疾病

支气管炎是支气管黏膜表层或深层的炎症,按病程可分为急性与慢性两种。

急性支气管炎(acute bronchitis)

急性支气管炎是支气管黏膜表层和深层的炎症,临床上以咳嗽、流鼻液和胸部听诊有啰音为特征。按患病的部位,可分为弥漫性支气管炎(炎症遍布所有支气管)、大支气管炎(炎症限于大支气管)和细支气管炎(炎症限于细支气管)。但在临床上大支气管炎和细支气管炎常同时出现。各种畜禽、犬等均可发生,多发生于春、秋渐冷或风云突变的恶劣天气里,但有时呈流行性大批发生,犬的传染性支气管炎或犬瘟热继发的支气管炎,在任何时间包括炎热的夏季均可发生。

病因　原发性支气管炎主要是由于受寒或感冒,机体抵抗力减弱,存在于呼吸道的内源性常在菌(如肺炎球菌、链球菌、化脓杆菌等)和外源性非特异性病原菌得以繁殖而致病;机械性的刺激,如吸入粉状饲料、尘埃;化学性刺激,吸入有刺激性气体如氯、氨、二氧化硫或火灾时热气流或投药或误咽时,异物进入气管等均可引起发病。

继发性支气管炎,多继发于某些传染病(如牛结核、口蹄疫、猪肺疫、鸡传染性支气管炎、犬瘟热及传染性支气管炎、马腺疫、鼻疽、流行性感冒等)及寄生虫病(肺丝虫病等)及各种异物;邻近器官的炎症蔓延(如喉炎、气管炎、肺炎等)。

病理发生　在病因的作用下,支气管炎的一系列保护作用与防御机能(咳嗽、颤毛运动、分泌黏液、支气管壁中的淋巴滤泡)减弱,肺巨噬细胞和白细胞的吞噬作用降低,给寄生于呼吸道黏膜上的内源性常在菌及外源性微生物的繁殖创造了良好的环境而产生致病作用,导致支气管黏膜发生炎症的病理过程。充血、肿胀、上皮细胞脱落、黏液分泌增多,一系列的炎性变化刺激黏膜的神经末梢,引起反射性咳嗽。炎性产物和细菌毒素被吸入血后,引起不同程度的全身反应,体温升高。

当炎症蔓延而引起细支气管炎时,全身症状较为严重,黏膜肿胀及渗出物阻塞支气管腔引起急性肺泡气肿,发生明显的呼吸困难,在病因的长期持续作用下,可导致支气管壁及其周围组织增生而发生慢性支气管炎。

症状

急性大支气管炎　主要症状是咳嗽,病初呈短、干、痛咳,以后随渗出物增多变为湿、长咳嗽;流鼻液,病初呈浆液性,以后流出黏液性或黏液为脓性;肺部听诊,可听到湿性啰音(大中小水泡音)和干性啰音,全身症状较轻,体温升高0.5~1℃,一般持续2~3 d后下降,呼吸和脉搏稍快。

急性细支气管炎　通常是由大支气管炎蔓延而引起,因此初期症状与大支气管炎相同,当细支气管发生炎症时,全身症状明显,体温升高1~2℃。主要症状是呼吸困难,多以腹式为主的呼气性的,有时也呈混合性呼吸困难,可视黏膜发绀,脉搏增数。肺部听诊,肺泡呼吸音普遍增强,可听到干性啰音和小水泡音或捻发音。肺部叩诊音较正常高朗,继发肺气肿时,叩诊呈鼓音,叩诊界后移(1或2肋骨)。

腐败性支气管炎　除具有急性支气管炎的症状外,呼出的气体有恶臭味和流出污秽带有腐败臭味的鼻液,全身症状严重。

病程及预后　急性大支气管炎,经过1~2周,预后良好;细支气管炎,病情严重,预后慎重;腐败性支气管炎预后不良。

诊断　主要是以临床症状咳嗽,流鼻,听诊有干、湿性啰音,以及X射线检查所见(肺部有纹理较粗的支气管阴影,而无病灶阴影)为依据。应注意与卡他性肺炎进行鉴别(见卡他性肺炎)。

治疗　治疗原则是祛痰止咳和消除炎症。

祛痰止咳　当分泌物黏稠而不易咳出时,可选用溶解性祛痰剂,人工盐20~30 g,茴香末50~60 g,制成舔剂,牛1次内服,或用碳酸氢钠15~30 g,远志酊30~40 mL,温水500 mL,牛1次内服。猪、羊酌减,犬、猫可内服复方甘草片、止咳糖浆、急支糖浆,可同时配合应用穿琥宁200 mg,溶于100~150 mL生理盐水中,静脉注射,每日1或2次。频咳且分泌物较少时,可选用镇痛止咳剂,如磷酸可待因,牛、马0.2~2 g,猪、羊0.05~0.1 g,犬猫每千克体重1~2 mg,内服,每日1或2次,犬猫痛咳不止时,也可应用盐酸吗啡0.1 g,杏仁水10 mL,茴香水300 mL,充分混合,每次1食匙,每日2或3次。

消除炎症　为促进炎性产物的排出,可采用蒸气吸入疗法(松节油、克辽林等)或用氨苄青霉素做气管内注射,氨苄青霉素每千克体重15 mg,用1%盐酸普鲁卡因10~15 mL稀释。或应用氨苄青霉素每千克体重15~25 mg,或头孢唑啉(先锋五号)每千克体重25 mg,用0.9%生理盐水100~150 mL溶解,静脉注射,每日2次,效果较好。若是病毒引起的,同时配合应用病毒唑、病毒灵或双黄连或清开灵效果更好。

慢性支气管炎（chronic bronchitis）

慢性支气管炎是伴有支气管壁、血管壁发生严重的结构性变化的一种顽固性疾病，以持续性咳嗽和肺部听诊有啰音为特征。多发生于老弱与营养不良的动物，以早春与晚秋季节最为多见。

病因 凡引起急性支气管炎的原发性病因，经持续或反复作用时，均可引起慢性支气管炎。所以大多数是由急性支气管炎转变而来的。继发性慢性支气管炎，常见于心、肺的慢性疾病，如结核、鼻疽、肺丝虫、肺气肿（肺心病）等病过程中。

病理发生 在致病因素长期反复作用下，或急性支气管炎长期不愈，使炎症蔓延和扩展到黏膜下层或支气管壁的周围组织，出现支气管周围炎，小细胞浸润和结缔组织增生，而黏膜变厚、粗糙，管壁的收缩性、弹性减弱。当小支气管黏膜处于长期发炎、肿胀和渗出物增多时，内腔变为狭窄，导致肺泡内的气体呼出受阻，发生肺气肿。

症状 主要症状是持续性的繁咳，无论是黑夜还是白昼，运动或安静时均出现明显咳嗽，尤其在饮冷水或是早晚受冷空气的刺激更为明显，多为干、痛咳嗽。肺部听诊常可听到干性啰音，叩诊一般无变化，当出现肺气肿时，叩诊呈过清音或鼓音，叩诊界后移。由于支气管黏膜结缔组织增生，支气管的管腔狭窄或发生肺气肿时，则出现呼吸困难。X射线检查，肺纹理增强、增粗，阴影变浓。

病程及预后 病程长，数日、数周或数年，通常预后不良。

治疗 治疗原则基本同急性支气管炎。为促进渗出物被稀释或排出，可采用蒸气吸入和应用祛痰剂（同急性支气管炎）。为减轻黏膜肿胀和稀释黏稠的渗出物，可用碘化钾，牛、马5～10 g，猪、羊1～2 g，每日2次（拌于饲料中饲喂），犬可按每千克体重20 mg内服，每日1或2次。

第三节　肺脏疾病

肺充血和肺水肿（pulmonary hyperemia and edema）

肺充血与肺水肿是同一病理过程的两个阶段，先发生肺充血，后出现肺水肿。肺充血是肺毛细血管中血量过度充满引起，通常分为主动性充血和被动性充血。主动性充血是流入肺内的血量增多，流出量正常；而被动性充血是流入肺内的血量正常或增多，但流出量减少。肺水肿是指肺充血时间过长，血液中的浆液性成分进入肺泡、细支气管及肺泡间质内,引起肺水肿。各种动物都可发生,但以牛、马、犬为多见。

病因　主动性充血,主要是由于天气炎热,过度使疫或剧烈运动或吸入有刺激性的气体而发生,所以在日射病和热射病时也可引起肺充血。被动性肺充血,在心脏的瓣膜疾病、心肌炎以及传染病和中毒病引起的心力衰竭时均可继发。肺水肿是由于主动性或被动性肺充血的病因持续作用而引起。

病理发生　肺充血主要是由于心脏活动过度增强以及化学物质的刺激,由于反射地引起肺毛细血管发生弛缓、扩张,导致其充满多量的血液,或心脏机能减弱,引起肺血液循环发生障碍。其结果不仅影响了肺泡内的气体代谢,也直接影响肺组织的营养,气体代谢机能障碍更为严重,导致患病动物出现高度的呼吸困难。长时间的肺充血,血液中的浆液性成分渗出,进入肺泡,细支气管或肺间质内引起肺水肿,呼吸困难更为明显。

症状　肺充血与肺水肿的症状极其相似,呈高度的混合性呼吸困难,两鼻孔开张,呼吸用力,甚至张口呼吸,呼吸次数显著增多,患病动物惊恐不安,眼球突出,静脉怒张,结合膜潮红或发绀。

除具有上述的症状外,肺充血时,第二心音增强,脉搏快而有力,体温升高(可达40℃),呼吸快而浅表,无节律。听诊肺泡呼吸音增强,无啰音。肺叩诊正常或呈轻度过清音。听诊心音减弱(心功能障碍所致),耳、鼻、四肢末端发凉。

肺水肿时,从两侧鼻孔流出多量的浅黄色或白色或粉红色的细小泡沫状的鼻液。肺部听诊有广泛的湿性啰音或捻发音。肺部叩诊,当肺泡内充满液体时,呈浊音;肺泡内有液体或气体时,呈浊鼓音,浊音常出现于肺的前下三角区,而鼓音多在肺的中上部出现。

X射线检查,肺野阴影一致加深,肺门血管纹理明显。

病程及预后　主动性肺充血病程发展迅速,通常数分钟或数小时,及时治疗可在短时间内治愈,极少病例可拖延几天。严重病例可死于窒息或心力衰竭。被动性肺充血发展缓慢,由于心脏衰弱,通常经过数天而死亡。肺水肿时,如果病势较轻,经过缓慢,转归良好;严重者,经过迅速,常窒息而死亡。

诊断　依据病史和临床特点进行确诊。突然发病,出现进行性呼吸困难,神情不安,眼球突出,静脉怒张,黏膜发绀,尤其是伴有肺水肿时,呈现浅黄色或粉红色泡沫状的鼻液,可确诊。

在鉴别诊断上,应注意与日射病、热射病、急性心力衰竭进行区别。日射病和热射病,除呼吸困难外,伴有神经症状及体温升高;急性心力衰竭时,常伴有肺水肿,但其前期症状是心力衰竭。

治疗　治疗原则是保持安静,减轻心脏负担,促进血液循环,缓解呼吸困难。

具体治疗措施:可静脉放血,牛、马2 000～3 000 mL,猪300～600 mL,犬每千克体重6～10 mL,为防止渗出,牛、马静脉注入10%氯化钙100～200 mL,猪、羊25～50 mL。心衰时可用强心剂,牛、马通常用0.5%樟脑水或10%樟脑磺酸钠10～20 mL或20%安钠咖10～20 mL。为缓解呼吸困难,可选用硫酸阿托品皮下注射,马、牛15～30 mg,猪、羊2～4 mg,犬0.3～1 mg。

肺泡气肿(alveolar emphysema)

肺气肿是暂时性肺泡弹力减弱,肺泡内充满气体及肺泡过度扩张的一种非器质性疾病。可见于各种动物,役牛、马、猎犬等都可发生。按其病性和病程,可分为急性肺泡气肿、急性弥漫性肺泡气肿、局限性肺泡气肿和慢性肺泡气肿。

病因　急性弥漫性肺泡气肿多见于老龄家畜,由于过度使役、剧烈奔跑或在弥漫性支气管炎过程中,因持续痉挛性的咳嗽而引起;局限性肺泡气肿,多见于卡他性肺炎和纤维素性肺炎等过程里,是因病变周围的健康肺区代偿性呼吸增强所致。慢性肺泡气肿(图4-2),主要是由对急性肺泡气肿治疗不及时,或其病因长时间刺激而转变为慢性,或继发于慢性支气管炎、上呼吸道狭窄等。

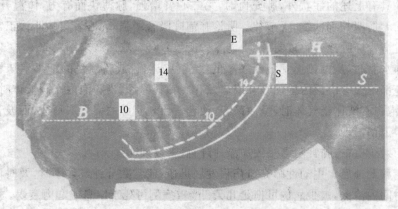

图4-2　马慢性肺气肿的肺叩诊界扩大

虚线为正常的肺界;实线为扩大界;H为髋结节线;S为坐骨结节线;
B为肩关节线;数字代表肋骨的数序

马的慢性阻塞性肺病(chronic obstructive pulmonary disease,COPD)通常是由于患马处于充满灰尘、霉菌孢子或其他污染物的环境中,一旦发生呼吸道感染便促成本病的发生。本病很少见于6岁以下的马匹。

牛间质性肺气肿(图4-3),多见于牛流感,甘薯黑斑病等疾病的经过中。

图 4-3　牛间质性肺气肿叩诊界后移

虚线为正常的肺界;实线为后移的肺界;D 为结核性支气管

炎所致的浊音;数字表示肋骨的数序

病理发生　在各种致病因素作用下,机体对氧的需要增多时,势必加强呼吸,此时肺泡高度扩张,肺泡弹力减弱,肺泡回缩不全,呼气时肺内的气体不能充分排出,而伴发急性弥漫肺泡气肿。在发生肺炎或肺膨胀不全等病变时,呼吸面积减少,病变部周围的健康肺泡进行代偿而发生代偿性肺泡气肿,这种变化仅仅是肺泡弹力一时性的改变,并未出现肺泡组织结构上的器质性变化,在除去病因后,还可恢复。

如果肺泡长期过度扩张,可使肺泡壁上的毛细血管长期闭塞,供血不足而导致弹力纤维变性,上皮细胞萎缩,肺泡间隔变薄消失,形成大的空腔,呼吸面积减少,肺泡回缩障碍而出现慢性肺泡气肿。

肺泡破坏后,气体进入叶间结缔组织内而形成间质性肺气肿。如果叶间结缔组织内的气体进入肺胸膜下,或沿纵隔进入胸膜下,或沿肋间结缔组织或沿腋下血管结缔组织进入皮下,则出现皮下气肿。

马的 COPD 常见的病理变化为广泛性的支气管炎。严重的慢性病例则可能发生肺气肿,并伴有持久性肺泡壁和肺间质的结构性改变。

症状　急性肺泡气肿,在重度使役过程中突然发生呼吸困难,结膜发绀,气喘,胸外静脉怒张。肺部听诊,初期肺泡呼吸音增强,以后减弱,肺部叩诊呈鼓音,叩诊界后移。

慢性肺泡气肿,发展缓慢,发病初症状不明显,但在使役或运动后,易疲劳和出汗,以后随病势发展,出现呼吸困难,以呼气性呼吸困难为主,呈两段呼吸,在肋骨与肋软骨结合部形成喘沟,严重者甚至肛门突出。在病变部听诊呼吸音减弱或消失,而健康部则呈代偿性增强。间质性肺气肿除呈现呼吸困难外,在颈侧部、背部以及肩胛周围皮下,出现不同程度的皮下气肿。

病程及预后　急性肺泡气肿,消除病因,很快康复,否则转为慢性;慢性肺泡气肿病程长,数月、数年乃至终生,预后不良;间质性肺泡气肿重者经数小时或1～2 d窒息死亡,慢性者经过4周左右。

诊断　根据病史和临床症状进行确诊,高度呼吸困难,叩诊界后移,呈鼓音,听诊病变部呼吸音减弱或消失,有明显的喘沟及两段呼吸等,不难诊断。但应与下列疾病进行鉴别:肺水肿、鼻孔带有泡沫的淡黄色鼻液。

喉水肿,为吸气性呼吸困难,吸气时发出喉狭窄音(笛音)。

皮下气肿,颈及肩部皮下气肿,有时是由于食道和气管破裂所致,但无呼吸困难和肺泡呼吸音的改变。

治疗　目前尚无理想的治疗方法。对急性肺泡气肿,主要是除去病因,保持安静和休息,治疗原发病,可很快康复;对慢性肺泡气肿,主要是减轻使役,对症治疗。高度呼吸困难时,可皮下注射10%硫酸阿托品,牛、马1～3 mL。

原发病为心力衰竭时,可选用强心剂,并发支气管炎则可采用抗生素或磺胺类药物及祛痰止咳等措施。

属于过敏性的肺气肿,可按南京农业大学的治疗经验,用吡甲苯胺(扑尔敏注射液),牛、马、犬每千克体重0.5～1 mg,羊、猪每千克体重40～60 mg,并每天肌肉注射青霉素。

对马COPD的治疗,首先应将患马安置在尘埃少、无霉菌孢子、空气清洁新鲜的环境中,应用抗生素或抗霉菌感染药物,以及肾上腺皮质固醇类药物可加快患马的恢复。

间质性肺气肿(pulmonary interstitial emphysema)

间质性肺气肿系因肺泡和细支气管破裂,空气进入肺叶间结缔组织并通过纵隔、气管间质窜入头、颈部皮下。以突然出现呼吸困难和窒息危象为其临床特征。多见于牛、马、猪、羊和犬。

病因　在痉挛性的咳嗽、深长而吃力的呼吸、腹肌加强收缩、不断号叫、迅速奔驰、有暴力施加胸廓上以及火车运输之时,由于肺内压力剧烈增高因而支气管壁和肺泡壁破裂,便可能有空气进入肺脏的间质中。如肺组织的抵抗力,因其他疾病包括慢性肺气肿和肺线虫病而降低时,更容易发生这样的破裂。在这一方面,特别是牛的感受性最高。此外,间质性肺气肿间或是由于尖锐的异物所致的创伤所引起的。在牛霉烂山芋中毒、柞树叶中毒、农药1605中毒、罹患"流行热"的公牛发病过程中,常呈现间质性肺气肿的症状。

病理发生 在肺泡壁和支气管壁破裂以后,由于肺脏的收缩作用,将不断有空气被挤入其间质中,每一次吸气时的抽吸作用,以及每一次呼气或者咳嗽时肺泡内压力的增高,又进一步促进空气继续深入间质中。进入间质中的小气泡散布于整个肺脏中,部分还汇合成逐渐增大的气泡,但大部分随着肺脏的运动流向肺门的方向,可能达到纵隔、最后达到胸腔入口处的皮下组织中。它们将邻近的肺泡管压缩,从而使呼吸面积缩小。呈现出一种表现为深长而吃力的呼吸困难,这种呼吸困难,又进一步使尚未直接受间质性气肿侵害的肺部发生急性肺泡性气肿,然而此时患畜肺气肿,仍是以间质性肺气肿为特征的。

解剖变化 除其原发疾病的病变之外,此病的显著特征是肺脏中有核桃大、拳头大、甚至小儿头大的气泡,每一例的数目不等,常常非常密集;肺脏扩大;有些病例还有皮下气肿。

症状 有些病例,可见于几小时之内便突然发生迅速增重的呼吸困难,直到引起窒息;而在另一些病例,则发展比较缓慢。在两类病例中,叩诊都常呈过清音,间或伴有鼓音,肺叩诊界后移(图4-3)。在胸廓上可以听到吸气性和呼气性的捻发音,如有支气管卡他存在,还有干性和湿性啰音。特别是在牛,后来常在胸腔入口处、颈部和肩部发生皮下气肿,用手指拈压时常有捻发样感觉,有的当进一步蔓延后可能使整个身体像气垫一般鼓起;直肠检查时还可以发现腹膜下组织中也聚有气体。肺界的后移与肺泡性气肿的情况相似。牛的地方流行性肺气肿,以及由有毒植物所引起的肺气肿,与通常的肺气肿的区别是同时还有发热(达41.5℃)和消化扰乱。

治疗 主要是找出原发性病因,采用对因治疗的措施,并应令病畜绝对安静休息,必要时投予镇咳剂和循环兴奋剂;如由中毒所引起者,应对其进行相应的治疗。皮下气肿则不需特殊的治疗,至多只须施行轻微的按摩,以加速气体的吸收。

卡他性肺炎(catarrhal pneumonia)

卡他性肺炎是肺泡内积有卡他性渗出物,包括脱落的上皮细胞、血浆和白细胞等。炎症病变出现于个别小肺或几个小叶,故又称为小叶性肺炎(lobular pneumonia),由于卡他性肺炎通常是在支气管炎基础上发生,或同时伴有支气管与肺泡的炎症,也称其为支气管肺炎(bronchopneumonia)。临床特点是出现弛张热,呼吸数增多,叩诊呈小片浊音区和听诊出现捻发音。各种动物均可发生,尤其老幼动物发生较多。多见于早春和晚秋季节。

病因

原发性病因　卡他性肺炎多数是在细支气管炎的基础上发生的,因此凡能引起支气管炎的各种致病因素,都是卡他性肺炎的病因。首先是受寒和感冒,特别是突然受到寒冷的刺激最易引起发病;幼年和老弱、过度疲劳、维生素缺乏的动物,由于抵抗力低易受各种病原微生物(如肺炎球菌、绿脓杆菌、衣原体、霉菌及病毒等)的侵入而发病。其次是受物理、化学及机械性刺激或有毒的气体、热空气的作用等。

继发性病因　在咽炎及神经系统发生紊乱时,常因吞咽障碍,将饲料、饮水或唾液等吸入肺内或经口投药失误,将药液投入气管内引起异物性肺炎。

某些传染病(猪流感、猪肺疫、马犬鸡传染性支气管炎、口蹄疫、牛恶性卡他热、犬瘟热)和寄生虫(弓形虫、肺丝虫病)或衣原体性等疾病均可引发肺炎。

病理发生　在各种致病因素的作用下,使机体的抵抗力减弱,呼吸道防御机能改变,病原微生物乘机侵入,促进病的发生和发展。炎症的初期局限于支气管,以后沿支气管或支气管周围蔓延,引起细支气管和肺泡充血、肿胀、浆液性渗出、上皮细胞脱落和白细胞游出。这些炎性渗出物和脱落的上皮细胞等聚积在细支气管和肺泡内,引起肺小叶或小叶群的炎症,并相互融合形成较大的病灶,此时肺有效的呼吸面积缩小,临床出现呼吸困难,叩诊呈小片浊音区。肺小叶炎症的发展是不平衡的。呈跳跃发展,当炎症蔓延到新的小叶时体温升高,当旧的病灶开始恢复时,体温开始下降,但不降至常温,因此呈现较典型的弛张热型。

症状　病初呈急性支气管炎的症状,随着病情的发展,当多数肺泡群出现炎症时,全身症状明显加重,患病动物精神沉郁,食欲减退或废绝,结合膜潮红或发绀,体温升高40～41℃,呈弛张热,有的呈间歇热。

脉搏随体温的变化也相应改变,牛、马每分钟可达60～80次,猪、羊可超过100次,第二心音增强,呈混合性呼吸困难,呼吸增数,牛、马每分钟30～40次,猪、羊可达100次左右。咳嗽症状较明显,初期为干、痛咳,后为湿性咳嗽,流出少量浆液性、黏液性或脓性鼻液。

肺部听诊,病灶部肺泡呼吸音减弱,可听到捻发音,病灶周围及健康部位肺泡呼吸音增强。随炎性渗出物的改变,可听到湿性啰音或干啰音,当各小叶炎症融合后,则肺泡及细支气管内充满渗出物时,肺泡呼吸音消失,有时出现支气管呼吸音。

X射线检查,可见有大小不等的小片状阴影。

血液学检查,白细胞总数增多,核左移,继发化脓性炎症时,白细胞可达20 000个以上。

病程及预后　大多病例经过良好,可在2～3周逐渐恢复,如果继发坏疽性肺炎或化脓性肺炎时易发生死亡。

诊断　依据卡他性肺炎的临床症状、弛张热、叩诊小片浊音区,听诊肺泡呼吸音减弱或消失,有捻发音,咳嗽,呼吸困难及X射线检查可确诊。但应注意与下列疾病进行鉴别诊断:细支气管炎,咳嗽频繁,热型不定,体温轻度升高,叩诊肺部无小片浊音区,呈过清音或鼓音,叩诊界后移,听诊有各种啰音。

纤维素性肺炎,呈典型稽留热,病程发展迅速,并有明显的病理发生的阶段性,叩诊有大片浊音区,在病区内可听到清楚的支气管呼吸音,流出铁锈色的鼻液。X射线检查,呈均匀一致的大片阴影。

治疗　治疗原则为抑菌消炎、祛痰止咳、制止渗出和促进炎性渗出物的吸收和排除。

抑菌消炎　可选用抗生素和磺胺类药物,常用的抗生素是青霉素、链霉素及广谱抗生素。磺胺类药物是磺胺二甲基嘧啶。对肺炎球菌和链球菌引起的肺炎,首选药物应是青霉素和链霉素联合应用效果更好。在有条件的情况下,应进行药敏试验,对症给药。给药的途径可肌肉内注射、静脉注射或气管内注射。牛、马青霉素400万~600万U,猪、羊为50~100U,链霉素2~4g,溶于0.5%~1%普鲁卡因或蒸馏水15~20mL,肌肉注射或气管内注射,每日2次或用氨苄青霉素,按每千克体重25mg,用5%葡萄糖或生理盐水稀释静脉注射,还可选用头孢唑啉钠(先锋V)肌肉或静脉注射,牛、马每千克体重11mg,每日2次;犬每千克体重15~25mg,每日3次。对小动物亦可口服阿莫西林干糖浆(羟氨苄青霉素),吸收较好,杀菌作用快而强,血药浓度较高,分布广。制剂有125mg袋装的干糖浆粉剂,小动物5~10kg1袋,每日3次,尤其适合犬、猫的呼吸道及肺部炎症。如果是由病毒和细菌混合感染引起的肺炎时,还应选用抗病毒药物如病毒灵或病毒唑,或同时应用双黄连或清开灵注射液静脉注射。

祛痰止咳(见急性支气管炎)　为促进炎性产物的排出,可用克辽林、来苏儿等进行蒸气吸收。

为了防止炎性渗出,静脉注射10%氯化钙或10%葡萄糖酸钙,大动物100~150mL静脉注射,小动物(仔猪、犬等)可用10%葡萄糖酸钙15~20mL静脉注射。

对症疗法　体温升高时,可适当应用解热剂;为了改善消化道机能和促进食欲,可采用苦味健胃剂;改善心功能可应用强心剂。

纤维素性肺炎(fibrinous pneumonia)

纤维性肺炎又称大叶性肺炎(lobar pneumonia)或格鲁布性肺炎(croupous pneumonia)是支气管和肺泡内充满大量纤维素蛋白渗出物为特征的急性肺炎。炎症侵害大片肺叶,临床特点是高热稽留,铁锈色鼻液,叩诊大片浊音区和定型经过为特征。以马属动物发生较多,牛、猪、犬也有发生(图4-4)。

图4-4　马纤维素性肺炎弧形浊音区

病因　纤维素性肺炎的病因迄今尚未完全清楚,目前存在两种不同的认识:一是认为纤维素性炎是由传染因素引起的,包括由病毒引起的马传染性胸膜肺炎和由巴氏杆菌引起的牛、羊、猪的肺炎,以及近年证明的由肺炎双球菌引起的大叶性肺炎;二是认为纤维素性肺炎是由非传染因素,即由变态反应所致,是一种变态反应性疾病,可因内中毒、自体感染或由于受寒感冒、过度疲劳、胸部创伤、有害气体的强烈刺激等因素引起。

病理发生及病理变化　纤维素性肺炎的病理过程的典型阶段:

充血期　病初以充血和水肿为特征,经过时间短,不超过24 h,肺泡上皮脱落及肺泡和支气管内积有大量的白细胞和红细胞。病变部肺体积肿大,呈深红色,切面光滑、湿润,按压流出血样的泡沫性液体,切取小块放入水中,常下沉。

红色肝变期　出现于发病的第一天末第二天初,病程可持续2 d,渗出物凝结,肺泡被红色的纤维蛋白充满,切面类似肝脏,称为红色肝变期;切面干燥,呈颗粒状,似红色花岗石,取病变部位小块放入水中,很快下沉。

灰色肝变期　充血程度减轻,白细胞渗入,聚积在肺泡内的纤维蛋白渗出物开始脂肪变性。此期经过约48 h,切面似灰色花岗石。

溶解吸收期　渗出的蛋白质被蛋白酶分解为可溶性的蛋白胨和更简单的分解产物(如白氨酸、酪氨酸等)被吸收或排出,肺组织变为柔软、切面湿润。

在肝变期,可有大量的毒素和炎性分解产物被吸收,呈现高热稽留。由于渗出的红细胞被巨噬细胞吞噬,将血红蛋白分解并转变为含铁血红素,出现铁锈色鼻液。大面积肺叶或整个肺叶发生实变，呼吸面积减少，出现呼吸困难，叩诊有大片浊音区，并可听到明显的支气管呼吸音。如果继发化脓菌或腐败菌感染可引起坏疽性肺炎。

症状 患病动物体温突然升高达40～41℃，呈稽留热型，精神沉郁，食欲减退或废绝，牛反刍紊乱，泌乳量降低或停止。呼吸困难，呼吸数增多，每分钟大动物20～50次，可视黏膜充血并有黄疸。皮肤干燥，皮温不匀，四肢衰弱无力，不愿活动，喜躺卧，常卧于病肺一侧，站立时前肢向外侧叉开。

脉搏在病初充实有力，以后随心机能衰弱，变为细而快。每分钟小动物脉搏可增至140～190次。

发病后2～3 d有时可能流出铁锈色鼻液，以后变为黏液-脓性。病初呈干、痛、短咳，尤其当伴有胸膜炎时更为明显，甚至在叩诊肺部便出现连续的干、痛咳嗽。到溶解期则出现长的湿性咳嗽。

肺部叩诊，在充血期呈鼓音，肝变期则变为浊音。牛的浊音区常位于肩前叩诊区，马的典型病例，叩诊呈弧形叩诊区（肘头的后上方，上界呈弧形）。肺部听诊，在充血期可听到捻发音或湿性啰音。肝变时，听诊患部呼吸音消失，可听到明显的支气管呼吸音，在溶解期时，又可听到捻发音和湿性啰音，肺泡呼吸音逐渐增强，啰音也逐渐消失，肺泡呼吸音趋于正常。

血液学检查可见，白细胞增多，可达$20×10^9/L$以上，核左移。严重病例白细胞减少。

X射线检查，病变部位呈大片阴影。

诊断 根据典型经过，稽留热型，叩诊呈大片浊音，听诊各病理阶段的特点，铁锈色鼻液、白细胞增多、X射线检查呈大片阴影，诊断不难。

在鉴别诊断上应注意非典型性纤维素性肺炎与传染性胸膜肺炎区别，主要根据病区的流行病学调查，如果在同一地区出现多个病例时，应按传染性疾病处理（如病畜隔离和消毒等），实际上传染性胸膜肺炎多是散发，并非成群发病。

治疗 治疗原则是消除炎症，制止渗出和促进炎性产物排出。为谨慎起见，可进行隔离观察。

病的初期应用九一四（新砷矾纳明）效果很好，按每千克体重0.015%，溶于5%葡萄糖生理盐水200～500 mL，牛、马1次静脉注射，间隔3～4 d再注射1次，常在注射0.5 h后体温便可下降0.5～1℃。最好在注射前0.5 h先行皮下或肌肉注射强心剂（樟脑磺酸钠或苯甲酸钠咖啡因），待心功能改善后再注入九一四。或者应用四环素或土霉素，按每千克体重15～25 mg，溶于5%葡萄糖生理盐水500～1 000 mL内，分2次静脉注射，疗效显著，犬可静脉注射头孢霉素，按每千克体重15～25 mg，溶于5%葡萄糖生理盐水100~150 mL内,每日2次。可配合应用氢化考地松或地塞米松。

制止渗出和促进炎性产物吸收,可应用10%氯化钙或葡萄糖酸钙静脉注射,为促进炎性产物排除,可应用利尿剂及其他对症疗法。

牛非典型间质性肺炎(bovine atypical interstitial pneumonia ,AIP)

牛非典型间质性肺炎是由于肺泡壁和细支气管壁被破坏,空气在肺小叶间结缔组织中积蓄。临床上以突然呼吸困难、皮下气肿和迅速发生窒息现象或几天内好转。牛,特别是肉用牛为最常见。也可在奶牛和水牛发生。通常是转移草场后5~10 d后发病,发病率可达50%。

病因及病理发生 本病的发生与中毒和变应反应有关,前者可见于白苏中毒、安妥中毒等,后者与秋季青草刈割后的再生草有关,乃是再生青草中存在的异性蛋白导致牛过敏反应,故又称为"再生草热"(fog fever)。尤其雨水过多或被雨水浸没过的茂盛青草,含有相当数量的L-色氨酸(TRP),当含TRP的青草被牛摄入后,TRP在瘤胃中经微生物的作用,降解为吲哚乙酸(LAA),然后转变为对机体有害的代谢物质3-甲基吲哚(3-MI)。3-MI进入血液后,经有关酶系统的作用,变为肺毒性物质,可直接作用于肺组织,引起肺细胞损害。随肺的收缩作用,将空气挤入肺间质中,并随呼吸运动,空气经肺门通过纵隔到胸腔入口处,再沿血管和气管周围的疏松组织而进入颈部皮下,并逐渐扩散至全身皮下,发生皮下气肿。

在病肺的表面除具有小叶间隙扩大,呈灰白色明亮的条纹外,肺的横断面可见有小叶间隙高度扩张呈现的空腔如核桃大、拳头大。同时某些肺组织呈现水肿。

症状 轻症病例只表现为呼吸数增多,肺部听诊也基本无异常,常在数天内自愈。重症病例往往突然出现呼吸困难,气喘,张口伸舌,口流黏涎,病牛惊恐不安,随后脉搏增数,体温一般正常,很少出现咳嗽。

肺部听诊,肺泡呼吸音减弱,可听到碎裂性啰音及捻发音。

肺部叩诊,呈过清音,在肺充满气体的空腔区域内,叩诊呈鼓音。肺叩诊界一般正常。

多数病例可出现皮下气肿,由颈、肩部扩散至背腰部乃至全身皮下组织。

诊断 根据病史、临床症状及病理特点进行诊断。病史上,有摄入过某些含有特异的致敏原及其他因素,临床根据是突然发生呼吸困难(气喘),甚至发出"吭哧"声及听诊与叩诊的特征以及明显的病理变化进行诊断。

为查明致病因素,如怀疑某种致敏原所致,需用预先制备好的抗原去检查血清中的相应沉淀素。疑为某些有毒物质所引起的可测定饲料、瘤胃内容物或血液中的有毒成分,或进行毒性试验进行验证。

治疗　治疗原则是尽快消除过敏性反应,制止空气进入肺间质组织及其他对症疗法。

制止极度呼吸困难,可进行氧气吸入疗法。

制止过敏,可用抗组胺药物,如苯海拉明注射液,牛 0.25～1 g 肌肉注射。扑尔敏,牛 80～100 mg 内服,或 60～100 mg 肌肉注射。此外,为减轻水肿可用速尿 0.5～1.0 mg/kg。

预防　对放牧的牛群,要注意在夏末秋初更换草场时,应防止摄入过多的青草,防止"再生草热",此时可多供给一些干草或精料。在更换草场前 7～10 d,投给莫能菌素,按 200 mg/(头·d)内服或拌入饲料中饲喂,可抑制 3-MI 的产生。

化脓性肺炎(suppurative pneumonia)

化脓性肺炎是肺泡中蓄积有化脓性产物,又称肺脓肿。各种动物都可发生,病死率高。

病因　原发性化脓性肺炎很少见,偶见于胸壁刺伤或创伤性网胃炎时,金属异物刺伤肺后,感染化脓杆菌等病原菌而发病。多数发生于脓毒败血症或肺感染性血栓形成,如幼畜败血症、化脓性子宫炎、结核、腺疫、鼻疽及其他化脓感染疾病如去势、褥疮感染或化脓性细菌随异物进肺而引起。由大叶性肺炎继发者很少见,较常见的是由卡他性肺炎继发化脓性肺炎。

症状　如果化脓性肺炎是继卡他性肺炎之后发生的,在消退期延迟下,体温重新升高。脓肿开始形成时,体温持续升高,而脓肿被结缔组织包裹时体温升高消退,新脓肿形成时,体温又重新升高。若脓肿破溃,则病情加重,脉搏加快,体温升高。对浅表性肺脓肿区叩诊,可呈局部浊音。听诊肺区有各种啰音,湿性啰音尤其明显。在脓肿破溃后,可从鼻腔流出大量恶臭的脓性鼻液,内含弹力纤维和脂肪颗粒。通常在短时间内或经 1～2 周,由于脓毒败血症或化脓性胸膜炎而致死。

X 射线检查,早期肺脓肿呈大片浓密阴影,边缘模糊。慢性者呈大片密度不均的阴影,伴有纤维增生,胸膜增厚,其中央有不规则的稀疏区。

治疗　目前尚无特效疗法,可大剂量应用抗生素类药物进行治疗,最好对鼻分泌物进行药敏试验,筛选最有效的药物,可收到良好的效果。通常首选药为青霉素大剂量(每千克体重 1.5 万～2.0 万 IU)或氨苄青霉素每千克体重 15～20 mg,静脉注射,7 d 为 1 个疗程,如果效果不好,可使用红霉素。

配合应用 10%氯化钙或葡萄糖酸钙静脉注射,牛、马 300 mL。脓肿破溃时,可用松节油蒸气吸入或薄荷脑石蜡油气管内注射。

霉菌性肺炎（mycotic pneumonia）

霉菌性肺炎是由霉菌侵入肺后引起的一种支气管肺炎。各种动物均可发生。多见于幼龄动物，在家禽常伴有气囊和浆膜的霉菌病。

病因 致病的霉菌及其孢子通过呼吸道感染，牛、马主要由曲霉菌属的烟霉菌引起。家禽多为灰绿色曲霉菌、黑曲霉菌、烟曲霉菌、葡萄状白霉菌、蓝色青霉菌等感染（图4-5 至图4-7），这些霉菌在环境潮湿和温度（37～40℃）适宜时大量繁殖，当机体抵抗力减弱或同时又有呼吸道卡他性炎症时，易发生。在鸡除直接接触感染外，还可通过卵垂直传播给雏鸡。

图4-5 烟色曲霉菌　　　　图4-6 葡萄状白霉菌　　　　图4-7 青霉素

在肺部细菌感染时，由于较长时间大量使用抗生素，易造成霉菌感染继发霉菌性肺炎。

症状 家禽感染的潜伏期10 d 左右，临床症状表现呼吸困难，张口喘气，有喘鸣音，吸气时颈部气囊扩张，冠与肉髯发绀并出现皱褶，病鸡出现下痢，消瘦，症状明显后2～7 d 死亡。在哺乳动物除具有卡他性肺炎的基本症状外，排出污秽绿色鼻液，结膜苍白或发绀、咳嗽，体温升高，呼吸加快，呈进行性呼吸困难。肺部听诊有啰音，叩诊有较大的浊音区。

病理变化 尸体剖检可见，牛、马的肺上有大小不等结节，散在或融合，小结节中间有化脓灶并包有霉菌丝。家禽呼吸道黏膜呈炎症变化，支气管黏膜和气囊内有黄绿色霉菌菌苔，肺中有若干大小不等的卡他性肺炎病灶。

诊断 根据流行病学、症状及病理变化，可做出初步诊断。确诊需进行微生物学检查，取病灶组织或鼻液少许，置一载玻片上，加生理盐水1 或2 滴，用细针将组织块拨碎，在显微镜下检查，具有菌丝或孢子，即可确诊。

治疗 将二性霉素B用5%葡萄糖溶液稀释成每毫升溶液中含0.1 mg，缓慢静脉注射,隔日注射或每周2次。

制霉菌素 牛、马250万~500万U,羊、猪50万~100万U,每日3或4次,混于饲料中喂给。家禽每千克50万~100万U日粮,连用1~3周。雏鸡、鸭每100只1次,用量为50万~100万U,每日2次。克霉唑内服,牛、马5~10 g,牛犊、马驹、猪、羊0.75~1.5 g,2次内服,雏鸡每100只1 g,混于日粮中喂给。此外,1∶3 000硫酸铜溶液饮用3~5 d或给个体动物投服,牛、马600~2 500 mL,羊、猪150~500 mL,家禽3~5 mL,每日1次,也可内服0.5%碘化钾溶液,牛、马400~1 000 mL,羊、猪100~400 mL,鸡1~1.5 mL,每日3次。

坏疽性肺炎(gangrenous pneumonia)

坏疽性肺炎又称肺坏疽或吸入性肺炎,因误咽异物(食物、呕吐物或药物)或腐败菌侵入肺脏而引起的一种坏疽性炎症。临床上以呼吸困难、从两侧鼻孔流出污秽、恶臭的鼻液为特征。各种动物均可发生,治愈率很低。

病因 伴有吞咽障碍的一些疾病(如咽炎、咽麻痹、破伤风、出血性紫癜、食道阻塞等)易发生异物误咽或吸入;胃管投药操作失误,将部分药物误投入气管;或经口灌服有刺激性药物(如松节油、福尔马林、酒精等)由于呛咳发生误咽;在结核、猪肺疫、鼻疽等传染病及卡他性肺炎、纤维素性肺炎过程中,伴有腐败菌感染而发病;异物经创伤(如肋骨骨折、外伤等)侵入肺并带入腐败菌而引发。

症状 呼出的气体有臭味,两鼻孔流出污秽不洁的灰白、灰绿、或灰褐色的恶臭鼻液,镜检鼻液见有透明的弹力纤维。

呼吸加快而困难,湿性痛咳。肺部听诊,可听到湿性啰音和支气管呼吸音,而且湿性啰音在空洞部位(肺空洞)最明显,当肺空洞与支气管相通时,可听到空瓮音。叩诊时,浅表性病灶部呈局限性浊音,空洞部位呈破壶音或金属音。

全身症状重剧,体温40℃以上,多呈弛张热,有时呈现战栗和出汗现象,脉搏急速,严重病例有贫血现象,白细胞高出正常2倍以上。X射线检查,可见局限性的阴影,病灶破溃并与支气管沟通时,呈椭圆形微透明阴影。

诊断 根据病史及特征性临床症状及鼻液镜检时有肺组织块及弹力纤维(图4-8),便可确诊。但需与以下症状相鉴别:

慢性支气管炎 缺乏高热和肺部各种症状,鼻液中无弹力纤维。

气管扩张 虽呼出的气体和流出的鼻液具有恶臭味,但鼻液中无肺组织块和弹力纤维。

鼻窦坏疽 多为单侧性鼻液,且没有肺组织块与弹力纤维。缺乏全身症状,窦局部隆起。

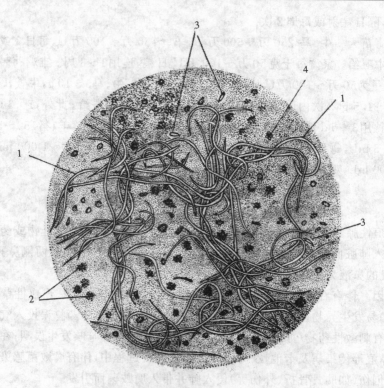

图 4-8　鼻液内弹力纤维
1. 弹力纤维；2. 脓细胞；3. 杆菌；4. 球菌

　　治疗　目前尚无有效的治疗,通常采取迅速排出异物,制止肺组织的腐败分解以及对症疗法延缓病情,通常难以根治,预后不良。为排出异物,初期及时应用2％盐酸毛果芸香碱5～10 mL(牛、马)皮下注射,同时反复注射兴奋呼吸中枢的药物樟脑制剂4～6 h 1次。为制止肺组织腐败分解,可大剂量应用抗生素,如青霉素200万～400万U,链霉素2～4 g,牛、马肌肉注射或静脉注射或气管内注射每日2或3次。

第四节　胸膜疾病

胸膜炎(pleuritis)

胸膜炎是胸膜炎性渗出纤维蛋白沉着的炎症过程。按其渗出物的量可分为湿性和干性两种。

病因 原发性胸膜炎少见,继发性较为常见。可继发邻近器官炎症的蔓延,如卡他性肺炎、纤维素性肺炎、坏疽性肺炎等,某些传染病(如鼻疽、结核、传染性胸膜肺炎、猪肺炎等)常可继发胸膜炎。

症状 咳嗽明显,常呈干、痛短咳,胸壁受刺激或叩诊表现频繁咳嗽并躲闪,呼吸快而浅表,呈腹式呼吸。渗出期叩诊呈水平浊音区(图4-9),在小动物水平浊音随体位而改变(图4-10)。在渗出的初期和渗出物被吸收的后期均可听到明显的胸膜摩擦音,渗出期听诊摩擦音消失,肺泡呼吸音减弱或消失,浊音区的上方呼吸音增强。胸腔积液时,心音减弱。胸腔穿刺,可流出黄色或含有脓汁的液体(化脓性胸膜炎),含有大量纤维蛋白,易凝固。

图4-9 犬胸膜炎叩诊水平浊音区

图4-10 叩诊水平浊音区随体位而变

诊断 根据呼吸浅表急速,腹式呼吸,触、叩胸壁表现疼痛、咳嗽,叩诊水平浊音,听诊有胸膜摩擦音,穿刺液为渗出液(蛋白多、比重高)。需与胸腔积水与传染性、胸膜性肺炎进行鉴别,前者不发热,无炎症,无胸膜摩擦音,触、叩无疼痛反应,穿刺液色淡、透明、不易凝固;后者有流行性,同时具有胸膜炎与肺炎症状。

治疗 治疗原则是消除炎症,制止渗出,促进炎性产物的吸收和排出。

可选用氨苄青霉素每千克体重10～20 mg 静脉注射,每日2或3次,最好是对穿刺液进行细菌培养做药敏试验,有针对性地选择抗生素;制止渗出可用10%氯化钙或葡萄糖酸钙牛、马100～200 mL,猪、羊20～50 mL,小型犬15～20 mL,一次静脉注射,速尿每千克体重2～4 mg 内服,每日2次。由鼻疽引起的胸膜炎,用土霉素治疗效果较好,土霉素2 g,用0.9%生理盐水500 mL 稀释,静脉注射每日1或2次,3～5 d 为1个疗程。此外,还可用氟喹诺酮类药物。

乳糜胸（chylothorax）

乳糜胸是胸腔淋巴管扩张、损伤而淋巴液聚积在胸腔，积液中含有多量脂肪，呈乳糜状，故称乳糜胸。主要发生于犬、猫，牛也有发生。病因：各种损伤引起胸导管或其较大的分支受损后，淋巴液漏入胸腔；某些原因引起胸内压突然改变，导致胸导管及其较大的分支扩张，由于剧咳、呕吐可致胸导管破裂。由于膈疝（尤其是右侧膈疝），胸导管内或外周肿物、炎症等，使胸导管通畅性受阻，淋巴液汇入前腔静脉不够通畅，导致胸导管扩张或破裂，淋巴液流入胸腔；某些狭胸品种的犬如阿富汗猎犬、俄国狼犬等易发病，可能与其遗传因素有关。淋巴液在胸腔蓄积过多，常出现心动过速，体温下降，结膜苍白，脉搏细弱，易虚脱。临床症状呈渐进性发展，多为亚临床或慢性经过。慢性病例营养不良，易疲劳（许多营养物质如脂肪、蛋白质等漏入胸腔）。胸腔穿刺液呈乳白色，但在禁食时，抽出的液体呈草黄色（乳糜微粒还原）。治疗：采取保守疗法，使病畜保持安静，定期穿刺抽出乳糜液，同时注射利多卡因或为预防感染，静脉注射抗生素；手术疗法，进行手术结扎或进行胸导管与前腔静脉吻合术或切除胸导管内、外的肿物，使淋巴液最终汇入前腔静脉，免其漏入胸腔。

胸腔积液（hydrothorax）

胸腔积液是胸腔内积有过量的漏出液，也称胸水，可发生于各种动物。

多因慢性心脏病等血液循环障碍性疾病或肾脏疾病、慢性贫血、稀血症、肝硬化、慢性消耗性疾病（如结核、鼻疽等）、营养不良及缺硒症等引起。多量的胸腔积液，患病动物呈现呼吸浅表、增数、腹式呼吸、胸部叩诊水平浊音，并随着体位而改变，听诊浊音区内肺泡呼吸音减弱或消失。体温正常或稍低，心音减弱，脉搏快，体表静脉怒张，身体的低垂部位出现水肿。胸腔穿刺液呈淡黄色，清澈，密度小于1.016，蛋白小于3%，无炎性反应，与渗出性胸膜炎有明显的不同。在胸腔积液的同时可能并存有心腔、腹腔、心包积液。本病主要是针对原发病进行治疗，为制止渗出、促进漏出液的吸收和排出可应用10%氯化钙、利尿剂及强心剂。呼吸困难时应穿刺排出积液。

（石发庆）

第五章　循环系统疾病

循环系统是由心脏和血管共同组成的密闭管道系统。心脏如同"血泵"，是推动血液循环的动力器官。血管由动脉、微血管和静脉组成，它们连通成血液运行的管道网络。心脏和血管两者相辅相成，共同维持体内的血液循环，从而保证血液与全身各组织之间的物质交换，把氧气和营养物质带给组织，同时又把组织内产生的二氧化碳和代谢产物带到肺脏和排泄器官排出体外。因此，循环系统的机能状态与全身各组织器官的生命活动有着极其密切的关系。循环系统的疾病必将会影响各系统的机能，而各系统的疾病也一定会影响循环系统尤其心脏的机能。在生产实际中，循环系统尤其心脏的机能状况，通常是评价动物健康状况、使役能力和生产性能的重要标志，也是临床实际中判定动物疾病病程和预后的主要依据。

循环系统疾病特别是心脏的疾病，大多数继发或并发于炭疽、口蹄疫、马腺疫、出血性败血病、马传贫等传染病，肺炎、胸膜炎、肝炎、胃肠炎、肾炎、新陈代谢紊乱等内科病、创伤、化脓性感染等外科病以及化学性、矿物性与生物性毒素引起的中毒性疾病的经过中。业已证实，遗传因素在循环系统疾病，尤其在心肌病发生上具有重要意义。

由于循环系统与全身各器官系统之间具有紧密的联系，任何器官系统的疾病都会影响循环系统尤其心脏的机能，甚至引起疾病。据 Negro 等(1989)的报道，在8月龄猪中有66.4%存在不同程度的心内膜病变。Голиков 等(1985)在临床健康奶牛中发现心电图异常者占43.8%。张才骏(1990)在青藏高原临床健康绵羊中，发现10种类型的心律失常，占被检绵羊的32.8%。Gabriel 等(1986)，在临床健康马中发现，37.8%存在不同类型和程度的心脏传导阻滞。由此可见，循环系统疾病的发生率是很高的，只是因为心脏有强大的储备力和代偿机制而不表现明显的临床症状。

循环系统疾病，轻者影响家畜的生产性能，重者常常以死亡告终，造成严重的经济损失。基于上述情况，在对临床健康或任何系统疾病的病畜进行检查时，必须重视心脏和血管状态的检查，及早发现异常，采取适宜的治疗措施，以减少或消除由循环系统机能不全而引起的其他器官系统的机能紊乱。

第一节　心包疾病

心包炎（pericarditis）

心包炎是指心包壁层和脏层的炎症。按病因分为创伤性和非创伤性两类；按病程分为急性和慢性两种；按渗出物性质可分为浆液性、纤维素性、浆液-纤维素性、出血性、化脓性和腐败性等多种类型，以急性浆液性和浆液-纤维素性心包炎比较常见。本病最常见于牛和猪，马、羊、犬、鸡等多种动物均可发生。感染和创伤是主要病因，常见于某些传染病、寄生虫病及各种脓毒败血症。临床特征为发热，心动过速，心浊音区扩大，出现心包摩擦音或心包击水音。病至后期，常有颈静脉怒张、胸腹下水肿、脉搏细弱、结膜发绀和呼吸困难。根据特征的临床症状，一般不难做出诊断，必要时可进行X射线检查、超声检查、心包穿刺液检查和血液检查。对于伴发于传染病的心包炎采用抗生素疗法，常用青霉素、庆大霉素、头孢菌素，有条件者可根据心包穿刺液分离培养出的细菌药敏试验结果，选用高敏的抗菌制剂。为了减轻心脏负担，可试用心包穿刺疗法，排液后注入青霉素100万～200万IU，链霉素1～2g。对于出现严重心率失常的病畜，可选用硫酸奎尼丁、盐酸利多卡因、异搏定、心得安等制剂。伴发充血性心力衰竭时，可使用洋地黄制剂。

创伤性心包炎（traumatic pericarditis）

创伤性心包炎是指尖锐异物刺入心包或其他原因造成心包乃至心肌损伤，致发心包化脓腐败性炎症的疾病。本病最常见于舍饲的奶牛和农区放牧的耕牛，偶见于羊，其他动物如鹿、骆驼、猪、马、犬，甚至孔雀都有过发病的记载。牛的创伤性心包炎通常由尖锐异物穿透网胃壁、膈肌和心包引起，特称为创伤性网胃-心包炎，常造成严重的经济损失。

病因　牛创伤性心包炎的病因与创伤性网胃炎相同，主要是因饲草饲料内、牛舍内外地面上以及房前屋后、田埂路边、工厂或作坊周围等地方的草丛中散在着各种各样的金属异物。牛的舌面角质化程度高，采食快，咀嚼粗糙，易将异物误食而落入网胃内。存在于网胃里的尖锐异物未能及时清除，当瘤胃臌气、妊娠、分娩等使腹内压增高的情况下，刺透网胃前壁、膈肌而伤及心包壁，甚至刺入心肌而发病。

山羊、绵羊、鹿、骆驼的创伤性心包炎也由摄入尖锐异物，刺透网胃前壁、膈肌和心包引起，但较少见。马、犬的创伤性心包炎多由外伤引起，如火器弹片直接穿透心区胸壁，损伤心包，或由胸骨或肋骨骨折，骨断端损伤心包，或由牛角顶撞胸壁创伤等致发本病。

病理发生 异物刺入心包后,网胃中的及穿透物带进的细菌也随之侵入心包。异物的刺激作用及细菌感染,使心包局部发生充血、出血、肿胀、渗出等炎症反应。炎性渗出物初期为浆液性、纤维素性或浆液-纤维素性,继而发展为化脓性、腐败性、纤维素性渗出物附着于心包的壁层和脏层表面,使其变得粗糙不平。心脏收缩与舒张时,心包壁层与脏层之间相互摩擦而产生心包摩擦音。随着渗出液的增加,将心包壁层与脏层隔开,心包摩擦音消失。侵入的细菌大量繁殖,产生气体,使心包腔内同时存在渗出液和气体,心脏收缩与舒张时,撞击渗出液而产生心包击水音,心音减弱。大量化脓腐败性渗出物积聚在心包腔内,引起心包扩张,体积增大,内压增高。当心包腔内压增高到2.13 kPa时,心脏的舒张受到限制,致使流入心脏的血量减少,心房充盈不足。腔静脉血回流受阻,使颈静脉如索状,出现明显的颈静脉阴性搏动,浅表静脉怒张;肺静脉血回流受阻,引起肺淤血,影响肺换气功能,血液中氧合血红蛋白含量减少,还原血红蛋白含量增加,当超过50 g/L时,就会出现黏膜发绀。静脉淤血的发展,淋巴回流受阻,毛细血管壁通透性增高,引起下颌间隙、颈垂、前胸部水肿。

动脉血含氧量下降,刺激主动脉和颈动脉的化学感受器,引起反射性心动过速。异物刺伤心肌或心包炎症蔓延到心肌,常会引起期前收缩等心率失常。持续的心动过速,心肌耗氧量增加而血液供给减少,心脏储备力降低,代偿失调,最终使心排血量明显减少,而发生充血性心力衰竭。炎症过程中的病理产物和细菌毒素的作用引起体温升高。

症状 牛创伤性心包炎多发生在创伤性网胃炎之后。在出现心包炎症状前通常有创伤性网胃炎的临床表现,运步小心谨慎、保持前高后低姿势,卧下及起立时的姿势反常,慢性前胃弛缓,反复发生轻度瘤胃臌气。在呼吸、努责、排粪及起卧过程中,常出现磨牙或呻吟等。

当异物刺入心包后出现心包炎的症状,病牛全身状况恶化,精神沉郁,眼半闭,肩胛部、肘头后方及肘肌常发生震颤。病初体温升至40℃以上,个别可超过41℃,病至后期,体温降至常温。心率明显加快,每分钟达100次以上,运动后可增至140~150次。后期体温降至常温时,心率仍然明显增加,是本病的重要特征症状之一。呼吸浅快,呈腹式呼吸,轻微运动即可出现呼吸迫促,甚至呼吸困难。病初脉搏充实,后期变为细弱。心区触诊有疼痛反应,心搏动增强。听诊可闻心包摩擦音,其音如抓搔声、软橡皮手套相互摩擦的声音,在整个心动周期均可听到,以心缩期明显。随着心包内渗出液的增多,心搏动减弱,心音遥远,心包摩擦音消失,出现心包击水声,其音性如含漱声或震摇盛有半量液体的玻璃瓶时产生的声音。叩诊心浊音区扩大,心浊音区上方常因存在气体而呈鼓音或浊鼓音。有的病牛出现期前收缩等心律失常。病程经过1～2周后,病牛的颈静脉充盈呈索状,出现明显的颈静脉阴性搏动。下颌间隙、颈垂及胸腹下水肿(图5-1和图5-2)。病牛常因心力衰竭或脓毒败血症而死亡。

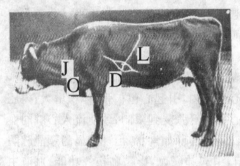

图5-1 牛创伤性心包炎

J高度充血的颈静脉;O重度皮下水肿;

D浊音区;T浊鼓音区;L肺后界

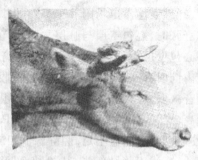

图5-2 牛创伤性心包炎高度
充血的颈静脉

心电图的特征变化为窦性心动过速,QRS综合波低电压,T波低平或倒置和S-T段移位。当伴有心肌损伤时,常有室性期前收缩。

X射线检查,病初肺纹理正常,心膈间隙模糊不清,常可发现刺入异物的致密阴影;中期肺纹理增粗,心界不清晰,心包较大,心膈角模糊不清,心膈间隙消失;病的后期肺纹理增粗模糊,心界消失,心包扩大,心膈角消失或变钝,心膈间隙消失。

临床病理学 病初白细胞总数增多,有的达25×10^9个/L,嗜中性粒细胞比例增高,伴有核左移。病程延长转为慢性时,白细胞总数及分类计数的变化不明显。血清谷草转氨酶活性增高,血清乳酸脱氢酶活性较健康牛增加1倍以上,血清肌酸磷酸激酶活性较健康牛增加3～4倍。

病理学检查 心包壁层和心外膜上沉积大量纤维素。心包腔内积聚大量污黄色、污绿色或污红褐色的化脓腐败性渗出液,带剧烈的腐败臭。心包腔内常可

图5-3 牛创伤性心包炎

一根缝针穿破心包,心包和
左心室壁上有一漏斗状穿孔

发现刺入的异物(图5-3)。病程较久者,网胃前壁、膈肌与心包粘连,心包与胸膜粘连,或心包壁层与心外膜粘连。由外伤引起的心包炎,还可见胸壁创伤、肠管或肋骨骨折。

诊断　根据顽固性前胃弛缓的病史,心区敏感,出现心包摩擦音或心包击水音,心浊音区扩大,心动疾速,颈静脉呈索状和颈垂、前胸部水肿等临床表现,不难做出本病的诊断。X射线检查对本病有重要的诊断价值,尤其是对临床表现不明显的早、中期病例能做出正确的诊断。

治疗　对于牛的创伤性心包炎,目前尚无有效的治疗方法。在病的早期,出现毒血症和充血性心力衰竭以前,试用手术治疗,部分病牛可望痊愈。目前,采用的心包手术有两种术式:一种是"I"形胸壁切开术,沿左胸壁第五肋骨纵向切口25 cm;另一种为"U"形胸壁切开术,底边横切口在第六和第七肋骨与肋软骨接合部之间,其前后切口分别在第五和第八肋骨上,上起肩端水平线,下距横切口2～3 cm,然后以斜切方向与横切口两端连接,进一步去除部分第六肋骨,逐层切开,打开心包腔。还可施行瘤胃切开术,手通过瘤胃切口进入网胃,清除网胃内的异物,拔除刺入网胃壁和心包的异物。此外,还可试用心包穿刺治疗,在X射线的指示下,用穿刺针刺入心包腔,放出积聚的渗出液,用灭菌生理盐水反复冲洗心包腔,直到抽出液变清,向心包腔内注入抗生素溶液,隔2～3 d 冲洗1次。在进行手术治疗的同时,必须使用大剂量抗生素,并给予促进前胃运动和促进反刍的药物,加强饲养管理和护理。

第二节　心脏疾病

心力衰竭(cardiac failure)

心力衰竭是指心肌收缩力减弱,导致心输出血量减少,静脉血回流受阻,呈现皮下水肿、呼吸困难、黏膜发绀、浅表静脉过度充盈,乃至心搏骤停和突然死亡的一种临床综合征,又称心脏衰竭、心功能不全(cardiac insufficiency)。按病程有急性和慢性两种,慢性心力衰竭又称充血性心力衰竭(congestive cardiac failure);按病因可分为原发性和继发性;按发生部位分为左心衰竭、右心衰竭和全心衰竭。本病多发于马、犬和猫,其他动物如牛、猪、鹿、狐、家禽等均可发生。

病因　急性原发性心力衰竭主要发生于过重使役的家畜,尤其是长期饱食逸居的家畜突然使重役,长期舍饲的肥育牛或猪长途驱赶;赛马或未成年警犬开始调教和训练时,训练量过大或惩戒过严;在治疗过程中,静脉输液量过多,注射钙制剂、砷制剂、隆朋、浓氯化钾溶液等药物时速度过快；麻醉意外；雷击、电击；心肌脓肿、心房或心室破裂、主动脉或肺动脉破裂、急性心包积血等。急性心力衰竭还常继发于马传贫、马胸疫、口蹄疫、猪瘟等急性传染病；弓形虫病、猪肉孢子虫等寄生虫病；胃肠炎、肠阻塞、日射病等内科病以及中毒性疾病的经过中，多由病原菌及其毒素直接侵害心肌引起。

慢性心力衰竭常继发于心包疾病（心包炎、心包填塞）、心肌疾病（心肌炎、心肌变性、遗传性心肌病）、心脏瓣膜疾病（慢性心内膜炎、瓣膜破裂、腱索断裂、先天性心脏缺陷）、高血压（肺动脉高血压、高山病、心肺病）等心血管疾病；棉籽饼中毒、棘豆中毒、霉败饲料中毒、慢性呋喃唑酮中毒等中毒病；肉牛采食大量曾饲喂过马杜拉菌素或盐霉素做抗球虫药的肉鸡粪以及甲状腺机能亢进、慢性肾炎、慢性肺泡气肿、幼畜白肌病的经过中。

瑞士的红色荷斯坦和西门塔尔及其杂种牛中，曾发生一种遗传因素起主导作用，外源性因素起触发作用的慢性心力衰竭。

病理发生　　健康动物的心脏具有强大的储备力，能胜任超过正常6～8倍的工作。在正常情况下，通过增加心率和增强心肌收缩力使心脏排血量增加，以满足运动、妊娠、泌乳、消化等生理需求。在病理情况下，心脏的主要代偿机制是加快心率，增加每搏排血量，增强组织对血中氧气的摄取力和血液向生命器官的再分布。

急性心力衰竭时，心肌的收缩力明显降低，心排血量减少，动脉压降低，组织高度缺氧，反射地引起交感神经兴奋，发生代偿性心率加快，增加排血量，可短暂地改善血液循环。然而，当心率超过一定限度时，心室舒张不全，充盈不足反而使心排血量降低。心动过速时心肌耗氧量增加，冠状血管血流量减少使心肌的氧供给量不足，使心肌收缩力减弱加剧，心排血量更加减少。交感神经兴奋还能引起外周血管收缩，心室的压力负荷加重，同时肾素-血管紧张素-醛固酮系统被激活，肾小管对钠的重吸收增加，引起钠和水潴留，心室的容量负荷加重，影响排血量，最终导致代偿失调。在超急性病例，对缺氧最敏感的脑组织首先受侵害而出现神经症状。病程较长的病例，因肺水肿而出现呼吸困难。

充血性心力衰竭是逐渐发生的。心跳加快及心脏负荷长期过重，心室肌张力过度，刺激心肌代谢，增加蛋白质合成，心肌纤维变粗，发生代偿性心肥大，心肌收缩力增强，排血量增加。一方面，肥大的心肌，其结构发展不均衡，心肌纤维容积增大，所需营养物质与氧增多，但心肌中的毛细血管数量没有相应增多，心肌得不到充分的营养物质和氧的供应；另一方面，心肌纤维肥大，细胞核的数量并未增加，核与细胞质的比例失常，核内DNA减少，使心肌蛋白更新障碍。凡此种种都影响心肌的能量利用，使储备力和工作效率明显降低，心肌收缩力减退，收缩时不能将心室排空，遂发生心脏扩张,导致充血性心力衰竭的发生。

右心衰竭时,体循环淤血,引起皮下水肿和体腔积水。肾脏血流减少引起代偿性流体静压升高,尿量减少。肾小球缺血引起渗透性增高,血浆蛋白质漏出到尿中,形成蛋白尿。门脉循环系统充血会伴发消化、吸收障碍及腹泻。

左心衰竭时,肺静脉压增加引起肺静脉淤血,使呼吸加深,频率加快,运动耐力下降。支气管毛细血管充血和水肿引起呼吸通道变狭窄而影响肺通气。肺静脉流体静压异常增高,漏出液增加,引起肺水肿。然而,临床上是否发生肺水肿取决于心力衰竭发生的速度。心力衰竭发生较慢的病例因具有容量较大的淋巴导管系统可以阻止临床型肺水肿的发生。

症状 急性心力衰竭的病畜多表现高度呼吸困难,眼球突出,步态不稳,突然倒地,四肢呈阵发性抽搐,常在出现症状后数秒钟到数分钟内死亡。病程较长者,精神高度沉郁,卧地不起,结膜发绀,浅表静脉怒张,全身出汗,呼吸迫促。心动疾速,第一心音高朗,第二心音微弱甚至听不到,心律失常,脉搏细弱几乎不感于手,常在12~24 h死亡。

充血心力衰竭呈慢性经过。初期精神沉郁,食欲减退,易疲劳,易出汗。运动后呼吸和脉搏频率恢复所需的时间延长,结膜轻度发绀,浅表静脉怒张,心率略加快(马达到80次/min),有的出现心律失常和心杂音。随着病情的发展,病畜体重减轻,心率加快(在休息时牛达130次/min,马达100次/min以上),第一心音增强而第二心音微弱,有的出现相对闭锁不全性缩期杂音及心律失常,心浊音区增大。左心衰竭时还伴有明显的呼吸困难,咳嗽,鼻流无色或粉红色泡沫样鼻液,肺区有广泛性湿性啰音等肺充血和肺水肿的表现;右心衰竭时,伴有结膜发绀,颈静脉怒张,胸腹下水肿,肝脏肿大,腹水等临床体征。由于各组织器官淤血和缺氧,还可出现腹泻、咳嗽、蛋白尿及反应迟钝、知觉障碍、痉挛等。

X射线检查常可见心肥大、肺淤血或胸腔积液的变化。心电图检查可见QRS复波时限延长和/或波峰分裂、房性或室性早搏、阵发性心动过速、房纤颤及房室阻滞。

临床病理学 严重心力衰竭动物的心房尿钠肽(atrial natriuretic peptide,ANP)含量显著增加,荷斯坦牛从正常的(14.5 ± 1.8) pmol/L增至(73.3 ± 16.0) pmol/L,犬从正常的(8.3 ± 3.5) fmol/L增至(52.9 ± 29.8) fmol/L。病畜醛固酮水平增高,其增加程度与病的严重性有直接联系。如正常犬为(210.8 ± 91.5)pmol/L,轻症犬为(527.1 ± 360.6)pmol/L,重症犬为$(1\ 109\pm610.3)$pmol/L。病畜的血浆去甲肾上腺素含量显著增加,且与病的临床严重性呈正相关。

病理学检查 急性心力衰竭病畜可能只有内脏器官淤血。病理组织学检查可见肺充血和早期肺水肿的变化。慢性心力衰竭多数伴有心脏肥大或扩张。左心衰竭时,有肺充血和肺水肿,右心衰竭时,有皮下水肿、腹水、胸水和心包积液、肝充血肿大,如豆蔻样。同时伴有原发病的特征病理变化。

诊断　根据发病原因以及心率加快,第一心音增强,第二心音减弱,脉搏细弱,浅表静脉怒张,结膜发绀,水肿,呼吸困难和使役能力下降或丧失等临床表现,可做出本病的诊断。心电图描记、X射线检查和超声心动图检查资料,有助于判定心脏扩张或肥大,对本病的诊断有辅助意义。应注意与其他伴有水肿(如寄生虫病、肾炎、贫血、妊娠等)、呼吸困难(如急性肺气肿、牛再生草热、过敏性疾病、有机磷中毒)和腹水(如腹膜炎、肝硬化等)的疾病进行鉴别诊断。

治疗　治疗原则是消除病因,增强心肌收缩力,改善心肌营养,恢复心脏泵功能。

为增强心肌收缩力,增加心输出量,恢复心脏泵功能,可选用洋地黄类药物。临床应用时,一般先在短期内给予足够剂量(洋地黄化剂量),以后给予维持剂量。对牛可先用洋地黄毒苷每千克体重0.03 mg肌肉注射,或地高辛每千克体重0.022 mg静脉注射,以后的维持剂量为上述剂量的1/5~1/8。对马可先用地高辛每千克体重0.010~0.015 mg静脉注射,经2.5~4 h后再按每千克体重0.005~0.010 mg剂量注射第二次,当表现心脏情况改善,心率较原来缓慢、利尿等时为达到洋地黄化的指征,以后每天用维持剂量每千克体重0.005~0.010 mg静脉注射。首次口服剂量为每千克体重0.07 mg,以后每天的维持剂量为每千克体重0.035 mg。对犬可用洋地黄毒苷每千克体重0.06~0.12 mg静脉注射,维持量为上述剂量的1/4~1/8;或地高辛每千克体重0.02~0.06 mg分2次口服,连用2 d,然后改用维持剂量每千克体重0.008~0.01 mg,每日2次口服。甲基地高辛(metildigoxin)的强心作用强于地高辛,具有增加心肌收缩力,降低心率,增加心排血量,改善体循环的作用,可用于各种动物急性和慢性心力衰竭。应该指出的是,洋地黄类药物长期应用易蓄积中毒;成年反刍动物不宜内服;由心肌炎等心肌损害引起的心力衰竭禁用;发热与感染时慎用。牛、马等大家畜还可使用安钠咖2.5~5.0 g内服,或20%溶液10~20 mL肌肉注射。

为消除钠、水滞留,促进水肿消退,应限制钠盐摄入,给予利尿剂,常用双氢克尿噻,牛、马0.5~1.0 g,猪、羊0.05~0.1 g,犬每千克体重2~4 mg(或25~50 mg)口服,每日2或3次;速尿,牛每千克体重2.5~5.0 mg,马每千克体重0.25~1.0 mg,犬每千克体重2~3 mg口服,或每千克体重0.5~1.0 mg肌肉注射,每日2或3次,连用3~4 d,停药数天后再使用3~4 d。

对于心率过快的病畜,牛、马等大家畜用复方奎宁注射液10~20 mL肌肉注射,每日2或3次;犬和猫用心得安每千克体重0.5~2.0 mg 口服,每日3次,或每千克体重0.04~0.06 mg,静脉滴注,直到心率恢复正常为止。对于伴发室性心动过速或心脏纤颤的病畜,可应用利多卡因,犊牛和山羊每千克体重4 mg,犬每千克体重2~4 mg,猫每千克体重0.15~0.75 mg,按25~80 μg/min 的速度静脉滴注,直到心律失常消失。如发生室性早搏和阵发性心动过速,可应用硫酸奎尼丁,马开始用每千克体重20 mg(赛马用20~40 g),以后每隔8 h 以每千克体重10 mg 剂量口服;犬开始用每千克体重6~20 mg,以后每隔6~8 h 用每千克体重6~10 mg 口服。

对于顽固性心力衰竭,在犬和猫中可使用小动脉扩张剂,如肼苯哒嗪每千克体重0.5~2.0 mg 口服,每日2次;哌唑嗪每千克体重0.02~0.05 mg 口服,每日2或3次。也可使用血管紧张素转移酶抑制剂,如每千克体重用甲巯丙脯酸0.5~1.0 mg 口服,每日2或3次。

为改善心肌营养和促进心肌代谢,可使用ATP、辅酶A、细胞色素C 等。还可试用辅酶Q_{10}(泛葵利酮,ubidecarenone),它能改善心肌对氧的利用率,增加心肌线粒体ATP 的合成,改善心功能,保护心肌,增加心输出量,对轻度和中度心力衰竭有较好效果。

此外,应针对出现的症状,采用健胃、缓泻、镇静等对症治疗。同时要加强护理,限制运动,保持安静,以减轻心脏负担。

心肌炎(myocarditis)

心肌炎是心肌炎症性疾病的总称,心肌兴奋性增高和收缩机能减退是其病理生理学特征。临床上以急性非化脓性心肌炎比较常见。本病通常继发或并发于某些传染病、寄生虫病、脓毒败血症和中毒病的经过中,多数是病原体直接侵害心肌的结果,或者是病原体的毒素和其他毒物对心肌的毒性作用。免疫反应在风湿病、药物过敏及感染引起的心肌炎的发生上起重要作用。由急性感染引起的心肌炎,绝大多数有发热症状。突出的临床表现是心率增快,且与体温升高的程度不相适应。病初第一心音增强。分裂或混浊,第二心音减弱。心腔扩大发生房室瓣相对闭锁不全时,可听到缩期杂音。重症病例出现奔马律,或有频发性期前收缩。濒死期心音微弱。病初脉搏增数而充实,以后变得细弱,严重者出现脉搏短拙、交替脉和脉律不齐。病至后期,动脉血压下降,多数发生心力衰竭而出现相应的临床表现,心电图特征,病初呈窦性心动过速,继之出现程度不同的单源性或多源性期前收缩,以及各种心律失常。治疗上,首先应使用抗生素、磺胺类药或特效解毒剂、高免血清等治疗原发病。病初不宜使用强心剂,以防心肌过度兴奋而迅速发生心力衰竭,此时宜在心区冷敷。对具有高度发绀和呼吸困难的病畜可给予氧气吸入。心肌炎后期可使用安钠咖或樟脑油,以增强心肌收缩机能,但禁用洋地黄及其制剂,以免病畜过早发生心力衰竭,甚至死亡。为了增加心肌营养,改善心脏传导系统功能,可静脉注射25%葡萄糖溶液,也可使用ATP、辅酶A、肌苷、细胞色素C等促进心肌代谢的药物。治疗的同时应加强护理,改善饲养管理,限制运动,避免外界的刺激。

心肌变性(myocardial degeneration)

心肌变性是以心肌纤维变性,乃至坏死等非炎症性病变为特征的一组心肌疾病,又称心肌病(myocardiosis,cardiomyopathy)。临床上以慢性心肌变性最常见。各种家畜均可发生,奶牛、马以及犬和猫更常见。在马、猪、犬、猫和禽中曾记载原因不明,但心肌有不同程度变性、纤维化和坏死的特发性心肌病(idiopathic cardiomyopathy)。本病的发生多数与感染、中毒和营养缺乏有关。硒和维生素E缺乏是心脏变性的最常见原因。遗传因素在本病发生上的作用已在牛、犬和猪等多种动物中得以证实。主要临床表现为心率增加,心音分裂,脉搏弱小,心浊音区扩大,心律失常和"夜间浮肿"。严重的病畜,尤其是犊牛常常出现腹水、腹部膨大。但上述症状常常被原发病的症状所掩盖。根据病史(感染、中毒或营养缺乏症)、临床症状、心功能试验以及超声检查和心电图描记等资料进行综合分析,可做出诊断,但应排除心肌炎的可能。在治疗上应积极治疗原发病,如针对病原体采用抗生素、磺胺类药物、高免血清等治疗原发性感染,尽快使用特效解毒剂以及催吐、泻下、护肝、强心和其他对症治疗,处理急性中毒病畜。随着原发病治愈,心肌变性的症状逐渐消失,病畜康复。由某种营养成分缺乏引起的心肌变性,应根据饲料分析、病畜血液和肝脏的检验结果,补充相应的营养物质。对于特发性心肌病应减轻心脏负担,加强心肌营养,维持心脏机能,防止或延缓心力衰竭的发生。对出现充血性心力衰竭的病畜,可参照心力衰竭使用利尿、强心、血管扩张等制剂。

急性心内膜炎(acute endocarditis)

急性心内膜炎是心内膜及心脏瓣膜的急性炎症性疾病,临床特征为发热、心动过速和心内器质性杂音。各种家畜均可发生,但以猪发生最高,牛和马次之。牛最常受侵害的部位是三尖瓣,而猪、马、犬都为二尖瓣或主动脉瓣。本病通常由细菌感染引起,化脓棒状杆菌和溶血性链球菌是最常见的病原菌。一般都有发热,心动过速,心内器质性杂音。病至后期发生充血性心力衰竭,出现水肿,腹水,浅表静脉怒张,心浊音区扩大和呼吸困难。病猪的临床症状不明显。母猪常在产后头2~3周出现无乳,继而体重下降,不愿运动,休息时呼吸困难。多数育肥猪和生长猪缺乏明显的临床表现。根据病史和临床症状,可做出诊断。心脏超声显像和超声心动图检查能确定病变的部位,判定病变的严重性,对本病的诊断有极重要的价值。控制细菌感染是治疗本病的关键,常用青霉素(每千克体重2万～3万U),或氨苄青霉素(每千克体重10～20 mg),肌肉注射,每日2次,或头孢菌素类抗生素,如头孢噻啶、头孢噻吩钠、头孢氨苄(每千克体重20～35 mg)口服或肌肉注射,每日2次,至少连用7 d。待体温下降后,为防止复发,还应继续用药1周。同时应根据出现的症状,选用强心药、利尿剂及其他对症治疗。

心脏瓣膜病(valvular disease)

心脏瓣膜病是指引起瓣膜和瓣孔器质性病变,导致血液动力学紊乱的慢性心内膜疾病。本病多发生于马和犬,其他家畜也有发病的记载。

发生原因　后天性心脏瓣膜病,绝大多数由急性心内膜炎转化而来,先天性心脏瓣膜病有肺动脉瓣狭窄、主动脉瓣狭窄、房室瓣发育不全、法乐氏四联症、主动脉瓣发育不全等。

临床类型与症状

(1)二尖瓣闭锁不全:心搏动增强,心区缩期震颤。左侧心区可听到响亮刺耳的全缩期心内杂音,在左房室孔区最明显。肺动脉第二心音增强,伴有心肥大时心浊音区扩大。在代偿期内,脉搏无明显变化;代偿机能减弱时,脉搏细弱;代偿失调时出现右心衰竭的临床表现。

(2)二尖瓣狭窄(左房室孔狭窄):心搏动增强,心区震颤,脉搏弱小。第一心音正常或稍增强,第二心音多被杂音掩盖。常发生右心肥大和扩张,致使右侧心浊音区扩大。运动后出现呼吸困难和结膜发绀。

(3)三尖瓣闭锁不全:颈静脉阳性搏动,右侧心区震颤,可听到响亮的全缩期心内杂音,脉搏微弱。当发生心力衰竭时,出现水肿、发绀、浅表静脉怒张等。

(4)三尖瓣狭窄(右房室孔狭窄):心搏动减弱,脉搏细弱。右侧心区可听到舒张期后(缩期前)心内杂音。颈静脉怒张,有阴性搏动,全身水肿,呼吸迫促,常因心力衰竭而死亡。

(5)主动脉瓣闭锁不全:心搏动增强,左侧心区震颤,可听到响亮的全舒期心内杂音。常因左心室肥大而心浊音区扩大。特征症状为出现骤来急去的跳脉。当左心衰竭时,出现相应的临床表现,跳脉消失。

(6)主动脉瓣狭窄(主动脉孔狭窄):左侧心区震颤,可听到刺耳的缩期心内杂音。特征症状为出现徐来缓去的徐脉,常并发左心肥大而使心搏动增强和心浊音区扩大。

(7)肺动脉瓣闭锁不全:在左侧肺动脉孔区出现明显的舒期心内杂音,常将第二心音掩盖。易继发右心室肥大而使右侧心浊音区扩大。并发右心衰竭时,出现发绀、水肿、腹水、浅表静脉怒张等临床体征。

(8)肺动脉瓣狭窄(肺动脉孔狭窄):心区震颤,脉搏细弱。左侧心区可听到缩期心内杂音,常有呼吸困难和结膜发绀。右心肥大时右侧心浊音区扩大。

(9)法乐氏四联症(tetralogy of fallot):系伴有肺动脉狭窄、室间隔缺损、主动脉右位(骑跨于两侧心室)和右心室肥大4种心血管畸形的先天性心脏瓣膜病,常见于牛和犬。主要症状为易于疲劳、心动过速、发绀和呼吸困难。右心室的收缩压与左心室的相似,犬分别为 13.36 kPa 和 12.84 kPa。

临床上单纯的瓣膜闭锁不全和狭窄比较少见,常常是几个瓣膜和瓣孔同时被侵害,或者瓣膜闭锁不全与狭窄合并发生,使临床表现错综复杂。

治疗　在代偿期,一般不进行特殊的治疗措施,而是以限制使役,加强饲养管理等措施延长家畜使用年限。进入代偿失调期后,对于贵重的种畜和伴侣动物,可酌情采用强心、利尿、限制水和钠盐的摄入、保持安静等心力衰竭的治疗措施。

手术疗法:在犬的治疗中,Fingland 等(1980),Orton 等(1990),Buchanan(1990),先后采用手术成功地治愈肺动脉狭窄的病犬。Kanemoto(1990),采用二尖瓣成形术,成功地治愈由二尖瓣脱垂引起的犬瓣膜闭锁不全。

高山病(high mountain disease)

高山病是高原低氧条件下,动物对低氧环境适应不全而产生的高原反应性疾病,在牛特称为胸病(brisket disease)。按病程,高山病分为急性和慢性两种。急性高山病表现为高原肺水肿;慢性高山病的常见病型是:高原红细胞增多症和由低氧性肺动脉高压引起的右心充血性心力衰竭。本病以牛,尤其1岁以上的牛最易发生,常呈慢性经过;其他动物如马、山羊、绵羊等也可发生,多呈急性经过。在海拔2 200 m地区生活的牛群;以及新引入到海拔3 000 m 以上地区的马、牛、绵羊、鸡易发本病。牛的发病率为0.5%～5.0%,通常低于2%,高山病的发病率随海拔高度的上升而增加。牦牛、藏羊、骡、羊驼和骆马等世居高原的动物极少发病。

病因　高海拔地区的空气稀薄,氧分压低(海拔 2 000 m,3 000 m 和 4 000 m地区的大气氧分压分别只有16.66,14.66 和12.93 kPa,仅是海平面地区21.19 kPa的 78.33%,69.18%和60.02%),家畜尤其新进入高原地区的家畜,不能适应低氧环境而引起的机体缺氧,是发病的根本原因。受寒感冒、贫血、肺部疾病、肺线虫感染、植物中毒(尤其是棘豆中毒)、严寒天气、剧烈运动和重剧劳役都能促使机体对缺氧的代偿失调而诱发本病。已经证明,遗传因素在牛高山病的发生上具有重要作用。例如,高山病的发生存在品种差别,据在青海省的调查,黑白花品种牛最易发生高山病,其次为西门塔尔牛,而本地黄牛、牦牛和犏牛具有较强的遗传抗病性。并已发现血红蛋白与高山病的发生之间具有一定的联系,HBAB 型牛对高山病有遗传抗病性,而 HBAA 型牛为易感牛。携带 HB^A 基因的绵羊对低氧环境有较强的适应性。

症状　牛多呈慢性经过,病初表现精神沉郁,不愿运动,犊牛生长停滞,奶牛的乳产量急剧下降。随着病程的进展,颈静脉怒张,胸部水肿,并逐渐扩展到颈部、颌下和四肢下部。腹围因腹水而增大。多数病牛有间歇性腹泻,肝浊音区扩大。心率加快,心音增强。当有心包积水时,心音遥远,心浊音区扩大。休息时呼吸快而深,运动后发生呼吸困难,结膜发绀。若无并发症,则体温一直正常。若并发肺炎,则体温升高,呼吸困难加剧,全身症状更加明显,最终因充血性心力衰竭而死亡。实验室检查可见,平均肺动脉压明显增高(从正常牛的 3.33~4.00 kPa 增至 10.67~13.33 kPa),红细胞数、血红蛋白含量和红细胞压积容量显著增加(增加 22%~34%),血液黏滞度明显增高。

新进入高原地区的马多呈急性经过,常在使役或行军途中发病。轻者精神沉郁,结膜呈树枝状充血,脉搏和呼吸频率加快;重者精神高度沉郁,无力,步态不稳,肌肉震颤,结膜高度发绀。有的病马有短时间的兴奋不安。心率加快,达 90~130 次/min。病初心音增强,尤以肺动脉瓣第二心音更加明显。随着心力衰竭的发生,变为第一心音增强,第二心音减弱,有时出现心律失常和期前收缩。脉搏细弱,浅表静脉怒张,有明显的颈静脉搏动。呼吸浅表,频率加快,达 60~80 次/min。因呼吸困难,呼吸时鼻翼明显开张。发生高原肺水肿时,肺部可听到广泛性湿性啰音和严重的呼吸困难。最严重者突然倒地,四肢呈游泳样划动,在短时间内死亡。

诊断　根据久居高原的家畜或新引入的动物出现皮下水肿、颈静脉怒张、腹水、肝肿大、肺动脉高压等右心充血性心力衰竭的临床表现,可做出诊断,但应与牛创伤性心包炎、心肌炎、先天性心脏缺陷、幼畜白肌病等伴有充血性心力衰竭的疾病进行鉴别诊断。James 等(1979)认为,只有存在右心室心肌增厚、右心室腔扩大和肺小动脉中层肌肉增厚等病理变化,才能确诊牛的胸病。

防治　发现病畜后应立即隔离休息,限制运动,尽快转移到海拔较低的地区。早期给予病畜吸入氧气(牛、马15 L/min),有较好效果。对发生高原肺水肿,伴有高度呼吸困难的病畜,应迅速采取静脉放血,输氧,给予 654-2(山莨菪碱,每千克体重0.5~1.0 mg,静脉注射)或东莨菪碱(每千克体重 0.01~0.02 mg,静脉注射)等急救措施。对伴发充血性心力衰竭的病畜,应参照心力衰竭的治疗措施,给予洋地黄制剂和利尿剂。

家畜引入高原地区要逐步进行,应先在海拔较低地区适应一段时间。用于高原家畜改良的种公畜可在海拔较低地区饲养,仅在配种季节移至高原地区,配种结束后重新回到海拔较低地区,或在海拔较低地区采取精液,制成冻精,置于液氮罐内运到高原地区进行人工授精。

圆心病（round heart disease）

圆心病是指心脏增大变圆、心力衰竭而致突然死亡的一种禽类心脏病。鸡、鹅、火鸡均可发生,体况好的4～8月龄青年鸡和产蛋母鸡,1～4周的火鸡以及6周龄的幼鹅最易患病。本病的发病率不高,死亡率不等,最高可达75%。病后幸存者多发育不良。发生原因,一般认为,圆心病有遗传性与非遗传性两种病型,非遗传性圆心病的发生可能与维生素D和E缺乏、饲喂食盐过多,应激,锌中毒和呋喃唑酮中毒有关。多氯酚、汞、甲醛、氯丹、铝、黄曲霉素等也可能引起本病。遗传性圆心病仅发生于火鸡,由α-抗胰蛋白酶先天性缺乏所致。多数病禽突然发病,迅速死亡。有些外观健康的产蛋母鸡突然高度紧张,继而倒地,翼肌和大腿肌剧烈收缩,常在几分钟内死亡。病程较长的病禽突然发生虚弱,精神沉郁,冠呈暗红色并侧倒垂下,羽毛蓬乱,长时间将头藏在羽毛内呈嗜睡状。圆心病火鸡心肌内乳酸脱氢酶、异柠檬酸脱氢酶和肌酸磷酸激酶活性显著低于正常火鸡。遗传性圆心病常在一定品系火鸡内呈家族性发生,且雄性多于雌性。通常在幼年期起病,病程数月至数年不等。主要表现生长停滞,精神极度沉郁,常惊恐不安,羽毛蓬乱逆立,呼吸窘迫。听诊可闻心内杂音,X射线相与心电图描记多显示右心室或两侧心室扩张。病禽一旦发生冠髯青紫,即很快死于心力衰竭。根据突然发病及右心室腔扩张,使心脏呈圆形的病变,火鸡呈家族性发生,可做出诊断。目前,尚无有效的治疗方法。应注意全价饲养,保证供应充足的维生素和微量元素,排除应激因素的影响,防止中毒,以预防病的发生。

第三节 血 管 疾 病

外周循环衰竭（peripheral circulatory failure）

外周循环衰竭是指在心脏功能正常的情况下,由血管舒缩功能紊乱,或血容量不足引起血压下降、低体温、浅表静脉塌陷、肌无力乃至昏迷和痉挛的一种临床综合征,又称循环虚脱（circulatory collapse）。由血管舒缩功能障碍引起的外周循环衰竭,称为血管源性衰竭（vasogenic failure）。由血容量不足引起的,称为血液源性衰竭（haematogenic failure）。各种动物都能发生。

病因　主要见于急性大失血、剧烈呕吐和腹泻、重剧胃肠道疾病引起的严重脱水，大面积烧伤，埃希氏大肠菌、金黄色葡萄球菌、绿脓杆菌、病毒、霉形体等感染、药物过敏、剧烈疼痛性疾病、脑脊髓损伤和麻醉意外等。

症状　病初有短暂的兴奋现象，烦躁不安，耳尖和四肢末端厥冷，结膜苍白，出冷汗。心率加快，脉搏微弱，少尿或无尿。随着病的发展，病畜精神沉郁，反应迟钝，甚至出现昏睡，血压下降，浅表静脉充盈不良，毛细血管再充盈时间延长到3 s以上（正常为1～1.5 s），肌肉无力，站立不稳，步态蹒跚，体温下降。第一心音增强而第二心音微弱，甚至消失，脉搏细弱或短促，脉律失常。呼吸浅表而疾速，后期出现陈施二氏呼吸或间断性呼吸。病畜处于昏迷状态，病情垂危。因出血引起的，尚有结膜高度苍白、红细胞压积容量降低等急性出血性贫血的表现；因脱水引起的，尚有皮肤弹性降低、眼球凹陷、红细胞压积容量增加等表现；因过敏反应引起的，往往突然发生抽搐和肌肉痉挛、粪尿失禁、呼吸微弱等表现；因感染引起的，多伴有体温升高及原发病的相应症状。

诊断　根据有失血、脱水、过敏反应或剧痛手术、创伤等病史，以及心动过速、血压下降、低体温、末梢部厥冷、浅表静脉塌陷、肌无力等临床表现，可做出诊断，应与心力衰竭进行鉴别诊断。同时应区分外周循环衰竭是由失血引起的，还是由脱水或休克引起的。

治疗　治疗原则是补充血容量，纠正酸中毒，调整血管舒缩机能，保护重要器官功能，及时采用抗凝治疗。

为补充血容量，常用乳酸林格氏液（0.167 mol/L乳酸钠溶液与林格氏液按1∶2混合）静脉注射，如同时给予10%低分子（分子质量为2万～4万）右旋糖酐注射液（牛、马2 000～4 000 mL），对维持有效循环血量、保护肾功能、降低血液黏滞度、疏通微循环、防止弥漫性血管内凝血，均有良好的作用。也可使用5%葡萄糖生理盐水、生理盐水、复方生理盐水及5%～10%葡萄糖注射液。可根据皮肤皱褶试验、眼球凹陷程度、红细胞压积容量及中心静脉压等判断脱水程度，并估算补液量。

为防止和纠正酸中毒，可使用5%碳酸氢钠注射液，牛、马300～500 mL，猪、羊50～100 mL，犬10～30 mL，静脉注射，使用时应以生理盐水稀释3～4倍，注射速度要慢；或在乳酸林格氏液中按0.75 g/L加入碳酸氢钠，与补充血容量同时进行。

当采取补充血容量和纠正酸中毒的措施以后，如血压仍不稳定，则应使用调节血管舒缩功能的药物。如山莨菪碱，牛、马100～200 mg静脉滴注或直接静脉注射，每隔1～2 h重复用药1次，连用3～5次。对其他家畜或病情严重的牛和马，可按每千克体重1～2 mg 1次静脉注射，待病畜可视黏膜变红，皮肤变温，血压回升时，即可停止用药；硫酸阿托品，牛、马50 mg，猪、羊8 mg，皮下注射；多巴胺，牛60～

100 mg,马 100～200 mg,静脉注射。

当病畜处于昏迷状态伴发脑水肿时,为了降低颅内压,改善脑循环,常用 20% 甘露醇或 25% 山梨醇静脉注射,也可用 25% 葡萄糖注射液,牛、马 500～1 000 mL,猪、羊 40～120 mL 静脉注射。

对于存在弥漫性血管内凝血的病畜,为减少微血栓的形成,可以使用肝素每千克体重 100～150 U,溶于 5% 葡萄糖溶液或生理盐水 500 mL 中,以每分钟 30 滴的速度静脉注射。

进行外周循环衰竭治疗的同时,必须积极治疗原发病,加强护理,改善饲养管理。

（张才骏）

第六章　血液与造血器官疾病

血液是动物机体内环境的重要组成部分。它在全身的血管系统内流动,运输氧、二氧化碳、营养物质、激素、其他生理活性物质以及代谢产物,沟通机体各部分之间的联系(体液性联系),调节内环境的体温、渗透压和酸碱平衡,参与凝血过程和机体的免疫学反应,对整个机体的生命活动起着极其重要的作用。在生理情况下,血液细胞如红细胞、白细胞和血小板在骨髓、淋巴系统和网状内皮系统内产生。

血液中细胞部分和液体部分发生质和量的任何改变都会产生相应的病理过程,直接影响造血器官以及全身各器官系统的机能。反之,造血器官的病理过程也会影响血液细胞部分的质与量,其他器官系统的疾病必然会引起血液细胞成分和理化性质的变化。因此,在临床实践中,血液形态学与理化性质的检查,对疾病的诊断、治疗和预后判定上都有重要意义。

第一节　红细胞有关的疾病

贫血(anemia)

单位容积血液中红细胞数、红细胞压积容量和血红蛋白含量低于正常值下限的综合征统称为贫血。按发生的原因,贫血可分为出血性、溶血性、营养性和再生障碍性4类。贫血不是独立的疾病,而是各种家畜均能发生的一种临床综合征,其主要临床表现是皮肤和可视黏膜苍白以及各组织器官由于缺氧而产生的一系列症状。

病因

出血性贫血　见于创伤、手术、肝脾破裂等急性出血之后,或由胃肠道寄生虫病、胃溃疡、肾与膀胱结石或赘生物引起的血尿等慢性失血致发,也见于草木樨中毒、蕨中毒、敌鼠钠中毒等中毒性疾病,凝血因子缺陷性疾病,以及体腔与组织的出血性肿瘤等。

溶血性贫血　主要见于感染和中毒,如焦虫病、锥虫病、附红细胞体病、巴尔通氏体病等血液寄生虫病,钩端螺旋体病、马传染性贫血、细菌性血红蛋白尿等传染病,汞、铅、砷、铜等矿物质元素中毒,毛茛、野洋葱、甘蓝、栎树叶等有毒植物中毒,蛇咬伤等,也见于新生畜自体免疫性溶血性贫血,犊牛水中毒,牛产后血红蛋白尿症等。

营养性贫血　主要见于铁、钴、铜等微量元素缺乏，也见于吡哆醇、叶酸、维生素B_{12}缺乏及慢性消耗性疾病和饥饿。

再生障碍性贫血　放射病，骨髓肿瘤，长期使用对造血机能有抑制作用的药物（如氯霉素、环磷酰胺、氨甲喋呤、长春碱等）是主要病因；经三氯乙烯处理的豆饼中毒、牛蕨中毒和有机磷、有机汞、有机砷中毒等中毒性疾病以及马传染性贫血、牛结核病、副结核病、焦虫病、猫白血病病毒感染、猫泛白细胞减少症、犬欧里希氏体病（*Ehrlichiosis*）、慢性间质性肾炎等也可致发本病。

病理发生　任何类型的贫血，由于循环血液中红细胞数减少和血红蛋白含量降低，最终都会引起贫血性组织缺氧。早期可出现代偿性心跳加快，通过血流加速、单位时间内供氧增多，以代偿血红蛋白含量降低引起的组织缺氧。同时缺氧及氧化不全产物会刺激呼吸中枢使呼吸加深加快，组织呼吸酶活性增强，氧合血红蛋白的解离加强，从而增加了组织对氧的摄取能力；如骨髓造血功能未受影响，组织缺氧尚可刺激红细胞的生成。

急性出血性贫血由于循环血量减少导致血压下降和血浆蛋白质含量减少，血液变稀薄而引起心动疾速，瞳孔散大，甚至发生休克，最终死亡。溶血性贫血时，还由于红细胞大量破坏，血液中的胆红素增加而引起皮肤和可视黏膜黄染，尿中尿胆素原和尿胆素含量增高。营养性贫血一般呈慢性经过，伴有消瘦、血液稀薄以及红细胞大小和着染程度的变化。再生障碍性贫血时骨髓造血机能障碍，除红细胞数减少外，还伴有白细胞数和血小板数减少。

症状　可视黏膜苍白是最突出的临床体征，轻度的贫血虽然临床上还没有可见到的皮肤和黏膜的颜色变化，但其生产性能已经下降。临床型病畜表现可视黏膜苍白，肌肉无力，精神沉郁和厌食。在代偿期，心率中度加快，脉搏洪大，心音增强，后期出现严重的心动过速，心音强度减弱，脉搏微弱。贫血尤其是慢性贫血时，因血液稀薄及心扩张和右房室孔环扩大，而产生贫血性心杂音，其特征为在心收缩期出现，时强时弱，在吸气顶峰时最强。贫血时呼吸困难一般不明显。病至后期，即使是严重的呼吸窘迫也仅仅是呼吸深度增加。此外，还伴有黏膜的点状或斑状出血、水肿、黄疸和血红蛋白尿等体征。

急性出血性贫血一般起病急，可视黏膜迅速变苍白，甚至呈瓷白色，体温低于正常值下限，末梢部厥冷，出冷汗，脉搏细弱而快，虚弱无力。严重者发生失血性休克而迅速死亡。溶血性贫血除具有原发病的固有症状以外，明显的表现是可视黏膜苍白，伴有轻度到中度黄疸、肝脏和脾脏肿大。营养性贫血多呈慢性经过，除结膜苍白以外，还伴有消瘦、虚弱无力，幼畜发育弛缓，精神不振，食欲减退或异嗜，严重者可伴发全身水肿。钴缺乏时,常有顽固性消化不良及不明原因的消瘦,绵羊有流泪现象。再生障碍性贫血常伴发出血体征,以及难以控制的感染,治疗效果往往不佳,多预后不良。

临床病理学　循环血液中红细胞数、血红蛋白含量和红细胞压积容量减少是各类贫血的共同特征。急性出血性贫血呈正细胞正色素性贫血。经4~6 d后,外周血液中出现大量网织红细胞及各种幼稚型红细胞,同时伴有血浆蛋白质含量降低。慢性出血性贫血由于铁大量流失,而呈正细胞性低色素性贫血。溶血性贫血时,血清呈金黄色,胆红素呈间接反应,马可达128 mg/L(正常约为6 mg/L),牛可达16 mg/L(正常为1 mg/L);血清和尿液中尿胆素原和尿胆素含量明显增高,外周血液中出现大量网织红细胞及各种幼稚型红细胞,呈正细胞或巨细胞性贫血。严重者有血红蛋白尿症。铁缺乏时,呈现小细胞性低色素性贫血,MCV,MCH和MCHC均偏低。仔猪缺铁时,红细胞数降至$(3\sim4)\times10^{12}$/L,血红蛋白含量降至20~40 g/L,犊牛和羔羊的血清铁含量从304.3 μmol/L(1.70 mg/L)降至119.9 μmol/L(0.67 mg/L)。缺钴性贫血时红细胞数常在正常范围内,牛、羊血液中钴含量低于33.9~135.8 nmol/L。叶酸缺乏时,猫可发生巨红细胞性贫血,其平均红细胞体积超过60 fL(正常猫为24~45 fL),缺乏网织红细胞。再生障碍性贫血时,循环血液中红细胞、粒性白细胞和血小板都减少,缺乏再生型红细胞如网织红细胞和幼稚型红细胞。骨髓穿刺物涂片检查,有助于区分再生性贫血和变质性贫血。如粒系细胞与红系细胞之比小于0.5,网织红细胞数大于5%,则为骨髓机能良好的再生性贫血;如粒红细胞之比大于0.93,则为非再生型贫血或再生障碍性贫血。

病理学检查　可视黏膜苍白,组织色泽变浅,血液稀薄如水样,脾脏萎缩。严重的溶血性贫血时可出现黄疸、血小板减少等凝血因子缺陷性疾病时,有各组织器官出血。同时伴有原发病的病理变化。

诊断　根据病史、黏膜苍白的临床体征,以及血液学检查结果不难做出贫血的诊断。临床病理学资料有助于区分贫血的类型。

治疗　除积极治疗原发病以外,应根据贫血类型采取止血、恢复血容量、补充造血物质、刺激骨髓造血机能等措施。

迅速止血　对于外出血,常用结扎血管、填充及绷带压迫等外科方法止血,也可在出血部位贴上明胶海绵、止血棉止血,或在出血部位喷洒0.01%~0.1%肾上腺素溶液,使血管收缩而达到止血的目的。如效果不佳,可进行电热烧烙止血。对于内出血,可选用以下全身性止血药。

(1)安络血(安特诺新)注射液:适用于毛细血管损伤或血管通透性增加所致的出血性疾病。牛、马5~20 mL,猪、羊2~4 mL,犬、猫1~2 mL,肌肉注射,每日2或

3次。

(2)止血敏注射液:适用于手术前后预防出血和止血、内脏出血及因血管脆弱引起的出血的防治。牛、马10~20 mL,猪、羊2~4 mL,犬2~3 mL,猫1~2 mL,肌肉或静脉注射,每日2或3次,必要时可每隔2 h注射1次。

(3)6-氨基己糖注射液:牛、马30~50 g,猪、羊4~10 g,静脉注射。

(4)凝血质注射液:牛、马150~300 mg,猪、羊40~50 mg,皮下或肌肉注射。

(5)维生素K:只有在维生素K缺乏症时,才使用本止血药。常用维生素K_1和K_3,如敌鼠钠中毒时,用维生素K_1注射液(10 mg/mL)肌肉注射,牛、马10~20 mL,猪(60 kg重)5 mL,绵羊1~2 mL,犬2~3 mL,兔和仔猪1 mL,每日2次,病情严重时可将药液加入5%葡萄糖溶液中静脉滴注。维生素K_3因吸收太慢,不能用于紧急状态,但可用于长期治疗。肌肉注射剂量为:牛、马0.1~0.3 g,犬1.0~30 mg,每日1次。

(6)牛、马内出血时,可静脉注射10%氯化钙溶液100~200 mL,或10%柠檬酸钠100~150 mL。

补充血容量　为补充血容量,可立即静脉注射5%葡萄糖生理盐水,或使用血液代用品右旋糖酐,常用6%中分子右旋糖酐注射液(含0.9%氯化钠),牛、马500~1 000 mL,猪、羊250~500 mL,犬、猫15~20 mL,静脉注射。有条件时,可输注新鲜全血或血浆,输血前必须进行交叉试验,以免产生输血危象。

补充造血物质　为补充造血物质,可给予铁制剂,常用硫酸亚铁,牛、马2~10 g,猪、羊0.5~2 g,犬0.05~0.5 g,口服,每日3次,或给予枸橼酸铁铵,牛、马5~10 g,猪、羊1~2 g,口服,每日2或3次,连用7 d,还可使用右旋糖酐铁、血多素等铁制剂。为补充钴元素,可给予硫酸钴(牛30~70 mg,羊7~10 mg,口服,每周1次,4~6次为一疗程)或氯化钴(牛30 mg,犊牛20 mg,绵羊3 mg,羔羊2 mg,每日1次,连用7~10 d。);在缺钴地区,可以将含90%氯化钴的缓释丸投入牛或羊的瘤胃内(牛用丸重20 g,羊用丸重5 g),药效可维持3~5年,或给予含钴食盐(每吨食盐内含碳酸钴400~500 g或硫酸钴600 g),代替普通食盐饲喂牛和羊;还可给予维生素B_{12},绵羊100~300 μg,犬100~200 μg,猫50~100 μg,肌肉注射,每日或隔日注射1次,4~6次为1个疗程。当叶酸缺乏时,应给予叶酸,犬每日5 mg,猫每日2.5 mg,口服。

为刺激骨髓造血机能,可使用以下制剂和疗法

(1)苯丙酸诺龙:牛、马0.2~0.4 g,猪、羊0.05~0.1 g,犬25~50 mg,猫10~20 mg,10~14 d 1次,皮下或肌肉注射,严重病例3~5 d 1次。

(2)康力龙:大型犬2~4 mg,小型犬1~2 mg,口服,每日1次。

(3)中药疗法:可试用归脾汤。

黄芪、党参各 100 g,熟地 60 g,白术、当归、阿胶各 50 g,甘草 25 g,研末,开水冲,候温给牛或马 1 次灌服。

(4)对于顽固性再生障碍性贫血的名贵患病犬、猫,可采用组织相容性骨髓移植疗法。

仔猪缺铁性贫血(iron deficiency anemia in piglets)

仔猪缺铁性贫血是由于饲料中缺乏铁,导致铁的摄入不足,机体中铁缺乏所致的一种以仔猪贫血、疲劳、活力下降以及生长受阻为特征的疾病。多见于3～6周龄仔猪,故又名仔猪营养性贫血或仔猪铁缺乏症。本病在冬、春季节发病率较高。仔猪多在出生后8～10 d 开始发病,7～21 日龄发病率最高。长得越快,铁储消耗越快,发病也越快。黑毛仔猪更易患缺铁性贫血。

病因 原发性缺铁性贫血多见于新生仔猪,死亡仔猪的30%是由于缺铁所致,同时也往往伴有铜缺乏,这是因为一方面体内铁的储存量低(约50 mg);另一方面新生仔猪对铁的需要量大(每日7～11 mg),仔猪每增重1 kg 需21 mg 铁,而母乳中铁的含量低微,仔猪每天从乳汁中仅能获取1～2 mg 铁,不能满足仔猪的正常生长需要;铁是血红蛋白合成的必需物质,铜则是红细胞生成所必需的一种微量元素。在冬、春季节,舍饲集约化管理以及在用砖或水泥铺地的猪舍内饲喂的仔猪,铁的惟一来源是母乳,如不补饲铁制剂,极易发生缺铁性贫血。此外,饲料中铜、钴、锰、蛋白质、叶酸、维生素B_{12}缺乏也与本病的发生有关。

临床症状 病仔猪精神沉郁,生长缓慢,食欲减退,呼吸增数,脉搏加快,被毛粗乱无光泽。可视黏膜苍白、黄染。有时发生腹泻。病仔猪可突然发生死亡,有的虽能存活,但也多消瘦,健康状况低下,大肠杆菌感染率剧增,很易诱发仔猪白痢,有的猪还有链球菌感染性心包炎。

病理变化 皮肤、黏膜苍白,血液稀薄如红墨水样,不易凝固,全身轻度或中度水肿。肌肉苍白,心肌尤为明显,心肌松弛,心脏扩张,心包液增多。肺水肿,胸腹腔充满淡黄色清亮液体。肝脏肿大,呈淡黄色,肝实质少量淤血。脾肿大。新生仔猪血红蛋白数量为80 g/L,生后10 d 内可低至40～50 g/L,属于生理性血红蛋白数量下降。缺铁性仔猪血红蛋白数量可由正常的80～120 g/L 降至40 g/L,红细胞数由正常的$(5～8)×10^{12}$/L 降至$(3～4)×10^{12}$/L,呈现典型的低染性小细胞性贫血。

治疗 主要是补充铁制剂。仔猪可肌肉注射铁制剂,用右旋糖酐铁2 mL(每毫升含铁50 mg),深部肌肉注射,一般1 次即可,必要时隔周再注射1 次;或葡聚糖铁钴注射液,2 周龄内深部肌肉注射2 mL,重症者隔2 d 重复注射1 次,并配合应用叶酸、维生素B₁₂等；或后肢深部肌肉注射血多素(含铁200 mg)1 mL。也可用硫酸亚铁2.5 g、氯化钴2.5 g、硫酸铜1 g、常水加至500～1 000 mL，混合后用纱布过滤，涂在母猪乳头上，或混于饮水中或搀入代乳料中，让仔猪自饮、自食，对大群猪场较适用。或用硫酸亚铁2.5 g、硫酸铜1 g、常水加至100 mL，按每千克体重0.25 mL口服，每日1次，连用7～14 d；或每天给予1.8%的硫酸亚铁4 mL；或正磷酸铁，每日灌服300 mg，连用1～2周；或还原铁每次灌服0.5～1 g，每周1次。

预防　改善仔猪的饲养管理，在猪舍内放置土盘，装红土或深层干燥泥土让仔猪自由拱食，即使每猪每天仅食进几克普通泥土或几颗带泥的新鲜蔬菜，也可防止仔猪缺铁性贫血。或让仔猪随同母猪到舍外活动或放牧。或给予富含蛋白质、矿物质和维生素的全价饲料，保证充分的运动。仔猪生后3～5 d可开始补饲铁制剂，补铁方法参照治疗方法，也可用硫酸亚铁溶液(硫酸亚铁450 g、硫酸铜75 g、糖450 g、水2 L)，每日涂擦于母猪的奶头上。国外研究结果表明，非经肠道补铁时，其剂量要严格控制，因为铁过量会引起中毒，而且铁有利于细菌的生长繁殖。

红细胞增多症（polycythemia）

红细胞增多症是指循环血液中红细胞相对或绝对增多，导致血液黏稠度过高，影响正常血液循环所致的一种临床综合征。根据发生原因，可分为相对性红细胞增多症和绝对性红细胞增多症两大类。有关本病的详细资料，请参考本书第二章"红细胞增多症"一节中相关的内容。

第二节　造血器官疾病

白血病（leukaemia）

白血病是造白细胞组织增生(leucosis)使异常增殖的白细胞出现于循环血液中的一类造血系统的恶性肿瘤性疾病。按增生的造血组织或细胞系列不同，可分为骨髓性白血病和淋巴性白血病两大类；按病程可分为急性和慢性。在家畜中以慢性淋巴性白血病最多见。主要发生于牛，犬、猫、禽和猪也常见，马和羊极少发生。

病因　尚未完全确定，目前有以下3种学说。

病毒病因学说　迄今已分离出牛白血病病毒C型粒子、猫白血病病毒、禽白血病病毒群等病原体，提示动物白血病很可能由病毒引起。但尚未弄清病毒是原发性病因还是继发性病因，是一元性还是多元性病因。

免疫缺陷学说　在实验性发病中，将牛白血病细胞悬液接种于绵羊，必须给绵羊注射糖皮质激素,使其处于免疫抑制状态才容易获得成功,是本学说的实验基础。

遗传学说　已证实,白血病在牛、猪和鸡某些品系中呈家族性发生,显示垂直传播。某些学者认为,只有具有遗传素质的动物才会被白血病病毒感染而发病,具有遗传抗性的动物则不发病。

症状

慢性淋巴性白血病　发病缓慢,开始表现精神沉郁,食欲减退,渐进性消瘦、水肿等全身症状。然后出现淋巴结肿大以及肝、脾肿大等特征症状。当内脏淋巴结极度肿大时,常出现相应的临床表现,如纵隔淋巴结肿大,往往引起吸气性呼吸困难和食道狭窄;腹腔淋巴结肿大,多因压迫门静脉而出现腹水;肠壁淋巴结肿大,往往引起便秘、腹泻和腹痛。临床病理学特征为白细胞数显著增多,常为$(20\sim30)\times10^9/L$,甚者可达$(50\sim150)\times10^9/L$;在白细胞分类上,淋巴细胞比例高达80%~90%,甚者达95%以上。骨髓穿刺物涂片上,粒系、红系和巨核系细胞都显著减少,片上充满淋巴细胞,其中幼稚型淋巴细胞较多。

慢性骨髓性白血病　临床表现与慢性淋巴性白血病基本相同,但肝、脾肿大特别明显,而淋巴结肿大较轻,早期即可出现较严重的贫血症状,临床病理学特征为白细胞总数轻度增多,通常为$(10\sim20)\times10^9/L$;在白细胞分类上,粒细胞比例可达70%~95%,主要为嗜中性粒细胞,也可能是嗜酸性粒细胞或嗜碱性粒细胞。在血液涂片上,除正常的成熟粒细胞外,尚有较多的幼稚型细胞,骨髓涂片上,粒系细胞大量增生,而红系细胞和巨核细胞明显减少。

慢性白血病的病程持续数月,甚至数年,病情时好时坏,最终死于出血、贫血、感染或衰竭。

诊断　根据淋巴结肿大及肝、脾肿大、贫血等临床症状,血液学检查结果,不难做出诊断。慢性淋巴性白血病与骨髓性白血病相鉴别要点是:前者以淋巴结肿大为主要体征,白细胞总数极度增多,淋巴细胞比例高达80%以上;后者以肝、脾肿大为主要体征,白细胞总数增多不明显,粒细胞比例占70%以上。对于牛慢性淋巴性白血病,计算循环血液中淋巴细胞绝对值有重要的诊断意义。但测定时必须注意正常牛淋巴细胞的年龄变化。诊断时可参考表6-1。

表6-1　牛慢性淋巴性白血病的诊断标准　　　　　　　　　　　　亿个/L

年龄	正常牛	可疑牛	病牛	年龄	正常牛	可疑牛	病牛
0~1岁	<10	10~13	>13	3~6岁	<6.5	6.5~9.0	>9
1~2岁	<9	9~12	>12	6岁以上	<5.5	5.5~7.5	>7.5
2~3岁	<7.5	7.5~10	>10				

防治　目前尚无特效的治疗方法,对名贵的犬和猫,可试用氮芥、氨甲喋呤、阿糖胞嘧啶、环磷酰胺、L-天门冬酰胺等抗癌药,也可实施组织相容性骨髓移植疗法。在预防上,应加强检疫、定期普查,扑杀阳性动物。禁止从存在患病动物的场所引入动物。

周期性嗜中性粒细胞减少症(cyclic neutropenia)

周期性嗜中性粒细胞减少症又称灰色柯里犬综合征(gray collie syndrome)、周期性血细胞生成症(cyclic hematopoiesis),是一种以嗜中性粒细胞减少为主的、所有血细胞成分周期性生成障碍的疾病。仅发生于灰色或灰白色柯里犬及其杂种。本病呈常染色体隐性遗传。病的实质是骨髓中多能干细胞先天性缺陷而周期性地变换其主要分化方向。病犬反复发生齿龈炎、肺炎、胃肠炎、骨骺坏死等细菌感染,甚至发生败血症,被毛颜色变浅,病程长的常发生出血体征和淀粉样肾病。从出生起,每隔12 d左右(11～14 d)出现1次血细胞生成障碍,其中以嗜中性粒细胞的周期性变化最明显。每一周期中,先出现循环血液中嗜中性粒细胞减少,甚至完全消失,到第六天后逐渐回升,甚至出现回弹性嗜中性粒细胞增多。网织红细胞和血小板也呈周期性变化,但与嗜中性粒细胞的变化刚刚相反。根据发生周期,使用抗生素防治细菌感染,有良好效果。对于名贵的种犬,可采用健康犬组织相容性骨髓移植。采用测交试验检出并淘汰携带者是消除本病的根本措施。

骨石化病(osteopetrosis)

骨石化病是指以全身骨骼尤其是长骨骨干增厚,骨髓腔变小甚至消失为特征的一类疾病。主要发生于牛和鸡,偶见于犬、马、猪和猫。牛的骨石化病是一种呈常染色体隐性遗传的遗传性疾病,主要发生于安格斯和海福特牛,也见于西门塔尔牛。患病犊牛常在妊娠后期流产,生下死犊。病犊下颌变短,舌下垂,长骨变脆,骨髓腔变小,甚至被骨质充满。脑腔、大脑半球、小脑和视神经发育不全。鸡的骨石化病是由骨石化病病毒引起的一种骨骼系统疾病。因病毒的C型粒子遍布整个骨膜,多数学者认为它是禽白血病的一种亚型,但只有存在遗传素质的鸡才能感染本病。病鸡的长骨,尤其胫骨骨干增大,呈纺锤形,由于跖骨骨干增大,呈现特征的"长靴样"外观,全身骨骼增大,因石化而坚硬,骨髓腔变狭甚至消失,肌萎缩,消瘦但体重不减。猪的表现形式为四肢骨肥厚。犬呈现颅下颌骨骨病的病型。马和猫常发生多发性、软骨性外生骨疣。目前,尚无有效的治疗方法。淘汰被确诊的病畜是消除本病的有效措施。

第三节 出血性疾病

甲型血友病（haemophilia A）

甲型血友病是由因子Ⅷ（抗血友病球蛋白，简称AHG）合成障碍或结构异常所致的一种遗传性出血性疾病，又称真性血友病（true haemophilia）或经典血友病（classical haemophilia）、先天性因子Ⅷ缺乏症（congenital factor Ⅷ deficiency）、AHG缺乏症（antihaemophilic globulin deficiency）。犬的发生率较高，马、牛、绵羊和猫中也有发病的记载。本病呈X连锁隐性遗传，常呈家族性发生。疾病呈典型的交叉遗传，即患病公畜与无亲缘关系的母畜交配时，子代中的公畜为正常畜而母畜均为携带者；正常公畜与患病母畜交配时，子代中的公畜全部发病，而母畜为携带者。本病的主要发病环节是因子Ⅷ的组成部分因子Ⅷ凝血前质（F$_Ⅷ$：C）的量减少或结构异常。主要发生于公畜，在出生时或出生后数周、数月有不同程度的出血倾向，如在创伤及手术后出血时间延长，幼畜换牙时出现齿龈出血。常发生自发性出血，致使软组织内形成血肿，关节和体腔积血，注射部位出血不止或形成血肿，有的病畜因广泛性内出血而突然死亡。病畜的凝血时间延长，一般在20 min以上，严重者可达1～2 h；激活的部分凝血活酶时间显著延长（30～50 s），甚至达100 s以上（正常犬为14～18 s）；F$_Ⅷ$：C活性低下，常常只有正常犬的8%～10%，甚至低于1%。输注相合的新鲜全血、血浆、浓缩的AHG制剂，对控制出血有较好的效果，一般可输注冰冻新鲜血浆每千克体重6～10 mL（犬和猫），连续2～5 d。对于名贵品种病犬，可使用去氨精氨酸加压素每千克体重0.4 μg，用生理盐水稀释后，皮下注射或静脉注射，但其作用短暂（只有1～2 h），故仅适用于手术过程中。预防的关键在于及时检出并淘汰致病基因的携带母畜。

乙型血友病（haemophilia B）

乙型血友病是由因子Ⅸ（血浆凝血活酶成分，简称PTC）生成不足或结构异常所致的一种遗传性出血性疾病，又称先天性因子Ⅸ缺乏症（congenital factor Ⅸ deficiency）、PTC缺乏症（plasme thromboplastin component deficiency）、christmas病（christmas desease）。16个品种犬、暹罗猫、英国短毛猫和喜马拉雅猫中有发病的记载。本病呈X连锁隐性遗传，主要是公犬和公猫发病。临床表现酷似甲型血友病，但病情较轻，多在哺乳期或断乳后出现出血体征。病畜的凝血时间显著延长，可达1 d左右；激活的部分凝血活酶时间延长，常为30～50 s；病犬的PTC活性只有正常犬的1%～1.5%，携带者的PTC活性一般为正常犬的40%～60%。输注新鲜全血、血浆、血清或凝血酶原复合物（每单位活性相当于新鲜血浆1 mL），使血浆PTC活性恢复到正常犬的25%以上时，即能有效地制止出血。检出并淘汰携带致病基因的母犬和母猫是预防和消灭本病的有效措施。

甲乙型血友病（haemophilia AB）

甲乙型血友病是由因子Ⅷ和因子Ⅸ先天性复合缺乏所致的一种遗传性出血性疾病。在动物中，只有叭喇犬中有发病的记载。本病呈X连锁隐性遗传。病犬的FⅧ：C和PTC活性均极度低下，兼有甲型血友病和乙型血友病的临床症状和凝血相特征。发病犬可作为研究人类血液凝固障碍性疾病的动物模型。

丙型血友病（haemophilia C）

丙型血友病是由因子Ⅺ（血浆凝血活酶前质，简称PTA）先天性合成障碍所致的一种遗传性出血性疾病，又称先天性因子Ⅺ缺乏症（congenital factor Ⅺ deficiency）、PTA缺乏症（plasma thromboplastin antecedent deficiency）。牛、犬和猫中均有发病的记载。本病呈常染色体隐性遗传，常呈家族性发生。杂合子牛无临床症状，纯合子牛的临床表现不一，通常较少发生自发性出血，在断角术和创伤后出血时间延长或反复出血，静脉穿刺后出血和形成血肿，但很少出现出血不止的情况。个别牛因多发性出血而死亡。病犬有轻度或中度出血体征、创伤或手术后可导致严重出血。病猫仅有轻微出血体征。病畜的凝血时间延长1～2倍，病牛可达55 min（正常为10～20 min），激活的部分凝血活酶时间延长，病牛可达308 s（正常为46～52 s），纯合子的PTA活性降低，仅为正常活性的1%～5%，杂合子的多数为正常活性的30%以上。输注新鲜相合全血或血浆，每次每千克体重10 mL，可有效地防止手术或创伤后出血。当血液中PTA活性达到正常活性的25%时，就足以防止手术及创伤后出血。检出并淘汰携带者是预防和消灭本病的有效措施。

先天性纤维蛋白原缺乏症（congenital fibrinogen deficiency）

先天性纤维蛋白原缺乏症是由纤维蛋白原合成障碍引起血液不能凝固的一种遗传性出血性疾病，又称先天性因子Ⅰ缺乏症（congenital factor Ⅰ deficiency）。犬和山羊中有发病的记载。本病呈常染色体不完全显性遗传，呈家族性发生。病畜在初生期或哺乳期发病。纯合子病畜病情严重，病程短，大多在幼年期死亡。杂合子病畜病情轻微，病程数月到数年。主要临床表现为出血性素质，新生畜发生脐带、皮下和黏膜出血，在创伤或手术后出血不止，但很少出现自发性出血。病畜的血沉极度减慢,凝血时间、凝血酶原时间、激活的部分凝血活酶时间和凝血酶时间等以纤维蛋白丝条形成,作为判定终点的凝血相检验都观察不到血凝块形成而不能做出终点判定,但在加入正常血浆或其他各种凝血因子缺乏的血浆后均可予以纠正.纯合子病畜血浆纤维蛋白原含量(200 mg/L 以下)低于正常畜的10%,杂合子病畜的(500 mg/L 以下)也显著低于正常值.输注血浆或纤维蛋白原浓缩制剂,使血浆纤维蛋白原含量达到1 000 mg/L 以上,即可预防和制止出血.输注1次血浆的有效时间为3~4 d.不断淘汰出现症状的病畜可以逐步消除本病.

先天性凝血酶原缺乏症(congenital prothrombin deficiency)

先天性凝血酶原缺乏症是由凝血酶原先天性生成障碍所致的一种遗传性出血性疾病,又称先天性因子Ⅱ缺乏症(congenical factor Ⅱ deficiency).柏塞犬、獭猼和英国长耳小猎犬中有发病记载.本病呈常染色体隐性遗传,呈家族性发生.新生犬有严重的出血体征,甚至发生致死性出血.成年犬的出血体征较轻,常见齿龈出血和鼻衄,皮肤和可视黏膜有出血瘀斑或瘀点.有的病犬在创伤及手术后出血不止.凝血时间、凝血酶时间、血小板数均正常;凝血酶原时间和激活的部分凝血活酶时间均极度延长,一般达70 s 以上,有的超过120 s,但正常血浆可予以纠正;血浆凝血酶原活性在正常犬的10%以下,杂合子的为正常活性的50%.应与肝病、霉烂草木樨中毒及敌鼠类灭鼠药中毒等所致的后天性凝血酶原缺乏症相鉴别.一般可不给予治疗,仅在出血发作后或手术前给予新鲜血浆或冻干血浆制品.当血浆凝血酶原活性达到正常活性的30%以上时,即可维持正常凝血而防止出血.检出并淘汰携带者是预防和消除本病的惟一有效措施.

血管性假血友病(vascular pseudohaemophilia)

血管性假血友病是由von willebrand因子(因子Ⅷ相关糖蛋白,简称Ⅷ:R 或 VWF)的量和(或)质异常引起血小板黏附功能缺陷所致的一种遗传性出血病,又称von Willebrand病(von Willebrand desease,简称VWD).是猪和犬中最常见的遗传性出血病,在马、猫和兔中也有发病的记载,呈常染色体不完全显性遗传或常染色体隐性遗传,呈家族性发生.根据血浆中VWF多聚体的结构和数量改变情况,犬VWD可分为Ⅰ、Ⅱ和Ⅲ 3种病型.Ⅰ型是最常见的病型,特点是VWF多聚体的结构正常,但数量减少,活性降低,出血体征最轻;Ⅱ型的特点是血浆中无高分子VWF多聚体,出血体征较重;Ⅲ型较少见,特点为各种大小的VWF多聚体缺如或仅为痕迹量,出血体征最严重.本病主要表现出血倾向,常见皮肤和黏膜的自发性出血,如反复鼻衄、齿龈出血,皮下瘀斑和血肿等,严重者胃肠道出血和关节血肿、创伤及手术后出血不止。流血时间显著延长,达10~22 min,血小板黏附性降低,血小板对瑞斯脱霉素的聚集反应显著减弱或完全消失,血浆 VWF 极度减少,AHG 活性仅为正常活性的20%~60%。目前,尚无有效的治疗方法,长期以来一直采用替代疗法,即出血发作时或手术前输注新鲜相合全血或血浆,禁用阿司匹林、保泰松、消炎痛、潘生丁、前列腺素E₁等能使血管扩张,影响血小板功能的药物。不断淘汰病畜,检出并淘汰携带者是预防和消除本病的惟一有效措施。

血斑病(morbus maculosus)

血斑病是一种主要累及血管壁,致发血管性紫癜的第 Ⅲ 型(血管炎性速发性)变态反应性疾病,又称出血性紫癜(hemorrhagic purpura)。主要发生于马,偶发于牛、猪和犬。病的发生与感染尤其与链球菌感染有密切关系。病初可视黏膜有点状出血,继之融合成大的淤血斑。体躯各部皮肤呈对称性肿胀,周缘呈堤状,边界明显。头部的唇、颊、鼻、鼻翼等部重剧肿胀,使颜面部外貌呈河马头部的面貌,故有"河马头"之称。四肢肿胀2~3倍,状如"象腿"。肿胀部皮肤紧张,其表面常有淡黄色黏稠浆液,干涸后形成黄褐色痂块。有的病畜,尤其是猪常伴有荨麻疹。如发生内脏器官出血、水肿和坏死,则会引起相应的机能紊乱,出现心率加快,心浊音区扩大,期前收缩和心杂音;采食、咀嚼、吞咽障碍,腹痛,腹泻,腹膜炎乃至肠穿孔;呼吸困难,甚至窒息;血尿,蛋白尿,急性肾功能衰竭;兴奋狂暴,昏睡,单瘫或截瘫等。在治疗上,为缓解变态反应,应及早使用糖皮质激素及抗过敏药物。如氢化可的松,牛、马0.2~0.5 g,肌肉或静脉注射;强的松,牛、马100~300 mg,口服;地塞米松,牛5~20 mg,马2.5~5 mg,口服、肌肉注射或静脉注射。为降低血管通透性,防止出血,可使用10%氯化钙溶液100~150 mL,或10%葡萄糖酸钙溶液200~500 mL,缓慢静脉注射,每日1次,连用数天。对症治疗可使用强心、健胃、缓泻等药物,皮肤外伤处理以及呼吸困难有窒息危险时,立即施行气管切开术。

血小板异常(platelet abnormality)

血小板异常是指由各种原因引起外周血液中血小板数量减少和(或)质量改变所致的以血凝障碍和出血为特征的临床综合征。在动物的出血性疾病中约有75%以上是由血小板异常引起的。

病因　血小板异常由血小板生成不足,破坏过多和先天性血小板功能障碍引起。血小板生成不足见于放射病、镰刀菌毒素中毒、牛蕨中毒、马传染性贫血等引起再生障碍性贫血的各种疾病。血小板破坏过多见于新生畜同族(种)免疫性血小板减少性紫癜、自体免疫性血小板减少性紫癜、系统性红斑狼疮,以及马传染性贫血、牛血孢子虫病、犬钩端螺旋体病、狂犬病、犬细小病毒感染、巴氏杆菌病等感染致发的继发性血小板减少性紫癜。血小板先天性功能障碍见于血管性假血友病（黏附功能缺陷），先天性血小板无力症：血小板无力性血小板病（聚集功能缺陷）、血小板病和储藏池病（分泌功能缺陷）。

病型与症状

（1）血小板减少性紫癜（thrombocytopenic purpura）：基本症状是皮肤和可视黏膜出现出血斑点，常伴发鼻衄、血尿、黑粪、损伤部位长时间出血以及皮下血肿。循环血液中血小板数小于$20×10^9$/L。伴有贫血时，可视黏膜苍白。其他症状错综复杂，依病因而异。

（2）先天性血小板无力症（congenital thrombasthenia）：又称 Granzman 病，是由血小板聚集功能缺陷所致的遗传性出血病。在马和犬中有记载。呈常染色体不完全显性遗传（马）或隐性遗传（犬）。主要症状为不同程度的毛细血管出血，出血体征随年龄增长而逐渐减轻，服用阿司匹林后加重。出血时间显著延长，血块收缩不全或不收缩，血液涂片上血小板分散存在而不聚堆。

（3）血小板病（thrombopathy）：是一类血小板分泌和释放功能缺陷所致的出血病，可分为储存池病和阿司匹林样缺陷两种。

A. 储存池病（storage disease）：常见临床病型为契—东二氏综合征。主要症状为自发性出血，不全白化症和反复发生严重感染，且久治不愈。血小板对胶原的聚集反应减弱或消失。详见"白化病"。

B. 阿司匹林样缺陷（aspiria like defect）：血小板释放 ADP 的功能在某些环节上（如环氧化酶和凝血恶烷合成酶缺乏或受抑制）发生障碍，与服过阿司匹林一样。

（4）血小板无力性血小板病（thrombasthenic thrombopathia）：是由血小板黏附和聚集功能缺陷所致的遗传性出血病。仅见于犬，呈常染色体不完全显性遗传。纯合子病犬有严重出血体征，杂合子多数发病，但病性较轻。出血时间延长，血小板中度减少，出现大血小板、巨血小板和异形血小板。血小板因子Ⅲ释放减少，ADP、胶原、凝血酶不能诱发血小板聚集反应，血小板黏附性（玻璃珠滞留率）显著降低。

治疗　应针对不同原因，采取相应的治疗方法。对继发性血小板异常，应积极治疗原发病；对由免疫反应引起的应使用免疫抑制剂，如氢化可的松、强的松、地塞米松等。出血发作时或手术前输注新鲜全血或富含血小板的血浆，可有效制止出血或手术时出血。对于遗传性血小板异常，应淘汰病畜，检出并淘汰携带致病基因的杂合子，以阻止致病基因在畜群中传播。

（张才骏　向瑞平）

第七章　泌尿系统疾病

概　　述

泌尿系统的生理功能及其调节　泌尿系统由肾脏、输尿道、膀胱和尿道组成。泌尿系统的主要功能是排泄代谢产物、调节水盐代谢、维持内环境的相对恒定。此外，肾脏还可分泌肾素、红细胞生成素和1α羟化酶，分别具有调节血压、促进红细胞生成和活化维生素D_3的作用。

神经系统对泌尿活动的调节，是在大脑皮层控制下，通过盆神经、腹下神经和阴部神经来进行的。体液调节在尿液生成过程中起着重要作用，它主要受到抗利尿素和醛固酮的调节。

泌尿系统疾病的一般症状

排尿障碍　表现为排尿困难、排尿疼痛及排尿失禁。

尿液变化　表现为尿液数量和成分的改变。

(1)尿量的变化：尿是肾脏机能活动的产物，健康家畜的尿量和排尿次数是有其规律性的。当泌尿器官患病时，则此规律受到破坏。临床表现为少尿、无尿、多尿或尿闭。

(2)尿液成分的变化：泌尿器官疾病时，由于肾及尿路的机能障碍，特别是肾脏疾患时，肾小球滤过膜通透性增强，肾小管重吸收机能障碍，导致尿液成分改变并出现蛋白、血液、管型（尿圆柱）等异常成分。在临床上将此等含有异常成分的尿液，分别称为蛋白尿、血尿、管型尿。

尿中出现有机沉渣乃是肾及尿路疾患的一种病理产物。尿沉渣中有机成分的检验，远较尿液的理化性状的检验更具有诊断意义。尿的有机沉渣中有机成分主要有：红细胞、白细胞、上皮细胞（肾上皮、肾盂上皮、膀胱上皮、尿道上皮）以及病原菌等。

心血管症候　主要表现为血压升高（肾性高血压）、心浊音区扩大、第二心音增强、脉搏强硬（硬脉）。

此外，血液化学成分也发生相应改变：低钠血症、高钾血症、低蛋白血症、氮血症、酸中毒及肾性贫血。

肾性水肿　水肿通常是肾脏疾病的重要症状之一，但家畜并非必然经常出现。水肿多发生于富有疏松结缔组织的部位，如眼睑、胸下、腹下、四肢末端及阴囊等处,严重时,可出现体腔积液。

尿毒症 是肾机能不全(肾衰竭)的最严重表现。主要是由于肾机能不全,致代谢产物和毒性物质在体内的蓄积以及内环境的紊乱,而引起的自体中毒综合征。

泌尿系统疾病的研究方法

尿常规检查 此检查非常重要,常为诊断有无泌尿系统疾病的主要依据,泌尿系统疾病情况可出现以下异常尿液:蛋白尿、管型尿、血尿、糖尿、酮体等。

肾功能测定

(1)清除率测定:是指肾在单位时间内清除血液中某一物质的能力。临床上常用内生肌酐清除率。内生肌酐清除率可反映肾小球滤过率(GFR),本方法操作简便,干扰因素较少,因此成为常用的指标,并可用来粗略估计有效肾单位数量。

(2)肾血流量测定:对氨马尿酸法。肾血流中对氨马尿酸除自肾小球流出外,其余几乎全部可被近曲小管分泌,目前多以放射性核素邻[131]I马尿酸钠测定肾血浆流量。

其他辅助检查 为了进一步明确泌尿系统疾病的诊断,可根据病情做尿液培养、肾盂及输尿管造影、膀胱镜检查。值得一提的是,我国目前已有华中农业大学、中国农业大学、华南农业大学等单位将B超应用于兽医临床。

第一节 肾脏疾病

肾炎(nephritis)

肾炎是指肾实质(肾小球、肾小管)、肾间质发生炎性病理变化的总称。本病临床以肾区敏感和疼痛,尿量减少,尿液中出现病理产物,严重时伴有全身水肿为特征。

肾炎按其发生部位可分为肾小球肾炎、肾小管肾炎、间质性肾炎,临床常见的多为肾小球肾炎及间质性肾炎。按病程经过可分为急性肾炎和慢性肾炎两种。各种动物均可发生,主要以马、猪、犬较为多见。

病因 急性肾炎的病因到目前为止尚未彻底阐明,现认为本病的发生与感染、中毒及变态反应有关。

感染因素 继发于某些传染病的过程中,如猪瘟、传染性胸膜肺炎、禽的肾型传染性支气管炎、链球菌等。此外,也可由邻近器官炎症转移蔓延而引起,如肾盂肾炎、子宫内膜炎等。

中毒因素 内源性毒物如重剧胃肠炎、肝炎、代谢性疾病、大面积烧伤或烫伤时所产生的毒素、代谢产物或组织分解产物等。外源性毒物如采食有毒植物(栎树叶)和霉变饲料,误食化学药物如砷、汞、磷、松节油等。

　　环境因素　动物营养不良,劳役过度,受寒感冒,均可成为本病的诱因。

　　慢性肾炎原发性原因基本上同急性肾炎,但病因作用持续时间较长,性质比较缓和,症状较轻。临床上慢性肾炎以继发性居多。继发性病因,常为急性肾小球肾炎治疗不当而转为慢性。值得注意的是,慢性肾小球肾炎常可在过度使役、受凉或不及时治疗或治疗不当、感染的情况下,可使病情加重,呈现急性肾小球肾炎的发病过程。

　　病理发生　多数肾炎是免疫介导性炎性疾病。一般认为,免疫机制是肾炎的始发机制,在此基础上炎症介质(如补体、白细胞介素、活性氧等)参与下,最后导致肾小球损伤和产生临床症状。

　　免疫反应　体液免疫主要指循环免疫复合物(CIC)和原位免疫复合物,在肾炎病理发生中作用已得到公认,细胞免疫在某些类型肾炎中的重要作用也得到肯定。

　　(1)体液免疫:可通过下列两种方式形成肾小球免疫复合物(IC):①循环免疫复合物沉积某:些外源性抗原(如致肾炎链球菌的某些成分)或内源性抗原(如天然DNA)可刺激机体产生相应抗体,在血循环中形成CIC,CIC在某些情况下沉积或为肾小球所捕捉,并激活炎症介质后导致肾炎产生;②原位免疫复合物的形成:系指血循中游离抗体(或抗原)与肾小球固有抗原(如肾小球基底膜抗原或脏层上皮细胞糖蛋白)或已种植于肾小球的外源性抗原(或抗体)相结合,在肾脏局部形成IC,并导致肾炎。

　　原位IC形成或CIC沉积所致的肾小球免疫复合物,如为肾小球系膜所清除,或被单核-吞噬细胞、局部浸润的中性粒细胞吞噬,病变则多可恢复。若肾小球内IC持续存在或继续沉积和形成,或机体针对肾小球免疫复合物中免疫球蛋白产生自身抗体,则可导致病变持续和发展。

　　(2)细胞免疫:急性肾小球肾炎早期肾小球内常可发现较多的单核细胞,这已为肾炎模型的细胞免疫所证实并得到公认。

　　炎症反应　临床及实验研究显示始发的免疫反应需引起炎症反应,才能导致肾小球损伤及其临床症状。炎症介导系统可分成炎症细胞和炎症介质两大类,炎症细胞可产生炎症介质,炎症介质又可趋化、激活炎症细胞,各种炎症介质间又相互促进或制约,形成一个十分复杂的网络关系。

　　(1)炎症细胞:主要包括单核细胞、中性粒细胞、嗜酸性粒细胞及血小板等。炎症细胞可产生多种炎症介质,造成肾小球炎症病变。

(2)炎症介质:近年来,一系列具有重要致炎作用的炎症介质被认识,并已证实在肾炎病理发生的重要作用(表7-1)。

表7-1 与肾炎相关的介质

生物活性肽

　　血管活性肽:内皮素、心房肽、血管紧张素Ⅱ、加压素、缓激肽

　　生长因子:表皮生长因子(EGF)、血小板源生长因子(PDGF)、胰岛素样生长因子(IGF)、转化生长因子(TGF)、成纤维细胞生长因子(FGF)、集落刺激因子(CSF)、白细胞介素(IL)

　　其他细胞因子:肿瘤坏死因子(TNF)、干扰素(IFN)

生物活性酯

　　前列腺素类:环氧化酶产物(PGI_2,PGE_2,PGF_{2a},TXA_2)、酯氧化酶产物(白细胞三烯)、血小板活化因子(PAF)

血管活性胺

　　组胺、5-羟色胺、儿茶酚胺

补体

　　C_{3a}(过敏毒素作用)、C_{5a}(中性粒细胞趋化作用)、C_{5b-9}(膜攻击复合物)等

酶

　　各种中性蛋白酶、胶原酶

凝血及纤溶系统因子

细胞黏附分子(糖蛋白)

　　选择素家族(selectins)、免疫球蛋白超家族、细胞间黏附分子(ICAM)、血管细胞黏附分子(VCAM)等

活性氧

　　超氧阴离子(O_2^-)、过氧化氢(H_2O_2)、羟自由基(OH^-)、单线态氧($^1O_2$)

活性氮

　　一氧化氮(NO)

症状

(1)急性肾炎:病畜精神沉郁,体温升高,食欲减退,消化紊乱。

肾区疼痛　患畜不愿活动,站立时,弓腰,后肢叉开或收拢于腹下。强迫行走时,行走小心,背腰僵硬,运步困难,步态强拘,小步前进。外部压迫肾区或行直肠检查时,可发现肾脏肿大,敏感性增高,表现站立不安,弓腰,躲避或抗拒检查。

排尿次数及尿液成分改变　频频排尿但每次尿量较少,严重时可出现无尿现象。尿色浓暗,比重增高,尿中含有大量红细胞时,尿呈粉红色至深红色或褐红色(血尿)。尿中蛋白质含量增加。尿沉渣中可见透明颗粒、红细胞管型、上皮管型以及散在红细胞、白细胞、肾上皮细胞脓球及病原菌等。

水肿　病程后期在眼睑、胸腹下、阴囊等处发生水肿。严重时,可发生喉水肿、肺水肿或体腔积液。

心血管综合征　动脉血压升高,第二心音增强。病程较长时,可出现血液循环障碍及全身静脉淤血。

尿毒症　重症病畜血中非蛋白氮(NPN)升高,呈现尿毒症症状。患畜表现全身功能衰竭,四肢无力,意识障碍或昏迷,全身肌肉阵发性痉挛,并伴有腹泻及呼吸困难。

(2)慢性肾炎:其症状基本同急性肾炎,但病程较长,发展缓慢,且症状不明显,病初表现易疲劳,食欲不振,消化紊乱及伴有胃肠炎,后期可出现水肿。尿量不定,尿密度增高,尿蛋白含量增加,尿沉渣可见肾上皮细胞、红细胞,白细胞及管型。

重症病畜中NPN高达82.8 mmol/L,尿蓝母可增至40 mg/L,而引起慢性氮血症性尿毒症。

(3)间质性肾炎:初期尿量增多,后期减少。尿液中可见少量蛋白及各种细胞。有时可发现透明及颗粒管型。血液肌酸酐和尿素氮升高,犬的尿素可达237.37 mmol/L。血压升高,据报道犬可达12.61~28.0 kPa;心肌肥大,第二心音增强。大动物直肠检查和小动脉肾区触诊,可摸到肾脏表面不平,体积缩小,质地坚实,无疼痛感。

病理学检查　急性肾炎可见肾脏轻度肿大,被膜紧张,易剥离。表面及切面呈淡红色,因肾小球肿胀发炎,故在切面呈半透明的小颗粒状隆起。

慢性肾炎表现肾明显皱缩,表面不平或呈颗粒状,质地硬实,被膜剥离困难,切面皮质变薄,结构致密。

间质性肾炎:由于肾间质增生,可见间质呈增宽,肾脏质地坚硬,体积缩小,表面不平或呈颗粒状、苍白,被膜剥离困难。切面皮质变薄。

诊断　肾炎主要根据典型的临床症状(少尿或无尿,肾区敏感、疼痛、第二心音增强,水肿、尿毒症),特别是尿液的变化(蛋白尿、血尿、管型尿,尿沉渣中有肾上皮细胞)进行诊断。必要时亦可进行肾功能肌酐清除率测定,以资确诊。

间质性肾炎,除上述诊断根据外,可进行肾脏触诊:肾脏硬固,体积缩小。

在鉴别诊断方面,应注意与肾病的区别。肾病是由于细菌或毒物的直接刺激肾脏,而引起肾小管上皮变性的一种非炎性疾病,通常肾小球损害轻微。临床上见有明显的水肿、大量蛋白尿及低蛋白血症。但不见有血尿等现象。

治疗　肾炎的治疗原则是:清除病因,加强护理,消炎利尿及对症疗法。

改善饲养管理　将病畜置于温暖、干燥、阳光充足且通风良好的畜舍内,并给予充分休息,防止受寒、感冒。在饲养方面,病初可施行1~2 d的饥饿或半饥饿疗法。以后应酌情给予富有营养、易消化且无刺激性的糖类饲料。为缓解水肿和肾脏的负担,对饮水和食盐的给予量适当地加以限制。

药物治疗 消除感染、抑制免疫反应和利尿、消肿等。

(1)消除感染:可适当地选用下列药物:

抗生素:宜选用青霉素,用青霉素钾盐或钠盐肌肉注射时,马、牛、驹、犊按每千克体重0.5万~1.0万IU剂量应用,猪、羊、犬为每千克体重1.0万~1.5万IU;链霉素,马、牛每千克体重3~5 g,猪、羊0.5~1 g,犬25 mg,每日2次,肌肉注射。氨苄青霉素,马、牛、羊、猪、犬每千克体重10~20 mg,鸡每千克体重25~30 mg,每日2次,肌肉注射或静脉注射。

氟喹诺酮类:环丙沙星,畜禽每千克体重5~10 mg,肌肉注射;恩诺沙星,鸡、猪、羊每千克体重5~10 mg,每日2次,肌肉注射。

(2)免疫抑制疗法:近年来,鉴于免疫反应在肾炎发病方面的重要作用,在临床上,开始应用某些免疫抑制剂治疗肾炎,收到了一定的效果。

A. 肾上腺皮质激素:醋酸泼尼松,剂量:马、牛50~150 mg,猪、羊10~50 mg,每日2次,内服,连续服用3~5 d后,应减量至1/5~1/10。氢化泼尼松,剂量,马、牛200~400 mg,猪、羊25~40 mg,分2~4次肌肉注射,可连续应用3~5 d。此外,亦可应用醋酸考的松或氢化可的松20~300 mg,肌肉注射或静脉注射。或地塞米松(氟美松)每千克体重0.1~0.2 mg,肌肉或静脉注射。

B. 抗肿瘤药物:多应用烷化剂的氮芥、环磷酰胺等,因其能抑制抗体蛋白的形成,故具有免疫抑制效应。

(3)利尿消肿:当有明显水肿时,可酌情选用利尿剂。双氢克尿噻:马、牛0.5~2 g,猪、羊0.05~0.2 g,犬每千克体重2~4 mg,内服,每日1或2次,连用3~5 d后停药。醋酸钾:马、牛10~30 g,猪、羊2~5 g,内服。25%氨茶碱注射液:马、牛4~8 mL,羊、猪0.5~1 mL,静脉注射。

(4)对症疗法:当心脏衰弱时,可应用强心剂,如安钠咖、樟脑或洋地黄制剂。当出现尿毒症时,可应用5%碳酸氢钠注射液200~500 mL,或应用11.2%乳酸钠溶液,溶于5%葡萄糖溶液500~1 000 mL中,静脉注射。必要时,亦可应用水合氯醛,静脉注射。当有大量蛋白尿时,为补充机体蛋白,可应用蛋白合成药物,如苯丙酸诺龙或丙酸睾丸素。当有大量血尿时,可应用止血敏(牛、马1.25~2.5 g,猪、羊0.25~0.5 g,犬每千克体重5~15 mg)或维生素K(牛、马0.1~0.3 g,猪、羊0.03~0.05 g,犬每千克体重10~30 mg)。

预防 ①加强管理,防止家畜受寒、感冒,以减少病原微生物的侵袭和感染;②注意饲养,保证饲料的质量,禁止喂饲有刺激性或发霉、腐败、变质的饲料,以免中毒；③对急性肾炎的病畜，应及时采取有效的治疗措施，彻底消除病因以防复发或慢性化或转为间质性肾炎。

肾病（nephrosis）

肾病是指肾小管上皮发生弥漫性变性的一种非炎性肾脏疾患。肾病的临床特征是：大量蛋白尿、明显的水肿、低蛋白血症，但不见有血尿及血压升高现象。各种家畜均有发生，但以马较为多见。其病理变化的特点是：肾小管上皮发生混浊肿胀、变性（脂肪和淀粉变性），甚至坏死，通常肾小球的损害轻微。

病因　肾病主要发生于某些急性、慢性传染病（如马传染性贫血、传染性胸膜肺炎、流行性感冒、鼻疽、口蹄疫、结核病、猪丹毒等）的经过中。

某些有毒物质的侵害：化学毒物如汞、磷、砷、氯仿、吖啶黄等中毒；真菌毒素如采食腐败、发霉饲料引起的真菌中毒；体内的有毒物质如消化道疾病、肝脏疾病、蠕虫病、大面积烧伤和化脓性炎症等疾病时，所产生的内毒素中毒。

病理发生　关于肾病的发生机制，目前普遍认为，由体外侵入的有害物质（病毒、细菌或毒素）或机体生命活动过程中产生的各种代谢产物，经肾脏排出时，由于肾小管对尿液的浓缩作用，致上述毒物含量增高，对肾小管上皮呈现强烈的刺激作用，使之发生变性，严重时可发生坏死。

症状

急性肾病

（1）尿量及颜色变化：由于肾小管上皮受损严重而发生高度肿胀，且被坏死细胞阻塞，临床可见少尿或无尿，尿液浓缩，色深，比重增大。

（2）尿蛋白及管型：肾小管上皮变性致重吸收机能障碍，尿中可出现大量蛋白质，当尿液呈酸性反应时，可见少量颗粒及透明管型。

（3）低蛋白血症及水肿：由于蛋白质大量丢失，导致血浆胶体渗透压降低，出现低蛋白血症，体液潴留于组织而发生水肿。临床可见面部、肉垂、四肢和阴囊水肿以及严重时胸腔、腹腔出现积液。

（4）临床生化：血尿素氮（BUN）和亮氨酸氨基肽酶（LAP）升高。有资料报道丙种谷氨酰转肽酶（γ-GT）含量变化具有参考价值。

（5）尿毒症病程较长或严重时，病畜通常伴有微热、沉郁、厌食、消瘦及营养不良。重症晚期出现心率减慢、脉搏细弱等尿毒症症状。

慢性肾病　慢性肾病时，尿量及比重均不见明显变化。但由慢性致肾小管上皮细胞严重变性及坏死时，临床上可出现尿液增多，密度下降，并在眼睑、胸下、四肢、阴囊等部位出现广泛水肿。

诊断 本病的诊断依据为:蛋白尿、沉渣中有肾上皮细胞、透明及颗粒管型,但无红细胞和红细胞管型。血中BUN及γ-GT升高。鉴别诊断:应与肾炎相区别。肾炎除有低蛋白血症、水肿外,尿液检查可发现红细胞、红细胞管型及血尿。肾炎时,肾区疼痛明显。

治疗 肾病患畜的治疗原则是消除病因、改善饲养、抗菌、利尿、防止水肿。

在饲养上,应适当给予高蛋白性饲料以补充机体丧失的蛋白质。为防止水肿,应适当地限制饮水和饲喂食盐。

在药物治疗上应消除病因,由于感染因素引起者,可选用抗生素或氟喹诺酮类药物(参看肾炎的治疗);中毒因素引起者,可采取相应的治疗措施(参看中毒性疾病的治疗)。

为消除水肿,可选用利尿剂(参见肾炎的治疗)。

为补充机体蛋白质的不足,可应用丙酸睾丸酮(testosteroni propionas),马、牛0.1~0.3 g,羊、猪0.05~0.1 g,肌肉注射,间隔2~3 d 1次。或苯丙酸诺龙,马、牛0.2~0.4 g,羊、猪0.05~0.1 g,肌肉注射。

犬患肾病时,激素疗法常有良好疗效。泼尼松每千克体重0.5~2 mg,维持量每千克体重0.55 mg。或地塞米松每千克体重0.25~1.0 mg,皮下注射,每日1次,连用2~4周。

为了调整胃肠道机能,可投服缓泻剂,以清理胃肠,或给予健胃剂,以增强消化机能。

预防 参看肾炎的预防。

第二节 尿路疾病

膀胱炎(cystitis)

膀胱炎是指膀胱黏膜及黏膜下层的炎症。按膀胱炎的性质,可分为卡他性、纤维蛋白性、化脓性、出血性4种。本病多发生于牛、犬,有时也见于马,其他家畜较为少见。临床特征为疼痛性的频尿和尿液中出现较多的膀胱上皮、脓细胞、血液以及磷酸铵镁结晶。

病因 膀胱炎主要由于病原微生物的感染,邻近器官炎症的蔓延和膀胱黏膜的机械性和化学性刺激或损伤所引起。

病理发生 膀胱炎时,病原菌侵入膀胱的途径有:尿源性(经尿道逆行进入膀胱)、肾源性(经肾后行进入膀胱)、血源性(经血液循环进入膀胱)。进入膀胱的病原微生物,或直接作用于膀胱黏膜或随尿液作用于膀胱黏膜,而当尿潴留时,还可使尿液异常分解,形成大量氨及其他有害产物,对黏膜产生强烈的刺激,从而引起膀胱组织发炎。

症状　急性膀胱炎特征性症状是排尿频繁和疼痛。可见病畜频频排尿或呈排尿姿势,尿量较少或呈点滴状断续流出。排尿时病畜表现疼痛不安。严重者由于膀胱(颈部)黏膜肿胀或膀胱括约肌痉挛收缩,引起尿闭。此时,表现极度疼痛不安,呻吟。公畜阴茎频频勃起,母畜摇摆后躯,阴门频频开张。

直肠触诊膀胱,病畜表现为疼痛不安,膀胱体积缩小呈空虚感。但当膀胱颈组织增厚或括约肌痉挛时,由于尿液潴留致使膀胱高度充盈。

尿液成分变化　卡他性膀胱炎时,尿中含有大量黏液和少量蛋白;化脓性膀胱炎时,尿中混有脓液;出血性膀胱炎时,尿中含有大量血液或血凝块;纤维蛋白性膀胱炎时,尿中混有纤维蛋白膜或坏死组织碎片,并具氨臭味。

尿沉渣中见有大量白细胞、脓细胞、红细胞、膀胱上皮组织碎片及病原菌。在碱性尿中,可发现有磷酸铵镁及尿酸铵结晶。

慢性膀胱炎　症状与急性膀胱炎相似,但程度较轻,无排尿困难现象,病程较长。

治疗　母畜可用导尿管将膀胱尿液导出后,生理盐水冲洗,并向膀胱内注入抗生素或0.1%高锰酸钾或0.1%雷佛奴尔溶液。严重时,需肌肉注射或静脉注射抗微生物药。

膀胱麻痹(paralysis of bladder)

膀胱麻痹是指膀胱的紧张度减弱或消失,致尿液不能随意排出而积滞的一种非炎性疾病。本病常发生于牛和犬。长期劳累,膀胱收缩力降低或未能及时将尿液排出导致膀胱过度伸张而弛缓,支配膀胱的神经功能障碍或受损都可引起膀胱麻痹。临床上以不随意排尿,膀胱充盈且无疼痛为特征。常见屡有排尿姿势,尿液呈线状或滴状流出。直肠检查可发现膀胱充盈,用手压迫时,有大量尿液流出。大动物直肠内膀胱按摩是一种有效治疗方法,每日2或3次,每次5~10 min。中小动物,用导尿管导出部分尿液,公畜可做体外膀胱按摩,排出部分尿液后注射硝酸士的宁,猪、羊2~4 mg,犬0.5~0.8 mg(只需1次,以防药物蓄积)或电针百会、后海(交巢)穴,每日1次,每次20 min。为防止继发感染可使用尿道消毒剂和抗生素等。

膀胱破裂(rupture of bladder)

膀胱破裂是膀胱壁裂伤或全层破裂,尿和血液漏于腹腔内的一种疾病。本病常发于尿石症、重剧性尿道炎之后,由于尿道阻塞,引起膀胱尿液潴留而发生破裂。此病主要发生于公牛、公犬和1～4日龄骡驹和马驹。

患畜发生膀胱破裂前,有明显的腹痛。病牛不断摇尾,努责,阴茎不断伸出,呈排尿姿势,但无尿排出或仅有少量混有血液的尿液滴出。直肠检查膀胱高度充盈,有一触即破的感觉。膀胱破裂发生后,病畜变得安静,排尿动作消失,下腹部迅速增大。公驹由于鞘膜腔积液而使阴囊明显膨大。腹腔穿刺,穿刺液有明显尿味,镜检可见膀胱上皮、尿路上皮、肾上皮。直肠检查,膀胱破裂发生后,膀胱空虚,有时不能辨别膀胱形态。尿液进入腹腔后,迅速出现腹膜炎及尿毒症症状,病畜精神极度沉郁,体温升高,心跳加快,呼吸急促,肌肉震颤,最后昏迷,迅速死亡。手术疗法是治疗本病的惟一手段,确诊后应及时进行膀胱修补手术,同时应用大量抗生素静脉及腹腔注射并进行对症处理。

尿道炎(urethritis)

尿道炎是指尿道黏膜的炎症。本病主要易发于牛、马、犬、猪。

尿道炎多数系外伤所引起,如导尿时,由于导尿管消毒不彻底,无菌操作不严密或尿道探查的材料不合适或操作粗暴,公畜的人工授精或结石刺激等。此外,邻近器官炎症的蔓延,如膀胱炎、包皮炎、阴道炎及子宫内膜炎时,炎症可蔓延至尿道而发病。尿道炎时,病畜频频排尿。排尿时,由于炎性疼痛致尿液呈断续状流出。此时公畜阴茎频频勃起,母畜阴唇不断开张,严重时可见到黏液——脓性分泌物不时自尿道口流出。尿液混浊,其中含有黏液、血液或脓液,甚至混有坏死、脱落的尿道黏膜。触诊或导尿检查时,病畜表现疼痛不安,并抗拒或躲避检查。根据频尿排尿疼痛,尿道肿胀、敏感,导尿管插入受阻及疼痛不安,镜检尿液中存在炎性细胞但无管型和肾、膀胱上皮细胞即可确诊。

尿道炎的治疗原则是确保尿道排泄通畅,消除病因,控制感染,结合对症治疗。一般选用氨苄青霉素,肌肉注射,马、牛、羊、猪每千克体重4～11 mg,犬每千克体重25 mg,每日2次。或用恩诺沙星肌肉注射,各种动物每千克体重5～10 mg。对龟头部挫伤后继发的,可用温敷,红外线或特定电磁波治疗仪照射,S弯曲部可应用普鲁卡因封闭治疗,治疗时间随尿路阻塞程度而异,严重者1～3 d。如有条件可做膀胱插管术改变排尿经路,以赢得尿道炎症消散的时间。

尿石症(urolithiasis)

尿石症是由于不科学的饲喂致使动物体内营养物质尤其是矿物质代谢紊乱。继而使尿液中析出的盐类结晶,并以脱落的上皮细胞等为核心,凝结成大小不均、数量不等的矿物质的凝结物,则称为尿结石或尿石。由于尿石本身或尿石对尿路黏膜的刺激,发生出血和炎症,造成尿路堵塞,称为尿石症。

一般认为尿石形成的起始部位是在肾小管和肾盂。有的尿石呈沙粒状或粉末状,阻塞于尿路的各个部位,中兽医称之为"沙石淋"。

尿石症常见于阉割的肉牛、公水牛、公山羊、公马、公猪、犬、猫。尿石最常阻塞部位为阴茎乙状曲后部和阴茎尿道开口处。

根据徐荣平(1990)对安徽灵璧某地调查报告,猪尿石症发病数占该地发病猪总数的4.5%。王小龙等(1997)报告了我国南通棉区饲喂棉饼所致水牛的尿石主要成分为磷酸钾镁或磷酸铵镁,黄克和和王小龙等(1999)还系统地研究和报告了水牛饲喂棉饼所致尿石症的病理发生。

病因　目前认为尿石症是一种以泌尿系统功能障碍为表现形式的营养物质代谢紊乱性疾病。它的发生与下列诸因素相关。①饲料因素:不科学的饲料搭配是诱发动物尿石症最重要的因素。如我国南通棉区群众长期以来有用棉饼＋棉秸＋稻草的饲料搭配模式饲喂水牛的习惯,因而使该地区水牛尿石症发病率居高不下;又如我国各地引进波尔种山羊饲养过程中,往往因过多地饲喂精料而引起尿石症;还如犬猫偏食鸡肝、鸭肝等易引起尿石症的发生。当然,加拿大阿尔帕它地区由于土壤中硅含量过高,使牧草中二氧化硅的含量过高而引起硅性尿石症也是与饲料因素有关的一个例证。②饮水不足:是尿石形成的另一重要原因。在严寒的季节,舍饲的水牛饮水量减少,显然是促进尿石症发生的重要原因之一;在农忙季节,过度使役加之饮水不足,均促使尿液中某些盐类浓度的增高,与此同时,由于尿液浓稠,还使尿中黏蛋白浓度亦增高,促进了结石的形成。③其他因素:肾和尿路感染,使脱落的上皮及炎性反应产物增多,为尿石形成提供了更多的作为晶体沉淀核心的基质;家畜种类的不同,对尿石症易感性不一样,例如同样饲喂棉饼饲料,水牛对该病易感性高于黄牛,这可能与水牛阴茎尿道海绵体质地较黄牛更致密有关;另外甲状旁腺机能亢进、维生素A缺乏、长期过量应用磺胺类药物,尿液的pH值改变,阉割后小公牛雄性激素减少对泌尿器官发育的影响等与尿石症的发生均有一定关系。

病理发生　多种因素共同作用才能使动物增高了罹患尿石症可能性,摄入不同的饲料,使动物体内营养物质的平衡状态受到不同的影响。特别是长期饲喂不经科学搭配的饲料,使动物体内多种营养物质平衡失调,继而影响尿液中的化学组成。例如,正常牛尿因其含有大量碳酸氢钾,因而尿液呈碱性。其中的钾显然是从饲草中而来的。在较高的pH值环境中,钙和磷通常呈相对的不易溶解状态,这就难以保证一定数量的钙和磷不被析出沉淀,而经由肾脏安全地排泄出体外。问题还常常出在动物经过消化道过量摄入镁,吸收后的大量的镁又经肾脏排出体外,这些镁常常与钙、磷在尿液中容易形成不溶性复合盐类。在肥育的肉牛经常饲喂大量谷类基础日粮，这种日粮常常含有过量的磷和镁，其中钙和钾的含量相对较低。在这种饲喂条件下，尽管牛尿液 pH 值可能稍有下降，而磷和镁的浓度升高，尿液中这些过饱和的溶质还是比较容易析出沉淀而形成结石。虽然牛的尿石化学成分因饲喂饲料种类不同而异，但最为常见的是钙、镁和磷的复合盐类。尿石症的发生常见于年轻的公牛和公羊，特别是早期去势的公牛，因育肥它们需要常被饲喂富含谷类的饲料，其中钙、磷比率常常低于1∶1。此时就容易生成磷酸盐性尿结石，尿石中化学组成常为钙和磷酸铵镁等。

动物在放牧或舍饲中饲喂了大量富含草酸盐的饲草时，就容易发生草酸盐性的尿结石，这是由于它们尿液中含有多量的草酸钙，经由肾脏排泄后很容易析出沉淀而形成结石。同样道理，当大量饲喂了富含二氧化硅的饲草，动物容易发生硅质性尿结石。

尿液通常是一种含有各种盐类高度饱和的溶液，这些盐类均以溶解状态排泄出体外。从逻辑上而言，人们自然会质疑在这种条件下，为什么不总是有尿石的形成呢? 有一种理论的解释是：尿液中含有许多保护性的胶质(colloids)，从而形成了一种复合的胶体，在这种尿液胶体中饱和盐类的沉淀一般会受到抑制。但是这种尿液仍是一种很不稳定的胶体溶液，多种因素中的任何一种能与盐类结合并析出沉淀，即令是健康动物清朗的尿液中亦含有某些晶体和沉渣，尿液中晶体的含量可用测定红细胞 PCV 相类似的方法来测定。假如晶体含量很高预示着尿石症将可能发生。

多种因素交互作用乃是尿石形成的预置因素。由于动物发生膀胱炎、尿路炎、肾炎时，积聚的脓液，脱落的尿路上皮或其他碎屑样物增多，围绕着这些核心物质，一些不溶性的盐类不断沉积于其上，逐渐就形成了尿石。

尿液的 pH 值影响着尿液中溶质的溶解度。例如，磷酸盐性和碳酸盐性尿石在碱性尿液中较之酸性尿液中更易于析出沉淀，盐类在尿液中的相对的浓度的高低对尿石生成关系亦较密切，如牛放牧时采食了某些大量含二氧化硅的牧草，尤其是动物饮水不足的条件下，使尿液中硅的浓度进一步升高，更容易使硅石在尿液中析出沉淀形成尿石。假如此时设法使这些牛增加饮水量，使尿液中硅的相对浓度降低，无疑地便可使尿液中晶体的析出量明显地减少，进而降低尿石生成的可能性。

尿石的形成和增大显然与某种粗蛋白的存在有一定的关系，粗蛋白的作用犹如水泥作用一样，使尿石呈同心圆状逐层地堆砌起来，并不断地增大。尿液中粗蛋白量的多少可能与饲喂精料的量和动物快速生长等因素有关。

临床症状　动物体内生成尿石的初期通常不引起症状出现，只有尿石堵塞于尿道阻止了尿流时才表现出症状，阉割的小公牛因其尿道较狭窄，故而比较容易发生尿石症。

尿石症的患畜虽不断有排尿姿势，但呈现出排尿困难的症状，经常见到弓腰、不断举尾、反复地踢腹、尿频、尿痛、尿淋漓，有血尿等现象，直肠检查或体外触诊时，能触知膀胱内充满了尿液（图7-1）；尿路探查时，常可在尿道中探查到沙石样阻塞物。尿闭发生前常有膀胱炎、肾盂炎、血尿、尿性疝痛、频尿，尿沉渣中含有多量肾盂或膀胱上皮细胞、红细胞及细菌，伪蛋白尿，但不能见到管型。肾盂结石者常由于结石的刺激作用，引起肾盂血管扩张及充血，可发生血尿，患畜腰部触诊时敏感，行走时步态强拘和紧张。膀胱结石者常由于膀胱内壁受到刺激而呈现频尿，并于排尿的终末时在尿中混有絮状物、血液或潜血，在公羊、公牛阴茎包皮鞘周围及其邻近毛丛上，常附着干燥的细沙粒样物质。尿道结石者病程稍长时，直肠触诊发现膀胱高度充盈、膨胀、紧张，患畜两后肢微分开屈曲站立、弓背、收腹、频频举尾，阴茎反复呈现排尿时的努责的动作，但不见尿液排出或仅呈点滴状尿液排出。若为一侧性输尿管阻塞，可不出现尿闭，但直肠检查时，可发现阻塞的近侧端输尿管显著的膨大或紧张，而远端柔软如常。尿道探诊可帮助我们确定尿石堵塞的部位，如尿道破裂，在破口附近皮下组织有尿液浸润和皮下肿胀，穿刺液呈现尿液味（图7-2）。膀胱破裂者通常在尿道阻塞后几天内发生，常视动物饮水量而定，最多不超过5 d。若发现动物由原来的不安转为安定，尿性疝痛消失，腹围增大，仍未见排尿，亦不呈现排尿的努责动作，就应怀疑膀胱破裂。直肠检查，发现膀胱缩小或不能触及膀胱；同时做血液尿素氮的检查时，由正常的0.6～1.2 mmol/L升高至3.0 mmol/L以上；为进一步证明膀胱是否破裂，可做腹腔穿刺，并鉴定腹腔穿刺液是否混有尿液。亦可用红色素（百浪多息）做肌肉或静脉注射，经过0.5～1 h后做腹腔穿刺，若见有大量红色腹腔液体流出，就可证明膀胱已经破裂。

图7-1 公牛尿道阻塞时排尿困难姿势　　图7-2 公牛尿道破裂后腹下皮下组织积尿

诊断　饲料化学组成、饮水来源、饲养方法、是否呈地方流行性等情况的调查，对于诊断的建立能提供重要的线索。临床上出现尿闭和排尿障碍的一系列症状,诸如不断呈现排尿姿势、尿痛、尿淋漓、血尿、直肠内或体外触诊膀胱充满尿液,有的病例,尿沉渣中发现有细沙粒样石子,手指碾捏呈粉末状。X射线检查,特别是犬猫等小动物,可在肾脏、膀胱或尿道发现结石。

分析饲料营养成分,尤其是对尿石或尿沉渣晶体的化学组成、成分通过应用X射线衍射分析、X射线能谱分析、红外线分析等手段得以确认,大大有利于对病因及尿石形成机理的分析,有助于做出更深层次的病因学诊断,为有效地预防提供理论依据。

治疗和预防　一旦尿石生成,并形成堵塞,多数采用外科手术摘除尿石。有的可在阴茎乙状曲部上方做一尿道造口,有的可在此部位做阴茎截断,以解除尿液不能排出之急。但手术治疗对许多病例远期疗效往往不够理想。犬猫膀胱结石常用手术疗法。如不采用对因防治方法,即使通过外科手术一时摘除了尿石,患畜还有可能生成新的结石,提出以下几点,供预防家畜尿石症时参考。①注意日粮中钙、磷、镁的平衡,尤其是钙、磷的平衡。一般建议钙磷比维持在1.2∶1或者稍高一些[(1.5～2.0)∶1],当饲喂大量谷皮饲料(含磷较高)时,应适当增加豆科牧草或豆科干草的饲喂量。②对羊来说,注意限制日粮中精料饲喂量,尤其是蛋白质的饲喂量十分重要。因为精料饲喂过多,尤其是高蛋白日粮,不但使日粮中钙、磷比例失调,而且增加尿液中黏蛋白的数量,自然会增加尿石症发生的几率。③保证有充足的饮水,可稀释尿液中盐类的浓度,减少其析出沉淀的可能性,从而预防尿石生成。④适当补充钠盐和铵盐,补充氯化钠,可逐渐增加到饲喂精料量的3%～5%,在加拿大阿尔帕它地区为预防肉牛硅石性尿石症的发生,食盐饲喂量高达精料量的10%。有人建议在饲料中加入氯化铵,小公牛每日45 g,绵羊每日10 g,可降低尿液中磷和镁盐的析出和沉淀,预防尿石症的发生。⑤犬、猫的饲养建议饲喂商品日粮,宠物偏食鸡肝、鸭肝的习惯宜予以纠正。一旦发生尿石症,可根据尿石化学组成的特点,饲喂有防病作用的商品日粮。⑥草酸盐性尿石的形成与绵羊在富含草酸的牧草地放牧有关,因此对这类牧地宜限制利用,或改为轮牧。⑦以棉饼＋棉秸＋稻草为饲料配方模式的水牛,宜在这种饲料中添加适量的$CaCO_3$和NaCl,可有良好的防病作用。

猫下泌尿道疾病(feline lower urinary tract disease)

猫下泌尿道疾病(feline lower urinary tract disease,FLUTD),现在已经广泛用于描述猫下泌尿道所发生的多种疾病情况,而不是指单独的一种疾病。过去该病被称为猫泌尿系统综合征(feline urologic syndrome, FUS),然而,由于FLUTD比

FUS更能确切地说明猫下泌尿道所发生的多种疾病这项事实,所以现在已不再使用FUS。猫下泌尿道疾病主要临床症状表现为尿频、排尿困难、疼痛、尿中带血、排尿行为异常等。多发生于1～10岁的猫,尤其是2～6岁的猫。发病率占猫的1%左右,占临床病例的10%左右。去势公猫和波斯猫易发。

病因 由于猫下泌尿道疾病并非是一种疾病,因此其致病因素也比较复杂。

由病原体感染猫下泌尿道引起,如病毒、细菌、支原体、真菌、寄生虫等,虽然大多数病例可能培养不到病原体,但却对抗生素有一定的疗效。

猫食物营养不均衡,营养代谢紊乱,引起猫尿石症、炎性产物、脱落的上皮、血凝块等阻塞尿道。

膀胱和尿道的一些肿瘤,如纤维瘤、血管瘤、鳞状上皮细胞癌、前列腺癌等造成尿道狭窄、出血、甚至阻塞等。

医源性因素,如导尿管探诊、冲洗、手术后留置在尿道和膀胱中的导尿管、尿道造口手术等。

长期采食干粮,饮水不足,过度肥胖,缺乏运动,酸化或碱化尿液,处于应激状态等因素均可促发猫下泌尿道疾病。

此外,一些发育不良性疾病,如包茎、尿道狭窄;神经性因素如尿道痉挛、膀胱麻痹等也可成为猫下泌尿道疾病的病因。

症状 初期,最明显的症状为尿频,每次尿量减少,甚至出现排尿困难;患猫排尿行为异常,屡屡做出排尿姿势,但排尿很少或无尿排出,有时会被认为便秘。有的猫不在尿盆或其原来固定的地方排尿。随着病情的加重,患猫出现尿淋漓、排尿疼痛、尿中带血,甚至无尿。尿闭以后,腹围膨大。腹部触诊时摸到胀大的膀胱。此时如不能及时治疗,食欲下降或废绝、呕吐、脱水,最后引起尿毒症或肾衰而死亡。

诊断 根据病史和临床症状可以做出初步诊断,必要时可进行导尿管探诊、血液学检查、尿液分析、X射线检查等有助于本病的确诊。

导尿管探诊是诊断猫下泌尿道疾病的一种简便易行的方法。如果探诊时,患猫紧张、挣扎不配合时,应在镇静或麻醉以后,尿道松弛的情况下进行。导尿管探诊不仅有助于诊断,并且具有一定的治疗作用。

如果患猫尚能排尿,应想法收集尿液进行尿液化验,如果患猫不能排尿时,可以进行膀胱穿刺采集尿液进行化验。化验尿液的pH值、是否有红细胞、白细胞、结晶、细菌等。必要时做X射线检查,观察下泌尿道是否有结石、肿瘤或先天异常等。血液学检查有助于判断机体状况、病情及预后。

治疗 治疗之前必须确定猫的下泌尿道是否完全阻塞,如果已经完全阻塞,无尿排出,首要任务是疏通尿道。疏通尿道最常用的方法是用导尿管冲洗法,最好是在麻醉的状态下进行。尿道疏通以后,排出膀胱中潴留的尿液,导尿管应置留在尿道中1～3 d,以确保尿道畅通,以免再次复发。

如果尿道阻塞物为结晶物,应确定结晶的类型,选择相应的处方食品进行治疗。对猫来说,常见的结晶类型有磷酸铵镁和草酸钙。磷酸铵镁易在碱性尿中形成,多发于青年猫;草酸钙易在酸性尿中形成,多发于老年猫。

尿道疏通以后,及时进行静脉输液或皮下输液,供给能量,补充水分,调节机体酸碱平衡和电解质平衡,纠正尿毒症和肾衰。

抗菌消炎,防止感染,常选用的抗生素有氨苄青霉素、头孢菌素等进行肌肉或静脉注射。如果猫下泌尿道疾病是由肿瘤、先天性畸形引起的,应根据原发病的情况,施行适当手术或其他治疗。

尽量使患猫多喝水,以冲洗尿道,如果患猫不愿喝水,可以给罐头吃,因为罐头里水分含量较高。

预防　以下措施有助于预防猫下泌尿道疾病:供给清洁、新鲜的饮水,并经常更换,不要一次放大量饮水,最好每次放少量饮水让猫饮完再换;对有些地区加入消毒剂的水,猫可能不爱喝,这样最好供给蒸馏水或矿泉水;经常清理猫的尿盆,别让猫沙中有大量的猫尿存在;经常鼓励猫运动或玩耍,并保持理想的体重;减少对猫的应激;定期去医院检查,并根据兽医的建议饲喂。

(郭定宗　王小龙　夏兆飞　李家奎)

第八章　神经系统疾病

神经系统疾病的病因极为复杂,有细菌、病毒、寄生虫等感染;有外源性或内源性毒物中毒;有营养物质缺乏及代谢障碍;有遗传缺陷、肿瘤形成;有外伤、电击、中暑等因素。各种因素引起的神经系统的疾病主要包括中枢神经疾病,如脑的疾病、脊髓的疾病等;外周神经疾病,如外周脑神经疾病、外周脊神经疾病等;机能性神经病,如癫痫、膈痉挛等。

神经系统疾病的基本症状可概括为全脑症状、局部脑症状、脊髓症状、外周神经症状。

全脑症状,又称一般脑症状,是脑及脑膜的实质发生病理变化时,如大脑皮质的广泛性损伤或颅内压升高等,所表现出来的具有脑病特征性的临床症状。主要表现为精神状态异常,如兴奋或抑制,沉郁或昏迷,意识紊乱等;运动行为异常,如无目的徘徊,不顾障碍物,强迫运动或圆圈运动等;饮食行为异常,如切齿采食,饲草含于口内而不咀嚼,饮水时全口裂并深没于水中等;器官功能异常,如呼吸、脉搏次数和节律改变等;反射机能异常,如反射亢进、减退或消失等。

局部脑症状,又称灶性症状,是脑的特定部位损伤所引起特异性的病征,如特定的中枢、神经束、神经核、神经根等的损伤。常见的临床症状有眼球震颤、斜视、瞳孔大小不等、鼻唇部肌肉痉挛、牙关紧闭、舌肌纤颤、口唇歪斜、耳下垂、舌脱出、吞咽障碍、听觉减弱、视觉减退、嗅觉和味觉错乱等。此外,灶性症状还表现中枢性麻痹和外周性麻痹现象。中枢性麻痹是大脑皮层运动区或锥体径受损伤而引起的。其症状特征是肌肉随意运动消失,紧张性增高,腱反射亢进,肌肉不萎缩,电兴奋性正常。这种麻痹现象主要见于脑炎、脑出血、脑瘤肿,以及脑中毒性坏死等疾病。外周性麻痹是脊髓、脑干的运动神经细胞或其轴突组成的脊髓神经和脑神经受到损伤时,使中枢的运动神经传导中断引起的。其特征是肌肉的随意运动和反射性运动都消失,肌肉弛缓、萎缩、电兴奋性降低。这种麻痹现象主要见于脑脊髓炎、维生素B_1缺乏症,以及外伤等疾病。

脊髓症状有明显的节段性,主要表现为截瘫,运动和感觉异常,排粪排尿障碍,腱反射消失或亢进等。

外周神经症状,主要表现为个别外周神经所支配的肌肉张力减退,肌肉迅速萎缩,腱反射减弱或消失,皮肤反射减弱或消失。

神经系统疾病的检查和诊断,除病史调查、各系统检查外,应着重检查神经系统,还应有选择地进行实验室检查和特殊检查。完整的神经系统检查应包括:视诊(如精神状态、姿势、运动等)、触诊(如腰、肌肉、骨骼等)、姿势反射(如本体感觉、跳跃、位置等)、脊髓反射(如腱、屈肌、会阴等)、脑神经及感觉机能(痛觉)检查等。神经系统疾病的实验室检查的基本项目有血液常规、血液生化、脑脊液及尿液检查等。血液常规检查和脑脊液检查有助于脑和脊髓的炎症性、变质性、肿瘤性和创伤性疾病的诊断。血液生化检查和尿液检查,对代谢性神经病的诊断有重要价值。神经系统疾病的特殊检查,主要有脑、脊髓CT检查、X射线检查、脑电图描记、肌电图描记等。

神经系统疾病的基本诊断思路是:首先抓住神经系统的基本症状,判断是不是神经系统疾病;其次根据临床表现,分析和判断疾病的部位是脑或脊髓疾病,还是脑神经或外周神经的疾病;最后结合实验室检查和特殊检查的结果,进一步判断疾病的性质和病变范围。

神经系统疾病的治疗常采用对症疗法。一般的治疗原则包括控制感染,降低脑内压,镇静,解痉,解除昏迷等。

第一节 脑及脑膜疾病

脑膜脑炎(meningoencephalitis)

脑膜脑炎是脑膜、脑实质的炎症性疾病,伴有严重的脑机能障碍,表现出一般脑症状或灶性症状的一种中枢神经系统疾病。按病因可分为原发性脑膜脑炎和继发性脑膜脑炎。

原发性脑膜脑炎一般是由感染或中毒所致。病毒感染,如疱疹病毒(猪、马、牛)、虫媒病毒(犬)、肠道病毒(猪)、犬瘟热病毒和慢病毒(绵羊)等;细菌感染,如链球菌、葡萄球菌、巴氏杆菌、沙门氏菌、大肠杆菌、化脓性棒状杆菌、变形杆菌、昏睡嗜血杆菌、单核细胞增多性李氏杆菌等;中毒性因素,如铅中毒、猪食盐中毒、马属动物霉玉米中毒,以及各种原因引起的严重自体中毒等。继发性脑膜脑炎多数系邻近部位感染蔓延所致,如颅骨外伤、断角感染、龋齿、额窦炎、中耳炎、眼球炎等。也继发于一些寄生虫病,如普通圆线虫病、脑脊髓丝虫病、脑包虫病等。

脑膜脑炎的症状,因炎症的部位和程度不同而异。以脑膜炎为主的病例,前段颈髓膜常同时发炎,由于脊神经背根受刺激,病畜颈、背部皮肤感觉过敏,轻微的刺激或触摸即可引起强烈的疼痛反应和肌肉强直性痉挛,头颈后仰。腱反射亢进。多数的病例都会表现一般脑症状和灶性症状。病初表现轻度精神沉郁,不听呼唤,不注意周围事物,目光凝视或怒目而视,嗥叫或鸣叫,咬牙,摇头,以头或角抵物,呆立不动,反应迟钝。之后,突然转入兴奋状态,如骚动不安,攀登饲槽,冲撞墙壁,挣脱缰绳,不顾障碍物向前冲,或自行圆圈运动等。兴奋发作后,又陷入沉郁状态,头低眼闭,茫然呆立,呼之不应,牵之不动,处于昏睡状态或兴奋与沉郁交替。疾病后期,四肢麻痹,意识丧失,昏迷不醒,出现陈-施二氏呼吸,四肢做游泳样划动,有的甚至角弓反张。灶性症状表现为眼球震颤、头部颤动、斜视、瞳孔大小不等,鼻唇部肌肉痉挛、牙关紧闭、舌纤维性震颤等神经刺激症状,或口唇歪斜、耳下垂、舌脱出、吞咽障碍、听觉减退、视觉丧失、嗅觉和味觉错乱等神经脱失症状。

治疗的要点在于降低脑内压、抗菌消炎和对症治疗。降低脑内压可用25％山梨醇液、20％甘露醇液等静脉注射。抗菌消炎可用抗生素、磺胺药。狂躁不安的病例可用镇静剂。心脏机能不全者,可用安钠咖、氧化樟脑等强心剂。

脑脓肿(brain abscess)

脑脓肿是脑组织化脓性炎症,常见的病因是相邻组织器官化脓性炎症发生和发展过程中的扩散和蔓延所致。多见于1岁龄以下的幼龄动物,年长的动物偶尔发生。细菌感染是主要的病因,如断角感染、插入鼻环引起鼻中膈感染、鼻炎、中耳炎、内耳炎、副鼻窦炎等;马鼻疽杆菌、马腺疫链球菌、牛放线菌和结核分支杆菌、金黄色葡萄球菌、李氏杆菌、链球菌、巴氏杆菌等的细菌感染,以及全身性真菌感染引起的脑膜炎,都有可能转化为脑脓肿。

脑脓肿的位置和大小不同,临床症状有一定差别,基本症状为脑占位性损伤综合征。病畜精神沉郁、呆立、姿势笨拙、头抵固定物和失明,并常以运动兴奋的短暂性发作为先导,或者在沉郁过程间断发生短暂的兴奋,如骚动、共济失调和惊厥等。病畜通常有轻度发热,但体温也可能正常。失明的程度因脓肿的位置不同而异。瞳孔不对称和瞳孔对光反射异常。有时可见眼球震颤,头偏斜,转圈和倒地,瘫痪或偏瘫,口合不拢,上睑下垂和舌脱垂等。垂体脓肿时,还可出现咀嚼、吞咽困难和流涎等。这些症状也可见于脑的许多其他疾病,特别是当脑局部的病变发展缓慢时。脑脊液白细胞数量增多和检出病原菌可作为脑脓肿诊断依据之一。

疾病的早期,注射能穿透血脑屏障的抗菌药物进行治疗有可能使患畜痊愈,但疗效一般不能令人满意。必要时可考虑手术切除或外科引流。由于本病治疗难度大,且易复发,多预后不良。

脑软化(encephalomalacia)

脑软化是脑灰质或脑白质变质性病理变化的统称。各种动物均可发生,幼龄动物多发。主要发病的原因包括:中毒因素,如马属动物霉玉米中毒、问荆中毒、木贼中毒、节节草中毒、蕨中毒、矢车菊(*Russian knapweep*)中毒、黄色星状矢车菊(*Centaurea solstitialis*)中毒、抗球虫药(氨丙嘧吡啶 *amprolium*)中毒,以及砷、汞、铅及食盐中毒等;营养因素,如维生素 B₁ 缺乏(犊)、维生素 E 缺乏(禽)、铜缺乏(羔羊)等。业已证明,抑制硫胺的吸收(如氨丙嘧吡啶)和饲料或饲草中含硫胺酶,如蕨类植物、糖蜜和尿素为主的饲料或高精料低纤维素日粮、梭状芽孢杆菌(*Clostridium sporogenes*)和芽孢杆菌属的细菌在植物体上产生的硫胺酶,动物采食后均可发生脑灰质软化。据认为,高硫酸盐或低钴日粮及维生素 E 缺乏亦可引发本病。

病畜的临床症状都表现出一般脑症状或灶性症状。初期表现为食欲减退,精神沉郁,而后迅速呈现共济失调,视力丧失,斜视(内上方),头抵固定物,眼球震颤,肌肉震颤,角弓反张。后期卧地不起,昏迷,乃至死亡。弥漫性大脑皮质软化的典型症状是视力丧失,但瞳孔对光反应正常。黑质苍白球脑软化的临床特征是第Ⅴ、第Ⅶ、第Ⅻ对脑神经运动纤维所支配的肌肉功能异常,如病马呈现采食及饮水障碍,口开张不全,唇回缩,舌节律性移动,无目的咀嚼,食物和饮水滞留于咽的后部而不能吞咽。面部肌肉紧张,表情呆板,呈睡眠状态。大多数的病例死于饥饿或吸入性肺炎。继发性硫胺缺乏时,血液中转酮醇酶(transketolase)活性降低,而丙酮酸和乳酸含量增加,粪便中硫胺酶活性升高。

因硫胺缺乏所致的脑软化,应尽早肌肉注射硫胺素,起始剂量为每千克体重10 mg,每日2次,连用2～3 d。一般用药后3 d 内症状减轻,病情好转。经3～4 d 治疗仍不见效者,预后不良。

牛海绵状脑病(bovine spongiform encephalopathy,BSE)

牛海绵状脑病又称"疯牛病"(mad cow disease)。它是由与痒病病毒相类似的一种朊病毒引起的。以潜伏期长、病情逐渐加重、表现行为反常、运动失调、软瘫、体重减轻、脑灰质海绵状水肿和神经元空泡形成等为特征。病牛终以死亡为结果。患痒病的绵羊、种牛及带毒牛是本病的传染原,传染的宿主广泛,可传至猫和多种野生动物,也可以传给人。动物主要是通过摄入混有痒病病羊或病牛尸体加工成的骨肉粉,至消化道而感染的。该病病程一般为14～180 d。其临床症状不尽相同。多数病例表现为中枢神经系统症状。

根据特征的临床症状与流行病学做出 BSE 的初步诊断,目前以大脑组织病理学检查——脑干区的空泡病变,特别是延髓和三叉神经脊的空泡变化为主要诊断依据。其诊断 BSE 准确率达99.6%。

为控制本病,国外规定捕杀和销毁患牛;禁止在饲料中添加反刍动物蛋白(如骨肉粉等);严禁病牛屠宰后食用;禁止销售病牛肉。禁止从该病疫区进口牛、牛精液、胚胎和任何骨肉粉等。

脑震荡及脑挫伤(concussion and contusion of brain)

脑震荡及脑挫伤是由于钝性粗暴的外力作用于颅脑所引起脑组织损伤的一种急性脑机能障碍。脑组织具有肉眼病变或组织学病变的称为脑挫伤;缺乏病理学变化,而脑机能出现障碍的称为脑震荡。

动物颅脑受过强暴力作用,可立即死亡。受到中等强度暴力的作用,可在较长时间内陷入浅昏迷或深昏迷状态,意识丧失,肌肉松弛无力,瞳孔散大,反射减退或消失,呼吸变慢,脉搏细数、节律不齐,排粪、排尿失禁。肉食兽和猪常发生呕吐。如昏迷逐渐加深,瞳孔大小不等,体温高低不定,并出现角弓反张现象,即表示脑干及丘脑下部受损伤,病情严重。触诊头颅局部肿胀、变形、疼痛等。如系颅底受伤,可见有耳或鼻出血。

轻度脑挫伤,或脑震荡,或有的动物在意识丧失恢复以后,会呈现局部脑症状(灶性症状),如运动失调、一侧或两侧性瘫痪、视力丧失、口唇歪斜、吞咽障碍及舌脱出等。

病初,可冷敷头部,同时应用止血剂,如维生素K、止血敏、安络血、凝血质和6-氨基己酸等。为防止和消除脑水肿,可静脉注射脱水剂,如20%甘露醇液、25%山梨醇液,每日2或3次。为预防感染,应用抗生素或磺胺药,肌肉或静脉注射。肌肉痉挛、兴奋不安的病畜,可用镇静药,如盐酸氯丙嗪,每千克体重1～2 mg,肌肉注射。长时间昏迷的,可用樟脑或咖啡因等中枢神经兴奋剂,肌肉或静脉注射。

慢性脑室积水(chronic hydrocephalus)

慢性脑室积水又称乏神症,是脑脊液吸收减少或生成过多引起的一种以脑室扩张和脑内压升高为病理特征的慢性脑病,以意识、运动和感觉障碍为特征。临床上可分为阻塞性脑室积水和非阻塞性脑室积水。

阻塞性脑室积水是因中脑导水管畸形、狭窄、缺损等引起脑脊液流动受阻所致,多属先天性疾病或遗传性缺陷。中脑导水管闭塞亦可继发于脑炎、脑膜脑炎等颅内炎性疾病、中毒性疾病、物理性损害,或脑干等部位肿瘤的压迫。非阻塞性脑室积水多因脑脊液吸收减少或生成增多所致,见于犬瘟热等传染性脑膜脑炎、蛛网膜下出血、维生素A缺乏、囊虫病(如多头蚴、棘球蚴、囊尾蚴)和脉络膜乳头瘤等。

非先天性慢性脑室积水,多见于成年动物。病的初期精神沉郁,低头耷耳、眼半闭,对周围环境的刺激反应迟钝,呆立不动。间或突然兴奋不安,狂躁暴跳,甚至伤人。随着病程发展,病情逐渐加重,呈现中枢神经系统的多种症状:①意识障碍,如突然中断采食,或饲草衔于口中而不咀嚼,饮水时往往将鼻部深入水中;②运动障碍,如无目的前进或做圆圈运动,运步时头下垂,抬腿过高,着地不稳,动作笨拙,容易跌倒;③感觉机能障碍,如不驱赶蝇、虻,针刺皮肤无疼痛反射;④听觉过敏,稍强的音响,可使之惊恐不安;⑤视觉障碍,如瞳孔大小不等,或眼球震颤,视乳头水肿。病的后期,呼吸、脉搏减慢。先天性慢性脑室积水多见于新生动物,可见颅腔扩张,颅骨隆起,如新生马驹额骨隆起,视力模糊,阵发性痉挛,受到外界刺激时可发生暂时性意识障碍等。

本病尚无有效疗法。据报道,慢性脑室积水可采用小剂量肾上腺皮质激素进行治疗,治愈率可达60%。每天服用地塞米松每千克体重0.25 mg,一般用药后3 d,症状缓解,1周后药量减半,第三周起每隔2 d服药1次。

脑肿瘤(neoplasma of the brain)

脑肿瘤或脑膜瘤在兽医临床实践中偶尔可见。脑肿瘤对中枢神经系统的损害主要是破坏脑实质,压迫周围组织,使脑循环障碍,引起脑水肿,影响脑脊液循环,引起脑内压升高。有的还引起脑疝。常见的脑肿瘤有神经胶质瘤、脑膜瘤、脉络丛乳头状瘤等,如患脑室管膜瘤的1头母牛,其症状与李氏杆菌病相似,症状持续6个月以上;患侧脑室脑神经胶质瘤的1头母牛,持续转圈运动达6周之久;患成神经管细胞瘤的1头新生犊牛伴有角弓反张和阵挛性惊厥;患大脑皮质中的表皮样囊肿的1匹老龄小型马,表现反应迟钝、头抵住固定物、步态蹒跚、阵发性过度兴奋,而在阵发的间歇则看不出有明显的异常。此外,小母牛的迷走神经颅内部分的神经鞘瘤,母牛的柔脑膜和脑组织鳞状细胞癌,马的胆脂瘤(一种馒性肉芽肿)等,文献都有报道。病畜临床上表现出一般脑症状和灶性症状,如癫痫样发作,圆圈运动,行为异常,视力障碍,偏瘫,姿势反射丧失,等等。本病的临床特征是病情的发展缓慢,并时有反复,与慢性脑脓肿极为相似。局部症状轻重取决于肿瘤的位置、大小和发展速度。肿瘤的性质须做组织病理学检查。

本病的治疗没有实际的意义。

晕动病(motion sickness)

晕动病的发生常常与动物的自主神经系统受到异常的刺激有关,临床上以恶心、流涎和呕吐等为特征。动物,尤其是犬猫在经陆上、海上或空中运输时发病,表现为精神抑郁,哀鸣,恐惧,严重时可见腹泻。其发病机理可能是与脑干的呕吐中心相连的内耳前庭受到异常刺激有关。

晕动病一方面可通过改善动物的运输条件而加以克服;另一方面,在运输前几小时,口服一种或几种以下药物可以减轻或消除晕动病的临床症状。这些药物有:安定药(ataractic)、防晕药(antinausea)、抗组胺药[如盐酸苯海拉明,晕海宁(dimenhydrinate)、美克洛嗪(medizine)和盐酸氯丙嗪],中枢神经系统作用药如吩噻嗪类的衍生物(如 triethylperazine, chlorpromazine, prochlorperazine 和 acepromazine maleate)。

日射病和热射病(sunstroke and heat-stroke)

日射病和热射病是由于急性热应激引起的体温调节机能障碍的一种急性中枢神经系统疾病。日射病是指在炎热季节,动物的身躯,尤其是头部,受到日光直接照射,引起脑及脑膜充血和脑实质的急性病变,导致中枢神经系统发生严重机能障碍的疾病。热射病是指在炎热季节,潮湿闷热的环境中,动物新陈代谢旺盛,产热多,散热少,体内积热,引起严重的中枢神经系统功能紊乱的疾病。相关的疾病还有热痉挛(heat clamps),是指动物大量出汗、水盐损失过多,可引起肌肉痉挛性收缩。实际上,日射病、热射病和热痉挛,都是由于外界环境中的光、热、湿度等物理因素对动物体的侵害,导致体温调节功能障碍的一系列病理现象,统称为中暑。

病因　盛夏酷暑,日光直射头部,气温高,湿度大,气压低,风速小,机体吸热增多或散热减少,是主要致病因素。驮载过重、骑乘过快,肌肉活动剧烈,产热增多,是促发因素。被毛丰厚、体躯肥胖及幼龄和老龄动物对热耐受力低,是易发因素。

饲养管理不当,动物长期休闲,缺少运动,体质虚弱;或烈日当头,缺少遮荫;或劳役过度,出汗过多,饮水不足;或畜舍狭小,通风不良,潮湿闷热,饲养密度过大等,常可引起日射病或热射病的发生。

畜舍气流不畅通、朝向不正确、高度不够、结构不合理,影响舍内的通风;畜舍的屋面材料易吸热、传热,导致舍内的温度升高;高温气候通风不良时在舍内喷水,造成高温、高湿,常引起动物的热射病。

大群畜禽陆路驱逐,或车船输送,而未及时采取防暑措施;笼栅饲养的动物和庭院中的鸭群,缺少遮荫,烈日当头,可引起日射病。

炎热季节,动物体质虚弱,心、肺功能有异常、出汗过多、失水、失钠、血液浓缩,引起中枢神经系统调节机能障碍,影响体温散发,可发生热痉挛。

有的动物,从生活在年平均气温较低的地区,运送到年平均气温较高的地区进行饲养,若适应性不强,耐热能力低,也易发生日射病或热射病。

病理发生　在体温调节中枢的控制下,健康动物的产热与散热处于平衡状态。动物体内物质代谢和肌肉活动过程中不断地产热,尽管不同动物的散热类型不尽相同,都是通过皮肤表面的辐射、传导、对流和蒸发为主要的散热方式不断地将体热散发,以保持正常体温。但在炎热季节,气温超过35℃时,由于强烈阳光辐射和高温的作用,动物体表的辐射、传导和对流的散热方式发生困难,只能通过喘气蒸发和汗液蒸发途径散热。由于蒸发散热常常受到大气中的湿度和机体健康情况等有关因素的影响,以致蒸发散热也发生困难,导致体内积热,发生中暑。

中暑的因素,因其性质不同病理发生也有所区别。日射病主要是因家畜头部受到强烈阳光辐射的直接作用,使头部血管扩张、脑及脑膜充血、脑神经细胞发生炎性反应和组织蛋白的分解、脑脊髓液增多、颅内压增高,引起中枢神经系统调节功能障碍,新陈代谢异常,呼吸浅表,心力衰竭,以致卧地不起、痉挛抽搐、神识昏迷。

热射病主要由于外界环境潮湿闷热,动物机体正常体热散发受阻,体内积热。热的刺激,会反射性地引起大量出汗,呼吸加快,促进热的散发与蒸发。但因产热多,散热少,产热与散热不能保持相对的统一与平衡,体温升高,新陈代谢旺盛,氧化不完全的中间代谢产物大量蓄积,引起脱水和酸碱平衡紊乱。由于脱水,水盐代谢失调,组织缺氧,脑脊髓液与体液间的渗透压急剧变化,影响中枢神经系统对内脏的调节作用,心肺代偿机能衰竭,静脉淤血,黏膜发绀,皮肤干燥,无汗,终于导致窒息和心脏麻痹现象。

热痉挛是因大量出汗、氯化钠损失过多,引起严重的肌肉痉挛性收缩,剧烈疼痛。但病畜体温正常,神识清醒,仍有渴感。

当脑及脑膜充血,脑实质受到损害,并产生急性病变时,动物体温、呼吸与循环等重要的生命中枢陷于麻痹,有一些病例犹如电击一般,突然晕倒,甚至在数分钟内死亡。

不同动物散热方式不同,对热的耐受力也不一样,如当外界气温达30～32℃时,猪直肠温度开始升高;当气温达35℃,相对湿度大于65%时,猪的耐受时间极为有限;气温达40℃时,尽管相对湿度很低,亦不能耐受。绵羊在相对湿度较低的条件下,可耐受43℃气温达数小时。

猪、羊、犬、水牛和家禽等汗腺不发达的动物,主要通过呼出气进行蒸发散热,在热应激环境中,呼吸运动加强加快,肺循环血流加快,易引起肺充血和肺水肿,进而加重心脏的负担,可导致心力衰竭。马、乳牛等汗腺发达的动物,主要通过排汗进行蒸发散热,在热应激环境中,排汗过多,不仅流失大量的水分,而且还丧失 Na^+ 和 Cl^-,引起水盐代谢紊乱和酸碱平衡失调,导致外周循环衰竭。

症状 日射病:精神沉郁,有时眩晕,四肢无力,步态不稳,共济失调,突然倒地,四肢做游泳样运动。目光狞恶,眼球突出,神情恐惧,有时全身出汗。病情发展急剧,心血管运动中枢、呼吸中枢、体温调节中枢的机能紊乱,甚至麻痹,表现心力衰竭,静脉怒张,脉微欲绝,呼吸急促,节律失调,出现毕欧氏或陈-施二氏呼吸现象。有的体温升高,皮肤干燥,汗液分泌减少或无汗。瞳孔初散大,后缩小。神情狂暴不安,兴奋发作。有的突然全身性麻痹,皮肤、角膜、肛门反射减退或消失,腱反射亢进,常常发生剧烈的痉挛或抽搐,迅速死亡。

热射病:体温急剧上升,可达到42～43℃,甚至更高。皮温增高,直肠内温度灼手,全身出汗。特别是在潮湿闷热环境中,劳役或运动时的动物,突然停步不前,鞭策不走,剧烈喘息,晕厥倒地,酷似电击。大多数的病畜精神沉郁,运步缓慢,步样不稳,呼吸加快,全身大汗。当体温到达41℃时,精神抑郁加深,站立不稳,有的可呈现短时间的兴奋不安,乱冲乱撞,强迫运动,但很快转为抑制;出汗停止,呼吸高度困难,频速,或鼻翼开张,两肋扇动,或舌伸于口外,张口喘气;心音亢进,脉搏疾速,每分钟可达100次以上。体温达42℃以上时,病畜呈昏睡或昏迷状态,卧地不起,意识障碍,四肢划动;呼吸浅表疾速,节律不齐,脉搏微弱不感于手,第一心音微弱,第二心音消失,血压下降;结膜发绀,血液黏稠,口吐白沫;濒死前,体温下降,常在痉挛发作期间死亡。

热痉挛:病畜体温正常,神志清醒,全身出汗、烦渴、喜饮水、肌肉痉挛,出现阵发性剧烈疼痛的现象。

由于病畜有脑及脑膜充血和急性脑水肿,所以都具有明显的一般脑症状。虽然多数病例,精神抑郁,站立不稳,卧地不起,陷于昏迷。但也有的神志扰乱,精神兴奋,狂暴不安,癫狂冲撞,难于控制。随着病情急剧恶化,心力衰竭,肺充血和肺水肿,陷于窒息和心脏麻痹状态。

病理变化　日射病和热射病的病理学变化的共同的特征是脑及脑膜的血管高度充血,甚至出血;脑脊液增多,脑组织水肿;肺充血和肺水肿;胸膜、心包膜,以及肠黏膜,都具有淤血斑和浆液性炎症;肝脏、肾脏、心脏和骨骼肌发生变性的病理变化。

诊断　根据发病的原因和临床症状可做出初步诊断。

治疗　日射病、热射病和热痉挛,多突然发生,病情重,过程急,应及时抢救。必须根据调节体温、镇静安神、改善心肺动能、纠正水盐代谢和酸碱平衡紊乱、防止病情恶化的原则,采取急救措施。

立即将病畜放置在阴凉通风地方,先用凉水浇头、冷敷、灌肠,头颈部放置冰袋,并饮服适量1%～2%凉盐水,以促进体温散发和补充体液。同时,加强护理,避免光、声音的刺激,力求安静。

肌肉注射或静脉滴注2.5%盐酸氯丙嗪,牛、马10～20 mL;猪、羊(体重50 kg以上)4～5 mL,有减少产热、扩张外周血管、促进散热、缓解肌肉痉挛的作用。

肌肉注射或静脉滴注安钠咖,或洋地黄制剂,以调整心肺功能。

当病畜狂躁不安,心搏动加快时,可用水合氯醛灌肠,或安乃近皮下注射;亦可用安定注射液,静脉注射,增强大脑皮层保护性抑制作用。

在没有判明酸碱平衡失调的类型之前,应慎重使用5‰碳酸氢钠等碱性药物,以防用药失误。

预防 本病是家畜的一种重剧性疾病,病情发展急剧,死亡率高。因此,在炎热季节,必须做好饲养管理和防暑降温工作,保证家畜健康。

制定牛、马、猪、羊和家禽的饲养管理制度,特别是对役牛和役马,应经常锻炼其耐热能力。为了使家畜在炎热季节不中暑,畜舍应保持通风凉爽,防止潮湿、闷热和拥挤。同时注意补喂食盐和充足饮水。

大群家畜徒步或车船运送,应做好各项防暑和急救准备工作。

电击和雷击(electrocution and lightning strike)

电击和雷击是在特定的条件和环境下,动物突然发生触电或被雷击,引起神经性休克,出现昏迷或立即死亡的现象。

动物被电击或雷击,神经系统受到损害最为严重,损害的程度决定于电流的强度、电压的高低和作用时间的长短。电流可使细胞膜内、外的离子平衡发生改变,并产生电泳、电渗等反应。足够浓度的离子刺激肌肉和神经,引起肌肉产生强直性的收缩。因此,若电流的强度大,电压高,不仅在触电的部位,受到电流的热力作用而被灼伤,甚至炭化,而且还引起相应的组织变化。高电流通过心脏,心室出现纤维性颤动,或心脏骤停。心室纤维性颤动使心输出量锐减,使各组织器官缺血、缺氧,乃至昏迷。电流通过脑组织可引起全身性抽搐,并可直接导致呼吸中枢和循环中枢麻痹,造成暂时性或永久性中枢神经的损害。即使电压低,神经系统未受到损害,亦因心房颤动和心脏麻痹而死亡。有的病例,受到雷、电击后,由于神经系统被损害,意识障碍,运动、知觉和反射机能完全消失,呈现休克状态。也可因被雷击、电击后摔倒,头部可能受到强烈震荡,而伴发脑震荡和脑挫伤的临床综合征。

被雷击、电击死亡的家畜,由于电流的作用,皮肤灼伤,被毛尖出现树枝状烧焦(无色素皮肤上的被毛出现条状或树枝状暗赤色条纹),并伴发脑震荡和脑损伤综合征。尸体迅速腐解,胃肠道内充满气体,鼻孔流出带血色的泡沫。还可见到内脏器官充血,脑及脑膜水肿、出血,喉头和气管出血。组织病理学检查可见神经细胞肿胀、核变形和皱缩、轴突破坏等病变。幸免不死的动物,也常常遗留后遗症,通常表现为单瘫或偏瘫,视觉障碍,头颈向一侧弯曲,阴茎麻痹,肛门弛缓,甚至呈现癫痫样发作。

急救措施主要包括兴奋中枢神经和加强心脏的功能。可选用25％尼可刹米、0.1％肾上腺素等。伴有脑水肿的病例,可应用甘露醇、山梨醇等脱水药。当病畜昏迷苏醒过来,如果还呈现一定的灶性症状,可参照脑震荡的治疗方法进行治疗。

第二节　脊髓及脊髓膜疾病

脊髓炎和脊髓膜炎（myelitis and meningomyelitis）

脊髓炎和脊髓膜炎是脊髓实质、脊髓软膜及蛛网膜的炎症。临床上以感觉过敏、运动机能障碍、肌肉萎缩为特征。本病的病因通常是：①病毒或细菌的感染,如马乙型脑炎、流行性脊髓麻痹、媾疫、腺疫、流感、脓毒症、败血症等；②寄生虫的感染,如脑脊髓丝状虫病；③有毒物质中毒,如霉菌毒素中毒,黧豆、萱草根等有毒植物中毒等；④脊髓的损伤、椎骨损伤、断尾感染等邻近组织炎症的蔓延。

根据其炎性渗出物的性质,脊髓炎和脊髓膜炎可分为浆液性、浆液纤维素性和化脓性。根据炎症的部位不同,可分为局灶性、弥漫性、横贯性和分散性。

因炎症部位、范围及程度不同,动物表现的症状有异。以脊髓炎为主的病例,表现精神不安,肌肉震颤,脊柱僵硬,运动强拘,易疲劳,出汗。局灶性脊髓炎,仅表现脊髓节段所支配区域的皮肤感觉过敏或减退和肌肉萎缩。弥漫性脊髓炎,炎症波及的脊髓节段较长,且多发生于脊髓的后段,除所支配区域的皮肤感觉过敏或减弱、肌肉麻痹和运动失调外,常出现尾、直肠以及肛门和膀胱括约肌麻痹,以致排粪、排尿失常。横贯性脊髓炎,表现相应脊髓节段所支配区域的皮肤感觉、肌肉张力和神经反射减弱,或消失等下位运动神经元损伤的症状,而炎症的脊髓节段后侧的肌肉张力增高、腱反射亢进等上位运动神经元损伤的症状。病畜共济失调,两后肢轻瘫或瘫痪。分散性脊髓炎,由于个别脊髓传导径受损,表现相应的局部皮肤感觉减退或消失以及肌肉麻痹。

脊髓膜炎为主的,主要表现脊髓膜刺激症状。当脊髓背根受刺激,躯体的某一部位出现感觉过敏,触摸被毛或皮肤,动物骚动不安、弓背、呻吟等；当脊髓腹根受刺激,则出现背、腰和四肢姿势的改变,如头向后仰,曲背,四肢挺伸,运步紧张小心,步幅短缩,沿脊柱叩诊或触摸四肢,可引起肌肉痉挛性收缩,肌肉战栗等。随着疾病的进展,脊髓膜刺激症状逐渐消退,表现感觉减弱或消失。

加强护理,防止褥疮,消除感染,消炎止痛,兴奋中枢,促进反射为本病的治疗原则。粪、尿排泄障碍时,应实行人工导尿和直肠取粪。

脊髓震荡及挫伤（concussion and contusion of spinal cord）

脊髓震荡和挫伤是因外力的作用使椎骨骨折或脊髓损伤所致。脊髓组织病变明显称为脊髓挫伤，病变不明显称为脊髓震荡。临床上以脊髓节段性运动障碍，感觉障碍，排粪、排尿障碍为特征。

损伤的部位、范围及程度不同，症状有异。脊髓全横径损伤时，出现损伤节段后侧的中枢性瘫痪、双侧深浅感觉障碍和植物神经功能异常，表现排粪、排尿障碍和汗腺排泄功能障碍；脊髓半横径损伤时，病侧的深感觉障碍和运动麻痹，对侧的浅感觉障碍。脊髓灰质腹角损伤时，损伤部所支配区域的反射消失、运动麻痹和肌肉萎缩。

不同节段的脊髓损伤的临床症状表现为：①第一至第五节（$C_1 \sim C_5$）段颈髓全横断损伤，支配呼吸肌的神经核与延髓呼吸中枢的联系中断，动物呼吸停止，迅速死亡；半横径损伤时，四肢轻瘫或瘫痪，四肢肌肉张力和反射正常或亢进，损伤部后方痛觉减退或丧失，排粪、排尿障碍。②第六节段颈髓至第二节段胸髓（$C_6 \sim T_2$）全横断损伤，呼吸不中断，呈现以膈肌运动为主的呼吸动作（膈呼吸），共济失调，四肢轻瘫或瘫痪，前肢肌肉张力和反射减退或消失，肌肉萎缩。后肢肌肉张力和反射正常或亢进，损伤部后方感觉减退或消失，排粪、排尿障碍。③第三节段胸髓至第三节段腰髓（$T_3 \sim L_3$）损伤，后肢运动失调，轻瘫或瘫痪，后肢肌肉张力和反射正常或亢进，尾、肛门张力和反射正常，损伤部后方痛觉减退或消失，粪尿失禁。④第四节段腰髓至第一节段荐髓（$L_4 \sim S_1$）损伤，尾、肛门、后肢肌肉张力和反射减退或消失，排尿失禁，顽固性便秘，后肢轻瘫或瘫痪，共济失调，肌肉萎缩，损伤部后方痛觉减退或消失。⑤第一至第三节段荐髓（$S_1 \sim S_3$）损伤，后肢趾关节着地，尾感觉消失、麻痹，尿失禁，肛门松弛。⑥第一至第五节段尾髓（$Cy_1 \sim Cy_5$）损伤，尾感觉消失、麻痹。

保持安静，避免活动，减少刺激，多铺垫草，防止褥疮，消除感染，消炎止痛，兴奋中枢，促进反射为本病的治疗原则。必要时实行人工导尿和直肠取粪。肌肉麻痹时，应勤按摩，或实行其他的理疗或电疗法。

马尾神经炎（caudal neuritis of equine）

马尾神经炎又称马多发性神经炎，是马尾硬膜外脊神经根的慢性肉芽肿性炎症。主要发生于马、牛，老龄居多。

本病的发生与荐椎和尾椎受外力的作用，引起马尾神经的损伤有关，如跌倒、碰撞、骨折、外伤、配种、直肠检查或保定时过分牵引尾巴等；与细菌、病毒感染及变态反应有关，如马、骡在患过腺疫或链球菌感染等疾病后，往往遗留喉偏瘫和马尾神经炎。有的研究认为,本病是一种自体免疫病。

急性发作的病例,多有外伤史,可见会阴及尾部皮肤感觉过敏,病马磨蹭尾巴和会阴部。有的病马出现面部感觉过敏,头颈歪斜,运动失调等面神经、前庭神经和三叉神经损伤的症状。随着病程的延长,尾、会阴、阴茎或外阴、臀部皮肤感觉减退或消失,尾巴、阴茎、外阴、直肠发生麻痹。同时,膀胱、尿道、肛门的括约肌也可见麻痹现象。慢性发作的病例,常需经数周乃至数月方显本病所特有的尾及括约肌麻痹的症状。尾一侧性麻痹时,尾向一侧歪斜;两侧性麻痹时,尾部肌肉萎缩,尾张力丧失而发生随意摇摆,丧失驱赶蝇、虻的能力,排粪、排尿时尾不能抬举,同时肛门、阴唇、会阴部皮肤感觉消失,在其周围有环状的感觉过敏带。肛门括约肌麻痹时,可见肛门开张,直肠内堆满宿粪。膀胱括约肌麻痹时,病畜淋漓滴尿,尤以卧下、站起或行走时为甚。除尾和括约肌麻痹外,有的病例还表现后肢无力,运动失调,臀肌、股二头肌等肌肉萎缩;有的咀嚼无力,吞咽障碍,口唇和眼睑下垂,舌前部感觉减退,舌后部运动障碍等症状。牛可不自主的流出糊状粪便,由于直肠内堆满宿粪而使尾根两侧凹窝隆起。肛门、阴唇、会阴部皮肤也和马一样出现皮肤感觉消失,以及感觉消失区域的周围有环状的感觉过敏带。

测定腰荐部的脑脊液,可见蛋白含量增加,白细胞增多,尤以淋巴细胞增多为明显。

本病多取慢性经过,多数病例预后不良。

第三节　神经系统的其他疾病

脑神经损伤(cranial nerve injury)

嗅神经损伤(olfactory nerve injury)　嗅神经,即第一对脑神经,为感觉神经,由鼻黏膜上皮的嗅细胞轴突所构成。这些轴突集合成束,称为嗅丝。嗅丝通过筛板进入颅腔到嗅球。检查嗅神经,可观察动物嗅闻非刺激性的挥发性物质的反应,如酒精、丁香、苯、二甲苯或掺有鱼的食物,以刺激嗅神经。氨、烟草一类的刺激性物质不能用来检查嗅神经,因为这类物质能刺激鼻黏膜的三叉神经末梢。鼻炎是嗅觉丧失最常见的原因。鼻道的肿瘤和筛骨疾病也可引起嗅觉丧失。

视神经损伤(optic nerve injury)　视神经,即第二对脑神经,是视觉和瞳孔对光反向的感觉径路,它通过视神经孔入颅腔,大部分纤维交叉到对侧,与对侧视神经共同形成视神经交叉,向后移行为视束,止于外侧膝状体。视神经检查,常用的有3种方法。①惊吓反应:检查者用1手在动物一侧眼睛的前方做惊吓动作,健康动物迅速闭合眼睑,或眨眼,或躲闪头部。惊吓反应需要视网膜、视神经、对侧膝状体、对侧视皮质和面神经等的参予。②视觉放置反应:检查小动物时,术者将动物抱起,并让其面朝桌面,健康动物在其腕部碰到桌缘之前,便将其爪部放到桌面上。检查大动物时,可观察其是否能躲避障碍物。③瞳孔对光反应和眼底镜检查。

丘脑的外侧膝状核、视纤维束或枕叶皮质损伤时,视觉丧失,但瞳孔对光反应正常,这类损伤多为一侧性的,只引起对侧视力丧失。脑炎、脑水肿可引起两侧性损伤,导致双侧视力完全失明。视网膜、视神经、视交叉或视束的损伤,表现为失明和瞳孔异常,视交叉损伤多为两侧性,视网膜和视神经损伤或为两侧性(视网膜萎缩、视神经炎)或为一侧性(创伤、肿瘤)。

脑外伤、脑肿瘤、脑膜脑炎、脑疝、脑室积水等颅内疾病;犬瘟热、猫传染性腹膜炎、弓形虫病等传染病和寄生虫病;铅中毒、视神经炎、眼眶创伤、脓肿等,都可引起视神经损伤和麻痹。其基本症状是视力障碍、惊吓反应消失和瞳孔异常。

动眼神经损伤(oculomotor nerve injury)　动眼神经,即第三对脑神经,含有控制瞳孔收缩的副交感神经纤维,其运动纤维分布于眼球上直肌、下直肌、内直肌、下斜肌及上眼睑提肌。动眼神经的检查主要是观察瞳孔对光反应,亦可观察瞳孔的大小、眼球的位置及运动。动眼神经损伤可见于眼眶疾病、小脑蒂赫尔尼亚、脑水肿、中脑受压迫等的疾病。动眼神经损伤时,病侧瞳孔散大,瞳孔丧失对光的反应,但视力正常,侧下方斜视,眼球运动丧失(除侧方运动外),上眼睑下垂。新生犊牛动眼神经损伤、生产瘫痪及高度兴奋时,尽管动眼神经机能正常,但瞳孔对光反应迟钝。脑灰质软化等引起的中枢性失明的病例,惊吓反应消失,但瞳孔对光反应正常。维生素 A 缺乏等引起的视神经变性的病例,失明,惊吓反应和瞳孔对光反应消失。

滑车神经损伤(trochlear nerve injury)　滑车神经,即第四对脑神经,为运动神经纤维。分布于眼球上斜肌。检查滑车神经可观察眼球的位置及运动状况。滑车神经损伤时,眼球向外侧运动,眼球位置异常(上外侧固定),可见于牛脑灰质软化症。

三叉神经损伤(trigeminal nerve injury)　三叉神经,即第五对脑神经,其运动神经原位于脑桥,分为眼神经(感觉支)、上颌神经(感觉支)和下颌神经(混合支)。眼神经分布于眼睑和角膜;上颌神经分布于面部及鼻部皮肤;下颌神经分布于咬肌、颊肌等。感觉机能的检查,包括角膜反射检查和触摸面部皮肤检查;检查运动机能主要是观察咀嚼动作、咀嚼肌有无萎缩及开口阻力大小。累及三叉神经的髓内性病变,可使病侧面部感觉消失,但咀嚼肌无异常;累及三叉神经的髓外性病变,见有两侧感觉机能和运动机能丧失;仅运动机能丧失的多系三叉神经运动核的散在性病变所致。本病的临床特点是:咬肌麻痹,病侧感觉机能丧失,角膜和眼睑反射减弱。两侧运动神经麻痹时，咀嚼机能丧失，不能吃粗硬饲料，只能采食流食，下颌下垂，舌脱出，不能自主闭合口腔，即便被动地将下颌上推使之闭合，放手后仍然垂下。如麻痹超过7 d，可见咀嚼肌萎缩。一侧性运动神经麻痹时，病畜以健侧咀嚼，舌运动异常。咀嚼动作缓慢。

外展神经损伤（abducent nerve injury） 外展神经，即第六对脑神经，与动眼神经、视神经一起经眶孔进入眶窝，分布于眼球退缩肌和眼球外直肌。检查外展神经时，可观察眼球运动。检查眼球退缩肌时，可观察眼睑反射。外展神经损伤时，眼球因退缩障碍而前突，眼球外方运动丧失，眼球内侧斜视，见于眼眶脓肿、创伤及脑干肿瘤等。

面神经损伤（facial nerve injury） 面神经，即第七对脑神经，经过面神经管，绕过下颌支后缘向前延伸，分布于耳、眼、上唇及颊部肌肉。面神经麻痹可分为中枢性麻痹和末梢性麻痹。中枢性麻痹多因脑外伤、脑出血、某些传染病及中毒病所致。末梢性麻痹多因被打击、冲撞、压迫或冷风侵袭等引起。此外，腮腺肿瘤、手术失误、血栓形成等，也可引发面神经损伤。

一侧性面神经全麻痹时，患侧耳壳和上眼睑下垂，鼻孔狭窄，上唇和下唇松弛，歪斜于健侧。两侧性面神经麻痹时，两侧耳壳和上眼睑下垂，眼裂缩小，鼻孔塌陷，唇下垂，流涎；采食和饮水障碍，以牙摄食，咀嚼缓慢无力，颊腔蓄积食团。牛由于上下唇丰厚，因而下唇下垂和上唇歪斜不明显，其主要特征是：反刍时患侧口角流涎、吐草。猪可见鼻镜歪斜，鼻孔大小不一。

一侧性颊背神经麻痹时，耳壳及眼睑正常，上唇歪斜于健侧，患侧鼻孔狭窄。一侧性颊腹神经麻痹时，仅呈现患侧下唇下垂，并偏向于健侧。

治疗应首先除去直接致病原因，如摘除新生物、切开脓肿或血肿、松开笼头等，以消除对神经的压迫。电针对本病治疗有较好的效果，穴位电针可采用开关穴和锁口穴，或分水穴和抱腮穴，每日1次，每次1个穴组或2个穴组，每穴组电针20～30 min，10 d 为一疗程。神经干电针法，以1针直接刺于面神经干的径路上，另一针刺开关穴或锁口穴。每日电针1次，每次20～30 min，8～10 次为一疗程。亦可用He-Ne 激光穴位照射，每日1 次，每次10 min，5～8 次为一疗程。此外，肌肉注射维生素B_1和维生素B_{12}；皮下注射硝酸士的宁或樟脑油；面神经通路涂擦10％樟脑醋，并行按摩疗法。

前庭耳蜗神经损伤（vestibulocochlear nerve injury） 前庭耳蜗神经，即第八对脑神经，也称听神经，是听觉和平衡觉的神经。其纤维来自内耳的前庭、半规管和耳蜗的传入纤维，经前庭神经节和螺旋神经节，止于延髓前庭核和耳蜗核。前庭耳蜗神经的检查包括听觉和平衡觉的检查。检查听觉可观察动物对声音惊吓的反应。

检查平衡觉可观察动物的姿势、步态、眼球运动等。还可行旋转试验（rotatory test）。

旋转试验：在动物按一定方向迅速旋转10圈后，观察眼球震颤的次数，间隔数分钟后，再按相反方向旋转。健康动物在旋转后出现与旋转方向相反的快相眼球震颤3或4次。外周性前庭疾病，动物取与病侧相反方向旋转时，眼球震颤缺如；中枢性前庭疾病，旋转后眼球震颤缺如或延长。

外周性前庭损伤见于中耳-内耳炎、先天性前庭综合征、特发性前庭疾病（猫、犬前庭综合征）、肿瘤及耳毒性物质中毒。中枢性前庭损伤见于犬瘟热、狂犬病等传染性疾病；铅中毒、六氯双酚中毒，低糖血症、肝脑病等中毒病和代谢病，以及脑干出血、栓塞等。

前庭疾病的基本临床特征是：共济失调，眼球震颤，头斜向病侧，朝向病侧的圆圈运动，位置斜视，旋转后眼球震颤延长或缺如，冷热水试验反应缺如或异常，声音惊吓反应缺如。外周性前庭疾病主要临床特征是不对称性共济失调（asymmetri-cataxia），而姿势反射无缺陷；水平或旋转式眼球震颤，不随头部位置而改变，以及快相方向与病侧相反。外周性前庭疾病可累及颞骨岩部的迷路。中耳疾病除头歪斜外，不表现其他症状；内耳疾病除头歪斜外，还可呈现共济失调，动作笨拙。中耳、内耳疾病还可伴有同侧眼睛霍恩氏体征（Horner's sign），即瞳孔缩小，上睑下垂，眼球凹陷。内耳疾病可影响面神经。两侧性前庭损伤通常是外周性的，呈对称性共济失调，头部左右震颤，无眼球震颤，多数的病例无前庭性眼球运动。中枢性前庭疾病的主要特征是：精神沉郁，头歪斜，跌倒，病侧性偏瘫，共济失调，同侧或对侧性姿势反射缺如，往往累及三叉神经和面神经。

舌咽神经损伤（glossopharyngeal nerve injury） 舌咽神经，即第九对脑神经，分为咽支和舌支，咽支分布于咽和软腭，舌支分布于舌根。舌咽神经损伤可见于咽炎、延髓麻痹、狂犬病、肉毒中毒和脑脊髓炎等疾病经过中。动物表现咽和喉麻痹，吞咽障碍，饲料和饮水从鼻孔逆流。触诊咽黏膜不引起咽肌收缩，无吞咽运动，咳嗽的声音和叫的声音异常，以及呼吸紊乱等症状。

迷走神经损伤（vagus nerve injury） 迷走神经，即第十对脑神经，是分布于咽和喉的运动神经，含有迷走神经纤维。迷走神经损伤见于延髓疾病、山黧豆中毒和慢性铅中毒等。临床表现为吞咽、声音和呼吸异常。此外，由于迷走神经还为上部消化道提供副交感神经纤维，当其损伤时，可发生咽、食管和胃平滑肌运动减弱或麻痹。

脊副神经损伤（spinal accessory nerve injury） 脊副神经，即第十一对脑神经，其背支分布于臂头肌和斜方肌，腹支分布于胸头肌。脊副神经损伤时，由于臂头肌、斜方肌及胸头肌弛缓无力,肩胛骨低沉,病畜对人为抬举头部缺乏抵抗力。

舌下神经损伤(hypoglossal nerve injury)　舌下神经,即第十二对脑神经,其运动纤维分布于舌肌。舌下神经的检查是通过观察舌的运动性,或将舌体拉出至口角,观察其回缩状况。舌下神经麻痹见于下颌间隙深部创伤,周围组织脓肿、血肿或肿瘤压迫、粗暴拉出舌头时使舌下神经过度牵引。脑病也可引起舌下神经损伤。两侧性舌下神经麻痹,通常为中枢性,表现为舌不全或完全麻痹,舌体松软,脱出口外,不能回缩,不能采食和饮水。一侧性麻痹时,舌脱出口外,偏向病侧,舌肌纤维性颤动,严重的病例舌肌萎缩,采食、饮水困难。

癫痫(epilepsia)

癫痫是一种暂时性的脑机能异常,以反复发生、短时间的感觉和意识障碍、阵发性或强直性肌肉痉挛为特征,是中枢神经系统的一种慢性疾病。

病因　真性癫痫(功能性或原发性癫痫)的发生原因尚不清楚。一般认为:①与脑组织代谢障碍,大脑皮层或皮层下中枢受到过度刺激,使兴奋与抑制的平衡关系扰乱有关;②与脑机能不稳定,被体内、外环境的改变诱导发作有关;③与遗传因素有关。业已证明,德国牧羊犬、小猫兔犬、荷兰卷尾犬、比利时牧羊犬、瑞士棕牛和瑞典红牛等动物的癫痫具有遗传特征。母马在发情期,由于性激素分泌增加,也可发生癫痫,卵巢切除和孕酮治疗可制止其发生。

症状性癫痫(器质性或继发性癫痫)的发生原因是多方面的。颅内疾病,如脑炎、脑膜炎、脑水肿、颅脑挫伤、脑肿瘤等;传染病和寄生虫病,如牛传染性鼻气管炎、伪狂犬病、犬瘟热、狂犬病、猫传染性腹膜炎、脑囊虫病和脑包虫病等;营养代谢性疾病,如低钙血症、低糖血症、低镁血症、酮病、妊娠毒血症、维生素 B_1 缺乏等;中毒性疾病,如铅、汞等重金属中毒,有机磷、有机氯等农药中毒,等等,都可能引起症状性癫痫。

癫痫发作必须具备2个基本条件:①有癫痫灶存在;②癫痫灶的异常活动能向脑的其他部位放散。研究表明,癫痫灶中神经元膜去极化大幅度延迟,并伴发高频率的尖峰。脑电图显示膜电位改变可引起的发作性放电。癫痫性神经元的数目与癫痫发作的频率相关。

症状　癫痫发作有3个特点:突然性、暂时性和反复性。按临床表现,分为大发作、小发作、局限性发作和精神运动性发作。

大发作　又称强直-阵挛性癫痫发作,是动物最常见的一种类型。在发作前,常可见到一些极为短暂的、仅为数秒钟的先兆症状,如皮肤感觉过敏,不断点头或摇头,后肢扒头部,反射消失,不听呼唤,异常鸣叫等。大发作时,病畜突然倒地,意识丧失,四肢挺伸,角弓反张,呼吸暂停,口吐白沫,强直性痉挛持续10~30 s。紧接着出现阵挛性痉挛,四肢取奔跑或游泳样运动,轧齿咀嚼。在强直性或阵挛性肌肉痉挛期,瞳孔散大,流涎,排粪,排尿,被毛竖立。大发作通常持续1~2 min,发作后即恢复正常。有的病例表现精神淡漠,定向障碍,不安和视力丧失,持续数分钟乃至数小时。

小发作　其特征是短暂的(几秒钟)意识丧失,头颈伸展,呆立不动,两眼凝视。临床上较为少见。

局限性发作　肌肉痉挛动作仅限于身体的某一部分,如面部或单肢,大多数的病例是由大脑皮质局部神经细胞受到病理性的刺激所致,有时还同时出现皮肤感觉异常。局限性发作常常发展为大发作。

精神运动性发作,以精神状态异常为主要特征,如癔病、愤怒、幻觉和流涎等。

本病多取慢性经过,数年乃至终生。

治疗　对症治疗可用苯巴比妥,每千克体重1~2 mg,内服,每日2次;或普里米酮(扑痫酮),每千克体重10~20 mg,每日3次;或苯妥英钠,每千克体重30~50 mg,每日3次。上述药物亦可配合应用。为防止脑水肿的发生,可静脉注射20%甘露醇、或高渗葡萄糖溶液等。

膈痉挛(diaphragmatic flutter)

膈痉挛俗称跳肷,是膈神经受到异常刺激,兴奋性增高,膈肌发生痉挛性收缩的一种机能性神经病。根据膈痉挛与心脏活动的关系,可分为同步性膈痉挛和非同步性膈痉挛。前者与心脏收缩相一致,后者则与心脏收缩不一致。

膈痉挛的病因很复杂,有胃肠疾病,如消化不良、胃肠炎、胃肠过度膨满等;有呼吸器官疾病,如纤维素性肺炎、胸膜炎等;有脑和脊髓疾病,特别是膈神经起源处的颈髓疾病;有代谢性疾病,如运输搐搦、泌乳搐搦、电解质紊乱、过度劳役等;有中毒性疾病,如蓖麻籽中毒,等等,均可引起膈痉挛。膈神经与心脏位置的关系存在先天性异常,也是膈痉挛的一个原因。

低血容量和低氯血症的病马大量服用碳酸氢钠,可实验性复制同步性膈痉挛。膈痉挛的发生,与电解质紊乱和酸碱平衡失调有密切的关系。血钙、血钾含量减少可改变膈神经的膜电位,膈神经兴奋阈降低,易受心电冲动的影响而放电,引起痉挛性收缩。马同步性膈痉挛与心房收缩同时发生,当心房肌去极化时,电冲动可刺激靠近心房的膈神经。当电解质紊乱和酸碱平衡失调等因素引起的膈神经兴奋性增高时,如马匹在过度使役和长途骑乘,存在不同程度的呼吸性或代谢性碱中毒和电解质紊乱,极易发生同步性膈痉挛。此外,膈神经与交感神经干有交通支相连,交感神经兴奋亦可能引起膈痉挛。人和犬的膈痉挛,则与心室肌去极化同步。

　　主要的临床症状是腹部显现有节律的振动,沿两侧肋弓处最为明显,伴有短促吸气,俯身于鼻孔附近直接听诊,可听到一种呃逆音。气管和肺部听诊有短促而柔和的肺泡舒张音,与"跳肷"频数一致。多数的病例两侧腹部振动均等,也有一侧较明显的。轻微的膈痉挛,将手置于肋弓处方能感到。同步性膈痉挛,腹部振动次数与心搏动相一致;非同步性膈痉挛,腹部振动次数少于心搏数。

　　电解质和酸碱平衡紊乱引起的膈痉挛与低氯性代谢性碱中毒有关,并伴有低钙血症、低钾血症和低镁血症。

　　本病的治疗应查明原发病,实施病因疗法。

肝脑病（hepato-encephalopathy）

　　肝脑病是指肝脏功能异常所引起的一种脑病综合征,以行为异常、中枢性失明和精神高度沉郁为特征。通常,肝脑病多继发于:①实质性肝病。肝脏的正常代谢机能减退,血液中氨、短链脂酸、硫醇、粪臭素、吲哚等氨基酸的降解产物浓度升高,并损害中枢神经系统。常见于肝炎、急性肝坏死、慢性肝病晚期、肝肿瘤、脂肪肝综合征,以及中毒性肝病等。含吡咯双烷类生物碱的植物,如千里光属和响尾蛇属,可引起草食兽实质性肝损伤和肝脑病。②门脉循环异常。主要见于门脉畸形,如先天性门脉分流,使相当一部分门脉血液不经肝脏而由短路直接进入腔静脉,导致胃肠吸收的各种有毒物质得不到肝脏的解毒处理,造成本病的发生。③尿素循环酶先天缺陷。动物体内的代谢过程,特别是蛋白质的代谢过程,尿素生成受阻,出现高氨血症,造成脑组织损害。

　　由于肝脏机能异常,动物表现为消化障碍,胃肠机能紊乱,食欲减退或废绝,体重减轻,生长停滞,黄疸,多尿烦渴,精神高度沉郁,昏睡乃至昏迷;行为异常,盲目运动,头抵固定物,失明,抽搐;磺溴酞钠（BSP）排泄半衰期延长（>5 min）,血清中肝特异酶活性升高。在马可见攻击行为,如自咬或咬其他动物,啃咬地面等。除视觉障碍外,其他脑神经无明显异常。一般的情况下,患肝脑病的动物在采食以后,特别是采食高蛋白饲料,神经症状加剧。尸体剖检,可见肝脏肿大或萎缩,或纤维样变,色泽发黄或呈斑驳样。

　　本病为不治或难治之症。

（邵良平）

第九章　内分泌疾病

概述　大动物较少有内分泌疾病的发生,但犬、猫等小动物内分泌疾病在小动物临床上占有相当重要的地位。据调查,犬内分泌疾病占犬病的10%～20%;猫内分泌疾病所占比例亦不容忽视。随着我国犬、猫等小动物饲养量的增加,小动物内分泌疾病的发生也势必增多,对此应予以重视。

内分泌疾病的发生　首先,在犬,甲状腺机能减退是最重要的内分泌疾病之一(40%);其次,糖尿病、肾上腺皮质机能亢进、肾上腺皮质机能减退及甲状腺肿。在猫,糖尿病发病率最高(56%);第三,甲状腺机能减退和继发性甲状旁腺机能亢进。内分泌疾病的发生与动物的品种、性别、年龄及营养等诸因素有一定的关系。

(1)与品种的关系:有些品种的动物易患某些内分泌疾病,如德国牧羊犬和卡累利阿熊犬易患垂体侏儒症;荷兰卷毛犬易患糖尿病;小猎兔犬多发甲状腺机能减退和甲状腺炎;硬毛猋常发甲状腺肿。这种品种倾向与遗传缺陷有关。

(2)与性别的关系:母犬患糖尿病、肾上腺皮质机能亢进或减退、肾上腺肿瘤及甲状旁腺机能减退多于公犬,而公犬则易发甲状腺机能亢进、尿崩症和嗜铬细胞瘤。老龄去势母犬比其他犬更易患糖尿病。

(3)与年龄的关系:各年龄组内分泌疾病的发生亦有所不同,犬、猫在4岁以前易患家族性糖尿病、垂体性侏儒和继发性甲状旁腺机能亢进;1～5岁易发生肾上腺皮质机能减退、假性甲状旁腺机能亢进、甲状旁腺机能减退;5～10岁多发甲状腺机能减退、糖尿病、肾上腺皮质机能亢进;10岁以上多发尿崩症、原发性甲状旁腺机能亢进。

(4)与营养的关系:例如动物在饥饿状态下,可引起多种内分泌器官的机能异常;饲料中钙、磷含量不足或比例失调,可引发继发性甲状旁腺机能亢进和高降钙素血症;无论是碘缺乏还是碘过多均可导致甲状腺肿。

内分泌疾病的病因　其原因可归纳为以下6个方面:

(1)内分泌器官的病变:如肿瘤和增生性病变,往往是内分泌器官原发性机能亢进的主要原因;发育不全或破坏性病变,常是引发内分泌器官的原发生机能减退的直接原因。

(2)促激素分泌异常:促激素分泌过多可引起继发性内分泌器官机能亢进;促激素分泌的减少或缺乏,则可产生继发性内分泌器官的机能减退。

(3)激素或激素样物质的异位性分泌增加:某些非内分泌肿瘤具有合成激素的

能力,尤其是肽类激素。这种异常的激素分泌可产生于内分泌器官原发性机能亢进类似的综合征。

(4)靶细胞应答不能:激素是通过与细胞受体结合和改变细胞内的活动来实现对靶器官的调节。靶细胞受体缺乏或存在缺陷,或靶细胞内应答不能时,激素则丧失正常机能。

(5)激素降解异常:已知某些药物能加速激素的降解,而有的则可减缓激素的降解。激素降解和排泄的器官机能发生障碍时,也可导致激素在体内的蓄积。

(6)医源性激素过多:激素的用量过大是导致医源性激素过多的根本原因。长期使用外源性激素或突然停用外源激素,对内分泌器官都是有害的。

内分泌疾病的基本症状 由于内分泌疾病的病因、病性、病情及病理生理学基础的不同,其临床表现亦多种多样,即便是同一种疾病,也有轻重之别。基本症状是,体重减轻、虚弱、食欲减退或亢进,肥胖、乳溢、病理性骨折、青春期延迟、多发性尿结石、多尿、烦渴、精神紊乱、抽搐、肌肉痉挛、侏儒、脱毛、雄性乳房雌性化、持续性发情间期、阳痿、性欲减退等。

内分泌疾病的诊断 包括临床诊断、实验室诊断及内分泌器官机能试验3个方面。

(1)临床诊断:有些内分泌疾病常表现特征性临床症状,据此可以建立诊断,如糖尿病的三多一少症状,甲状腺机能亢进的高基础代谢率征候群和高儿茶酚胺敏感性综合征。但有些内分泌疾病或无特征性的临床症状,或呈现非典型的临床表现,或症状不明显,如肾上腺皮质机能减退,仅依据临床表现很难做出诊断,此时应结合实验室检查结果进行判定。

(2)实验室诊断:应依据临床表现,有目的地进行实验室检查。包括测定相应的生化指标,获取内分泌器官机能紊乱的间接证据,如肾上腺皮质机能减退的氮血症、低钠血症、高钾血症等;测定血浆中相关的激素含量,查找内分泌机能紊乱的直接证据。

(3)内分泌器官机能试验:其目的在于判定内分泌器官机能状态。对实验室检查结果改变不明显的或亚临床的病畜,可进行内分泌器官机能试验,其结果可作为确诊依据。内分泌器官机能试验,分为刺激(兴奋)试验和抑制试验。促肾上腺皮质激素试验和促甲状腺激素试验属刺激试验;地塞米松试验和甲状腺原氨酸试验属抑制试验。

此外,X射线检查有助于内分泌器官疾病的诊断。

内分泌疾病的治疗原则 对内分泌器官机能亢进的治疗主要采用手术切除导致机能亢进的肿瘤或部分腺体,应用放射性物质或药物抑制激素的分泌,并辅以对症疗法纠正代谢紊乱。对内分泌器官机能减退的治疗，通常采用激素替代疗法，以补充激素的不足或缺乏。

第一节　垂体疾病

垂体肿瘤（pituitary tumors）

垂体肿瘤按肿瘤发生的部位可分为垂体前叶、间叶和颅咽管肿瘤；按肿瘤形态学特征可分为垂体嗜碱性、嗜酸性和无染色性腺瘤（癌）；按功能状态可分为分泌性（垂体功能亢进）和非分泌性（垂体功能减退）腺瘤。生长激素（GH）和促肾上腺皮质激素（ACTH）是腺垂体机能亢进中最常累及的两种激素，ACTH 过多见于腺垂体嫌色细胞腺瘤、腺垂体癌或嗜碱细胞腺癌；GH 过多见于腺垂体腺癌。垂体机能减退可发生于腺垂体肿瘤（成年犬）、腊特克氏囊囊肿（青春前期犬）、颅咽管瘤，在老龄马则多半是由于腺垂体中间部腺瘤所致。仅一种腺垂体激素的缺乏称为单嗜性垂体机能减退（monotropic hypopituitarism），多半由于下丘脑释放激素的缺乏所致。多种腺垂体激素的缺乏称为多发性垂体机能减退（multiple hypopituitarism），是较为常见的一种类型，但其腺垂体激素不足或缺乏的组合却有很大差别。腺垂体激素不足或缺乏的发生顺序是：生长激素（GH）、促卵泡激素（FSH）、黄体生成素（LH）、促甲状腺激素（TSH）、促肾上腺皮质激素（ACTH）。手术切除肿瘤是惟一有效的治疗方法。

垂体性侏儒（pituitary dwarfism）

垂体性侏儒是腺垂体机能减退最常见的表现形式，又称生长激素缺乏（growth hormone deficiency）。本病以犬为多见，常见病因是腊特克氏囊囊肿。已证实德国牧羊犬及其亲系品种丹麦熊犬（carelian bear-dogs）的垂体性侏儒为常染色体隐性遗传。犬在2～3 周龄呈现明显的临床症状，并随年龄的增长，症状日趋增重。匀称性（肢-身躯干）侏儒，常为窝中最矮小的，智力低下或正常、凸颌、永久齿长出延迟。被皮异常，仍保留青春期松软的被毛，最后在会阴、尾、股内侧、腹下、颈环区发生脱毛和色素沉着过多；皮肤变薄。肿大的腊特克氏囊囊肿压迫鼻咽时，呼吸困难。X 射线检查，生长板（growth plates）关闭推迟，以椎体为甚；心脏、肝脏和肾脏体积通常小于正常。在牛，以肉用海福特（herford）和安格斯（angus）牛发生居多，突出表现为骨骼形成不全、颌凸、腹部膨满、肢短、呼吸促迫，多于生后数日内死亡。常用的诊断性试验有胰岛素敏感性试验，甲苯噻嗪（xylazine）或氯压定刺激试验。垂体性侏儒病犬对胰岛素敏感性增加,在静脉注射结晶胰岛素每千克体重 0.025～0.05 U 后,其血糖值为注射前的1/2。刺激试验的方法是:测定静脉注射甲苯噻嗪(每千克体重100 μg)或氯压定(每千克体重16.5 μg)之前和注射后15 min 血清GH水平,正常GH基线值为0～4 ng/mL。垂体性侏儒病犬对甲苯噻嗪刺激不发生反应。治疗可选用人或猪的生长激素皮下注射,犬用量为每千克体重0.1 IU,隔日1次,连续4～6周。但生长激素可引起过敏反应或糖尿病。

医源性肢端肥大症(iatrogenic acromegaly)

肢端肥大症是生长激素过多所引起的一种疾病,可发生于长期使用孕酮或孕激素阻止母畜妊娠,慢性刺激生长激素分泌;少见于腺垂体腺癌。生长激素过多(growth hormone excess)在青春期引起巨大发育(gigantism),又称巨人症;在青春期后则导致肢端肥大(acromegaly)。肢端肥大症起病隐袭,病程缓长,肢端肥大常需数月乃至数年。肢端肥大以母犬更为多见。患病动物爪及头骨肿大、凸颌,指(趾)间增宽,吸气性喘鸣,皮肤黏液水肿、增厚,多毛、嗜睡、腹部膨大(肝大)、心脏增大、变性关节炎、乳溢,多尿—多饮—多食(糖尿病)。腺垂体肿瘤引起的GH过多,则可表现视力障碍和头部疼痛的症状。X 射线检查见指(趾)骨变宽,脊椎骨增大。实验室检查,糖耐量降低,但无空腹性血糖升高。血浆GH含量极度升高,可达 1 000 ng/mL。糖抑制试验亦可作为辅助诊断手段。健康动物静脉注射葡萄糖(每千克体重1 g)后,血浆GH含量降低,GH过多时,葡萄糖失去对血浆GH的这种抑制作用。对因使用外源性孕激素所引起的GH过多,停止继续用药即可缓解病情;发情后期的GH过多,实施卵巢子宫切除术,大多可愈;腺垂体增生或肿瘤所致的GH过多,可用溴隐亭(bromocryptine mesylate)。

尿崩症(diabetes insipidus)

尿崩症是由于下丘脑-神经垂体机能减退,所引起的抗利尿激素(ADH)分泌不足或缺乏。以多尿、烦渴、多饮及尿比重低为临床特征。本病见于马、犬和猫等动物。凡能使下丘脑-神经垂体及其神经束机能减退、或兼有组织病变的因素皆可引起本病。下丘脑性抗利尿激素不足或缺乏,多见于鞍内或其附近原发性或转移性肿瘤、感染、肉芽肿、创伤及渗透压感受器缺陷等病理过程。已有犬、猫先天性下丘脑性尿崩症的报道。肾性因素包括犬先天性肾性尿崩症、肾盂肾炎、低钾血性肾炎、高钙血性肾炎、肾淀粉样变及某些药物,如脱甲金霉素、锂、甲氧氟烷等。肾性因素致发尿崩症的病理学基础是:抗利尿激素肾源性失敏感(nephrogenic-insensivity of antidiuretic hormone)。起病可急可缓,但以突发性居多。最初表现为烦渴、多尿,日饮水量每千克体重＞100 mL,日排尿量每千克体重＞50 mL,夜尿症。限制饮水时,尿量仍不减,往往发生严重脱水和昏迷。下丘脑性尿崩症常伴有下丘脑机能障碍综合征或腺垂体激素过多或缺乏症状;肾性尿崩症可兼有高钾血症、高钙血症、淀粉样变、肾盂肾炎或药物中毒的症状。根据大量排尿(每日,犬＞20 L,马＞100 L)、大量饮水、低比重尿(＜1.006),可诊断本病。垂体性尿崩症应用抗利尿激素替代疗法,肾性尿崩症可选用氯噻嗪。

第二节　甲状腺疾病

甲状腺机能亢进(hyperthyroidism)

甲状腺机能亢进是甲状腺腺泡素-甲状腺素和/或三碘甲腺原氨酸分泌过多的一种疾病。本病是猫第一位性的内分泌疾病,多见于6～12岁的老龄猫,犬、马等动物也有发病。本病的病因尚不清楚。一般认为,甲状腺肿瘤是致发甲状腺机能亢进的主要原因。此外,促甲状腺素(TSH)异位性产生、机能亢进性异位性甲状腺组织以及用药剂量过大等原因也可引起本病。病犬表现高基础代谢率症候群,包括多尿、饮欲亢进乃至烦渴、食欲亢进、体重减轻;肌肉无力、消瘦、易疲劳、体温升高等症状。高儿茶酚胺敏感性综合征,是由于各组织 β-肾上腺素能受体、受体敏感性及游离儿茶酚胺浓度增加所致,包括肌肉震颤、心动过速、各导联心电图振幅增大、易惊恐等行为异常。甲状腺毒症,包括肠音增强,排粪次数增加,粪便松软,骨骼脱矿物化而发生骨质疏松。过多的甲状腺素亦可作用于心血管系统,加速心率,增加心输出量,降低外周循环抵抗,最终导致高输出性心脏衰弱。90%的病猫可在喉部能触及肿大的甲状腺。依据甲状腺肿大、高基础代谢率症候群和高儿茶酚胺敏感性综合征可做出初步诊断。对临床表现甲状腺机能亢进症状,但不认为是甲状腺肿大的病例,依据血清 T_4＞520 nmol/L 或 T_3＞30.8 nmol/L,即可确诊。控制甲状腺机能亢进的基本疗法有3种:即抗甲状腺药物疗法、放射性碘疗法和手术疗法。

甲状腺机能减退(hypothyroidism)

甲状腺机能减退是甲状腺腺泡激素-甲状腺激素(T_4)和三碘甲腺原氨酸(T_3)的一种缺乏病。本病是犬最常见的内分泌疾病,主要发生于4～6岁的中型或大型犬,母犬发病率高。马、猫及笼养鸟亦有发病。大都是由于自发性甲状腺萎缩和重症淋巴细胞性甲状腺炎等甲状腺破坏性病变所致。少见的原因有:严重碘缺乏,肿瘤所致的甲状腺破坏,及促甲状腺素(TSH)或促甲状腺素释放激素(TRH)缺乏。

成年犬病初最常见的症状是脱毛,尤其是尾近端或远端的背侧脱毛。皮肤干燥、脱屑,被毛无光泽、脆弱,剪去的被毛不能再生,毛色变白,有的皮脂溢,继发感染时瘙痒。同时表现精神迟钝、嗜睡、耐力下降、怕冷;流产、不育、性欲减退、发情间期延长或发情期缩短。重症病例,皮肤色素沉着过度,因黏液性水肿而皮肤增厚,以眼睛上方、颈和肩背部最为明显。体重增加,四肢感觉异常,面神经麻痹或前庭神经麻痹(外耳道周围的软组织肿胀所致),兴奋及攻击性增加。体温低下,伤口经久不愈,便秘,窦性心动过缓伴有心电低电压。未曾交配的青年母犬,在发情间期发生乳溢。继发高脂血症时,则表现高血压性视网膜病、高血压性视网膜炎、角膜和巩膜周围环状脂浸润、癫痫、定向障碍、圆圈运动等眼病和脑血管粥状硬化的症状。依据全身性发胖、躯干部被毛稀疏、嗜睡及不育症等基本症状可建立初步诊断。确立诊断根据实验室检查和诊断性试验结果。治疗主要采用甲状腺素替代疗法。

第三节　甲状旁腺疾病

甲状旁腺机能亢进(hyperparathyroidism)

甲状旁腺机能亢进是由于各种原因所致的甲状旁腺激素分泌过多。按原因可分为原发性、假性及继发性3种类型。

原发性甲状旁腺机能亢进　是由于甲状旁腺肿瘤或自发性增生所致的甲状旁腺激素(PTH)自主性分泌过多。马和犬有本病的发生。据推测其病因主要是单发性和多发性腺瘤及增生。在甲状腺附近、甲状腺内、颈部、心包或纵隔等处可发现病变性甲状旁腺组织。已有犬Ⅱ型甲状旁腺增生的报道,疑似是由于常染色体隐性遗传引起。临床表现为甲状腺机能亢进所致的高钙血症体征、甲状旁腺激素过多体征、骨吸收体征和钙性肾病体征(尿毒症)。根据持续性高钙血症及低磷血症、高钙尿症和高磷尿症可确立诊断。治疗本病的根本措施是切除甲状旁腺肿瘤。

假性甲状旁腺机能亢进　又称恶性高钙血症,是由于淋巴肉瘤、肛囊顶泌腺癌等非甲状旁腺肿瘤,所引起的一种类似于原发性甲状旁腺机能亢进的综合征。其临床特征是:发病突然、体重减轻、高钙血症明显而骨骼脱钙轻微。本病较原发性甲状旁腺机能亢进多见。诊断依据是:具有原发性甲状旁腺机能亢进类似的症状,在除去非甲状旁腺肿瘤后高钙血症得以纠正,给予糖皮质激素后,血清钙含量降至或低于正常水平,及骨骼X射线检查正常。手术切除或采用放射疗法破坏非甲状旁腺肿瘤。

继发性甲状旁腺机能亢进　是指由于营养性或肾性低钙血症或高磷血症所引

起的,甲状旁腺增生和甲状旁腺分泌激素过多。主要原因是饲料中钙、磷平衡失调及与肾功能衰竭有关的肾脏疾病。其临床特征是:骨骼肿胀变形和血清钙含量在正常范围的下限或低于正常。本病多发生于青年马,以及猪、牛、猫、犬、实验动物或灵长类动物。根据骨骼肿胀变形、血清钙正常或低于正常水平,而尿钙含量减少及尿磷含量增加,可建立诊断。肾性甲状旁腺机能亢进,可通过利尿或腹膜透析等方法,改善肾小球的滤过机能;营养性继发性甲状旁腺机能亢进的治疗原则是调整日粮钙磷比例和补充钙制剂。

甲状旁腺机能减退(hypoparathyroidism)

甲状旁腺机能减退是由于甲状旁腺激素(PTH)缺乏,致使血清钙含量降低而磷含量升高的一种内分泌疾病。本病多发生于小型犬,以2~8岁的母犬多发。PTH缺乏可以是部分的或完全的,也可能是暂时的或持久的。犬最常见的自发性原因是淋巴细胞性甲状旁腺炎。此外,还见于甲状旁腺放射线疗法、手术切除、长期应用钙剂或维生素D等医源性因素造成的甲状旁腺破坏或萎缩;甲状旁腺发育不全、非甲状旁腺肿瘤等甲状旁腺器质性病变;犬瘟热等病毒性疾病以及镁缺乏症。据报道,给犬重复注射自体甲状旁腺组织,可实验性复制相同的甲状旁腺组织学病变。据此认为,本病可能是一种自体免疫性疾病,猫惟一的病因是颈部手术损伤甲状旁腺。本病的症状多半是起于低钙血症(<1.75 mmol/L)。动物表现局限性或全身性肌肉痉挛及其所引起的体温升高、虚弱及疼痛,神经质、不安、精神兴奋或抑制,厌食、呕吐、腹痛、便秘,心动过速,与心搏动同步性膈痉挛,喉喘鸣,最终死于喉痉挛。实验室检查恒见低钙血症(<2.1 mmol/L)、高磷血症(>1.6 mmol/L),尿钙、磷含量亦降低。补充钙剂是治疗本病的主要措施。急性低钙血症,可静脉注射10%葡萄糖酸钙,剂量为每千克体重$0.5~1$ mL,每日2次,重复用药应注意调整注射速度,并监视血清或尿液钙含量。慢性低钙血症,口服碳酸钙或葡萄糖酸钙及维生素D。

第四节 胰腺内分泌疾病

糖尿病(diabetes mellitus)

糖尿病是由于胰岛素相对或绝对缺乏,致使糖代谢发生紊乱的一种内分泌疾病。以多尿、烦渴、体重减轻、高血糖及糖尿为特征。糖尿病是犬、猫的主要内分泌疾病。公猫发病多于母猫,9岁以上多发。母犬发病多于公犬,小型犬居多,多见于8~9岁犬。其他动物亦有发病。

病因

自发性糖尿病　分为Ⅰ型(胰岛素依赖型)和Ⅱ型(胰岛素非依赖型)。尽管有些品种的犬易患糖尿病,但很难估计其家族性发病的范围。自发性糖尿病其他方面的原因有,胰腺肿瘤、感染、自体抗体、炎症等胰腺损伤;生长激素、甲状激素、糖皮质激素、儿茶酚胺、雌激素、孕激素等诱发的 β-细胞衰竭;受体数目减少、受体缺陷、受体后效应缺陷等造成的靶细胞敏感性下降,以及胰岛素生成障碍。

自发性糖尿病已见于犬、猫及禽类。伴侣动物的糖尿病以Ⅰ型居多,且多发生于8～10岁的犬和猫。近年来,有人提出病毒特别是犬细小病毒与幼龄犬糖尿病的发生有关。70%以上的糖尿病病犬存在抗胰岛素或抗细胞浆抗原的自体抗体。

继发性糖尿病　见于急性和复发性腺泡坏死性胰腺所致的胰岛细胞破坏和淀粉样变。胰岛素拮抗激素过多也能导致 β-细胞衰竭,如医源性或自发性肾上腺皮质机能亢进引起的糖皮质激素过多;机能性嗜铬细胞瘤引起的儿茶酚胺过多;生长激素治疗或自发性肢端肥大症引起的生长激素过多;高血糖素瘤或细菌感染引起的高血糖素过多;医源性或自发性甲状腺毒症(thyrotoxicosis)引起的甲状腺激素过多;自发性或肿瘤性分泌引起的雌激素或孕酮过多等。镇静药、麻醉剂、噻嗪类及苯妥英钠等药物可抑制胰岛素的释放,而引起本病。

症状　临床上将糖尿病分为非酮酸中毒性、酮酸中毒性及非酮病性高渗透性3种类型。

非酮酸酸中毒性糖尿病　体温多半不高,精神状态正常。常表现夜尿、多尿、烦渴、轻度脱水,食欲亢进,但体重减轻;有的可触及肿大的肝脏;有的患病母犬因伴有细菌性膀胱炎而呈现排尿困难和尿频的症状;1/2的病犬患有白内障,多半为星状白内障,典型经过为数天至2周。即使空腹状态下的血样,亦呈明显的高脂血,眼底镜检查视网膜血管内的血液呈奶油状,故称为视网膜脂血。血清甘油三酯和胆固醇含量升高,有时可引起皮肤斑疹样黄瘤和腱黄瘤。黄瘤呈疹、脓包和结节样,周围为淡红色红斑,多发生于腹部下方和腿部。

酮酸中毒性糖尿病　食欲减退或废绝、精神沉郁、体温可能升高,中等度乃至重度脱水,呕吐、腹泻、少尿或无尿。空腹性高血糖,血糖含量可高达11.2 mmol/L以上,酮血症、代谢性酸中毒,可发生库斯毛氏呼吸。

非酮病性高渗透性糖尿病昏迷　是指血糖超过33.6 mmol/L,血清钠含量低于145 mmol/L,血浆渗透压大于340 mmol/L的一种少见的糖尿病病理状态。血糖每增加5.6 mmol/L,血浆渗透压升高5.6 mmol/L,血浆渗透压过高可使病畜突然发生昏睡和昏迷。

诊断　根据典型的三多一少症候群,即多尿、多饮、多食和体重减少可初步诊断为糖尿病。确定诊断应依据血糖和尿糖检测结果。重复检测的空腹血糖含量超过 7.84 mmol/L，空腹或食后血糖含量超过 11.2 mmol/L，可诊断为糖尿病。

治疗　目前人和动物的糖尿病尚不能根治，这是因为还没有能替代 β-细胞监视血糖，并分泌短效胰岛素进入门脉循环的药物和方法。

本病的治疗原则是降低血糖，纠正水、电解质及酸碱平衡紊乱。

口服降血糖药物　乙酰苯磺酰环己脲、氯黄丙脲、甲苯黄丁脲、优降糖等磺酰脲类药物，具有促进内源性胰岛素分泌和增加胰岛素受体数量的作用。在人医临床，这类药物的使用通常限于血糖不超过 11.2 mmol/L，且不伴有酮血症的病人。

胰岛素疗法　非酮酸酸中毒性糖尿病，早晨饲喂前 30 min 皮下注射中效胰岛素每千克体重 0.5 U，每日 1 次。为使夜间血糖含量也能维持在 5.6～8.4 mmol/L，应在原剂量的基础上增加 1～2 U（犬和猫）。对伴有酮酸酸中毒和高渗透性糖尿病，可选用结晶胰岛素或半慢性胰岛素锌悬液，采用连续小剂量静脉注射或肌肉注射，静脉注射剂量为每千克体重 0.1 U，其后剂量为每小时每千克体重 0.1 U，稀释在林格氏液中缓慢滴注。肌肉注射的剂量为，体重在 10 kg 以上每千克体重 0.25 U/kg，10 kg 以下 2 U，3 kg 以下 1 U，其后每小时注射 1 次；血糖含量降至 14～8.4 mmol/L 时，为防止稀释性低血钠，以后每 6～8 h 肌肉注射胰岛素每千克体重 0.5 U。当动物血糖含量稳定在 5.6～8.4 mmol/L 和清晨血糖不超过 11.2 mmol/L 时，每日肌肉注射中效胰岛素 1 次。

液体疗法　对酮酸酸中毒性和高渗性糖尿病，立即实施液体疗法。静脉注射液体的量一般不超过每千克体重 90 mL，可先注入每千克体重 20～30 mL，然后缓慢注射。常用液体有乳酸林格氏液、0.45%氯化钠液和 5%葡萄糖溶液。为纠正低血钾，可选用磷酸钾或氯化钾，但磷酸钾优于氯化钾，这是因为胰岛素在促进葡萄糖和钾进入细胞内的同时，亦可促进磷进入细胞内，而使磷降低，给予磷酸钾可同时纠正低血钾和低血磷。

胰岛素分泌性胰岛细胞瘤（insulin-secreting islet cell neoplasia ）

胰岛素分泌性胰岛细胞瘤是胰岛 β-细胞的肿瘤，可不受低血糖抑制作用的影响，而分泌胰岛素或胰岛素原，呈现胰岛素分泌机能亢进，故又称功能性胰岛细胞瘤（functional islet cell neoplasia ）。本病主要发生于 6～14 岁的中年和老年犬，猫很少发病。临床症状大都与高胰岛素血症所致发的低血糖和循环血液中儿茶酚胺浓度升高有关。低血糖引发的症状是：嗜睡、虚弱、共济失调、行为异常、抽搐、昏迷。低血糖症状的发生与禁食、兴奋、运动及进食密切相关。高儿茶酚胺血症引发的症状是：肌肉震颤、神经质、不安以及饥饿。诊断依据是：饥饿或活动后呈现临床表现，且血糖低于 3.33 mmol/L 每千克体重胰岛素含量低于 30 μU/ mL,给予葡萄糖症状缓解。前腹部超声检查可在胰区和肝实质内发现占位性病变。确认为单发性胰岛细胞瘤的可实施手术切除病变。对转移的病例可采用1日多餐或应用皮质醇,日剂量为每千克体重 0.5~1.0 mg,以控制肿瘤。也可应用二氮嗪,日剂量为每千克体重 20~80 mg。

第五节　肾上腺皮质疾病

肾上腺皮质机能亢进(hyperadrenocorticism)

肾上腺皮质机能亢进是一种或数种肾上腺皮质激素分泌过多。以皮质醇增多较为常见,又称为库欣样综合征(Cushing's-like syndrome),是犬最常见的内分泌疾病之一,母犬多于公犬,且以7~9岁的犬多发。马和猪也发生本病,母马多见,且以7岁以上的马居多。

病因

垂体依赖性因素　主要见于垂体肿瘤性肾上腺皮质增生,约占自发性库欣样综合症的80%。垂体肿瘤能分泌过量的ACTH,引起肾上腺皮质增生和皮质醇分泌亢进。

ACTH 异位性分泌因素　非内分泌腺肿瘤或肾上腺以外的内分泌腺瘤也可产生 ACTH 或 ACTH 样肽(ACTH-like peptide)。在犬可见于淋巴肉瘤和支气管癌。

肾上腺依赖性因素　一侧或二侧性肾上腺腺瘤或癌肿常分泌过量的肾上腺糖皮质激素。占犬自发性库欣样综合征的 10%~20%。

症状　临床上往往以肾上腺糖皮质激素过多所引起的症状为主,有的亦可兼有肾上腺盐皮质激素和/或性激素过多的症候。按临床症状发生频率的递减顺序是:多尿、烦渴、垂腹、两侧性脱毛、肝大、食欲亢进、肌肉无力萎缩、嗜睡、持续性发情间期或睾丸萎缩、皮肤色素过度沉着、皮肤钙质沉着、不耐热、阴蒂肥大、神经缺陷或抽搐。

犬、猫大多表现多尿、烦渴、垂腹和两侧性脱毛等一组症候群。日饮水超过每千克体重100 mL,日排尿超过每千克体重50 mL。先是后肢的后侧方脱毛,然后是躯干部,头和末梢部很少脱毛。皮肤增厚,弹性减退,形成皱襞。皮肤色素过度沉着,多为斑块状。皮肤钙质沉着,呈奶油色斑块状,周围为淡红色的红斑环。病犬可发生肌肉强直或伪肌肉强直,通常先发生于一侧后肢,然后是另一后肢,最后扩展到两前肢。休息或在寒冷条件下,步态僵硬尤为明显。

病马的临床症状与犬相似,但不发生脱毛。被毛粗长无光,看上去如同冬季被毛,故称为多毛症(hirsutism),鬣毛和尾毛正常;食饮和饮欲亢进,日饮水量超过30 L,多者可达100 L;体重减轻,肌肉萎缩、蹄叶炎、多汗、慢性感染、眶上脂肪垫增厚、血糖升高。偶有因视神经受压而发生失明的。

实验室检查,恒见改变是相对性或绝对性外周淋巴细胞减少,犬少于1亿个/L,猫少于1.5亿个/L,血清ALP活性升高。还见有嗜中性粒细胞增多、嗜酸性粒细胞减少(<0.1亿个/L)和单核细胞增多。

尿液检查呈低渗尿,比重低于1.012,60%的病例有蛋白尿。

X射线检查,恒见肝肿大。还可见有软组织钙化,骨质疏松及肾上腺肿大。

诊断　根据多尿、烦渴、垂腹、两侧性脱毛等一组症候群,可初步诊断为肾上腺皮质机能亢进,确定诊断应依据肾上腺皮质机能试验的结果。肾上腺皮质机能试验过筛选试验(血浆皮质醇含量测定、小剂量地塞米松抑制试验、ACTH刺激试验和高血糖素耐量试验)和特殊试验(大剂量地塞米松试验)两大类。

治疗　治疗本病多采用药物疗法和手术疗法,可单独实施,亦可配合应用。首选药物为双氯苯二氯乙烷,犬日口服剂每千克体重50 mg,显效后每周服药1次。猫对该药的毒性尤为敏感,不宜使用。此外,还可选用甲吡酮、氨基苯乙哌啶酮(aminoglutethimine)等药物或手术切除肿瘤。

肾上腺皮质机能减退(hypoadrenocorticism)

肾上腺皮质机能减退是指一种、多种或全部肾上腺皮质激素的不足或缺乏。以全肾上腺皮质激素的缺乏最为多见,称为阿狄森样病(Addison's like disease),多见于2～5岁母犬,猫也有发生。

病因　各种原因的双侧性肾上腺皮质严重破坏(90%以上)均可引发本病。原发性肾上腺机能减退常见于钩端螺旋体、子宫蓄脓、犬传染性肝炎、犬瘟热等传染性疾病和化脓性疾病及肿瘤转移、淀粉样变、出血、梗死、坏死等病理过程。近年发现,约有75%的病犬血中存在抗肾上腺皮质抗体,及病变发生淋巴细胞浸润。故认为自体免疫可能是本病的主要原因。

继发性肾上腺皮质机能减退见于下丘脑或腺垂体破坏性病变及抑制ACTH分泌的药物使用不当。

症状　急性型突出的临床表现是低血容量性休克症候群,病畜大都处于虚脱状态。慢性病例急性发作的,呈体重减轻、食欲减退、虚弱等慢性病程。

慢性型,主要表现肌肉无力,精神抑制,食欲减退,胃肠紊乱。恒见外胚层体型(ectomorphy),即瘦削、细长、虚弱、无力。按临床症状发生频率的递减顺序是,精神沉郁,虚弱,食欲减退,周期性呕吐、腹泻或便秘,体重减轻,多尿-烦渴,脱水,晕厥,兴奋不安,皮肤青铜色色素过度沉着,性欲减退,阳痿或持续性发情间期。

心电图描记显示 T 波升高、尖锐、P 波振幅缩小或缺如,PR 间期延长,QT 延长,R 波振幅降低,QRS 间期增宽,房室阻滞或异位起搏点。

实验室检查,恒见改变是肾性或肾前性氮质血症,低钠血症(<137 mmol/L)和高钾血症(>5.5 mmol/L),血清钠、钾比由正常的($27\sim40$):1 降至 23:1 以下,尿钠升高,尿钾降低。可发生代谢性酸中毒,代偿性呼吸性碱中毒,低氯血症,高磷血症和高钙血症。

血液常规检查,相对性嗜中性粒细胞减少,淋巴细胞增多,相对性嗜酸性粒细胞增多,轻度正细胞正色素非再生性贫血。

X 射线检查所见,心脏微小(microcardia)、肺血管系统缩小,后腔静脉缩小及食管扩张。

诊断　根据临床表现和诊断性试验结果建立诊断。诊断性试验多选用促肾上腺皮质激素试验。犬静脉注射 ACTH 0.25 mg 后 1 h 血浆或血清皮质醇<138 nmol/L 即可确诊为糖皮质激素缺乏;注射后 4 h,嗜中性粒细胞与淋巴细胞比值未超过基线水平30%,或嗜酸性粒细胞绝对值减少未超过基线值50%,指示糖皮质激素缺乏。

治疗　急性型急救措施如下:首先静脉注射生理盐水;补充糖皮质激素,如琥珀酸钠皮质醇、琥珀酸钠强的松和磷酸钠地塞米松,首次剂量的 1/3 静脉注射,1/3 肌内注射,1/3 稀释在 5%糖盐水中静脉注射;肌内注射醋酸脱氧皮质酮(油剂);静脉注射 5%碳酸氢钠;上述治疗后 30 min,病情仍然不见好转,可静脉注射去甲肾上腺素,并观察注射后脉搏及尿量的变化;肌肉注射琥珀酸钠皮质醇,每日 3 次;肌内注射醋酸脱氧皮质酮油剂,每日 1 次,至病畜呕吐停止、自由采食及精神状态正常。

慢性型,肌肉注射琥珀酸钠皮质醇每日 3 次;肌肉注射醋酸脱氧皮质酮油剂,每日 1 次,至血清钠、钾含量恢复正常,呕吐停止,能采食;口服氯化钠(犬和猫)连用 1 周;口服氢化可的松,每日 2 次,连用 1 周后每日服药 1 次;每 3~4 周肌肉注射新戊酸盐脱氧皮质酮,或每日服用醋酸氟氢可的松。

继发性,可选用强的松龙或泼尼松。

嗜铬细胞瘤(pheochromocytoma)

嗜铬细胞瘤是肾上腺髓质或交感神经节的一种生长缓慢的红棕色被包性肿瘤。临床上主要表现后腔静脉受压及儿茶酚胺分泌增多综合征。按嗜铬细胞瘤发生的部位,可分为肾上腺髓质性和交感神经节性两种类型,其中肾上腺髓质嗜铬细胞瘤以右侧肾上腺为多见,多发生于老龄犬,老龄马亦有发病。肾上腺以外的嗜铬细胞瘤可发生在从颈部至骨盆交感神经节的任一部位。

犬嗜铬细胞瘤大都是良性的,恶性的为6%～10%。嗜铬细胞瘤很少发生转移,但右侧肾上腺嗜铬细胞瘤常可侵入后腔静脉。犬嗜铬细胞瘤可能与人嗜铬细胞瘤一样,能分泌多量的儿茶酚胺。嗜铬细胞瘤还可产生血管肠肽(VIP)、促肾上腺皮质激素(ACTH)、降钙素或甲状旁腺素等肽类激素。

症状 本病的临床症状系由肾上腺嗜铬细胞瘤压迫后腔静脉等周围组织器官、或儿茶酚胺分泌过多所引起,其中以肾上腺素分泌增多为主和以去甲肾上腺素分泌增多为主的症状又有所不同。

后腔静脉受压时,后腹部浅表静脉怒张,后肢水肿、无力;肾上腺素分泌增多为主时,血压升高,非心肺性水肿,室性心律不齐。病理组织学特征是:心肌病,小动脉硬化,小动脉中膜增生。去甲肾上腺素分泌增多为主时,呈现持续性或间歇性高血压症候群,如心动过速,心动过速性节律不齐、充血性心力衰竭、呼吸困难,虚弱无力、肌肉震颤,头抵物体、癫痫发作,鼻出血、视网膜出血,及体重减轻。

此外,病犬腹部可触及肿块,兼有腹腔积液,结膜潮红,体温升高,排粪秘结,感觉异常,以及由于高血压和脑出血所引起的各种神经症状。病马可表现汗液过多。

实验室检查,儿茶酚胺分泌过多性嗜铬细胞瘤可见有血糖过高、红细胞增多、甘油三醇含量增加,及蛋白尿和血尿。

腹部X射线检查,约有1/3的病犬肾上腺肿大或钙化。非选择性腔静脉造影,约有50%的犬存在肿瘤栓。

诊断 对临床表现后腔静脉受压及儿茶酚胺分泌增多综合征的病畜,结合腹部X射线检查及诊断性试验的结果,可做出诊断。

常用的嗜铬细胞瘤诊断性试验,有尿中儿茶酚胺及其代谢产物[3-甲氧基-4羟基杏仁酸(VMA)、3-甲氧基肾上腺素等]测定,血浆肾上腺素和去甲肾上腺素测定。

治疗 手术切除肾上腺是治疗本病惟一有效的方法。术前可给予α-甲基酪氨酸,能减少儿茶酚胺的产生。心动过速或心动过速性节律不齐的病例,术前使用肾上腺素能β-受体阻断剂,如盐酸心得安,但同时或之前应给予α_1和α_2受体阻断剂,如盐酸苯苄胺,使血压降至正常范围,以便实施手术。

手术麻醉一般应用甲氧氟烷和-氧化氮。氟烷可引起心律不齐,犬不宜使用。手术中如血压骤升,静脉注射芬妥胺;手术中心动过速或心动过速性节律不齐,静脉注射心得安或利多卡因。肾上腺切除直后应增加输液量,静脉注射去甲肾上腺素,以维持血压。一侧性肾上腺切除,一般没有必要给予肾上腺皮质激素。

当病畜不能实施手术时,可给予基苯苄胺或α-甲基酪氨酸等药物降低高血压。

（王哲　郭定宗　李家奎）

第四篇

营养代谢病

概　论

物质代谢是指体内外营养物质的交换及其在体内的一系列转变过程,它受神经体液系统的调节,营养物质供应不足或过多,或神经、激素及酶等对物质代谢的调节发生异常,均可导致营养代谢疾病。营养代谢病是营养缺乏病和新陈代谢障碍病的统称。营养缺乏病包括碳水化合物、脂肪、蛋白质、维生素、矿物质等营养物质的不足或缺乏;新陈代谢病包括碳水化合物代谢障碍病、脂肪代谢障碍病、蛋白质代谢障碍病、矿物质代谢障碍病及酸碱平衡紊乱。营养代谢病常呈群体发病,其所造成的危害和损失不亚于传染病和寄生虫病。近年来,有人主张将与遗传有关的中间代谢障碍及分子病也列入新陈代谢病范畴。

营养代谢病的一般病因

营养物质摄入不足或过剩　草料短缺、单一、质地不良、饲养不当等均可造成营养物质缺乏。为提高畜禽生产性能,盲目采用高营养饲喂,常导致营养过剩,如干乳期饲以高能饲料,乳牛过于肥胖;日粮中动物性饲料过多,引发禽痛风;碘过多,致发甲状腺肿;高钙日粮,造成锌相对缺乏等。

营养物质吸收不良　见于2种情况:一种是消化吸收障碍,如慢性胃肠疾病、肝脏疾病及胰腺疾病;另一种是饲料中存在干扰营养物质吸收的因素,如磷、植酸过多降低钙的吸收,钙过多干扰碘、锌等元素的吸收。

营养物质需要量增加　妊娠(尤其双胎、多胎妊娠)、泌乳、产蛋及生长发育旺期,对各种营养物质的需要量增加;慢性寄生虫病、慢性化脓性疾病、马传染性贫血、鼻疽、牛结核等慢性疾病对营养物质的消耗增多。

参与代谢的酶缺乏　参与代谢的酶缺乏有2类:一类是获得性缺乏,见于重金属中毒、氢氰酸中毒、有机磷中毒及一些有毒植物中毒;另一类是先天性酶缺乏,见于遗传性代谢病。

内分泌机能异常　如锌缺乏时血浆胰岛素和生长激素含量下降。纤维性骨营养不良继发甲状旁腺机能亢进等。

营养代谢病的临床特点

动物营养代谢病的种类繁多,临床症状各异,但在发生上有其共同特点。

群体发病　在集约饲养条件下,特别是饲养错误造成的营养代谢病,常呈群发性,同种或异种动物同时或相继发病,表现相同或相似的临床症状。

地方流行 由于地球化学方面的原因,土壤中有些矿物元素的分布很不均衡,如远离海岸线的内陆地区和高原土壤、饲料及饮水中碘的含量不足,而流行人和动物的地方性甲状腺肿。我国缺硒地区分布在北纬21°～53°和东经97°～130°,呈一条由东北走向西南的狭长地带,包括16个省、市、自治区,约占国土面积的1/3。我国北方省份大都处在低锌地区,以华北面积为最大,内蒙古某些牧养绵羊缺锌症的发病率可达10%～30%。新疆、宁夏等地则流行绵羊铜缺乏症。

起病缓慢 营养代谢病的发生至少要经历化学紊乱、病理学改变及临床异常3个阶段。从病因作用至呈现临床症状常需数周、数月乃至更长时间。

多种营养物质同时缺乏 在慢性消化疾病、慢性消耗性疾病等营养性衰竭症中,缺乏的不仅是蛋白质,其他营养物质如铁、维生素等也明显不足。

常以营养不良和生产性能低下为主症 营养代谢病常影响动物的生长、发育、成熟等生理过程,而表现为生长停滞、发育不良、消瘦、贫血、皮被异常、异嗜、体温低下等营养不良症候群,产乳、产蛋、产毛、产肉、产仔减少等生产性能低下,以至不孕、少孕、流产、死产等繁殖障碍综合征。

营养代谢病的诊断

营养代谢病有示病症状的很少,亚临床病例较多,常与传染病、寄生虫病并发,而为其所掩盖。因此,营养代谢病的诊断应依据流行病学调查、临床检查、治疗性诊断、病理学检查以及实验室检查等,综合确定。

流行病学调查 着重调查疾病的发生情况,如发病季节、病死率、主要临床表现及既往病史等;饲养管理方式,如日粮配合及组成、饲料的种类及质量、饲料添加剂的种类及数量、饲养方法及程序等;环境状况,如土壤类型、水源资料及有无环境污染等。

临床检查 应全面系统对所搜集到的症状,参照流行病学资料进行综合分析。根据临床表现有时可大致推断营养代谢病的病性,如仔猪贫血可能是铁缺乏;被毛退色、后躯摇摆,可能是铜缺乏;不明原因的跛行、骨骼异常,可能是钙、磷代谢障碍病。

治疗性诊断 为验证流行病学和临床检查结果建立的初步诊断或疑问诊断,可进行治疗性诊断,即补充某一种或几种可能缺乏的营养物质,观察其对疾病的治疗作用和预防效果。治疗性诊断可作为营养代谢病的主要临床诊断手段和依据。

病理学检查 有些营养代谢病可呈现特征性的病理学改变,如白肌病时骨骼肌呈白色或灰白色条纹;痛风时关节腔内有尿酸钠结晶沉积;其维生素A缺乏时上部消化道和呼吸道黏膜角化不全等。

实验室检查 主要测定患病个体及发病畜群血液、乳汁、尿液、被毛及组织器官等样品中某种(些)营养物质及相关酶、代谢产物的含量,作为早期诊断和确定诊断的依据。

饲料分析 饲料中营养成分的分析,提供各营养成分的水平及比例等方面的资料,可作为营养代谢病,特别是营养缺乏病病因学诊断的直接证据。

营养代谢病的防治原则

营养代谢病的防治要点在于加强饲养管理,合理调配日粮,保证全价饲养;开展营养代谢病的监测,定期对畜群进行抽样调查,了解各种营养物质代谢的变动,正确估价或预测畜体的营养需要,早期发现病畜;实施综合防治措施,如地区性矿物质元素缺乏,可采用改良植被、土壤施肥、植物喷洒、饲料调换等方法,提高饲料、牧草中相关元素的含量。

第十章 糖、脂肪和蛋白质代谢紊乱相关的疾病

奶牛酮病（ketosis in dairy cows）

奶牛酮病又叫奶牛醋酮血病（acetonemia），是高产奶牛产后因碳水化合物和挥发性脂肪酸代谢障碍所引起的疾病，其临床特征表现为食欲减少、渐进性体况下降以至消瘦、体重减轻、产奶量减少，血、尿、乳、汗和呼气中有特殊的丙酮气味，部分牛伴发神经症状。临床病理生化特征为低血糖，血、尿、乳中酮体含量异常升高。该病多发生于产后2~6周，产前和分娩8周后也可发生，但较少见。

病因 能量代谢负平衡是引起本病的原因。能量负平衡的发生是由于奶牛产后耗能与从饲料中获能之间的不平衡所致。因为奶牛产后泌乳高峰出现得早（在产后4~7周出现），此期内泌乳必须消耗大量的能量，而产后食欲高峰出现较晚（在产后10~12周），从分娩到泌乳高峰这一时期奶牛对能量的需要超过了从饲料中摄取能量，引起能量负平衡，因而导致发病。原发病的发生在很大程度上取决于管理、营养和气候。常见原因是奶牛产后碳水化合物供给不足，各种因素引起的糖异生作用发生障碍，饲料品质差，过量饲喂含丁酸含量高的青贮饲料，运动不足，分娩时过度肥胖，特种营养如丙酸、钴的缺乏，泌乳增速太快且产奶量过高等。继发性酮病常见于引起食欲减损的疾病，如真胃移位、创伤性网胃炎、生产瘫痪等。

病理发生 酮病时代谢紊乱主要表现为肝糖原耗竭所致的低血糖症和酮血症。奶牛产后泌乳需要大量葡萄糖来合成乳糖，而葡萄糖的来源在反刍动物则主要靠糖异生作用提供，糖异生先质主要有丙酸、生糖氨基酸、甘油和乳酸。在奶牛发生酮病时，病牛厌食或不食，由胃肠道吸收而合成的那些糖异生先质减少或中断，引起血糖含量异常下降。当奶牛从摄入的饲料中经体内代谢而得不到足够的葡萄糖时，机体则必须动员肝糖原，随后则动员体脂肪和体蛋白来加速糖原异生作用以维持泌乳需要。反刍动物摄入的碳水化合物作为葡萄糖而被吸收的很少，能量来源主要取自在瘤胃内降解的挥发性脂肪酸——乙酸、丙酸和丁酸。其中丙酸为生糖先质，用于合成乳糖后就很少能有剩余。从饲料中获得的乙酸和丁酸以及体脂动员产生的游离脂肪酸均为生酮先质，在肝脏内的去路：一是以葡萄糖代谢为条件缩合为脂肪；二是消耗草酰乙酸进入三羧酸循环而供能；三是生成酮体。糖类和生糖氨基酸是草酰乙酸的惟一来源，当病牛厌食或不食时，糖类和生糖氨基酸摄入减少，组织中的生糖先质草酰乙酸浓度也变得很低。由于此时的葡萄糖和草酰乙酸缺乏，促

使上述脂肪酸的代谢走生酮途径。在健康奶牛,因食欲基本正常,葡萄糖供应基本充足,体内产生的一定量的酮体可被机体分解利用,因而健康奶牛的血糖和酮体含量都处在正常的生理范围内。在产后泌乳量上升期,有相当数量的奶牛会出现一时性血糖水平降低、酮体水平升高而无临床症状,此即亚临床酮病。此时若奶牛体内能量代谢负平衡加重,血糖水平进一步降低,酮体异常升高,则导致临床酮病发生。

症状 主要表现为食欲减少、体况下降及消瘦,有些病牛还伴有神经症状。

消瘦 体况逐渐下降和渐进性消瘦是本病最常见的症状。病初有2~4 d或4 d以上的产奶量减少期,此期开始拒食精饲料后拒食青贮饲料,尚能采食少量青干草,既而食欲废绝。异嗜,喜欢舔食污物、泥土和污水。反刍无力,瘤胃弛缓,有时发生间歇性瘤胃臌气;精神沉郁,对外界反应淡漠,目光呆滞,不愿走动;体重逐渐减轻,明显消瘦,被毛粗乱无光,皮下脂肪消失,皮肤弹性减退;体温、呼吸、脉搏正常,随病程延长而病畜消瘦时,体温略有下降(37℃),心率加快(100 次/min),心音模糊,脉搏细弱。粪便稍干,量少,尿量也减少,呈蛋黄色水样,易形成泡沫。食欲逐渐减退者产奶量也逐渐下降,食欲废绝者产奶量迅速下降或停止。病牛呼出的气、乳汁、尿液、汗液中散发有特殊的丙酮气味。

神经症状 见于少数病牛,表现突然发病,不认食槽,盲目于棚内乱转;四肢叉开或交叉站立,站立不稳,步伐蹒跚,全身紧张,肩胛部和腹部肌肉震颤;有些病牛横冲直撞,不可遏制。有的病牛空口磨牙、流涎、感觉过敏,不断舌舔皮肤,哞叫,神经症状发作持续1~2 h,8~12 h后可能复发;有的牛不愿走动,呆立于槽前,低头耳聋,眼睑闭合、嗜睡,呈沉郁状。

临床病理学 特征性变化是低血糖、酮血症、酮尿症,有些病牛血浆游离脂肪酸增高。血糖含量降至正常的500 mg/L以下;血清或血浆酮体含量(或尿酮和乳酮同时)升高到100 mg/L以上(正常血酮为6~60 mg/L,平均20 mg/L,尿酮含量为3~30 mg/L)。据记载,血酮在200 mg/L时常伴有临床症状,为临床酮病的指标;在超过生理常值以上至200 mg/L之间无显著的临床症状,为亚临床酮病的指标。因此亚临床酮病只能用血酮、尿酮、乳酮的定性或定量检测来诊断。研究表明,尿酮和乳酮的平均值与血酮值呈高度正相关,因此应联合用于诊断。病牛的血液和瘤胃挥发性脂肪酸增高,甘油三酯降低,约80%胆固醇升高。血浆白蛋白减少,生糖氨基酸如丙氨酸、脯氨酸、精氨酸、半胱氨酸等降低,而生酮氨基酸如亮氨酸、苯丙氨酸、赖氨酸、甘氨酸等增高。尿液检查,尿总氮、氨氮、氨基酸氮增高,尿素氮减少,尿pH值下降呈酸性。病牛血钙下降(90 mg/L左右)。血液检查,嗜酸性粒细胞增多(15%~40%),淋巴细胞增加(达60%~80%),嗜中性粒细胞减少(约10%)。

诊断　根据本病多发生于分娩后 2～6 周的病史,食欲减损或废绝、前胃弛缓、产奶量减少、渐进性消瘦和呼出特殊丙酮气味的临床症状,在排除继发性酮病的基础上可做出初步诊断;确诊需要做临床病理学检查,检查血糖含量(吴-福林法)和血、尿、乳中酮含量(水杨醛比色法)或酮体定性。用亚硝基铁氰化钠对尿液和乳汁的定性检查可作为诊断参考。奶牛患创伤性网胃炎、真胃变胃及消化道阻塞性等疾病时易继发酮病,应注意鉴别诊断。

病程及预后　预后一般良好,死亡率在 1% 左右,不超过 5%。病程从 1 周到数周,病程长者可达数月。

治疗　治疗原则:提高血糖含量,减少体脂动员,提高饲料中丙酸及其他生糖先质的利用。对大多数病例,通过合理治疗可以痊愈,最常用和有效的方法为下列几种。

葡萄糖疗法　静脉注射 50% 葡萄糖注射液 500 mL,这是提供葡萄糖的最快途径,对大多数病畜有效,但因 1 次注射产生的高血糖只是暂时性的,2 h 后又降低,故应反复用药,每日 2 次,连用数日。或 50% 葡萄糖注射液 500 mL,缓慢滴注。

激素疗法　多年来,一直采用糖皮质激素或 ACTH 治疗酮病。糖皮质激素的作用在于刺激糖异生而提高血糖水平。ACTH 则刺激肾上腺皮质释放糖皮质激素。但重复应用糖皮质激素治疗,可降低肾上腺皮质活性和对动物疾病的抵抗力。糖皮质激素的应用剂量建议相当于 1 g 醋酸可的松注射液(混悬剂),肌肉注射。如用 ACTH,建议肌肉注射 200～800 U。

口服生糖先质　通常口服丙酸钠,或丙二醇,或甘油。推荐剂量都是 125～250 g,加等量水混合,每日 2 次,口服。但丙二醇比丙酸钠和甘油更有效,因为它既能作为肝脏糖异生的先质也能免遭瘤胃发酵。高剂量的丙酸盐可引起消化紊乱,甘油虽能在瘤胃内转变为丙酸,但也可转变为生酮脂肪酸。饲喂或灌服蔗糖或蜜糖治疗效果不明显。

其他疗法　包括镇静、纠正酸中毒、健胃助消化、补充维生素营养等。

预防　最有效的预防措施是加强饲养管理,保证奶牛充足的能量摄入。预防酮病的饲养程序是产犊前取中等能量水平,如以粉碎的玉米和大麦片等为高能饲料,能很快提供可利用的葡萄糖。日粮中蛋白质含量应为 16%;优质干草至少占日粮的1/3。产犊后日粮应提供最多的生糖先质,最少的生酮先质。在保证不减少饲料摄入量的前提下提供最多的能量,当大批母牛开始泌乳时,最好不喂青贮料而代之饲喂 1/3 以上的优质青干草,也不宜突然更换日粮类型。pH 值低(<3.8)的青饲料适口性很差,pH 值高(<4.8)的青贮饲料丁酸含量高。精饲料应为易于消化的碳水

化合物如玉米粉等,日粮中应含有平衡的维生素和矿物质营养。在酮病高发牛群,特别是泌乳早期奶量增速过快或产奶量过高的牛,应早期监测产奶量变化,每周进行尿液和乳汁的酮体监测,易感牛可在产犊后每日口服丙二醇 350 mL,连续 10 d;或口服丙酸钠 120 g,每日 2 次,连服 10 d。

牛妊娠毒血症或母牛肥胖综合征
(pregnancy toxemia in cattle or fat cow syndrome)

牛妊娠毒血症又称母牛肥胖综合征或牛脂肪肝病(fatty liver disease in cattle)。常发生在过度肥胖的产前的肉牛或产后的乳牛,是一种由于能量缺乏所致的高致死率的一种综合征。临床上以严重的酮血症、食欲废绝、衰弱、僵卧、末期心率加快和昏迷等为特征。它的发生常与奶产量高、摄食量减少和临产时过度肥胖等因素密切相关。能量缺乏引起体脂的动员,并聚积于肝脏,形成肝脏的脂肪浸润,故又名为牛的肝脏脂肪浸润。

病因 发生原因有以下几种:怀有双胎的临产前过度肥胖的肉牛采食量减少;肥胖的奶产量高的奶牛产后不久采食量下降。另外,日粮中某些蛋白质的缺乏,使载脂蛋白生成量减少,影响肝脏中脂肪的移除,从而促进脂肪肝的形成。显而易见,影响脂肪动员的因素包括奶产量、体膘、分娩、年龄、日粮(包括能量和蛋白水平)和激素等。本综合征常见于干奶期过量饲喂或干奶期拖得过长所致肥胖的刚分娩的奶牛,也见于怀有双胎或胎儿过大的、因过度饲喂而肥胖的临产的肉牛。真胃左方移位、生产瘫痪等影响食欲的疾病往往促进其发生。

病理发生 奶牛能量需要量的高峰在产后 4~7 周,而采食量达到高峰却在产后 12 周,这样就存在着一个能量短缺期。妊娠后期的、怀有双胎的、临产的肉牛或产后不久的、高产的奶牛对能量的需求量就更高,容易引起游离脂肪酸从储积的体脂向包括肝脏在内的身体各器官组织转移,尤其是肉牛或奶牛在上述关键时期内,任何引起奶牛或肉牛采食量减少的因素将可能进一步导致非酯化脂肪酸(NEFAs)的过度动员。由体脂转移至肝脏的脂肪即可被氢化生成挥发性脂肪酸或酮体,也可被再酯化生成低密度脂蛋白后而转移出肝脏。在能量或蛋白缺乏时,过多的非酯化脂肪酸被酯化后以甘油三酯的脂肪小颗粒的形式积聚在肝脏内形成脂肪肝。

Tony Andrews (1998) 将牛能量缺乏综合征病理发生过程中的几个阶段描述如下(表10-1)。

表 10-1　能量缺乏综合征病理发生的几个阶段

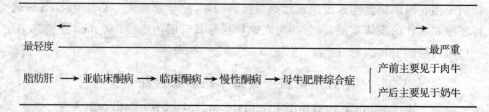

症状　患牛食欲废绝,倒地不起,呈现严重的酮病症状,而且对治疗酮病所采取的措施亦无任何反应。患牛日渐衰弱,通常经过 7～10 d 而卧地死去。在整个病程中,体温、脉搏和呼吸正常。某些病牛有神经症状,长时间凝视,头高抬,头颈部肌肉震颤,最后昏迷,心跳增速,多数患牛死亡。肥胖肉牛发病多在临产之前,粪便少而硬,它们具有攻击性,兴奋,因步态不稳而共济失调,易跌倒,倒地后起立困难;如果在产前 2 个月发病,病程可达 10～14 d,患牛拒食,呈胸卧姿势,呼吸加快,鼻镜龟裂,有清水样鼻液;到后期排出腐臭黄色的稀粪,昏迷,在安静状态下死亡。生产瘫痪、真胃左方移位、消化不良、胎衣滞留和难产等可能影响肥胖的、刚分娩的高产奶牛食欲的一些因素可促成母牛肥胖综合征的发生,当针对上述原发病采用一些治疗措施时却通常无效。关于脂肪肝与母牛肥胖综合征的异同点见表10-2。

表 10-2　脂肪肝与母牛肥胖综合征在临床上的对比

脂肪肝	母牛肥胖综合征
常见	较少见
主要发生在奶牛	肉牛和奶牛均可发生
妊娠后期体膘高于 3 分的牛	妊娠后期体膘高于 4 分的牛
通常发生在产后	产前产后均可发生
迅速掉膘	迅速掉膘
患牛临床上不显示症状	患牛临床症状明显
产后食欲增加	食欲减少
不需治疗患牛自愈	对患牛必须精心治疗
患牛不会死亡	患牛病死率高

临床病理学　有低钙血症(1.5～2.0 mmol/L),血镁正常,血清无机磷可升高至 6.46 mmol/L,病初有低糖血症,最后阶段有高糖血症。血酮、血清谷草转氨酶(SGOT 或 AST)、鸟氨酸氨甲酰基转移酶(OCT)、山梨醇脱氢酶(SDH)、非酯化脂肪酸(NEFAs)、血浆胆红素(plasma bilirubin)等水平均升高;但血浆白蛋白、胆固醇和甘油三酯水平均降低。白细胞总数及分类计数的结果显示,动物有应激反应的征兆。

病理学检查　肝脏脂肪浸润,并明显增大,呈灰黄色,质脆,切面油腻。还常出现寄生虫性真胃炎和局灶性霉菌性肺炎。

诊断　对奶牛的牛妊娠毒血症或母牛肥胖综合征必须与产后发生的其他疾病相鉴别。如真胃左方移位,通过听诊与叩诊相结合检查可发现钢管音;高精料日粮的饲喂和过度肥胖的体况有助于将本病与生产瘫痪、倒地不起综合征等疾病相区别。肉牛妊娠毒血症应与真胃阻塞、迷走神经性消化不良和慢性腹膜炎相鉴别。

治疗　一般而言,完全拒食的患牛多数会死亡;对于尚能保持食欲(即使是少量)者,只要配合支持疗法常有治愈的希望。尽可能增加或补充能量,如50%的葡萄糖溶液 400 mL 静脉注射,能减轻症状,但其作用时间较短暂。皮质类固醇(corticosteroid)注射可刺激体内葡萄糖的生成,还可刺激食欲,但用此药的同时宜注射葡萄糖。以合成固醇类和重组牛生长激素合并应用进行试验性治疗,据说疗效极佳。喂以可口的高能饲料如玉米压片,特别是搀有丙二醇(propylene glycol)或甘油(glycerol);也可按每头牛每天 250 mL 的丙二醇或甘油,加水稀释后灌服。注射多种维生素对病牛显然是有益的。

预防　根据干奶牛的体型和膘情,合理分类饲养,尤其不宜将产奶牛与干奶牛混群饲养。代谢谱(metabolic profiles)的检查是对牛的能量代谢状态予以监测的有效方法,其中血糖、血酮和血液挥发性脂肪酸或 β-羟丁酸的水平常被视为有价值的指标。采取一切可能采用的措施,以维持产后奶牛良好的食欲。饲喂丙二醇将可减少体脂的动员。

羊妊娠毒血症(pregnancy toxemia in sheep)

羊妊娠毒血症俗称"双羔病"(twin lamb disease),是因为糖代谢异常而引起的一种营养代谢性疾病,以酮血、酮尿、低血糖和肝糖原降低为特征,是绵羊的一种高度致死性疾病。本病只发生于怀孕后期的母羊,常见于怀孕最后 1 个月发生,胎儿过大的单胎母羊也容易发生。

病因　妊娠毒血症的发生主要与营养缺乏有关,但肥胖母羊在饲料供给明显充足的情况下也有发生。从饲养管理的角度出发,肥胖母羊在怀孕最后 6 周内要限制饲喂,如果这一阶段供给的饲料质量较差,发生本病的羊都出现掉膘。

在怀孕后期,胎儿的主要组织和器官发育非常迅速,需要耗费大量的营养。由于营养在母体和胎儿间的转化效率低,能量的转化更是如此,因此在怀孕后期,单胎母羊需要摄取空怀母羊 2 倍量的食物,有 2 个胎儿的母羊则需要空怀母羊 3 倍量的食物才能满足自身和胎儿发育的需要。由于饲养管理的原因,要完全满足母羊在这一阶段的营养需求并不经济,所以最容易出现营养缺乏。肝功能异常的母羊也容易发病,这与其肝脏不能有效进行糖原异生作用有关。气候寒冷和严重的蠕虫感染能引起葡萄糖大量消耗,也能增加发生本病的危险。另一常见的原因是母羊配种过早,而在怀孕后期营养水平不能相应提高。

病理发生 病理发生目前尚不完全清楚,但其临床改变主要是因糖代谢异常而引起。血糖降低、大脑血糖供应不足、脂肪降解加速、血液中出现大量酮体和游离脂肪酸均与糖代谢异常有关,同时伴有许多激素分泌紊乱和酶活性改变。

症状 早期可见一只或几只怀孕母羊离群独居,对周围环境反应淡漠。驱赶时步态摇晃,如同失明一样漫无方向。头部和颈部肌肉震颤。随后出现便秘,食欲消失。发病1～2 d后病羊衰竭,静静躺卧,头靠在肋腹部或向前平伸,在随后几小时或1 d左右发生昏迷和死亡。体温正常,呼出气体中有强烈的酮味(或烂苹果味)。常伴有胎儿死亡,随后母羊出现短暂的恢复,但很快因为胎儿的腐败分解而引起中毒死亡。有时病羊和表面看上去健康的羊发生流产,流产的胎儿发育良好。流产后的病羊通常能康复。

病理剖检 无特异性和明显的病变,有时可见肝脏由于脂肪浸润而呈黄色,但这种变化在正常的怀孕母羊也有发生。胴体品质不良。

诊断 有神经症状且在几天内发生死亡的多胎或胎儿过大的怀孕母羊通常可怀疑为本病。应与低钙血症、低镁血症、蹒跚病(gid),大脑皮质坏死(cerebrocortical necrosis)和"跳跃病"(louping-ill)等相鉴别。血样分析若能发现血糖降低和酮体水平升高则有助于确诊本病。

治疗 一旦发病则难以治疗。用葡萄糖、甘油或丙二醇给病畜注射有疗效。由于流产后的母羊能自然康复,所以最好的办法是在发病早期人工流产或剖腹取出胎儿。对于肥胖母羊,在发病早期强行驱赶运动会收到很好的效果,但最终依赖于改善饲料的营养成分。

预防 羊妊娠毒血症实际上是一种饲养管理问题,因此要预防本病,应加强对怀孕母羊的管理,满足其营养需要。

驴、马妊娠毒血症(pregnancy toxemia of ass and mare)

驴、马妊娠毒血症是驴、马妊娠末期的一种代谢疾病,以顽固性不吃不饮为主要临床特征。如发病距产期较远,多数病畜维持不到分娩就母子双亡。本病于20世纪60年代初在山西省已有报道,以后在陕西(1964)、甘肃(1965)、宁夏(1967)以及河北、河南、山东、内蒙古、青海、辽宁、北京等地都相继大批发生。本病死亡率高达70%左右,是对驴、马养殖业危害较大的疾病之一。本病主要见于怀骡驹的驴和马。据统计驴怀骡的占87.2%,马怀骡的占12.9%,马怀马或驴怀驴的则极少发生。多发生在产前数日至1个月内,产前10 d发病者占绝大多数。1~3胎的母驴发病最多,但发病率与年龄、营养、体型及配种公畜均无明显关系。

病因与病理发生　首先胎驹过大是引起本病的主要原因,其次与怀孕期缺乏运动及饲养管理不当亦有密切关系。当胎驹为骡驹时,具有种间杂交优势,生活力强,代谢旺盛,在母体内发育迅速,出生时体重较驴驹大10%以上,胎水亦多3~4倍,从而使母体的新陈代谢和内分泌系统负担加重。特别在怀孕末期,胎驹迅速生长,代谢过程更加旺盛,需要从母体摄取大量的营养物质,因而加重了母畜消化系统的负担。相对过大的胎儿及大量的胎水占据了腹腔的大部分容积,影响胃肠功能,消化吸收功能降低,引起代谢紊乱。再加上饲养不当,母畜所吸收的营养成分不足以供应胎儿生长所需,母体储存的肝糖原被耗尽之后,接着就会动用体脂和蛋白质,以便在肝内转化为糖来满足胎儿生长发育的需要,从而加重肝脏代谢机能的负担,引起肝功失调,致使肝脏脂肪变性,形成脂肪肝,因而出现高脂血症。

脂肪肝的形成又可使肝脏代谢机能和解毒作用受到更严重的损害,以致肝脏对脂肪的氧化过程不完全,使脂肪氧化的中间产物(如丙酮等)在体内积蓄过多,抑制中枢神经活动。

酮体进入血中,则引起酮血症。大量酮体经尿排出时,对肾脏产生刺激,严重影响泌尿机能,妨碍有毒物质排泄,加剧了全身中毒症状。

肝细胞的严重脂变,使窦状隙变窄,流入肝门脉的血流受阻,引起脾脏和所有实质性器官的静脉充血和出血。这就加重了心脏负担,导致心脏病变,出现水肿、腹水和循环障碍。最后,病畜因尿毒症、肝昏迷和心力衰竭而死亡。

症状　主要特征是产前食欲递减,或者突然食欲废绝。驴和马的临床症状略有差异。

驴的症状　有轻症和重症2种病程类型。

轻症:体温基本正常,精神沉郁,口红而干,口稍臭,无舌苔。眼结膜潮红。排粪少、粪球干黑,有时带黏液。有的粪便稀软或干稀交替。

重症:精神极度沉郁,头低耳耷,不愿走动。食欲废绝或偶尔吃几口青草、胡萝卜等,但咀嚼无力,下唇松弛,常以门齿啃嚼。有的有异食癖,喜舔墙土、啃圈栏及饲槽。眼结膜呈暗红色或污黄红色。口干黏,少数流涎,口恶臭。舌质软、色红、有裂纹。舌苔黄、多腻或光滑,少数可见薄白苔。肠音沉衰,甚至消失。粪少,粪球干黑,病至后期则干稀交替,或于死亡前数日排褐色恶臭粪便或黑色稀粪水。尿量减少,黏稠如油,多为酸性尿、酮尿。心率达80~130次/min,心搏亢进或兼杂音,心律不齐。颈静脉怒张,阴性波动明显。

马的症状　病马常由顽固性食欲减退发展为食欲废绝。眼结膜呈红黄色或橘红色。口干舌燥,舌苔黄腻或白腻,严重时口黏,舌色青黄或淡白。病初腹胀、粪球干小而量少,表面被覆淡黄色黏液,后期粪呈糊状或黑色。肠音极弱或消失,尿稠色黄。呼吸浅而快,心音快而弱,有时节律不齐。体温一般正常,后期有时可达40℃以上。少数病马伴发蹄叶炎。

不论是病马,还是病驴,其血浆中 β-雌二醇和皮质醇均增高 2～3 倍。重症驴、马分娩时多伴有阵缩无力,发生难产,在驴高达30%以上。病马常早产 9 d 左右,病驴则早产 38 d 左右。即使足月分娩,胎驹亦因发育不良而于出生后很快死亡。母驴一般在产后逐渐好转,开始恢复食欲。也有 2～3 d 后开始采食的,但体力恢复甚慢,一般经 2～4 周才能痊愈。严重病例顺产后亦可死亡。

剖检病变 尸体多肥胖。血液黏稠,凝固不良。血浆呈不同程度的乳白色。腹腔及各脏器脂肪堆积,肝、肾肿大,严重脂肪浸润。实质器官及全身静脉充血、出血。血管内有广泛性血栓形成。肝脏呈土黄色,或部分呈土黄色,或呈红黄相间,质脆易破、切面油腻。肝小叶充血,严重病例可见生前肝破裂迹象。镜检肝组织呈蜂窝状,肝细胞肿大,胞浆内充满大脂肪囊泡或较小的脂肪滴;脂肪染色为强阳性。有时整个肝组织似为脂肪组织。胞核偏于一端,故肝细胞呈戒指状。肾脏呈土黄色或带有土黄色条纹及斑点,质软,被膜常与肾组织粘连,切面光滑,多有黄色条斑及出血区。肾小球略肿大,部分区域的肾小球充血。肾小管上皮细胞有脂肪浸润。实质变性或坏死。肾上腺异常增大,体积与重量均增加 4～5 倍。双侧卵巢肿大,有充血、淤血和溶血现象。

诊断 依据血浆或血清颜色及透明度等特征性变化,再结合妊娠史和临床症状,可以做出临床诊断。

将血液采出后,静置 0.5 h,可见病驴血清或血浆呈不同程度的乳白色、混浊,表面显示灰蓝色。病马血浆则呈暗黄色奶油状。这些变化与正常驴血浆(淡灰黄)和马血浆(淡黄色)有明显的区别。此外,根据血液生化分析,可见病畜肝功受损,麝香草酚浊度(TTT)、谷草转氨酶(GOT)、血清总胆红素浓度明显升高。此外,表现明显的高脂血症,如血清总脂、血清 β-脂蛋白、胆固醇和甘油三酯均显著升高。

治疗 本病的治疗原则是驱脂、保肝、解毒。

10%葡萄糖注射液(1000 mL)加入 12.5%肌醇注射液 20～30 mL 和 2～3 g 维生素C,静脉注射,每日 1 或 2 次,可用于病驴的治疗。对于病马,可将肌醇增加 0.5～1 倍。必须坚持用药,直至食欲恢复为止,频繁更换药物可能引起不良后果。复方胆碱(0.15 g/片)20～30 片、乳酶生 0.5～1 g、磷酸酯酶(0.1 g/片)15～20 片、稀盐酸 15 mL,胃管投服用于驴,每日 1 次或 2 次,每次 1 剂。用于马时,复方胆碱片和磷酸酯酶片加倍。如不用稀盐酸,则可用胰酶(0.3 g/片)10～20 片。上述 2 种方法可以同时应用。

此外,还可将氢化可的松 0.3～0.6 g 加入 500 mL 5%葡萄糖注射液中静脉注射,每日 1 次,连用 3 d,作为辅助治疗。

加用肝素,采用不同的中药方剂辨证施治,亦可提高治愈率。

在治疗期间应加强护理,更换饲料品种、饲喂青草、苜蓿等,或在青草地放牧,以增进食欲,改善病情。

由于病畜往往随产驹而病情好转,故对药物疗效不佳且临近分娩的病畜,可用前列腺素 F_{2x} 及其类似物引产。

预防 针对病因,对孕畜合理使役、增加运动,并注意合理搭配饲料,避免长期单纯饲喂一种饲料。

猫、犬脂肪肝综合征(fatty liver syndrom of cats and dogs)

猫、犬脂肪肝综合征是许多疾病的共同病理现象,临床上以皮下脂肪蓄积过多、容易疲劳、消化不良为特点。可因身体过度肥胖、糖尿病、或因长期摄入高脂、高能量、低蛋白饲料,后又因突然减食,甚至严重饥饿而引起。体内激素分泌障碍或对糖尿病治疗不恰当或错误用药,如使用四环素、糖皮质激素太多或使用时间太长,或因某些内毒素等均可引起本病的发生。

饥饿情况下外周脂肪组织中脂肪水解为甘油和脂肪酸,在肝内或者被氧化、供能;或者与磷脂一起形成新的甘油三酯,被脂蛋白运入外周脂肪组织。当肝内脂肪生成速度大于运出速度时,脂肪遂沉积在肝内。有些营养成分,如胆碱、磷脂及其前体蛋氨酸(methionine)、三甲基甘氨醛(betaine)、酪蛋白等缺乏,可直接影响已合成的脂肪运出肝脏,并产生脂肪肝。猫、犬糖尿病前期,大多有过胖现象。一旦胰岛素分泌不足,可促使外周脂肪组织分解;相反,生长素、儿茶酚胺释放过多,因其对胰岛素有拮抗作用,亦可促使外周脂肪组织分解,促进脂肪向肝脏沉积。许多糖尿病的犬血浆中甘油三酯和游离脂肪酸浓度升高,增加了脂肝生成的可能性。除了上述一些因素可促进外周脂肪分解之外,抑制肝脏中甘油三酯的再酯化,也可造成肝内积脂过多,产生脂肪肝综合征。亦见于四环素、某些细菌的素素等损伤肝组织,干扰肝细胞对脂蛋白的合成,使肝内合成的脂肪无法运往脂肪组织储存,蓄积在肝脏内。有些损伤肝细胞的因素,可促使脂肪肝生成。但这种脂肪肝综合征是可逆的,停药或消除了有毒物质影响后,肝功能可恢复。脂肪肝综合征亦可逐渐消失。

猫、犬脂肪肝综合征表现为体躯肥胖、皮下脂肪丰富,容易疲劳,消化不良,有易患糖尿病的倾向。血糖浓度升高,容易感染并产生菌血症。高度肥胖者,因心脏冠状动脉及心包周围有大量脂肪,动物表现呼吸困难,稍事运动即气喘吁吁,并产生多种器官病理。

用高蛋白、低脂肪、低碳水化合物饲喂,可防止猫、犬过胖;同时,定时、定量饲喂,是防止本病的有效措施。但脂肪肝综合征的临床症状一旦显现后,治疗效果常不够理想。

蛋鸡脂肪肝出血综合征(fatty liver and hemorrhagic syndrome inlaying hens,FLHS)

鸡脂肪肝出血综合征(fatty liver hemorrhagic syndrome,FLHS),是产蛋鸡的一种营养代谢病,临床上以过度肥胖和产蛋下降为特征。该病多出现在产蛋高的鸡群或鸡群的产蛋高峰期,病鸡体况良好,其肝脏、腹腔及皮下有大量的脂肪蓄积,常伴有肝脏小血管出血,该病发病突然,病死率高,给蛋鸡养殖业造成了较大的经济损失。

病因　①遗传因素:田间不同品种间FLS敏感性的试验结果显示,遗传因素影响FLS的发病率。肉种鸡的发病率高于蛋种鸡。为提高产蛋性能而进行的遗传选择是脂肪肝综合征的诱因之一,高产蛋频率刺激肝脏沉积脂肪,这与雌激素代谢增强有关。②营养:a. 能量过剩:过量的能量摄入是造成FLHS的主要原因之一。笼养自由采食可诱发FLHS。大量的碳水化合物也可引起肝脏脂肪蓄积,这与过量的碳水化合物通过糖原异生转化成为脂肪有关。b. 能量蛋白比:高能量蛋白比的日粮可诱发此病。据观察,饲喂能蛋比为66.94的日粮,产蛋鸡FLHS的发生率可达30%,而饲喂能蛋比为60.92的日粮,其FLHS发生率为0%。同样,据文献记载,饲喂高能低蛋白的日粮(12.10 MJ/kg,12.72% CP),产蛋鸡的FLHS发病率较高。c. 能源:产蛋鸡日粮使用的能源类型也影响鸡肝脏的脂肪含量。饲喂以玉米为基础的日粮,产蛋鸡亚临床脂肪肝综合征的发病率高于以小麦、黑麦、燕麦或大麦为基础的日粮,这些谷物含有可减少FLHS或FLHS的多糖如果胶。以碎大米或珍珠小米为能源的日粮尤其是肉种鸡日粮也可使鸡肝脏和腹部积累大量的脂肪。d. 钙:低钙日粮可使肝脏的出血程度增加,体重和肝重增加,产蛋量减少。影响程度依钙的缺乏程度而定。鸡通过增加采食量(15%~27%)来满足钙的需要量,但这样会同时使能量和蛋白质的采食过量,进而诱发FLHS。日粮的低钙水平抑制下丘脑,使得促性腺激素的分泌量减少,产蛋减少或完全停止。即使如此,鸡的采食量依然正常。由于产蛋减少,食入的过量营养物质将转化为脂肪储存在肝脏。给育成鸡延迟饲喂适宜钙水平的日粮也可导致脂肪沉积。为了避免发生这种情况,育成鸡从16周龄到产蛋达到5%这一时期,宜采食钙水平为2%~2.5%产前料。e. 蛋白源和硒:与能量、蛋白、脂肪水平相同的玉米鱼粉日粮相比,采食玉米-大豆日粮的产蛋鸡,其 FLHS 的发生率较高。玉米鱼粉日粮的脂肪肝出血综合征发生较低的原因可能是鱼粉含硒的缘故,硒对血管内皮有保护作用,玉米大豆日粮中补加 0.3 mg/kg 的硒可减少肝出血。f. 维生素与微量元素:抗脂肪肝物质的缺乏可导致肝脏脂肪变性。FLHS 是由于脂类运输的缺乏或过量引起的。但日粮中添加这些亲脂肪物质的试验结果变化不一,甚至相反。脂类过量的过氧化作用可能是 FLHS 出现肝脏出血的一个原因。维生素C、维生素E、B族维生素、锌、硒、铜、铁、锰等影响自由基和抗氧化机制的平衡。上述维生素及微量元素的缺乏都可能和FLHS 的发生有关。③应激:任何形式(营养、管理和疾病)的应激都可能是FLHS 的诱因。突然应激可增加皮质酮的分泌。外源性皮质酮或应激期间释放的其他糖皮质激素使生长减缓。皮质类固醇刺激糖原异生,促进脂肪合成。尽管应激会使体重下降,但会使脂肪沉积增加。有时高产蛋鸡接种传染性支气管炎油佐剂灭活苗可暴发FLHS。④温度:环境温度升高可使能量需要减少,进而脂肪分解减少。热带地区的4—6月份是FLHS 的高发期。从冬季到夏季的环境温度波动,可能会引起能量采食的错误调节,进而也造成FLHS。炎热季节发生 FLHS 可能和脂肪沉积量较高有关。⑤饲养方式:笼养是 FLHS 的一个重要诱发因素。因为笼养限制了鸡的运动,活动量减少,过多的能量转化成脂肪。笼养蛋鸡没有机会接触粪便。因此不能消除某些必需营养物质的缺乏,仅通过过量采食来满足需要,进而导致FLHS。笼养FLHS 发生的另一个重要原因是,鸡不能自己选择合适的环境温度。⑥毒素:黄曲霉毒素也是蛋鸡产生FLHS 的基本因素之一。日粮中黄曲霉毒素达 20 mg/kg 可引起产蛋下降,鸡蛋变小,肝脏变黄、变大和发脆,肝脏脂肪含量增至 55% 以上。即使是低水平的黄曲霉毒素,如果长期存在也会引发 FLHS。菜籽饼的毒性物质也会诱发鸡的FLHS。日粮含10%～20%菜籽饼或 20%菜油可造成中度或严重的肝脏脂肪化,数周内将出现肝出血。菜籽饼中的硫葡萄苷(glucosinolate)是造成出血的主要原因。⑦激素:肝脏脂肪变性的产蛋鸡,其血浆的雌二醇浓度较高。这说明激素与能量的相互关系可引起FLHS。过量的雌激素促进脂肪的形成,后者并不与反馈机制相对应。甲状腺的状况也影响肝脂肪的沉积,研究结果表明甲状腺产物硫尿嘧啶和丙基硫尿嘧啶可使产蛋鸡沉积脂肪。

发病机理 目前仍不十分清楚。已认识产蛋鸡脂肪代谢的特点,母鸡接近产蛋时,为了维持生产力(1 枚鸡蛋大约含 6 g 脂肪,其中大部分是由饲料中的碳水化合物转化而来的),肝脏合成脂肪能力增加,肝脂也相应提高,对某些成熟母鸡肝脂由干重的 10%～20% 提高到干重的 45%～50% 即可,另一些母鸡则需提高到 50% 以上,这就促使 FLHS 的发生。并且由于禽类合成脂肪的场所主要在肝脏,特别在产蛋期间,在雌激素作用下肝脏合成脂肪能力增强,每年由肝脏合成的脂肪总量几乎等于家禽的体重。合成后的脂肪以极低密度脂蛋白(VLDL)的形式被输送到血液，经心、肺小循环进入大循环，再运往脂肪组织储存或运往卵巢。当肝内缺少脱脂肪蛋白和合成磷脂的原料，或 VLDL 的形成机能受阻，或当血浆 VLDL 含量增高时，使肝脂输出过慢而在肝中积存形式脂肪肝。

蛋是由各种蛋白质、脂类、矿物质与维生素形成的。如果饲料中蛋白质不足，影响脱脂肪蛋白的合成，进而影响 VLDL 的合成。从而使肝脏输出减少，产蛋量少；饲料中缺乏合成脂蛋白的维生素 E、生物素、胆碱、B 族维生素和蛋氨酸等亲脂因子，使VLDL 的合成和转运受阻，造成脂肪浸润而形成脂肪肝。同时，由于产蛋鸡摄入能量过多，作为在能量代谢中起关键作用的肝脏不得不最大限度地发挥作用，肝脏脂肪来源大大增加，大量的脂肪酸在肝脏合成，但是，肝脏无力完全将脂肪酸通过血液运送到其他组织或在肝脏氧化，而产生脂肪代谢平衡失调，从而导致脂肪肝综合征。

症状　本病主要发生于重型鸡及肥胖的鸡。有的鸡群发病率较高，可高达31.4%～37.8%。当病鸡肥胖超过正常体重的25%，产蛋率波动较大，可从60%～75%下降为30%～40%，甚至仅为10%，在下腹部可以摸到厚实的脂肪组织。病鸡冠及肉髯色淡，或发绀，继而变黄、萎缩，精神委顿，多伏卧，很少运动。有些病鸡食欲下降，鸡冠变白，体温正常，粪便呈黄绿色，水样。当拥挤、驱赶、捕捉或抓提方法不当时，引起强烈挣扎，甚至突然死亡。易发病鸡群中，月均死亡率可达2%～4%，但有时可高达20%。

临床病理学　病鸡每 100 mL 血液中血清胆固醇明显增高达到 15.73～29.77 mmol/L或以上(正常为2.91～8.82 mmol/L)；每 100 mL 血液中血钙增高可达到7～18.5 mmol/L(正常为3.75～6.5 mmol/L)；血浆雌激素增高，平均含量为 1 019 μg/ mL(正常为305μg/ mL)；450 日龄病鸡100 mL 血液中肾上腺皮质胆固醇含量均比正常鸡高 5.71～7.05 mg。此外，病鸡肝脏的糖原和生物素含量很少，丙酮酸脱羧酶活性大大降低。

病理学检查　病死鸡的皮下、腹腔及肠系膜均有多量的脂肪沉积。肝脏肿大，边缘钝圆，呈黄色油腻状，表面有出血点和白色坏死灶，质脆易碎如泥样，用刀切时，在切的表面上有脂肪滴附着。有的鸡由于肝破裂而发生内出血，肝脏周围有大小不等的血凝块。有的鸡心肌变性呈黄白色。有些鸡的肾略变黄，脾、心、肠道有程度不同的小出血点。

组织学观察仍可见到肝细胞，但视野中到处都是零乱的脂肪泡干扰了内部结构，有些区域显示小血管破裂和继发性炎症、坏死和增生。

诊断　根据病因、发病特点、临床症状、临床病理学检验结果和病理学特征即可做出诊断。但是,应注意与鸡脂肪肝和肾综合征的鉴别诊断。

防治 通过限制饲料采食量或降低日粮的能量水平是预防 FLHS 的有效方法。因此可采取以下防治措施:①合理调整日粮中能量和蛋白质含量的比例。一般采用饲料代谢能与粗蛋白的比例为160~180。产蛋初期取低值,后期取高值。②按鸡日龄、体重、产蛋率甚至气温、环境,及时调整饲料配方,在控制高能物质供给的同时,换入一定比例的粗纤维(如苜蓿粉)可使肝脏脂肪含量减少,但对产蛋量没有不利的影响。③适当限制饲喂,减少饲料供给。减少供给量的8%~12%,从产蛋高峰期开始,高峰前期减少些,高峰后期多减些,主要放在高峰后期限喂。避开盛夏,选择秋天后进行。④选择合适体重的鸡,剔除体重过大的个体。按120日龄鸡群平均体重计,凡高于平均体重15%~20%的鸡均应剔除,或分群饲养,限制饲喂,控制体重增长。⑤控制饲养密度,提供适宜的温度和活动空间,减少应激因素。夏季做好通风降温,补喂热应激缓解剂,如维生素C和杆菌肽锌等。⑥在饲料中供应足够的胆碱(1 kg/t),叶酸,生物素、核黄素、吡哆醇、泛酸、维生素 E(1 万 U/t)、硒(1 mg/kg)、干酒糟、串状酵母、钴(20 mg/kg)、蛋氨酸(0.5 g/kg)、卵磷脂、维生素 B_{12}、肌醇(900 g/t)等,同时做好饲料的保管工作,防止霉变。⑦中药"水飞蓟"(*Silybum marianum* L. gaertn)是药用植物,有效成分水飞蓟素可使血液中胆固醇含量降至用药前的1.9%,血清甘油三酯降至用药前的51.5%,按1.5%的量配合到饲料中,可使已患病的鸡治愈率达80.0%,显效率达13.3%,无效率仅6.7%,对已发病的鸡可试用。

此外,亦可将饲料中蛋白质水平提高1%~2%办法治疗患病鸡。

鸡脂肪肝和肾综合征(fatty liver and kidney syndrome in chickens)

鸡脂肪肝和肾综合征是青年鸡的一种营养代谢障碍。以肝、肾肿胀且存在大量脂类物质,病鸡嗜眠、麻痹和突然死亡为特征。多发生于肉用仔鸡,也可发生于后备肉用仔鸡,但 11 日龄以前和 32 日龄以后的仔鸡不常暴发,以 3~4 周龄发病率最高。

病因 目前认为主要有以下几种:①营养代谢调节失调。通过饲喂一种含低脂肪和低蛋白粉碎的小麦基础日粮,能够复制出本病,并有25%死亡率。若日粮中增加蛋白质或脂肪含量,则死亡率减低;若将粉碎的小麦做成小的颗粒饲料,则死亡率增高。②生物素缺乏。因为生物素在糖原异生的代谢途径中是一种辅助因子,本病存在低糖血症,表明糖原异生作用降低。有些学者发现按每千克体重在基础日粮中补充生物素 0.05~0.10 mg,是防治本病的良好方法。③某些应激因素,特别是当饲料中可利用生物素含量处于临界水平时,突然中断饲料供给,或因捕捉、雷鸣、惊吓、噪声、高温或寒冷,光照不足,禽群为网上饲养等因素可促使本病发生。

发病机理　大多数学者认为该病是由生物素缺乏引起的。生物素分为可利用(available)和不可利用的2种。小麦、大麦等饲料中生物素可利用率仅为10%～20%,鱼粉、黄豆粉等高蛋白饲料中生物素可利用率达100%.鸡饲料中补充蛋白质和脂肪,可减少本病发生,这与提高生物素的可利用率有关。10日龄以前,幼雏体内尚有一定量母源性生物素;30日龄后,饲料中玉米、豆饼成分比例提高,可使发病率降低。但至今为何主要发生于肉用仔鸡群,其他品种禽类和动物缺乏生物素时,临床表现却未见有肝、肾肿大和黏膜出血的现象,应激因素是怎样促使疾病发生等还难以阐明。

生物素是体内许多羧化酶的辅酶,是天门冬氨酸、苏氨酸、丝氨酸脱氢酶的辅酶。在丙酸转变为草酰乙酸、乙酰辅酶A转变为丙二酸单酰辅酶A等过程中起重要作用。脂肪肝和肾综合征的鸡血糖浓度下降,血浆丙酮酸和游离脂肪酸浓度升高,肝脏中糖原浓度下降,说明糖原异生作用下降,导致脂肪在肝、肾内蓄积,组织学观察证明,脂肪积累在肝小叶间及肾细胞(肾近曲小管上皮细胞)的胞浆内,产生肝、肾细胞脂肪沉着症。由于脂蛋白酯酶被抑制,阻碍了脂肪从肝脏向外运输,低血糖和应激作用增加了体脂动员,最终造成脂肪在肝肾内积累。除骨骼肌、心肌和神经系统外,全身还有广泛的脂肪浸润现象。

症状　本病一般见于生长良好的鸡,发病突然,表现嗜睡,麻痹由胸部向颈部蔓延,几小时内死亡,死后头伸向前方,趴伏或躺卧将头弯向背侧,病死率一般在5%,有时可高达30%,有些病例亦可呈现生物素缺乏症的典型表现,如羽毛生长不良,干燥变脆,喙周围皮炎,足趾干裂等。

病理学检查　剖检可见肝苍白、肿胀。在肝小叶外周表面有小的出血点,有时出现肝被膜破裂,造成突然死亡。肾肿胀,颜色可有各种各样,脂肪组织呈淡粉红色,与脂肪内小血管充血有关。嗉囊、肌胃和十二指肠内含有黑棕色出血性液体,恶臭,心脏呈苍白色。组织学检查,可发现肾脏及其许多近曲小管肿胀,病鸡的近曲小管上皮细胞呈现颗粒状胞浆,毛刷的边缘常常断裂,用PAS染色力不强。并且在近曲小管和肝脏中存在大量脂类。

临床病理学　病鸡有低糖血症、血浆丙酮酸水平升高和脂禽肝内糖原含量极低,生物素含量低于$0.33\ \mu g/g$,丙酮酸羧化酶活性大幅度下降,脂蛋白酶活性下降。

诊断　根据病史即可做出诊断。但应与包涵肝体炎(腺病毒感染)和传染性法氏囊病相鉴别(表10-3)。

表10-3　鸡脂肪肝和肾综合征与包涵体肝炎、传染性法氏囊病的鉴别诊断

项目	包涵体肝炎	传染性法氏囊病	脂肪肝和肾综合征
发病日龄	28～45	10以上	10～30
鸡群状态	死前多数正常	不完全健康	生长良好
死亡率(%)	0～8	0～25	0～10
肝、肾变化	出血、色正常	肾小管肿胀	肝苍白、肿大,肾色白,肾小管肿胀现象不及前两病明显
法氏囊	萎缩	出血或有脓样分泌物	正常
肝组织学变化	肝包涵体变性及细胞广泛破裂	—	脂肪沉积无细胞变性

防治　针对病因,调整日粮成分及比例。例如,增加日粮中蛋白质或脂肪含量,给予含生物素利用率高的玉米、豆饼之类的饲料,降低小麦的比例,禁止用生鸡蛋清拌饲料育雏。另外,按每千克体重补充0.05～0.10 mg 的生物素,经口投服,或每千克饲料中加入150 μg 生物素,可有效地防治本病。

黄脂病(yellow fat disease)

黄脂病是指动物机体内脂肪组织发生炎症并为蜡样物质(ceroid)所沉积,使脂肪呈黄色。多发生于猪,俗称"黄膘猪"。还见于人工饲喂的水貂、狐狸和鼬鼠等,偶见于猫。业已证明,本病是由于给动物饲喂了含过量的不饱和脂肪酸甘油酯的饲料或由于饲喂含生育酚不足的饲料,使抗酸色素在脂肪组织中积聚所致。临床上曾见给猪饲喂鱼脂、碎鱼块、鱼罐头的废弃物、蚕蛹或芝麻饼而引起发病。黄膘猪生前难以诊断,一般只呈现被毛粗乱、倦怠、衰弱和黏膜苍白等不为人们所注意的症状。水貂黄脂病生前可呈现精神委顿、食欲下降、便秘或下痢,有的共济失调,重症者后肢瘫痪。如在产仔期可伴有流产、死胎或新生畜衰弱,并易死亡。动物黄脂病的诊断主要依据死后剖检,皮下脂肪和腹腔脂肪呈典型的黄色或黄褐色,肝脏呈土黄色,如结合生前曾饲喂容易致病的饲料和上述的临床症状将更有助于诊断的建立。另外,鉴于黄疸和黄膘猪的脂肪均呈黄色,故要对两者予以区别,一般可取脂肪组织少许,用50%的酒精震荡抽提后,至滤液中滴加浓硫酸10滴,如呈绿色,继续加热加酸后呈现蓝色者则为黄疸的特征。黄膘病的防治原则是增加日粮中维生素E供给量,更重要的是减少饲料中含过多不饱和甘油酯和其他高油脂性的成分。有条件的猪场建议至少每千克饲料中添加维生素E 11 IU,即11 000 IU/t 饲料;水貂的饲料中按每只每天15 mg 的剂量补饲α-生育酚,连续补饲3个月,即可预防黄膘病,又可提高繁殖率,对患猫可按每只每天30 mg 剂量补饲α-生育酚。

禽淀粉样变(avian amyloidosis)

禽淀粉样变是指某些组织和器官的网状纤维、血管或细胞外有淀粉样物质沉着并伴有淀粉纤维形成的病理过程。此病理过程因其在新鲜的变性组织滴加碘溶液后呈红褐色,再滴加1%硫酸溶液后又变成蓝色,与淀粉遇碘时产生的反应相似而得名。淀粉样物质的本质是蛋白质,且具有纤维的特征,H.E.染色,光镜下呈现为无结构的均质红染物质;刚果红染色,偏光显微镜观察呈橘红色,双屈光性;电镜下,可见无固定长度,直径7.0~10 nm的线状纤维。其化学成分是β褶状片的多肽结构,其中间蛋白构型的改变或某些氨基酸的置换易于造成淀粉样纤维的形成。淀粉样蛋白主要有两类:一类是含淀粉轻链蛋白(AL),另一类是含淀粉样蛋白A(AA)。淀粉样变除在鸭、鹅、棕色蛋鸡、笼养野生鸟类发生外,还见于犬、奶牛、马、骡、猿猴、貂、兔、小鼠及人等。这种病在短时间内通常是致命的。近年来,淀粉样变自揭示是阿尔茨海默C病(Alzheimer's)、牛海绵状脑病(bovine spongiform encephalopathy)和痒病(scrapie)等病的重要临床病理学基础后已引起了科学家的高度重视,成为又一新的研究热点。

病因　①原发性淀粉样变主要发生在高蛋白日粮肥育的禽类(如填鸭);②继发性淀粉样变常见于长期伴有组织破坏的慢性消耗疾病、慢性炎症和慢性抗原性刺激的过程,如禽的结核、化脓、肿瘤、螨的寄生等;③遗传性因素,某些品种的笼养野生鸟类,如Anatidae家族的88种鸟中77%的鸭和51%的鹅易发淀粉样变,而Oxyurini家族的则很少发生。这些多提示了遗传因素对淀粉样变发生影响;④应激因素,有研究表明,在条件差的动物园或农场(舍)饲养的笼养野生鸟淀粉样变的发病率高,而自由生活的野生鸟则很少发生,高密度饲养较低密度饲养时发病率高。

发病机理　淀粉样变是一种复杂的病理现象,其发生机制目前还不太清楚。有人认为是抗原-抗体反应在血液循环中所形成的蛋白复合物;有人认为是浆细胞产生的糖蛋白和内皮细胞产生的含硫黏多糖结合形成的复合物。近年来的研究认为,血液中淀粉样蛋白或先质蛋白的增加对淀粉样变的形成是必须的,其中间蛋白构型的变化或氨基酸的置换易于导致淀粉样纤维的形成,而淀粉样纤维的形成在淀粉样变的过程中有特殊重要的作用。目前完整的先质蛋白,特殊的肽结构,内环境的变化对纤维的形成及其基因的研究成果将为其发生机制提供理论依据。

症状　淀粉样变的临床症状通常是不典型的。随淀粉样物质沉着在组织和器官中的位置而有所不同。当其主要沉着在肝脏时,病禽主要表现为慢性消化不良,逐渐消瘦,肝浊音区扩大,少数病例可出现黄疸和腹水。当其主要沉着在肾小球时病禽表现为渐进性肾功能不全。当其主要沉着在关节时,病禽主要表现为跛行和生长阻滞。当其同时沉着于多个组织和器官时,则临床症状更为复杂多样。

病理变化 病理剖检变化:肝脏显著肿大,色深,质脆易碎,切面呈褐色油脂样。有时可见肝破裂,肾苍白、肿大,有时可见血囊肾。脾脏肿大。胫、股关节有非化脓性关节炎。组织学变化:在肝脏淀粉样物质主要沉着在Disse's 隙中,在脾脏沉着于滤泡和血管的周围,在肾脏主要沉着在间质组织和血管周围,沉着在肾髓质时,可见肾乳头坏死。在小肠主要沉着在其血管基膜外。在血管早期主要沉着在血管内皮和基膜之间,后期可累及基膜和间质区。

诊断 由于淀粉样变的临床症状是非特征性的,故它在生前很难被认识。其诊断主要是结合病理尸体剖检的结果做出的。在人类通过抽吸直肠或皮下脂肪做组织病理学检查的方法来诊断该病是可行的,但在禽是否可行尚不清楚。另外组织切面的刚果红(congo)染色通常用来检测淀粉样变物质,免疫检测则用于不同淀粉样变蛋白的分类。

治疗 用抗生素或外科手术控制潜在的炎性变化,运用一定量的抗有丝分裂药和抗炎症的药物,如 colchicine 和 DMSO 在人类及一些动物的试验中已取得了一定的效果。想通过治疗来消除淀粉样变物是十分困难的,在人类用同位素标记的SAP 研究表明,其消退速度缓慢,在一些病例中甚至保持不变。

预防 平时做好畜禽的免疫接种工作,发现病情后应及时控制。加强饲养管理,减少应激。

鸡苍白综合征（pale birds syndrome）

鸡苍白综合征是一种病因尚未完全明确的营养吸收障碍性疾病。相关病名有鸡病毒性肠炎、鸡吸收不良综合征、肠道疾病综合征、鸡传染性矮小综合征、肉鸡矮小综合征(runting syndrome)、鸡直升机病和尖峰死亡综合征等。该病的病因有非传染性致病因素的作用,也有微生物(传染性)的致病因素的作用。尽管从本病相关的病例中已经分离到多种病毒,如腺病毒(Ⅱ群)、星状病毒、杯状病毒、冠状病毒、类冠状病毒(粒子)、肠道病毒、类肠道病毒(粒子)、FEW 病毒、呼肠孤病毒、细小病毒、类细小病毒、类细小 RNA 病毒、棒状类病毒粒子、轮状病毒、类披膜病毒等,但是这些病毒都不是独立的致病因素。由于肠道是一个具有多种高度复杂功能的器官,机体通过肠道吸收营养物质,也为致病的或非致病的微生物生长增殖提供了场所,所以肠道营养吸收障碍的发病机理是极其复杂的。因此,该病的病因是多元性的,可能还有其他病毒的存在,或相关传染性因子与非传染性因素共同或相互作用,或某些因素引起的免疫抑制和免疫应激等,都可能引起本病的发生和发展。不论病因如何,表现的症状相似。在2周龄内感染发病的鸡或火鸡通常表现腹泻、神经症状、生长弛缓(矮小)、啄垫料、饮水增多、消化不良(双糖酶活性下降)、吸收不良;低血糖血症、低钙血症;饲料转化率降低、增重减少、采食量降低等。随后发生羽毛(主要是双翅羽毛)生长不良,进而出现与维生素D缺乏相关的佝偻病的病变和低磷血症相关的早期骨质疏松症的病变。病鸡的肉眼病变包括腺胃肿胀,腺胃炎,胰脏、胸腺和骨骼异常,双肢皮肤色泽变淡,卡他性肠炎和肠壁苍白,肠道内充满橘黄色黏液。患病火鸡的肉眼病变主要为胃肠道扩张,肠内充满气体和黏液;盲肠臌胀,并充盈泡沫样的内容物。鸡群的个体大小不均,发病后变成矮小的鸡和火鸡不出现代偿性生长,直到上市日龄时体重未见明显增加。

猪黑脂病(swine melanosis)

猪黑脂病是较为少见的一种疾病。它是猪屠宰时患猪乳腺周围脂肪见有褐色的斑点或花纹,常以乳头为中心,向周边扩散,重症者可波及整个腹底部脂肪组织。组织病理学检查可见乳导管消失,并为脂肪组织所替代,结缔组织中有大量黑色素沉积。有人认为,该病的发生是与体内色素代谢障碍有关,可能是酪氨酸在酪氨酸酶的作用下形成一种被称为"多巴"的物质,其进一步转化便成为黑色素,从而形成黑脂病。但该病更深层次发生机理尚待进一步探讨。黑脂病与黑色素瘤的区别是两者虽然在病区均有黑色素沉积,但用手触摸病变部位,黑脂病不会将手染黑,而黑色素瘤则可能将手染黑。

马麻痹性肌红蛋白尿(paralytic myoglobinuria in horses)

马麻痹性肌红蛋白尿是一种以肌红蛋白尿和肌肉变性为特点的营养代谢性疾病。患马通常有2d或2d以上的时间被完全闲置,而在此期间日粮中谷物成分不减,当突然恢复运动时则发生本病。

病因　平时饲养良好的马在闲置时,大量肌糖原储备得不到利用,在运动时则迅速转变为乳酸,一旦乳酸的产量超过了血液的清除能力则发生乳酸堆积,引起肌肉凝固性坏死并释放肌红蛋白进入尿液。日粮中维生素E缺乏也可能与本病有关。

发病机理　肌纤维凝固性坏死引起大肌肉群疼痛和严重水肿,股部肌肉因含糖原较高最易受损。肌肉水肿引起坐骨神经和其他腿部神经受压,导致股直肌和股肌继发神经性变性坏死。坏死肌肉释放血红蛋白进入尿液,使尿液呈暗红色。

症状　运动开始后15～60 min出现症状,患马大量出汗,步态强拘,不愿走动。如此时能给予充分的休息,症状可在几小时内消失,继续发展下去则卧地不起,最初呈犬坐姿势,随后侧卧。患马神情痛苦,不停挣扎着企图站立。严重病例在后期出现呼吸急促,脉搏细而硬,体温升高达40.5℃。股四头肌和臀肌强直,硬如木板。尿液呈深棕褐色,有时出现排尿困难。食欲和饮欲正常。亚急性病例症状轻微,不出现肌红蛋白尿,但出现氮尿(azoturia),有跛行,或因臀部疼痛不能迈步,蹲伏地上。出现跛行后立即停止运动,患马可在2～4 d 自然康复,仍能站立的马预后良好,也可在2～4 d 恢复,卧地不起的马则预后不良,随后往往发生尿毒症和褥疮性败血症。

剖解变化 臀肌和股四头肌呈蜡样坏死,切面混浊似煮肉状。膀胱中有黑褐色尿液。肾髓质部呈现黑褐色条纹。有时可见心肌、喉肌和膈肌变性、坏死。

诊断 对于典型病例,根据病史和临床症状可做出诊断。注意与蹄叶炎、血红蛋白尿相鉴别。患蹄叶炎的病马有跛行,但不出现尿液颜色改变。许多疾病伴有血红蛋白尿而使尿液变红,但通常不出现跛行和局部疼痛。"黏步"(tying-up)主要发生于轻型马,其症状之一就是出现轻度麻痹性肌红蛋白尿,应注意与本病区别。还应与马的局部性上颌肌炎(local maxillary myositis)和全身性多肌炎(generalized polymyositis)相鉴别,前者发展缓慢,且只发生于咬肌,后者主要出现全身性肌营养不良,与维生素E缺乏类似。

治疗 发病后立即停止运动,就地治疗。尽量让病马保持站立,必要时可辅助以吊立。对不断挣扎和有剧痛的马立即用水合氯醛镇静(30 g 溶于500 mL 消毒蒸馏水中,静脉注射;或45 g 溶于500 mL 水中,口服),或普鲁马嗪每50 kg 体重22～55 mg 肌肉注射或静脉注射,同时静脉注射糖皮质激素。肌肉注射盐酸硫胺素每日0.5 g 也可取得满意疗效。在疾病早期可注射抗组胺药和维生素E。辅助治疗可静脉注射或口服大剂量的生理盐水,以维持高速尿流量和避免肾小管堵塞。排尿困难需导尿。保持尿液呈碱性,以避免肾小管肌红蛋白沉淀。

预防 在闲置期间应将日粮中谷物成分减 1/2。对有可能发病的马要避免让其剧烈运动,可在恢复运动的初始阶段保持非常轻微的运动强度,随后逐渐增加运动量。

野生动物捕捉性肌病(capture myopathy of wildlife)

捕捉性肌病是新近被捕获的野生动物的一种肌病。本病的临床特征是精神沉郁、肌肉僵硬、运动失调、麻痹、排出咖啡色肌红蛋白尿以及代谢性酸中毒。其病理学改变与马麻痹性肌红蛋白尿病以及牛和绵羊的营养性和运输性肌病相似。在捕获的大猎物中,已报道发生本病的有野牛、红狷羚、小羚羊、大羚羊、斑马、犀牛、大象、狒狒、鹿、麝、野山羊以及红鹤等。本病的发病率相当高,可达50%以上。

病因 与追逐和捕捉时的肌肉剧烈运动有关。捕捉时使用能引起体温过高的保定药和捕捉所致的酸中毒也是不可忽略的因素。畏惧和焦急应激是本病的触发因素。过度疲劳、衰竭、体温过高、侵扰、驯教、运输等可强化动物的应激状态。进而启动触发机制，导致本病的发生。硒和维生素 E 等营养缺乏是否可作为本病的致病因素尚有争议。缺硒地区的动物对本病可产生暂时的易感性。

发病机理 因追赶和捕捉而被迫奔跑、挣扎的动物存在代谢性酸中毒。在短时间内高速度奔跑的动物生成和释放的乳酸量比持续运动时多，其代谢性酸中毒的严重程度远远超过长时间追逐后捕捉到的动物。而肌肉病变可能是乳酸增加和剧烈运动的共同后果。

血液pH 值急剧降低，一方面可引起肌肉痉挛，并使肌细胞膜通透性增加；另一方面可导致心输出量减少、体循环血压下降、甚至心肌纤颤、心搏动停止直至突然死亡。肌红蛋白尿所致的肾功能衰竭则可能是后期致死的直接原因。

症状 初期，精神沉郁，呼吸和心搏动增数，体温升高，头颈歪斜，步态不稳，运动失调，肌肉僵硬，震颤，甚至出现跛行或吞咽障碍。四肢肌肉部分或完全麻痹时，动物卧地不起，呼吸用力，排咖啡色尿液。后期，心搏动减弱，脉搏细弱呈丝状脉，最终多死于衰竭和昏迷。急性病例多在12 h 内死亡；亚急性病例可存活数周；慢性病例则逐渐消瘦、虚弱，多于再度遭受应激时突然死亡。

尸体剖检，肌肉病变可累及心肌、前肢及后肢的肌肉，初期出血、水肿，呈煮肉样，色泽深淡相间，呈斑纹状；后期，病变呈斑块状，界限明显，肌腹平行，还显示肌肉断裂。多伴有肺充血、水肿及间质性和肺泡气肿。

实验室检查，呈代谢性酸中毒、高钾血症、氮质血症，肌肉损伤所释放酶类的活性升高。

治疗 静脉注射5％碳酸氢钠溶液，大动物15～50 g，中、小动物1～6 g。可配合糖皮质激素，如氢化可的松200～500 mg（大动物）和5～20 mg（中小动物），用生理盐水或5％葡萄糖溶液稀释静脉注射。还可肌肉注射复合维生素B。

预防 在野外要想完全杜绝本病的发生是不现实的。但注意减缓追捕期间的应激状态，可减少本病的发生。追捕时，宁可增加追逐距离，也要尽量避免将动物驱赶到水或深雪中，以防过劳和衰竭。捕捉后，要使之安定，避免过急的驯化和刺激。

家禽痛风（poulty gout）

家禽痛风是指血液中蓄积过量尿酸盐不能被迅速排出体外而引起的高尿酸盐血症。其病理特征为血液尿酸盐水平增高，尿酸盐在关节囊、关节软骨、内脏、肾小管及输尿管其他间质组织中沉积。临床上可分为内脏型痛风（visceral gout）和关节型痛风（articular gout）。主要表现为厌食、衰竭、腹泻、腿翅关节肿胀、运动弛缓。

近年来本病发生有增多趋势,特别是集约化饲养的鸡群,饲料生产、饲养管理预置着许多可诱发禽痛风的因素,目前已成为常见禽病之一。除鸡以外,火鸡、水禽(鸭、鹅)、雉、鸽等亦可发生痛风。

病因　引起家禽痛风的原因较为复杂,归纳起来可分为两类:一类体内尿酸生成过多,另一类机体尿酸排泄障碍,后者可能是尿酸盐沉着症中的主要原因。

引起尿酸生成过多的因素有:①大量饲喂富含核蛋白和嘌呤碱的蛋白质饲料。这些饲料包括动物内脏(肝、脑、肾、胸腺、胰腺)、肉屑、鱼粉、大豆、豌豆等。如鱼粉用量超过 8%,或尿素含量达 13% 以上,或饲料中粗蛋白含量超过 28% 时,由于核酸和嘌呤的代谢终产物尿酸生成太多,引起尿酸盐血症。②当家禽极度饥饿又得不到能量补充或家禽患有重度消耗性疾病(如淋巴白血病、单核细胞增多症等)时,因体蛋白迅速大量分解,体内尿酸盐生成增多。

引起尿酸排泄障碍的因素,包括所有引起家禽肾功能不全(肾炎、肾病等)的因素,可分为两类:①传染性因素:凡具有嗜肾性,能引起肾机能损伤的病原微生物,如肾型传染性支气管炎病毒,传染性法氏囊病病毒、禽腺病毒中的鸡包涵体肝炎和鸡产蛋下降综合征(EDS-76),败血性霉形体、雏白痢、艾美耳球虫、组织滴虫等可引起肾炎、肾损伤造成尿酸盐的排泄受阻。②非传染性因素:a. 营养性因素,如日粮中长期缺乏维生素 A,可引起肾小管、输尿管上皮代谢障碍,发生痛风性肾炎;饲料中含钙太多,含磷不足,或钙、磷比例失调引起钙异位沉着,形成肾结石或积沙;饲料中含镁过高,也可引起痛风;食盐过多,饮水不足,尿量减少,尿液浓缩等均可引起尿酸的排泄障碍。b. 中毒性因素包括嗜肾性化学毒物、药物和毒菌毒素。如饲料中某些重金属铬、镉、铊、汞、铅等蓄积在肾脏内引起肾病;石炭酸中毒引起肾病;草酸含量过多的饲料如菠菜、莴苣、开花甘蓝、蘑菇和蕈类等饲料中草酸盐可堵塞肾小管或损伤肾小管;磺胺类药物中毒,引起肾损害和结晶的沉淀;霉菌毒素如棕色曲霉毒素(ochratoxins)、镰刀菌毒素(fusarium toxin)、黄曲霉毒素(aflatoxin)和卵泡霉素(oosporein)等,可直接损伤肾脏,引起肾机能障碍并导致痛风。

此外,饲养在潮湿和阴暗的禽舍,密集的管理、运动不足、年老、纯系育种、受凉、孵化时湿度太大等因素皆可能成为促进本病发生的诱因。另外,遗传因素也是致病原因之一,如新汉普夏鸡就有关节痛风的遗传因子。

发病机理　近年来认为肾脏原发性损伤是发生痛风的基础。家禽体内因缺乏精氨酸酶,代谢过程中产生的氨不能被合成为尿素,而是先合成嘌呤、次黄嘌呤、黄嘌呤,再形成尿酸及尿囊素,最终经肾被排泄。尿酸很难溶于水,很易与钠或钙形成尿酸钠和尿酸钙,并容易沉着在肾小管、关节腔或内脏表面。

饲料含蛋白质尤其核蛋白越多,体内形成的氨就越多。只要体内含钼的黄嘌呤氧化酶充足,生成的尿酸也越多。如果尿酸盐生成速度大于泌尿器官的排泄能力,就可引起尿酸盐血症。当肾、输尿管等发生炎症、阻塞时,尿酸排泄受阻,尿酸盐就蓄积在血液中并进而沉着在胸膜、心包膜、腹膜、肠系膜及肝、肾、脾、肠等脏器表面。沉积在关节腔内的尿酸钠结晶,可被吞噬细胞吞噬,并且尿酸钠通过氢键和溶酶体膜作用,从而破坏溶酶体。吞噬细胞中的一些水解酶类和蛋白因子可使局部生成较多的致炎物质,包括激肽、组胺等,进而引起痛风性关节炎。此外,凡引起肾及尿路损伤或使尿液浓缩、尿排泄障碍的因素,都可促进尿酸盐血症的生成。如鸡肾型传染性支气管炎病毒、法氏囊炎病毒等生物源性物质,可直接损伤肾组织,引起肾细胞崩解;霉菌毒素、重金属离子也可直接或间接地损伤肾小管和肾小球,引起肾实质变性;维生素A缺乏,引起肾小管、输尿管上皮细胞代谢紊乱,使黏液分泌减少,尿酸盐排泄受阻;高钙或低磷可使尿液pH值升高,血液缓冲能力下降,高钙和碱性环境,有利于尿酸钙的沉积,引起尿石症,堵塞肾小管;食盐过多、饮水不足、尿液浓缩同时伴有肾脏本身或尿路炎症时,都可使尿酸排泄受阻,促进其在体内沉着,但并非所有肾损伤都能引起痛风,如肾小球性肾炎、间质性肾炎等很少伴发痛风。这与尿酸盐形成的多少、尿路通畅的程度等有密切关系。

另外,某些学者认为,尿酸盐在血中过多的积蓄是由于肾脏的分泌机能不足。并且认为,伴有尿酸钠阻滞的全身组织变态反应状态才是尿酸素质发生的基础。

症状　临床上以内脏型痛风为主,关节型痛风较少见。

内脏型痛风:零星或成批发生,病禽多为慢性经过,表现为食欲下降、鸡冠泛白、贫血、脱羽、生长缓慢,粪便呈白色稀水样,多因肾功能衰竭,呈现零星或成批的死亡。关节型痛风:腿、翅关节肿胀,尤其是趾跖关节。运动弛缓,跛行,不能站立。

临床病理学　血液中尿酸盐浓度升高,从正常时$0.09\sim0.18$ mmol/L升高到0.897 mmol/L以上。血中非蛋白氮值也相应升高。在法氏囊病毒嗜肾株感染时,还出现Na^+、K^+浓度降低、脱水等水与电解质的负平衡。血液pH值降低,因机体脱水,红细胞容积值升高,血沉速率减慢,尿钙浓度升高,尿液pH值也升高。

病理学检查　病死鸡剖检可见内脏浆膜如心包膜、胸膜、肠系膜及肝、脾、肠等器官表面覆盖一层白色、石灰样的尿酸盐沉淀物,肾肿大,色苍白,表面呈雪花样花纹(花斑肾)。输尿管增粗,内有尿酸盐结晶。切开患病关节,有膏状白色黏稠液体流出,关节周围软组织以至整个腿部肌肉组织中,都可见到白色尿酸盐沉着,关节腔内因尿酸盐结晶有刺激性,常可见关节面溃疡及关节囊坏死。

组织学变化　内脏型痛风主要变化在肾脏。肾组织内因尿酸盐沉着,形成以痛风石为特征的肾炎——肾病综合征。痛风石是一种特殊的肉芽肿,由分散或成团的尿酸盐结晶沉积在坏死组织中,周围聚集着炎性细胞、吞噬细胞、巨细胞、成纤维细胞等,有的肾小管上皮细胞呈现肿胀、变性、坏死、脱落;有的肾小管呈现管腔扩张,由细胞碎片和尿酸盐结晶形成管型;有的肾小管管腔堵塞,可导致囊腔形成,呈现间质的纤维化,而肾小球变化一般不明显。另外,由法氏囊病毒嗜肾株感染、维生素 A 缺乏引起者,还可见淋巴细胞浸润、上皮角质化等现象。关节型痛风在受害关节腔内有尿酸盐结晶,滑漠表面急性炎症,周围组织中有痛风石形成,甚至扩散到肌肉中亦有痛风石,在其周围有时有巨细胞围绕。

诊断 根据病因、病史、特征性症状和病理学检查结果即可诊断。必要时采病禽血液检测其尿酸含量,以及采取肿胀关节的内容物进行化学检查,呈红紫酸铵(ammoniumpurpurat)阳性反应,显微镜观察见到细针状尿酸钠结晶或放射状尿酸钠结晶,即可进一步确诊。

防治 针对具体病因采取切实可行的措施,往往可收到良好效果。否则,仅采用手术摘除关节沉积的"痛风石"等对症疗法是难以根除的。

目前尚没有特别有效的治疗方法。可试用阿托方(atophanum,又名苯基喹啉羟酸)0.2~0.5 g,每日 2 次,口服,但伴有肝、肾疾病时禁止使用。此药的作用为增强尿酸的排泄及减少体内尿酸的蓄积和关节疼痛,但对重症病例或长期应用者有副作用。有的试用别嘌呤醇(allopurinol,7-碳-8 氯次黄嘌呤)10~30 mg,口服,每日 2 次,此药可抑制黄嘌呤的氧化,减少尿酸的形成,但用药期间可导致急性痛风发作。给秋水仙碱 50~100 mg,每日 3 次,能使症状缓解。近年来,对患病家禽使用各种类型的肾肿解毒药,可促进尿酸盐的排泄,对家禽体内电解质平衡的恢复有一定的作用。总之,本病必须以预防为主,通过积极改善饲养管理,减少富含核蛋白的日粮,改变饲料配合比例,供给富含维生素 A 的饲料等措施,可防止或降低本病的发生。

营养衰竭症(dietetic exhaustion)

营养衰竭症是由于饲料缺乏,营养不足,或同时机体能量消耗增加,最终导致体质亏损(inanition)和消瘦。目前,由于役用家畜减少和饲料来源极大的丰富,本病已属罕见。

病因 主要是由于机体营养供给与消耗之间呈现负平衡而造成的。在营养供给不足时伴有下列情况可最终引起营养衰竭症,如役用家畜由于过度劳累引起体力(能量)消耗增加;老龄家畜由于牙齿疾病、消化机能减退和吸收不良引起营养吸收减少;母畜由于快速重配、双胎及多胎妊娠和过度泌乳等引起营养消耗的增加;继发于某些传染病、寄生虫病的慢性消化紊乱、慢性消耗性疾病、慢性化脓性疾病等引起营养吸收减少或/和消耗增加。

发病机理　尽管各种动物都可发生营养性或"类营养性"衰竭症,但作为原发性营养衰竭症的病例,当以作役用的马和牛最为典型。由于营养成分不足和劳役过重,造成营养供给不能维持机体消耗所需,机体不得不动用体内储备的蛋白质、脂肪和糖原以分解供能。同时,由于消化机能逐渐减退,能摄取到有限的营养物质也得不到充分的消化吸收,致使营养得不到及时补充,进一步加重了营养缺乏,引起营养不良,最终导致机体营养衰竭。机体在营养不足时首先动用体脂(达90%以上),然后动用骨骼肌(达30%以上),严重时,心、脑等重要的器官也出现损耗(达3%)。

症状　进行性消瘦是本病的主要特征。动物被毛粗乱、无光泽、毛发逆立和脱落。皮肤枯干起皱、多屑,丧失固有弹性。黏膜呈淡红、苍白或灰暗等不同变化,有时呈黄染。骨骼肌萎缩,肌腱紧张度下降,肌肉震颤,站立,无神。通常有一定的食欲和饮欲,直至死前几天还能卧地采食,但食欲显著减少,咀嚼无力。运动时呼吸增数。后期由于心肌营养不良和右心衰竭,常有气喘和四肢浮肿。体温变动不大,有时偏低。

治疗　早期应从改善营养着手,同时停止劳役。稍晚期的病例,单靠药物治疗收效不大。在改善饲料营养的同时,可配合使用葡萄糖溶液加维生素C静脉注射,必要时用三磷酸腺苷(ATP)肌肉注射(马、牛每天200 g),每日1次。

防治　加强饲养管理,保证动物的营养需要,在重役期合理补充高能日粮,并注意劳逸结合,有计划地消除和预防发生慢性消耗性疾病。

(王小龙　王　哲　何宝祥　孙卫东)

第十一章 常量元素代谢紊乱性病

第一节 钙、磷代谢紊乱性疾病

佝偻病（rickets）

佝偻病是快速生长的幼畜和幼禽维生素D缺乏及钙、磷缺乏或者是它们中的某一种缺乏或比例失调引起代谢障碍所致的骨营养不良。病理特征是成骨细胞钙化作用不足、持久性软骨肥大及骨骺增大的暂时钙化作用不全。临床特征是消化紊乱、异嗜癖、跛行及骨骼变形。常见于犊牛、羔羊、仔猪、幼驹和幼禽等。

病因 快速生长中的犊牛，由于原发性磷缺乏及舍饲中光照不足。羔羊病因与犊牛相同，只是对原发性磷缺乏的易感性低于犊牛。仔猪由于原发性磷过多而维生素D和钙缺乏。幼驹在自然条件下，佝偻病不常见。哺乳幼畜对维生素D的缺乏要比成年动物更敏感，舍饲和纬度高的地区，如圈养的犊牛、羔羊、仔猪和集约化程度高的笼养鸡，有时其发病率颇高。在上述饲养管理条件的动物群中，有时并未发现在饲养上钙、磷不平衡现象，但却有大批幼畜、幼禽发生佝偻病。因为只要饲料中存在着任何钙、磷比例不平衡现象［比例高于或低于(1～2)∶1］，虽轻度的维生素D缺乏，就足够引起骨骼病的发生，这就表明维生素D在完成成骨细胞钙化作用中具有特殊意义。当幼畜伴有消化紊乱时，能影响机体对维生素D的吸收作用，而肝、肾疾病也能干扰机体对维生素D的利用率，并影响骨骼正常的钙、磷沉积作用。至于饲料中的钙、磷含量差异很大，而在母乳中钙、磷含量的变化不大，所以幼年动物的佝偻病更常发生于刚断乳之后的一个阶段中。由于母畜长期采食未经太阳晒过的干草，以致在这种干草中植物固醇（麦角固醇）不能转变为维生素D_2，同时若母畜长期被圈养（特别是被覆很厚羊毛的母羊），皮肤中7-脱氢胆固醇则不能转变为维生素D_3，于是在乳汁中可发生维生素D的严重不足，成为哺乳幼畜佝偻病的一种主要发病原因。根据对猪的研究，表明保证骨骼正常发育、生长所需的钙、磷比例是1∶1或是2∶1，然而在早期断乳的小猪日粮中，钙的含量只允许占0.8％，超过0.9％时，就会降低生长率，并干扰对锌的吸收。

病理发生 佝偻病是以骨基质钙化不足为基础所发生的，而促进骨骼钙化作用的主要因子则是维生素D。事实表明当饲料中钙、磷比例平衡时，则机体对维生素D的需要量是很小的；而当钙、磷比例不平衡时，哺乳幼畜和青年动物对维生素D的缺乏极为敏感。

当维生素D源被小肠吸收后进入肝脏，通过25-羟化酶催化转变为25-羟钙化醇，再通过甲状旁腺激素的分泌，降低肾小管中磷酸氢根离子的浓度，在肾脏通过1-羟化酶将25-羟钙化醇催化，转变为1,25-二羟钙化醇，后者既促进小肠对钙、磷的吸收，也促进破骨细胞区对钙、磷的吸收，血钙和血磷浓度升高。因此，维生素D具有调节血液中钙、磷之间最适当比例，促进肠道中钙、磷的吸收，刺激钙在软骨组织中的沉着，提高骨骼的坚韧度等功能。当哺乳幼畜和青年动物的骨骼发育阶段中，一旦食物中钙或磷缺乏，并导致体内钙、磷不平衡现象，这时若伴有任何程度的维生素D不足现象，就可使成骨细胞钙化过程延迟，同时甲状旁腺促进小肠中钙的吸收作用也降低，骨样的骨基质不能完全钙化，呈现骨样组织增多为特征的佝偻病。病畜体内骨骼中钙的含量明显降低（从66.33%降低到18.2%），骨样组织明显占优势（从30%增高到70%），肋软骨持久性肥大和不断地增生，骺板增宽，钙化不足的骨干和肋软骨承受不了正常的压力而使长骨弯曲，骺板宽及关节明显增大。假如由于磷和维生素D缺乏所致，则血清无机磷酸盐水平通常可降低到正常水平以下。

症状 早期呈现食欲减退，消化不良，然后出现异嗜癖。病畜经常卧地，不愿起立和运动。发育停滞、消瘦，下颌骨增厚和变软，出牙期延长，齿形不规则，齿质钙化不足（坑凹不平，有沟，有色素），常排列不整齐，齿面易磨损。严重的犊牛和羔羊，口腔不能闭合，舌突出，流涎，吃食困难。最后在面骨和躯干、四肢骨骼有变形，或伴有咳嗽、腹泻、呼吸困难和贫血。

病犊低头，弓背，站立时前肢腕关节屈曲，向前方外侧凸出，呈内弧形，后肢跗关节内收，呈"八"字形叉开站立。运动时步态僵硬，肢关节增大，前肢关节和肋骨软骨结合部最明显，严重时躺卧不起。仔猪常跪地、发抖，后期由于硬腭肿胀，口腔闭合困难。幼雏和青年小鸡胸骨由于长期躺卧而被压凹，大腿和胸肌萎缩，鸡喙变软和弯曲变形。病程经1~3个月，冬季耐过后若及时改善饲养（补充维生素A、维生素D）管理（照晒太阳或照紫外线），可以恢复，否则可死亡于褥疮、败血症、消化道及呼吸道感染。

临床病理学 血清碱性磷酸酶活性往往明显升高，但血清钙、磷水平则视致病因子而定，如由于磷或维生素D缺乏，则100 mL血清磷水平将在正常低限时的3 mg水平以下。血清钙水平将在最后阶段才会降低。X射线检查能发现骨质密度降低，长骨末端呈现"毛刷样"或"绒毛样"外观。组织学检查，从尾椎骨或肋骨软骨结合部取样，能发现不含钙的与软骨的柔软程度相似的大量骨样组织。

诊断 根据动物的年龄、饲养管理条件、慢性经过、生长弛缓、异嗜癖、运动困难以及牙齿和骨骼变化等特征,可做出初步诊断。血清钙、磷水平及碱性磷酸酶活性的变化,也有参考意义。骨的 X 射线检查及骨的组织学检查,可以帮助确诊。

防治 防治佝偻病的关键是保证机体能获得充足的维生素 D。为了提高带仔母畜乳的质量,日粮中应按维生素 D 的需要量给予合理的补充,并保证冬季舍饲期得到足够的日光照射和喂饲经过太阳晒过的青干草。舍饲和笼养的畜禽场,可定期利用紫外线灯照射,照射距离为 $1\sim1.5$ m,照射时间为 $5\sim15$ min。

日粮组成要注意钙、磷平衡问题[钙、磷比例应控制在 $(1\sim2):1$ 范围内];骨粉、鱼粉、甘油磷酸钙等是最好的补充物。除幼驹外,都不应单纯补充南京石粉、蛋克粉或贝壳粉(都不含磷)。富含维生素 D 的饲料包括开花阶段以后的优质干草,豆科牧草和其他青绿饲料,在这些饲料中,一般也含有充足的钙和磷。青贮饲料晒太阳不彻底,其维生素 D_2 的含量都很少。

维生素 D 制剂,维生素 D_2 $2\sim5$ mL(或 80 万~100 万 U),肌肉注射;或维生素 D_3 $5\,000\sim10\,000$ U,每日 1 次,连用 1 个月;或 8 万~20 万 U,$2\sim3$ 日 1 次,连用 $2\sim3$ 周。骨化醇胶性钙 $1\sim4$ mL,皮下或肌肉注射。亦可用浓缩鱼肝油,犊、驹 $2\sim4$ mL,羔羊、仔猪 $0.5\sim1.0$ mL,肌肉注射,或拌入饲料混喂。钙制剂与维生素 D 制剂配合使用。碳酸钙 $5\sim10$ g 或磷酸钙 $2\sim5$ g,或甘油酸钙 $2\sim5$ g,口服。

骨软病(osteomalacia)

骨软病是由饲料中钙、磷缺乏或两者比例不当而引起的成年动物软骨内骨化作用完成后发生的一种骨营养不良性疾病,其临床特征是消化紊乱、异嗜癖、跛行、骨质疏松和骨变形,病理学特征为骨质的进行性脱钙,致发骨质疏松,形成过剩的未钙化的骨基质。本病可发生于各种动物,主要发生于牛和绵羊,也见于猪、山羊、马属动物以及驯养的野生动物和禽类。临床上所见的牛和绵羊的骨软病,主要由饲料中磷缺乏引起;猪和山羊的骨软病由饲料中钙缺乏引起,猪和山羊钙缺乏的病变通常以纤维性骨营养不良为特征;马属动物的骨软病通常是以纤维性骨营养不良的形式表现出来。

病因 牛和羊骨软病的主要发病原因是日粮中磷含量绝对或相对缺乏。在正常成年动物的骨骼中约有 25% 灰分。灰分由 36% 钙、17% 磷、0.8% 镁和其他物质组成(Kaneko,1980)。钙与磷的比例为 $2.1:1$。因此,要求日粮中的钙磷比例基本上与骨骼中的比例相适应。然而,不同动物以及同种动物在不同生理状态下对日粮中钙磷比例的要求不完全相同,如黄牛为 $2.5:1$,乳牛为 $1.5:1$,泌乳牛为 $0.8:0.7$,猪为 $1:1$。虽然有人用实验证实,在饲喂足够磷的情况下,钙磷比例可以有较宽的范围,但当磷绝对量不足时,高钙日粮可加重缺磷性骨软病的病情。

一般认为,黄牛和猪的骨软病都是由于改变了日粮正常所需要的钙、磷比例关系而发病的。麸皮、米糠、高粱、豆饼及其他豆科种子和稿秆,含磷都比较丰富,而谷草和红茅草则含钙比较丰富,青干草(特别是豆科植物的稿秆)中,钙、磷含量都比较丰富。在长期干旱年代中生长的和在山地、丘陵地区生长的植物,从根部吸收的磷量都是很低的;相反,多雨的、平原或低湿地区生长的植物,含磷量都是较高的。已经发现,在长期干旱时,植物茎、叶的含磷量可减少7%～49%,种子的含磷量可减少4%～26%,由于磷缺乏而可引起骨组织的反应,特别在妊娠、泌乳的母牛和母猪,骨组织对这种反应最敏感。

牛的骨软病主要发生于土壤严重缺磷的地区。据调查,我国存在全国性土壤缺磷,而干旱或经水流失又可加剧土壤缺磷的现状。据地方流行性黄牛骨软病的病因调查表明,病的发生与土壤类型、干旱、水灾造成植物中磷浓度低下有关。目前,乳牛日粮有低磷的特点,这与日粮组成有一定的关系。日粮中富磷的麸皮常常短缺以及优质干草供应受到季节和价格限制,造成日粮配合上出现低磷倾向。此外,乳牛饲养中还有一种倾向,即仿效防治马纤维性骨营养不良而单纯补充含99%碳酸钙的南京石粉,忽视补饲富磷的麸皮和米糠,使饲料钙的供应明显高于牛的需要,造成日粮中钙过剩而磷相对不足,钙磷比例严重失调,导致某些奶牛场的奶牛群发本病。

骨软病还可见于日粮中钙和磷同时缺乏。如某地区发生水灾后的第二年春季,马属动物、黄牛大批发生骨软病,且以妊娠和哺乳母畜居多。

日粮中维生素D不足,在动物骨软病的发生上可能起到促进作用。在高纬度地区,由于日照时间短,牧草中维生素 D_2 含量偏低,钙和磷的吸收和利用率降低,可导致地区性发病。此外,诸如动物年龄、妊娠、泌乳、无机钙源的生物学效价、蛋白质和脂类缺乏或过剩、其他矿物质如锌、铜、钼、铁、镁、氟等缺乏或过剩,均可对病的发生产生间接影响,在分析病因时,应予以注意。

病理发生 无论是成年动物软骨内骨化作用已完成的骨骼还是幼畜正在发育的骨骼,骨盐均与血液中的钙、磷保持不断交换,亦即不断地进行着矿物质沉着的成骨过程和矿物质溶出的破骨过程,两者之间维持着动态平衡。当饲料中钙、磷含量不足,或钙磷比例不当,或存在诸多干扰钙、磷吸收和利用的因素,造成钙、磷肠道吸收减少,或因妊娠、泌乳的需要钙、磷消耗增大时,血液钙、磷的有效浓度下降,骨质内矿物质沉着减少,而矿物质溶出增加,骨中羟磷灰石含量不足,骨钙库亏损,引起骨骼进行性脱钙,未钙化骨质过度形成,结果导致骨质疏松,骨骼变脆弱,常常变形,易发生骨折。

对于以磷缺乏为主的牛、羊骨软病,其主要表现是低磷血症。低磷血症直接刺激肾脏,促进生成1,25 二羟胆钙化醇(1,25 二羟维生素D₃),并直接作用于肠道,使钙、磷吸收增加,血钙浓度保持正常。若通过这种调节未能使血磷水平恢复,则一方面会使成骨障碍,骨中羟磷灰石含量不足,骨钙库亏损,并有间接刺激甲状旁腺的作用;另一方面又存在使肾小管重吸收磷及肠道磷吸收减少的因素,如维生素D缺乏、肝肾维生素代谢障碍、甲状旁腺机能亢进、肾小管受损等,引起低磷血症和甲状旁腺机能亢进同时存在,结果出现血液中磷水平低下而血钙正常(或稍低水平)的情况。但当疾病过程损伤肾小球滤过机能时,尿磷排出障碍,血磷升高至正常水平甚至高出正常水平。

症状 主要特征是消化紊乱、异嗜癖、跛行和骨骼系统的严重变化。患病动物长期存在的亚临床表现,如心跳和呼吸频率增加,前胃弛缓,乳产量减少,难孕或不孕,胎盘滞留,母猪产仔数减少等往往被忽视。

首先引起注意的是消化紊乱,并呈现明显的异嗜癖。病牛舔食泥土、墙壁、铁器,在野外啃嚼石块,在牛舍吃食被粪、尿污染的垫草。病猪除啃骨头、嚼瓦砾外,有时还吃食胎衣。在牛伴有异嗜癖时,可造成食道阻塞、创伤性网胃炎、铅中毒、肉毒中毒等。在异嗜癖出现一段时间之后呈现跛行。站立时四肢集于腹下,肢蹄着地小心,后肢呈"X"形,肘外展。肩关节、跗关节肿痛,运步时后肢松弛无力,步态拖拉。病畜常弓背站立,或卧地不愿起立。乳牛腿颤抖,伸展后肢,作拉弓姿势。某些母牛发生腐蹄病,久则呈芜蹄。母猪躲藏不动,作匍匐姿势,跛行,产后跛行加剧,后肢瘫痪。

症状明显以后,由于支柱的骨骼都伴有严重脱钙,脊柱、肋弓和四肢关节疼痛,外形异常。在牛,尾椎骨变形,重者尾椎骨变软,椎体萎缩,最后几个椎体常消失,人工可使尾椎蜷曲。骨盆变形,严重者可发生难产。肋骨与肋软骨接合部肿胀。卧地时由于四肢屈曲不灵活,常摔倒或滑倒,能导致腓肠肌腱剥脱。在黄牛,除上述症状外,尚可发生头骨变形。猪和山羊头骨变形,上颌骨肿胀,易突发骨折。禽类表现异嗜癖,产蛋率下降,蛋破损率增加,站立困难或发生瘫痪,胸骨变形。

血液学检查 血清钙浓度增高而无机磷浓度下降。如黄牛的血清钙浓度从正常的2.25~2.75 mmol/L 升高到3.25~3.75 mmol/L,血清无机磷浓度从正常的1.29~1.94 mmol/L 降到0.65~0.97 mmol/L。血清碱性磷酸酶活性显著增高。

骨质硬度检查,用马纤维性骨营养不良诊断穿刺针穿刺病牛额骨,容易刺入。长骨X射线检查,显示骨质密度降低,皮质变薄,髓腔增宽,骨小梁结构紊乱,最后1~2尾椎骨愈着或椎体消失。

诊断 根据对饲养管理的调查、饲料分析、临床症状、血清钙和无机磷浓度检查以及 X 射线检查,对临床型骨软病可做出确诊。对于由磷缺乏引起的牛、羊骨软病还可采用磷制剂进行治疗性诊断。

为及时发现亚临床型病牛,建议采用乳牛营养代谢疾病障碍的预防性监测,对钙、磷代谢紊乱的类型和程度做出评价。在临床上尤其应注意出现骨骼系统病理变化前的非特征性症状,如消化紊乱、异嗜癖、生产性能和繁殖性能下降等。血清钙和无机磷浓度检查以及 X 射线检查有助于早期发现亚临床型病例。

应注意与慢性氟中毒、风湿症、外伤性蹄病以及感染性蹄病进行鉴别诊断。

防治　治疗原则是针对饲料中钙、磷含量,钙磷比例,维生素 D 含量情况,采取相对的添补措施。对钙不足者,可给予南京石粉、骨粉、贝壳粉;对磷不足者,可给予脱氟磷酸钙、骨粉;对维生素 D 缺乏者,可给予维生素 D 制剂,如鱼肝丸。同时应加强饲养管理,给予优质干草、青绿饲料,增加麸皮或米糠比例,适当给予日光照射。

对于由磷缺乏引起的骨软病重症患牛,可静脉注射 20%磷酸二氢钠液 300～500 mL,每日 1 次,5～7 d 为 1 个疗程,或用 3%次磷酸钙液 1 000 mL 静脉注射,每日 1 次,连用 3～5 d,有较好的疗效;若同时使用维生素 D 400 万 U,肌肉注射,每周 1 次,连用 2 或 3 次,则效果更好。也可用磷酸二氢钠 100 g,口服,同时注射维生素 D。绵羊的用药量为牛的 1/5。

对于骨软病病猪,常采用骨粉、磷酸盐饲喂,结合维生素 D 制剂注射治疗。对于病禽常用维生素 D_3 制剂,并用矿物质添加剂调整日粮钙、磷含量与钙磷比例。

在预防上,首先应查明日粮中钙、磷含量以及钙磷比例。按动物饲养标准制定日粮中钙、磷含量,并按黄牛 2.5∶1,乳牛 1.5∶1,猪 1∶1 的比例调整日粮中钙、磷比例。定期对日粮组成成分进行饲料分析,定期或不定期进行乳牛营养代谢障碍的预防性监测,以及时了解牛的钙、磷代谢状况,有助于早期发现亚临床型病牛。同时应加强饲养管理,多喂青绿饲料和优质青干草,增加日光照射。对于笼养鸡应考虑到受日光照射不足的具体情况,注意添加适量维生素 D 制剂。

纤维性骨营养不良(fibrous osteodystrophy)

纤维性骨营养不良,是成年动物骨组织进行性脱钙,骨基质逐渐被破坏、吸收,而为增生的纤维组织所代替的一种慢性营养性骨病。本病主要见于马属动物,猪和山羊亦可发生。饲料中钙少磷多或两者比例不当是本病的主要原因。饲料中植酸盐及脂肪过多,也可影响钙的吸收。病马初期精神不振,异嗜,喜卧,背腰僵硬,不耐使役。站立时两后肢频频交替负重;行走时步样强拘,步幅短缩,往往出现一肢或数肢跛行,跛行常交替出现,时轻时重,反复发作。头骨肿胀变形,下颌骨肿胀增厚,下颌间隙变窄；上颌骨和鼻骨肿胀隆起，颜面变宽。牙齿磨灭不整、松动，甚至脱落，咀嚼困难。四肢关节肿胀变粗，尤以肩关节肿大最为明显。长骨变形，脊柱弯曲。病至后期，常卧地不起，使肋骨变平，胸廓变窄。骨质疏松脆弱，易发骨折，穿刺时容易刺入。尿液澄清透明，呈酸性反应。猪骨骼损害的部位及症状与马相似。根据病畜腰硬喜卧跛行，骨骼肿大变形和额骨穿刺阳性等临床特征，结合高磷低钙日粮等生活史，即可确定诊断。治疗主要是调整日粮中的钙磷比例，注意饲料搭配，减少喂精料，特别要减少或除去日粮中的麸皮和米糠，增喂优质干草和青草，使钙磷比例保持在(1～2)∶1的范围，兼有防治效果。补充钙剂常用石粉100～200 g，每日分2次混于饲料内给予。10％葡萄糖酸钙液200～500 mL，静脉注射，每日1次。钙化醇液10～15 mL，分点肌肉注射，隔周注射1次。猪可按上述剂量的1/5用药。添加石粉可有效地预防本病的发生。

马趴窝病（downer disease in mare）

马趴窝病，特指妊娠母马产前、产后发生的一种代谢性骨病纤维性骨营养不良，临床表现围产期腰腿僵硬，明显跛行和卧地不起。临产前至产后20 d以内发病的居多，本病呈地方流行性，主要发生在东北地区，病因尚未查明。据认为，主要原因是日粮中钙含量不足或钙、磷比例不当；饲喂富含植酸盐的饲料（如麸皮、米糠等）过多，影响钙、磷吸收；妊娠期或泌乳期母马钙、磷需求量增大。主要症状是病马腰腿僵硬，站立时肢体不稳，肌肉震颤；运步时步样强拘，步幅短缩，细步急走。重者卧地不起，骨突部有褥疮，常出现蹄叶炎，跗关节、球节、冠关节肿胀，常有四肢屈肌腱撕裂、屈腱炎等并发症或继发症。X射线检查，指（趾）骨脱钙，指（趾）关节间隙增宽，指（趾）骨脱位及骨折等。根据妊娠母马产前产后发生不明原因的腰腿僵硬，明显跛行，或卧地不起，结合额骨穿刺阳性，病蹄X射线检查呈现骨组织脱钙，指（趾）骨间隙增宽等骨营养不良变化，不难做出诊断。治疗可选用10％葡萄糖酸钙液500 mL，或10％氯化钙液200 mL，静脉注射，每日1次。对严重缺钙，体格较大的病马，可每日2次；每日配合应用石粉100～200 g，混饲喂给，直到痊愈为止。对患肢疼痛明显者，行疼痛肢蹄（掌）神经、指（趾）动脉、跖背外侧动脉处封闭，隔日1次。血磷偏低者，可用12.5％磷酸二氢钠 500 mL，静脉注射，每日1次。对继发蹄骨深屈肌腱附着点撕裂性骨折和冠、蹄关节间隙增宽的病马，可装钉长尾连尾蹄铁。长期趴窝者，要垫厚褥草，勤翻马体，防止褥疮。预防主要在于加强饲养管理，母马妊娠期间要减喂精料，多喂优质干草或青草。在趴窝病流行区，于妊娠期间和产后1个月内每日补喂石粉100 g。

母马生产搐搦（puerperal tetany of mare）

母马生产搐搦是指泌乳期间血钙降低而引起的一种代谢病，临床上以精神抑郁、肌肉痉挛及卧地不起为特征。本病多见于泌乳期的母马，且多发生于产驹后第10天或断乳后1～2 d。干乳期母马和公马也有发生。本病的发生主要与母马泌乳过多有关，尤其是使役过重、长途运输及在青嫩茂盛的草地放牧的母马，更易发病，也有原因不明的。主要症状是病马精神沉郁，呼吸加快，鼻翼煽动，全身大汗淋漓，步态僵硬，如踩高跷，或后肢共济失调。肌肉痉挛，颞肌、咬肌和臂三头肌尤为明显，牙关紧闭，咀嚼、吞咽障碍。心跳加快，心律失常，体温升高。经 24 h 后，病马卧地不起，强直性抽搐，通常于发病后48 h 内死亡。血钙降低。钙剂治疗有效。5％葡萄糖酸钙 200～300 mL，静脉缓慢注射。注射后10 min 病情依然不见好转的，可再次用药。病情好转的指征是大量排尿。

母猪生产搐搦（puerperal tetany of sow）

母猪生产搐搦又称产惊，多见于多胎母猪分娩中或产后不久，其临床特征是：血钙下降，阵发性痉挛乃至昏迷。本病的发生与饲料单一，钙、磷缺乏，分娩应激有关。病猪表现后腿摇摆，驱赶、试图站立或行走时大声嚎叫，突然倒下，继以强直性痉挛，而后陷入昏迷。难产或泌乳停止。静脉注射10％氯化钙，每100 kg 体重5 g，可迅速治愈。饲料中增加钙、磷及维生素D 的供给。日粮钙含量0.8％～0.9％，磷含量0.6％～0.8％有预防作用。

母犬、母猫生产搐搦（puerperal tetany of bitch or queen）

母犬、母猫生产搐搦可发生于产前、产中及产后，以产后1～4 周居多。小型犬、猫，尤以易兴奋的、产仔多的品种多发。以低钙血症、肌肉痉挛和惊厥发作为临床特征。本病的发生与日粮营养失衡、钙需要量增加（泌乳及胎儿生长）、钙的利用降低、泌乳应激及遗传因素有关。一般 6 岁后即不再发病。病犬初期呈现不安、恐惧、焦虑、呜咽，呼吸加快。随着病程的发展，后肢僵硬，步态摇摆，体温升高。倒地不起的可伴有呼吸困难、脉搏疾速、黏膜充血、流涎。肌肉纤维性震颤，继之以短暂的间歇之后，震颤进行性加重，以致短时间的惊厥发作。濒死期动物处于休克状态，黏膜发白、干燥、瞳孔散大。常伴有血钙降低（<1.75 mmol/L）。静脉注射10％葡萄糖酸钙或10％葡萄糖氯化钙5～10 mL 可迅速治愈。断乳24 h 有助于疾病的恢复。补充钙和维生素D 可防止复发。日粮钙含量1％和磷含量0.8％有预防作用。

反刍兽运输搐搦（transit tetany of ruminants）

反刍兽运输搐搦是指反刍兽因运输应激，血钙突发性降低而引起的一种代谢病，以运动失调、卧地不起和昏迷为临床特征。运输过程中饥饿、拥挤、闷热等应激因素是引发血钙迅速降低的主要原因。绵羊更易发生低钙血症，短时间的饥饿即可使血钙降低，饮水不足则可加重低钙血症。徒步驱赶也可引起本病。运输途中即可发病，但多半是在到达运送地4～5 d显现临床症状。病初，兴奋不安，磨牙或牙关紧闭，步态蹒跚，运动失调，后肢不全麻痹、僵硬、反应迟钝，体温正常或升高达42℃。其后卧地不起，多取侧卧，意识丧失，陷入昏迷状态，冲击式触诊瘤胃可有震水音。病畜可突然死亡或于1～2 d死亡。血清钙含量降低，平均为1.8 mmol/L。治疗可用5％葡萄糖酸钙液静脉注射，羊50 mL，牛300～500 mL。

生产瘫痪（parturient paresis）

生产瘫痪又称乳热，是母畜在分娩前24 h至产后72 h内突然发生以轻瘫、昏迷和低钙血症为主要特征的一种代谢病。主要发生于奶牛、肉用牛、水牛、绵羊和山羊，母猪也有发生。3胎以上奶牛的发病率比2胎奶牛高1倍，而头胎奶牛不发病。

病因 确切原因还不清楚。一般认为与钙吸收减少和/或排泄增多所致的钙代谢急剧失衡有关。血钙降低是各种反刍兽生产瘫痪的共同特征。母牛在临近分娩尤其泌乳开始时，血钙含量下降，只是降低的幅度不大，且能通过调节机制自行恢复至正常水平。如血钙含量显著降低，钙平衡机制失调或延缓，血钙不能恢复到正常水平，即导致生产瘫痪。

近年发现，干奶期奶牛每天摄入的钙低于50 g时本病的发病率很低，而增至120 g时发病率升高，再增加钙的摄入量时发病率下降。这一结果与以往应限制钙摄入的认识是不一致的。研究表明，调控日粮中阴阳离子的含量，使妊娠后期奶牛处于轻度代谢性酸中毒状态，可控制本病的发生。

也有人通过调节干乳期日粮中的钾和镁的比率来预防本病。无论干乳期日粮中钙的水平如何，每天钾摄入超过156 mg，生产瘫痪发病率升高。摄入钾过多可直接降低镁的吸收。镁缺乏的后果是甲状旁腺的机能低下，血钙调节障碍。可采用测定每群中10头牛尿样中镁和肌酐的比率来评定牛群镁的营养状态，平均值低于1.0，指示镁不足。至于钾和镁的相互作用关系目前还不清楚。

症状 病牛初期：食欲不振，反应迟钝，嗜眠，体温不高，耳发凉，有的瞳孔散大。中期：后肢僵硬，站立时飞节挺直、不稳，两后肢频频交替负重，肌肉震颤，头部和四肢尤为明显。有的磨牙，刺激头部时做伸舌动作，短时间的兴奋不安，感觉过敏,大量出汗。后期:呈昏睡状态,卧地不起,出现轻瘫。先取伏卧姿势,头颈弯曲抵于胸腹壁,有时挣扎试图站起,而后取侧卧姿势,陷入昏迷状态,瞳孔散大,对光反应消失。体温低下,心音减弱,心率维持在 60~80 次/min,呼吸缓慢而浅表。鼻镜干燥,前胃弛缓,瘤胃臌气,瘤胃内容物返流,肛门松弛,肛门反射消失,排粪排尿停止。如不及时治疗,往往因瘤胃臌气或吸入瘤胃内容物而死于呼吸衰竭。产前发病的,分娩阵缩停止,胎儿产出延迟。分娩后,子宫弛缓、复旧不全以至脱出。

羊病初运步不稳,高跷步样,肌肉震颤。随后伏卧,头触地,四肢或聚于腹下或伸向后方。精神沉郁或昏睡,反射减弱。脉搏细速,呼吸加快。

猪病初表现不安,食欲减退,体温正常。随即卧地不起,处于昏睡状态,反射消失,泌乳大减或停止。

诊断 根据分娩前后数日内突然发生轻瘫、昏迷等特征性临床症状,以及钙剂治疗迅速而确实的效果,不难建立诊断。应注意与低镁血症、母牛倒地不起综合征、母牛肥胖综合征、产后截瘫、产后毒血症等疾病鉴别。

实验室检查:正常牛血钙含量为 2.2~2.6 mmol/L,病牛大都低于 1.5 mmol/L。

治疗 钙疗法,牛常用 40%硼葡萄糖酸钙 400~600 mL,5~10 min 内注完,或 5%葡萄糖酸钙 800~1 400 mL;绵羊和猪常用 5%葡萄糖酸钙 200 mL,静脉注射。钙剂量不足,病牛不能站起或再度复发。钙剂量过大,可使心率加快,心律失常,甚至造成死亡。为此注射钙剂时应严密地监听心脏,尤其是在注射最后的 1/3 用量时,通常也是注射到一定剂量时,心跳次数开始减少,其后又逐渐回升至原来的心率,此时表明用量最佳,应停止注射。对原来心率改变不大的,如注射中发现心跳明显加快,心搏动变得有力且开始出现心律不齐时,即应停止注射。对注射后 5~8 h 仍不见好转或再度复发时,查无其他原因的,可重复注射钙剂,但最多不超过 3 次。

乳房送风,缓慢将导乳管插入乳头管直至乳池内,先注入青霉素 40 万 U,再连接乳房送风器或大容量注射器向乳房注气,一般先下部乳区,后上部乳区。充气不足无治疗效果,充气过量则易使乳泡破裂。以用手轻叩呈鼓音为度,然后用宽纱布轻轻扎住乳头,经 1~2 h 后解开。一般在注入空气后 0.5 h,病牛即可恢复。对伴有低磷血症、低镁血症、瘤胃臌气等并发症的,可行对症治疗。

预防 以往的方法是,在干乳期应避免钙摄入过多,防止镁摄入不足。分娩前 1 个月将钙日摄入量控制在 30~40 g,钙磷比例保持在(1.5~1.1)：1。分娩前后应用维生素 D,可降低发病率。

近几年来建议在干乳期日粮中加入氯化铵、硫酸铵、硫酸钙、硫酸镁等盐类离子,但钙的含量不能低于 15 g,可降低发病率。正常牛尿液的 pH 值为 8~8.5,喂饲阴离子盐的pH值可降至5.5。计算日粮阴阳离子差可预测发病率,即差值(mmol/kg)＝(Na＋K)－(Cl＋S)。产前日粮差值大发病率就高,过去典型的干奶期日粮阴阳离子差为＋100～＋250;差值为负数时产后血清钙增高,发病率随之降低。

笼养蛋鸡疲劳症(cage layer fatigue)

笼养蛋鸡疲劳症是由于笼养产蛋鸡钙磷代谢障碍、缺乏运动等因素所致的骨质疏松症(osteoporosis),其临床特征是站立困难、骨骼变形和易发生骨折,软壳蛋增加,蛋的破损率增高。

病因 高产蛋鸡的钙代谢率相当高,年产250～300枚蛋需要600～700 g的钙,其中60%由消化道吸收,40%来自骨骼。一个产蛋周期所消耗的碳酸钙相当于蛋鸡体重的2倍,这本身就可引起生理性骨质疏松。如果日粮中钙、磷含量不足,加之笼中饲养缺乏运动,可导致严重的骨质疏松。用低钙、低磷、低维生素D日粮可试验性复制本病。低钙和维生素D缺乏日粮可引起产蛋严重下降,而低磷仅产生轻度下降。

症状 病鸡两腿无力,站立困难,瘫倒在地,脱水,产蛋严重减少,软壳蛋增加,蛋的破损率增高。尸检可见腿、翼和胸骨骨折,易折断。胸骨变形,肋骨特征性向内弯曲(细小骨骨折所致)。卵巢退化,甲状腺肿大。皮质骨变薄,髓质骨减少。

防治 产蛋前增加日粮钙的含量,以增强皮质骨和髓质骨的强度。如将病鸡移出笼外,按常规饲养,可于4～7 d恢复。产蛋高峰期日粮钙、磷应保持在3.5%和0.9%。

母牛产后血红蛋白尿症(bovine post-paturient haemoglobinuria)

母牛产后血红蛋白尿症是发生在环境低磷、干旱地区的一种地方性营养代谢病。临床上是以低磷酸盐血症、急性血管内溶血、贫血和血红蛋白尿为特征。多发生于产后高产奶牛,印度和我国南方水牛也有发生,发病率与死亡率各国报道不相一致。国外报道为病死率可达50%,我国奶牛及水牛病死率在10%左右。

病因 本病发生的根本原因是地域性土壤和牧草、饲料磷缺乏及饲粮中钙磷比例严重失调造成磷不足,条件性促发因素是天气寒冷及气候干旱。①土壤中易被植物吸收利用的有效磷不足(每千克土低于10 mg),黑龙江省西部草地土壤有效磷每千克土仅在5 mg左右,属严重缺磷地区;②牧草磷缺乏(低于0.15%),黑龙江省西部地区牧草磷常低于0.1%(正常为0.2%以上);③气候干旱,使能转化为有效磷的几种无机磷(Ca_2-P、Ca_8-P)转化速度缓慢,则牧草吸收的磷含量减少;④天气寒冷使牛代谢增强,耗能增多,需要补充大量的ATP,但由于磷缺乏而使ATP的合成减少,最终导致红细胞ATP酶活性和膜流动性降低,促进本病的发生。

发生血红蛋白尿的母牛都伴有低磷酸盐血症,但并非所有的低磷酸盐血症的母牛都会发生血红蛋白尿,低磷酸盐血症母牛只有在血清磷极度降低和寒冷条件下才可能发生。

病理发生 为什么严重低磷产后母牛易发生血管内溶血而出现血红蛋白尿,这一重要的理论与机制问题已被我国学者证实:基于一切溶血性疾病都伴有红细胞膜的损伤,而红细胞膜溶破的最终机制乃是其膜的功能与结构的改变。据此,从分子水平的新高度揭示低磷致母牛发生血管内溶血病理过程的分子机理。

红细胞由低磷发展至溶血,其膜磷脂组分、膜骨架蛋白组分(%)及红细胞形态均发生显著改变。膜磷脂酰胆碱+磷脂酰丝氨酸(PC+PS)及神经鞘磷脂(SM)显著增高,而磷脂酰乙醇胺(PE)显著降低,血清磷与PE呈显著正相关,与SM呈显著负相关;红细胞膜收缩蛋白Ⅰ、Ⅱ及区带Ⅳ-2蛋白含量显著降低,区带Ⅲ蛋白含量显著升高。成熟的红细胞膜不能进行磷脂的净合成,只能通过酰基转移酶与血浆中磷脂进行交换更新。当母牛摄入磷不足时,影响红细胞膜磷脂组分的正常更新代谢;红细胞没有线粒体,其供能只有通过糖酵解途径,而红细胞与血浆进行磷脂交换中,需要大量的ATP,由于磷缺乏而使红细胞中的ATP生成减少,影响红细胞膜与磷脂组分的主动交换,发生总磷脂和磷脂组分比例的改变。当PE减少时,膜流动性显著降低。SM含量升高也使膜流动性降低。随血清磷含量的继续减少及膜磷脂代谢降低,膜脂丢失严重,膜面积缩小,因此红细胞在扫描电镜下为小球形红细胞,变性能力差,在通过小血管及孔隙时易被破坏而扣留而发生溶血。小球形红细胞膜磷脂丢失严重,局部呈针尖状突起(棘形红细胞),小突起脱落而释放出其中的血红蛋白,膜面积减小,使小球形红细胞更易溶破。

收缩蛋白约构成骨架蛋白的75%,控制着红细胞在外力作用下的变形及在外力消除后的复原,使红细胞能在既无体积增大又无体积缩小的情况下变形。当母牛血清无机磷含量低到一定程度(0.48 mmol/L以下)及红细胞生成的ATP减少时,则收缩蛋白含量减少,膜骨架蛋白不能形成稳定的结构,膜骨架蛋白对膜的支撑作用降低,难以维持红细胞的形态;红细胞膜上的蛋白Ⅲ增加,破坏了各蛋白间的平衡,影响膜骨架的稳定。区带Ⅲ的增加影响阴离子的运转,膜通透性增强,水易进入红细胞,促使红细胞由棘形向球形的转变,最终发生红细胞溶破。

症状 血尿是本病最为特征的症状,排尿先呈红色,后呈茶色,最后呈酱油色,以后又逐渐消退。

体温正常或稍高,贫血明显,可视黏膜及皮肤苍白,心律不齐。

临床病理 PCV,RBC,Hb等红细胞参数值降低,血清无机磷水平低下(由正常的2.02 mmol/L降至0.48 mmol/L以下);红细胞膜总磷脂、膜流动性、膜ATP酶活性降低。

由低磷致血管内发生溶血时,其红细胞膜磷脂组分、膜骨架蛋白组分及红细胞形态发生显著改变。$PC+PS$及SM显著升高,$PC+PS$由正常的6.35%上升到12.85%,SM由38.75%上升到47.68%,而PE显著降低,由正常的54.90%下降到39.48%,血清磷与PE含量呈显著正相关,与SM呈显著负相关;支撑红细胞形态和变形性的红细胞膜骨架蛋白变化明显,红细胞膜收缩蛋白Ⅰ、Ⅱ及区带Ⅳ-2蛋白含量显著降低(分别由正常的27.93%和9.24%降至17.62%和6.52%),而区带Ⅲ蛋白含量显著升高(由正常的22.52%升至34.87%)。

红细胞形态的扫描电镜所见:由正常的圆盘状→棘形→球形→溶破的病理演变过程。

诊断　本病的发生常与分娩有关,临床上有血尿、贫血、低磷酸盐血症等,饲料、饲草中磷缺乏(<0.15%),磷制剂治疗有特效,不难诊断。但应与其他溶血性疾病如细菌性血红蛋白尿、锥虫病、钩端螺旋体病、慢性铜中毒等进行鉴别。

防治　①对个体病牛可直接补给磷制剂,效果良好。第一天应用20%磷酸二氢钠300~500 mL与5%葡萄糖300~500 mL,20%安钠咖10 mL混合,1次静脉注射,第二天改为用20%磷酸二氢钠300~500 mL皮下分点注射,通常连用3 d症状即可消除。②对地方性低磷地区可从食物链源头上采取土壤补偿措施,向土壤施磷胺和尿素,使饲料和牧草磷含量达到0.2%~0.3%,可有效地预防母牛由低磷引起的低磷酸盐血症、血红蛋白尿症及骨软症的发生。③调整饲粮钙磷比例,增加豆饼、麸皮、骨粉、脱氟磷酸氢钙等。

母牛倒地不起综合征(downer cow syndrome)

母牛倒地不起综合征是泌乳母牛临近分娩或分娩后发生的一种以"倒地不起"为特征的临床综合征,最常发生于产犊后2~3 d的高产母牛。常因生产瘫痪诊疗延误而不全治愈,或因存在代谢性低磷血症、低镁血症、低钾血症等并发症而后遗倒地不起。病牛常反复挣扎不能起立。通常精神、体温、呼吸和心率少有变化。不食的母牛,可伴有酮尿。卧地日久的母牛,可有明显的蛋白尿,心跳加快。有些病牛,前肢跪地,后肢半屈曲或向后伸,呈"青蛙腿"姿势,匍匐"爬行"。有些病牛,常喜侧身躺卧,头弯向后方,严重病例,一旦侧卧,出现感觉过敏和四肢强直及搐搦。有些病例,两后肢前伸,蹄尖直抵肘部,致使大腿内侧和耻骨联合前缘的肌肉遭受压迫,而造成缺血性坏死。倒地不起经18~24 h的,血清肌酸磷酸激酶,血清天门冬氨酸转移酶活性升高。由于反复起卧,还可发生髋关节脱臼及关节周围组织损伤。病因诊断很困难。可根据可疑病因,采用相应疗法。如怀疑低镁血症,静脉注射25％硼葡萄糖酸镁溶液 400 mL;怀疑低磷酸盐血症,皮下或静脉注射20％磷酸二氢钠溶液 300 mL;怀疑低钾血症,则以 10％氯化钾溶液 80～150 mL,加入 2 000～3 000 mL葡萄糖生理盐水中静脉注射。以上治疗方法每日1次,必要时重复1次或2次。凡血钙浓度不低于2.25 mmol/L,且无精神高度抑制、昏迷等症状,不应再注射钙剂。凡心动过速和心律不齐的,亦不应注射钙剂。

鸡胫骨软骨发育不良(tibial dyschondroplasia in chicken)

　　鸡胫骨软骨发育不良是以胫骨近端骺骨板软骨持续性增生、肥大为特征的软骨发育异常,以往称之为骨软骨病。本病发生于肉用鸡、鸭和火鸡,发病率可达10％～30％,其病因还不十分清楚。与遗传因素、生长过快、日粮高磷低钙、日粮中维生素D_3不足、饲料污染镰刀菌(木贼镰刀菌、氧孢子镰刀菌)及某些化学物质(秋兰姆、半胱氨酸)等多种因素有关。上述因素可使软骨细胞在肥大阶段衰竭以致骨骺血管不能进入增生的软骨以及软骨退化减慢,而使软骨发生持续性增生。近来发现,胰岛素样生长因子(IGF-I)、碱性成纤维细胞生长因子(FGF)、转化生长因子-β(TGF-β)等生长因子对生长板的发育具有重要作用,这些生长因子的自分泌和旁分泌异常,可能引起软骨的退化减弱和软骨发育异常。患病鸡大都不显临床症状。胫跗骨骺端弯曲时,可见不愿走动,步样僵硬,跛行,股胫关节肿大,两腿弯曲。胫股软骨下骨折时跛性严重。剖检可见胫骨近端肿大,增生的软骨占据整个干骺端或位于生长板的中后部。股骨的近端和远端、胫骨的远端、跗跖骨和肱股的近端也可见轻微的病变。病理组织学特征是胫骨骺端软骨繁殖区内不成熟的软骨细胞极度增生,而血管极少,有的血管被增生的软骨细胞挤压萎缩,变性、坏死。防治措施:调整日粮钙、磷水平,添加 1,25-二羟钙化醇,减缓生长速度,增加紫外线照射可降低发病率。提高日粮钾、钠、镁、钙等阳离子水平也可减轻氯、磷、硫等阴离子过多引起的发病。

猪骨软骨病(swine osteochondrosis)

　　猪骨软骨病,是猪的一种骨生长板软骨和骨骺生长软骨的软骨内骨化障碍为基本病理变化,以骨关节变形和运动障碍为主要临床特征的自发性软骨发育不良。本病发生于现代商品猪,尤其在猪的快速生长阶段。确切的病因尚未弄清。一般认为是由于生长速度过快、遗传因素及关节机械应激作用的结果。病猪主要表现慢性、进行性、多发性肢蹄变形和运动障碍。早期:运步强拘,弓腰,肢蹄无明显变形。中期:喜卧,起立困难,驱赶时嚎叫,易摔倒。站立时弓腰,蹄尖着地。运步时步幅短小,体躯摇摆,跛行明显,尤以后肢为重。患肢变形,腕、系、冠部背侧常因磨损而肿胀、破溃。后期:高度运动障碍,肢蹄明显变形。腕部着地爬行,或呈犬坐姿势,以至卧地不起。长骨弯曲扭折,关节肿大敏感,蹄形不正。X射线影像,生长板边缘不整,宽窄不一,生长板内有散在阴影,干骺端边缘及深部出现不规则形透亮区,骨骺的骨小梁增生致密,关节面不平滑,有小的缺损。缺损部外周骨小梁增生致密。依据发生情况,结合骨关节变形、运动障碍等临床特征以及骨关节软骨损害X射线影像特征性所见,即可做出诊断。目前尚无有效防治措施,大多急宰或淘汰。

第二节 镁代谢紊乱疾病

犊牛低镁血症性抽搐(hypomagnesemia tetany in calves)

犊牛低镁血症性抽搐是一种与成年母牛泌乳抽搐相类似的一种疾病。主要发生于2~4月龄完全依靠吃奶的犊牛,吃奶量最大且生长最快的犊牛最容易发病。冬季舍饲犊牛在饲料缺乏时也容易发病。

病因 血镁降低是本病的原因。在正常情况下,尽管牛奶中镁含量低,但由于犊牛的吸收能力好,仍能满足犊牛的生长需要。腹泻能降低镁在肠道内的吸收,采食垫料中的粗纤维物质可造成大量镁从粪便丢失,而且咀嚼粗纤维能刺激大量分泌唾液,造成大量内源性镁丢失。许多病例同时伴有低钙血症。

病理发生 在发病牛场,犊牛出生时血镁水平平均每100 mL为2~2.5 mg,但在随后的2~3个月降至0.8 mg,血镁含量低于该水平则发生抽搐,低于0.6 mg时则抽搐更严重。低钙血症可能是由低镁血症引起的,但其发生机理不清楚。低钙血症能促进低镁血症性抽搐的发生。

症状 实验性镁缺乏的病例首先出现耳朵不停煽动,体温正常,脉搏加速,感觉过敏,肌肉阵发性痉挛;随后出现头颈振颤,角弓反张、共济失调、感觉过敏,但不出现抽搐。此后出现大肌肉震颤,蹬踢腹部,口唇有白沫和四肢强直;最后出现抽搐,以跺脚、头回缩、大声咀嚼和跌倒开始,接着出现牙关紧闭、呼吸停止、四肢强直和痉挛。日龄较大的犊牛通常在抽搐发生后20~30 min死亡,较小的牛在抽搐后暂时恢复,随后再次发作。2周龄左右的腹泻犊牛一旦发病即出现抽搐,并在30~60 min死亡。

临床病理学 血镁每100 mL低于0.8 mg则表示有严重的低镁血症,血镁在每100 mL为0.3~0.7 mg时则出现临床症状。病牛血镁值每100 mL为2.2~2.7 mg时,骨钙与骨镁比值大于90:1(正常时为70:1),骨钙绝对值轻微升高,肌酸磷酸酶活性升高,SGOT 轻度升高。

诊断 根据病史和临床症状可初步做出诊断。临床上要注意于与急性铅中毒、破伤风、士的宁中毒、大脑皮质坏死、产气荚膜梭状芽孢杆菌病和维生素 A 缺乏引起的阵发性抽搐相鉴别。

治疗 用100 mL 10% $MgSO_4$ 溶液静脉注射,并在犊牛日粮中补充 MgO 或 $MgCO_3$,有呼吸麻痹时可使用镇静药。

预防 在犊牛日粮中添加干草有助于预防本病。也可在日粮中补充 MgO,5 周龄前每天补充 1 g,5～10 周龄 2 g,10～15 周龄 3 g,舍饲犊牛和完全依靠吃奶的犊牛还应当补充足够的矿物质和维生素 D(每日维生素 D_3 70 000 IU)以促进钙的吸收,避免发生低钙血症。

青草抽搐(grass tyetany，grass stagger)

青草抽搐是反刍兽在采食了生长繁茂的幼嫩青草或谷苗后而突然发生的一种低镁血症(hypomagnesemia),临床上以肌肉强直性或阵发性痉挛和抽搐为特征。发病通常出现在早春放牧开始后的前2周内,也见于晚秋季节。施用了氮肥和钾肥的牧草危险性最高。

病因 幼嫩青草和生长繁茂的牧草比成熟牧草中镁含量低,而且现代牧草由于大量施用钾肥和氮肥,导致土壤高钾和偏酸,进一步降低了牧草对土壤中镁的吸收,牛、羊在采食了这些牧草后则可发生低镁血症。一方面泌乳高峰期的牛、羊对镁的需求量高,更容易发病;另一方面瘤胃和消化道偏低的 pH 值环境有利于机体对镁的吸收,但采食幼嫩青草后导致瘤胃 pH 值升高(pH 6.5～6.7),抑制了机体对钙、镁的吸收,而且采食青草导致食物在消化道中迅速通过,并形成大量不溶性的矿物质化合物,进一步降低了机体对镁的吸收。此外,采食燕麦、大麦等谷物的幼苗后也能引起大规模发病,称为麦草中毒(wheat pasture poisoning)。

病理发生 镁在体内的作用之一就是抑制神经肌肉的兴奋性,缺乏时则出现神经肌肉兴奋性升高,表现为血管扩张和抽搐,严重时死亡。但对本病的发生机制尚不完全了解,为何在惊厥阶段病牛血清镁水平几乎接近正常,而且病牛在危险期中为何不能利用体内镁的储备以应付紧急状态,以及在死亡后为何又见不到肉眼病变等问题尚不清楚。

症状 发病早期出现轻微的步态强拘,头高抬,眼圆睁和凝视,驱赶或突然兴奋时跌倒,并发生四肢强直和抽搐,或出现划水样动作。第三眼睑颤动。病畜咀嚼,嘴唇上有白沫。眼圆睁和嘴唇上有白沫是本病的两大特征。大部分病例由于神经过度兴奋引起心力衰竭,发现时已经死亡,但在其躺卧的地方可发现挣扎和划水样的痕迹,有助于为其死因提供线索。

亚急性病例发病较缓和,发病3~4 d出现轻微的食欲不振,面部表情凶狠,甩头,步态强拘,拒绝驱赶,后肢和尾巴震颤或轻微抽搐。频频排尿和排粪是亚急性病例的特征。突然的驱赶、噪声或针刺等刺激可促使其出现剧烈的抽搐。

慢性病例虽有血镁降低,但不出现抽搐,部分病例出现反应迟钝、食欲较差等非特异性症状。随后可能会出现某一种特异性症状。

诊断 感觉过敏,抽搐,泌乳母畜最先发生,结合其采食谷苗或幼嫩青草的病史可做出初步诊断。

治疗 应避免使患畜兴奋,以免发生阵挛,出现痉挛时应镇静。立即用15%的$MgSO_4$ 400 mL皮下注射,同时用钙镁合剂(250 g硼酸葡萄糖酸钙、50 g $MgSO_4$,加水1 000 mL)缓慢静脉注射,牛 500 mL,羊 50 mL,并灌服 60~90 g焙烧后的磷镁矿或其他类似物以恢复肠道的镁水平。

防治 在有发病危险的季节,可在饮水中添加醋酸镁(牛每头每日60 g)进行预防。牧草尽可能少用钾肥和氮肥,最好在肥料中添加镁盐。保证牛、羊摄入足够的食盐,以防止摄入大量钾盐。

第三节 钾、钠代谢紊乱性疾病

低钾血症(hypokalemia)

低钾血症是指血清钾浓度低于正常范围,低钾血症通常伴有体钾的缺乏,但低钾血症与钾缺乏症是2个不同的概念,后者是指机体总钾量不足。体钾缺乏时血钾不一定降低,而低血钾时也可能不伴有体钾的缺失。因此,根据血清钾的浓度来判定体钾通常会误诊,如输注葡萄糖或胰岛素后血钾显著降低,这是由于钾进入细胞以合成糖原,但体钾并不减少,创伤或外科手术后血钾升高,体钾也并不增多。

病因和发病机理 钾离子主要存在于肌肉中,其含量大约占体钾总量的70%。在正常情况下,细胞内钾离子远比细胞外高,体内98%以上的可用于交换的钾离子存在于细胞内。钾离子主要从小肠和结肠中吸收,随后有90%的钾离子通过肾脏排泄,但肾脏对钾离子摄取不足不能进行有效代偿。钾离子跨膜分布通过细胞膜上的Na-K-ATP酶与Na^+相偶连,当细胞外钾离子或细胞内Na^+增加时,可激活Na-K-ATP酶,将细胞内Na^+排出和将细胞外钾离子移入细胞内,以保持细胞内、外的电位差。钾离子跨膜分布形成的膜电位对于维持包括心肌和呼吸肌在内的神经肌肉兴奋性起重要作用,细胞外液钾离子浓度显著升高或降低均能引起肌肉兴奋性改变、心脏功能和呼吸功能障碍。钾离子自身稳定受内平衡（钾离子在细胞内液和细胞外液间的分布）和外平衡（钾离子的摄取和排泄）2种方式调节，这2种平衡失调均能引起低钾血症。

细胞内、外钾离子平衡失调

（1）碱中毒时细胞外 H^+ 浓度降低，引起细胞内 H^+ 外逸到细胞外，并与细胞外液中的钾离子交换，使细胞外液中的钾离子流入细胞内，进而引起低钾血症。常见于单胃动物呕吐和反刍兽第四胃扭转。

（2）动物发生轻度酸中毒时，血钾可能正常；严重酸中毒时，便可发生高钾血症，当静脉输注碱性溶液治疗酸中毒时，如不适当补钾，由于钾离子重新回到细胞内，常能引起对生命有威胁的低钾血症。

体内、外钾平衡失调

（1）钾的摄入减少。见于各种原因的绝食、消化吸收障碍和肠道阻塞。在这些情况下，钾离子不能摄入，但仍可通过尿液继续排出，且尿液中钾的排出至少需要 2～3 d 才能减少，因而可出现钾的负平衡。日粮中长期缺钾也能引起轻微的低钾血症，不过，对于草食动物，由于许多饲草中钾离子含量相对较高，单纯因为日粮缺钾而引起的低钾血症并不常见。

（2）胃肠液丢失增多。大量富含钾的胃肠液的丢失可造成机体钾缺乏。见于单胃动物呕吐、反刍兽第四胃扭转、各种原因的腹泻，尤其是马属动物的腹泻。

（3）尿钾丢失。严重的尿钾丢失可引起低钾血症，见于渗透性多尿、肾上腺皮质激素分泌增多。过量使用盐皮质激素和某些利尿剂也可引起钾离子通过肾脏大量丢失，出现低钾血症。

（4）在碱中毒和酸中毒的输液治疗时，没有适当补钾，肌炎长期不愈，体钾丢失。如奶牛卧倒不起综合征的患牛补钾常能奏效，可能与该机理有关。

临床症状 临床表现取决于低血钾发生的速度、病程长短以及病因。

（1）对肌肉的影响。急性低钾血症常引起肌无力、甚至麻痹（慢性低钾血症的症状不明显），也可出现痛性痉挛、四肢抽搐、吞咽困难。当呼吸肌受累时则出现呼吸困难。马可发生与心脏收缩同步的膈扑动（synchronous diaphragmatic flutter）。

（2）对消化系统的影响。轻者仅有食欲不振、轻度腹胀和便秘，严重低血钾通过植物性神经引起肠麻痹而发生腹胀或麻痹性肠梗阻（paralitic ileus）。

（3）对心血管系统的影响。轻度低钾血症多表现为窦性心动过速、房性或室性早搏，重者可导致严重的心率失常，并引起末梢血管扩张、血压降低。

（4）对泌尿系统的影响。长期缺钾可引起缺钾性肾病和肾功能障碍，尿浓缩功能减退，出现多尿。急性低血钾不影响尿浓缩功能。低血钾还能引起肾小管上皮细

胞 NH_3 生成增加，从而引起代谢性碱中毒。其原因可能是因为细胞内钾离子外流，H^+ 进入细胞内，造成细胞内酸中毒，进而刺激 NH_3 生成和 H^+ 分泌。低血钾还能促进 HCO_3^- 重吸收增加，加重代谢性碱中毒。由于低血钾时肾脏排 Na^+ 减少，所以输注盐水和其他可导致血 Na^+ 升高的因素均可导致 Na^+ 潴留和水肿。

治疗　轻者可适量灌服氯化钾水溶液，其浓度不超过 40 mmol/L（0.3％氯化钾水溶液）。缺钾较重者或出现严重的心率失常和神经肌肉症状者可静脉补充钾离子。因病畜多合并发生代谢性碱中毒，故以补氯化钾最好，使用时将其用等渗生理盐水或5％葡萄糖水稀释至30～40 mmol/L 浓度。对顽固性不易纠正的低血钾者，应考虑合并有低镁血症，宜同时补充镁制剂。

临床上补钾必须注意以下几个问题：

（1）肾功能必须正常才能用钾制剂治疗。

（2）对于体重在 400 kg 以上的成年大动物，用 10 mL 含 10％氯化钾的针剂 2 或 3 支溶于 1 000 mL 等渗生理盐水或5％葡萄糖水中静脉滴注，羊、犬等用 10 mL 含 10％氯化钾的针剂半支或1 支溶于350 mL 等渗生理盐水或5％葡萄糖水中静脉滴注。大动物输液速度每分钟不得超过 40 mL（每小时不得超过 100 mmol 氯化钾），对于体重较小的动物，输液速度应适当减慢。

（3）如有必要，可重复补钾，但一定要根据临床症状和实验室检验数据进行。

（4）为安全起见，缺钾较重者也可采用口服或灌服方法提供氯化钾水溶液。

高钾血症（hyperkalemia）

高钾血症是指动物血清钾浓度高于正常值。血钾升高并不一定能反映全身总体钾的升高，在全身总体钾缺乏时，血清钾亦可能升高，其他电解质亦可影响高钾血症的发生和发展，所以，对于高血钾的判定，必须在血清钾改变的基础上，结合心电图和病史加以判定。

病因　临床上引起高钾血症的原因一般有 3 种。

假性高钾血症　采血后发生溶血，或者全血储存时间过长，K^+ 从红细胞释入血浆或血清中。牛、马、猪和某些绵羊的红细胞中 K^+ 含量较高，K^+ 释出可引起非常明显的高血钾，而犬、猫和某些绵羊的红细胞中 Na^+ 含量较高，K^+ 含量相对较低，轻度的溶血则不会引起血 K^+ 改变。正常时血液凝固也可释出钾，如有血小板或白细胞增多症，则钾释出增多，造成假性高血钾，但此时仅有血清钾升高，血浆钾不变。

细胞外 K^+ 平衡紊乱　在 Addison 氏病（盐皮质激素缺乏），急性肾功能衰竭，有效循环血量减少引起的肾脏滤过率降低等情况下，K^+ 在体内滞留，引起血钾升高。此外,无尿性肾病,肾后性尿道阻塞,心脏衰竭性少尿,醛固酮分泌减少,快速静脉输钾等均能引起高钾血症。

细胞内 K^+ 外流 见于酸中毒,特别是在血容量减少的同时又伴有肾脏滤过率降低所引起的酸中毒。由于此时大量 H^+ 进入细胞内,为维持电荷平衡,细胞内 K^+ 外流,引起血钾升高。也见于大面积肌肉坏死的家畜,由于胰岛素缺乏引起的糖尿病患畜。此外,马麻痹性肌红蛋白尿、高钾性周期性麻痹也与肌细胞内 K^+ 外流有关。

症状 病畜烦躁,出现吞咽、呼吸困难,心搏徐缓和心律紊乱。严重时出现松弛性四肢麻痹。

治疗 当高血钾引起心室节律紊乱时,要立即注射钙盐以对抗 K^+ 的心肌毒性,通常注射10%葡萄糖酸钙 20～30 mL,大动物加量。由于胰岛素能促使 K^+ 进入细胞内,而葡萄糖又能刺激胰岛素分泌,所以可用胰岛素结合葡萄糖进行治疗,可用10%葡萄糖500 mL,内加胰岛素15～20 U 静脉注射。如高钾血症持续存在,应选用排钾利尿剂进行治疗,如速尿、利尿酸和噻嗪类药物。

低钠血症(hyponatremia)

低钠血症是临床上常见的电解质紊乱。Na^+ 主要存在于细胞外液中,细胞外液中 Na^+ 占体钠总量的1/3～1/2,包含了几乎所有的可利用和可交换的 Na^+。体内水与 Na^+ 两者之间相互依存、相互影响,水与 Na^+ 的正常代谢及平衡是维持机体内环境稳定的重要因素。

病因 可归纳为下述5种。

假性低钠血症 见于高脂血症和高蛋白血症,在这些疾病中,由于血浆或血清中含有大量脂肪和蛋白质,致使溶解在血浆或血清中的 Na^+ 减少,出现假性低钠血症。

失钠性低钠血症 能引起 Na^+ 丢失并随之出现有效循环血量减少的因素通常能引起低钠血症。包括呕吐、腹泻、多汗和肾上腺分泌不足。机体对有效循环血量减少的反应是出现渴感和 ADH 分泌,促进动物饮水和肾脏保 Na^+ 保水,目的是使水潴留以维持血容量和防止循环衰竭。水潴留达一定程度后则导致血浆 Na^+ 降低并使血液呈低渗状态,形成低渗性低血钠症。

体腔积液也可造成低血钠症,这种情况见于腹水、腹膜炎或膀胱破裂。由于细胞外液大量进入体腔,发展迅速则可引起血容量快速下降,并随之出现代偿性水滞留,导致血钠降低。

稀释性低钠血症 本症是指体内水分原发性潴留过多,总体水量增多,但总钠不变或由增加而引起的低钠血症。总体水量增多是因为肾脏排水能力发生障碍，或者肾功能虽然正常，但由于摄入水量增多，一时来不及排出，导致总体液量增加，血液稀释，从而出现低钠血症。这种情况见于精神性烦渴（psychogenic polydipsia），抗利尿激素（ADH）异常分泌综合征（syndrome of inappropriate secretion of antidiuretic hormone，SIADH）和某些肾脏疾病。

低血钠伴有总钠升高 原发因素是Na^+潴留。Na^+潴留必然伴有水潴留，如果水潴留大于Na^+潴留，将引起渐进性低血钠症。这种情况见于充血性心力衰竭、肝功能衰竭、慢性肾功能衰竭和肾病综合征。其发生机制较复杂，常涉及多种体液因子和肾内水盐代谢机制。

无症状性低血钠症 见于严重肺部疾病、恶病质、营养不良等，可能是由于细胞内外渗透压平衡失调，细胞内水向外移，最终引起体液稀释而造成的。细胞脱水使ADH分泌增加，促进肾小管对水的重吸收，使细胞外液在较低渗状态下维持新的平衡。本症的命名欠妥，因为在许多低钠血症早期或发展缓慢的病例也不出现症状。

症状 低钠血症的临床症状常常是非特异性的，并易被原发疾病所掩盖。其症状取决于血钠下降的程度和速度。急性低钠血症由于在很大程度上与血容量和有效循环血量下降有关，通常出现颈静脉扩张、毛细血管再充盈时间延长、血压下降。患畜出现疲乏，视力模糊，肌肉疼痛性痉挛或阵挛，运动失调，腱反射减退或亢进，严重时发展为惊厥、昏迷甚至死亡。

诊断 根据失钠病史（呕吐、腹泻、利尿剂治疗、ADH异常分泌综合征）和体征（血容量不足和水肿）可以做出初步诊断。实验室检查包括血浆渗透压、血Na^+、K^+、Cl^-、HCO_3^-的测定等有助于诊断。尿Na^+水平可用于区分某些原因引起的低钠血症，如由呕吐、腹泻、多汗、体腔积液引起的低钠血症，由于肾脏Na^+重吸收增加，尿Na^+水平极低；由肾上腺分泌不足引起的低钠血症和高钾血症，尿钠水平高；ADH分泌异常综合征引起的低钠血症，尿Na^+有升高的趋势；精神性烦渴引起的低钠血症，尿Na^+有降低的趋势。

治疗 应根据低钠血症发生的原因和机制进行适当的治疗。对于失钠性低钠血症，除治疗原发病外，可口服或静脉补给氯化钠。对于稀释性低钠血症，应控制水的摄入量，并使用利尿剂利尿。低钠性低渗状态有时还伴有其他电解质的缺失，须做相应补充。

第十二章　微量元素不足或缺乏症

硒缺乏症（selenium deficiency）

　　硒缺乏症是因硒缺乏致动物骨骼肌、心肌及肝脏等组织以变性坏死为特征的一种营养代谢病。侵害多种动物包括畜禽、经济动物、实验动物和水生动物，如牛、羊、猪、马、鸡、鸭、大鼠、小鼠、犬、猴、鱼40多种动物均可罹病。该病具有明显的地域性和群体选择性特点，主要发生于幼龄动物。

　　硒对动物的影响主要是通过土壤-植物体系发生作用，因此是世界性的常发病和群发病之一。美国、加拿大、英国、芬兰、瑞典、挪威、澳大利亚、新西兰、日本、土耳其、前苏联及我国均有发生。我国每年因动物缺硒造成的经济损失可达10多亿元。中国农业科学院畜牧研究所在20世纪80年代分析了全国28个省、自治区上万个饲料样品的含硒量并绘制了硒的分布图，有2/3的地区缺硒，其分布是从东北到西南的狭长缺硒地带，包括黑龙江、吉林、辽宁、青海、四川、西藏和内蒙古等省、自治区。其他地区如新疆、山西、陕西、甘肃境内的动物缺硒症的发病率在30%左右。黑龙江是缺硒最严重的省份，全省76个县市的饲料平均含硒量均低于$0.02\ mg/kg$。

　　病因

　　(1)动物缺硒症的直接原因是日粮或饲料中含硒量低于正常的低限营养需要量$0.1\ mg/kg$，一般认为低于$0.05\ mg/kg$可能引起动物发病，低于$0.02\ mg/kg$则必然发病。

　　(2)饲料含硒量源于土壤中的含硒量，因此土壤含硒量低是缺硒症的最根本原因。

　　(3)条件性缺硒因素包括：①年降雨量超过$560\ mm$；②地势高于海拔$250\ m$；③土壤偏酸性，pH值低于6.5；④与硒相拮抗的元素如硫、汞、氩、镉、铅等含量过高，导致硒含量降低。

　　病理发生　硒在动物体内的作用是多方面的。适量补硒对改善动物的生长、增重、繁殖、抗癌、提高免疫力等方面都有良好作用和效果，但其最根本的作用是他的抗氧化能力，并与同是抗氧化作用的维生素E有互补效果。

　　硒是谷胱甘肽过氧化物酶（GSH-P$_x$）的组成成分，它和维生素E都是动物体内抗氧化防御系统中的成员，对有机自由基（ROO）起破坏作用，将其分解为对机体无害的羟基化合物。

动物机体在代谢过程中,产生各种内源性的过氧化物如有机氢过氧化物($ROOH$)和无机过氧化物(H_2O_2),这些过氧化物和氧自由基以及有机自由基与细胞膜的不饱和脂肪酸磷脂膜(脂质膜)发生"脂质过氧化反应",如果这种非正常的生物变性反应十分剧烈,可造成细胞、亚细胞膜的功能和结构的种种损伤,导致DNA、RNA和酶等发生异常,影响细胞分裂、生长、发育、繁殖、遗传等,使组织发生变性、坏死等一系列病理变化和功能改变,出现各种临床症状。

硒通过$GSH-P_x$破坏、分解自由基和过氧化物产生的脂质过氧化反应。在这一过程中,$GSH-P_x$利用还原型谷胱甘肽(GSH)将有机氢过氧化物($ROOH$)还原为无害的羟基脂肪酸(ROH),其催化反应如下式:

$$(1) ROOH + 2GSH \xrightarrow{\text{GSH-P}_x} GSSG + ROH + H_2O$$

$$(2) H_2O_2 + 2GSH \xrightarrow{\text{GSH-P}_x} GSSG + 2H_2O$$

从上式可看出,只要动物体内有充足的硒和$GSH-P_x$,就可破坏过氧化物和自由基发动的脂质过氧化反应。$GSH-P_x$存在于胞液中,构成抗氧化的第一道防线;维生素E存在于细胞膜中,构成抗氧化作用的第二道防线,阻止过氧化物的产生。两者在抗氧化作用中起协同作用,共同使组织免受过氧化作用的损伤,保护了细胞和亚细胞膜的完整性。

含硒的$GSH-P_x$存在于动物的各种组织中,其活性以硒的摄入量和不同组织而异。20世纪70年代后期有人发现,动物体内还有一种具有含硒$GSH-P_x$活性的非含硒$GSH-P_x$,其活性不受日粮加硒或维生素E含量的影响,对有机过氧化物起破坏作用,特别当机体硒耗竭的情况下,它也具有重要的抗氧化作用。肝脏中非含硒$GSH-P_x$活性依动物而异,羊最高,鸡和猪中等,大鼠最低。这就解释了为什么同在缺硒情况下,羊肝脏正常,而大鼠呈严重肝坏死的现象。

硒除了其谷胱甘肽过氧化物酶作用之外,近年来人们又发现30多种含硒蛋白,它们与机体抗氧化体系、甲状腺素代谢、氧化还原的调节、维持机体结构性功能有着密切的关系。

症状　该病主要发生在幼龄动物,雏鸡和鸭为21~49日龄,羔羊为5~30日龄,犊牛为1~90日龄,猪为1~180日龄的仔猪或育肥猪,缺硒的共同症状主要是运动障碍、生长弛缓、排稀粪、消瘦、贫血及心功能不全。

运动障碍　雏鸡站立不稳,行走时两腿外展,快步急走,躯体向前倾斜,往往倒地不起。雏鸭站立时跗关节屈曲、外展或跗关节着地,甚至卧地不起。

病猪站立不稳,行走时后躯摇晃,有的卧地呈犬坐姿势或卧地不起。

病羔羊、犊牛四肢僵直,行走时后躯不灵活、摇摆,有的卧地不起,头弯向颈侧。

排稀便　幼龄动物缺硒则表现排稀便,消瘦,生长停滞,贫血,心功能不全,体温基本正常;成年动物缺硒则表现为繁殖机能障碍,生产性能降低,公畜精液品质不良,母畜受胎率降低,孕畜流产,甚至不孕,乳牛胎衣不下,母鸡产蛋率和孵化率降低。

不同种属及不同年龄的个体动物,各有其特征性的临床症状。

反刍动物:羔羊、犊牛的白肌病或肌营养不良主要表现为运动障碍,步态强拘,站立不稳,伴有顽固性的腹泻,心跳加快,节律不齐;成年母牛可出现产后胎衣停滞,有的出现肌红蛋白尿。

猪:猪腹下出现水肿,运动障碍明显,站立困难,甚至出现犬坐姿势,步态不稳,后躯摇摆,心跳加快,节律不齐,肝实质病变严重的可伴有皮肤黏膜黄疸。急性病例常在剧烈运动、驱赶过程中突然跃起、尖叫而发生心性猝死,多见于1～2月龄营养良好的个体。肝营养不良主要见于21～120日龄的仔猪;桑葚心的病猪,外表健康,但可于几分钟内突然抽搐、跳跃,同时嚎叫而死亡(猝死)。

家禽:雏鸡缺硒的突出表现是出现渗出性素质(皮下呈淡绿色水肿),重症者两后肢外展,运步蹒跚,甚至卧地不起,排白色、绿色粪便,消瘦,贫血,腿及喙由正常的淡黄色变为灰白色,食欲减退,精神委顿。

雏鸭:运动障碍明显,食欲减少,排稀便,贫血,喙由正常的黄色变为灰白色,个别鸭出现视力减退或失明。

经济动物:犬、水貂、狐、兔、鹿均可发病。尤其水貂,常在吃富含不饱和脂肪酸的鱼类后出现黄膘病(脂肪组织炎),这是缺乏维生素E引起的症状,是否与硒缺乏有关尚待进一步探讨。

马属动物:幼驹腹泻,成年马出现肌红蛋白尿、运动障碍及臀部肌肉肿胀。

病理变化　因动物不同而出现特征性的病理变化。

骨骼肌及心肌变性坏死　所有畜禽都很明显,常见于运动剧烈的肌肉群,如背最长肌、臀及四肢肌肉,常具有呈白色煮肉样的点状或条状坏死灶,因此将其称为白肌病。心肌发生变性坏死,在羔羊、犊牛、猪及鸡、鸭常于心肌上发现在心肌上有针尖大小的白色坏死灶。

皮下及肌肉出血　在小鸡的渗出性素质部位周围常有点状或条状出血,在猪、鸡等腿部及胸部肌肉出现点状或条纹状出血,也有的是心冠脂肪出血。

渗出性素质　在雏鸡发生硒或维生素E缺乏或共同缺乏时出现皮下淡绿色水肿,剥开皮肤呈淡绿色或淡黄色的胶冻样浸润,只有鸡出现这种带颜色的水肿(皮下毛细血管通透性增强,血红蛋白逸出被氧化而所致);在猪则出现无颜色的皮下水肿,同时心包、胸腔积液,常常出现肠系膜水肿。

肌胃变性　在鸭,凡临床症状明显的雏鸭,死后剖检均可见到肌胃坏死,切面干燥,无光泽,呈不同程度的灰白色坏死灶,与正常时的紫红色切面呈鲜明对照。

猪桑葚心(mulberry heart disease,MHD)　主要病理变化为心包囊内积有稻草色液体,其中混杂着纤维状细丝,心内、外膜表面及心肌广泛出血。显微病变呈现血管和心肌的损害及间质出血,通常有大范围的心肌坏死,毛细血管内有纤维状栓塞物。如动物能存活几天,可能因有局灶性脑软化症而出现神经症状。

雏鸡胰腺坏死　胰腺是雏鸡缺硒最敏感的靶器官,眼观变化是体积缩小,宽度变窄,厚度变薄,质地较硬,呈灰白色,无光泽,与正常胰腺相比差异显著,组织学所见为纤维变性,胰腺外分泌部呈空泡变性。

猪肝营养不良(hepatosis dietetica,HD)　常表现水肿和浆膜腔内有数量不等的液体渗出。肝表面有纤维状渗出物,由于不规则的坏死灶和出血斑相间使肝表面呈斑驳状。心肌呈灶性坏死,偶尔可见骨骼肌坏死。急性损害的肝脏表面可见红色、散在且肿胀的肝小叶。许多死于维生素 E 和硒缺乏症的猪有食道溃疡或溃疡前的病变。

诊断　可根据发病的地域性(所在地区是否缺硒)、动物生长发育速度、年龄(幼龄畜禽多发)、特征性的临床症状、病理变化及用硒制剂治疗有特效等进行判断确诊。

为进一步确诊,查明病因,可测定基础日粮、血液或被毛的含硒量,分别小于 0.02 mg/kg、0.05 μg/ mL 和 0.25 μg/g。

配合测定全血含硒 GSH-P$_x$ 酶活性,该酶在日粮硒小于 0.03 mg/kg 时,与血硒呈正相关。

鉴别诊断:在鉴别诊断上,应把雏鸡单纯由维生素 E 缺乏引起的脑软化而出现的神经症状与单纯硒缺乏引起的运动障碍鉴别开来。有人提出雏鸡硒缺乏不会出现神经症状,更没有小脑软化,小脑软化的雏鸡头向后仰,不能完全着地,用维生素 E 或其他抗氧化剂治疗有特效,而用硒治疗无效,但这一观点尚待进一步证实。

防治　目前,在动物缺硒病的防治上,多用亚硒酸钠溶液进行治疗、或市售的硒 -维生素 E 注射液、或硒酵母、或人用的亚硒酸钠片以及其他的含硒添加剂混入饲料或饮水中,令动物自由采食或饮用。最好的办法是将动物需要量的硒按0.1～0.2 mg/kg(相当于亚硒酸钠0.22～0.44 mg/kg)混入日粮中,只要混合或搅拌均匀即可。此法既适用于成年动物又适用于幼龄动物,具有省时、省力、省钱且预防效果好。

其他的预防方法如对反刍动物可应用植入瘤胃或皮下的缓释硒丸,或缓释硒混合剂。

对个体和小群动物可采用肌肉注射亚硒酸钠注射液进行治疗。为预防目的,可对妊娠母畜在分娩前1～2个月每隔3～4周注射1次。初生幼畜于生后1～3日龄注射1次,15日龄注射1次,以后每隔4～6周注射1次。

为治疗可用0.1%亚硒酸钠注射液肌肉注射。成年牛15～20 mL,犊牛5 mL,成年羊、鹿5 mL,羔羊、仔鹿2～3 mL,成年猪10～12 mL,仔猪1～2 mL,成年鸡、鸭1 mL,雏鸡、鸭0.3～0.5 mL,可间隔1～3 d注射1次,以后适当延长用药时间,应用时需注意所用的制剂浓度和具体用量,以避免过量中毒。

配合应用适量维生素E,效果更好。可使用市售的硒-维生素E乳剂,按说明使用。

对于防制动物硒缺乏,人们主张应用有机硒制剂,如硒酵母已开始广泛应用于畜牧生产。从食物链的源头上采取对土壤、作物、牧草喷施硒肥的措施,可有效地提高玉米等作物、牧草的含硒量,尤其子实的含硒量。可按每公顷111.5 g亚硒酸钠配制成水溶液,进行喷洒,可使子实的含硒量提高0.1～0.2 mg/kg,但应注意喷施后的作物或牧草不能马上饲用,以免发生中毒。

铜缺乏症(copper deficiency)

铜缺乏症是由于饲料中铜不足或存在干扰铜吸收、利用的因素所引起的一种营养缺乏病。以被毛退色、消瘦、贫血和共济失调为特征。各种动物均可发病,但主要发生于反刍兽,俗称晃腰病(swayback)和地方性共济失调(enzootic ataxia)。常呈地方性发病,我国新疆、宁夏、吉林等地有牛、羊、鹿的铜缺乏症发生。

病因 原发性铜缺乏 长期饲喂在低铜土壤上生长的饲草、饲料是常见的病因。一类是缺乏有机质和高度风化的沙土,如沿海平原、海边和河流的淤泥地带,这类土壤不仅缺铜,还缺钴;另一类是沼泽地带的泥炭土和腐殖土等有机质土,这类土壤中的铜多以有机络合物的形式存在,不能被植物吸收。一般认为,饲料含铜量低于3 mg/kg时,可以引起发病,3～5 mg/kg为临界值,8～11 mg/kg为正常值。

继发性铜缺乏 土壤和日粮中含有充足的铜,但存在干扰铜吸收、利用的因素。饲料中钼酸盐和含硫化合物是最重要的致铜缺乏因素,如采食在天然高钼土壤上生长的植物(或牧草),或工矿钼污染所致的钼中毒。硫也是铜的拮抗元素,形成一种难以溶解的铜硫钼酸盐的复合物$(CuMoS_4)$,降低铜的利用。铜的拮抗因子还有锌、铅、镉、银、镍、锰、抗坏血酸。高磷、高氮的土壤,也不利于植物对铜的吸收。

症状 运动障碍是本病的主症,尤多见于铜缺乏羔羊和仔猪。病畜两后肢呈"八"字形站立,行走时跗关节屈曲困难,后肢僵硬,蹄尖拖地,后躯摇摆,极易摔倒,急行或转弯时,更加明显.重症者做转圈运动,或呈犬坐姿势,后肢麻痹,卧地不起。骨骼弯曲,关节肿大。被毛退色,由深变淡,黑毛变为棕色、灰白色,常见于眼睛周围似戴白框眼镜。被毛稀疏,弹性差,粗糙,缺乏光泽。羊毛弯曲度减小,甚者消失,故称"直毛"或"丝线毛"。小细胞低色素性贫血。此外,母畜发情异常、不孕、流产。肝铜(干重)含量低于 20 mg/kg,血铜含量低于 0.7 μg/mL。

防治 补铜是根本措施。一般选用硫酸铜口服:牛 4 g,羊 1.5 g,视病情轻重,每周或隔周 1 次。将硫酸铜按 1%的比例加入食盐内,混入配合料中饲喂。预防性补铜,选用下列措施:每公顷施硫酸铜 5～7 kg,可在几年间保持牧草铜含量。每千克饲料里含铜量应为:牛 10 mg,羊 5 mg,母猪 12～15 mg,架子猪 3～4 mg,哺乳仔猪 11～20 mg,鸡 5 mg。甘氨酸铜液,皮下注射,成年牛 400 mg(含铜 125 mg),犊牛 200 mg(含铜 60 mg),预防作用持续 3～4 个月,也可用做治疗。

铁缺乏症(iron deficiency)

饲料中缺乏铁、铁摄入不足或丢失过多,引起幼畜贫血、疲劳、活力下降,称为铁缺乏症。主要发生于吮母乳或饲喂牛奶及其制品的幼畜。多见于仔猪,其次为犊牛、羔羊和幼犬。

病因 原发性铁缺乏症常发生于生后不久的幼畜,如 3～6 周龄仔猪,饲喂牛奶及其制品的犊牛、羔羊,起因于乳中铁含量较少,不能满足快速生长的需要。

继发性铁缺乏症常发生于大量吸血性内外寄生虫感染,因失血而铁损耗大;用高铜饲料喂猪,而未补充铁,铜干扰铁的吸收;用棉籽饼或尿素做蛋白质补充物,又未给反刍动物补充铁,尤其在圈养时无法从食物以外的途径获得铁,即可引起继发性缺铁。

有人认为在生后头几个星期内死亡的仔猪,有30%属于缺铁性贫血。初生仔猪并不贫血,但因体内储存铁较少(约 50 mg),仔猪每增重 1 kg 需 21 mg 铁,每天需 7～11 mg,但仔猪每天从乳汁中仅能获得铁 1～2 mg。每天要动用 6～10 mg 储存铁,只需 1～2 周储铁即耗尽。因此,长得越快,储铁消耗越快,发病也越快。黑毛仔猪更易患缺铁性贫血。有些猪场缺铁性贫血的发病率达 90%,用水泥地面圈舍饲养的仔猪,铁的惟一来源是母乳,最易发病,甚至造成大批死亡,或生活能力下降,经济损失很大(Underwood,1977)。

圈养的犊牛和羔羊,惟一食物源是奶或代乳品,其中铁含量较低。有资料说明,犊牛、羔羊食物中铁含量低于 19 mg/kg(干物质计),就可出现贫血。犊牛每天从牛乳内获得铁 2～4 mg,而 4 个月龄之内每天对铁的需要量为 50 mg,如不注意补充铁,就可出现缺铁性贫血。笼养产蛋鸡如饲料铁含量不足,亦可出现缺铁性贫血。每产一枚蛋要有铁1 mg转入蛋中,每周产6枚蛋的鸡必须从饲料中多摄入铁6~7 mg,才能弥补铁的消耗。

病理发生 幼年动物中除兔外,从母兽体内获得的铁量都很少。动物体内有1/2以上的铁存在于血红蛋白中,以犬为例,血红蛋白铁占57%,肌红蛋白中铁占7%,肝脏、脾脏储铁占10%,肌肉中铁占8%,骨骼占5%,其他器官仅占2%。每合成1 g血红蛋白需铁3.5 mg。铁还是细胞色素氧化酶、过氧化物酶的活性中心,三羧酸循环中有1/2以上的酶中含有铁。当机体缺乏铁时,首先影响血红蛋白、肌红蛋白及多种酶的合成和功能。体内铁一旦耗竭,最早表现是血清铁浓度下降,铁饱和度降低,肝、脾、肾中血铁黄蛋白(hemosiderin)中铁含量减少。随之血红蛋白浓度下降,血色指数降低。动物品种不同,血液指数下降的情况不尽一样。猪除血红蛋白浓度下降外,还有肌红蛋白含量减少和细胞色素C活性降低。犬仅有血红蛋白浓度降低,而肌红蛋白和含铁酶的活性变化不明显。鸡最早表现为血红蛋白减少,然后才有肌红蛋白、肝脏细胞色素C和琥珀酰脱氢酶活性的变化。在猪、犊牛及大鼠,过氧化氢酶活性明显降低。当血红蛋白降低25%以下,即为贫血。降低50%~60%将出现临床症状,如生长弛缓,可视黏膜淡染、易疲劳、易气喘、易受病原菌侵袭致病等,常因奔跑或激烈运动而突然死亡。

临床症状 幼畜缺铁的共同症状是贫血。可视黏膜微黄或淡白,懒动,疲劳,稍做运动即喘息不止,易受感染。

贫血常表现为低染性、小细胞性贫血,并伴有骨髓红细胞系增生,肝、脾、肾中几乎没有血铁黄蛋白,血清铁、血清铁蛋白浓度低于正常,血清铁结合能力增加,铁饱和度降低。

缺铁性贫血多发生于生后3~6周龄仔猪、犊牛和羔羊。

仔猪铁缺乏症:发病前仔猪或者生长良好,或者生长缓慢,发病后采食量下降,通常有腹泻,但粪便颜色无异常,因为腹泻,仔猪生长进一步减慢。严重时呼吸困难,昏睡;运动时心搏加剧,可视黏膜淡染,甚至苍白。白色仔猪黏膜淡黄,头部、前躯水肿,似乎较胖,但多数病猪消瘦,大肠杆菌感染率剧增,很易诱发仔猪白痢。有的猪还有链球菌性心包炎。如能耐过6~7周龄,开始采食后可逐渐恢复。初生仔猪血红蛋白浓度为80 g/L,生后10 d内可低至40~50 g/L,属生理性血红蛋白浓度下降。缺铁仔猪血红蛋白可降至20~40 g/L,红细胞数从正常时的$(5\sim8)\times10^{12}$/L降至$(3\sim4)\times10^{12}$/L,呈现典型的低染性小细胞性贫血。剖检可见心肌松弛,心包液增多,肺水肿,胸腹腔充满淡黄色清亮液体,血液稀薄如红墨水样,不易凝固。

犊牛、羔羊铁缺乏症:以母乳或牛乳为惟一食物来源,或受大量吸血性寄生虫侵袭时,犊牛、羔羊血红蛋白浓度下降,红细胞数减少,呈低染性、小细胞性贫血,血清铁浓度从正常时的1.70 mg/L 降至0.67 mg/L。

鸡缺铁性贫血：未见自发病例的报道，试验性铁缺乏症可表现为贫血。用大量棉籽饼代替豆饼时，则应给饲料中补充铁。

犬、猫铁缺乏症：多因感染了钩虫（hookworm）或因消化道对铁吸收不足而引起，单纯吮乳的幼崽亦可出现生理性贫血。随体重增长，红细胞压积可降至25％～30％。表现为小细胞低染性贫血，红细胞大小不均，骨髓早幼红细胞和中幼红细胞明显增多，而多染性红母细胞（polychromatophilic staining normoblast）等晚幼红细胞减少，网织红细胞消失（Ettinger，1983）。

诊断 本病诊断有赖于对流行病学调查及红细胞参数测定。主要依据于初生吮乳幼畜发病，血红蛋白、红细胞数及红细胞压积明显降低，用铁剂治疗和预防效果明显。应注意与同种免疫性溶血性贫血相鉴别，后者常有血红蛋白尿和黄疸，而且发病年龄更早。猪附红细胞体病（eperylhrozoonosis）可发生于各种年龄猪，红细胞内可见到寄生原虫。还应注意与其他因素缺乏，如缺铜、维生素B_{12}、钴和叶酸等引起的贫血相鉴别。

防治 必须立足于给仔猪、犊牛等幼畜本身补铁，给母畜补充铁，则无论在妊娠期间，还是分娩以后，收效甚微。因为给母畜补铁既不能增加仔猪体内铁储备，也不能使乳中铁明显增多。改善仔猪的饲养管理，让仔猪有机会接触垫草、泥土或灰尘，即使每只猪每天仅食进几克普通泥土，也可有效地防止缺铁性贫血。每天供给几颗带泥的新鲜蔬菜，也可防止仔猪缺铁性贫血。口服或肌肉注射铁制剂，生后2～4 d 补充1次，10～14 d 再补充1次，用1～2 mL 葡聚糖铁（iron dextran）内含铁100～200 mg／mL，或山梨醇铁柠檬酸复合物，葡萄糖酸铁等，剂量为0.5～1.0 g元素铁，每周1次，或者搀入含糖的饮水中，亦能有效地防治仔猪缺铁性贫血。有些针剂因对局部有刺激作用，宜做深部肌肉注射。

硫酸亚铁2.5 g，氯化钴2.5 g，硫酸铜1.0 g，常水加至 500～1 000 mL，混合后用纱布过滤，涂在母猪乳头上，或混于饮水中或搀入代乳料中，让仔猪自饮、自食，对大群猪场较适用。

每天给予1.8％的硫酸亚铁4 mL 或给予300 mg 正磷酸铁，连续7 d。肌肉注射葡聚糖铁每周1次，每次0.5～1.0 g，可充分防止贫血，必要时隔日重复注射，共注射2或3次。

国产右旋糖酐铁对防治仔猪贫血效果亦很好，生后第三天开始，用含200 mg铁的右旋糖酐铁做深部肌肉注射，不仅可防止贫血，而且对体增重效果也比较好（黄中惠，1989）。

犊牛所饮的乳中适当增加硫酸亚铁或随群放牧，可获得较多的铁，能防止缺铁性贫血。

为了防止亚临床缺铁,饲料中应含铁240 mg/kg,但是,母猪怀孕期间缺维生素E和硒时,注射大剂量铁有明显的副作用,如呕吐、腹泻等,甚至在注射后1~2 h急性中毒死亡,剖检表现骨骼肌严重变性。这是因为在缺乏维生素E或硒时,肌肉膜结构损伤,造成细胞外液中钾离子浓度剧增,心跳骤停。2日龄仔猪比8日龄仔猪对高铁制剂更敏感,可能与2日龄仔猪肾脏排泄功能尚不够完善有关,这种现象在先天性缺硒的犊牛、羔羊、马驹中均存在。

仔 猪应尽可能提前开食,2周龄即可试补料,犊牛饲料中应含可溶性铁25~30 mg/kg,否则,犊牛饮乳量将迅速下降,并发展为贫血。

锰缺乏症(manganese deficiency)

锰缺乏症是由于日粮中锰供给不足引起的一种以生长停滞、骨骼畸形、生殖机能障碍(发情异常、不易受胎或容易流产)以及新生畜运动失调为特征的疾病。本病往往在一个牧场内大群发病,或在一个地区呈地方性流行。家禽对缺锰最为敏感,发病较多,称为骨短粗病(perosis)。猪、羊、牛都能发生缺锰症。

病因　原发性缺锰是由于日粮内锰含量过低而引起。在低锰土壤生长的植物含锰量也低。玉米和大麦含锰最低。麸皮和细糠中锰含量是玉米或小麦的10~20倍。多数牧草中含锰量为50~100 mg/kg,若低于80 mg/kg即不能维持牛的正常生殖能力,低于50 mg/kg常伴有不育和不发情。猪的日粮通常含锰在20 mg/kg以上。

畜禽缺锰也可能是由于机体对锰的吸收受干扰所致。已确证,饲料中钙、磷以及植酸盐含量过多,可影响机体对锰的吸收、利用。在禽类,高磷酸钙日粮会加重锰的缺乏,乃是由于锰被固体的矿物质吸附而造成可溶性锰减少之故。此外,动物机体罹患慢性胃肠道疾病时,也可妨碍对锰的吸收、利用。

症状　锰缺乏症的临床症状,各种家畜有不同的特征。

牛:新生犊牛表现为腿部畸形,球关节着地,跗关节肿大与腿部扭曲,运动失调。缺锰地区犊牛发生麻痹者较多,主要表现为哞叫,肌肉震颤乃至痉挛性收缩,关节麻痹,运动明显障碍,生长发育受阻,被毛干燥,无光泽。成年牛则表现性周期紊乱,发情缓慢或不发情,不易受胎,早期发生原因不明的隐性流产、弱胎或死胎。直肠检查通常见有1或2个卵巢发育不良,比正常要小。乳量减少,严重者无乳。种公牛性欲减退,严重者失去交配能力,同时出现关节周围炎、跛行等。

猪:猪常发生于4~11月龄的仔猪,主要症状是骨骼生长缓慢,肌肉无力,肥胖;发情不规律、变弱或不发情,无乳,胎儿吸收或死胎;腿无力,前肢呈弓形,腿短粗而弯曲,跗关节肿大,步态强拘或跛行。

由缺锰母猪所生的仔猪矮小,体质衰弱,骨骼畸形,不愿活动,甚至不能站立。

羊:羊骨骼生长缓慢,四肢变形,关节有疼痛表现,运动明显障碍。山羊跗关节肿大,有赘生物,发情期延长,不易受胎,早期流产、死胎。羔羊的骨骼缩短而脆弱,关节疼痛,舞蹈步态,不愿走动。

禽类:禽类对锰缺乏比较敏感,尤其是鸡和鸭。鸡的特征症状是骨短粗症和滑腱症(slipped tendon)。可见单侧或双侧跗关节以下肢体扭转,向外屈曲,跗关节肿大、变形,长骨和跖骨变粗短和腓肠肌腱脱出而偏斜。两肢同时患病者,站立时呈"O"形或"X"形,肢患病者一肢着地另一肢呈短而悬起,严重者跗关节着地移动或麻痹卧地不起,因无法采食而饿死。种母鸡的主要表现是受精蛋孵化率下降,常孵至19～21 d 发生胚胎死亡;刚孵出的雏鸡出现神经症状,如共济失调,观星姿势。

雏鸭:雏鸭表现生长发育不正常,羽毛稀疏无光泽,生长缓慢,一般在10日龄出现跛行,随着日龄增加跛行更加严重,胫跗关节异常肿大,胫骨远端和跗骨的近端向外弯转,最后腓肠肌腱脱离原来的位置,因而腿部弯曲或扭曲,胫骨和跗骨变短变粗。当两腿同时患病时,病鸭蹲于跗关节上,不能站立。

诊断 主要根据不明原因的不孕症,繁殖机能下降,骨骼发育异常,关节肿大,前肢呈"八"字形或罗圈腿,后肢跟腱滑脱,头短而宽;新生幼畜平衡失调等做出可疑诊断。日粮中补充锰以后,食欲改善,青年动物开始发情受孕,鸡胚发育后期死亡现象明显好转等可做出进一步诊断。如能配合对环境、饲料和动物体内锰状态调查,并进行综合分析,有利于确诊。有资料表明,土壤中锰含量在3.0 mg/kg 以下,牧草中锰含量在 50 mg/kg 以下,容易诱发锰缺乏症,造成母畜不孕和幼畜骨骼变形。各种动物饲料中锰含量应在 40 mg/kg 以上,可防止缺锰。

但以玉米、大麦为主食的鸡、猪饲料中锰含量常远低于这一水平,同时,还应注意饲料中钙、磷含量高,要求锰含量亦相应增高(Underwood,1977)。

血液中锰含量对诊断意义不大,肝脏中锰含量亦只有在严重缺锰时才明显下降。有人认为牛肝锰低于8.0 mg/kg,补锰后迅速升高者,是缺锰所致。毛锰浓度因毛色、季节及体表不同部位毛样而有较大差异,很难用做诊断指标。血液、骨骼中碱性磷酸酶活性升高,肝脏中精氨酸酶活性升高,可作为辅助诊断指标。

防治 改善饲养,供给含锰丰富的青绿饲料。一般认为牛的日粮中至少应含锰20 mg/kg,猪、鸡日粮中至少供给锰 40 mg/kg,高产母鸡还需更高些,一般在60 mg/kg左右,才可防止锰缺乏症。各种锰化合物似乎有同样的补锰效果。鸡通常用lg 高锰酸钾溶于20L 饮水内,每日 2 次,连用 2 d,停药 2 d,再饮 2 d,对预防和早期治疗有显著效果。亦有建议在缺锰地区或条件性缺锰地区,母牛每天补 4 g,小牛每天补2 g硫酸锰,可防止锰缺乏。硫酸锰搀入化肥中每公顷草地施用7.5 kg,可有效地防止放牧牛、羊的锰缺乏。已发生骨短粗和跟腱滑脱的,很难完全康复。

锌缺乏症(zinc deficiency)

锌缺乏是由于饲料中锌含量绝对或相对不足所引起的一种营养缺乏病。其基本特征是生长缓慢、皮肤角化不全、繁殖机能紊乱及骨骼发育异常。各种动物均可发生,在猪和鸡较为常见。

缺锌是一个世界性的问题,人和动物锌缺乏症在许多国家都有发生。据调查,美国50个州中有39个州土壤需要施锌肥。我国有十几个省市自治区报道了绵羊、猪、鸡等动物的锌缺乏症以及补锌对动物生长发育和生产性能所起的良好效应。

病因　原发性缺乏:主要原因是饲料中锌含量不足。家畜对锌的需要量为40 mg/kg,生长期幼畜和种公畜为60~80 mg/kg。含锌45~55 mg/kg的日粮可满足鸡生长的需要。动物对锌的需要量受年龄、生长阶段和饲料组成,尤其是日粮中干扰锌吸收利用因素的影响,所以实际应用的锌水平要高于正常需要量。饲料中锌的含量因植物种类而异。酵母、糠麸、油饼及动物性饲料含锌丰富,块根类饲料含锌仅为4~6 mg/kg,高粱、玉米含锌也较少为10~15 mg/kg。饲料中锌的水平与土壤锌含量,特别是有效态锌密切相关。我国土壤含锌量变动在10~300 mg/kg 时,平均为100 mg/kg,总的趋势是南方的土壤高于北方。土壤中有效态锌对植物生长的临界值为0.5~1.0 mg/kg,低于0.5 mg/kg 为严重缺锌。缺锌地区的土壤pH值大都在6.5以上,主要是石灰性土壤、黄土和黄河冲积物所形成的各种土壤以及紫色土,过多施石灰和磷肥也会使草场含锌量极度减少。

继发性缺乏:主要是由于饲料中存在干扰锌吸收利用的因素。已发现钙、镉、铜、铁、铬、锰、钼、磷、碘等元素均可干扰饲料中锌的吸收。例如,饲喂高钙日粮可使猪发生继发性锌缺乏,呈现皮肤角化不全和蹄病。不同饲料的锌利用率亦有差别,动物性饲料锌的吸收利用率均较植物性饲料为高。雏鸡采食酪蛋白、明胶饲料时对锌的需要量为15~20 mg/kg,大豆蛋白型日粮则需要30~40 mg/kg 或更高。

病理发生　已知有200多种酶含有锌,锌在含锌酶中起催化、结构调节和非催化作用,参与多种酶、核酸及蛋白质的合成。缺锌时,含锌酶的活性降低,胱氨酸、蛋氨酸等氨基酸代谢紊乱,谷胱甘肽、DNA、RNA合成减少,细胞分裂、生长和再生受阻,动物生长停滞,增重缓慢。

锌是味觉素的结构成分,起支持、营养和分化味蕾的作用。缺锌时,味觉机能异常,引起食欲减退。锌还参与激素合成,缺锌大鼠的脑垂体和血液中生长激素含量减少。

锌可通过垂体-促性腺激素-性腺途径间接或直接作用于生殖器官,影响其组织细胞的功能和形态,或直接影响精子或卵子的形成、发育。缺锌时,公畜睾丸萎缩,精子生成停止;母畜性周期紊乱,不孕。因为锌是碳酸酐酶的活性成分,而该酶是碳酸钙得以合成并在蛋壳上沉积所不可缺少的,所以鸡产软壳蛋与锌缺乏有一定的关系。

锌在骨质形成中的确切作用还不清楚,但锌作为碱性磷酸酶的组成成分,参与成骨过程。生长阶段的动物,特别是禽类缺锌,骨中碱性磷酸酶活性降低,长骨成骨活性亦降低,软骨形成减少,软骨基质增多,长骨随缺锌的程度而按比例缩短变厚,以致形成骨短粗病。

一般认为,缺锌时皮肤胶原合成减少,胶原交联异常,表皮角化障碍。锌还参与维生素A的代谢和免疫功能的维持。缺锌可引起内原性维生素A缺乏及免疫功能缺陷。

症状 锌缺乏的基本临床症状是生长发育缓慢乃至停滞,生产性能减退,生殖机能下降,骨骼发育障碍,皮肤角化不全,被毛、羽毛异常,免疫功能缺陷及胚胎畸形。

牛、羊:犊牛食欲减退,增重缓慢,皮肤粗糙、增厚、起皱,乃至出现裂隙,尤以肢体下部、股内侧、阴囊及面部为甚,四肢关节肿胀,步态僵硬,流涎;母牛生殖机能低下,产乳量减少,乳房皮肤角化不全,易发生感染性蹄真皮炎。绵羊羊毛弯曲度丧失、变细、乏色、易脱落,蹄变软,发生扭曲;羔羊生长缓慢,流泪,眼周皮肤起皱、皲裂;母羊生殖机能降低,公羊睾丸萎缩,精子生成障碍。

猪:食欲减退,生长缓慢,腹部、大腿及背部等处皮肤出现境界清楚的红斑,而后转为直径3～5 cm的丘疹,最后形成结痂和数厘米长的裂隙,而痂块易碎,形成薄片和鳞屑状,这一病理过程通常历经2～3周。常见有呕吐及轻度腹泻。严重缺乏时,由于蹄壳磨损,行走时在地面留下血印。母猪产仔减少,新生仔猪初生重降低。

禽:采食量减少,生长缓慢,羽毛发育不良、卷曲、蓬乱、折损或色素沉着异常,皮肤角化过度,表皮增厚,以翅、腿、趾部为明显。长骨变粗、变短,跗关节肿大。产蛋减少,产软壳蛋,孵化率下降,胚胎畸形,主要表现为躯干和肢体发育不全。有的血液浓缩,红细胞压积容量在原有水平上升高25%左右,单核细胞增多。临界性缺锌时,呈现增重缓慢,羽毛折损,开产延迟,产蛋减少,孵化率降低等。

野生动物:反刍兽流涎,瘙痒,瘤胃角化不全,鼻、颈部脱毛,先天性缺陷。啮齿类动物畸形,生长停滞,兴奋性增高,脱毛,皮肤角化不全。犬科动物生长缓慢,消瘦,呕吐,结膜炎,角膜炎,腹部和肢端皮炎。灵长类动物舌背面角化不全,可伴有脱毛。

实验室检查：反刍兽血清锌为 $9.0\sim18.0\ \mu mol/L$，当血清含量降至正常水平 $1/2$ 时，可呈现锌缺乏的症状；严重缺锌时，血清锌可于 $7\sim10$ 周降至 $3.0\sim4.5\ \mu mol/L$，白蛋白、碱性磷酸酶及淀粉酶活性降低，球蛋白增加。

诊断　依据低锌和/或高钙日粮的生活史，生长缓慢、皮肤角化不全、繁殖机能障碍及骨骼异常等临床症状，补锌效果迅速、确实，可建立诊断。测定血清、组织锌含量有助于确定诊断。必要时可分析饲料中锌、钙等相关元素的含量。

对临床上表现皮肤角化不全的病例，应注意与疥螨性皮肤病、烟酸缺乏、维生素 A 缺乏及必需脂肪酸缺乏等引起的皮肤病变相鉴别。

防治　饲料中补加锌盐，每吨饲料加碳酸锌 200 g，相当于每千克饲料加锌 100 mg；口服碳酸锌，3 月龄犊牛 0.5 g，成年牛 2.0～4.0 g，每周 1 次；或肌肉注射碳酸锌，猪每千克体重 2～4 mg，每日 1 次，连用 10 d。补锌后，食欲迅速恢复，1～2 周体重增加，3～5 周皮肤症状消失。

保证日粮中含有足够的锌，并适当限制钙的水平，使钙与锌比保持在 100：1。猪日粮含钙 0.5%～0.6% 时，50～60 mg/kg 的锌可满足其营养需要，100 mg/kg 的锌对中等度的高钙有保护作用。在低锌地区，可施锌肥，每公顷施用硫酸锌 4～5 kg。牛、羊可自由舔食含锌食盐，每千克食盐含锌 2.5～5.0 g。还可给绵羊投服锌丸，有效期 6～47 周。

钴缺乏症（cobalt deficiency）

钴缺乏症是由饲料和饮水中钴不足引起的，以动物厌食、消瘦和贫血为临床特征的一种慢性消耗性营养代谢病。本病仅发生于牛、羊等反刍动物，以 6～12 月龄的羔羊最易感。一年四季均可发病，以春季发病率较高。

世界上许多国家都有本病发生，尤其是澳大利亚、新西兰和前苏联的非黑土地区、英国和美国的海岸和湖岸地区，由此以发病地区的特征和主要症状冠以各种病名，因此钴缺乏症又有废食病、沼池病、灌木病（bush sickness）、消瘦病（pine disease）、海岸病（coast disease）、盐病（salt sickness）、颈疾（neck ill）、湖岸病（lake shore disease）、地方性消瘦病（enzootis marasmus）等多种病名。我国叶玉辉曾报道进口莎能山羊和进口奶牛的钴缺乏症。

病因　土壤中钴不足是发生牛、羊钴缺乏症的根本原因。由风沙堆积后的草场、沙质土、碎石或花岗岩风化的土地，灰化土或者是火山灰烬覆盖的地方，都严重缺乏钴。土壤中钴含量低于 3.0 mg/kg 属缺钴地区。当土壤中钴含量低于 0.17 mg/kg 时，牧草中钴含量相当低，容易发生钴缺乏症。牧草中钴含量不足是发病的直接原因。有试验表明,植物中钴含量不足0.01 mg/kg,可表现严重的急性钴缺乏症。牛、羊体况迅速下降,死亡率很高;钴含量为0.01～0.04 mg/kg,羊可表现急性钴缺乏,牛则表现为消瘦;钴含量为0.04～0.07 mg/kg,羊表现钴缺乏症,牛仅有全身体况下降。

牧草中钴含量与牧草种类、生长阶段和排水条件有关,如春季牧场速生的禾木科牧草的含钴量低于豆科牧草;排水良好土壤上生长的牧草含钴量较高;同一植株中,叶子中含钴占56%,种子中仅24%,茎、秆、根中占18%,果实皮壳中仅占1%～2%。缺钴地区用干草和谷物饲料饲喂动物,如不补充钴,容易产生钴缺乏症。

当牛、羊日粮中镍、锶、钡、铁含量较高以及钙、碘、铜缺乏时易诱发本病。

病理发生 钴是动物必需的微量元素之一。它具有多种生物学作用,在牛、羊体内主要通过形成维生素B_{12}发挥其生物学效应。

牛、羊等反刍动物瘤胃内的微生物需要较多的钴,用以合成维生素B_{12},但钴在体内储存量很少,必须随饲料不断加以补充。有资料表明,瘤胃微生物在30～40 min,可把瘤胃内容物中80%～85%的钴固定到体内;由细菌合成的维生素B_{12}不仅是反刍动物的必需维生素,也是瘤胃原生动物如纤毛虫等的必需维生素,这不仅可以保证原生动物生长、繁殖,而且可使纤维素的消化正常进行。一旦缺乏钴,则因维生素B_{12}合成不足,直接影响细菌及原生动物的生长、繁殖,也影响纤维素等的消化。

反刍动物能量来源与非反刍动物不同,主要靠瘤胃中产生的丙酸,通过糖异生途径合成体内的葡萄糖,并供给能量,由丙酸转变为葡萄糖的过程中,需要甲基丙二酰辅酶A变位酶,维生素B_{12}是该酶的辅酶,如果缺乏钴,可产生反刍动物能量代谢障碍,引起消瘦、虚弱。因此,反刍动物的钴缺乏症实质上是一种致死性的能量饥饿症。

此外,钴可以加速动物体内储存铁的动员,使之较易进入骨髓。钴还可抑制许多呼吸酶活性,引起细胞缺氧,刺激红细胞生成素的合成,代偿性促进造血功能。钴缺乏时,导致巨幼细胞性贫血(megaloblastic anemia)。钴还可改善锌的吸收。锌与味觉素(gustin)合成密切相关,缺钴情况下可引起食欲下降,甚至产生异食癖。

症状 本病呈慢性经过,主要症状是消瘦、虚弱、食欲下降、异嗜癖和贫血,最终衰竭而死。

反刍动物在低钴草场放牧4～6个月后逐渐出现症状。主要表现为食欲渐进性减少,体重减轻,消瘦、虚弱,因贫血而可视黏膜苍白。病牛常有异食癖,喜食被粪、尿污染的褥草、啃舔泥土、饲槽及墙壁,生长阻滞,奶产量下降。羊毛产量下降、毛脆而易断。后期繁殖功能下降,腹泻、流泪,特别是绵羊,因流泪而使面部被毛潮湿。这是严重缺钴的典型表现。血液学检查，红细胞数降至 $3.5 \times 10^{12}/L$ 以下，重症病例可降至 $2.0 \times 10^{12}/L$ 以下；血红蛋白含量在 80 g/L 以下；红细胞压积减少到 0.25 L/L 以下。红细胞大小不均，异形红细胞增多。

血液中钴浓度从正常的每毫升 10～30 ng 下降到 2～8 ng，血液中的维生素 B_{12} 可以从每毫升 2.3 ng 下降至 0.47 ng。

用活组织穿刺或扑杀采集肝脏样品，测定肝脏中钴和维生素 B_{12} 含量，可见羊肝内钴含量从 0.2～0.3 mg/kg 降至 0.11～0.07 mg/kg 以下，维生素 B_{12} 可从 0.3 mg/kg 降到 0.1 mg/kg。瘤胃中钴的浓度从 (1.3±0.9) mg/kg 降低至 (0.09±0.06) mg/kg。

尿液和血清中甲基丙二酸(methylmalonic acid MMA)和亚胺甲基谷氨酸(formininoglutamic acid FIGLU)含量升高。健康动物尿液中这 2 种物质含量甚微，在钴缺乏时，FIGLU 浓度可从 0.08 mmol/L 升高到 0.2 mmol/L。MMA 浓度达 15 μmol/L 以上。正常血清 MMA 含量为 2～4 μmol/L，钴缺乏时可大于 4 μmol/L。

诊断　根据地区性群发，慢性病程，不明原因的食欲下降、消瘦、贫血和绵羊流泪的临床症状以及试用钴制剂进行诊断性治疗，可做出初步诊断。

治疗　在病羊饲料中每天添加 1 mg 钴，病牛口服钴制剂溶液，每天补充钴 5～35 mg，如连用 5～7 d 后病情缓解，食欲恢复，体重增加并出现网织红细胞效应，可初步诊断为钴缺乏症。

肝脏中钴和维生素 B_{12} 含量测定，尿液中 MMA、FIGLU 含量测定以及牧草、土壤中钴含量测定有助于进一步确诊。

应特别注意与慢性消耗性疾病、寄生虫病以及铜、硒和其他营养物质缺乏引起的消瘦症相鉴别。

防治　口服硫酸钴，每只羊每天 1 mg 钴，连用 7 d，间隔 2 周后重复用药，或每周 2 次，每次 2 mg，或每周 1 次，每次 7 mg 钴，有良好的疗效。羔羊、犊牛在瘤胃未发育成熟之前，可用维生素 B_{12} 皮下注射，羊每次 100～300 μg，每周 1 次；牛每周 1 次，每次 1 mg。羔羊在 14 周内，吮乳羊在 40 周内可免患钴缺乏症。过量钴对牛有一定的毒性作用，每 50 kg 体重给予 40～55 mg，可使牛中毒，使用时应予以注意。

在缺钴地区，放牧动物可在草场喷洒硫酸钴，按每年每公顷 400～600 g 硫酸钴的量，或按 1.2～1.5 kg/公顷的量，每 3～4 年 1 次，有较好的预防作用。也可用含 90% 的氯化钴丸投入瘤胃内，羊用丸每丸 5 g，牛用丸每丸 20 g，对防治钴缺乏有较好的效果。但年龄太小的犊牛或羔羊(2 月龄用以内)效果不明显。因它们的前胃发育不良，不能保留钴丸。给母畜补充钴，可提高乳汁中维生素 B_{12} 浓度，达到防止钴缺乏的作用。在肥料中添加微量钴施用于缺钴的草场,亦可较好地预防钴缺乏症。在草场上用含0.1%钴的盐砖,让牛、羊自由舔食,常年供给,可有效地防止钴缺乏。

碘缺乏症(iodine deficiency)

碘缺乏症是由饲料和饮水中碘不足或饲料中影响碘吸收和利用的拮抗因素过多而引起的,以甲状腺肿大、新生畜无毛乃至死亡为特征的一种慢性营养代谢病。各种家畜、家禽均可发生。

碘缺乏症是人和动物最常见的微量元素缺乏症,世界上许多国家都有本病发生,尤其是远离海岸线的内陆高原地带。我国西南、西北、东北等地区都有地方性甲状腺肿的发生。在缺碘地区,动物甲状腺肿的发病率也相当高,如绵羊为60%,犊牛为70%~80%,猪为39%。

病因　有原发性碘缺乏和继发性碘缺乏2种。

原发性碘缺乏:由饲料和饮水中碘含量低下,动物的碘摄入量不足引起。饲料与饮水中的碘含量与土壤含碘量密切相关。世界上有许多内陆地区,尤其是内陆高原、山区、半山区和降雨量大的沙土地带,近海雨量充沛、表土流失严重的地区,平原的石灰石、白垩土、沙土和灰化土地区多为缺碘地区,在该地区生活的动物易发生碘缺乏症。在泥灰土地带,土壤中碘含量比较丰富,但碘常常与有机物牢固结合而不能被植物吸收和利用,故仍有动物碘缺乏症的流行。一般认为,土壤中碘含量低于0.2~2.5 mg/kg,可视为缺碘地区。每千克饲料中碘含量低于0.3 mg/kg,牛就可以发生本病。

一般来说,动物的饲料中碘含量较少,如普通牧草中碘含量仅为0.06~0.14 mg/kg,谷物中为0.04~0.09 mg/kg,油饼中为0.1~0.2 mg/kg,乳及乳制品中为0.2~0.4 mg/kg,海带中的碘含量较高,为4 000~6 000 mg/kg,因此,除了在沿海或经常以海藻植物做饲料来源的地区外,许多地区的动物饲料中如不补充碘,可产生碘缺乏症。

继发性碘缺乏:由饲料中存在较多影响碘吸收和利用的拮抗因素而引起。有些饲料,如包菜、白菜、甘蓝、油菜、菜籽饼,菜籽粉、花生饼、花生粉、黄豆及其副产品、芝麻饼、豌豆及白三叶草等,含有干扰碘吸收和利用的拮抗物质,如硫氰酸盐(thiocyanates)、葡萄糖异硫氰酸盐(glucosinolate)、糖苷-花生二十四烯苷(glycoside arachidoside)、含氰糖苷(cyanogens glycoside)、甲硫脲(methylthiourea)、甲硫咪唑(methyimazol)等,这些物质被称为致甲状腺肿原食物(goitrogenic feed),它们或阻止或降低甲状腺的聚碘作用,或干扰酪氨酸的碘化过程。此外,氨基水杨酸类、硫脲类、磺胺类、保泰松等药物也有致甲状腺肿原作用,均可干扰碘在动物体内的吸收和利用,容易引起碘缺乏症。多年生的草地被翻耕以后,腐殖质所结合的碘大量流失、降解,使本来已处于临界缺碘的地区显得更加突出;用石灰改造酸性土壤以后的地区,大量施钾肥的地区,植物对碘的吸收受到干扰,动物粪便中碘的排泄增多,易致发碘缺乏症。

病理发生　动物体内有70%～80%碘位于甲状腺中,碘是合成甲状腺素所必需的微量元素。在甲状腺中,碘在氧化酶的催化下,转化为活性碘,并与激活的酪氨酸结合生成一碘甲状腺原氨酸和二碘甲状腺原氨酸,继而形成三碘甲状腺原氨酸(T_3)和四碘甲状腺原氨酸(T_4),即甲状腺素,只有T_3和T_4才具有生物学活性。甲状腺素的排放是复杂的生物学过程。下丘脑分泌促甲状腺素释放因子(TRF),促使垂体分泌促甲状腺素(TSH),后者促使甲状腺分泌甲状腺素。在缺乏碘的情况下,由于甲状腺素分泌不足,因而促甲状腺素分泌增加,不仅可促使甲状腺素分泌和释放,还可促进甲状腺泡增生,加速甲状腺对碘的摄取和甲状腺素的合成及排放。但因体内缺碘,即使组织增生了,仍不能满足机体对激素的需求,促甲状腺素增加分泌和释放,甲状腺组织进一步增生,形成恶性循环,最终导致甲状腺肥大。饲料中存在的致甲状腺肿原物质,如硫氰酸盐即使在低浓度时就能抑制甲状腺上皮的代谢活性,限制腺体对碘的摄取,使甲状腺素的合成受到明显影响。某些硫氧嘧啶类药物,由于对碘化酶、过氧化酶和脱碘酶有抑制作用,干扰碘代谢,而引发甲状腺肥大。甲状腺素具有调节物质代谢和维持正常生长发育的作用,饲料和饮水中碘缺乏或者存在过多干扰碘吸收和利用的拮抗因素时,甲状腺素的合成和释放减少,除引起幼畜甲状腺肿大以外,更多的则表现为母畜繁殖机能减退,新生畜生长发育停滞,生命力下降,全身秃毛、容易死亡。这是体内与碘有关的100多种酶的活性受到抑制的结果。

甲状腺素还可抑制肾小管对水和钠的重吸收。甲状腺素合成减少时,水和钠在皮下组织内滞留,并与黏多糖、硫酸软骨素和透明质酸的结合蛋白质形成黏液性水肿。

症状　除了幼畜生长发育受阻、成畜繁殖机能下降等一般症状以外,碘缺乏症的特征症状是死胎率高或生下衰弱、生活能力低下的幼畜,新生畜全身或部分无毛以及甲状腺肿大。各种动物碘缺乏症的主要临床表现如下。

马:成年马繁殖障碍,公马性欲减退,母马不发情,妊娠期延长,常生出死胎。由缺碘母马所生的幼驹,体质虚弱,生后不久死亡的比例很高,幼驹被毛生长正常,生后3周左右,局部触诊可感知甲状腺稍肿大,多数不能自行站立,甚至不能吮乳,前肢下部过度屈曲,后肢下部过度伸展,中央及第三跗骨钙化缺陷,造成跛行和跗关节变形。在严重缺碘地区,成年马甲状腺增生、肥大,英纯血种和轻型马尤为明显。

牛:成年牛繁殖障碍,母牛排卵停止而不发情,常发生流产或生出死胎,公牛性欲下降。新生犊牛甲状腺增大,体质虚弱,人工辅助其吮乳,几天后可自行恢复,如出生在恶劣气候条件下,死亡率较高。有时甲状腺肿大致发呼吸困难。常伴有全身和部分秃毛。

羊:成年绵羊甲状腺肿大的发生率较高,其他症状不明显。新生羔羊体质虚弱,全身秃毛,不能吮乳,呼吸困难,触诊可感知甲状腺肿大,群众称之谓"鸽蛋羔",四肢弯曲,站立困难甚至不能站立。山羊的症状与绵羊类似,但山羊羔甲状腺肿大和秃毛更明显。

猪:缺碘母猪生下的仔猪全身无毛,先天衰弱,或生下死胎,存活的仔猪颈部皮下有黏液性水肿,在生后数小时死亡,或生长发育停滞,成为"僵猪"。可能存在甲状腺肿大,但引起呼吸困难者极少。

犬和猫:缺碘的犬和猫喉后方及第三,第四气管软骨环内侧可触及肿大的甲状腺,通常比正常的大2倍,严重者可见颈腹侧隆起,吞咽障碍,叫声异常,伴有呼吸困难。患病犬、猫的症状发展缓慢,病初易疲劳,不愿在户外活动。警犬执行任务时,显得紧张,不能适应远距离追捕任务。有的犬奔跑较慢,步样强拘,被毛和皮肤干燥、污秽,生长缓慢,掉毛。皮肤增厚,特别是眼睛上方、颧骨处皮肤增厚,上眼睑低垂,面部臃肿,看似"愁容"(黏液性水肿。母犬发情不明显,发情期缩短,甚至不发情。公犬睾丸缩小,精子缺失,大约半数病犬有高胆固醇血症,偶尔可见肌酸磷酸激酶活性升高。

鸡:雏鸡甲状腺肿大,压迫食管可引起吞咽障碍,气管因受压迫而移位,吸气时常会发出特异的笛声。公鸡睾丸变小,性欲下降,鸡冠变小,母鸡产蛋量降低。

实验室检查:动物血清蛋白结合碘常低于 $0.189\sim0.236$ $\mu mol/L$($24\sim30$ $\mu g/L$);牛乳中蛋白结合碘浓度低于 0.063 $\mu mol/L$(8 $\mu g/L$);羊乳低于 0.630 $\mu mol/L$(80 $\mu g/L$)。

病理剖检的主要变化为幼畜无毛,黏液性水肿和甲状腺显著肿大,一般可肿大 $10\sim20$ 倍。新生犊牛的甲状腺重超过 13 g(正常的为 $6.5\sim11.0$ g),新生羔的甲状腺重达 $2.0\sim2.8$ g(正常羔的为 $1.3\sim2.0$ g),即为甲状腺肿大。

诊断　在缺碘地区,根据群发、发病呈地区性、甲状腺肿大、母畜生下无毛或死亡的仔畜以及黏液性水肿不难对临床型碘缺乏症做出诊断。血清和乳汁内蛋白结合碘浓度检查以及病理剖检有助于确诊。应与传染性流产、遗传性甲状腺肿和幼驹无腺体增生性甲状腺肿进行鉴别诊断。

防治　补碘是根本性防治措施。内服碘化钾或碘化钠,马、牛 $2\sim10$ g,猪、羊

0.5~2.0 g,犬0.2~1.0 g,每日1次,连用数日,或内服复方碘溶液(碘5.0 g,碘化钾10.0 g,水100.0 mL),每日5~20滴,连用20 d,间隔2~3个月重复用药1次。也可给动物应用含碘食盐,如青海省柯柯盐厂生产的真空精制盐含碘20~34 mg/kg,采用这种含碘食盐对预防动物碘缺乏症有良好的效果。也可用含碘的盐砖让动物自由舔食,或者在饲料中搀入海藻、海带之类物质。

有人主张在母畜怀孕后期,于饮水中加入1~2滴碘酊,产羔后用3%的碘酊涂擦乳头,让仔畜吮乳时吃进微量碘,亦有较好的预防作用。

此外,在配制猪、高产奶牛和其他家畜的日粮时,应按它们对碘的需要量配方。根据我国规定的标准,按每千克饲料干物质计,各种家畜的碘需要量应为(mg/kg):牛、羊0.12,肥育牛0.35,蛋用鸡0.3~0.35,肉用仔鸡0.35,仔猪0.15,母猪0.11~0.12,肥育猪0.13。

(石发庆　王　哲　张才俊　孙卫东　谭　勋)

第十三章　维生素缺乏和过多症

维生素是机体生命活动的重要营养成分之一,它们虽然不直接为机体提供能量,也不构成机体的组成部分,但它们对机体的生命活动,却是十分重要的。它们的主要作用是作为许多酶的辅酶参与生命活动,直接或间接影响动物的生长和发育。起因于体内维生素不足或缺乏的一类营养代谢病,称之为维生素缺乏症(vitamin deficiency 或 hypovitaminosis)。与此相反,如果维生素供给过量,引起另一营养代谢病,称之为维生素过多症(hypervitaminosis)或维生素中毒(vitamin toxicosis)。

大多数动植物性饲料中含有丰富的维生素或其前体,有些维生素还可由动物本身或寄生于动物消化道的细菌合成,一般情况下,不易引起维生素缺乏症。但当饲料中的维生素或其前体在加工调制过程中遭到破坏,体内合成、转化和吸收发生障碍,或机体消耗和需要量增加,此时又没有得到及时补充,即可造成维生素缺乏症。临床上的维生素缺乏症多为不完全性缺乏,维生素完全性缺乏极为少见。维生素缺乏可以是单一的维生素缺乏,也可以几种维生素同时缺乏(综合性维生素缺乏症)。

近年来,由于维生素添加效应(additional effect)的发现,人们在动物日粮中添加维生素的量越来越大,以致造成过量或中毒;维生素过量或中毒也可由医源性引起。由于脂溶性维生素可以在体内储存和蓄积,排泄又比较缓慢,因此,维生素过多症或中毒主要见于脂溶性维生素,水溶性维生素较少发生。

兽医临床常见的维生素缺乏症和过多症,主要包括两大类:①脂溶性维生素缺乏症和过多症:包括维生素 A、维生素 D、维生素 E、维生素 K 缺乏症和过多症;②水溶性维生素缺乏症:主要有维生素 B_1、维生素 B_2、维生素 B_3、维生素 B_5、维生素 B_6、维生素 B_{12}、维生素 C、叶酸、胆碱和生物素缺乏症等。

第一节　脂溶性维生素缺乏和过多症

脂溶性维生素是一类溶于脂质的维生素,它在饲料中的分布与脂质有关。在动物体内,脂溶性维生素与脂肪一起被吸收,因此,有利于脂肪吸收的条件,也有利于脂溶性维生素的吸收;反之,不利于脂肪吸收的因素存在时,脂溶性维生素的吸收也会受到影响。脂溶性维生素可以在体内储存,一次大剂量供给后,可以缓慢使用。当长时间大剂量食入或一次超剂量食入后,可以引起脂溶性维生素过多或中毒。由于脂溶性维生素之间在吸收和代谢上存在一定的拮抗作用,当一种脂溶性维生素过多时,可以引起另一种脂溶性维生素相对缺乏。

维生素 A 缺乏和过多症(hypovitaminosis A and hypervitaminosis A)

维生素 A 缺乏症(hypovitaminosis A)　　维生素 A 缺乏症是指动物体内维生素A或前体胡萝卜素不足或缺乏所引起的以上皮角化障碍、视觉异常、骨形成缺陷、繁殖机能障碍为特征的一种营养代谢病。本病各种动物均可发生,但以犊牛、雏禽、仔猪等幼龄动物多见。

维生素 A 仅存在于动物性饲料中,动物肝脏,尤其是鱼肝是其丰富来源。在植物性饲料中,维生素 A 主要以其前体的形式胡萝卜素存在,青绿饲料、胡萝卜、黄玉米、南瓜等是其丰富来源。

维生素 A 是一组具有维生素 A 生物活性的物质,有多种形式,常见的有视黄醇、视黄醛、视黄酸、脱氢视黄醇、维生素 A 酸、棕榈酸酯等,通常我们说的维生素A是指视黄醇和脱氢视黄醇。

病因　　动物机体本身不能够合成维生素 A,机体对维生素 A 的需要必须从饲料中获得。维生素 A 缺乏即可是原发性的,也可以是继发性的。

原发性缺乏:主要是由于饲料中维生素 A 或其前体胡萝卜素绝对不足或缺乏引起的.常见的原因如下:①长期饲喂胡萝卜素含量较低的饲草料,如劣质干草、棉籽饼、甜菜渣、谷类(黄玉米除外)及其加工副产品(麦麸、米糠、粕饼片);某些豆料牧草和大豆含有脂肪氧合酶,如不迅速灭活,会使大部分胡萝卜素迅速破坏。②饲料加工、储存不当造成胡萝卜素或维生素A破坏。收割的青草经日光长时间照射或存放过久,陈旧变质可使胡萝卜素的含量降低;预混料存放高温高湿的环境中促成维生素A失活;维生素A与矿物质一起混合也易引起其活性下降;饲料调制过程中热、压力和湿度也可以影响维生素 A 的活性。③动物对维生素 A 的需要量增加,如高产奶牛的产奶期、蛋鸡在产蛋高峰期、动物在怀孕和哺乳期等。④幼龄动物尚不能采食青绿饲料和动物性饲料,需从母乳中获得维生素A,如乳中维生素A含量不足或断奶过早,均可引起维生素 A 缺乏。

继发性缺乏:饲料中维生素A或胡萝卜素不缺乏,但是由于限饲或消化、吸收、储存、代谢出现问题,也可引起维生素 A 不足或缺乏,如脂溶性维生素之间存在一定拮抗,当一种脂溶性维生素过高时,即可影响其他脂溶性维生素的吸收和代谢。当动物患有肝脏或肠道疾病时,即使维生素A或胡萝卜素不缺乏,由于吸收障碍也会出现维生素A不足或缺乏。此外,中性脂肪、蛋白质、无机磷、钴、锰等缺乏或不足也能影响体内胡萝卜素向维生素A的转化和维生素A吸收和储存。饲养管理条件不良、畜舍寒冷、潮湿、通风不良、过度拥挤、缺乏运动和光照等应激因素亦可促进本病的发生。

病理发生　维生素A的主要功能是维持上皮系统的完整、正常的视觉、骨骼的生长发育以及动物的繁殖机能等,因此,当维生素A缺乏时可引起一系列病理损害。

上皮组织角化:维生素A缺乏时,可以造成动物上皮细胞萎缩,特别是具有分泌功能的上皮细胞被复层的角化上皮细胞所替代。其中以眼、呼吸道、消化道、泌尿生殖道黏膜受影响最为严重。临床上出现干眼、咳嗽、消化紊乱、流产等。

视力障碍:健康的动物,视网膜中的维生素A是合成视色素(视紫红质)的必需物质,视紫红质经光照射以后,分解为视黄醛和视蛋白,黑暗时呈逆反应,此时的视黄醛是维生素A氧化产生的新视黄醛。在上述反应中,如维生素A缺乏,则新视黄醛生成减少,视紫红质合成受阻,导致动物对暗光适应能力减弱,即形成夜盲症,严重时可完全丧失视力。

骨骼生长发育障碍:维生素A对维持成骨细胞和破骨细胞的正常位置和数量十分重要。当维生素A缺乏时,成骨细胞活性增强,导致骨皮质内钙盐过度沉积,软骨内骨的生长不能正常进行,形成失调。主要表现为颅骨、椎骨,甚至长骨发育障碍。

繁殖机能障碍:维生素A在胎儿生长发育过程中是器官形成的必需物质。维生素A缺乏时可导致胎儿生长发育受阻,先天性缺损,特别是脑和眼的损伤最为常见。此外,维生素A缺乏还可造成公畜精子生成减少,母畜卵巢、子宫上皮组织角质化,受胎率下降。

生长发育障碍:维生素A缺乏时,造成蛋白质合成减少、矿物质利用受阻、内分泌机能紊乱等,导致动物生长发育障碍,生产性能下降。

免疫机能下降:维生素A缺乏时,机体的上皮组织完整性遭到破坏,对微生物的抵抗能力下降,同时白细胞的吞噬活性和抗体的形成也受到影响,导致动物容易发生继发感染。

症状　维生素A缺乏时,各种动物所表现的临床症状基本相似,但在机体组织和器官的表现程度上有一些差异。

皮肤病变:皮肤干燥、脱屑、皮炎、被毛蓬乱无光泽,脱毛、蹄角生长不良、干燥,蹄表有纵行皲裂和凹陷。猪主要表现为脂溢性皮炎,表皮分泌褐色渗出物;小鸡喙和小腿皮肤的黄色消失,食道和咽部的黏膜表面分布很多黄白色颗粒小结节,气管黏膜上皮角化脱落,表面覆有易剥离的白色膜状物;牛皮肤上附有大量麸皮样鳞屑,蹄干燥,皮肤表面有鳞皮和许多纵向裂纹。

视力障碍：夜盲症是各种动物（猪除外）维生素A早期缺乏的症状之一，病畜表现在弱光下盲目前进，行动弛缓或碰撞障碍物。犊牛最易发生，当其他症状尚不明显时，犊牛即表现出明显的视力障碍。而猪当血清中维生素A水平很低时，才会出现夜盲症的症状。

干眼病常见于犬和犊牛，主要表现为角膜增厚及云雾状。其他动物可见到眼分泌一种浆液性分泌物，角膜角化、增厚，形成云雾状，甚至出现溃疡。鸡鼻孔和眼有黏液性分泌物，上下眼睑被黏合在一起，角膜化，眼球下陷，甚至穿孔。干眼病可以继发结膜炎、角膜炎、角膜溃疡和穿孔。

繁殖机能障碍：公畜主要表现精子形状受到影响，精液品质下降，睾丸小于正常。母畜表现为流产、死胎、弱胎、胎儿畸形，易发生胎衣滞留。犊牛可见先天性失明和脑室积水；仔猪可发生无眼或小眼畸形，也可以出现腭裂、兔唇、后肢畸形等。

神经症状：维生素A缺乏可造成中枢神经损害，常见症状有颅内压升高性脑病（共济失调、痉挛、惊厥、瘫痪等）；外周神经损伤引起的运动障碍和肌麻痹；视神经管狭窄引起的失明。犊牛和年轻的猪易发。

抵抗力下降：维生素A缺乏时，由于黏膜上皮完整性受损，极易发生鼻炎、支气管炎、肺炎、胃肠炎等疾病。对传染病的易感性增加。

诊断　通常根据饲养管理情况、病史和临床症状可做出初步诊断，必要时可结合检测脊髓液压力、眼底检查、血清和肝脏维生素A和胡萝卜素的含量进一步确诊。

结膜涂片检查，发现角化上皮细膜数目增多，如犊牛每个视野角化上皮细胞可由3个增加至11个以上。

眼底检查，犊牛视网膜绿毯部由正常的绿色或橙黄色变为苍白色。

血清和肝脏维生素A和胡萝卜素的水平下降，不过只有当肝脏储备耗尽以后才能见到血清维生素A和胡萝卜素水平的下降。

脑脊液压力升高也是维生素A缺乏的一个敏感指标。

治疗　首先查明病因，治疗原发病；同时改善饲养管理条件，调整日粮配方，增加含量高的维生素A或胡萝卜素饲料。

维生素A的治疗剂量一般为每千克体重440 IU，可以根据动物品种和病情适当增加或减少。鸡的治疗量可达每千克体重1 200 IU。对于急性病例，疗效迅速；对于慢性病例，视病情而定，不可能完全恢复者，建议尽早淘汰。

防治　确保饲料配比合适，减少加工损耗，放置时间不易过长，尽量减少维生素A与矿物质接触的时间。妊娠、泌乳和处于应激状态下的动物适当提高日粮中维生素A的含量。

　　维生素 A 过多症(hypervitaminosis A)　　维生素 A 过多症是指动物摄食维生素 A 过量而引起的倦怠、跛行、外生骨疣等为特征的一种营养代谢病。本病可以发生于各种年龄的动物。

　　就单一维生素而言,维生素 A 是最重要的一种维生素,其毒性也是较大的,其中毒情况根据其用量及使用时间长短不同而有所差异。胡萝卜素是比较安全的,即使在大剂量长时间使用时,也不容易产生明显的毒性。

　　病因　　维生素 A 过多症的病因主要有 3 类:①日粮中维生素 A 含量过高,如为了提高动物的生产性能和抵抗力等,在日粮中添加大剂量的维生素 A;犬、猫等肉食动物长期以富含维生素 A 的动物肝脏为主要食物;②计算错误或称量错误等原因造成日粮中维生素过高;③医源性维生素 A 过多症,治疗维生素 A 缺乏症时用药过量。

　　症状　　犬、猫主要表现为倦怠,牙龈充血、出血、水肿,跛行,全身敏感,不愿意让人抱,不愿运动,喜卧,形成外生骨疣,脊椎多发　　,骨发育障碍,瘫痪,生长缓慢,难产等。犊牛表现生长缓慢,跛行,行走不稳,瘫痪,外生骨疣,脑脊液压力下降。仔猪大量饲喂维生素 A 可产生大面积出血和突然死亡。给生长鸡大剂量维生素 A 时引起生长缓慢,骨变形,色素减少,死亡率升高。

　　病理发生　　维生素 A 对维持动物骨骼中成骨细胞和破骨细胞的正常位置和数量是十分重要的,维生素 A 过量时打破了这种平衡,引起骨皮质内成骨过度。此外,维生素 A 过量时将影响其他脂溶性维生素(维生素 D、维生素 E、维生素 K)的正常吸收和代谢,可造成这些维生素的相对缺乏。

　　防治　　治疗维生素 A 过多症的主要办法是更换饲料,减少维生素 A 的给予量。对于症状较轻的病例可以自行恢复;对于较重的病例,还应该给予消炎止痛的药物,同时补充维生素 D、维生素 E、维生素 K 和复合维生素 B 等。如果临床上已经出现关节增生或外生骨疣,无法根治。由于脂溶维生素在体内可以蓄积,代谢缓慢,改换饲料以后,需经几周,甚至几个月,其体内的维生素 A 水平才能恢复为正常。

维生素 D 缺乏和过多症(hypovitaminosis D and hypervitaminosis D)

　　维生素 D 缺乏症(hypovitaminosis D)　　维生素 D 缺乏症是指由于机体维生素 D 生成或摄入不足而引起的以钙、磷代谢障碍为主的一种营养代谢病。临床上患病动物主要表现食欲下降,生长阻滞,骨骼病变,幼年动物发生佝偻病,成年动物发生骨软病或纤维素性骨营养不良。各种动物都可出现维生素 D 缺乏症,但幼年动物较为多发。

　　病因　　机体维生素 D 的来源主要有 2 个,即外源性维生素 D 和内源性维生素 D

（维生素 D_3）。维生素 D_2 主要是由植物中麦角固醇经紫外照射后而产生，又称麦角钙化醇，商品性的维生素 D_2 是紫外线照射酵母而产生的。维生素 D_3 是哺乳动物皮肤中的7-脱氢胆固醇经紫外线照射而产生的，又称为胆钙化醇。因此，饲料中维生素 D 缺乏或/和皮肤的阳光照射不足是引起动物机体维生素 D 缺乏的根本原因。

维生素 D 本身并不具备生物活性或生物活性非常小，它被吸收以后，在肝脏内进行羟化，转化为25-OH-D 后，再与血液中的运输蛋白相结合，被带到肾脏，经肾脏进一步羟化，生成1,25-$(OH)_2$-D 后，才能发挥其相应的功能。维生素 D 在吸收过程中需要胆盐的存在，并受其他脂溶性维生素，尤其是维生素 A 的干扰。

动物长期舍饲或冬天阳光不足，缺乏紫外线照射，体内合成维生素 D 不足，此时又不能从日粮中得到及时补充，即可发生维生素 D 缺乏症。

长期饲喂幼嫩青草或未被阳光照射而风干的青草，又不能接触到阳光照射的动物易发维生素 D 缺乏症。

胃肠道疾病、肝脏胆汁分泌不足、日粮中维生素 A 过量影响动物对维生素 D 的吸收；肝脏疾病影响维生素 D 的代谢。因此长期胃肠功能紊乱、肝肾衰竭等，亦可造成维生素 D 缺乏。

幼年动物生长发育阶段、母畜妊娠泌乳阶段、蛋鸡产蛋高峰，应增加维生素 D 的需要量，若补充不足，容易导致维生素 D 缺乏。

日粮中钙、磷比例在正常范围（1～2）：1时，动物对维生素 D 需要量少，当钙磷比例偏离正常比例太远时，维生素 D 的需要量增加，如未能适当补充，亦可造成维生素 D 缺乏。

对禽类而言，维生素 D_2 活性代谢产物1,25-$(OH)_2$-D_2 的生物活性仅为维生素 D_3 活性代谢产物1,25-$(OH)_2$-D_3 的 1/10～1/5，因此，在家禽饲料中应添加维生素 D_3，才能有效防止雏禽佝偻病。

病理发生 维生素D 及其活性代谢产物相当于一种内分泌激素，与降钙素、甲状旁腺激素一起参与机体钙磷代谢的调节，保持血液钙磷浓度的稳定以及钙、磷在骨组织的沉积和溶出。

维生素 D 及其活性代谢产物对钙磷代谢的调节主要表现在以下 3 个方面：促进小肠近端对钙的吸收，远端对磷的吸收；促进肾小管对钙、磷的重吸收；促进骨骼钙、磷的运动。

当维生素 D 不足或缺乏时，肠道对钙、磷的吸收能力降低，血液钙、磷的水平随之降低。血液钙水平下降引起甲状旁腺分泌增加，致使破骨细胞活性增强，使骨盐溶出，同时抑制肾小管对磷的重吸收，造成尿磷增多，血磷减少，结果血液中的钙、磷沉积降低，致使钙、磷不能在骨生长区的基质中沉积，此外，还使原来已经形成的骨骼脱钙,引起骨骼病变。幼年动物因成骨作用受阻而发生佝偻病,成年动物因骨不断溶解而发生骨软症。

症状　幼年动物维生素D缺乏主要表现为佝偻病的症状。病初表现为异嗜,消化紊乱,消瘦,生长缓慢,喜卧,跛行;随着病情的发展,患病的动物可出现四肢弯曲变形,呈"X"或"O"形站立姿势,关节肿大,迈步困难,不愿活动,肋骨与肋软骨结合处呈串珠状肿,胸廓扁平狭窄。喙软,四肢弯曲易折。

血清钙、磷含量降低或正常,碱性磷酸酶活性及骨钙素水平升高。

成年动物维生素D缺乏的主要表现为骨软症。初期表现异嗜,消化紊乱,消瘦,被毛粗乱无光;继之出现运步强拘,弓背站立,腰腿僵硬,跛行或四肢交替站立,喜卧,不愿起立;病性进一步发展,出现骨骼肿胀、弯曲,四肢疼痛,肋骨与肋软结合处肿胀,尾椎弯软,易骨折,额骨穿刺呈阳性,肌腱附着部易被撕脱。

血液化验,血清磷性磷酸酶升高。

诊断　根据动物年龄、饲养管理条件、病史和临床症状,可以做出初步诊断。测定血清钙磷水平、碱性磷酸酶活性、维生素D及其活性代谢产物的含量,结合骨的X射线检查结果可以确诊。

治疗　维生素D缺乏症的治疗原则,主要是清除病因,改善饲养管理,给予药物治疗,即采取医护结合的综合性防治措施。

首先查明维生素D缺乏的病因,在查明病因的基础上,增加富含维生素D的饲料,增加患病动物的舍外运动及阳光照射时间,积极治疗原发病。

药物治疗:临床常用的维生素D制剂及用量如下:内服鱼肝油,马、牛20～40 mL,猪、羊10～20 mL,驹、犊5～10 mL,仔猪、羔羊1～3 mL,禽0.5～1 mL。维丁胶性钙注射液,牛、马2万～8万U,猪、羊0.5万～2万U,肌肉注射。维生素D_3注射液,成年畜每千克体重1 500～3 000 U,幼畜每千克体重1 000～1 500 U。维生素AD注射液,马、牛5～10 mL,猪、羊、驹、犊2～4 mL,仔猪、羔羊0.5～1 mL,肌肉注射。

在使用上述药物治疗维生素D缺乏症时,注意不可长期大剂量使用,应视动物种类、年龄及发病情况适当调整用量及时间,以免造成中毒;另外,当机体已经处于维生素A过多或中毒状态时,不能使用维生素AD制剂,应使用单独的维生素D制剂。

对于大群动物发生维生素D缺乏症,逐个进行肌肉注射或口服是不可行的,可以在日粮中添加维生素D_3粉剂,统一治疗。

防治　保证动物有足够的运动和阳光直接照射,并饲喂富含维生素D的饲草饲料。如果不能满足以上条件,可以在日粮中添加维生素D制剂,各种动物的需要量为：猪 220 IU/kg，蛋鸡 500 IU/kg，生长鸡 200 IU/kg，火鸡 900 IU/kg，鸭 220 IU/kg。同时要注意日粮中的钙、磷含量及比例。对患有胃肠　肝肾疾病影响维生素 D 吸收和代谢的动物应及时对症治疗。此外还应注意日粮中其他脂溶性维生素的含量。

维生素 D 过多症（hypervitaminosis D）　由于维生素 D 在体内代谢比较缓慢，大量摄入可造成蓄积，因此它是具有可能引起动物中毒的维生素之一。临床上维生素 D 中毒多是由于日粮中添加过量或医源性的原因造成。不同种的动物或同一种动物的不同个体对维生素 D 的耐受性有一定的差别，临床症状也不甚相同，因此其准确的致毒剂量也不尽相同。但对大多数动物来说，长时间（2 个月量以上）饲喂时，维生素 D_3 的耐受量为公认的5～10 倍；短时间饲喂时，维生素 D_3 的最大耐受量是公认的100 倍左右。若与此同时给予大量的其他脂溶性的维生素（维生素A、维生素 E、维生素 K）可降低维生素 D 的毒性。一般认为，维生素 D 的代谢产物（如 25-OH-D 和1,25-$(OH)_2$-D_3）的毒性比维生素D 要高；维生素D_3的毒性比维生素D_2大（维生素 D_3 的毒性约是维生素 D_2的 10 倍）。日粮中钙、磷水平较高时，可加重维生素 D 的毒性；日粮中钙、磷水平低时，可减轻维生素 D 的毒性。

维生素 D 的毒性主要是由于其大量进入机体以后，引起骨骼的重吸收和促进肠道钙的吸收，致使血清钙和血清磷升高造成。病理学变化主要表现为软组织普遍钙化，包括：肾脏、心脏、血管、关节、淋巴结、肺脏、甲状腺、结膜、皮肤等，使其正常的功能发生障碍。

维生素D 中毒的临床表现有恶心，食欲下降，多尿，烦渴，皮肤瘙痒，肾衰竭，心血管系统、皮下异常钙磷沉积，严重者可引起死亡。一旦发现上述症状，应及时检查血液和尿液，此时血钙和尿钙明显升高，血清维生素 D 及其活性代谢产物也明显升高。

治疗时，应首先停用使用维生素 D 制剂，并给予低钙饮食，静脉输液，纠正电解质紊乱，补充血容量，使用利尿药物，促进尿钙排出，以使血钙恢复到正常的水平。糖皮质激素，如氢化强的松，可抑制 1,25-$(OH)_2$-D_3 的生成和阻止肠中钙的转动，待血钙能维持正常水平2～3 个月以后，可逐渐减少并停止使用糖皮质激素。与此同时，还可以应用维生素 E、维生素 K、维生素 C 等药物。

维生素 E 缺乏和过多症（hypovitaminosis E and hypervitaminosis E）

维生素 E 缺乏症（hypovitaminosis E）　维生素 E 缺乏症是指动物体内生育酚缺乏或不足引起的临床上以幼年动物肌营养不良和成年动物繁殖障碍为特征的一种营养代谢病。各种动物均可发生维生素 E 缺乏症，但是幼年动物以仔猪、羔羊、犊牛、雏鸡等多发,但通常与微量元素硒缺乏症并发,统称为硒-维生素E缺乏症。

维生素E是含不同比例的 α、β、γ、δ-生育酚以及其他生育酚的一种混合物。其主要作用是抗氧化和维持机体的繁殖机能。维生素E和微量元素硒在生物活性方面极其相似,而且在代谢上,彼此之间具有协同作用。

病因　维生素E广泛存在于动、植物饲料中,通常情况下,动物不会发生维生素E缺乏症。但是由于维生素E化学性质不稳定,易受许多因素的作用而被氧化破坏。临床上造成维生素E缺乏症的常见病因如下。

饲料本身维生素不足或由于加工储存不当造成维生素E破坏是动物发生维生素E缺乏症的重要原因之一。如稿秆、块根饲料,维生素E的含量极少;劣质干草、稻草或陈旧的饲草,或是遭受暴晒、水浸、过度烘烤的饲草,其所含的维生素E大部分被破坏。如长期饲喂这些饲料,又不补给维生素E,则可发病。

长期饲喂含大量不饱和脂肪酸(亚油酸、花生四烯酸等),或酸败的脂肪类以及霉变的饲料、腐败的鱼粉等,促使维生素E的氧化和耗尽。日粮中含硫氨基酸、微量元素缺乏或维生素A含量过高,可促进维生素E缺乏症的发生。

维生素E的需要量增加,未能及时补充。如动物在生长发育、妊娠泌乳、应激状态时,对维生素E的需要量增加,却仍以原来饲料饲喂动物,则有可能导致维生素E缺乏症。

胃肠、肝胆疾病可造成维生素E吸收障碍而导致维生素E缺乏。

病理发生　维生素E的主要生物学效应是抗氧化作用,能抑制和减缓体内不饱和脂肪酸的氧化和过氧化,中和氧化过程中形成的自由基,保护细胞及细胞器脂质膜结构的完整性和稳定性,维持肌肉、神经和外周血管的正常功能,维生素E还具有维持生殖器官的正常功能,抑制透明质酸酶活性及保持细胞间质通透性的作用。

当动物维生素E缺乏时,体内不饱和脂肪酸过度氧化,细胞膜和亚细胞膜遭受损伤,释放出各种溶酶体酶,如 β-葡萄糖醛酸酶、β-半乳糖酶、组织蛋白酶等,导致器官组织的退行性病变。表现为血管机能障碍(孔隙增大、通透性增强)、血液外渗(渗出性素质)、神经机能失调(抽搐、痉挛、麻痹),繁殖机能障碍(公畜睾丸变性、母畜卵巢萎缩、性周期异常、不孕)及内分泌机能异常等。

症状　各种动物维生素E缺乏症临床表现不完全一致,主要表现有肌变性、肝坏死、不育或不孕等症状。幼年动物对维生素E缺乏比较敏感,易患维生素E缺乏症。

禽类:维生素E缺乏症多发生于2月龄以下的雏鸡,主要表现为白肌病、渗出性素质和脑软化症。成年鸡无明显临床症状,但孵化率下降,胚胎死亡率升高。

雏禽白肌病主要表现为运动障碍,腿软乏力,翅膀下垂,站立困难,运步不稳,多呈蹲伏或躺卧状,严重时发生麻痹或瘫痪。维生素 E 缺乏时,由于禽的毛细血管通透性增强,血液外渗,形成渗出性素质,临床表现为胸腹部皮下水肿,严重时向腿和翅根部扩展。脑软化的主要表现为姿势异常,步态不稳,爪趾屈曲,头部回缩,共济失调,角弓反张,或头颈弯向一侧,两腿呈节律性挛缩,无目的奔跑或做圆圈运动,常因衰竭而死亡。

猪:仔猪维生素 E 缺乏,临床上主要表现为食欲下降,呕吐,腹泻,不愿活动,喜卧,步态强拘或跛行,后躯肌肉萎缩呈轻瘫或完全瘫痪。耳后、背腰、会阴部出现淤血斑,腹下水肿。心率加快,节律不齐,心音混浊,有的表现呼吸困难。病程较长者,生长发育缓慢,消瘦贫血,皮肤黄染。

公猪精子生成障碍,母猪受胎率下降、流产乃至不孕。饲喂鱼粉的猪,由于维生素 E 缺乏,进入体内的不饱和脂肪酸氧化形成蜡样质,可以引起黄脂病。

牛、羊:犊牛和羔羊维生素 E 缺乏,急性病例常因急性心肌变性坏死而突然死亡;慢性病例表现食欲减退,被毛粗乱,腹泻,肌肉软弱无力,站立困难,运动障碍,跛行,甚至后躯麻痹,卧地不起。成年牛、羊主要表现为繁殖障碍,生产能力下降,其他症状不明显。

马:维生素 E 缺乏症主要见于幼驹。急性病例表现为喜卧,嗜睡,心跳加快,节律不齐,呼吸困难,多突然死亡;慢性病例表现为精神不振,食欲下降,呼吸困难,腹泻,消瘦,心脏节律不齐。步态强拘,行走摇晃,肌肉震颤,蹄部龟裂,有时呈皮下水肿。

血液谷草转氨酶活性和肌酸磷酸激酶活性升高;尿中肌酸排泄量增加,但在后期,由于肌肉变性,肌酸的排泄量反而低于正常。

诊断　根据动物饲养管理条件、发病特点、临床症状和病理学变化可做出初步的诊断。测定饲料、血液和肝脏中维生素 E 的含量、尿中肌酸的水平和谷草转氨酶及肌酸磷酸激酶的活性有助于确诊。

防治　查明病因,及时调整日粮,供给富含维生素 E 的饲料,也可以补充维生素 E 和微量元素 E 添加剂。

药物治疗:主要使用维生素 E 制剂,也可以配合硒制剂。醋酸生育酚,驹、犊每头 0.5～1.5 g,仔猪、羔羊每头 0.1～0.5 g,禽每只 0.05～0.1 g,皮下或肌肉注射,也可内服维生素 E 丸;对于群养猪、禽,可以在饲料中添加醋酸维生素 E 粉,用量为每千克饲料 5～20 mg。如果同时配合硒制剂治疗效果更佳,临床常用亚硒酸钠肌肉注射,或在饲料中添加亚硒酸钠,添加剂量使饲料中每千克饲料含硒 0.1～0.15 mg 为宜。

　　预防　加强饲养管理,饲喂营养全面的全价日粮;避免使用劣质、陈旧或霉变的饲草料,尤其是变质的油脂;长期储存的谷物或饲料应添加抗氧化剂;避免日粮中维生素 A 等物质过多;妊娠母畜在分娩前 4～8 周,或幼畜出生后,应用维生素 E 或硒制剂进行预防注射。

　　维生素 E 过多症(hypervitaminosis E)　维生素 E 的毒性相对维生素 A 和维生素 D 较低,过量地摄入的维生素 E 随粪便排出体外,因此,一般情况下,不易造成维生素 E 过多症,临床上出现维生素 E 过多症多是由计算错误、添加失误或医源性的原因所造成。为了查明原因经常地连续口服大剂量的维生素 E 而进行的毒性试验,但常常不能得到确切的结果。大剂量维生素 E 降低肉鸡的生长速度,并增加维生素 A、维生素 D 和维生素 K 的需要量。每日口服 300 IU 以上的受试人,可出现恶心及轻度的胃肠不适。

维生素 K 缺乏和过多症(hypovitaminosis K and hypervitaminosis K)

　　维生素 K 缺乏症(hypovitaminosis K)　维生素 K 缺乏症是由于动物体内维生素 K 缺乏或不足引起的一种以凝血酶原和凝血因子减少,血液凝固过程发生障碍,凝血时间延长,易于出血的一种疾病。

　　病因　维生素 K 是发现最晚的一种脂溶性维生素,它广泛存在于绿色植物中(维生素 K_1),也可以通过腐败肉质中的细菌或动物消化道中的微生物合成(维生素 K_2),这 2 种维生素 K 都是活性很高的维生素 K,因此,在正常的饲养管理条件下,动物很少发生维生素 K 缺乏症。生产实际中维生素 K 缺乏主要见于以下几种原因:饲料中维生素 K 缺乏或饲料中存在维生素 K 拮抗物质,降低了维生素 K 的活性,如给马仅饲喂干燥而变成白色的干草时间过长,会出现维生素 K 缺乏症;日粮中其他脂溶性维生素过高时,可影响维生素 K 的吸收,造成维生素 K 缺乏症。长期过量使用广谱抗生素或长期使用预防球虫的药物磺胺喹噁啉时,可引起维生素 K 的缺乏。胃肠疾病、肝胆疾病可能会影响维生素 K 的吸收。

　　病理发生　维生素 K 是肝脏合成凝血酶原(凝血因子 Ⅱ)和凝血因子 Ⅻ、Ⅸ、Ⅹ 所必需的,凝血因子 Ⅱ、Ⅻ、Ⅸ 和 Ⅹ 蛋白在肝中以一种非活性形式的前体合成,然后再在维生素 K 的作用下转化为活性蛋白,参与血液凝固。处于维生素 K 缺乏状态的动物仍然能够合成维生素 K 依赖蛋白,但以非活性形式存在,在非活性的蛋白前体转化为具有生物活性的蛋白时,必须有维生素 K 的参加。当维生素 K 缺乏时,维生素 K 依赖性凝血因子减少,影响血液的凝固速度,从而使凝血时间延长,发生皮下、肌肉或肠道出血。

　　症状　维生素 K 缺乏的主要症状是血液凝血酶原含量下降,血液凝固时间延长和出血。严重缺乏维生素K的鸡可能由于轻微擦伤或其他损伤而流血致死。临界缺乏时,常引起胸部、腿部、翅膀出现小出血瘢疤。腹腔和胃肠道也可以发生出血,出血较多时,造成严重贫血和全身代谢紊乱,冠、肉髯、皮肤苍白干燥。试验性仔猪维生素K缺乏表现为敏感、贫血、厌食、衰弱和凝血时间延长。

鸡严重维生素K缺乏时,凝血时间可以由正常的17～20 s延长至5～6 min或更长。

诊断　根据饲养管理状况和临床症状可以做出初步诊断;测定饲料、血液和肝脏维生素K含量、血液凝固时间、凝血酶原时间检测可以确诊。

治疗　查明病因,调整日粮,提供富含维生素K的饲料,或在日粮中添加维生素K。

常用的维生素K制剂有维生素K_1和维生素K_3注射液,猪每头10～30 mg,鸡每只1～2 mg,皮下或肌肉注射,连用3～5 d。也可以在日粮中添加维生素K补充,如有吸收障碍的动物,口服维生素K时,需同时服用胆盐。

预防　供给动物富含维生素K的饲料;控制磺胺和广谱抗生素的使用时间及用量;及时治疗胃肠道及肝胆疾病;在日粮中添加维生素K制剂。

维生素K过多症(hypervitaminosis K)　维生素K族(维生素K_1、维生素K_2、维生素K_3)在毒副作用方面明显表现在血液学和循环系统紊乱2方面。不同维生素K形式引起毒性反应的程度差别很大,维生素K的天然形式,叶绿醌和甲基萘醌,在高剂量的使用情况下,毒性也非常小,但合成的甲萘醌化合物则对人、畜表现出一定的毒性。当人、兔、犬和小鼠摄入过量,主要表现有呕吐、卟啉尿和蛋白尿,兔出现凝血时间延长,小鼠出现血细胞减少和血红蛋白尿。

第二节　水溶性维生素缺乏症

水溶性维生素是指溶于水而不溶于脂肪的维生素,主要包括B族维生素和维生素C,这类维生素容易从体内排出,并且不在体内储存,因此不容易引起过多症或中毒,只有在超剂量长时间使用时,才会引起轻微的临床反应。

B族维生素是一组多种水溶性维生素,主要包括维生素B_1(硫胺素)、维生素B_2(核黄素)、维生素B_6(吡哆醇、吡哆醛和吡哆胺)、烟酸、泛酸、叶酸、胆碱、生物素等。由于它的分布大致相同,提取时常互相混合,在生物学反应上作为一种连锁反应的辅酶,故统称为复合维生素B,但它们在化学结构上和生理功能上是互不相同的。

虽然B族维生素不在体内储存,且易从体内排出,但在自然条件下,一般不会发生缺乏症。其一是B族维生素来源广泛,在青绿饲料、酵母、麸皮、米糠及发芽的种子中含量丰富;其二是这些维生素可以通过反刍动物的瘤胃和单胃动物原肠道中的微生物合成。但是幼年动物,如犊牛、羔羊、马驹等胃肠道尚未健全时,或在某些特定条件下(如应激、高产等)也可引起缺乏症。

维生素 B_1 缺乏症(vitamin B_1 deficiency)

维生素 B_1 缺乏症是指体内硫胺素缺乏或不足,所引起的以神经机能障碍为主征的一种营养代谢病。雏禽、仔猪、犊牛和羔羊等幼畜禽多发。

病因　维生素 B_1 缺乏主要是由于饲料中缺乏、体内合成障碍或某些因素影响其吸收和利用所造成。

在日粮组成中青绿饲料、禾木科谷物、发酵饲料以及蛋白性饲料缺乏或不足,而糖类过剩,或单一地饲喂谷类精料时,使大肠微生物区系紊乱,维生素 B_1 合成障碍,易引起发病。

马摄食羊齿类植物蕨类、向荆或木贼过多,犬、猫食用生鱼过多,由于这些饲料中含有大量硫胺素酶,可使维生素 B_1 受到破坏,引起缺乏。

患有慢性胃肠炎,长期腹泻,或患有高热等消耗性疾病时,维生素 B_1 吸收减少而消耗增加可继发维生素 B_1 缺乏;长期使用广谱抗生素,抑制细菌的合成,也能引起维生素 B_1 缺乏。

动物在某些特定的条件下,如应激、妊娠、泌乳、生长阶段、机体对维生素 B_1 的需要量增加,而未能及时补充,容易造成相对缺乏或不足。

病理发生　维生素 B_1 是体内多种酶系统的辅酶,能促进氧化过程,调节糖代谢,对维持生长发育,正常代谢,保证神经和消化机能的正常具有重要的意义。

维生素 B_1 作为一种辅酶,在动物体内以焦磷酸硫胺素(TPP)的形式参与糖代谢,催化 α-酮戊二酸和丙酮酸的氧化脱羧基作用。葡萄糖是脑和神经系统的主要能源,当维生素 B_1 缺乏时,α-酮戊二酸氧化脱羧不能正常进行,其中间产物丙酮酸和乳酸分解受阻,造成体内大量蓄积,加上能量供应不足,造成对脑和中枢神经系统毒害,严重者引起脑皮质坏死,而呈现痉挛、抽搐、麻痹等症状。

维生素 B_1 能促进乙酰胆碱的合成,抑制胆碱酯酶对乙酰胆碱的分解,当维生素 B_1 缺乏时,乙酰胆碱合成减少,同时胆碱酯酶活性增高,导致胆碱能神经兴奋传导障碍,胃肠蠕动缓慢,消化液分泌减少,引起消化不良。

症状　维生素 B_1 缺乏主要表现为食欲下降,生长受阻,多发性神经炎等,因患病动物的种类和年龄不同而有一定差异。

鸡:雏鸡日粮中维生素 B_1 缺乏 10 d 左右即可出现明显临床症状,主要呈多发性神经炎症状。双腿痉挛缩于腹下,趾爪伸直,躯体压在腿上,头颈后仰呈特异的

"观星姿势",最后倒地不起,许多病雏,倒地以后,头部仍然向后仰。成年鸡发病缓慢,冠呈蓝色,肌肉逐渐麻痹,开始发生于趾的屈肌,然后向上发展,波及到腿、翅和颈部。小公鸡睾丸发育受抑制,鸡卵巢萎缩。

猪:呕吐、腹泻、心力衰竭、呼吸困难、黏膜发绀、运步不稳、跛行、严重时肌肉萎缩,引起瘫痪,最后陷于麻痹状态直至死亡。

犬、猫:犬、猫硫胺素缺乏可引起对称性脑灰质软化症,小脑桥和大脑皮质损伤,犬以食熟肉而发生,在猫多以吃生鱼而发生。主要表现为厌食、平衡失调、惊厥、勾颈、头向腹侧弯、知觉过敏、瞳孔扩大、运动神经麻痹、四肢呈进行性瘫痪,最后患病动物半昏迷,四肢强直死亡。

马:患马衰弱无力,采饲吞咽困难,知觉过敏,脉快而节律不齐,共济失调,惊厥,昏迷死亡。

反刍动物:主要发生于犊牛和羔羊,表现厌食、共济失调、站立不稳、严重腹泻和脱水。因脑灰质软化主要表现神经症状,兴奋、痉挛、四肢抽搐呈惊厥状,倒地后牙关紧闭,眼球震颤,角弓反张,严重者呈强直性痉挛,昏迷死亡。

血液中丙酮酸浓度可以从正常的 $20\sim30~\mu g/L$ 升高至 $60\sim80~\mu g/L$;血清硫胺素质量浓度从正常的 $80\sim100~\mu g/L$ 降至 $25\sim30~\mu g/L$;脑脊液中细胞数量由正常的 $0\sim3$ 个/mL 增加到 $25\sim10$ 个/mL。

诊断　根据饲养管理情况和临床症状可做出初步诊断;测定血液中丙酮酸乳酸和硫胺素的浓度,计算脑脊液中细胞数有助于确诊。

防治　改善饲养管理,调整日粮组成,增加富含维生素 B_1 的优质青草、发芽谷物、麸皮、米糠或饲酵母等,也可以在日粮中添加维生素 B_1,每千克饮料剂量为 $5\sim10$ mg,或每千克体重 $30\sim60~\mu g$。目前普遍采用复合维生素 B 防治本病。

药物治疗一般采用盐酸硫胺素注射液,皮下或肌肉注射,剂量为每千克体重 $0.25\sim0.5$ mg,也可以口服维生素 B_1。一般不建议采用静脉注射的方式给予维生素 B_1。

预防本病主要是加强饲料管理,提供富含维生素 B_1 的全价日粮;控制抗生素等药物的用量及时间;防止饲料中含有分解维生素 B_1 的酶,宜把鱼蒸煮以后再喂;根据机体的需要及时补充维生素 B_1。

维生素 B_2 缺乏症(vitamin B_2 deficiency)

维生素 B_2 缺乏症是指由于动物体内核黄素缺乏或不足所引起以生长缓慢、皮炎、胃肠道及眼损伤、禽类腿爪蜷缩、飞节着地而行为特征的一种营养代谢病。本病多发生于禽类、貂和猪,反刍动物和野生动物偶尔也可以发生。

病因　维生素B_2又称为核黄素，广泛存在于植物性饲料和动物性蛋白中，动物体内胃肠中微生物也能合成，因此，在自然条件下，一般不会引起维生素B_2缺乏，下列情况可导致其缺乏：长期饲喂维生素B_2贫乏的日粮，或经热、碱、紫外线的作用，导致维生素B_2破坏；长期大量使用广谱抗生素造成维生素B_2合成减少。动物患有胃肠、肝胰疾病，造成维生素B_2吸收、转化和利用障碍。动物在妊娠、泌乳或生长发育等特定条件下需要量增加。

病理发生　维生素B_2是黄素单核苷酸(FMN)和黄素腺嘌呤二核苷酸(FAD)2种黄素辅酶的组成部分，参与体内催化蛋白质、脂肪、糖的代谢和氧化还原过程，并对中枢神经系统营养、毛细血管的机能活动有重要影响，此外，维生素B_2在体内还具有促进胃分泌、肝脏、生殖系统机能活动以及防止眼角膜受损的功能。维生素B_2在体内还具有促进维生素 C 的生物合成、维持红细胞的正常功能和寿命、参与生物膜的抗氧化作用、影响体内储存铁的利用等生物学功能。

维生素B_2缺乏或不足时，动物体内的与其相关的酶系统受抑制，导致蛋白质、脂肪和糖代谢障碍，进而使神经系统、心血管系统、消化系统以及生殖系统机能紊乱，引起一系列的病理变化。

症状　病初表现食欲下降，精神不振，生长缓慢；皮肤发炎、增厚、脱屑、被毛粗乱，局部脱毛；眼流泪，结膜炎，角膜炎，口唇发炎。随后出现共济失调、痉挛、麻痹、瘫痪以及消化不良，呕吐，腹泻，脱水，心衰，最后死亡。

禽：雏鸡缺乏维生素B_2时2～3周即可发病，表现羽毛生长缓慢，两腿发软，眼充血，腿爪向一个方向伸展，腿部肌肉萎缩，行走困难，多以跗关节着地而行，消瘦而死。成年家禽维生素B_2缺乏，本身症状不明显，但所产的蛋的孵化率降低，胚胎死亡率升高，即使不死，雏鸡出壳时瘦小，水肿，脚爪弯曲蜷缩成钩状。羽发育受损，出现"结节状绒毛"。

猪：幼龄猪生长缓慢，皮肤粗糙呈鳞状脱屑或溢脂性皮炎，被毛脱落，白内障，步态不稳，严重者四肢轻瘫。妊娠母猪流产或早产，所产仔猪体弱，皮肤秃毛，皮炎；结膜炎，腹泻，前肢水肿变形，运步不稳，多卧地不起。

犬、猫：犬、猫皮屑增多，皮肤红斑、水肿，后肢肌肉虚弱，平衡失调，惊厥。

马：马不食，生长受阻，腹泻，羞明流泪，视网膜和晶状体混浊，视力障碍，周期性眼炎。

牛：犊牛可见角、唇、颊、舌黏膜发炎，流涎，流泪，脱毛，腹泻，有时呈现全身性痉挛等神经症状；成年牛很少自然发病。

诊断　根据饲养管理情况及临床症状可做初步诊断；测定血液和尿液中维生素B_2缺乏有助于本病的诊断。

治疗 查明病因,清除病因;调整日粮配方,增加富含维生素 B_2 的饲料,或补给复合维生素 B 添加剂。

药物治疗常用维生素 B_2 制剂有:维生素 B_2 注射液,每千克体重 $0.1\sim0.2$ mg,皮下或肌肉注射,$7\sim10$ d 为 1 个疗程;复合维生素 B 制剂,马、牛 $10\sim20$ mL,牛、羊 $2\sim6$ mL,每日 1 次,口服。维生素 B_2 混于饲料中给予,犊牛 $30\sim50$ mg,仔猪 $5\sim6$ mg,成猪 $50\sim70$ mg,雏禽 $1\sim2$ mg,连用 $1\sim2$ 周,也可喂给饲用酵母补充维生素 B_2。

预防 饲喂富含维生素 B_2 的全价日粮;根据机体不同阶段的需要及时补充;控制抗生素大剂量长时间应用;不宜把饲料过度蒸煮,以免破坏维生素 B_2;如有必要可补给复合维生素 B 添加剂或饲用酵母。

维生素 B_3 缺乏症(vitamin B_3 deficiency)

维生素 B_3 缺乏症,或叫泛酸缺乏症(or pantothenic acid deficiency)是指由于动物体内泛酸缺乏或不足引起的以生长缓慢、皮肤损伤、神经症状和消化功能障碍为特征的一种营养代谢病。本病可发生于各种动物,但以家禽和猪多发。

维生素 B_3 又称泛酸或抗鸡皮炎因子,广泛存在于动植物饲料中,如苜蓿干草、花生饼、米糠、牛肉、猪肉、海鱼、奶、水果、绿叶植物等,酵母中含量最丰富,但玉米和蚕豆中含量较少。动物胃肠道也可以合成泛酸,但在一定程度上受饲料种类的影响。对大多数动物来说,日粮中泛酸含量为每千克体重 $5\sim15$ mg 即可满足其生长繁殖的需要。

病因 由于泛酸广泛存在于动、植物饲料中,加上动物的胃肠道可以合成,一般情况下不易发生缺乏症,但在下列情况下可以发生泛酸缺乏症。

长期饲喂泛酸含量较低的饲料,如猪、鸡玉米-豆粕型日粮,容易出现泛酸缺乏症。饲料加工不当,如过热、过酸或过碱的条件下均会造成泛酸破坏。某些因素影响动物对泛酸的需要量,如母鸡维生素 B_{12} 缺乏时,其后代泛酸的需要量比普通雏鸡要高;泛酸参与体内维生素 C 的合成,一定量的维生素 C 可降低机体对泛酸的需要量。机体在某些特定的条件下,如应激、高产、妊娠泌乳时需要量增加,如未及时补充,可发生缺乏症。

病理发生 泛酸是体内辅酶 A 和酰基载体蛋白(ACP)的组成部分,辅酶 A 作为羧酸的载体,通过乙酰辅酶 A 的形式进入三羧酸循环。在脂肪酸、胆固醇、固醇类的合成和脂肪酸、丙酮酸、α-酮戊二酸的氧化及在乙酰化作用等酶反应过程中,辅酶 A 以酰基载体的方式发挥其功能作用。

症状 家禽:家禽缺乏泛酸时,主要表现为神经系统、肾上腺皮质和皮肤受损伤,孵化率下降。雏鸡表现生长缓慢,羽毛发育弛缓,饲料利用率降低,羽毛粗糙卷曲,质脆易脱落,皮炎,爪底外皮脱落,并出现裂口;有的爪皮层变厚、角化,在爪的肉垫部出现疣状突出物。肝脏肿大、变色,脊髓神经纤维呈脂质变性。雏鸡的泛酸缺乏症和生物素缺乏症很难区别。

　　猪:许多猪的饲料泛酸含量很低,甚至缺乏,因此猪易患泛酸缺乏症。典型症状为后腿踏步运动或成正步走,高抬腿,鹅步,并伴有眼鼻周围痂状皮炎,斑块状秃毛,毛色素减退,严重者皮肤溃疡,神经变性,并发生惊厥,有时有肠道溃疡、结肠炎。母猪卵巢萎缩,子宫发育不良,妊娠后胎儿发育异常。病理学变化有脂肪肝,肾上腺及心脏肿大,并伴有心肌松弛和肌内出血,神经节脱髓鞘(图13-1)。

图13-1　猪泛酸缺乏呈鹅步姿势

　　犬、猫:犬、猫厌食,低糖血症,低氯血症和氮质血症,有时出现惊厥、昏迷和死亡。

　　牛:犊牛表现食欲下降,生长缓慢,皮毛粗乱,皮炎,腹泻。成年牛表现为眼睛和口鼻部周围发生鳞状皮炎。

　　防治　调整日粮组成,添加富含泛酸的饲料,如酵母、干草粉、花生粉等。

　　药物治疗:泛酸注射液,每千克体重0.1 mg,肌肉注射,每日1次;泛酸钙,每吨饲料添加10～12 g。

　　预防本病的关键是保证日粮中含足够的泛酸,以满足动物的不同时期的生理需要,1～6日龄雏鸡每千克饲料6～10 mg,肉仔鸡每千克饲料6.5～8.0 mg,产蛋鸡每千克饲料15 mg,生长猪每千克饲料11～13.2 mg,繁殖及泌乳阶段每千克饲料13.2～16.5 mg。

维生素 B₅ 缺乏症（vitamin B₅ deficiency）

维生素 B₅ 缺乏症是指由于动物体内烟酸缺乏或不足引起的以皮肤和黏膜代谢障碍、消化功能紊乱、被毛粗乱、皮屑增多和神经症状为特征的一种营养代谢病。本病主要发生于猪和家禽，反刍动物极少发生。

维生素 B₅ 也称为烟酸或烟酰胺，有人也称为维生素 PP、尼克酸或抗癞皮病因子。烟酸广泛存在于动植物饲料中，肉、鱼、蛋、奶、全麦粉、水果、蔬菜、酵母、米糠中烟酸含量较高，玉米中烟酸及其前体色氨酸含量较低。

病因　动物长期饲喂烟酸或色氨酸缺乏或不足的日粮，造成烟酸缺乏或合成不足。如以玉米为主的日粮，因为玉米中烟酸含量较低，其前体色氨酸含量也较低，合成烟酸也不足以满足动物的需求。饲料中含有烟酸拮抗成分太多，干扰其吸收利用，如 3-吡啶磺酸、磺胺吡啶、吲哚-3-乙酸（玉米中含量较高）、三乙酸吡啶、亮氨酸等成分均可与烟酸拮抗。长期大量服用广谱抗生素，干扰胃肠道微生物区系的繁殖，影响了烟酸的合成。在某些特定条件下（应激、妊娠、高产阶段等）需要量增加，而又未得到及时补充时，可引起烟酸缺乏症。

反刍动物瘤胃微生物可以合成烟酸，即使是犊牛，也不至于产生烟酸缺乏症。

病理发生　烟酸在动物体内主要是以辅酶Ⅰ（NAD）和辅酶Ⅱ（NADP）的形式参与机体代谢，在动物的能量利用以及脂肪、蛋白质和碳水化合物合成与分解方面起着重要的作用。烟酸缺乏时，表现为皮肤黏膜和神经功能的紊乱，临床上表现为腹泻、糙皮、痴呆等。

症状　一般症状包括黏膜功能紊乱，食欲下降，消化不良，消化道黏膜发炎，大肠和盲肠发生坏死、溃疡以至出血。皮毛粗糙，形成鳞屑。睾丸上皮退行性变化，神经变性，运动失调，反射紊乱、麻痹和瘫痪。

禽：禽除具有烟酸缺乏的一般症状以外，还表现生长缓慢，羽毛生长不良，跗关节增生、发炎，骨短粗，股骨弯曲。鼻、眼、喙发炎。

猪：猪食欲下降，严重腹泻，皮屑增多性皮炎，后肢瘫痪，平衡失调，四肢麻痹，唇舌溃烂，结肠和盲肠有坏死性病变。

犬、猫：犬、猫最明显的变化是舌部，开始舌色红，继之蓝色素沉着，形成所谓的"黑舌病"，并且分泌出黏的有臭味的唾液，口腔溃疡，拉稀。精子生成减少，活力下降，条件反射异常。严重者可引起脱水、酸中毒、贫血等。

防治　调整日粮，供给富含烟酸的饲料，也可在饲料中添加烟酸添加剂进行补充。

患病动物烟酸的口服剂量为：猪每千克体重 0.6～1.0 mg，犬每千克体重

25 mg，猫每千克体重 60 mg，兔每千克体重 50 mg，貂、狐每千克体重 30 mg。

鸡和猪日粮中烟酸含量分别为 25～70 mg/kg 和 10～15 mg/kg 即可满足其需要。

维生素 B₆ 缺乏症（vitamin B₆ deficiency）

维生素 B_6 缺乏症是指由于动物体内吡哆醇、吡哆醛或吡哆胺缺乏或不足所引起的以生长缓慢、皮炎、癫痫样抽搐、贫血为特征的一种营养代谢病。自然条件下很少发生单纯性维生素 B_6 缺乏症，临床可以见到幼年反刍动物、雏禽和猪发病。

维生素 B_6 包括吡哆醇、吡哆醛和吡哆胺，以吡哆醇为代表。吡哆醇在哺乳动物体内可以转化为吡哆醛和吡哆胺，但吡哆醛和吡哆胺不能逆转为吡哆醇，三者在动物体内的活性相同。

病因 吡哆醇广泛存在于各种植物性饲料之中，吡哆醛和吡哆胺在动物性食物中含量丰富，动物的胃肠道微生物还可合成维生素 B_6。一般情况下，动物不会发生维生素 B_6 缺乏症。但下列情况有可能发生维生素 B_6 缺乏症。

饲料加工、精炼、蒸煮或低温储藏使维生素 B_6 遭到破坏。日粮中含有疏基化合物氨基脲、羟胺、亚麻素等维生素 B_6 拮抗剂，影响维生素 B_6 的吸收和利用。日粮中的其他因素导致维生素 B_6 需要量增加，如日粮中蛋白质水平升高，氨基酸不平衡（如色氨酸和蛋氨酸过度）会增加维生素 B_6 需要量。机体在某些特定的条件下（妊娠、泌乳、应激等）也会增加维生素 B_6 的需要量。

症状 维生素 B_6 缺乏主要表现为生长受阻、皮炎、癫痫样抽搐、贫血和色氨酸代谢受阻等。

禽：雏禽维生素 B_6 缺乏时表现食欲下降，生长缓慢，皮炎，贫血，惊厥，颤抖，不随意运动，病禽腰背塌陷。产蛋鸡产蛋率和孵化率均下降，羽毛发育受阻，痉挛，跛行。

猪：猪表现食欲下降，小红细胞性低色素性贫血，癫痫样抽搐，共济失调，呕吐，腹泻，被毛粗乱，皮肤结痂，眼周围有黄色分泌物。病理变化为皮下水肿，脂肪肝，外周神经脱髓鞘。

犬、猫：犬、猫表现为小红细胞低色素性贫血，血液中铁浓度升高，含铁血黄素沉着。

犊牛：犊牛表现厌食，生长发育受阻，被毛粗乱，掉毛，抽搐，异性红细胞增多性贫血。

家兔：家兔表现耳部皮肤鳞片化，口鼻周围发炎，脱毛，痉挛，四肢疼痛，最后瘫痪。

诊断　根据病史、临床症状、结合测定血浆中吡哆醛（PL）、磷酸吡哆醛（PLP）、总维生素B_6或尿中4-吡哆酸含量可以初步诊断，必要时可以进行色氨酸负荷试验、蛋氨酸负荷试验和红细胞转氨酶活性测定。

防治　药物治疗：急性病例可以肌肉或皮下注射维生素B_6或复合维生素B注射液；慢性病例可以在日粮中补充维生素B_6单体，也可以补充复合维生素B添加剂。

各种动物对吡哆醇的需要量为：雏鸡每千克饲料 6.2～8.2 mg，青年鸡每千克饲料 4.5 mg，鸭每千克饲料 4.5 mg，鹅每千克饲料 3.0 mg，猪每千克饲料 1 mg；犬、猫每千克体重3～6 mg，幼犬、猫剂量加倍。

维生素B_{12}缺乏症（vitamin B_{12} deficiency）

维生素B_{12}又称氰钴胺，是促红细胞生成因子，现定名钴胺素。维生素B_{12}在动物性蛋白中含量丰富，植物性饲料中几乎不含有维生素B_{12}，草食动物依靠瘤胃或大肠内微生物合成维生素B_{12}，维生素B_{12}合成过程中，需要微量元素钴和蛋氨酸，因此饲料中缺乏钴和蛋氨酸可造成维生素B_{12}合成不足引起缺乏。家禽体内合成维生素B_{12}能力有限，必须从日粮中补充。

维生素B_{12}缺乏症是指由于动物体内维生素B_{12}或钴缺乏或不足引起的生长发育受阻、物质代谢紊乱、造血机能及繁殖机能障碍为特征的一种营养代谢性疾病。本病多为地区性流行，钴缺乏地区多发，动物中以猪、禽和犊牛多发，其他动物发病率较低。

病因　造成维生素B_{12}缺乏症的主要原因有外源性缺乏和（或）内源性生物合成障碍。长期使用维生素B_{12}含量较低的植物性饲料，或微量元素钴、蛋氨酸缺乏或不足的饲料饲喂动物，可引起维生素B_{12}缺乏症。长期使用广谱抗生素，造成胃肠道微生物区系受到抑制或破坏，引起维生素B_{12}合成减少。胃肠道疾病，影响维生素B_{12}吸收利用。幼龄动物体内合成的维生素B_{12}尚不能满足其需要，有赖于从母乳中摄取，如果母乳不足或乳中维生素B_{12}含量低下，易引起缺乏症。维生素B_{12}经小肠吸收进入肝脏转化为甲基钴胺而参与氨基酸、胆碱、核酸的生物合成，因此，当肝损伤或肝功能障碍时，亦可产生维生素B_{12}缺乏样症状。

病理发生　饲料中的维生素B_{12}进入胃后，与胃黏蛋白（内因子-IF）结合，经小肠黏膜细胞吸收，进入肝脏转化为具有高度代谢活性的甲基钴胺而参与氨基酸、胆碱、核酸的生物合成，并对造血、内分泌、神经系统和肝脏机能具有重大影响。动物维生素B_{12}缺乏时，糖、蛋白质和脂肪的中间代谢障碍，由于N_5-甲基四氢叶酸不能被利用，阻碍了胸腺嘧啶的合成，致使脱氧核糖核酸合成障碍，使红细胞发育受阻，引起巨红细胞性贫血和白细胞减少症。由于丙酮分解代谢障碍,脂肪代谢失调,阻碍髓鞘形成,而导致神经系统损害。

症状 患病动物的一般症状为食欲减退或反常,生长发育受阻,可视黏膜苍白,皮肤湿疹,神经兴奋性增高,触觉敏感,共济失调,易发肺炎和胃肠炎等疾病。

禽:雏鸡表现食欲下降,生长缓慢,贫血,脂肪肝,死亡率增加;成年鸡产蛋量下降,孵化率降低,胚胎发育畸形,多在孵化17 d左右死亡,孵出的雏鸡弱小且多呈畸形。

猪:猪厌食,生长停滞,应激性增加,运动失调,皮肤粗糙,后腿软弱。消化不良,异嗜,腹泻,运动障碍,后躯麻痹,卧地不起,多有肺炎等继发感染。母猪缺乏时,产仔数减少,仔猪活力减弱,生后不久死亡。

犬、猫:犬、猫厌食,贫血,幼仔脑水肿。

牛:犊牛表现食欲下降,生长缓慢,黏膜苍白,皮肤被毛粗糙,肌肉弛缓无力,共济失调;成年牛异嗜,营养不良,衰弱乏力,可视黏膜苍白,产奶量明显下降。

诊断 根据病史、饲养管理状况和临床症状以及试验检测(血液和肝脏中钴、维生素B_{12}含量降低,尿中甲基丙二酸浓度升高,巨细胞性贫血)可以做出诊断,但应与泛酸、叶酸、钴缺乏及幼畜营养不良相区别。

防治 在查明原因的基础上,调整日粮,供给富含维生素B_{12}的饲料,如全乳、鱼、肉等,反刍动物亦可补给氯化钴等钴制剂。

药物治疗常用维生素B_{12}注射液,剂量马每千克体重1~2 mg,猪、羊为0.3~0.4 mg,犬为100 μg,仔猪为20~30 μg,鸡为2~4 μg,每日或隔日肌肉注射1次。

对严重的维生素B_{12}缺乏症患畜,除补充维生素B_{12}以外,还可应用葡萄糖铁钴注射液、叶酸和维生素C等制剂。

为预防本病的发生,应保证日粮中含有足量的维生素B_{12}和微量元素钴,猪和鸡日粮中维生素B_{12}含量分别为15~20 μg/kg和12 μg/kg即可满足其需要。反刍动物不需要补充维生素B_{12},只要口服钴制剂就行。对缺钴地区的牧地,应适当施用钴肥。

维生素C缺乏症(vitamin C deficiency)

维生素C缺乏症是指由于动物体内抗坏血酸缺乏或不足引起的以皮肤、内脏器官出血、贫血、齿龈溃疡、坏死和关节肿胀为特征的一种营养代谢性疾病,也称坏血病。

维生素C也称抗坏血酸,广泛存在于青绿植物中,并且除了人、灵长类及豚鼠以外,大多数动物可以自己体内合成,因此兽医临床中畜禽较少发生维生素C缺乏症。但猪内源性合成的维生素C不足以满足其机体需要，仍要从饲料中摄取补充。此外，生长发育中的幼龄动物也可以发生维生素C缺乏症。

病因　长期饲喂维生素C缺乏的饲料或加工处理不当造成维生素C缺乏，如阳光过度暴晒的干草，高温蒸煮加工的饲料，储存过久发霉变质的饲料等。患胃肠疾病或肝脏疾病过程中维生素C吸收、利用、合成障碍。某些感染、传染病、热性病、应激过程中维生素C的消耗增加，可引起维生素C相对缺乏。幼畜生后一段时间内不能合成维生素C，需要从母乳获取，若母乳中维生素C缺乏或不足，可引起缺乏症。

体内维生素C以还原型抗坏血酸形式存在，与脱氢抗坏血酸保持可逆的平衡状态，从而构成氧化-还原系统，参与机体许多重要的生化反应，如参与细胞间质中胶原和黏多糖的生成，参与生物氧化还原反应，参与氨基酸、脂肪、糖的代谢，肾上腺皮质激素的合成，促进肠道铁的吸收等。

维生素C缺乏可引起机体一系列代谢机能紊乱，主要是胶原合成障碍，导致细胞间质比例失调，再生能力降低。骨髓、牙齿及毛细血管壁间质形成不良，毛细血管的细胞间质减少，变得脆弱，通透性增大，易引起皮下、肌肉、胃肠道黏出血。软骨、骨、牙齿、肌肉及其他组织细胞间质减少，使骨、牙齿易折断或脱落，创口溃疡不易愈合。铁在肠内的转化、吸收和叶酸活性降低，影响造血机能而引起贫血。抗体生成和网状内皮系统机能减弱，机体自然抵抗力和免疫反应性降低，对疾病的易感性增强，极易继发感染疾病。

症状　家禽　由于家禽嗉囊能合成维生素C，较少发生缺乏症。缺乏维生素C时，表现生长缓慢，产蛋量下降，蛋壳极薄。由于维生素C具有较好的抗热应激作用，提高产蛋量，增加蛋壳厚度，增强抗感染能力，因此应在鸡日粮中适当补充之。

猪：猪表现重剧出血性素质，皮肤黏膜出血坏死，口腔、齿龈和舌明显，皮肤出血部位鬃毛软化易脱落，新生仔猪常发生脐管大出血，造成死亡。

牛：犊牛除齿龈病变外，皮肤出现明显的病变，毛囊角化过度，表皮剥脱形成蜡样结痂，秃毛多发于耳周围，严重可蔓延至肩胛及背部，四肢关节增粗、疼痛、运动障碍；成年牛表现为皮炎或结痂性皮肤病，齿龈多发生化脓腐败性炎症，产奶量下降，易发生酮病。

猴：齿龈出血，齿龈炎及牙齿松动，皮下微血管出血，可视黏膜、消化道、生殖器官及泌尿道出血。幼猴表现食欲下降，体重减轻，四肢无力等。

狐：妊娠时维生素C缺乏，其所生幼狐四肢关节、爪垫肿胀，皮肤发红，俗称"红爪病"。严重病例，爪垫可形成溃疡和裂纹，多于生后第二天就发生于跗关节，生后2～3 d死亡。

诊断 根据病史,饲养管理状况,临床症状(出血性素质),病理解剖变化(皮肤、黏膜、肌肉、器官出血,齿龈肿胀、溃疡、坏死等),血、尿、乳中维生素C含量的测定等进行综合分析,建立诊断。

防治 查明病因,及时改善饲养管理,给予富含维生素C的新鲜青绿饲料;对犬、狐等肉食动物供给鲜肉、肝脏或牛奶等,也可用维生素C内服或拌料。反刍动物因维生素C在瘤胃内被破坏,不宜内服。

药物治疗:维生素C注射液,马、牛1~3g,猪、羊0.2~0.5g,犬0.1~0.2g,皮下或静脉注射,每日1次或2次,连用3~5d。维生素C片,马0.5~2g,猪、羊0.2~0.5g,仔猪0.1~0.2g,口服或混饲,连用1~2周。

口腔溃疡或坏死,可用0.1%高锰酸钾或0.02%呋喃西林液或其他抗菌素冲洗,涂抹碘甘油或抗生素药膏。

预防 预防本病以下几点较为重要:加强饲养管理,保证日粮全价营养,供给富含维生素C的饲料;饲料加工调制不可过久或用碱处理,青饲料不易储存过久;加强妊娠母猪饲养管理,防止维生素C缺乏,仔猪断奶要适时,不宜过早;遇动物感染、应激、热性病、传染病时,增加维生素C的供给,防止造成消耗过多,引起相对缺乏。

叶酸缺乏症(folic acid deficiency)

叶酸缺乏症是指由于动物体内叶酸缺乏或不足引起的以生长缓慢、皮肤病变、造血机能障碍和繁殖功能降低为主要特征的营养代谢性疾病。

叶酸又称为维生素M,属于抗贫血因子,因在菠菜中发现的生长因子,与此物相同,故称之为叶酸,其纯品命名为蝶酰单谷氨酸。叶酸广泛存在于植物叶片、豆类及动物产品中,反刍动物的瘤胃和马属动物的盲肠能合成足够的叶酸,猪和禽类的胃肠道也能够合成一部分叶酸,故一般自然情况下,动物不易发生叶酸缺乏。

病因 虽然一般情况下,不容易发生叶酸缺乏,但在以下情况下可引起猪、禽和幼年反刍等动物叶酸缺乏。

长期以低绿叶植物饲料或叶酸含量较低的谷物性饲料为主,又未及时补充叶酸,可引起猪、鸡叶酸缺乏。长期饲喂低蛋白性的饲料(蛋氨酸、赖氨酸缺乏)或过度煮熟的食物会引起叶酸缺乏。长期使用磺胺类药物或广谱抗生素,叶酸的体内生物合成能力降低,造成叶酸缺乏。长期患有消化道疾病,导致叶酸吸收、利用障碍也会发病。动物在某些特定的生理条件下(如妊娠、泌乳等)需要量增加,也可引起叶酸相对缺乏。

病理发生 饲料中的叶酸是以蝶酰谷氨酸的形式存在,进入体内被小肠黏膜分泌的解聚酶水解为谷氨酸和叶酸。叶酸在肠壁、肝脏等组织,经叶酸还原酶催化,先还原成7,8-二氢叶酸,然后再通过二氢叶酸还原酶催化,生成具有生物活性的5,6,7,8-四氢叶酸。四氢叶酸不仅参与一碳基因的转移,而且参与嘌呤和胸腺嘧啶等甲基化合物合成以及核酸合成。

叶酸缺乏时因核酸合成障碍,导致细胞生长增殖受阻,组织退化。消化道上皮、表皮、骨髓等处损伤。动物生长发育缓慢,消化紊乱。由于胸腺嘧啶脱氧核糖核酸合成减少,使红细胞DNA合成受阻,血细胞分裂增殖速度下降,细胞体积增大,核内染色疏松,引起巨幼红细胞性贫血。

症状　　叶酸缺乏时,患病动物主要表现为食欲下降,消化不良,腹泻,生长缓慢,皮肤粗糙,脱毛,巨幼红细胞低色素性贫血,白细胞和血小板减少,易患肺炎、胃肠炎等。

禽:雏鸡食欲不振,生长缓慢,羽毛生长不良,易折断,有色羽毛退色,出现典型巨幼红细胞性贫血和血小板减少症,腿衰弱无力。雏火鸡见有特征性颈麻痹症状,头颈直伸,双翅下垂,不断抖动。母鸡产蛋下降,孵化率低下,胚胎畸形,死亡率高。

猪:食欲下降,生长迟滞,衰弱乏力,腹泻,皮肤粗糙,秃毛,皮肤黏膜苍白,巨幼红细胞性贫血,并伴有白细胞和血小板减少,易患肺炎和胃肠炎。母猪受胎率和泌乳量下降。

赛马、赛狗:其对叶酸需要量较大,在训练期内血液中叶酸浓度下降。

诊断　　根据病史、饲养管理状况、血液学检查(巨幼红细胞性贫血、白细胞和血小板减少),结合临床治疗性试验进行诊断。应注意与维生素B_{12}缺乏症的区别。

防治　　调整日粮组成,增加富含叶酸的饲料,如酵母、青绿饲料、豆谷、苜蓿等,保证日粮中含有足够的叶酸。

药物治疗:应用叶酸制剂,猪每千克体重0.1～0.2 mg,每日2次,口服或1次肌肉注射,连用5～10 d;禽每只10～150 μg,内服,或每只50～100 μg,肌肉注射,每日1次。

在预防方面,保证日粮中含有足够的叶酸满足动物的需要。各种动物叶酸的需要量:1～60日龄鸡每千克日粮0.6～2.0 mg,雏火鸡每千克日粮0.8～2.0 mg,蛋鸡每千克日粮0.12～0.42 mg,肉鸡每千克日粮0.3～1.0 mg,火鸡每千克日粮0.4～0.7 mg;犬、猫每千克体重0.3～0.4 mg,狐、貂每千克体重0.6 mg,赛马和赛狗每千克体重15 mg,工作马每千克体重10 mg。

在服用磺胺药或抗生素药物期间,或日粮中蛋白质不足时,或动物患胃肠疾病时,或需要量增加时,适当增加叶酸或复合维生素B的给予量。

胆碱缺乏症（choline deficiency）

胆碱缺乏症是指由于动物体内胆碱缺乏或不足引起的以生长发育受阻、肝肾脂肪变性、消化不良、运动障碍、禽骨短粗等为特征的一种营养代谢病。仔猪和雏禽较为多发，犊牛偶有发生，其他动物少发。

胆碱，又称为维生素B_4、抗脂肪肝因子，广泛存在于自然界，动物性饲料（鱼粉、肉粉、骨粉等）、青绿植物以及饼（粕）是其良好的来源，并且多数动物体内能够合成足够数量的胆碱，所以一般情况不会引起胆碱缺乏症。

病因　日粮中动物性饲料不足，尤其是合成胆碱必需的蛋氨酸、丝氨酸缺乏时，胆碱合成不足。日粮中烟酸过多，通常以甲基烟酰胺形式自体内排出，使机体缺少为合成胆碱和其他化合物所必需的甲基族，可导致胆碱缺乏。微量元素锰参与胆碱运送脂肪的过程，起着类似胆碱的生物学作用，锰缺乏可导致与胆碱缺乏同样的症状。日粮中蛋白质过量、叶酸或维生素B_{12}缺乏时，胆碱的需要量明显增加，如未及时补充可造成缺乏。幼龄动物体内合成胆碱的速度不能满足机体的需要，必须从日粮中摄取胆碱，否则易造成缺乏症。

病理发生　胆碱属于抗脂肪肝维生素，可促进肝脏脂肪以卵磷脂形式被输送，或者提高脂肪酸本身在肝脏内的氧化利用，从而防止脂肪在肝脏内的反常积聚。胆碱还能促进肝糖原的合成与储存，也是肠道分泌和蠕动机能强有力的刺激源。

胆碱在体内作为甲基族的供体，参与蛋氨酸、肾上腺素、甲基烟酰氨的合成，也是合成乙酰胆碱的基础物质，从而参与神经传导和肌肉兴奋性的调节。

胆碱缺乏时主要引起脂肪代谢障碍，造成脂肪在肝细胞内大量沉积，引起肝脂肪变性，以及消化和代谢障碍等。

症状　胆碱缺乏时，患病动物表现精神不振，食欲下降，生长发育弛缓，衰竭乏力。关节肿胀，屈曲不全，共济失调，皮肤黏膜苍白，消化不良等共同症状。

禽：雏鸡可导致骨短粗症，跗关节肿大，转位，致胫跗关节变为平坦；严重时，可与胫骨脱离，造成双腿不能支撑体重。关节软骨移位，跟腱滑脱。病情发展呈渐进性，个体大多发病率高，肝脂肪变性和卵黄性腹膜炎。青年鸡极易发生脂肪肝，因肝破裂致急性内出血死亡。成年鸡产蛋量下降，孵化率降低，即使出壳形成弱雏。

猪：仔猪表现生长发育缓慢，被毛粗乱，腿短衰弱，共济失调，关节屈曲不全，运步不协调；成年猪表现衰弱乏力，共济失调，跗关节肿胀并有压痛。肝脂肪变性引起消化不良，死亡率较高。母猪采食量减少，受胎率和产仔率降低。

犊牛：试验性饲喂胆碱缺乏的日粮引起缺乏症，主要表现为食欲降低，衰弱无力，呼吸急促，消化不良，不能站立等。

诊断　根据病史、饲养管理情况、临床症状、剖检变化（脂肪肝、胫骨、跖骨发育不全等）及饲料中胆碱的测定等进行诊断。应注意与营养性肝营养不良和锰缺乏进行区别。

防治　查明病因，及时调整日粮组成，供给胆碱丰富的全价日粮，并供给充足的蛋氨酸、丝氨酸、维生素B_{12}等。

药物治疗：通常应用氯化胆碱拌料混饲，一般每吨饲料为$1\sim1.5$ kg。

为预防鸡发生脂肪肝，每千克饲料中添加氯化胆碱1 g，肌醇1 g，维生素E 片剂10 mg（每片5 mg），可获良好的预防效果。

生物素缺乏症（biotin deficiency）

生物素缺乏症是指由于动物体内生物素缺乏或不足引起的以皮炎、脱毛和蹄壳开裂等为特征的一种营养代谢病。本病主要发生于猪、鸡、犬、猫、犊牛和羔羊，成年反刍动物和马属动物很少发生生物素缺乏症。

病因　生物素又称为维生素H，广泛存在于动、植物饲料中，反刍动物瘤胃和单胃动物的盲肠乃至大肠内微生物可以合成生物素，因此前胃功能良好的反刍动物或食粪癖的动物（兔）基本上不会发生生物素缺乏，但猪、鸡及某些毛皮动物肠道微生物合成的生物素不能被吸收，大多随粪便排出，如未及时补充，可引起生物素缺乏。

生物素的利用率差异很大。生物素虽然广泛存在于动、植物饲料中，但其生物利用率差异很大，有些饲料，如鱼粉、油饼（粕）、黄豆粉、玉米粉等，其生物素的利用率可达100%，而有些饲料，如大麦、麸皮、燕麦中的生物素利用率很低，仅有10%～30%，有的甚至为零。如长期以这种饲料为主，虽然饲料中有生物素，因其利用率低，亦可引起生物素缺乏。

食物中含有抗生物素蛋白（卵白素），可与生物素结合而抑制其活性，同时该结合物不能被酶所消化，如给犬、猫饲喂生鸡蛋，或育雏时用生鸡蛋拌料，因生鸡蛋中含有抗生物素蛋白，可造成生物素缺乏。加热以后可以破坏抗生物素蛋白，因此加热煮熟的鸡蛋可避免抗生物素蛋白的影响。

长期使用磺胺药物或抗生素，可导致动物体内微生物合成的生物素减少，造成生物素缺乏症发生。

病理发生　碳水化合物、蛋白质和脂肪代谢过程中的许多反应都需要生物素。生物素的主要功能是在脱羧化反应和脱氨反应中起辅酶的作用。它与碳水化合物和蛋白质的互变，碳水化合物以及蛋白质向脂肪的转化有关。当日粮中碳水化合物摄入不足时，生物素通过蛋白质和脂肪的糖异生在维持血糖稳定中起着重要的作用。

症状　禽：禽生物素缺乏表现为脚、嘴和眼周围皮肤发炎,生长缓慢,食欲下降,羽毛干燥变脆。由于骨和软骨缺损,跖骨歪斜,长骨短而粗。产蛋鸡生物素缺乏所生蛋的孵化率下降,胚胎发育缺陷,呈先天性骨短粗,共济失调和骨变形。肉用仔鸡出生1~3周时,发生脂肪肝和肾综合征。

猪：猪长期以麸皮、麦类谷物为主食时,容易发生生物素缺乏症,尤其是集约化饲养条件下的猪,无法接触到垫草和粪便,更易患生物素缺乏症,主要表现为耳、颈、肩部、尾部皮肤炎症,脱毛,蹄底壳出现裂缝,口腔黏膜炎症、溃疡。

犬：犬用生鸡蛋饲喂犬时可引起生物素缺乏症,表现神情紧张,无目的的行走,后肢痉挛和进行性瘫痪,皮肤炎症和骨骼变化与其他动物类似。

毛皮动物：生物素缺乏可引起湿疹,脱毛症,瘙痒症;生物素严重缺乏时,皮肤变厚,产生鳞屑并脱落,降低毛皮质量;眼鼻和嘴周围发生炎症和渗出。眼睛周围的毛皮和被毛色素变淡,有时身上产生一种令人难闻的臭味。水貂生物素缺乏可产生换毛障碍,空怀率增高。银狐妊娠期生物素缺乏,所产仔兽脚常水肿,被毛变成灰色。

反刍动物　主要表现溢脂性皮炎,皮肤出血,脱毛,后肢麻痹。

诊断　目前尚缺乏早期诊断方法,病史、临床症状、结合测定血液中和饲料中的生物素含量进行诊断,必要时可做治疗性诊断。

防治　调整日粮组成,供给生物素含量丰富且生物利用率高的饲料,如黄豆粉、玉米粉、鱼粉、酵母等,也可在日粮中补充生物素添加剂。

预防鸡猪生物素缺乏,可在日粮中添加生物素,其含量分别为100~150 $\mu g/kg$和350~500 $\mu g/kg$ 即可满足机体需要。水貂每天每只应摄入15 μg 生物素。

（夏兆飞　李锦春）

第十四章　其他营养代谢病或行为异常

羔羊食毛症（wool eating in lamb）

羔羊食毛症在临床上以羔羊舔食母羊被毛和脱落在地面的羊毛，或羔羊间互相啃咬被毛为特征。多见于10～18日龄的绵羊羔，山羊羔亦可发生。冬末春初，牧草干枯季节易发。本病属于一种异嗜癖（allotriophagia，pica）。其病因目前尚未完全明了，一般认为，饲料中矿物质（Ca、P、NaCl、Cu、Mn和Co等）、维生素（如维生素B$_2$）和某些氨基酸（尤其是含硫氨基酸）缺乏是引发本病的主要原因。

发病初期，仅见个别羔羊啃食母羊股、腹、尾等部位被粪尿污染的被毛，或互相啃咬被毛，或舔食散落在地面的羊毛；以后，则见多数甚至成群羔羊食毛。病羔被毛粗乱、焦黄，食欲减退，常伴有腹泻、消瘦和贫血。食入的羊毛在瘤胃内形成毛球。毛球滞留在瘤胃或网胃时，一般无明显症状。当毛球进入真胃或十二指肠引起幽门或肠阻塞时，食欲废绝，排粪停止，肚腹膨大，磨牙空嚼，流涎，气喘，咩叫，弓腰，回顾腹部，取伸展姿势。腹部触诊，有时可感到真胃或肠内有枣核大至核桃大的圆形硬块，有滑动感，指压不变形。

对于患病羔羊，如发生真胃或肠阻塞时，应及时做手术，取出毛球。预防本病应着重于调整羔羊饲料，给予全价饲养。条件许可时可通过分析饲料的营养成分，有针对性地补饲所缺乏的营养成分。一般情况下，可用食盐40份、骨粉25份、碳酸钙35份、氯化钴0.05份混合，制成盐砖，任羊自由舔食。近年来，用有机硫化物、尤其是蛋氨酸等含巯基氨基酸防治本病，获得良好效果。

啄癖（cannibalism）

啄癖是家禽的一种行为异常，各种家禽和猎获的笼养野禽均可发生，是养禽业普遍存在的问题。患啄癖的家禽啄食羽毛（feather picking）、肌肉、禽蛋或其他异物，造成肉用仔鸡等级下降、蛋品的损耗率增加和鸡群病淘率增高。啄癖的类型众多，临床上常见的有啄肛癖，啄肉癖，啄毛癖，啄趾癖，啄蛋癖，啄头癖，鹌鹑啄鼻癖，异食癖等。禽类一旦发生啄癖以后，即使没有激发因素，也将持续这种啄癖的习惯。

病因　啄癖的病因复杂。试验研究和生产实践已经证明，在下列条件下，家禽比较容易发生啄癖。

（1）饲料中缺乏蛋白质或某些必需氨基酸。一般地说，当日粮中的蛋白质含量低于15%，或者蛋白质含量符合要求，但蛋氨酸、色氨酸缺乏。

（2）饲料中缺乏某些矿物质。如每千克饲料中的锌含量低于40 mg，或日粮中的钙、磷缺乏或比例失调。

（3）饲料中缺乏维生素，尤其是缺乏维生素D，维生素B_{12}和叶酸等。

（4）饲料中氯化钠不足。当日粮中的氯化钠含量低于0.5%时，各种啄癖现象均容易发生。

（5）日粮中的粗纤维成分不足。一般地说，太多的粗纤维对家禽的生长是不利的，因而日粮中的粗纤维不应超过5%。但如果粗纤维含量太低，啄癖现象就容易发生。

（6）饲养密度太大，鸡群太拥挤。关于这一点，许多养禽场是深有体会的。目前不少养禽场的饲养密度均超过了规定的标准。众所周知，放牧的禽群是极少有啄癖现象。

（7）光线太强。造成光线太强的因素主要有2种：一种是来自人工光源，有的禽场为了延长采食时间，常常使用人工光照的办法。当人工光照的光线太强，特别是采用白色光源时，就比较容易引起啄癖。另一种是自然光线太强，用铁皮做门窗的鸡场，尤其在夏季，强烈的阳光经铁片反射后，鸡舍内的光线过于明亮，常引起啄癖现象。

（8）禽舍内的相对湿度太低，空气过于干燥。

（9）家禽的日龄不一，强弱悬殊明显，健康鸡与病鸡群混群时，大的啄小的，强的啄弱的，健康的啄有病的。

（10）两个或多个不同的鸡群突然混在一起，一开始就会引起互相打斗啄咬，如有创伤出血，则易引起啄癖的发生。

（11）不同品种、不同肤色、不同毛色的鸡突然混在一起饲养，彼此容易啄咬。

（12）种鸡或产蛋鸡的鸡舍内的产蛋箱不足，或产蛋箱内光线太强，常常造成母鸡在地面上产蛋，产在地面上的蛋被其他鸡踏破后，成群的母鸡围起来啄食破蛋，日久就形成食蛋癖。产薄壳蛋和无壳蛋，或已产出的蛋没有及时收起来，以致被鸡群踏破和啄食，均易使鸡群发生啄蛋癖。

（13）鸡群内垂死的或已死亡的鸡没有及时清理，其他鸡只啄食死鸡，可诱发食肉癖。

（14）螨、虱等体外寄生虫的感染时，鸡只喜欢啄咬自己的皮肤和羽毛，或将身体与地板等粗硬的物体上摩擦，并由此而引起创伤，易诱发生食肉癖。

（15）泄殖腔或输卵管垂脱。这种现象在产蛋鸡群或患白痢等疾病的病鸡群中比较常见。当泄殖腔或输卵管外翻，并露出于体外时，其鲜红的颜色就会招惹其他鸡只来啄食，并由此而诱发大群的食肉癖和啄肛癖等。

(16)笼养鸡缺少运动，闲而无聊，要比放牧的鸡容易发生啄癖。饲喂颗粒料的鸡比饲喂粉料的喂鸡更容易发生啄癖，与闲而无聊也有关。

(17)饲槽或饮水器不足，或停水、停料的时间过长，也是啄癖的诱发因素。

(18)未断喙的禽群比断喙禽群更容易发生啄癖，发生时症状也更严重。

防治 一旦发现禽群发生啄癖症，应尽快调查引起啄癖的具体原因，及时排除。在一般情况下可采取下列措施以防止啄癖的进一步发展：①在日粮或饮水中添加2%的氯化钠，连续2～4 d，或在饲料中添加生石膏(硫酸钙)，每只每天0.5～3.0 g，根据具体情况可连续使用3～5 d；②及时将被啄伤的禽只移走，以免引诱其他禽只的追逐啄食；③如仍无法制止，可将禽群全部断喙。此法可以在一段时间内制止和控制啄癖现象的继续发生。

为避免或克服上述容易引起啄癖的发生因素，加强饲养管理是预防啄癖的关键，较有效的办法是断喙。雏鸡的断喙可在1日龄或6～9日龄进行，必要时在合适的时候再断喙1次。日粮的配方应力求全价和平衡，特别要注意满足禽群对蛋白质、蛋氨酸、色氨酸、维生素D、B族维生素，以及钙、磷、锌、硫的需要。饲养密度要合理。不宜用白色光源照明。避免强烈的日光照射或反射。不同品种、不同毛色、强弱悬殊的鸡应分群饲养。及时将鸡舍内的病鸡、死鸡、体表有创伤或输卵管、泄殖腔垂脱的鸡挑出。产蛋鸡的鸡舍内蛋箱应充足，并分布均匀；光线不宜太强，并要勤拣蛋。最好是采用母鸡在产蛋后无法接触到蛋的产蛋装置。及时杀灭家禽体表的寄生虫。在有条件的地方可以放牧饲养或在运动场内悬挂青菜、青草等，让鸡自由啄食。平养的禽群在离地面一定的高度悬挂颜色鲜艳的物体也有一定的预防作用。

皮毛兽自咬症(self-bitting in fur-bearer)

皮毛兽自咬症是食肉皮毛动物常见病之一，水貂和狐多发。其病因目前尚未完全明了，一般认为，主要与营养性因素(如硒、锰、锌、铜、铁、硫等元素缺乏)、体表寄生虫(如螨病、蚤等)、病毒性疾病及其他疾病(如脑炎、肠炎、便秘等)有关。本病一年四季均可发生，以春、秋季为多，仔兽居多。发病前主要表现精神紧张，采食异常，易惊恐。发病时病兽或于原地不断转圈，或频频往返奔走于小室之间，狂暴地啃咬自己的尾巴、后肢、臀部等部位，并发出刺耳尖叫声。轻者咬掉被毛、咬破皮肤，重者咬掉尾巴、咬透腹壁、流出内脏。可反复发作，常因外伤感染而死亡。

本病目前尚无有效的治疗方法，通过查找病因，可进行针对治疗，如补充所缺乏的营养成分(如补饲微量元素、多种维生素添加剂)、驱除体表寄生虫、治疗原发病等；同时针对不同情况进行对症治疗，过度兴奋时可应用盐酸氯丙嗪镇静解痉，对咬伤局部用高锰酸钾、碘酊、消炎粉等做外科处理；保持环境安静，减少刺激；也可早期锯断部分犬齿或用夹板固定头部，使其不能回头自咬。

预防本病的关键在于加强饲养管理，合理调配日粮，保证全价饲养；圈舍笼具经常消毒，定期防疫和驱虫。

猪咬尾咬耳症（tail and ear biting of pig）

猪咬尾咬耳症是猪行为异常的一种临床表现，多发生于集约化猪场，处于应激状态下的生长猪群。轻症者尾巴咬去半截，重者尾巴被咬光，直至在尾根周围咬成一个坑。被咬猪的耳朵充血、出血和水肿。发生咬尾咬耳的猪群，其生长速度和饲料转化率可下降20％左右，有的甚至发生感染死亡。

病因　任何引起不适的因素都可能引发猪咬尾咬耳症，如管理因素、疾病因素、环境因素、营养因素等方面造成的应激都可能是发病的原因。

管理和环境因素引起的行为异常　猪有探究行为。在自然状态下觅食时，首先是表现拱掘动作，即先是用鼻闻、鼻盘拱、牙齿啃，然后开始采食。当猪舍地面为水泥地面，舍内又无可玩耍或探究之物，这种探究行为长期受到限制时，猪的攻击行为会增加，有的猪就会出现相互咬尾或咬耳。

猪有群居行为、争斗行为和领域行为。猪群饲养密度过大，每只猪所占空间不足，其领地受到侵占和威胁；猪群的群体太大（超过30头），争夺群体优势地位；群体中因某个体发病（如突然高热），其体味异常，或群体优势地位发生变化；饲料发霉变质，饲料异味或饥饿争食；调栏混群或相邻猪圈的猪只跳圈；群体中因某个体的体表创伤出血，血腥味对猪有强烈的刺激作用；上述因素均可使猪表现出攻击行为，群体内咬斗次数和强度明显增加。临床上表现为互咬对方的头部、耳朵、颈胸和尾巴。

舍内环境不良．粪便堆积，通风不良，贼风侵袭，有害气体浓度增大；湿度过大，温度过高或过低，或温度骤变；光照太强或明暗明显不均；不同季节的交换时期，日夜温差大，或气候变化无常的季节；饲槽面积太小，饮水器不足或堵塞以及猪舍地面结构不良，自制的漏缝地板缝隙太大；这些因素亦会诱发猪争斗行为。

舍外不利的刺激．曾见过猪舍的窗外悬挂破烂的编织袋随风不停飘动，骚扰临近舍内的猪只，引起争斗行为，导致咬尾症的发生。去除编织袋的同时，在舍内投放废旧的轮胎，争斗行为随之减轻和消失。

集约化猪场日常饲喂秩序的打乱也可导致猪只的行为异常。

疾病因素引起的行为异常　咬尾是异食癖的一种临床表现。异食癖一般多以消化不良，代谢功能紊乱所引起。临床上患猪舔食墙壁，啃食槽、砖块瓦片、玻璃小瓶、沙石,有咸味的异物,啃咬被粪便污染的垫草、杂物等。同时还表现食欲下降,生长不良,逐渐消瘦,对外界刺激敏感性增高,便秘下痢交替出现。母猪常引起流产、吞食胎衣。架子猪则表现相互啃咬尾巴、耳朵。

体内外寄生虫病,皮肤病也有可能诱导本病的发生。

营养因素引起的行为异常 某种或某些营养素的缺乏或过多,各种营养素之间平衡失调等均可诱发异食癖现象。如矿物质和微量元素的含量不足或过量,维生素(特别是 B 族维生素缺乏),氨基酸缺乏等。这些问题与饲料、饲料添加剂的配方有关,与饲料加工过程搅拌是否均匀有关,与饲料原料和各种添加剂原料的质量有关,与配合饲料的存放时间长短和是否霉变有关。

症状 被咬猪的尾巴和耳朵常出血。耳朵被咬时,容易反击,尾巴被咬时不容易反击,因此尾巴的伤害比耳朵严重。有的病例尾巴被咬至尾根部,严重者引起感染或败血症死亡。群体中一只猪被咬并处于弱势时,有时还可能被多只猪攻击,若未能及时发现和制止常造成严重的伤亡。

防治 ①保证合理的饲养密度,群体不宜过大。提供足够活动空间、饮水器和饮水空间、饲槽和采食空间。每头猪所占食槽、饮水和活动面积,因猪只的个体重量不同有所变化,与猪舍的结构、猪场的地理位置以及猪场布局有一定关系。一般的情况下,体重7～14 kg,每头0.28～0.32 m²;体重14～23 kg,每头0.37～0.41 m²;体重23～45 kg,每头0.46～0.50 m²;体重45～68 kg,每头0.56～0.60 m²;体重68～100 kg,每头0.74～0.82 m²。②减少同栏猪的体重差异。③实行全进全出,避免猪只多次混群。④控制好环境。猪舍避免贼风,有害气体,不良气味,潮湿,过热,寒冷,光照过强等应激因素。⑤定期驱虫,减少体内外寄生虫对猪的侵袭。⑥实行必要的隔离措施,将个别凶恶的猪挑出和及时隔离被咬的猪,并予以治疗。⑦满足猪自然行为,分散有异食癖猪的注意力。为其提供玩具,如在圈内投放空罐、废轮胎,供其咬玩,或在圈内悬挂铁链条,以分散猪只的注意力。⑧提供全价营养。如果怀疑日粮缺乏某种营养素应及时补充。自配饲料的猪场,要根据不同搅拌机种类,确定投料方法和搅拌时间,定期检查搅拌机的性能和饲料的均匀度。⑨断尾,仔猪出生后断去部分的尾巴,能较有效地控制仔猪咬尾症的发生。

母猪产仔性歇斯底里(farrowing hysteria in sow)

母猪产仔性歇斯底里,尤其是年轻的母猪产仔时经常发生的一种综合征。患猪极度敏感和不安,当仔猪出生后初次吸吮母猪奶头时或者接近其头部时,它将攻击这些仔猪,导致严重的甚至是致死性的损伤。食仔癖通常不是该综合征的特征。母猪产仔时一旦出现了该综合征的症状,宜将刚生的仔猪及其余的仔猪转移至一个温暖的环境中去。待分娩结束后,再检查该母猪是否能接受其所产的仔猪。假如仍不能接受,可给患猪投用安定类药物,保证仔猪能得到初次吸吮母猪奶头的机会。经过这样一个阶段的处理,患猪通常会接受自己的仔猪。为镇静母猪可用苯二氮卓类药物,如地西泮(diazepam)注射液,按每千克体重1～7 mg,肌肉注射;也有人推荐用吩噻嗪类药物氯丙嗪(chlorpromazine),可用盐酸氯丙嗪注射液按每千克体重1～3 mg,肌肉注射,虽然其药效较佳,但用药后母猪会出现共济失调而可能将仔猪压死。另外,对仔猪异常的牙齿宜做修剪,避免因吸吮奶头使母猪感到疼痛,继而促进歇斯底里的发生。

牛、羊、猪猝死综合征
(sudden death syndrome in cattle,sheep and swine)

牛、羊、猪猝死综合征自20世纪80年代,尤其是90年代以来,安徽、江苏北部,及河南、山东、山西、陕西、吉林、海南等部分地区,相继报道了黄牛、水牛、猪及其他动物暴发的猝死综合征。张德群等(1988年)调查皖北6个县45乡中的145个村,自1982—1988年因猝死征死亡黄牛4 505头,羊177头,猪156头;史志诚等(1993)调查陕西省8个地区(市)22个县的187个村庄,自1983—1993年共死亡黄牛2 536头,羊4 749头;山西省(郝崇礼1995)不完全统计,在32个县(市)共死亡黄牛2 000余头,羊4 000余头,猪3 000余头;河南省(高文卿等,1994)唐河县在1993年5月份至1994年4月间,共死亡黄牛1 714头,羊1 085头,猪6 746头。本病主要发生于牛、羊、猪,而马、兔、犬、禽等也有发生;呈地方流行性或散发,冬、春季节多发。临床表现,多数病牛无前躯症状,在使役中或使役后,在采食中或采食后,突然起病,全身颤抖,迅速倒地,四肢痉挛,哞叫,不久死亡,病程多在数分钟或1 h内;病程稍长的尚表现耳鼻发凉,呼吸急促,有的口鼻流涎,可视黏膜发绀,体温正常或偏低,有的体温升高,站立不稳,倒地抽搐;羊、猪还表现兴奋不安,不避障碍运动等。剖检变化,主要表现胃肠黏膜脱落,消化道充血、出血;实质器官均有淤血、出血,肝、脾肿大或变性;心耳、心内膜有出血点或出血斑,有的心肌变性或出血性坏死;脑膜充血、出血,脑室微血管出血,延脑、脑桥有出血点或淤血灶。病因尚无定论,目前有以下几个初步诊断意见:氟乙酰胺中毒;规模牛场、羊场在育肥期发生的急性瘤胃酸中毒;缺硒地区,牛、羊尤其是仔猪发生的硒缺乏症;早春季节常发生的役用牛心力衰竭;某些急性传染病,如牛、羊产气荚膜梭菌D型肠毒血症、牛D型肉毒梭菌中毒、牛与猪的多杀性巴氏杆菌感染等。防治的关键在于查明病因,采取针对性的预防。

肉鸡猝死综合征(sudden death syndrome in broilers,SDS)

肉鸡猝死综合征(sudden death syndrome in broilers,SDS)又称肉鸡急死综合征(acute death syndrome,ADS)或翻仰症(flip over),常发生在快速生长肉鸡群中食欲和体况最好的雄性个体。患鸡生前一般难于见到任何明显临床症状,常常在食槽附近突然翻到或仰卧,鸡翅扑打和两脚骚动几次后死去。本病的发病率通常为1.5%～2.5%,21～28日龄为其高发阶段。产蛋鸡和火鸡也可发生此病。SDS在美国、英国、澳大利亚、加拿大、东欧和日本等国家和地区广泛地存在,被许多学者认为它是在马立克氏病和慢性呼吸道病被控制后危害肉鸡业最严重的疾病之一。

病因 本病病因复杂,至今仍不十分明确,经众多学者长期的研究,认为这种肉鸡营养代谢病的发生可能与下列一些因素有关。

性别因素 SDS多发生在雄性仔鸡,通常在一个肉鸡群中,雄性SDS病鸡约占整个SDS病鸡数的50%～80%。

生长速度 生长快速的肉鸡,其SDS的发病率明显高于生长缓慢的肉鸡(Hulan,1986),但生长速度降低10%时,对SDS的发病率似乎无多大影响(Mollison,1985),只有生长速度降低40%时,其SDS的发病率可几乎降低至零(Similary和Bowes等,1988)。

饲料因素

(1)日粮组成。Chung(1990)指出,低营养浓度的日粮饲喂鸡群,可使SDS发病率显著下降。Mollison等(1984)和Blair等(1990)认为,以玉米和黄豆为主的日粮与以小麦和黄豆为主的日粮饲喂肉鸡相比较时,前者SDS发病率较低。又如日粮组成中应用不同种类的能量饲料对SDS发病率亦有影响,Chung等(1993)在日粮中分别用葵花油和动物脂肪做能量饲料的原料来配制,结果是用前者饲喂的肉鸡群,其SDS发病率显箸低于后者。

(2)日粮制作的形态。饲喂颗粒饲料较饲喂粉状饲料或糊状饲料的鸡群,有较高的SDS发病率。Proufood等(1989)证明其原因不是因为鸡吃颗粒饲料后生长速度增快所引起,而是颗粒饲料在加工制作过程中,会有一些来源不明的蛋白质因素起作用的结果。

(3)日粮中的营养成分:①蛋白质水平与SDS发病率:在肉鸡育肥试验中,分别饲料配成含蛋白质19%和24% 2个组,经过4周的饲喂后发现,饲喂高蛋白日粮的鸡群,其SDS的发病率显箸低于饲喂低蛋白日粮的鸡群。②日粮中的脂类与SDS:日粮中缺乏脂肪,SDS的发病率增高。Rotter(1987)用玉米糊替代动物脂喂鸡,尽管生长速度降低,但 SDS 的发病率却升高。Mollison(1984)认为,葵花油替代日粮中的动物脂肪之所以能降低肉鸡 SDS 发病率,其原因可能是与葵花子油中的亚油酸降低了心脏对儿茶酚胺的敏感性有关。③维生素与 SDS 发病率:有人认为在日粮中添加维生素A、维生素D、维生素E 可降低SDS 的发病率,饲喂高于饲养标准的维生素 B_1 和维生素 B_6 亦可降低SDS 的发病率。Hulan(1980)建议,在日粮中添加生物素(按每千克饲料中添加150 μg 的剂量)可降低肉鸡SDS 的发病率。④葡萄糖与SDS 的发病率:Summer 等(1987)通过试验证明,含高葡萄糖的日粮可增高 SDS 的发病率,这可能是与这种日粮的饲喂会使肉鸡体内乳酸水平增高有关。

应激 饲养密度过大、噪声、抓扑以及其他的一些应激因素均可增高SDS 的发病率。

光照 早有报道,连续光照与限制光照的饲养相比较,前者显然有较高 SDS 的发病率。其原因可能是持续光照使鸡群有最大限度的采食量,与鸡群生长很快有关。

病理发生 SDS 的病理发生虽至今尚无定论,但各国学者曾进行了不懈的探索。Summer(1987)提出,现代饲养条件下,肉鸡体内和血液中乳酸根离子升高,难免使肉鸡体内酸碱平衡失调,继而使患鸡心脏功能紊乱,并导致鸡只死亡。当电解质平衡改变,如$(Na^+ + K^+ - C^{-1})$的平衡低于每千克体重 200 mg 时,即阴离子隙增高,可使患鸡易感SDS。Chung(1990)认为,死于 SDS 鸡心肌的磷脂组成与正常对照鸡的不相同,这种差别可能会影响 $Ca + Mg - ATP$ 酶的活性,同时也会影响钙离子以及其他离子的正常渗透性,从而使心肌功能紊乱而死亡。A. A. Olkowski(1998)提出,肉鸡群中之所以有较高的 SDS 的发病率,是因为它们与其他禽类相比较时,对心率不齐有较高的易感性。换言之,肉鸡群中本身就有较高的心律不齐的发病率,这是与其有较高的 SDS 的发病率相关联的。D. Soike 等(1998)通过应用组织病理学与电镜的手段,对蛋鸡与肉鸡的骨骼肌特征进行了比较研究,发现肉鸡的骨骼肌在运动之后,其结构、代谢和功能的一些参数变化显示出较蛋鸡骨骼肌运动之后更为明显的贫血性病理变化。作者以此来解释肉鸡为啥易于产生肌肉病理性反应的机理。

症状 患鸡生前无任何先兆症状。Newberry 等(1987)通过录像研究了死于SDS 患鸡死亡前后12 h 的异常行为,发现所有死于SDS 的肉鸡都是突然发病,身体失去平衡,向前或向后跌倒,呈仰卧或附卧,双翅剧烈扑动,肌肉痉挛,发出"嘎嘎"叫声。患鸡死后多数两脚朝天(80%),少数侧卧(15%)和腹卧(5%),腿和颈伸展。

病理变化

剖检变化:患鸡体格健壮,肌肉丰满,嗉囊及肠道内充满食糜;心房扩张,内有血凝块,心室紧缩,质地坚硬;肝脏稍肿,色泽较淡,部分病鸡肝脏破裂;胆囊空虚或变小,胆汁少或无胆汁;肺充血水肿;腹膜和肠系膜上血管充血,静脉怒张。

组织学检查:由于水肿和异嗜细胞浸润而使心肌纤维分离;肺脏有严重血管充血;肝脏中有中等程度的胆管增生,门经脉周围有炎症,临近胆管区域有单核细胞浸润而导致胆管狭窄。

另外,Riddell(1985)研究后指出,SDS死鸡有较高的血清总脂含量。Buckly(1987)证明,SDS死亡公鸡肝脏中甘油三酯和心肌中花生四烯酸含量较高。Riddell(1980)报道,死于SDS鸡的血清中钾、磷、镁离子和葡萄糖的浓度上升,而钠离子的浓度下降.Rotter(1980)报道,SDS鸡心脏组织中钠离子的浓度较对照鸡高,而钾离子的浓度较对照鸡低。

诊断　对患鸡广泛的细菌学和病毒学检查均不能发现任何潜在的病原体;患鸡死后观察,可见其体况良好,多呈仰卧姿势;嗉囊和胃肠道内食糜充盈;胆囊变小或空虚;肺淤血和水肿;心房扩张,心室紧缩,后腔静脉淤血、扩张。

防治　SDS病因复杂,必须采取综合性防治措施才能有效控制该病的发生。对3～20日龄肉子鸡进行限制性的饲喂;在鸡舍内变持续光照为间隙光照;在日粮添加牛磺酸;提高日粮中蛋白质的水平;在饲料中以葵花油替代动物脂肪;在日粮中添加维生素A、维生素D、维生素E、维生素B_1和维生素B_6,尽可能减少应激因素;发现低钾血症患鸡后,可按0.6 g/只剂量的$KHCO_3$通过饮水投服,也可按每顿饲料搀入3.6 kg的$KHCO_3$后进行饲喂.在饲料中添加硒制剂和维生素E粉有一定的防治作用,用粉状饲料替代颗粒饲料可降低SDS的发病率。

肉鸡腹水综合征(ascites syndrome in broiler)

肉鸡腹水综合征是危害快速生长幼龄肉鸡的以浆液性液体过多地积聚在腹腔,右心扩张肥大,肺部淤血水肿和肝脏病变为特征的非传染性疾病。由于这种病一般由肺动脉压增高引起,最近又把此病称为肺动脉高压综合征(pulmonary hypertension syndrome,PHS)。该病与猝死综合征和生长障碍综合征已是世界性的肉鸡饲养业的3种最严重的新病,由于死亡或降低屠宰率造成很大的经济损失。

本病首先报道于玻利维亚高海拔的肉仔鸡群中,以后在秘鲁、墨西哥和南非的高海拔地区也有报道。在过去几年中,英国、美国、加拿大一些低海拔地区也有报道,发病率可高达30%。我国肉鸡饲养业起步较晚,该病在20世纪80年代后期才逐渐引起我国科技工作者的重视和认识,1996年以来才陆续有零星报道,近些年来报道增多。

病因及病理发生　引起腹水综合征的原因较为复杂,包括慢性缺氧、高海拔、氧分压低、寒冷、肥胖、鸡舍通风差、氨气过多、维生素E和硒缺乏、饲料或饮水中钠含量过高、饲料油脂过高、高能量饲料饲喂、快速生长、饲料中毒、霉菌毒素中毒、植物毒素中毒等。

缺氧 缺氧是高海拔地区腹水征的主要原因。饲养在高海拔地区的肉鸡,由于空气稀薄,氧分压低,腹水征病鸡发生增多。普通大气压中氧含量为20.9%,海拔610 m时为19.4%,海拔999 m时为18.5%,海拔2 300 m时为15.7%,海拔3 776 m时为13.6%。在低海拔地区饲养时,由于冬季门窗关闭,通风不良,一氧化碳、二氧化碳、氨、尘埃等有害气体浓度增高,致使氧气减少,慢性缺氧,引起鸡的肺部毛细血管增厚狭窄,导致肺动脉压升高,出现右心扩张、肥大,衰竭。心肺系统不能充足供给机体必需的氧气。

饲养环境寒冷和管理、卫生差 由于供热保温,通风降到最低程度,因而鸡舍内一氧化碳浓度增加,加之天气寒冷,肉鸡代谢增加,耗氧量多,随后可发生腹水征,且死亡率明显增加。薛恒平(1990)和贺含江(1993)报道了,因用煤炉取暖,或紧闭门窗,尼龙膜遮严,通风不良或不勤换鸡舍垫料等引起发生腹水征的病例。

高能饲料或颗粒饲料 在高海拔地区喂高能日粮(12.97 MJ/kg)的0~7周龄肉鸡发病率比饲喂低能日粮(11.92 MJ/kg)鸡高4倍。曾发现,粉料饲喂鸡群腹水征明显低于同样日粮的颗粒料鸡群。哥伦比亚的肉鸡腹水征暴发,正值20世纪60年代末应用颗粒饲料之时,喂颗粒饲料比喂粉料发病率高(15%和4%)。低海拔地区如巴西也曾报道高能日粮或颗粒饲料都可增加肉鸡的采食量,消耗能量,需氧增高而发病。因为颗粒饲料喂鸡生长快,对氧的需要量高,所以发生腹水征。此外,日粮中添加油脂超过4%也可促进腹水征增多。

营养和中毒因素 某些营养元素缺乏或过盛等引起腹水征,如硒、维生素E或磷的缺乏;日粮或饮水中食盐含量过高(王小龙,2000),呋喃唑酮、莫能菌素过量都可诱发腹水征。

遗传因素 主要与肉鸡的品种和年龄有关。肉鸡生长发育快,对能量的需要量高,携氧和运送营养物的红细胞比蛋鸡明显大,尤其4周龄内快速生长期,能量代谢增强,机体发育快于心脏和肺脏发育,红细胞不能在肺毛细血管内通畅流动,影响肺部的血液灌注,导致肺动脉高压,心脏超负荷工作,致使右心衰竭,血液回流受阻,血管通透性增强,引起腹水征。在缺氧环境的肉鸡,血管狭窄,红细胞在通过肺毛细血管床不畅,影响肺部的血液灌注,导致肺动脉高压和随后的充血性心力衰竭。

一种或几种致病因素作用引起肺动脉高压症,而主要的因素则是低血氧症。高海拔或鸡舍通风不良,寒冷的气候增加代谢速率,肉仔鸡的快速生长而需氧量增加,与体型比例不协调而肺过小以及钠的过量增加血容量和降低红细胞的可塑性等因素均可造成低氧血症。此外,心肌或瓣膜损伤的原发性心脏病,先天性心脏病、心内膜炎导致右心衰竭而发生低氧血症。低氧血症导致心搏出血量增多,红细胞和血红蛋白量增加,以及红细胞压积增高,血液的这些变化造成血液黏度升高,红细胞体积变大,硬度增加,这样就使得红细胞难以通过肺部的毛细血管床,造成肺动脉压升高。

症状 病鸡食欲减少,体重下降或突然死亡。最典型的临床症状是病鸡腹部膨大,腹部皮肤变薄发亮,用手触诊有波动感,病鸡不愿站立,以腹部着地,行动缓慢,似企鹅状运动,体温正常。羽毛粗乱,两翼下垂,生长滞缓,反应迟钝,呼吸困难和发绀。抓鸡时可突然抽搐死亡。用注射器可从腹腔抽出不同数量的液体。

防治 国内外有多种治疗方法的报道,有中草药、利尿药、助消化药、饲料中添加维生素C、维生素E、补硒、补抗生素等对症疗法,对减少发病和死亡有一定帮助,但其效果不尽相同。预防方面主要有改善鸡群管理和环境条件,合理搭配饲料,日粮补充维生素C以及实行早期限饲、控制光照等措施。

母猪MMA综合征(mastitis-metritis-agalactia in sow)

母猪MMA综合征是母猪产后1周以内常见的一种产后疾病包括乳房炎、子宫炎、无乳症。

乳房炎是乳腺的炎症,常由链球菌、葡萄球菌、大肠杆菌、绿脓杆菌等病原微生物以及霉菌感染所致。母猪产后感染;仔猪咬伤乳头;猪栏地面不平或过于粗糙,使乳房经常受到挤压、摩擦引起外伤;栏舍不清洁,积粪、积尿污染乳房;猪舍通风不良,湿度大,温度高等,都是本病的诱因。患病乳房潮红、肿胀、疼痛,触之有热感。母猪因疼痛拒绝仔猪吮乳,加重乳房的肿胀。黏液性乳房炎,乳汁较稀薄,含絮状物;化脓性乳房炎,乳汁淡黄色或黄色,有的甚至形成脓种。化脓性或坏疽性乳房炎,尤其是波及到几个乳区时,母猪可能会出现全身症状。

子宫炎,也称子宫内膜炎,主要是由致病的细菌或霉菌的感染所致。如分娩时产道损伤、胎衣不下或胎衣碎片宫内残存、子宫弛缓时恶露滞留、难产时助产的污染、人工授精时消毒不彻底、自然交配时公猪生殖器官或精液内有炎性分泌物等,都可能引起子宫炎发生。此外,母猪患其他的疾病引起抵抗力下降时,其生殖道内的非致病菌异常增殖也是发病的原因。急性子宫内膜炎多发生于产后或流产后,全身症状明显,病猪食欲减退或废绝,体温升高,时常努责。有时随同努责从阴道内排出带有异味的,污秽不洁的红褐色的黏液或脓性分泌物。慢性子宫内膜炎多由于急性子宫内膜炎治疗不及时或治疗不当转化而来,全身症状不明显,病猪可能周期性地从阴道内排出少量混浊的黏液。

无乳症或泌乳不足是母猪产仔后完全无乳或泌乳量明显不足的一种病态。子宫炎、乳房炎可引起无乳症或泌乳不足。母猪在怀孕和哺乳期间,饲喂量不足或饲料营养不全,内分泌失调,以及过早交配,乳腺发育不全等均是发病的原因。

产后败血症是母猪产后严重的全身性感染疾病。母猪患其他的疾病,尤其是某些慢性的疾病,引起抵抗力降低,分娩过程环境条件差,容易发生感染,引起产后败血症。急性乳房炎和急性子宫炎治疗不及时也可发展为产后败血症。

抗菌消炎是治疗母猪MMA综合征的主要措施。根据相应的病症可实行肌肉注射、静脉注射、乳房封闭、宫内注射有效的抗生素等。加强母猪的饲养管理是预防母猪MMA综合征的关键。母猪分娩时肌肉注射都可康(阿莫西林油剂)或得米先(长效土霉素)等药物有较好的预防作用。宫内送入达力朗(复方子宫清洁剂)对子宫炎也有一定的预防效果。

（王小龙　邵良平　唐兆新　张德群　杨保收）

第五篇

中毒病

家畜中毒病概论

某种物质进入动物机体后,侵害机体的组织和器官,并能在组织和器官内发生化学或物理学的作用,破坏了机体的正常生理功能,引起机体发生机能性或器官性的病理过程,这种物质被称为毒物。由毒物引起的疾病称为中毒病。中毒病常呈现群体发病,其危害往往给养殖业造成严重的经济损失。

畜禽中毒的原因与中毒的分类

(一)畜禽发生中毒的原因

由饲料的保存与调制方法不当所引起　①对饲草、饲料保管不好,导致其腐败或发霉而引起中毒。我国已知的畜禽霉菌毒素中毒有黄曲霉毒素中毒、牛黑斑病甘薯中毒、马霉玉米中毒、牛霉稻草中毒及杂色曲霉毒素中毒等;②由于调制或保存方法不当,使本来无毒的饲料,在酶或细菌的参与下产生有毒的物质而引起中毒,如亚硝酸盐中毒;③利用含有一定毒性成分的农副产品饲喂畜禽,由于未经脱毒处理或饲喂量过大而引起中毒,如菜籽饼、棉籽饼中毒。

采食有毒植物或有些植物的种子引起放牧牲畜中毒　引起我国家畜中毒植物有数十种之多,如棘豆中毒、夹竹桃、苦楝子中毒等。

由于农药、化肥或杀鼠药的污染引起　畜禽常因摄入被上述物质污染的饲草、饲料或饮水、或吸入雾化的药粉、药液、药液及挥发的气体,或误食毒饵而发生中毒。此外,有些农药,在兽医临床上还用来防治畜禽寄生虫病,若剂量过大,或药浴时浓度过高,也可引起中毒。

由于工业污染引起　随工厂排放的废水、废气及废渣中的有毒物质未经有效的处理,污染周围大气、牧场、土壤及饮水而引起人、畜中毒,如江西赣南发生的钼中毒。

由地质化学的原因所引起　由于某些地区的土壤中含有害元素,或某种正常元素的含量过高,使饮水、牧草或饲料中含量亦增高而引起畜禽中毒,如地方性氟中毒等。

由药物使用不当所引起　如果用于治疗的药物使用剂量过大,或使用时间过长可引起中毒。如某些生物碱制品、驱虫药物等使用不当更易引起中毒。

由动物毒引起　畜禽主要是因毒蛇咬伤,群蜂螫伤等引起。

有害气体中毒　如一氧化碳中毒。

(二)中毒的分类　一般将中毒分为饲料中毒、真菌毒素中毒、农药及化肥中毒、药物中毒、金属毒物及微量元素中毒、有害气体中毒以及动物毒中毒等几类。

中毒病的临床特点

动物中毒病的种类繁多,临床症状各异,但其在发生上有共同特点。

群体发病　在集约饲养条件下,特别是饲养管理不当等造成的中毒病,往往呈群发性,同种或异种动物同时或相继发病,表现出相同或相似的临床症状。

地方流行　由于地质化学的原因,某些地区的土壤中含有害元素,或富含某种正常的元素,使饮水、牧草或饲料中含量增高而引起畜禽中毒。这类中毒往往具有地区性,且许多元素可使人、畜共同受害,如地方性氟中毒等。

起病有急、慢之分　由于毒物进入机体的量和速度不同,中毒的发生有急性与慢性之分。毒物短时间内大量进入机体后突然发病者,为急性中毒。毒物长期小量地进入机体,则有可能引起慢性中毒。

畜禽中毒病的诊断

畜禽中毒,特别是急性中毒;可在短期内造成严重的损失,因此,要求中毒的诊断要迅速而准确。正确的诊断有赖于通过中毒情况的调查、临床症状、病理变化等方面为其提供方向与范围,故中毒的诊断应按一定的程序进行。

调查中毒情况　了解发病经过,包括了解发病的时间,病畜的数量及种类,临床症状,已采取的防治措施及其效果,死亡情况及尸体剖检所见病化。在畜(禽)群中发生中毒时,往往表现以下特点:①疾病的发生与畜禽摄入的某种饲料、饮水或接触某种毒物有关;②患病畜禽的主要临床症状一致。因此在观察时要特别注意畜禽中毒的特征性症状,以便为毒物检验提示方向;③在急性中毒时,畜禽在发病之前食欲良好,畜群中凡食欲旺盛者由于其摄毒量大,往往发病早、症状重、死亡快。常常出现同槽或相邻饲喂的畜禽相继发病的现象;④从流行病学看,虽然可以通过中毒试验而复制,但无传染性,缺乏传染病的流行规律,不因接触而传染,且大多数毒物中毒的畜禽体温不高或偏低;⑤急性中毒死亡的畜禽在尸体剖检时,胃内充满尚未消化的食物,说明死前不久食欲良好,死于机能性毒物中毒的畜禽,实质脏器往往缺乏肉眼可见的病变。死于慢性中毒的病例,可见肝脏、肾脏或神经出现变性或坏死。

了解毒物的可能来源 ①对舍饲的畜禽要查清饲料的种类、来源、保管与调制的方法；近期饲养上的变化及到发病经过的时间，不同的饲料饲养畜禽的发病情况；观饲料有无发霉变质等。②对放牧牲畜要了解发病前畜群在何处放牧？牧场上有无有毒植物？观察有毒植物是否被采食过等。③了解最近畜禽有无食入被农药或杀鼠药污染的牧草、饲料、饮水或毒饵的可能，最近是否进行过驱虫或药浴？使用的药品剂量及浓度如何？④注意畜禽摄入的牧草、饲料或饮水有无被附近工矿企业"三废"污染的可能？⑤如怀疑人为投毒，必须了解可疑作案人的职业及可能得到毒物。

毒物检验 毒物检验是诊断中毒很重要的手段，可为中毒病的确诊与防治提供科学依据。

防治试验 在缺乏毒物检验条件或一时得不出检验结果的情况下，可采取停喂可疑饲料或改换放牧地点，观察发病是否停止。同时根据可能引起中毒的毒物分别运用特效解毒剂进行治疗，根据疗效来判断毒物的种类。此法常具实用意义。

动物试验 给敏感的畜禽投喂可疑物质，观察其有无毒性，一般多采用大鼠或小鼠做试验动物。也可选择少数年龄、体重、健康状况相近的同种畜禽，投给病畜吃剩的饲料，观察是否中毒。在进行这种试验时，应尽量创造与病畜相同的饲养条件，并要充分估计个体的差异性。因此，试验畜禽的数量不宜过少，同时要设对照组。

中毒病的防治

中毒病的预防 畜禽中毒必须贯彻预防为主的方针。预防畜禽中毒有双重意义，既可防止有毒或有害物质引起畜禽中毒或降低其生产性能，又可防止畜产品中的毒物残留量对人的健康造成危害。平常畜禽中毒病的预防应注意以下几个方面：

(1)开展经常性的调查研究，确切掌握畜禽中毒的种类及分布，发生、发展动态及其规律，制订切实有效的预防方案。

(2)做好饲料的保管与调制，防止其发霉、腐败或产生有毒物质。

(3)查清当地牧场上的有毒植物，并根据气候、产毒季节等可能发生中毒的条件，采取消除、禁牧、限制放牧时间或脱毒利用等预防措施。

(4)严格农药、杀鼠药和化肥的保管与使用制度，并按操作规程施药。

(5)应对环境(包括大气、牧草及饲料、土壤、饮水)中的有害物质进行定期检测。

(6)开展宣传教育活动，普及有关中毒病及其防治知识，是预防中毒病重要的措施。

(7)提高警惕,加强安全措施,防止任何破坏事故的发生。

总之,中毒的发生及预防与动物饲养管理、饲料生产、工农业生产及环境保护等有广泛的联系。为了进行有效预防,必须组织有关部门互通情报,分工协作,采取综合性的有力措施。

中毒动物的急救与治疗

切断毒源 必须立即使畜禽群离开中毒发生的现场,停喂可疑有毒的饲料或饮水,若皮肤被毒物污染,应立即用清水或能破坏毒物的药液洗净。不要用油类或有机溶剂,因为它们能透过皮肤,可增加皮肤对毒物的吸收。

阻止或延缓机体对毒物的吸收 对经消化道接触毒物的病畜禽,可根据毒物的性质投服吸附剂、黏浆剂或沉淀剂。

排出毒物 可根据情况选用下述方法:①催吐;②洗胃;③泻下;④利尿;⑤放血。

解毒 ①使用特效解毒剂。当毒物已被查清时,应尽快选用特效解毒剂,以减弱或破坏毒物的毒性,是治疗中毒病畜禽的最有效方法。②应用增强解毒机能的药物。

对症治疗 必须根据中毒病畜禽的具体情况,及时进行支持疗法与对症治疗,直至危症解除为止。治疗内容包括:①预防惊厥;②维持呼吸机能;③治疗休克;④调整电解质和体液平衡的失调;⑤增强心脏机能;⑥维持体温。此外,对臌气严重的病例,可穿刺排气;对有腹疼的病畜应进行镇痛。

加强护理 中毒畜禽体内某些酶的活性往往降低,需要经过一定的时间才能恢复,在此以前动物对原毒物更敏感。因此,无论在治疗期间或康复过程中,一定要杜绝毒物再次进入体内。

第十五章 有毒植物中毒

从兽医学的角度讲,凡是含有某些化学成分,被畜禽采食一定量后对健康产生危害,或对畜禽生产性能与繁育能力有阻抑作用的植物统称为有毒植物。据统计,在我国农区、牧区和林区生长的有毒植物有 132 科 1 383 种。常于早春、晚秋季节,青绿饲料缺乏之时,放牧或舍饲畜禽采食,生长于牧区草场、田埂路边、池畔、山坡上以及混杂在青刈饲草中的有毒植物,而发生中毒甚至死亡,且多呈地方性群发,给当地的畜牧业生产造成了巨大的经济损失。本章所涉及的有毒植物其主要有毒成分包括生物碱、甙类、有毒蛋白、单宁、酚类、酮类、萜类与内酯、挥发油等。通过探讨有毒植物所含的有毒成分及其中毒机理、畜禽中毒表现,对合理、有效地防治畜禽有毒植物中毒以及有毒植物的铲除和利用,具有重要的理论价值和实践意义。

第一节 木本植物中毒

栎树叶中毒(oak leaf poisoning)

栎树叶中毒又称青杠叶中毒或橡树叶中毒,是栎林区放牧牛春季常见病之一,临床上以便秘或下痢、皮下水肿和肾脏损伤为特征。栎树又称橡树,俗称青杠树、柞树,为显花植物双门子叶门壳斗科(山毛榉科 Fagaceae)栎属(*Quercus*)植物,约 350 种,分布在北温带和热带的高山上,我国约有 140 种,除新疆、青海和西藏部分地区以外,在华南、华中、西南地区及陕甘宁的部分地区均有生长,其中,槲树、槲栎、栓皮栎、锐齿栎、白栎、麻栎、小橡子树、蒙古栎、炮树和辽东栎 8 个种及 2 个变种目前通过耕牛饲喂试验已确证为有毒栎树。

病因 牛栎树叶中毒主要发生于我国农牧交错地带的栎林区,春季(秦岭地区 4 月中旬至 5 月上旬)多发。在此类林区牧场上多有因砍伐过度而萌发的丛生栎林,放牧的耕牛常因大量采食栎树叶而发病。据报道,耕牛栎树叶采食量占日粮的 50% 以上即会中毒,超过 75% 则致中毒死亡。也有的由于采集栎树叶喂牛或垫圈,被牛采食而引起中毒。尤其是上一年因旱涝灾害造成饲草饲料欠缺,储草不足,翌年春季干旱少雨,牧草发芽生长较迟的年份,此时,栎树萌芽早、生长快、覆盖度大,且对耕牛有一定的适口性,加之冬、春季补饲不足,缺乏富含蛋白质的饲料,常出现耕牛"摔青"之势,造成大批牛中毒死亡。

病理发生 栎树的有毒成分是栎单宁(oak tannin),存在于栎树的芽、蕾、花、叶、枝条和子实(橡子)中。栎单宁系高分子酚类化合物,研究表明(史志诚,1988):可水解的栎单宁进入机体的胃肠道后,经生物降解产生多种低分子的毒性更大的酚类化合物,后者通过胃肠黏膜吸收进入血液和全身器官组织,从而发生毒性作用。因此,栎树叶中毒的实质是酚类化合物中毒。Anderson 等(1983)提出,双五倍子酸是栎单宁多羟基酚的主要作用成分,它经细菌发酵后转化为双没食子酸、五倍子酸和焦性没食子酸,后 2 种化合物是还原剂,对中毒起决定性作用。

症状 牛连续大量采食栎树叶 5～15 d 即可发生中毒。病初表现精神不佳,体温正常,食欲减少,厌食青草,喜食干草,瘤胃蠕动减弱,尿量少且混浊,粪便呈柿饼状,干硬色黑,外表覆有大量黏液或纤维素性黏稠物或褐色血丝。继而,精神沉郁,食欲废绝,反刍停止,瘤胃蠕动无力。鼻镜干燥甚至出现龟裂。粪便呈算盘珠或香肠状,被覆大量黄红相间的黏稠物。尿量增多,长而清亮。后期,主要表现尿闭,在阴筒(公牛)、肛门周围、腹下、股后侧、前胸、肉垂等处出现水肿,触诊呈生面团样,指压留痕,针刺并挤压可有多量黄色液体流出。个别病牛排黑色恶臭的糊状粪便,黏附于肛门周围及尾部。病牛多因肾功能衰竭而死亡。

临床生化检验:①尿液:pH 5.5～7.0,尿密度下降为 1.008～1.017,尿蛋白检查呈阳性,尿沉渣中有肾上皮细胞、白细胞及管型等,尿液中游离酚含量升高,病初可达 30～100 mg/L,游离酚与结合酚比例失调;②血液:血液尿素氮(BUN)含量高达 12.3～125.0 mmol/L(正常为 1.79～7.14 mmol/L),磷酸盐含量升高,血钙含量降低,100 mL 血液挥发性游离酚可达 0.28～1.86 mg;③肝功检查:天门冬氨酸氨基移位酶(AST)和丙氨酸氨基移位酶(ALT)活性升高。

病理变化 剖检自然中毒病牛时可见肛门周围、腹下、股后侧及背部皮下脂肪呈胶样浸润。腹腔积液呈淡黄色,可达 4 000～6 000 mL。瓣胃充满干硬的内容物,瓣叶表面呈灰白色或深棕色相间。从真胃底到十二指肠及盲肠底黏膜下有褐色或褐黑色并有散在的鲜红色出血点,呈细沙粒样大小密布。肝脏肿大,胆囊显著增大 1～3 倍。肾脏周围脂肪水肿,肾包膜易剥离,肾脏呈土黄色或黄红色相间,红色区有针尖大出血点。肾盂淤血,有的充满白色脓样物。

病理组织学检查主要表现肾小管扩张坏死、肝脏不同程度的变性、胃和十二指肠黏膜层脱落坏死等变化。

诊断 主要依据患病牛有采食或饲喂栎树叶的病史,多于春季发病,临床上表现厌食青草、胃肠炎、水肿、便秘、粪便干燥、色暗黑并带有较多的黏液和少量血丝等症状,尿蛋白呈阳性反应,血液和尿液中挥发性游离酚含量显著升高等进行诊断。

治疗　病牛立即停止在栎树林放牧,禁止采集栎树叶饲喂病牛,改喂青草或青干草。对于初中期病例,可应用硫代硫酸钠解毒,每头牛每次 8～15 g,以注射用水稀释为 5%～10%溶液,一次静脉注射,每日 1 次,连用 2～3 d。为促进毒物从尿液排泄,对尿液 pH6.5 以下的病牛,可静脉注射 5%碳酸氢钠溶液 500 mL,以碱化尿液。同时依据临床表现,可采取强心、补液、缓泻、腹腔封闭等对症治疗措施。

苦楝子中毒(chinaberry fruit poisoning)

苦楝籽中毒是畜禽采食苦楝树的果实苦楝籽所致的中毒性疾病。苦楝树 (*Melia azedarach* L.)系楝科楝属落叶乔木,生长在黄河、长江流域,每年 4～5 月份开花,10—11 月份结成球形或椭圆形核果,常于冬季至翌年夏季脱落,果肉多汁略甜。猪喜食苦楝籽,有些地区习惯把苦楝树栽于猪舍两侧遮阳,苦楝籽落入圈内,猪食后易发生中毒。也有小鹅苦楝树叶中毒的报道。苦楝树全株有毒,苦楝籽毒性最大,树皮次之,树叶较弱。主要有毒成分为苦楝素(toosendanin)、苦楝碱(azarridine)、苦楝萜酮内酯等,其毒性作用主要是刺激消化道、损害心、肝、肾等器官、麻痹神经中枢、降低血液凝固性、增加血管通透性等,最后常因循环衰竭而死亡。猪采食苦楝籽后几个小时内即可发病,病初精神沉郁,流涎,拒食,体温下降,全身痉挛,站立不稳,卧地不起,腹痛,嚎叫。后期,后躯瘫痪,反射消失,口吐白沫,呼吸微弱,最后死亡。剖检时可见尸僵不全,血液呈暗红色而不凝固,胃淋巴结肿大呈黑红色,胃底部和幽门部黏膜呈泥土色,易脱落,肠黏膜、心脏和肾脏均有出血点,肺水肿、气肿明显。对于采食了苦楝籽但尚未出现病症的猪可用催吐、洗胃、导泻、灌肠等方法阻止毒物吸收;对于已出现明显症状的病猪,多采取对症治疗措施,如静脉注射 10%葡萄糖酸钙溶液 20～50 mL,肌肉或皮下注射维生素 B_1 100～200 mg,以解痉、保肝,必要时滴注肾上腺素。

羊踯躅中毒(*Rhododendron molle* G. Don poisoning)

羊踯躅中毒是家畜采食羊踯躅嫩叶所引起的以心率减慢、呕吐、四肢麻痹为特征的中毒性疾病。羊踯躅(*Rhododendron molle* G. Don)即闹羊花,又名黄花杜鹃、闷头花、羊不食、老虫花等,系杜鹃花科杜鹃花属落叶灌木,主要分布在江苏、浙江、福建、广东、广西、湖北、湖南、四川、云贵等省(区)。各种家畜均可发生羊踯躅中毒,以反刍动物较为敏感,其中水牛比黄牛更敏感。羊踯躅全株有毒,花和果实毒性最大,其主要有毒成分为闹羊花毒素(rhodojaponin)、羊踯躅素 (rhodomollein)等,它们具有降低血压、减慢心率、致呕、局部麻醉和全身麻醉等毒性作用。每年 4—6 月份春、夏之交季节为发病高峰期,家畜常误食羊踯躅萌发的嫩叶而中毒。自然中毒牛一般在采食羊踯躅后 3～5 h 发病,表现流涎、口吐白沫,喷射性呕吐,厥冷,心率减慢(30～35 次/min),步态蹒跚,形似醉酒,乱冲乱撞,腹痛明显,瘤胃轻度臌气,腹泻。重症病例,四肢麻痹,卧地不起、昏迷、死亡。本病以对症治疗为主,以兴奋中枢、抑制胆碱能神经为原则。试验表明,以硫酸阿托品注射液(1 mg/mL)10～20 mL,10％樟脑磺酸钠溶液 15～20 mL 分别给牛皮下注射,每日 2 次,同时灌服活性炭 10 g(对水 500 mL),配合针灸山根、鼻梁等穴位,效果较好。每年 4 月中上旬,于牛、羊放牧前灌服活性炭(每头 5 g),可大大降低本病发病率。初春季节最好不要在羊踯躅生长处放牧。

杜鹃中毒(*Rhododendron simsii* poisoning)

杜鹃中毒是放牧家畜于冬季或早春季节采食枝叶繁茂的杜鹃而引起的以心律失常、副交感神经兴奋、骨骼肌麻痹为特征的中毒性疾病。杜鹃(*Rhododendron simsii*)又名映山红、红杜鹃、艳山红、山踯躅等,系杜鹃花科杜鹃花属的常绿灌木,多生长在山坡丘陵地,主要分布于我国长江流域以及台湾、四川、云南、陕西等省(区),其主要有毒成分为木藜芦烷(grayanane),包括木藜芦毒素 I (grayanotoxin I)、马醉木毒素(pieristoxin)、闹羊花毒素(rhodojaponin)等,其中以木藜芦毒素 I 含量最高,毒性最强,属心脏-神经毒物,它能可逆地增强心肌收缩力,引发心肌期外收缩为特征的心律失常,亦能兴奋副交感神经,麻痹骨骼肌的运动神经末梢。山羊、牛、家兔等均可发生中毒。一般在采食杜鹃枝叶 1.5～4 h 后发病。病初,表现空口咀嚼,流涎,剧烈呕吐,哞叫;随后,精神沉郁,瞳孔缩小,肌肉软弱无力,不愿走动,尿少粪干。初期心率减慢至 50 次/min,而后心动过速,超过 120 次/min,心律不齐。病程 1～7 d,常因循环虚脱而死亡。治疗原则以强心利尿、排除毒物为主。使用安钠咖强心利尿。排除毒物应以泻药为主,也可灌服活性炭与复合电解质溶液。中毒早期可实施瘤胃切开术,取出胃内容物。

第二节 草本植物中毒

毒芹中毒(*Cicuta virosa* poisoning)

毒芹中毒是家畜采食毒芹的根茎或幼苗后引起的以兴奋不安、阵发性或强直性痉挛为特征的中毒性疾病。毒芹(*Cicuta virosa* L.)又名走马芹、野芹菜,为伞形科毒芹属多年生草本植物,多生长在河边、水沟旁、低洼潮湿草地,在我国东北、华北、西北等地区均有分布,尤以黑龙江省生长最多。毒芹全草有毒,主要有毒成分为毒芹素(cicutoxin)、挥发油(毒芹醛、伞花烃),毒芹根茎部尚含有毒芹碱(cicutine)等多种生物碱,晾晒并不能使毒芹丧失毒性。毒芹素吸收入血后首先兴奋延脑和脊髓,引起强直性痉挛,导致呼吸、血液循环和内脏器官功能障碍;继而抑制运动神经,骨骼肌麻痹;最后因呼吸中枢麻痹而死亡。毒芹中毒多发生于牛、羊,马、猪也偶有发生。一般在牛、羊采食毒芹后 1.5～3 h 出现中毒症状,初期表现兴奋不安,狂跑吼叫,跳跃,瘤胃臌气,出现阵发性或强直性痉挛,表现突然倒地,头颈后仰,四肢强直,牙关紧闭,瞳孔散大;病至后期,体温下降,步态不稳,或卧地不起,四肢不断做游泳样动作,知觉消失,末梢厥冷,多于 1～2 h 死亡。对中毒病畜应立即用0.5%～1%鞣酸溶液或 5%～10%药用炭水溶液洗胃或灌服碘溶液(碘片 1 g,碘化钾 2 g,溶于 1 500 mL 水中)以沉淀生物碱,牛、马 200～500 mL,羊、猪 100～200 mL,间隔 2～3 h,再灌服 1 次。对于病情严重的牛、羊,应尽快实施瘤胃切开术,取出含有毒芹的胃内容物。当瘤胃内容物被清除后,为防止残余毒素的继续吸收,可应用吸附剂、黏浆剂或缓泻剂。同时,配合强心、补液、解痉镇静、兴奋呼吸中枢等对症治疗措施。

乌头中毒(*Aconitum levl.* poisoning)

乌头中毒是家畜采食乌头后,由于损害中枢神经系统和外周神经系统而表现为先痉挛后麻痹的中毒性疾病。乌头是毛茛科乌头属多年生草本植物,我国有约167 种,分布于除海南省以外的全国各地,如云南、四川、西藏、陕西及东北各省,其中约有 36 种可供药用,其主根为乌头,附生于母根的为附子,二者经炮制后均可入药。乌头剧毒,其块根及花前期的茎叶中均含有多种生物碱,如次乌头碱、乌头碱、中乌头碱等剧毒成分,因此,无论是采食其草本植物还是由于炮制、用法不当或超量用药,均可引起家畜乌头中毒。马、牛、山羊、猪均有中毒报道。中毒病畜多呈急性经过,初期,口干舌燥;其后虚嚼,轧齿,流涎,甚至呕吐。肠蠕动亢进,腹痛,下痢,尿频。眼结膜黄染、潮红,心悸,心律不齐,呼吸促迫而困难。颈部和腹部皮肤、肌肉对刺激似呈疼痛感觉,颜面和四肢肌肉痉挛,后肢肌肉强直,步态蹒跚或瘫痪,最后呼吸中枢和运动中枢麻痹,感觉缺失,嗜睡、昏迷而死亡。病程从几个小时到 1～2 d。对于本病目前尚无特效解毒剂,可对症治疗,病初用 0.1%高锰酸钾溶液或0.5%鞣酸溶液反复洗胃,继而用活性炭 2 份、鞣酸 1 份、氧化镁 1 份混合,马、牛200～300 g,羊、猪 50～100 g,加水灌服,以促进乌头碱沉淀、减少吸收。同时,配合强心、补糖、补液、解痉,改善微循环,防止虚脱。

萱草根中毒（hemerocallis root poisoning）

萱草根中毒系家畜采食了有毒萱草的根而引起的中毒性疾病。萱草（*Hemero-callis*）又名黄花菜、金针菜，为百合科萱草属多年生草本植物，本属约有 14 种，主要分布于亚洲温带至亚热带地区，少数生长于欧洲。我国有 11 种，栽培或野生于全国各地，其中一些品种的根具有毒性，家畜采食后可引起中毒。现已确定的有毒品种包括北萱草（*H. esculenta* Koidz）、野黄花菜（*H. altissima* Stout）、北黄花菜（*H. lilio-asphodelus* L. emend Hyland.）、小黄花菜（*H. minor* Mill.）。萱草根的主要有毒成分为萱草根素（hemercoallin），它可引起脑和脊髓白质软化、视神经变性，并对泌尿器官及肝脏产生损害。中毒多发生于羊、牛、马、猪，在枯草季节、尤以 2 月下旬至 3 月中旬发病率最高。一般羊采食萱草根 2~3 d 即出现症状，初期，精神委靡，离群呆立，尿频，继而排尿困难；1~2 d 后两眼瞳孔散大呈圆形（正常为长柱状或哑铃形），失明（民间称之为"瞎眼病"），眼球水平震颤，运动障碍；病至后期，后肢或四肢瘫痪，不时哀鸣，皮肤反射消失，昏迷，体温下降，终因心力衰竭和呼吸麻痹而死亡。本病目前尚无特效治疗方法，对于轻症患畜，通过及时清理胃肠道毒物，对症施治，妥为护理，可以耐过。防止本病的重点在于预防，通过在病区采取向群众宣传本病、出牧前补饲干草、在萱草密集生长区喷洒灭草剂如 2%茅草枯溶液等综合措施，可预防本病的发生。

棘豆属植物中毒（*Oxytropis* spp. poisoning）

棘豆属植物中毒是指家畜由于采食棘豆属的有毒植物所致的临床上以运动机能障碍为特征、病理组织学检查以广泛的细胞空泡变性为特征的慢性中毒性疾病。全世界有棘豆属植物 300 多种，是目前世界范围内危害草原畜牧业发展最为严重的毒草之一，在美国、俄罗斯、澳大利亚、加拿大、墨西哥、西班牙、摩洛哥、巴西、冰岛及埃及等国家均有分布；我国有 120 多种，已报道的可引起中毒的有 20 多种，分布面积超过 400 万 hm^2，主要分布于西北、西南、华北等 9 个省（区），被称为我国三大毒草灾害之一。棘豆中毒给畜牧业生产造成巨大的经济损失，20 世纪 70 年代以来约有 15 万头牲畜死于本病。此外，棘豆属植物及其中毒还影响家畜繁殖、妨碍畜种改良。危害严重的主要棘豆属植物有小花棘豆[*Oxytropis glabra* (Lam) DC]、黄花棘豆（*O. ochrocephala* Bunge）、甘肃棘豆（*O. kansuensis* Bunge）、急弯棘豆[*O. deflexa* (pall) DC]、冰川棘豆（*O. glacialis* Benth. ex Bge）、宽苞棘豆（*O. latriracteata*）、镰形棘豆（*O. falcata*）、毛瓣棘豆（*O. sericopetala* C. E. C. Fisch）、硬毛棘豆（*O. hirta* Bunge）等。

病因　棘豆中毒多发生于有棘豆生长的牧场,过去一直认为,棘豆的适口性不好,加之当地家畜能够识别棘豆,夏、秋季节由于其他牧草茂盛,家畜一般不会主动采食而中毒,中毒多发生在冬季、早春,此时牧场牧草缺乏,或被大雪覆盖,棘豆的茎相对较硬而突出于雪面,动物饥饿时被迫采食,所以中毒多集中发生在每年11月份至翌年的两三月份,5月份后中毒逐渐减少直至停止,发病动物若能耐过,进入青草季节后,不再采食棘豆,病情会逐渐好转。但这只是一个方面,最近几年在青海省观察到的结果表明,全年均可发生棘豆中毒,尤其在新发病区,只要牧场上有棘豆生长,就有发生棘豆中毒的可能。一些刚从无棘豆生长区引进的家畜,不能识别棘豆,则会采食棘豆而中毒。在青海省英得尔种羊场,棘豆只生长在夏、秋草场,所以中毒也多发生于每年的7—11月份,12月份进入无棘豆的冬、春草场后,则中毒立即停止。

病理发生　李守军等(1989)对小花棘豆中毒机理进行了研究,表明小花棘豆中毒呈渐进性的慢性过程,肝脏首先受损害,继而损害肾脏、神经系统、心脏、甲状腺等实质器官,引起广泛的细胞空泡变性。对神经系统的损害具有特异性,不仅中枢神经系统,而且外周神经系统的神经细胞也普遍发生空泡变性,有髓神经纤维发生脱髓鞘现象,致使病畜出现以运动机能障碍为主的神经症状。

棘豆的有毒成分:关于棘豆属植物的有毒成分,过去曾有人认为棘豆是聚硒植物,其中毒实质是硒中毒;国外也有人认为棘豆的有毒成分可能是脂肪族硝基化合物;近年来的观点基本趋于一致,认为棘豆的主要有毒成分是生物碱。我国学者曹光荣等人首先从黄花棘豆中分离出吲哚嗪啶生物碱(indolizidine alkaloid)——苦马豆素(swainsonine),并证实这种生物碱对 α'-甘露糖苷酶(α'-mannosidase)活性有很强的抑制作用,之后证实甘肃棘豆、急弯棘豆中也含有此种生物碱。Molyneux(1982)从绢毛棘豆(*O. sericea*)和斑荚黄芪(*Astragalus lentiginosus*)中亦分离出苦马豆素和氧化氮苦马豆素(swainsonine N-oxide)。杨桂云等(1983)从小花棘豆中分离出臭豆碱(anagyrine)、黄花碱(thermopsine)、N-甲基野靛碱(N-methylcy tisine)、鹰爪豆碱(sparteine)、鹰靛叶碱(baptifotine)和腺嘌呤(adenine)。

大量的研究表明,苦马豆素是棘豆属植物主要有毒成分之一,苦马豆素能强烈抑制细胞溶酶体内的 α'-甘露糖苷酶。在生理情况下,哺乳动物除红细胞外的所有细胞的溶酶体内都有 α'-甘露糖苷酶,在理想的酸性环境下(pH 4.5),它可使甘露糖完全水解。动物长期摄食有毒棘豆植物时,所含的苦马豆素经渗透作用可迅速进入细胞,在溶酶体内(pH 4.0~4.5)直接抑制 α'-甘露糖苷酶,使甘露糖不能正常代谢,导致 α'-甘露糖在溶酶体内大量储积。同时苦马豆素还能使糖蛋白合成发生障碍,形成糖蛋白-天冬酰胺低聚糖,这些低聚糖可连接葡萄糖(Glc)、甘露糖(Man)、

N-2酰葡糖胺(AlcNAc)、半乳糖(Gal)、唾酸(SA)以及天冬酰胺连接的多肽。由于富含甘露糖的低聚糖在细胞内大量聚积,从而出现空泡变性,进而造成器官组织损害和功能障碍。虽然细胞空泡变性是广泛的,但以神经系统的损伤出现最早,特别是小脑浦肯野氏细胞最为敏感,常有细胞死亡,损伤不可逆转,因而中毒动物出现以运动失调为主的神经症状。由于生殖系统的广泛空泡变性,可造成母畜不孕、孕畜流产和公畜不育。苦马豆素可透过胎盘屏障,直接影响胎儿,造成胎儿死亡和发育畸形。

症状 由于棘豆的营养成分丰富(蛋白质含量在13%～20%),家畜在采食棘豆的初期,体重有明显增加,但当采食达到一定量后如继续采食,则开始发生中毒,营养状况下降,被毛粗乱无光,进而出现以运动障碍为特征的神经症状。病至后期,食欲减少。随着机体衰竭程度的加重而出现贫血、水肿及心脏衰竭,最后卧地不起而死亡,自然中毒病程一般2～3个月或更长,人工饲喂甘肃棘豆和黄花棘豆(每千克体重10 g)由于量比较大,发病较快,15～20 d可出现中毒症状,70 d内可引起死亡。各种家畜中毒的临床症状不完全一样。

马:中毒发展较快,一般进入棘豆草场20 d内出现中毒症状。病初行动缓慢,呆立不动,不合群,进而不听使唤,行为反常,牵之后退,拴系则骚动后坐;四肢发僵而失去快速运动能力,易受惊,摔倒后不能自主站立,继而出现步态蹒跚似醉;有些病马瞳孔散大,视力减弱。在牧区,常发现放牧的马只会上山,而不会下山,侧身横着下山,身体不能掌握平衡而摔倒,造成骨折或其他伤害,甚至摔死。

羊:中毒初期精神沉郁,常弓背呆立,目光呆滞,放牧时落群,走路时头向上仰,喝水时头部颤动不止,喝不上水,食欲下降;随着中毒的加重出现步态蹒跚,行走时后躯摇摆,弯曲外展或后伸,驱赶时后躯向一侧倾斜,往往不能站立而倒地。病羊逐渐消瘦,继而后躯无力,有的呈犬坐姿势,最后卧地不起,不能采食和饮水,常因极度消瘦衰竭而死亡,故本病在青海省有些地区被老乡称为"干病"。对于绵羊,在症状出现之前或症状较轻时,如用手提耳(应激状态),便会立即出现眨眼、缩颈、摇头、转圈、倒地不起等典型症状。妊娠羊易发生流产、产弱胎、死胎或胎儿畸形。公羊性欲减退,精子质量下降,严重者失去繁殖能力。

牛:主要表现精神沉郁,步态蹒跚,站立时两后肢交叉,视力减退,役用牛不听使唤,有些病牛出现盲目转圈运动,后期消瘦。最近研究表明,在高海拔地区(2 120～3 090 m),绢毛棘豆中毒牛,特别是犊牛,发生充血性右心衰竭,导致下颌间隙和胸前水肿。而在海拔较低地区中毒症状与羊相似,而无充血性心衰表现。

临床病理学 病羊血清天门冬氨酸氨基转移酶(AST)、碱性磷酸酶(ALP)、乳酸脱氢酶(LDH)及乳酸脱氢酶同工酶与(SLDH$_5$)活性及血浆尿素氮(BUN)含量增高；α'-甘露糖苷酶（AMA）活性降低，其中 AST 活性在临床症状出现之前就已明显升高；黄花棘豆、甘肃棘豆和宽苞棘豆中毒羊尿中的低聚糖含量明显升高；怀孕羊中毒后血清孕酮含量明显下降；中毒公羊精子质量下降，密度降低，畸形率增高，血浆睾酮水平降低。

病理发生 死于棘豆中毒的羊尸体极度消瘦，血液稀薄，腹腔内有多量清亮液体，有些病例心脏扩张，心肌柔软。组织学变化可见大脑、海马、桥脑、延脑、小脑和脊髓的神经细胞大多发生空泡变性或溶解，有的坏死；胶质细胞增生，出现卫星与噬神经元现象；桥脑与脊髓的白质神经纤维部分发生肿胀、髓鞘溶解、断裂；坐骨神经纤维的轴突肿胀、淡染、粗细不均和髓鞘崩解。肝脏、肾脏、心脏、胰脏、甲状腺、肾上腺、卵巢等器官的实质细胞大多发生颗粒变性和空泡变性，部分细胞坏死。骨髓各系统造血细胞减少，脾脏轻度髓外化生，淋巴结窦内网状细胞变性。电镜检查可见，上述各器官实质细胞内的大多数线粒体肿胀，嵴突崩解、消失；粗面内质网扩张脱离；部分细胞核肿胀，有些核浓缩。

诊断 根据长时间在有毒棘豆的草场上放牧的病史，结合以运动障碍为特征神经症状，在排除其他疾病的基础上，可做出初步诊断。棘豆中毒早期，根据在有棘豆的草场上放牧后出现的症状，如精神沉郁、步态蹒跚等症状，可做出初步诊断。对症状不明显和暂无临床症状的绵羊，可试提羊耳，若出现眨眼、缩颈、摇头、转圈、倒地不起等典型症状，即可做出诊断。实验室检查，AST、LDH 活性明显升高，羊血浆 α-甘露糖苷酶活性明显降低，尿低聚糖含量升高。病理组织学检查所见的实质器官广泛的细胞空泡变性有助于确诊。

防治 本病目前尚无有效的治疗方法，关键在于预防。对于轻度中毒病例，及时脱离有棘豆生长的草场，并适当补饲精料，给予充足饮水，以促进毒物的排泄，一般可不治自愈。

目前国内外预防棘豆中毒的主要方法有：

化学防除 国内目前应用最多的化学药物是 2,4-D 丁酯，单独使用时含量为 0.36%～0.60%，对黄花棘豆、小花棘豆都有较好的灭除作用。G-520 是从美国引进的一种高活性的除草剂，对人、畜毒性低，单独使用时含量为 0.16%，防除率可达 100%，对其他牧草基本安全，是防除黄花棘豆、甘肃棘豆的理想药品，可在生产上推广应用；S 剂（使它隆）是从美国引进，单独使用时含量为 0.066%，灭除率 100%，对其他牧草安全，对人、畜毒性低，是防除黄花棘豆的最佳药品。

应用生态系统工程 有人利用现代毒理学和生态毒理学的原理，不将棘豆看做是毒草，而作为牧场的天然组成成分，以棘豆的生态位为核心，研究减轻和消除棘豆有毒成分对动物产生的不良影响。具体作法是：将棘豆生长的草场分为高、低密度区和基本无棘豆区,先在高密度区放牧 10 d 或在低密度区放牧 15 d 左右,在羊即将出现中毒症状时,再将羊转入基本无棘豆区放牧 20 d,使其恢复,排除体内毒素,如此循环,可有效地防止棘豆中毒的发生。如草场上找不到基本无棘豆生长区,则需要人为建立基本无棘豆区,即在该区采用人工或化学灭除方法将棘豆完全灭除,这样就不需要花费太多的资金、人力和物力灭除草场上所有的棘豆,又可以利用棘豆作为饲料,同时也发挥了棘豆的生态效应。

　　预防　有人根据小花棘豆所含的生物碱遇酸形成盐而能溶于水的特点,将采集的小花棘豆用 0.29％工业盐酸进行脱毒处理,试验证明,在饲草中加入 40％(按干重计)此种脱毒的小花棘豆连续饲喂山、绵羊 4.5 个月,土种牛、奶牛 3 个月均很安全,并呈现出明显的增重效果,探索出一条安全利用小花棘豆做饲草的简便途径。有人根据棘豆中毒的机理是抑制体内 α'-甘露糖苷酶活性以及棘豆的有毒成分是吲哚嘧啶生物碱苦马豆素,其结构中含有 3 个有活性的羟基,选用 7 种理论上可提高 α'-甘露糖苷酶活性的药物及可破坏苦马豆素结构的药物给羊饲喂,结果证明其中有 4 种药物具有一定的预防作用,均可延迟羊棘豆中毒症状的出现时间和死亡时间,尤以"棘防 E 号"效果最好,该药物安全性高,可长期应用。在青海省英得尔种羊场的放牧羊群中,通过饮水或舔砖长期应用该药物,可使母羊群棘豆中毒死亡率由 22.69％下降为 0％,羯羊群由 29.15％下降为 1.9％。

醉马草中毒(*Achnatherum inebrians* poisoning)

　　醉马草中毒是指马属动物采食醉马草引起的急性中毒性疾病,临床上以心率加快、步态蹒跚如醉为特征。醉马草[*Achnatherum inebrians* (Hance) Keng.],又名醉马芨芨、醉针茅、马尿扫、醉针草等,是禾本科芨芨草属的多年生草本植物,多生长于放牧过度的高山草地和干旱草地。家畜抢青时可引起中毒。当地家畜可以识别醉马草,多不主动采食,从外地引入或路过的家畜因不能识别而大量采食时,常常引起中毒甚至死亡。马属动物对醉马草最为敏感,一般采食鲜草达到体重的 1％即可出现明显的中毒症状。马属动物在采食 30～60min 后出现中毒症状,表现为口吐白沫、精神沉郁、食欲减退甚至废绝,心跳加快(90～110 次/min),呼吸急促(60 次/min 以上),鼻翼扩张,张口伸舌。严重时耳聋头低、站立不稳、行走摇晃、蹒跚如醉。醉马草中毒呈急性中毒,发病快、病程短,家畜中毒后虽表现严重的中毒症状,但多数可耐过而不死亡,个别体弱、中毒严重者可发生死亡。实验证明羊采食醉马草不发生中毒。对醉马草中毒目前尚无特效疗法,主要在于加强护理,实施对症治疗。中毒早期应用酸类药物治疗可获得一定效果,如稀盐酸、醋酸、乳酸、食醋等,牧区用酸奶灌服也有效。对中毒严重者除应用酸类药物外,还应配合全身和对症疗法,如补液、强心、利尿等。禁止在有醉马草生长的草地上放牧是预防本病的惟一方法。鉴于醉马草不引起羊中毒,为了充分利用草地资源和防止其他家畜中毒,可考虑在有醉马草的草地上春季青草生长时放牧羊只。

黄芪属有毒植物中毒(*Astragalus* spp. poisoning)

黄芪属有毒植物中毒系家畜采食黄芪属的有毒种植物所引起的以运动机能障碍、细胞空泡变性为特征的中毒性疾病。黄芪属(*Astragalus* Linn)植物在我国有270 种,多数为无毒品种,已报道的可引起中毒的主要是茎直黄芪(*Astragalus strictus* Grah. ex Benth.)和变异黄芪(*Astragalus variabilis* Bunge)。黄芪属有毒植物和棘豆属有毒植物亲缘关系密切,形态相似,引起动物中毒的症状也相似,因此临床上将这类植物统称为疯草,所引起的中毒称为疯草中毒(locoism)或疯草病(locodisease)。有关黄芪属植物的有毒成分国内外研究较多,主要观点有三类:①脂肪族硝基化合物。国外报道的较多,目前我国报道的有 15 种黄芪含有这类有毒物质,但还没有中毒的报道;②聚硒黄芪。在北美有 24 种黄芪聚硒水平很高,动物采食后引起硒中毒;③疯草毒素。主要是苦马豆素和氧化氮苦马豆素,我国学者从茎直黄芪中分离到苦马豆素,并证实对 α'-甘露糖苷酶有强烈的抑制作用,同时还测定了变异黄芪的苦马豆素含量。国内报道,动物采食茎直黄芪和变异黄芪后表现精神沉郁,被毛粗乱,步态蹒跚,僵硬,目光呆滞,共济失调,对应激敏感。放牧时病畜离群掉队,采食和饮水困难。长期采食毒草则卧地不起,最终导致衰竭而死。妊娠羊易发生流产、产弱胎或胎儿畸形。公羊性欲减退,精子质量下降,严重的失去繁殖能力。病理变化同"棘豆属植物中毒",主要表现为广泛的细胞空泡变性。

防治与"棘豆属植物中毒"治疗方法相同。

蓖麻籽中毒(castor bean poisoning)

蓖麻籽中毒是家畜误食蓖麻子实或大量饲喂未经处理的蓖麻籽饼所引起的一种中毒性疾病,以伴有高热和膈肌痉挛的出血性胃肠炎和一定的神经症状为特征,主要发生于马,其次是绵羊、猪和牛。蓖麻(*Ricinus communis* L.)为大戟科蓖麻属植物,我国各地均有野生或栽培,其根、叶可入药,其鲜叶可饲喂蓖麻蚕,其子实可榨油供工业、医药用。蓖麻籽所含主要有毒成分为蓖麻毒素(ricin,一种毒蛋白)、蓖麻碱(ricinine)、蓖麻变应原、红细胞凝集素等,其中对中毒起主导作用的是蓖麻毒素,它可阻断或抑制细胞内的蛋白质合成。家畜采食蓖麻籽后数小时至几天内发病,病初主要表现口唇痉挛和颈部伸展,体温升高,可视黏膜潮红或黄染,有明显的膈肌痉挛;继而出现腹痛和重剧腹泻,粪便中混有黏液絮块或血液;膀胱麻痹,尿潴留;后期,出现兴奋不安,全身肌肉震颤,衰竭倒地,痉挛而死。治疗本病的特效解毒法是注射抗蒾麻毒素血清;尼可刹米、异丙肾上腺素能对抗过敏原的毒性作用;另有报道,刀豆球蛋白 A(Con A)、霍乱毒素 B 和麦芽凝集素均有抗蒾麻毒素作用。为清除胃肠道内的毒物,可用 0.2% 高锰酸钾溶液或 0.5%～1% 鞣酸溶液反复洗胃、灌肠,并给以盐类泻剂、黏浆剂、吐酒石、蛋清、豆浆等;为排除血液中的毒物,可静脉放血(马 1～3 L),同时配合强心、补液、纠酸、镇静解痉等措施。

蕨中毒(bracken fern poisoning)

蕨中毒是家畜采食新鲜或晒干的蕨叶所引起的中毒性疾病。蕨[Bracken;*Pteridium aquilinum* (L.) Kuhn]又名蕨菜,系蕨科蕨属植物。春季萌发的"蕨基苔"或"蕨菜"经沸水烫洗后,可供食用。由于蕨类春季发芽早,成为主要鲜嫩青草,易为家畜大量采食而引起急性中毒;如果是长期采食少量的蕨叶,则可发生慢性中毒。主要发生于牛、马,也有绵羊中毒的报道。现已从蕨类植物中分离到多种中毒因子,主要包括硫胺酶(thiaminase,单胃动物蕨中毒的主要因子)、异槲皮甙(isoquercitrin)和紫云英甙(astragalin)、蕨素(pterosin)和蕨甙(pteroside)、原蕨甙(ptaquiloside)(一种基因毒性致癌原,牛蕨中毒的毒性因子)等。发生急性中毒时,单胃动物(主要是马)中毒的实质是蕨中硫胺酶所致的硫胺素缺乏症,临床上以明显的共济失调为特征,血液中丙酮酸水平显著增高而维生素 B_1 水平显著降低;反刍动物(主要是牛)蕨中毒则主要呈现以骨髓损害和全身性出血性素质为特征的急性致死性中毒症,表现体温突然升高到 40～42℃,可视黏膜点状出血、贫血、黄染以及体表皮肤出血。牛慢性蕨中毒主要呈现为地方性血尿症,多发生于黄河以南的山地地区(贵州、四川、云南等),主要表现长期间歇性血尿、膀胱肿瘤、不发热等。对马急性蕨中毒应用盐酸硫胺素(静脉、肌肉注射或口服给药)可收到良好效果;对牛急性蕨中毒尚无特效疗法,重症病例多预后不良,对轻症可考虑采取输血或输液、以骨髓刺激剂鲨肝醇改善骨髓造血功能、用肝素拮抗剂硫酸鱼精蛋白或甲苯胺蓝静脉滴注拮抗病牛血中增多的肝素样物质等措施,配合消炎、抗感染及对症治疗,可望痊愈。对于慢性蕨中毒病牛多无治愈希望,多数病牛被淘汰或死亡。

白苏中毒(*Perilla frutescens* poisoning)

白苏中毒是由于采食大量的白苏茎叶所致的一种急性中毒病。以急性肺水肿、肺气肿为其病理特征。主要发生于水牛和黄牛,常发在早春季节。白苏为一年生芳香草本植物,高 50～100 cm,茎叶为绿色,多野生在田埂、池沼、溪边、村前、屋后树林等潮湿背阳地带。安徽大别山区、皖南山区及江苏、浙江等地均有分布。1973—

1974年,在安徽六安首先发现并证实水牛因采食大量白苏引起的中毒病,并用白苏挥发油内服,复制了水牛白苏中毒病。临床表现,多为突然起病,出现呼吸次数增多,吸气用力,鼻翼开张,明显的湿咳;1~2 h后,病情迅速增重,呼吸急促用力,头颈伸展,腹式呼吸明显,频发深长的湿咳,口、鼻流出多量白色泡沫状液体;胸部听诊,初期有干啰音,继而出现湿性啰音;呼吸极度困难,心搏动疾速,体温正常;后期病牛极度苦闷,间断呼吸,张口伸舌,眼球突出,可视黏膜发绀,终因循环虚脱和窒息死亡,病程多在2~6 h。其毒理作用有待进一步研究,但已证实有毒成分存在于白苏挥发油中。其病理变化与牛急性肺气肿、肺水肿类似。治疗,急性重剧性病例,药物治疗难以奏效,多取死亡转归;轻度中毒,尤其是早期病例,及时治疗有治愈希望,其治疗方法可参照间质肺气肿病。

木贼中毒(equisetosis poisoning)

木贼中毒是由木贼科木贼属植物问荆(*Equisetum arvense*)、木贼(*E. hiemale*)、节节草(*E. ramosismum* Desf.)所含生物碱和皂甙等有毒物质引起的以共济失调、兴奋与抑制交替出现为特征的中毒性疾病。全国各地都有此类植物分布,多生长于低洼潮湿、池沼、多荫的沙土地带,其中木贼和节节草的毒性最强,常常引起马属动物、牛、羊中毒。问荆全草主要含黄酮甙[包括异槲皮甙、问荆甙(equisetrin)和紫云英甙等]、皂甙、生物碱[烟碱和问荆碱(equisetine)];木贼全草主要含有烟碱、二甲基砜、咖啡酸、阿魏酸、硅酸、鞣质及皂甙等;节节草全草主要含有毒芹素、木樨草黄素、生物碱、甾醇及三萜、皂甙等。此外,木贼属植物尚含有硫胺酶。发生木贼中毒的马、牛,病初表现站立不稳,步态蹒跚,呈现静止性和运动性共济失调;继而兴奋性增高,发作时狂暴不驯,甚至攻击人、畜,伴有阵发性和强直性痉挛,发作后转入抑制,呈嗜眠状态,兴奋与抑制可交替出现;病至末期,由于强直性痉挛反复发作和全身出汗,常陷入脱水、窒息和虚脱而死亡。急性中毒病程1~2 d,慢性中毒病程可持续3个月以上。治疗本病可应用维生素B₁,马、牛 0.2~0.3 g,肌肉注射,有急救解毒之功效;同时配合强心、补液、纠正酸中毒等措施;根据病情采取相应的对症疗法,颅内压升高时,可应用25%葡萄糖溶液、或20%甘露醇溶液、或25%山梨醇溶液等脱水剂,痉挛发作时可选用水合氯醛、溴化钠、安乃近等解痉、镇静、安神剂。

猪屎豆中毒(*Crotalaria* spp. poisoning)

猪屎豆中毒系家畜采食了猪屎豆全草或种子后引起的以兴奋、痉挛、黄疸和腹水为特征的中毒性疾病。猪屎豆属豆科植物,主要分布于我国华南、西南及东南各省,主要用做绿肥。猪屎豆全草及种子均有毒,所含有毒成分为双稠吡咯啶类生物碱(pyrrolizidine alkaloids),其中主要是单猪屎豆碱。双稠吡咯啶生物碱属于肝毒性生物碱,主要损害肝脏,对肾脏和中枢神经也有损害,可引起中枢神经麻痹。家畜猪屎豆中毒主要发生于牛和猪,牛多为慢性中毒,而猪可发生急性或慢性中毒。中毒牛病初精神沉郁,消化不良,逐渐消瘦。随后,食欲、反刍停止,瘤胃蠕动消失,呈中度瘤胃臌气,呼吸增数,可视黏膜发绀,略带黄染,肝肿大,有腹水;有的病牛狂躁不安,向前猛冲或做圆圈运动,无目的地徘徊;有的突然倒地,痉挛抽搐。急性中毒病猪表现呕吐,腹泻并混有黏液和血液,兴奋不安,痉挛抽搐,口吐白沫,迅速死亡;慢性中毒病猪主要表现食欲减退或废绝,呕吐,呼吸增数,精神萎靡,体质衰弱,肌肉震颤,病程 7~10 d,多数死亡。母猪可产死胎或虚弱仔猪。对于本病,目前尚无特效解毒药,一般采取对症治疗,以解毒保肝、输液、强心、利尿为主。预防本病关键在于加强管理,放牧时不要让家畜接近猪屎豆,更不要采刈猪屎豆的枝叶作为饲料。

霉烂草木樨中毒(mouldy sweet clover poisoning)

霉烂草木樨中毒是家畜连续采食霉烂的白花草木樨、黄花草木樨、印度草木樨干草或青贮草而引起的一种急性凝血障碍性疾病。本病可自然发生于牛、绵羊、马以及猪。上述品种的草木樨中均含有香豆素(coumarol),在晒干和青贮过程中,在某种霉菌的作用下,香豆素可聚合为双香豆素(dicoumarol),后者能竞争性地拮抗维生素 K,能阻碍凝血酶原、第Ⅶ、第Ⅸ、第Ⅹ等维生素 K 依赖性凝血因子在肝细胞内的合成,导致内在和外在凝血途径障碍,使血小板血栓得不到纤维蛋白血栓的加固,造成各组织器官的出血。此外,双香豆素还能扩张毛细血管并增加血管的渗透性,从而加剧出血性素质。依霉烂草木樨中双香豆素的含量多少不同,连续采食霉烂草木樨的牛早则 2 周、晚则 3~4 个月显现中毒症状。早期表现鼻衄、柏油粪,其后于颌下间隙、眼眶、肩部、胸壁、髋结节、跗关节等易受损伤部位皮下,形成大小不等的血肿,病牛常在转运途中因这些部位的大出血而死亡。此外,有的病牛还表现关节腔出血引起跛行甚至卧地不起、脊髓腔出血造成瘫痪、内出血形成体腔积血、分娩母牛子宫内积血等症状。治疗本病的关键在于立即停止饲喂霉烂草木樨干草或青贮,并大量补给凝血因子和维生素 K。对于重症病畜,应立即实施输血疗法。天然的维生素 K(维生素 K_1)是双香豆素的最佳拮抗剂,牛、猪按每千克体重 1 mg剂量静脉注射或肌肉注射,每日 2 次或 3 次,连用 2 d,疗效显著。合成的维生素 K(维生素 K_3,双硫甲萘醌钠)奏效慢,对急性重症病例不宜应用,但对恢复期病畜,可按每千克体重 5 mg 内服,连续 7~10 d,以巩固疗效。预防本病的重点在于晾晒或青贮草木樨时尽量防止霉变,在大群饲喂草木樨时应预先测定其中的双香豆素含量。

夹竹桃中毒(*Nerium oleander* poisoning)

夹竹桃中毒系指家畜误食夹竹桃的叶、皮引起的以急性出血性胃肠炎和重剧心律失常为特征的中毒性疾病。夹竹桃为夹竹桃科(Apocynaceae)夹竹桃属(*Nerium* L.)植物,包括红花夹竹桃(*N. indicum* Mill)、欧洲夹竹桃(*N. oleander*)和白花夹竹桃(*N. indicum* Mill.cv. *paihua*)3 种,泛指的夹竹桃还包括黄花夹竹桃属的黄花夹竹桃[*Thevelia peruviana*(Pers.) K. Schum]。这两属夹竹桃植物均有毒性。夹竹桃原产于波斯(伊朗),在我国各省区均有栽植,尤以南方为多见,常作为庭院篱墙、畜舍围栏或在路旁、池畔作为风景树而大量种植。家畜通常因饥饿采食或人为混入饲草中误食其树叶(鲜、枯叶片)或啃食其树皮而发生中毒。本病多发生于牛和羊,猪和马亦偶有发生。夏、秋季节多发。

有毒成分及病理发生 目前已从夹竹桃的叶、皮和根中分离出 20 余种强心甙类成分,如夹竹桃甙(odoroside)A,B,D,F,G,H,K,欧夹竹桃甙乙(adynerin)、欧夹竹桃甙丙(odeandrine)等。黄花夹竹桃以果仁中含强心甙最丰富,主要有黄花夹竹桃甙甲、乙(thevetin A,B)、乙酰基黄花夹竹桃次甙乙、黄花夹竹桃次甙甲、乙、丙和丁等。夹竹桃甙对胃肠黏膜有强烈的刺激作用,可引起急性出血性胃肠炎;吸收入血后,夹竹桃甙的作用类似地高辛(digoxin),一般认为中毒量的强心甙通过抑制 Na^+-K^+-ATPase 活性,阻碍钠、钾离子的主动转运,使细胞内失钾,同时钙离子内流增多,这种细胞内低钾高钙状态,使膜电位改变,引起各种心律失常,如期外收缩、窦性心律不齐、室上性阵发性心动过速、房室传导阻滞等。此外,强心甙还能增强血管收缩,使毛细血管充血、出血,引起各脏器充血、出血。

症状 家畜误食夹竹桃叶片或树皮后,牛、羊通常经 1～2 d,猪多在当天就突然发病。主要表现重剧的出血性胃肠炎、心律失常和急性心力衰竭的症状。病畜腹泻,排稀糊状至水样粪便,并混有气泡、黏液和血液,呈污秽褐色,腥臭。体温常在 38℃以下,皮温降低,耳、鼻及四肢末梢厥冷,迅速陷于脱水状态。同时,出现明显的心律失常,表现心动过缓或心动过速,往往伴有期外收缩、心搏动逸脱或心动停顿,并相应地出现迟脉或速脉、结代脉。病畜常因心室纤颤或心动停顿而昏厥倒地,乃至死亡。

心电图检查除显示传导阻滞、期外收缩、心动过速、甚至纤颤等心律失常的心电图改变外,还出现特征性洋地黄型 ST-T 改变。

病理剖检 主要表现胃黏膜充血、易脱落,胃内多能检出夹竹桃叶、树皮碎片。

大小肠黏膜充血、呈条纹状出血斑,肠腔内含有褐色或红色液体,严重者积有多量凝血块。心肌严重变性乃至坏死,呈暗红色,心内膜和心冠状沟有出血点或出血斑。

　　诊断　依据有误食夹竹桃(叶、皮)的病史、临床上呈现重剧的出血性胃肠炎和心律失常表现,通常不难做出初步诊断。有条件时可做心电图描记,如心电图显示特征性的洋地黄型 ST-T 改变,而近期又未曾使用过洋地黄制剂,即可确诊。必要时,可做动物试验、胃肠内容物或残余饲料强心甙分离鉴定试验予以证实。

　　治疗　立即停止饲喂混有夹竹桃叶的饲料。本病的治疗关键在于保护和调整心脏功能,清理胃肠和消炎止血。

　　补液、补钾、保肝是治疗夹竹桃中毒的有效措施。常用 10% 氯化钾溶液 40~60 mL(马、牛),加入 5% 葡萄糖生理盐水 2 000~3 000 mL 中,缓慢静脉注射,混合液中亦可加入适量的维生素 C 和维生素 B_1,每日 2 次,但不宜多用,次日减量或改为口服。

　　清理胃肠道可用缓泻剂,如液体石蜡等,并投服胃肠道消炎药,如磺胺脒、磺胺二甲基嘧啶(SM_2)或 0.1% 高锰酸钾溶液。

　　当病畜持续猛烈腹泻、便血时,应保护胃肠黏膜,如投服牛奶;亦可投服止泻剂,如鞣酸蛋白(马、牛 10~20 g,羊、猪 2~5 g)、矽炭银(马、牛 40~80 g,羊、猪 5~10 g)、药用炭(马、牛 100~300 g,羊、猪 10~25 g)等。

　　为制止胃肠和其他脏器出血,可选用止血剂,如维生素 K,马、牛 100~300 mg,羊、猪 30~50 mg,肌肉注射,每日 2 次或 3 次;安络血,马、牛 10~20 mL,羊、猪 2~4 mL,肌肉注射;止血敏,马、牛 10~20 mL,肌肉或静脉注射。

　　预防　在夹竹桃大量种植地区,做好广泛宣传工作,使人们认识夹竹桃的有害作用,做到不去夹竹桃生长的地带放牧或缚系家畜,建立严格的饲草检查制度,防止夹竹桃叶片混入饲草内。

第三节　含氰甙类植物中毒

氰化物中毒(cyanide poisoning)

　　氰化物中毒是家畜采食富含氰甙类植物或被氰化物污染的饲料、饮水后、体内生成氢氰酸、导致组织呼吸窒息的一种急剧性中毒病。各种畜禽均可发生,一般多见于牛和羊,马、猪偶尔发生。

　　病因　采食富含氰甙的植物是动物氰化物中毒的主要原因。这些植物包括高粱属植物,如高粱和玉米幼苗,尤其是再生幼苗;亚麻,主要是亚麻叶、亚麻籽及亚麻籽饼;木薯,特别是木薯嫩叶和根皮部分;蔷薇科植物,如蒙古扁桃的幼苗、桃、李、杏、梅、枇杷、樱桃的叶及核仁;各种豆类,如蚕豆、豌豆、海南刀豆;牧草,如苏丹草、甜荸草、约翰逊草、三叶草等。此外,误食或吸入氰化物农药如钙氰酰胺(calcium cyanamide)或误饮冶金、电镀、化工等厂矿的废水,亦可引起氰化物中毒。

病理发生 氰甙本身是无毒的,必须在氰甙酶的作用下生成氢氰酸才有毒害作用。大多数富含氰甙的植物本身含有氰甙酶,但在自然条件下,在完整的植物细胞内,氰甙与氰甙酶在空间上是被分隔开的,所以在植物体内一般不形成氢氰酸。当植物枯萎、受霜冻、被采食、咀嚼或在堆垛、青贮、霉败等过程中,由于植物细胞受到损害,使得氰甙能与氰甙酶接触,在适宜的温度和湿度条件下,氰甙酶催化氰甙水解生成氢氰酸。在反刍动物的瘤胃内,甚至不需要氰甙酶的催化,在微生物的作用下,亦可将氰甙水解成氢氰酸。

少量氢氰酸吸收后,在肝脏内经硫氰酸酶催化,转变为无毒的硫氰化物而随尿排出。大量的氢氰酸吸收入血后,超过了肝脏的解毒能力,则可抑制组织内大约 40 余种酶的活性,其中最重要的当属细胞色素氧化酶(细胞色素 a_3)。氢氰酸与细胞色素氧化酶的 Fe^{3+} 结合,生成氰化高铁细胞色素氧化酶,使细胞色素丧失传递电子的能力,使线粒体内的氧化磷酸化过程受阻,呼吸链中断,导致组织缺氧。由于氧失利用而相对过剩,静脉血富含氧合血红蛋白而呈鲜红色。由于中枢神经系统对缺氧极为敏感,呼吸中枢和血管运动中枢首先遭受损害,短时间即可致死,使病程呈闪电式。

对含氰甙类植物最敏感的动物是牛,其次是羊,而马和猪则较不敏感。其原因一方面是由于反刍动物的前胃内水分充足,酸碱度适宜,又有微生物的作用,可促进氰甙水解生成氢氰酸这一过程;另一方面还可能与牛肝脏内硫氰酸酶活性较低有关。

症状 通常在家畜采食含氰甙类植物的过程中或采食后 1 h 左右突然发病。病畜站立不稳,呻吟不安。可视黏膜潮红,呈玫瑰样鲜红色,静脉血亦呈鲜红色。呼吸极度困难,甚至张口喘气。肌肉痉挛,首先是头、颈部肌肉痉挛,很快扩展到全身,有的出现后弓反张和角弓反张。体温正常或低下。继而精神沉郁,全身衰弱,卧地不起,结膜发绀,血液暗红,瞳孔散大,眼球震颤,脉搏细弱疾速,抽搐窒息而死。病程一般不超过 1~2 h,重剧中毒者仅需数分钟即可致死。

病理变化 特征性病理变化包括尸僵缓慢,病初急宰者血液呈鲜红色,病程较长时呈暗红色,血液凝固不良,可视黏膜呈樱桃红色,胃内充满未消化的食物,散发苦杏仁气味。

诊断 根据采食含氰甙植物的病史,结合病急、呼吸极度困难、可视黏膜和静脉血呈鲜红色、神经机能紊乱、体温正常或低下等综合症候群,以及闪电式病程,一般不难做出初步诊断。确诊须在死亡后 4 h 内采取胃内容物、肝脏、肌肉或剩余饲料,进行氢氰酸定性或定量检验。

防治　应立即实施特效解毒疗法。氰化物中毒的特效解毒药包括亚硝酸钠、大剂量美蓝和硫代硫酸钠。其作用机理是,亚硝酸钠或大剂量美蓝可使部分血红蛋白氧化成高铁血红蛋白,当后者含量达到血红蛋白总量的 $20\%\sim30\%$ 时,就能成功地夺取已与细胞色素氧化酶结合的氰根,生成高铁氰化血红蛋白,使细胞色素氧化酶恢复活力。但生成的氰化高铁血红蛋白在数分钟后又能逐渐解离释放出氰根,此时必须再注射硫代硫酸钠,在肝脏硫氰酸酶的催化下可使氰根转变为无毒的硫氰化物随尿排出,否则易复发。静脉注射用量(每千克体重):1% 亚硝酸钠 1 mL 或 2% 美蓝 1 mL,10% 硫代硫酸钠 1 mL。其中,亚硝酸钠的解毒效果比美蓝确实,因此常用亚硝酸钠和硫代硫酸钠,如亚硝酸钠 3 g,硫代硫酸钠 30 g,蒸馏水 300 mL,成年牛一次静脉注射。为了阻止胃肠道内氢氰酸的吸收,可用硫代硫酸钠内服或瘤胃内注射(成年牛用 30 g),1 h 后重复给药。

对二甲氨基苯酚(4-DMAP)是一种抗氰新药——高铁血红蛋白形成剂,可按每千克体重 10 mg 的剂量,配成 10% 溶液静脉或肌肉注射,对发生重剧氰化物中毒的马和猪有急救功效。若配伍硫代硫酸钠,则疗效更确实。

(杨保收　王　凯　张德群)

第十六章 饲 料 中 毒

本章主要介绍饼(粕)类饲料中毒、渣粕类饲料中毒。要求通过本章的学习,了解酒糟中毒、淀粉渣中毒、光感植物中毒、水浮莲中毒、马铃薯中毒的一般常识和防治措施。重点要求掌握棉籽饼中毒、菜籽饼中毒、亚硝酸盐中毒的病理发生、防治原理和治疗措施。

饲料中毒,是畜牧业生产中较为常见导致畜禽中毒的原因之一。由于饲料安全与人类的健康关系,饲料中毒已日益引起人们的关注。饲料中毒主要由以下3种情况引起,即由于饲料调制不当引起的中毒,如小白菜或甜菜煮后长时间焖放而产生的亚硝酸盐中毒,食盐中毒等;由于长期过量饲喂饼渣类或酿造工业副产品引起的中毒,如酒糟中毒、淀粉渣中毒、棉籽饼中毒和菜籽饼中毒;由于饲喂霉菌毒素污染的草料引起的中毒,如霉玉米中毒,黑斑病甘薯中毒等。

第一节 饼粕类饲料中毒

棉籽饼中毒(cottonseed cake poisoning)

棉籽饼中毒是因长期连续饲喂或过量饲喂棉籽饼,致使摄入过量的棉酚而引起的畜禽中毒。其临床特征为出血性胃肠炎、肺水肿、神经紊乱等。本病主要发生于犊牛、仔猪和家禽等。成年反刍动物对本病有较强的抵抗力,但长期大量饲喂棉籽饼亦可引起中毒。

病因 棉籽饼中的棉酚色素,包括多于15种棉酚色素及其衍生物,如棉酚、棉蓝素、棉紫素、棉黄素、棉绿素、二氨基棉酚等,其中以棉酚的含量最高,占总量的$20.6\%\sim39.0\%$。棉酚按其存在的形式,可分为结合棉酚和游离棉酚2种。结合棉酚是棉酚与蛋白质、氨基酸、矿物质等物质结合体的总称,它不溶于油脂,通常认为是无毒的;游离棉酚具有活性的羟基和醛基,易被肠道吸收,对动物是有毒的。棉籽饼所以能引起畜禽中毒,主要表现在游离棉酚的毒性上。家畜对棉酚的耐受量受年龄、品种、环境应激、日粮蛋白质水平、铁盐、碱性物质及其他日粮成分的影响。猪、禽体内很难将游离棉酚转化为结合棉酚,容易引起中毒;而反刍动物在瘤胃消化过程中可生成可溶性蛋白和赖氨酸类等物质,将游离棉酚转变为结合棉酚,几乎不引起中毒。

棉酚被吸收后分布于体内各器官,以肝脏浓度最高,其余依次为脾、肺、心、肾、骨骼肌和睾丸。棉酚在体内比较稳定,不易破坏,排泄缓慢,有蓄积作用。

此外,由于棉籽饼中磷含量较高,维生素 A 和钙的含量较少,若长期单一饲喂,可引起家畜的消化、呼吸、泌尿等器官黏膜变性,导致夜盲症和尿石症发病率升高。

病理发生　棉酚是一种细胞毒,毒性作用主要在以下几个方面。消化道毒害作用:特别对小肠黏膜产生强烈的刺激作用,引起胃肠卡他和出血性胃肠炎;吸收以后可在体内大量积累,损害肝细胞以及心肌、骨骼肌,并与体内硫和蛋白质稳定结合,还作用于血红蛋白中的铁,导致贫血;血管毒作用:损害血管壁,使其通透性增强,引起血浆和血细胞外渗,导致肾脏和肺脏等各组织器官的出血、水肿及浆液性或出血性炎症;神经毒害作用:棉酚易溶于类脂中,有较强的嗜神经性,常常滞积在脑等神经组织内,对神经系统呈现毒害作用;棉籽中含有一种具有环丙烯结构的脂肪酸,能导致母鸡卵巢和输卵管萎缩,产蛋量下降,蛋变质。此外,棉酚还可使子宫平滑肌强烈收缩,引起妊娠母畜流产。

症状　棉籽饼中毒的毒性反应随动物种类和食物成分而有所差异。但共同的特点是食欲下降,增重缓慢,呼吸困难,心脏功能障碍。同时还可由于代谢紊乱引起的尿石症和维生素 A 缺乏症。

猪棉籽饼中毒,一般呈慢性经过,病程可达 1～2 个月。首先表现精神沉郁,低头弓背,后肢无力,以后则拒食,口鼻流出白色泡沫,呼吸急迫,肺部听诊有"夫夫"音,有时皮肤上出现疹块。6 月龄以下的病猪,对棉籽饼特别敏感,一般取最急性经过,可在数小时内突然倒地死亡。

牛的棉籽饼急性中毒,主要表现为出血性胃肠炎的症状。食欲明显减退或废绝,反刍停止,初期便秘以后腹泻,粪呈黑褐色且有恶臭味,并混有黏液和血液,迅速脱水。另外,尚有磨牙,呻吟,肌纤维震颤。排尿次数增多并带痛,排血尿或血红蛋白尿,尿沉渣中有肾上皮细胞及各种管型。下颌间隙、颈部及胸、腹下常出现水肿。后期,全身症状加剧,表现明显的肺水肿和心力衰竭。哺乳犊牛还出现明显的痉挛,失明流泪,不断鸣叫等临床表现。病牛血红蛋白浓度下降,红细胞脆性增加,血浆总蛋白浓度升高。

牛的棉籽饼慢性中毒,主要表现为维生素 A 和钙缺乏症所表现的症状,如食欲减少,消化紊乱,频尿,尿淋漓或尿闭,血红蛋白尿,有时出现夜盲症、贫血等。

马的棉籽饼中毒症状与牛基本相似,只是腹痛比较剧烈,排出的粪便表面附有黏液,有的混有血液,血红蛋白尿,呈现典型的红细胞溶解症状,病情发展较快。

绵羊棉籽饼中毒,主要发生于膘情好的妊娠母羊和幼龄羊。妊娠羊发生流产或死胎,公羊发生尿道结石。急性型,病羊偶见气喘,常在进圈或产羔时突然死亡。慢性型,消化紊乱,渴欲增加。眼结膜充血,视力减退,羞明。精神沉郁,呆立,伸腰弓背。心搏动前期亢进,后期衰弱,心跳加快,心律不齐。流鼻液,咳嗽,呼吸急促,腹式呼吸,25～55 次/min,肺部听诊有湿性啰音,腹痛,粪球外附有黏液或血液。四肢肌肉痉挛,行走无力,后躯摇摆,常在放牧或饮水时突然死亡。

禽棉籽饼中毒,主要表现食欲废绝,排稀粪,消瘦,四肢无力,抽搐,衰竭死亡。产蛋鸡,产蛋率下降,蛋小,蛋黄膜增厚,孵化率降低。

诊断 依据长期或单独饲喂棉籽饼的生活史;具有出血性胃肠炎、肺水肿、频尿、血尿、神经紊乱等临床症状,可做出初步诊断,确诊需测定棉籽饼中及血液和血清中游离棉酚的含量。

治疗 本病尚无特效解毒药,重在预防,一旦发生中毒,只能采取一般解毒措施,进行对症治疗。

(1)改善饲养。发现中毒,立即停喂棉籽饼,禁饲2～3 d,给予青绿多汁饲料和充足的饮水。

(2)排除胃肠内容物。用 1:(4 000～5 000)的双氧水,或 0.1%高锰酸钾溶液,或 3%～5%碳酸氢钠溶液进行洗胃和灌肠;内服盐类泻剂硫酸钠或硫酸镁,牛400～800 g,猪 25～50 g,羊 50～100 g,马 200～500 g。

(3)对出现出血性胃肠炎的病畜,可用止泻剂和黏浆剂,内服 1%的鞣酸溶液,牛 500～5 000 mL,猪 100～200 mL,马 500～2 000 mL。硫酸亚铁,牛 7～15 g,猪1～2 g,1 次内服。为了保护胃肠黏膜,可内服藕粉、面粉等。

(4)解毒。内服铁盐(硫酸亚铁、枸橼酸铁胺)、钙盐(乳酸钙,葡萄糖酸钙)或静脉注射钙剂,同时配合补给维生素 A、维生素 C 等。

预防 ①限量饲喂。牛每天喂量不超过 1～1.5 kg,猪不得超过 0.5 kg。怀孕家畜不得饲喂未脱毒棉籽饼。②脱毒处理并注意在日粮中补充足量的矿物质和维生素。如棉籽饼中添加硫酸亚铁,使铁离子与游离棉酚比例为 1:1,以使铁离子与棉籽饼中的棉酚结合降低棉酚的毒性;小苏打去毒法,2%的小苏打与棉籽饼混合浸泡 24 h,取出后用清水冲洗即可;或加热去毒法,棉籽饼加水煮沸 2～3 h 即可。

菜籽饼中毒(rapeseed cake poisoning)

菜籽饼中毒是由于家畜采食过量含有芥子苷的菜籽饼而引起的中毒,临床上通常表现为胃肠炎、肺气肿和肺水肿、肾炎等临床综合征。主要发生于牛、猪和家禽等。

病因 油菜为十字花科芸薹属一年生或越年生草本植物,是世界上主要的油料作物之一,我国的长江流域及西北地区为主要种植区。油菜有三大类型:油菜型、白菜型和甘蓝型。菜籽饼是油菜的种子提油后的副产品,含蛋白质为 35%～41%,粗纤维 12.1%,硫氨基酸含量高,是一种高蛋白饲料。我国目前年产菜籽饼 400 万 t 左右。菜籽饼中含有芥子苷、芥子碱等物质,芥子苷在胃肠道内芥子酶等的作用下水解为异硫氰丙烯酯,异硫氰酸盐、硫酸氢钾等物质,从而对家畜产生毒害作用。

病理发生 菜籽饼中的有毒物质主要是芥子苷,即硫葡萄糖苷(glucosinolate),它是葡萄糖和带有一个异硫氰酸酯(R 基)缩合而成。由于 R 基的不同,已知硫葡萄糖苷有 90 多种。葡萄糖苷易被葡萄糖苷酶或芥子酶水解,依据 R 基和酶解条件的改变,硫葡萄糖苷可分别生成异硫氰酸盐、硫氰酸盐、噁唑烷硫酮和氰等。异硫氰酸盐是一种挥发性的辛辣物质,降低饲料的适口性并对胃肠黏膜有刺激作用,引起胃肠炎,导致腹泻;被机体吸收后可引起微血管扩张;血液中此物质含量高时,能使血容量下降和心率减缓。噁唑烷硫酮有极强的抗甲状腺作用,被称为"致甲状腺肿素(goitrin)",据认为是它抑制了甲状腺过氧化物酶(thyroid peroxidase)的活性,影响碘的活化,使甲状腺素合成减少,由此引起垂体分泌较多的促甲状腺素刺激甲状腺细胞分泌,但由于抗甲状腺物质的存在,促甲状腺素的增加并不会使血液循环中甲状腺素增加,因此垂体继续分泌并刺激腺细胞,导致甲状腺肿大。

菜籽饼不经加热并在酸性环境下酶解会产生毒性更强的物质——氰,它与畜禽菜籽饼中毒的许多症状有关。此外,在鸡体内芥子碱在肠道分解为芥子酸和胆碱,后者可转化为三甲胺,使蛋带有鱼腥味。

症状 中毒分为 4 种类型:一是以血红蛋白尿及尿液形成泡沫等溶血性贫血为特征的泌尿型;二是以盲目及疯狂等神经综合征为特征的神经型;三是以肺水肿和肺气肿等呼吸困难为特征的呼吸型;四是以精神委顿、食欲废绝、瘤胃蠕动停止和便秘为特征的消化型。

牛菜籽饼中毒时,一般先出现血红蛋白尿,很快衰弱,精神沉郁。呈现可视黏膜苍白、中度黄疸、心搏动无力,呼吸加快或困难,体温常低于常温,腹痛明显,频起频卧,站立不稳,反刍停止,有时伴发痉挛性咳嗽;胃肠炎症状,如腹胀,严重的粪便中带有血液;排尿次数增多;若重度中毒,迅速呈现全身衰竭,体温下降,心脏衰弱,虚脱死亡;病情较轻的,精神尚可,体温 39℃,其他无异常。

猪菜籽饼轻度中毒时,表现不安,流涎,食欲减退,出现急性胃肠炎;严重中毒的,排尿次数增多,咳嗽,呼吸困难,腹泻,腹痛,全身衰弱,体温下降,最后虚脱死亡。

猪、牛菜籽饼中毒,有时还出现皮肤感光过敏,面部、背部、口角等无毛或无色素的部位发生红斑、渗出及湿疹样损害,皮肤发痒、不安和摩擦,可引起继发感染。

家禽菜籽饼重剧中毒,多无先兆症状就突然两腿麻痹倒卧在地,肌肉痉挛,双翅扑地,口及鼻孔流出黏液和泡沫,腹泻;冠、髯苍白或发紫,呼吸困难,很快痉挛而死。慢性中毒,精神食欲不好,冠髯色淡发白,产蛋量下降,常产破蛋、软壳蛋,蛋壳表面不平,蛋有腥味。

诊断　主要依据有采食菜籽饼的生活史,结合胃肠炎、肺气肿、肺水肿、肾炎等临床症状,依此建立初步诊断,必要时进行毒物检验和动物饲喂试验加以确诊。

治疗　缺乏特效的解毒方法,轻度中毒的立即停喂菜籽饼,改喂其他饲料后即可恢复。严重中毒的采用如下对症疗法。

(1)洗胃,尔后内服淀粉浆以保护胃肠黏膜减少对毒素的吸收。淀粉:牛 100～200 g,羊 25～30 g,开水冲成浆待温后内服,也可用 0.5%的鞣酸溶液洗胃或内服。

(2)肌肉或皮下注射樟脑磺酸钠注射液,牛每次 1～2 g,羊、猪每次 0.2～1 g。

(3)根据病畜状况,必要时可用 10%的葡萄糖溶液和维生素 C 以及强心剂进行静脉注射,并补充碘制剂,如甲状腺素片等。

预防　控制饲喂量。一般而论,鸡日粮中菜籽饼含量在 5%以下,猪在 10%以下,牛在 15%以下,最好先经过少数家畜试喂,种畜和仔畜最好不喂和少喂。目前,国内外已经培育出"双低"(低芥酸、低硫苷)油菜品种,其芥子苷含量是常规品种的 1/3(40 mmol/kg)。

去毒处理。去毒方法很多,如:溶剂浸出法,微生物降解法,化学脱毒法,挤压膨化法等。现介绍以下几种。

化学脱毒法　二价金属离子铁(Fe^{2+})、铜(Cu^{2+})、锌(Zn^{2+})的盐,如硫酸亚铁、硫酸铜和硫酸锌等是硫葡萄糖苷的分解剂,并能与异硫氰酸酯、噁唑烷硫酮形成难溶性络合物,使其不被动物吸收,因此有较好的去毒效果。氨气与碱(NaOH、Na_2CO_3、石灰水)曾用做去毒剂,有一定的去毒效果,但往往会降低饲料的营养品质和适口性。

微生物降解法　筛选某些菌种(酵母、霉菌和细菌)、对菜籽饼(粕)进行生物发酵处理,可使硫葡萄糖苷、异硫氰酸酯、噁唑烷硫酮等毒素减少,还可使可溶性蛋白质和 B 族维生素有所增加。此法可适合工业化生产。

第二节　渣粕类饲料中毒

酒糟中毒(distiller's grain poisoning)

酒糟中毒是家畜长期或过量采食新鲜的或已经腐败的酒糟,由其中的有毒物质所引起的一种中毒。临床上呈现腹痛、腹泻、流涎等消化道症状和神经症状等。本病主要发生于猪、牛。

病因　酒糟是酿酒工业在提酒后的残渣。酒糟的成分十分复杂，其所含的有毒物质取决于酿酒原料、工艺流程、储存条件等。新鲜酒糟中有毒成分主要是乙醇。酒糟经发酵酸败后则可产生的有毒物质是各种游离酸，如醋酸、乳酸、酪酸和各种杂醇，如正丙醇、异丁醇、异戊醇等有毒物质。酿酒原料对酒糟的有毒成分也有影响，如甘薯酒糟可能含有黑斑病甘薯中的甘薯酮；马铃薯酒糟中可能含有发芽马铃薯中的龙葵素；谷类酒糟可能混有麦角所产生的麦角毒素和麦角胺。另外，酒糟的加工储存保管不当而发霉，可使其中含有多种真菌毒素。因此当突然大量饲喂酒糟，或因对酒糟的保管不严而被猪、牛偷食；或在长期饲喂缺乏其他饲料的适当的搭配下，而长期单一地饲喂酒糟；或酒糟的加工储存保管不当而变质，即可造成家畜中毒。

症状　急性中毒的病畜主要表现胃肠炎的症状，如食欲减退或废绝、腹痛、腹泻。严重者可出现呼吸困难，心跳疾速，脉细弱，步态不稳或卧地不起，后期四肢麻痹，体温下降，终因呼吸中枢麻痹而死亡；慢性中毒的病畜主要表现消化不良，可视黏膜潮红、黄染、食欲减退，流涎，下痢。

牛酒糟中毒，皮肤变化明显，后肢出现皮疹、皮炎（酒糟性皮炎）或皮肤肿胀并见潮红，以后形成疱疹，水疱破裂后形成湿性溃疡面，其上覆以痂皮，在遇有细菌感染时，则引起化脓或坏死过程。

猪酒糟中毒，表现眼结膜潮红，体温升高（39～41℃），高度兴奋，狂躁不安，步态不稳，严重的倒地失去知觉，大小便失禁，偶见有血尿，最后体温下降，虚脱死亡。

诊断　诊断要点，有饲喂酒糟的病史；剖检胃肠黏膜充血、出血，胃肠内容物有乙醇味；有腹痛、腹泻、流涎等临床症状，据此可做出初步诊断。确诊应进行动物饲喂实验。

治疗　立即停喂酒糟。实施中毒的一般急救措施和对症疗法并加强护理。①镇静安神，对兴奋不安的病畜及时用镇静剂及安定药，可选用硫酸镁注射液、苯妥英钠片、溴化钠、咪达唑仑（咪唑二氮草）。②促进毒物排出，可用1%的碳酸氢钠液1 000～2 000 mL内服或灌肠；静脉注射葡萄糖生理盐水、复方氯化钠溶液和5%碳酸氢钠溶液，猪也可腹腔注射5%葡萄糖溶液200～400 mL。③防止毒物吸收，内服缓泻剂，如硫酸镁等。

预防　可采用以下方法：①妥善储存酒糟，防止酸败。酒糟应干燥后储存，在饲喂前应剔除有害物质；②用新鲜酒糟喂家畜，应控制喂量，方法应由少到多，逐渐增加，而且酒糟的比例不得超过日粮的1/3；③对酸败的饲料要进行脱毒处理。轻度酸败的要加入食用碱,以中和其中的酸性物质;严重酸败变质的,不得用做饲料;④改变酒糟的利用方法,利用多菌种混合发酵技术生产生物活性蛋白饲料。

淀粉渣中毒(starch dregs poisoning)

淀粉渣中毒是由于家畜采食含有超标准有毒因子的淀粉渣而引起的中毒。淀粉渣的种类很多,如淀粉渣、粉丝渣、甜菜渣、豆渣等,加上使用的原料和制作方法不同,引起中毒的原因亦各异。常见的玉米淀粉渣中毒是由于玉米淀粉渣残留一定量的亚硫酸,当亚硫酸随饲料摄入机体后,可以转化为硫化物或硫酸盐的形式损害机体,也可以破坏硫胺素,使动物发生硫胺缺乏,而呈现其毒害作用。另外亚硫酸可与饲料中的钙结合形成亚硫酸钙,随粪便排出,造成机体钙的吸收减少。淀粉渣中毒主要表现为食欲减退、消化不良、体质消瘦、被毛粗乱无光,泌乳量下降,体温无明显变化。母牛乏情或发情不明显,繁殖性能降低,常流产或产弱仔。根据饲喂淀粉渣的病史,结合临床呈现胃肠炎症状和有毒成分的分析及动物试验即可确诊。中毒后应立即停止饲喂,并补充青绿饲料、维生素等,根据病情的不同表现,可采取相应的对症治疗。防治本病,主要在于控制淀粉渣的饲喂量,不能单一饲喂,不可喂腐败变质或发霉变质的粉渣。目前利用淀粉渣最好是把淀粉渣经过多菌种联合发酵,既降低了其中的有毒成分,又可生产生物活性蛋白,提高了淀粉渣的营养价值。

第三节　茎叶类饲料中毒

亚硝酸盐中毒(nitrite poisoning)

亚硝酸盐中毒是畜禽由于采食富含硝酸盐或亚硝酸盐的饲料或饮水,使血红蛋白变性,失去携氧功能,导致组织缺氧的一种急性、亚急性中毒。临床上以黏膜发绀、血液褐变、呼吸困难、胃肠道炎症为特征。本病常为急性经过,多发于猪、禽;其次是牛、羊;马和其他动物很少发生。

病因　谷物类饲料和菜类都含有一定量的硝酸盐。富含硝酸盐的野生植物主要有苋属植物、藜曼陀罗、向日葵、柳兰等。作物类植物包括燕麦干草、白菜、油菜、甜菜、羽衣甘蓝、大麦、小麦、玉米等。硝酸盐主要存在于植物的根和茎,含量可因过施氮肥和水应激(干旱后或旱后降雨)而明显增加。氮肥地区的水源,家畜饮用也可造成中毒。

单胃动物多是由于摄入亚硝酸盐中毒。硝酸盐还原菌广泛分布于自然界,其最佳温度为 $20\sim40℃$,青绿饲料和块茎饲料,经堆垛存放而腐烂发热时,以及用温水浸泡、文火焖煮，往往致使硝酸盐还原菌活跃，使硝酸盐还原为亚硝酸盐，以致中毒。

反刍兽瘤胃内含有大量的硝酸盐还原菌，有适宜的温度和湿度，可把硝酸盐还原为亚硝酸盐而引起中毒。

病理发生　亚硝酸盐属氧化型毒物，吸收入血后使血红蛋白中的二价铁（Fe^{2+}）脱去电子而被氧化成为三价铁（Fe^{3+}），从而使正常的血红蛋白变为高铁血红蛋白，失去正常的携氧功能，造成全身组织细胞缺氧。加上亚硝酸盐的扩张血管的作用，伴有外周循环衰竭，使组织缺氧进一步加剧，引起呼吸困难和神经机能紊乱。血液中高铁血红蛋白达到 20%～40%出现中毒症状，达 60%～70%则引起死亡。

慢性中毒可引起母畜流产，还会增加身体对维生素 A 和维生素 E 的需要量。硝酸盐和亚硝酸盐也是一种致甲状腺肿物质，引起甲状腺肿大，使机体代谢发生紊乱。

亚硝酸盐与某些胺作用，可形成强致癌物亚硝胺，故长期接触可发生肝癌。

症状　硝酸盐急性中毒时，表现流涎、腹痛、腹泻、呕吐等消化道症状。亚硝酸盐中毒主要引起组织缺氧症状，可见呼吸困难，肌肉震颤，可视黏膜发绀，脉搏细弱，体温常低于正常。

猪通常在采食后 1h 左右发病，同群的猪同时或相继发生，故有饱潲病或饱潲瘟之称。病猪流涎，可视黏膜发绀，呈蓝紫色或紫褐色，血液褐变，如咖啡色或酱油色。耳、鼻、四肢以及全身发冷，体温正常或低下，兴奋不安，步态蹒跚，无目的的徘徊或做圆圈运动，亦有呆立不动的。呼吸高度困难，心跳急促，不久倒地昏迷，四肢划动，抽搐窒息而死亡。

牛通常在采食后 6 h 左右发病，亦有延迟至 1 周左右才发病的，除表现上述亚硝酸盐中毒的基本症状外，还伴有流涎，呕吐，腹痛，腹泻等硝酸盐的消化道刺激症状，同时，呼吸困难和循环衰竭的临床表现更为突出。病牛有时表现行为异常，肌肉震颤，共济失调及虚弱无力。整个病程可延续数小时至 24 h，存活的妊娠母牛发生流产。

慢性亚硝酸盐中毒病牛，可表现增重缓慢，泌乳减少，繁殖障碍，维生素 A 代谢及甲状腺机能异常。

死后剖检，可视黏膜、内脏器官浆膜呈蓝紫色，血液凝固不良，呈咖啡色或酱油色，在空气中长期暴露亦不变红。肺充血、出血、水肿。心外膜点状出血，心腔内充满暗红色血液。肾淤血，胃黏膜充血、出血、黏膜易剥落，胃内容物有硝酸样气味。

诊断　依据黏膜发绀、血液呈酱油色、呼吸困难等主要临床症状，特别是短急的疾病经过,以及起病的突然性,发病的群体性,采食与饲料调制失误的相关性,可做出诊断。美蓝等特效解毒药的疗效,亚硝酸盐简易检验和高铁血红蛋白检查可进一步确定诊断。

亚硝酸盐简易检验:取胃内容物或残余饲料的液汁 1 滴,滴在滤纸上,加 10%联苯胺液 1~2 滴,再加 10%冰醋酸液 1~2 滴,如有亚硝酸盐存在,滤纸即变为棕色,否则颜色不变。

变性血红蛋白检查:取血液少许于小试管内,在空气中振荡后正常血液即转为鲜红色。振荡后仍为棕褐色的,初步可认为是变性血红蛋白。为进一步确证,可用分光光度计测定,变性血红蛋白的吸光带在红色 618~630 nm 处,滴加数滴 1%氰化钾(或氰化钠)液,血色即转为鲜红色(氰化血红蛋白),且吸光带立即消失。此外还可用格利斯法检测。

在诊断时应注意与氯酸盐(干燥除草剂)中毒相区别,氯酸盐中毒也可引起高铁血红蛋白血症,但其饲料亚硝酸盐检查为阴性反应。

治疗 美蓝是本病的特效解毒药。猪的用量是每千克体重 1~2 mg,通常用 1%美蓝液静脉注射。反刍动物美蓝用量为每千克体重 20 mg。美蓝是一种氧化还原剂,在低浓度小剂量时,美蓝可被体内的还原型辅酶Ⅰ(NADH)迅速还原成白色美蓝,白色美蓝有还原性,可使高铁血红蛋白变为亚铁血红蛋白。必须指出美蓝高浓度大剂量时,还原型辅酶Ⅰ不足以使之成白色美蓝,过多的美蓝发挥氧化作用,使亚铁血红蛋白变为高铁血红蛋白。

此外,可用 5%甲苯胺蓝液每千克体重 5 mg,静脉注射,也可肌肉注射和腹腔注射。

抗坏血酸(维生素 C)也是一种还原剂,大剂量抗坏血酸用于亚硝酸盐中毒,疗效也很确实,但不如美蓝疗效快,猪 0.5~1 g,牛 3~5 g,肌肉或静脉注射。葡萄糖对亚硝酸盐中毒也有一定的辅助疗效。

投服植物油,每 400 kg 体重 1 L 或硫酸钠每千克体重 0.5 g,可缩短硝酸盐和亚硝酸盐在胃肠道内停留的时间,并可减少硝酸盐变为亚硝酸盐的数量。

光敏植物中毒(poisoning caused by photosensive plants)

光敏植物中毒又称光效能植物中毒,是因动物采食了光效能植物,或肝、胆功能受到损害,使某些具有光效能的代谢产物不能顺利被排除,蓄积在体内和皮肤内,在一定波长光的照射下,在光效能物质受激发、获能、放能过程中,使皮肤发生炎症的过程。光敏植物中毒在世界各国都有发生,以牛、羊发病率最高。按其发生原因,光敏植物中毒可分为原发性中毒和继发性中毒 2 种,原发性中毒是指采食过多外源性含光效能物质的植物,如荞麦、野胡萝卜、三叶草、苜蓿、老鹤草、十字花科植物,感染了蚜虫的甘蔗叶(蚜虫体内含有大量的光动力剂)等;继发性中毒是最为常见的,因肝炎或胆管阻塞,使叶绿素正常代谢的产物叶红素(phylloerythrin)经胆汁排泄受阻,积滞在体内所引起。由于光效能物质沉着在皮肤上,在一定波长光线照射下,获得能量变为高能状态,当其由高能状态恢复至低能状态时放出能量,并与皮肤细胞成分发生光化学反应,其结果是组织胺释放,局部细胞膜通透性增强,组织水肿、皮肤炎症。动物发生光敏植物中毒时,被毛稀少、色素较浅部位的皮肤如眼眶、耳廓、颜面、嘴角、阴户、乳头、乳房、蹄冠等发生炎症,患部发痒,严重时形成脓泡、坏死并伴有明显的全身症状。临床防治主要采用以下方法:令患畜立即离开阳光照射,缓泻已经吃进的有毒饲料,使用抗组胺类药物,并维持一段时间,同时配合抗菌消炎、防止感染和败血症、加强护理等措施。

水浮莲中毒(waterlettuce poisoning)

　　水浮莲中毒是猪大量采食生长在不流动的水面上的水浮莲所引起的一种以兴奋、惊恐、抽搐、空口空嚼和流涎为主要特征的一种疾病。水浮莲有一定的营养价值,可作为青绿饲料喂猪,特别是在我国南方某些地区。该病的发生有人认为是由于水浮莲中的草酸盐含量过高所引起的。通常情况下,水浮莲中的草酸盐含量并不高,但生长在死水塘、污水塘或肥水塘中的,尤其是处于盛花期和晚花期的水浮莲,其草酸盐含量较高,猪若大量采食可引起中毒。草酸盐对机体的毒害有2个方面:刺激口腔和胃肠道黏膜,引起胆碱能神经兴奋,导致口内不适,空口咀嚼、流涎;草酸以及草酸盐在肠道及肠毛细血管与机体争夺钙离子,结合成难溶的草酸钙而排出体外,机体钙、磷平衡失调,发生缺钙现象,从而引起肌肉神经兴奋性增高并伴有阵发性痉挛。国外学者认为猪采食上述死水塘、污水塘或肥水塘中生长的水浮莲后会产生变态反应,因而出现了上述一系列症状。水浮莲中毒的治疗主要采用以下措施:除立即停喂水浮莲外,同时进行对症治疗。口服苯巴比妥钠,每千克体重10 mg;静脉注射氯化钙溶液或葡萄糖酸钙溶液等。

马铃薯中毒(*Solanum tuberosum* poisoning)

　　马铃薯中毒是由于畜禽采食了富含龙葵素的马铃薯所引起。马铃薯正常情况下也含有极微量的龙葵素,但不能引起中毒。储存时间过长,阳光下暴晒过久,保存不当而出芽、霉变、腐烂可使马铃薯内龙葵素的含量增高而引起中毒。此外,腐烂的马铃薯尚含有腐败毒素(sepsin),未成熟的马铃薯含有硝酸盐,以及薯体上寄生的霉菌都能对动物产生毒害作用。通常按临床症状,将马铃薯中毒分为3种病型:以

神经系统机能紊乱为主症的中毒——神经型。以消化系统机能紊乱为主症的中毒
——胃肠型,以皮肤病变为主症的中毒——皮疹型,但各型中毒的首先症状一般多
为胃肠炎。轻度中毒主要表现为胃肠炎,重度中毒为神经症状。本病无特效治疗药
物,发生中毒首先应停喂马铃薯,尽快排除胃肠内容物以及采用洗胃、催吐、缓泻等
措施缓解中毒,同时配合镇静安神、消炎抑菌、强心补液等对症疗法。预防本病主要
是避免使用出芽、腐烂的马铃薯或未成熟的马铃薯,必要时应进行无害化处理,并
与其他饲料配合适量饲喂。

第四节 饲料添加剂中毒

喹乙醇中毒(olaquindox poisoning)

喹乙醇作为饲料添加剂在饲料中添加过多或饲喂时间过长,常引起家禽中毒。
临床上以胃肠出血、昏迷、眼失明为特征。尽管我国已明文规定禁止该添加剂在养
禽生产中使用,但该病在我国农村地区仍时有发生。

病因 喹乙醇在饲料中按照每千克饲料中添加 25~30 mg 的剂量,便可满足
禽类促生长的需求。但是,应用喹乙醇剂量过大或时间过长,就会发生中毒。这常
常因为有些市售的饲料添加剂原先已经添加了足量的喹乙醇,但养殖户不明此添
加剂的配方或者是误认为喹乙醇添加量越多越好,过量添加从而引起家禽中毒。

有试验证明,如果鸡按每千克体重 50 mg 剂量饲喂,连服 6 d 可使半数鸡产生
临床中毒。如果鸡按每千克体重 90 mg,一次投服便可出现急性中毒死亡。因此有
些养殖户在添加喹乙醇时常常因为拌料不匀而发生家禽的喹乙醇中毒。

症状 患鸡表现精神沉郁,食欲和饮欲减少或废绝。粪便稀软呈黑色,鸡冠暗
红色,体温仍为 41℃。重症病鸡 2~3 d 死亡。死前呈渐进性瘫痪、昏迷。部分蛋鸡
死后子宫内仍留有硬壳蛋。公鸡发病较母鸡症状表现稍轻,病程亦可拖延 2~3 d。
死后剖检主要特征是胃肠道呈不同程度的出血,其腺胃壁增厚、腺胃乳头出血,与
新城疫患鸡腺胃出血难以区别。

鸭中毒时,采食量多个体大的鸭子先发病死亡。患鸭饮欲增加,眼结膜潮红,在
行走时突然死亡。中毒患鸭初期死亡尚少,至 10~20 d 死亡数持续增多,死亡率可
高达 50%~70%。剖检不能发现特征性的病理变化。

诊断 主要是根据有过量摄入喹乙醇的病史,临床上有排黑色稀粪、瘫痪、昏
迷等症状便可怀疑喹乙醇中毒。但应从以下几点注意与新城疫、巴氏杆菌病等相区
别:①对病鸡做新城疫血凝抑制试验的结果为阴性;②停止饲喂可疑饲料后死亡仍

不停止;③用病鸡内脏做诱发试验时往往不能成功;④病禽多是个体大食欲好的先死亡。

本病的确诊依赖于动物的饲喂试验和饲料中喹乙醇含量的测定,一般饲喂剂量超过安全饲喂量的 $6\sim8$ 倍,即可引起中毒死亡。

防治 本病几乎无法治疗。在养禽生产禁用喹乙醇显然是防治本病的根本办法。

(郭定宗 夏兆飞 李家奎 王小龙)

第十七章　真菌毒素中毒

真菌毒素(mycotoxin)是指存在于自然界的产毒真菌在其生长、代谢过程中所产生的有毒代谢产物。人和动物吃进污染真菌毒素的粮食、食品或饲料所引起的疾病,称为真菌毒素中毒(mycotoxicosis)。真菌毒素种类很多,到目前为止,已被认定的真菌毒素有150多种,其中能引起人和动物自然发病的就有十几种,如黄曲霉毒素、赭曲霉毒素、杂色曲霉毒素、棒曲霉素、串珠镰刀菌素、丁烯酸内酯、玉米赤霉烯酮(F-2)、单端孢霉烯(T-2)、甘薯酮、4-甘薯醇、红青霉毒素、黄绿青霉素、岛青霉毒素、橘青霉素、展青霉素等。依摄入量多少和摄入时间长短不同,真菌毒素对人和动物的毒害作用表现在急性中毒、慢性中毒、致癌性和免疫抑制等方面。在兽医临床上,动物真菌毒素中毒一般具有饲料相关性、地区性和季节性、群发性和不传染性、再发性以及可诱发复制性等临床特征。

第一节　曲霉菌毒素中毒

黄曲霉毒素中毒(aflatoxicosis poisoning)

黄曲霉毒素中毒是由黄曲霉毒素引起的以全身出血、消化机能紊乱、腹水、神经症状等为临床特征,以肝细胞变性、坏死、出血、胆管和肝细胞增生为主要病理变化的中毒病。长期慢性小剂量摄入,还有致癌作用。各种动物均可发病,一般幼年动物比成年动物敏感,雄性动物比雌性动物(怀孕期除外)敏感,高蛋白饲料可降低动物对黄曲霉毒素的敏感性。各种动物中对等量黄曲霉毒素最敏感的是鳟鱼,其他依次是雏鸭、雏鸡、兔、猫、仔猪、豚鼠、大白鼠、猴、犊牛、成年鸡、肥育猪、成年牛、绵羊和马。

病因　黄曲霉毒素(aflatoxin,AFT)主要是黄曲霉和寄生曲霉等产生的有毒代谢产物,其他曲霉、青霉、毛霉、镰孢霉、根霉中的某些菌株也能产生少量AFT。最近的研究报道,产AFT菌株所占的比例有明显上升趋势。这些产毒霉菌广泛存在于自然界中,主要污染玉米、花生、豆类、棉籽、麦类、大米、秸秆及其副产品,在最适宜的繁殖、产毒条件如基质水分在16%以上,相对湿度在80%以上,温度在24~30℃时产生大量AFT。饲料水分越高,产AFT的数量就越多。动物采食被上述产毒霉菌污染的饲料而发病。本病一年四季均可发生,但在多雨季节和地区(如我国长江沿岸及其以南地区),温度和湿度又较适宜时,若饲料加工、储藏不当,更易被黄曲霉菌所污染,增加动物 AFT 中毒的机会。AFT 是一类结构极相似的化合物,都具有一个双呋喃环和一个氧杂萘邻酮(香豆素)的结构。它们在紫外线照射下大都发出荧光,根据它们产生的荧光颜色可分为 2 大类,发出蓝紫色荧光的称 B族毒素,发出黄绿色荧光的称 G 族毒素。目前已发现 AFT 及其衍生物有 18 种,如AFTB$_1$、AFTB$_2$、AFTG$_1$、AFTG$_2$、AFTM$_1$、AFTM$_2$、AFTB$_{2a}$、AFTG$_{2a}$、AFTP$_1$、AFTQ$_1$、AFTR$_0$ 等。它们的毒性强弱与其结构有关,凡呋喃环末端有双键者,毒性强,并有致癌性。已证明 AFTB$_1$、AFTB$_2$、AFTG$_1$ 甚至 AFTM$_1$ 都可以诱发猴、大白鼠、小白鼠等动物致肝癌。在这些毒素中又以 AFTB$_1$ 的毒性及致癌性最强,所以在检验饲料中 AFT 含量和进行饲料卫生学评价时,一般以 AFTB$_1$ 作为主要监测指标。

病理发生　　AFT 随被污染的饲料经胃肠道吸收后,主要分布在肝脏,在肝脏微粒体混合功能氧化酶催化下,进行羟化、脱甲基和环氧化反应。羟化反应生成AFTM$_1$、AFTH$_1$、AFTQ$_1$ 和黄曲霉毒醇等,经尿、乳、粪排出。脱甲基作用生成AFTP$_1$,主要存在于尿中。另有一部分 AFTB$_1$ 发生环氧化作用,生成 2,3-环氧化物,再进一步与谷胱甘肽结合。黄曲霉素及其代谢产物在动物体内残留,部分以AFTM$_1$ 形式随乳汁排泄,可能引起哺乳幼畜 AFT 中毒,也可能因饮用牛奶使人类发病。动物摄入 AFTB$_1$ 后,在肝、肾、肌肉、血、乳汁以及鸡蛋中均可检出 AFTB$_1$及其代谢产物,表明已构成对动物性食品的污染。由于人们对牛乳、乳制品与肉食品的消耗量大幅度增加,因而对乳品和肉品中 AFT 的污染已引起广泛关注。

关于 AFT 的毒理问题,近年来研究证实 AFT 可直接作用于核酸合成酶而抑制信使核糖核酸(m-RNA)合成作用,并进一步抑制 DNA 合成,而且对 DNA 合成所依赖的 RNA 聚合酶有抑制作用,或者因 AFT 与 DNA 结合,改变了 DNA 的模板结构,因而使蛋白质、脂肪的合成和代谢障碍,线粒体代谢以及溶酶体的结构和功能发生变化。该毒素的靶器官是肝脏,因而属肝脏毒。急性中毒时,使肝实质细胞变性坏死,胆管上皮细胞增生。慢性中毒时生长缓慢,生产性能降低,肝功能发生变化,肝脂肪增多,可发生肝硬化和肝癌。最新研究报道,细菌脂多糖作用于肝实质和胆管上皮细胞并释放肿瘤坏死因子(TNF-α'),会增加 AFT 对肝脏的损害。AFT也可作用于血管,使血管通透性增加,血管变脆并破裂,因而出现出血和出血性瘀斑。此外,AFT 还具有致突变和致畸性。在用微生物进行的致突变试验中,AFTB$_1$呈现阳性致突变反应;AFTM$_1$、黄曲霉毒醇、AFTG$_1$ 也有致突变性。据致畸试验,给予妊娠地鼠 AFTB$_1$,能使胎鼠死亡及发生畸形。

近年来关于 AFT 对动物免疫机能影响的报道很多。大量研究证明，当给禽类饲喂低剂量(0.25～0.5 mg/kg)的 AFT 后，可导致禽类对巴氏杆菌、沙门氏杆菌和念珠菌的抵抗力降低，也可引起鸡免疫新城疫疫苗后 HI 抗体滴度下降。AFT 抑制机体免疫机能的主要原因之一是抑制 DNA 和 RNA 的合成，以及对蛋白质合成的影响，使血清蛋白含量降低。另外，AFT 引起肝脏损害和巨噬细胞的吞噬功能下降，从而抑制补体(C_4)的产生。AFT 也能抑制 T 淋巴细胞产生白细胞介素及其他淋巴因子。作用于淋巴组织器官，引起胸腺萎缩和发育不良，淋巴细胞生成减少。

症状　由于畜禽的品种、性别、年龄、营养状况及个体耐受性、毒素剂量大小等的不同，AFT 中毒程度和临床表现也有显著差异。

家禽：雏鸭、雏鸡对 AFT 的敏感性较高，多呈急性经过，且死亡率很高。幼鸡多发生于 2～6 周龄，表现食欲不振，嗜睡，生长发育缓慢，虚弱，翅膀下垂，时时凄叫，贫血，腹泻，粪便中带有血液。雏鸭表现食欲废绝，脱羽，鸣叫，步态不稳，跛行，角弓反张，死亡率可达 80%～90%。成年鸡、鸭的耐受性较强。慢性中毒通常表现食欲减退，消瘦，不愿活动，贫血，病程长的可诱发肝癌。

猪：猪分急性、亚急性和慢性 3 种类型。急性型发生于 2～4 月龄的仔猪，尤其是食欲旺盛、体质健壮的猪发病率较高，多数在临床症状出现前突然死亡。亚急性型表现精神沉郁，食欲减退或丧失，口渴，粪便干硬呈球状，表面被覆黏液和血液。可视黏膜苍白，后期黄染。后肢无力，步态不稳，间歇性抽搐。严重者卧地不起，常于 2～3 d 死亡。慢性型多发生于育成猪和成年猪，病猪精神沉郁，食欲减少，生长缓慢或停滞，消瘦。可视黏膜黄染，皮肤表面出现紫斑。随着病情的发展，呈现兴奋不安、痉挛、角弓反张等神经症状。

牛：成年牛多呈慢性经过，死亡率较低。表现厌食，磨牙，前胃弛缓，瘤胃臌胀，间歇性腹泻，泌乳量下降，妊娠母牛早产、流产。3～6 月龄犊牛对 AFT 较为敏感，死亡率高。AFT 中毒也可干扰牛的血液凝固机制，导致皮下血肿的发生。在新生犊牛也可观察到典型的肝损伤，认为是该毒素通过胎盘后呈现毒性作用的结果。

绵羊：绵羊对 AFT 的耐受性较强，很少自然发病。

犬：犬发病初期无食欲，生长速度减慢或逐渐消瘦。可见黄疸、精神不振和出血性肠炎。

马：马病初呈现消化不良或胃肠炎，病情加重后发生肝破裂。

鱼类：鱼类表现生长缓慢，贫血，血液凝固性差，对外伤敏感，肝脏和其他器官易受损，免疫反应性降低，死亡率增加。

病理学检查　特征性的病变在肝脏。急性型：肝脏黄染、肿大、质地变脆，广泛性出血和坏死。全身黏膜、浆膜、皮下和肌肉出血，皮下脂肪有不同程度的黄染。肾、胃及心内、外膜弥漫性出血,可见出血性肠炎变化。脾脏出血性梗死,胸、腹腔内积存混有红细胞的液体。慢性型:肝细胞增生,纤维化,硬变,体积缩小,呈土黄色或苍白。病程久者,多发现肝细胞癌或胆管癌。

诊断　根据饲喂发霉饲料的病史,结合临床表现(黄疸、出血、水肿、消化障碍及神经症状)和病理变化(肝细胞变性、坏死,肝细胞增生,肝癌)等,可做出初步诊断。确诊必须对可疑饲料进行产毒霉菌的分离培养,饲料中 AFT 含量测定。必要时还可进行雏鸭毒性试验。冯跃生(1997)报道,血清胆碱酯酶活性降低及 LDH、ALT 和 SDH 活性升高对诊断 AFTB1 中毒有相当重要作用。

关于 AFT 的检验方法有生物学方法、化学方法和免疫学方法。生物学方法中最常用的是荧光反应,AFT 在 365 nm 紫外光下发出荧光,用荧光仪检测。化学方法主要用于定量测定,一般用薄层层析法和高压液相色谱法。免疫方法是一项微量检测 AFT 的先进技术,其原理是首先将 AFT 制成完全抗原,免疫家兔制备相应抗体或生产单克隆抗体,然后使用灵敏度很高的放射免疫测定法(RIA)或酶联免疫吸附试验(ELISA)来检测样品中 AFT。目前已制备出了抗 $AFTB_1$、$AFTM_1$ 和 $AFTQ_1$ 的抗体以及抗 $AFTB_1$ 的单克隆抗体,研制出测定 $AFTB_1$ 的 ELISA 试剂盒和检测乳中 $AFTM_1$ 的 RIA 试剂盒,并建立了酶联免疫竞争抑制法来测定饲料中的 $AFTB_1$ 含量。

治疗　对本病尚无特效疗法。发现畜禽中毒时,应立即停喂霉败饲料,改喂富含碳水化合物的青绿饲料和高蛋白饲料,减少或不喂含脂肪过多的饲料。一般轻症病例可自然康复;重症病例应及时投服泻剂如硫酸钠、人工盐等,加速胃肠道毒物的排出。同时,采用保肝和止血疗法,可静脉滴注 20%～50%葡萄糖溶液、肝泰乐、维生素 C、葡萄糖酸钙或 10%氯化钙溶液。心脏衰弱时,皮下或肌肉注射强心剂。

预防　防止饲料霉变是预防 AFT 中毒的根本措施。加强饲草、饲料收获、运输和储藏各环节的管理工作,阻断霉菌滋生和产毒的条件,必要时用防霉剂如丙酸盐熏蒸防霉。同时定期监测饲草、饲料中 AFT 含量,以不超过我国规定的最高容许量标准。对重度发霉饲料应坚决废弃,尚可利用的饲料应进行脱毒处理。一般采用碱处理法,即用 5%～8%石灰水浸泡霉败饲料 3～5 h,再用清水冲洗可将毒素除去。也可用物理吸附法脱毒,常用的吸附剂为活性炭、白陶土、黏土、高岭土、沸石等,特别是沸石可牢固地吸附 AFT,从而阻止 AFT 经胃肠道吸收。目前国内外学者正在研究用日粮中添加适宜的特定矿物质去除 AFT 的方法。如在鸡的含 AFT 日粮中添加 0.4%钠皂土,能明显改善 AFT 对吞噬作用的不利影响,亦能明显改善 AFT 引起新城疫免疫鸡 HI 滴度的减少。据报道,无根根霉、米根霉、橙色黄杆菌对除去粮食中 AFT 有较好效果。

赭曲霉毒素 A 中毒（ochratoxin A poisoning）

赭曲霉毒素 A 中毒是畜禽采食被赭曲霉毒素 A 污染的饲料，引起以消化机能紊乱、腹泻、多尿、烦渴为临床特征；以脱水、肠炎、全身性水肿和肾损伤为主要病理变化的真菌毒素中毒病。本病最早在丹麦广泛流行，近年来我国也有报道。猪、山羊、禽类最易感，犊牛和马也可发病。

病因　主要由于畜禽采食被赭曲霉污染的谷类、豆类饲料及其副产品而引起中毒。研究表明，其他曲霉（如硫曲霉、密曲霉、菌核曲霉、洋葱曲霉、孔曲霉、佩特曲霉等）和某些青霉（如鲜绿青霉、普通青霉、圆弧青霉、可变青霉、产紫青霉、栅状青霉等）也能产生赭曲霉毒素。这些霉菌在自然界中广泛分布，极易污染畜禽饲料，在温度和湿度适宜时产生大量赭曲霉毒素，被畜禽采食而中毒。Krogh 等在从丹麦、挪威、瑞典等地收集的大麦、燕麦、小麦和玉米中检测到赭曲霉毒素，从患肾脏病猪的肾脏、肝脏、脂肪、肌肉中也发现该毒素。由此可见，人若食入被赭曲霉毒素污染的粮食和动物食品，也可引起中毒。

赭曲霉毒素 A 为无色针状结晶，在干燥谷物和 20% 醋酸溶液中易被破坏。赭曲霉毒素 A 尚有 2 个衍生物，即赭曲霉毒素 B 和赭曲霉毒素 C，一般认为其毒性较低，而赭曲霉毒素 A 的毒性最大。存在于玉米粉中的赭曲霉毒素 A，其 LD_{50} 为：小鸡每只 150 mg，1 日龄小鸭每千克体重 3.3～3.9 mg，犊牛每天按每千克体重 0.5～2 mg 饲喂赭曲霉毒素 A，连喂 30 d 则出现中毒症状。橘青霉素存在时，赭曲霉毒素 A 对肾脏的毒性增强。

病理发生　关于赭曲霉毒素 A 的中毒病理发生，目前尚不十分清楚。现已证明，赭曲霉毒素 A 的靶器官为畜禽的肝脏和肾脏，引起肝细胞透明变性、液化坏死和肾脏近曲小管上皮损伤，从而引起严重的全身机能异常。研究表明，赭曲霉毒素 A 及其降解产物是细胞呼吸抑制剂，可抑制细胞对能量和氧的吸收及传递，最终使线粒体缺氧、肿胀和损伤。赭曲霉毒素 A 也可阻断氨基酸（如苯丙氨酸）tRNA 合成酶的作用而影响蛋白质合成，使 IgA、IgG 和 IgM 减少，抗体效价降低；损伤禽类法氏囊和畜禽肠道淋巴结组织，降低抗体产量，影响体液免疫。该毒素能引起粒细胞吞噬能力降低，影响吞噬作用和细胞免疫，亦能通过胎盘影响胎儿组织器官发育。

症状　畜禽赭曲霉毒素 A 中毒症状因畜别、年龄及毒素剂量不同而有差异。一般幼畜禽敏感性大，较易发病，病情也较重。毒素剂量小时，一般先侵害肾脏，临床上以多尿和消化机能紊乱为主。只有当毒素剂量大到一定程度时，才使肝脏受损，呈现肝脏功能障碍。

家禽:家禽表现精神沉郁,消瘦,消化机能紊乱,腹泻,脱水。随病情发展,有的表现神经症状,反应迟钝,站立不稳,共济失调,腿和颈肌呈阵发性纤维性震颤,乃至休克、死亡。肉鸡还表现免疫抑制、血凝障碍和骨质破坏等。蛋鸡引起缺铁性贫血,产蛋量减少,蛋壳变薄变软。剖检,肾脏肿大呈灰紫色,肝脏变性,血凝不良等。血液生化学检验,血清总蛋白、白蛋白、球蛋白、胆固醇含量减少,而尿酸含量增加。

猪:猪常呈地方流行性,主要呈现肾功能障碍。表现消化机能紊乱,生长发育停滞,脱水,多尿,蛋白尿甚至尿中带血。妊娠母猪流产。病理变化主要表现肝病和肾病变。肝细胞变性、液化坏死,肾实质坏死,肾小管上皮细胞玻璃样退行性变性,严重者肾小管坏死,广泛生成结缔组织和囊肿。皮下及腔体内见有水肿。

犊牛:犊牛精神沉郁,食欲减损,腹泻,生长发育不良。尿频,蛋白尿和管型尿。血清 AST 活性升高,肝糖原减少。肾脏苍白,质地变硬。肝细胞广泛性坏死。

诊断 根据畜禽饲喂霉变饲料的病史,呈地方流行性,结合典型的肾脏病变可做出初步诊断。确诊尚需对可疑饲料做真菌培养、分离和鉴定以及赭曲霉毒素 A 定性、定量测定。

防治 预防本病的关键在于防止谷物饲料发霉,应保持饲料干燥,添加防霉剂以防止霉菌滋生和产毒。对中毒畜禽应立即更换饲料,酌情给予人工盐和植物油等促进毒物排出。给予充足饮水,提供富含维生素的青绿饲料。对猪和牛应注意保护肾脏功能,适当给予乌洛托品及抗微生物药。同时,配合强心、补液、输糖等措施,以防止脱水,保护肝脏功能。

杂色曲霉毒素中毒(sterigmatocystin poisoning)

杂色曲霉毒素中毒是由于家畜采食被杂色曲霉毒素污染的饲草,引起以逐渐消瘦、全身黄染、肝细胞和肾小管上皮细胞变性、坏死、间质纤维组织增生为主要特征的中毒性疾病。本病主要发生于马属动物、羊、家禽及试验动物。马属动物多为慢性经过,羊多为急性或亚急性。我国宁夏回族自治区流行的马属动物"黄肝病"和羊"黄染病",经研究证实为杂色曲霉毒素中毒。

病因 杂色曲霉毒素(sterigmatocystin,ST)主要由杂色曲霉、构巢曲霉和离蠕孢霉 3 种霉菌产生。以杂色曲霉的产毒量最高,构巢曲霉和离蠕孢霉的产毒量分别约为前者的 1/2。此外,黄曲霉、寄生曲霉、谢瓦曲霉、皱褶曲霉、赤曲霉、焦曲霉、黄褐曲霉、四脊曲霉、变色曲霉、爪曲霉等也可产生 ST。这些产毒霉菌普遍存在于土壤、农作物、食品和动物的饲草、饲料中,动物食入含 ST 的饲草、饲料即可引起中毒。据调查,在宁夏、陕西、内蒙古等地的马属动物和羊多发本病,每年 12 月份至翌年 6 月份为发病期,4—5 月份为高峰期,6—7 月份开始放牧后,发病逐渐停止或病情缓和,夏、秋季节不发病。发病期间的饲草以糜草为主,这些糜草收割后多未经充分晒干,或受雨淋,或长期在室外存放受潮而发霉变质,尤以草垛中下部为甚。

病理发生 ST中毒病理发生尚不十分清楚。有人认为,ST可引起细胞核仁分裂,抑制DNA的合成。ST具有肝毒性,据报道,动物急性中毒病变以肝、肾坏死为主,肝小叶坏死部位因染毒途径不同而异,主要表现肝小叶中央部位坏死,腹腔染毒后出现肝小叶周围坏死。慢性中毒可引起原发性肝癌、肝硬化、肠系膜肉瘤、横纹肌肉瘤、血管肉瘤和胃鳞状上皮增生等。

症状 马属动物呈慢性经过,多在采食霉败饲草后10～20 d出现中毒症状。初期精神沉郁,饮食欲减退,进行性消瘦。结膜初期潮红、充血,后期黄染。30 d后症状更加严重,并出现神经症状如头顶墙,无目的的徘徊,有的视力减退以至失明。尿少色黄,粪球干小,表面有黏液。病程1～3个月,5岁以下发病率高,而且幼畜死亡率高于成年家畜。

羊:山羊和绵羊均可发病,多为亚急性经过。一般在采食霉败饲料第七天表现食欲不振,精神沉郁,消瘦。随着病情的发展出现结膜潮红,巩膜黄染,虚弱,腹泻,尿黄或红,经20 d左右死亡。2月龄以下的羔羊发病多,死亡率高;1.5岁以上羊也发病,但很少死亡。

鸡:鸡呈急性经过,产蛋率迅速下降,精神委靡,羽毛蓬松,喜饮水,腹泻,粪便中常带血性黏液,最后昏迷死亡,病死率达50%以上。

实验室检查 马属动物白细胞总数减少,嗜中性粒细胞比例升高,淋巴细胞比例下降。血清SDH、AKP、AST、LDH、ALT活性及BUN含量明显升高,血清蛋白含量下降,血清总胆红质含量升高,尿胆红素呈阳性反应。

病理变化 马属动物以肝脏病变为主要特征。表现为肝脏肿大,呈黄绿色,表面不平,呈花斑样色彩。皮下、腹膜、脂肪黄染。肺、脾、膀胱、胃肠道、肾脏广泛性出血。病理组织学变化可见肝细胞严重空泡化和脂肪变性,肝细胞间纤维组织增生。肾小管上皮细胞空泡变性或坏死脱落。大脑部分神经细胞空泡化,呈网织状。羊特征性的剖检变化是皮肤和内脏器官高度黄染。皮下组织、脂肪、浆膜、黏膜均黄染。肝脏肿大,质脆,胆囊充满胆汁。胃肠道黏膜充血、出血,肾脏肿大、质软、色暗,全身淋巴结水肿。

诊断 根据采食霉败饲草的病史,临床症状和特征性的病理剖检变化可做出初步诊断。确诊尚需测定样品中的ST含量并分离培养出产毒霉菌,一般饲草、饲料中ST含量达0.2 mg/kg以上时即可引起中毒。ST的测定方法主要有薄层层析法、双相薄层层析法、气相色谱法、高压液相色谱法等,而薄层层析紫外扫描法具有操作简便、准确度高、杂质干扰小等优点,是目前较为理想的方法。

防治 防止饲草发霉,在收割后要充分晒干,堆放于通风、地面水流通畅的地方,严禁雨淋。已发霉的饲草不作饲料用。对中毒家畜立即停喂霉败饲草,给予易消化的青绿饲料和优质干草。使役家畜应充分休息,保持环境安静,避免外界刺激。增强肝脏解毒能力,可静脉注射高渗葡萄糖溶液和维生素 B_1,也可口服肝泰乐、肌苷片等。病畜兴奋不安时,可静脉注射 10%安溴注射液,马 50~150 mL,羊 5~10 mL,或内服水合氯醛 10 g。防止继发感染可选用抗生素类药物。

牛霉麦芽根中毒(mouldy malting roots poisoning in cow)

牛霉麦芽根中毒主要是指奶牛采食发霉的麦芽根而引起的以中枢神经系统机能紊乱为临床特征的真菌毒素中毒病。本病在世界各国均有发生,在我国东北、广东、浙江、北京等地也有报道。

麦芽根是在酿造啤酒工艺过程中,大麦经发芽、烘干、筛选剔除所得,具有很高的营养价值,可作为奶牛饲料。但大麦在发芽过程中或麦芽根在堆放时,极易污染霉菌,并产生霉菌毒素,如用发霉麦芽根饲喂奶牛,即可引起中毒。地区不同,污染的致病霉菌也有所不同,主要为棒曲霉和荨麻青霉,产生棒曲霉素,对动物产生毒害作用。此外,米曲霉、展青霉、岛青霉等也可产生棒曲霉素。棒曲霉素是一种神经毒,主要损伤脑、脊髓和坐骨神经干,从而引起感觉和运动神经机能障碍。表现感觉过敏,肌肉震颤,四肢强直,后期昏迷、心力衰竭而死亡。当呼吸肌和膈肌痉挛时,表现高度呼吸困难,肺部听诊有湿性啰音,鼻腔流出大量白色泡沫状液体。棒曲霉素对胃肠道有强烈的刺激性并有抗生素样作用,可引起胃肠道菌群失调、胃肠炎症及粪潜血阳性。中毒死亡牛剖检,脑膜血管扩张、充血,皮质软化坏死,坐骨神经干束膜有线条状、点状或弥漫性出血,神经干周围疏松组织胶样浸润与出血。肝肿大、色暗,肺气肿、肺水肿,胃肠黏膜充血、肿胀,肠内容物混有血液。本病尚无特效疗法,预防是根本措施,应严格禁止饲喂霉变麦芽根。一旦发生中毒,立即停喂霉变麦芽根,并采取镇静、强心、保肝、补液等对症和支持疗法。

第二节 镰刀菌毒素中毒

马霉玉米中毒(mouldy corn poisoning in horse)

马霉玉米中毒是马属动物采食发霉玉米后引起以中枢神经机能紊乱为临床特征的真菌毒素中毒病。因其病理特征为脑白质软化坏死,故又称马脑白质软化症。本病以驴的发病率最高,壮龄和老龄驴多见,死亡率达 50%~80%。我国华北、东北、西北等地都曾流行过本病,造成巨大经济损失。本病的发生具有明显的地区性和季节性,主要发生于盛产玉米地区,玉米收获前后遭受雨淋、潮湿及存放不当,当温度和湿度适宜时,各种霉菌大量生长和产毒。目前认为主要是镰刀菌属的某些产毒菌株。国外从发霉的玉米中分离得到产毒菌株串珠镰刀菌,我国从霉玉米中分离得到串珠镰刀菌、茄病镰刀菌和 *F.Wollen* 3株毒性较强的镰刀菌。这些镰刀菌在其代谢过程中产生串珠镰刀菌素、赤霉素、赤霉酸和去氢镰刀菌酸等多种霉菌毒素,进入机体后对脑组织亲和力强,引起类似马脑炎的神经症状。马属动物中毒后表现狂暴、沉郁和两者交替3种类型。狂暴型少见,发病急,表现突然兴奋,向前猛冲或转圈,全身肌肉抽搐,大小便失禁,多在几小时至1d内虚脱或心力衰竭而死亡;沉郁型多见,为慢性经过,表现耳聋头低,目光呆滞,唇舌麻痹,松弛下垂,吞咽障碍,卧地不起,昏迷,有的表现出血性胃肠炎,一般经几天后死亡。剖检可见大脑充血、出血、水肿,脑白质软化,脊髓灰质液化、坏死。胃肠黏膜充血、出血。本病无特效疗法,应以排出毒物、保护大脑机能、降低颅内压为主,并采取对症和支持疗法。同时加强护理,保持安静,减少刺激,防止褥疮。

霉稻草中毒(mouldy straw poisoning)

霉稻草中毒是由于牛采食发霉稻草而引起的一种真菌毒素中毒病。其病变与临床特征表现为耳尖、尾端干性坏疽,蹄腿肿胀、溃烂,以至蹄匣和趾(指)骨腐脱,因此又称牛蹄腿肿烂病、牛烂脚病、牛烂蹄坏尾病等。国外称为羊茅草烂蹄病(fescue foot)或羊茅草跛行(fescue lameness)。主要发生于舍饲耕牛尤其是水牛(占发病率的85%以上),黄牛次之。本病的发生有明显的地区性和季节性,我国陕西汉中平原、湖南、贵州、四川、广东、安徽、江苏等水稻产区均有报道,一般在10月中旬开始发生,11—12月份达到发病高峰期,翌年初春病势渐缓,4月份放牧后即自行平息,发病率与致残率均较高。

病因　由于水稻收割季节阴雨连绵,脱谷后其秸秆未晒干即堆放,或稻草保管不当受潮发霉,以至产毒镰刀菌大量繁殖;在寒冷季节,镰刀菌在气温较低(7~15℃)的环境中可产生大量的丁烯酸内酯等真菌毒素,另外寒冷刺激致使远端体表末梢血管收缩,血流缓慢,增强了真菌毒素的致病作用。因此,水牛或黄牛在秋、冬季和春季采食大量霉变稻草后即可引起中毒。

尽管国内外学者对牛霉稻草中毒的病因、病性进行了许多研究,并一致认为均系某种(些)产毒镰刀菌所致真菌毒素中毒,但由于具体的气象参数、生态环境、侵染基质成分以及产毒条件不同,国内外各地区不同年份暴发的烂蹄坏尾病,其优势致病镰刀菌的种类及其所产生毒素性质和数量也不尽一致。秦晟、汪昭贤等(1981,1988)从陕西汉中发病地区的霉稻草中分离出产毒优势菌为木贼镰刀菌、半裸镰刀菌和禾谷镰刀菌,用耕牛回归发病试验获得成功,使禾谷镰刀菌在人工培养下产毒,获得赤霉烯酮(zearalenonone,F-2)。张时彦、陈正伦等(1985)从贵州遵义病区霉稻草中分离获得产霉优势菌为拟枝孢镰刀菌和木贼镰刀菌,用水牛回归发病试验成功,并检定拟枝孢镰刀菌产生毒素有丁烯酸内酯(butenolide)、新茄病镰刀菌烯醇和 T-2 毒素;木贼镰刀菌产生的毒素有丁烯酸内酯、二醋酸蔗草镰刀菌烯酮和玉米赤烯酮。赵从中等(1983)从西南、中南 10 个病区霉稻草中分离出 30 种镰刀菌,经水牛发病试验证实,半裸、木贼、砖红、蛇形、伏伦委贝、泡木、小拟枝、大半裸、蔗草等 9 种镰刀菌,均能单独引起水牛发病。倪有煌(1991)从皖西病区霉稻草真菌相检出 10 株镰刀菌,并证明拟枝孢镰刀菌、半裸镰刀菌及木贼镰刀菌 3 个菌株的污染与本病有关。李毓义、张乃生等(1987,1993)从安徽金寨县病区霉稻草中分离到优势真菌弯角镰刀菌(*F. camptoceras*),用水牛回归发病例试验成功,并证实该真菌不产生丁烯酸内酯和赤霉烯酮,但可同时产生多种单端孢霉烯族化合物(trichothecenes),主要为毒性较强的雪腐镰刀菌烯醇(NIV)和镰刀菌烯酮-X(F-X),其次还有 F-脱氧雪腐镰刀菌烯醇(7-DON)等 10 种毒素。

现认为本病实质上是由镰刀菌属多种真菌侵染稻草,产生丁烯酸内酯和/或某些单端孢霉烯族化合物而引起的一组镰刀菌毒素中毒病。另外,近年来国内外学者用纯丁烯酸内酯进行动物试验,只出现尾端病变而不能引起蹄坏疽,而且有些病区霉稻草中根本检测不到丁烯酸内酯,但应用霉稻草或苇状羊茅草粗毒素酒精分馏物进行发病试验却获得成功,其结果说明,具有收缩末梢血管作用而引起末梢部坏疽的毒素,除丁烯酸内酯外,还有其他一些有毒化合物,如感染内生真菌如香柱菌的苇状羊茅草,其提取物中检出的麦角缬氨酸(ergovaline)、麦角宁(ergonine)、麦角星(ergosine)等麦角肽生物碱(ergopeptide alkaloids);从弯角镰刀菌玉米培养物中检出的麦角甾醇类物质。

病理发生 可能主要是丁烯酸内酯以及单端孢霉烯族化合物等毒素成分作用于外周血管,特别是外周小动脉,使局部血管末端发生痉挛性收缩,并损害血管内皮细胞,致使肢端、耳尖和尾尖等局部组织的血管狭窄、血流缓慢血栓形成,进而发生血管炎,导致局部水肿、出血和坏死,严重的球关节以下部位发生腐败或脱落。

症状 一般在饲喂霉变稻草 15~20 d 发病,有的可在饲喂几个月后才表现临床症状。

病牛精神委顿,弓背,站立,被毛粗乱,皮肤干燥,个别出现鼻黏膜烂斑,有的公牛阴囊皮肤干硬皱缩。体温、脉搏、呼吸等全身症状轻微或不显。特征性症状主要表现在耳、尾、肢端等末梢部。初期表现运步强拘或跛行,站立时频频提举四肢尤其后肢,蹄冠部肿胀、温热、疼痛,系凹部皮肤横行裂隙。数日后,肿胀蔓延到腕关节或跗关节,跛行加重;继而肿胀部皮肤变凉,表面渗出黄白色或黄红色液体,并破溃、出血、化脓或坏死。严重的则蹄匣或趾(指)关节脱落。少数病例,肿胀可蔓延到股部或肩部。肿胀消退后,皮肤硬结如龟板样,有些病牛肢端发生干性坏疽,跗(腕)关节以下的皮肤形成明显的环形分界线,坏死部远端皮肤紧箍于骨骼上。多数病牛伴发耳尖、尾梢部出现干性坏死,患部干硬,终至脱落。

妊娠母牛还表现流产、死胎、阴道外翻等症状。

水牛病程较长,可达月余或数月,最后衰竭死亡或废役淘汰;黄牛一般病情较轻,病较短,死淘率较低。

患肢肿胀部切面流出多量淡黄色透明液体,皮下组织因水肿液积聚而疏松。蹄冠与系部血管扩张、充血,部分血管内有血栓形成。患部肌肉呈灰红色或苍白色。病程较久的,其患部皮肤常破溃,疮面附着脓、血,肌肉呈暗红色,可见增生的肉芽组织突出于疮面。患牛的耳尖坏死可长达 5 cm,尾尖可达 30 cm,病变部与健康部的分界明显。患肢的肩前淋巴结和股前淋巴结明显肿大,切面呈灰黄色,有散在点状出血。

组织病理变化,可见病变部肌质红染,肌间水肿;毛细血管扩张充血,部分表皮坏死、脱落,小动脉管壁增厚,管腔狭窄,血管周围淋巴细胞浸润,部分血管内有纤维蛋白与崩解白细胞组成的血栓。病程长的,可见肌间成纤维细胞增生与毛细血管新生,以及血管内的血栓机化和血管再通等变化。坏死、脱落的耳、尾尖皮下部位,有多量崩解的白细胞积聚,血管扩张充血,红细胞溶解呈均质片状;有的小动脉管壁增厚,其中有血栓形成。其他器官如心、肝、肾等有实质细胞变性,轻度出血与坏死。

诊断　依据于发生在水稻产区和冬、春季的流行病学特点;长期采食霉稻草的病史;耳、尾、蹄等末梢部位干性坏疽的临床表现;霉稻草及其毒素复归发病试验;致病优势镰刀菌及其毒素的检定。在鉴别诊断上,要注意区别可造成耳、尾、蹄坏死的类症,如麦角中毒、伊氏锥虫病,坏死杆菌病及慢性硒中毒等。

治疗　目前尚无特效治疗方法。首先要停喂霉稻草并代之以胡萝卜,加强营养,实施对症治疗,可收到一定效果。

病初,为促进末梢血液循环,对患部进行热敷,用红外灯照射或用白芨膏包敷或用松节油、樟脑水局部涂擦等,也可灌服白胡椒酒(白酒 200～300 mL,白胡椒20～30 g,1 次灌服)。

肿胀溃烂继发感染时,可施行外科处理并辅以抗生素或磺胺类药物治疗,或用红霉素软膏涂敷,以促进肉芽组织及上皮生长。病情较重的,可静脉注射葡萄糖和维生素 C,或用 10% 葡萄糖液、3% 双氧水(体积比为 4:1)混合静脉注射 500～

100 mL,每日 1 或 2 次。

预防 主要是在秋收冬藏期间防止稻草发霉;不喂霉变稻草;必要时用10%纯石灰水浸泡发霉稻草,3 d 后捞出,清水冲洗,晒干再喂。

玉米赤霉烯酮中毒(zearalenone toxicosis poisoning)

玉米赤霉烯酮中毒,又称 F-2 毒素(F-2 toxin)中毒,是赤霉病谷物中的真菌毒素,玉米赤霉烯酮(zearalenone,RAL),所引起的一种以阴户肿胀、乳房隆起和慕雄狂等雌激素综合征为主要临床表现的中毒病。猪最敏感,各种年龄的猪均可发病。家禽和牛、羊等反刍动物也有中毒的报道。本病遍布世界各地,尤其在盛产玉米等谷物的美国,很早就有猪发病(当时称为外阴阴道炎)的报道。

病因 玉米赤霉烯酮主要是禾谷镰刀菌的一种代谢产物。Christensen(1965),Mirocha(1969)和 Caldwell(1970)等研究表明,粉红镰刀菌、三线镰刀菌、串珠镰刀菌、木贼镰刀菌、茄病镰刀菌、表球镰刀菌、囊球镰刀菌、黄色镰刀菌和尖孢镰刀菌等也能产生这种毒素。本病的发生是家畜采食上述产毒真菌的特定菌株污染的玉米、小麦、大麦、燕麦、高粱、水稻、豆类以及青贮和干草等所致。

玉米赤霉烯酮(F-2 毒素),系雌激素样物质,分子式为 $C_{18}H_{22}O_5$,白色结晶,不溶于水、二硫化碳和四氯化碳,而易溶于碱性水溶液、乙醚、苯、氯仿、乙烷、醋酸乙酯和乙醇。其衍生物至少有 12 种以上,如玉米赤霉烯醇等,可应用硅胶 G 薄层层析法检测。

毒性试验,玉米赤霉烯酮的靶器官为动物(尤其雌性动物)的生殖器官,呈雌激素效应。性未成熟雌性小鼠表现子宫肥大,外阴部肿胀,乳腺隆起,长期投服则卵巢萎缩。

症状 各种病畜均表现以生殖器官机能障碍为基础的雌激素综合征。

猪中毒时,阴道黏膜瘙痒,阴道与外阴黏膜淤血性水肿,分泌带血的黏液,外阴肿大 3～4 倍,阴门外翻,往往因尿道外口肿胀而排尿困难,甚至继发阴道脱、直肠脱和子宫脱。青年母猪,乳腺过早成熟而乳房隆起,出现发情征兆,发情周期延长并紊乱。成年母猪,生殖能力降低,多数第一次配种或受精不易受胎,或者每窝产仔头数减少,仔猪虚弱、后肢外展("八"字形腿)、畸形、轻度麻痹、免疫反应性降低。妊娠母猪,易发早产、流产、胚胎吸收、死胎或胎儿木乃伊化。泌乳母猪每千克体重喂40 mg F-2 毒素 5 d 后,可使哺乳仔猪的阴户红肿。发情前期小母猪,卵巢发育不全,部分卵巢萎缩,常无黄体形成,卵泡闭锁,卵母细胞变性。已配母猪子宫水肿,卵巢发育不全。公猪和去势公猪显现雌性化综合征,如乳腺肿大、包皮水肿,睾丸萎缩和性欲明显减退,有时还继发膀胱炎、尿毒症和败血症。

牛中毒时,食欲大减,体重减轻,高度兴奋不安,假发情。同时显现外阴道炎症状。外阴肿大、潮红,阴门外翻,频频排尿。同时,繁殖机能发生障碍,如不孕、妊娠后流产或死胎。

家禽中毒时,低剂量 F-2 毒素有促进肉仔鸡的生长,较高剂量则抑制生长,甚至中毒。可见食欲降低,增重缓慢,泄殖腔脱出,法氏囊和肛门肿大,输卵管膨大,产蛋率降低。此外,公鸡的睾丸肿大或萎缩,精子的质量下降。

诊断 依据采食霉饲料的病史,雌激素综合征和雌性化综合征等临床症状,以及生殖系统的一系列特征性病理变化,不难做出诊断。

进一步诊断可采集饲料样品进行霉菌培养、分离和鉴定;应用薄层层析(TLC)、气相色谱质谱仪检测饲料中的玉米赤霉烯酮;应用未成熟小鼠做生物学鉴定等。

治疗 尚无特效治疗药物。只要停止饲喂可疑的霉变饲料,经过 1~2 周,症状即逐渐缓解以至消失。

预防 预防本病的根本措施是防霉。玉米赤霉烯酮化学结构较稳定,含毒饲料(草)经加热、蒸煮和烘烤等处置(包括酿酒或制糖)后,仍有毒性作用。一般情况下可采取以下方法去毒或减毒。

水浸减毒法:1 份饲料加 4 份水浸泡 12 h,浸泡 2 次后大部分毒素可随水洗掉。也可用清水淘洗被污染的玉米等谷物,再用 10% 生石灰的上清液浸泡 12 h 以上,在此期间换液 3 次,将谷物捞出、水洗滤干,小火炒熟(120℃左右)。

去皮减毒法:毒素往往存在于被污染谷物的表层,碾去谷物表皮后再磨碎成粉饲喂,会减少中毒的发生。

稀释法:根据谷物被真菌污染的程度和含毒量,因地制宜地应用一定量的未被污染的饲料(饲草)制成混合性饲料(饲草),以减少单位饲料(饲草)中毒素的含量。

吸附法:目前有关资料表明,"霉可吸"、"霉可脱"和"百鲜明"都具有吸附去毒作用。有报道称"百鲜明"还具有分解 F-2 毒素和 T-2 毒素等的作用。其他吸附剂还有活性炭、膨润土、沸石粉、白陶土以及含水合硅铝酸钙的黏土等。

T-2 毒素中毒(T-2 toxin poisoning)

T-2 毒素是镰刀菌毒素,单端孢霉烯族化合物(新月毒素,trichothecenes)中主要的霉菌毒素之一。T-2 毒素中毒以拒食、呕吐和腹泻等胃肠道症状,以及出血性素质为主要临床特征。本病多发生于猪,家禽次之,牛、羊等反刍动物发病较少。相关的病名有低温发霉玉米中毒病(low temperature mouldy corn toxicosis),发霉谷物呕吐症(mouldy cereal emesis)，Akakabibyo 中毒症或红霉病，食物中毒性白细胞缺乏症(alimentary toxic alieukia，ATA)，等等。

病因及病理发生　单端孢霉烯族化合物至少 148 种，常见的有 T-2 毒素、HT-2 毒素、Diacetoxyscripenol (DAS)、Deoxynivalenol(DON)、Nivalenol、Crotocin、Fusarenon-X、Roridin A 、Verrucarin A 等。它们是由三线镰刀菌、拟枝孢镰刀菌、梨孢镰刀菌、粉红镰刀菌、禾谷镰刀菌、茄病镰刀菌、木贼镰刀菌和雪腐镰刀菌等的特定菌株所产生。此外，还发现木霉属、头孢霉属、黏帚霉属、葡萄穗霉属、单端孢霉属和漆斑霉属等的某些特定菌株也可产生。

单端孢霉烯族化合物都有相同的基本化学结构。根据功能基的不同分为 4 种类型。T-2 毒素、HT-2 毒素、Diacetoxyscripenol (DAS)为 A 型；Deoxynivalenol (DON)、Nivalenol、Fusarenon-X 为 B 型；Crotocin 为 C 型；Roridin A、Verrucarin A 等为 D 型。T-2 毒素，最早由 Gilgan (1966) 确定。以后 Bamburg 和 Gilgan (1968)从基质中分离出毒性较强的菌株(T-2 株)，将其所产生的毒素命名为 T-2 毒素。该毒素为白色针状结晶，是造血组织毒素之一，分子式为 $C_{24}H_{34}O_9$。

单端孢霉烯族化合物的自然生物活性都比较相似。将其涂抹在动物或人的皮肤上都会产生刺激、发炎、脱皮等炎症反应。动物中毒后精神沉郁、倦怠、毛发竖立、呼吸促迫、心跳加速、体温和血压降低。然后发生出血性下痢、呼吸困难。有些动物，如猫、鸽子和 10 日龄北京鸭会先发生呕吐；有些动物，如鸡等则会出现坏死性口炎，胃和小肠黏膜溃疡和严重的出血性胃肠炎。

单端孢霉烯族化合物对动物体内的分裂细胞的毒性作用与放射线中毒很相似。骨髓、淋巴组织等器官均可见到细胞明显的变性和坏死，使组织萎缩，从而发生再生障碍性贫血和出血性素质。

一旦终止触毒，同时提供充分营养，动物可恢复正常。此时造血组织和胃肠道会出现再生性增殖，如胃和小肠腺体的异常增生。

T-2 毒素对动物的毒性作用　猪对 T-2 毒素的 LD_{50} 为每千克体重 4 mg。按每千克体重 0.2 mg T-2 毒素，口服或肌肉注射，猪会出现细胞减少症，血清总蛋白量降低，消化道的水肿和出血，肝脏和肾脏的变性病变。剂量增至每千克体重 12 mg，可诱发生殖机能障碍。业已证明，T-2 毒素具有影响 T 和 B 淋巴细胞的功能，会使免疫器官发育早期的小猪出现免疫抑制。

T-2 毒素对无反刍能力的犊牛的 LD_{50} 为每千克体重 0.6 mg，年龄较大具有反刍能力的成牛对 T-2 毒素的耐受性比无反刍能力的犊牛高出许多。牛给予每千克体重 0.5 mg T-2 毒素会造成血清总蛋白量降低。犊牛口服 T-2 毒素每千克体重 10～50 mg 后，发生齿龈炎，唇部坏死，溃疡性胃肠炎，瘤胃乳头剥脱，胃壁多发性糜烂,皱胃溃疡和重剧性腹泻,最终骨髓造血功能衰竭,导致广泛性出血而死亡。

雏鸡饲料中含有 1 mg/kg 以上的 T-2 毒素就可显著地影响生长和发育,含 4 mg/kg 以下 T-2 毒素可使肉鸡生长速度减低,食欲减退或废绝,口炎,嗉囊和肌胃出现糜烂和溃疡,羽毛生长不良,翅膀下垂,精神沉郁,有的病鸡会出现歇斯底里样发作。7 日龄公肉鸡一次剂量口服 T-2 毒素,观察至 72 h,LD_{50} 为每千克体重 4 mg;若每天给予 T-2 毒素口服,连续 14 d,LD_{50} 为每千克体重 2.9 mg。严重中毒的鸡外观大都呈现脱水、体重减轻、削瘦、血球容积比降低、羽毛粗糙、喙和脚苍白无血色。剖检可见淋巴器官萎缩、骨髓发白、肝脏变黄、嗉囊黏膜充血溃疡。显微镜检可见淋巴组织和造血器官的细胞数明显减少和部分细胞坏死,肝细胞和胆管上皮细胞、肠黏膜和毛囊基部上皮细胞变性坏死,甲状腺萎缩。据报道,蛋鸡饲喂含 0.5 mg/kg T-2 毒素的饲料,对产蛋尚无影响;当毒素的量提高到 1 mg/kg 时,对产蛋和健康均有妨碍;若超过 1 mg/kg,蛋鸡会发生坏死性口炎等症状。

雏鹅喂给含 0.5 mg/kg T-2 毒素的饲料,经 21 d,会出现口腔黏膜溃疡和坏死;给予 1 mg/kg,鹅的生长受阻,肝脏稍见肿大;给予 4 mg/kg,就有死亡的病例发生。雏鹅对 T-2 毒素敏感性比鸡高。

家禽还可能发生凝血障碍,使中毒家畜呈现凝血因子 Ⅱ、Ⅶ 和 Ⅹ 后天性缺陷。火鸡服用 T-2 毒素后,胸腺和脾脏萎缩,全身淋巴结广泛性坏死,免疫系统受到损害。

猫口服 T-2 毒素 0.06~0.1 mg/kg 后,发生胃肠炎、泛发性出血和造血组织坏死,出现贫血、粒细胞和血小板减少症。

据报道,大鼠口服纯 T-2 毒素的 LD_{50} 为每千克体重 3.04~3.80 mg。口服 T-2 毒素之后,鼠的凝血酶原形成时间、血栓的形成时间和血管的通透性均增加,葡糖苷酸排泄增加,胸腺和脾脏萎缩,全身淋巴结广泛坏死,免疫系统受到损害,肝细胞的线粒体氧化酶活性受到抑制。

症状 T-2 毒素中毒的基本症状包括拒食、呕吐、腹泻等胃肠机能障碍,体温升高,生长停滞,瘦弱,以及病的后期的广泛性出血等。

猪急性中毒,通常在采食后 1 h 左右发病,呈现拒食,呕吐,精神不振,步态蹒跚、唇、鼻周围皮肤发炎、坏死,流涎,腹泻和出血性胃肠炎等症状。慢性中毒的猪,生长发育弛缓,并伴发慢性消化不良和再生障碍性贫血等症状。成年母猪不孕,有的流产、早产。皮肤型的症状多从鼻和口角开始,肿胀和充血,继后病变部位出现灰黄色或灰褐色的糜烂、坏死、溃疡或结痂。母猪也经常在乳头周围出现皮肤的病变。

成年牛等反刍动物,对 T-2 毒素等有一定的抵抗力,但无反刍能力的犊牛敏感性较高。急性型:在采食后 24~48 h 发病,表现精神沉郁,被毛粗乱无光泽,反射减退,共济失调,可视黏膜充血或苍白,食欲和反刍废绝,胃肠蠕动减弱或消失,屡发腹泻,粪便混有大量黏液、伪膜和血液,并常伴发齿龈炎和口炎。病情发展到中后期,则显现出血性体征,如黏膜、皮下出血点(斑)、鼻衄、血便和血尿等。慢性型:胃肠炎和出血体征同急性型,只是病程缓慢,而突出表现粒细胞减少症、血小板减少症等再生障碍性贫血的症状和出血体征。

家禽中毒,生长发育缓慢,鸡冠和肉垂浅淡或发绀,食欲大减或废绝,唇、喙、口腔、舌及舌根乳头、嗉囊和肌胃出现糜烂、溃疡和坏死。成年鸡产蛋减少,肉鸡增重降低,并出现异常姿势和各种神经症状。

病理变化 畜禽剖检均以口腔、食管、胃和十二指肠炎症、出血、坏死等为主要病变,同时肝、心、肾等实质器官出血、变性和坏死。病理组织学检查淋巴结、胸腺、法氏囊(禽)、骨髓等组织细胞呈严重的退行性变化,与放射线损伤近似。

诊断 根据流行病学、临床症状、血液学检验和病理变化等特点,可建立初步诊断。必要时,可进行真菌毒素中毒病的检验,包括可疑饲料的真菌培养和鉴定、毒素检测、动物试验等。目前对 T-2 毒素的精确定量分析尚有困难,一般应用其提取物(粗毒素)涂擦兔背部皮肤,检测其刺激性反应(充血和水肿),如呈阳性,再进行薄层层析做进一步鉴定,最后用质谱、气相色谱和核磁共振等精密仪器检测。

治疗 T-2 毒素中毒,与其他真菌毒素中毒一样,尚无特效药物。当怀疑 T-2 毒素中毒时,除立即更换饲料外,应尽快投服泻剂,清除胃肠道内的毒素,同时施行对症治疗。

预防 本病的综合性预防措施,基本上同玉米赤霉烯酮中毒,可参照应用。

第三节 其他真菌毒素中毒

牛霉烂甘薯中毒(mouldy sweet potato poisoning of cattle)

牛霉烂甘薯中毒是指牛采食了大量黑斑病甘薯后,所致的一种以急性肺水肿与间质性肺气肿以及严重呼吸困难,后期呈现缺氧及皮下气肿为病理和临床特征的中毒病。本病 1890 年首先发现于美国新泽西州,以后相继发生于新西兰、澳大利亚、日本、南美等国家;1937 年传入我国,随后遍及我国盛产甘薯的各省市。本病主要发生于黄牛、奶牛和水牛,绵羊和山羊次之,猪也有发病。常发生于春末夏初留种的甘薯出窖期,亦见于晚冬甘薯窖潮湿或温度增高时,即 10 月份至翌年 4—5 月份为发病的高峰期。

病因 甘薯发生霉烂的原因是很多的,除由于黑斑病外还可由于根腐病、黑痣病等以及温度和湿度变化而发生的霉烂等原因,特别是某些品种的甘薯,由于含水分和糖分较高,当储藏的温度、湿度适宜某些霉菌增殖时,就可产生毒素。已知与中毒有关的霉菌有 3 种:一是甘薯黑斑病真菌(*Ceratocystis fimbriata*),属于子囊菌纲长喙壳科的甘薯长喙壳菌;二是茄病镰刀菌(*Fusarium solani*);三是爪哇镰刀菌(*F. javanicum*)。某些昆虫侵袭甘薯后,亦可产生相同的甘薯毒素。

此外,甘薯中某些成分受到改变后而产生的肺脏毒素或肺水肿因子在本病的发生中起着重要作用。在这些毒素中,目前已知有 4 种化合物:①甘薯酮(ipomeamarone),它的异构体叫翁家酮(ngaione),后者也是澳大利亚一种植物叫 stinkwood 或苦槛兰树(zieria arborescens)的肝毒物质;②甘薯醇(ipomeanol);③甘薯二醇(ipomeadiol);④甘薯宁(ipomeanine)。这 4 种化合物都是耐高温物质,经煮、蒸、烤等高温处理,毒性亦不被破坏。

症状 本病突出的症状是呼吸困难,俗称"牛喘病"或"喷气病"。通常在采食后 12～24 h 发病。严重病例,初期呼吸快而浅表,超过 80～100 次/min,以后虽然次数减少,但呼吸运动加深。呼吸声音增强,较远处就能听到如同拉风箱样音响。初期由于支气管和肺泡充血及渗出,可出现啰音。后来由于肺泡弹性丧失,呈现明显的呼气性呼吸困难,造成出气减少与进气不足的现象,发生肺泡气肿。直到肺泡破裂,气体窜入间质,引起间质气肿,听诊肺脏发现爆裂音或摩擦音。然而所有这些异常呼吸音,在临床上往往被强烈的气管和喉头的拉风箱样呼吸音所掩盖,若不仔细听诊,则不易发现。广泛性间质气肿导致病牛皮下(由颈部开始延伸至背部和肩部)广泛性气肿,触诊呈捻发音。病牛鼻翼煽动,张口,伸舌,以后头颈伸长,位置降低,欲努力提高呼吸量,但最终仍不能满足于气体交换的需要而发展为严重的发绀和缺氧症。

急性病例,可在发病后 2～3 d 窒息死亡。慢性病例常取站立姿势而不愿卧下,有时尚可吃食少量饲料,不治或许可以耐过。但稍给强迫运动,立即呈现呼吸增数,痊愈后可遗留气喘及慢性咳嗽。病牛在发病期间,体温一般不升高,也很少出现并发症。

病理变化 牛最特征性的病理变化是肺肿大 3 倍以上,边缘肥厚、质脆,切面湿润。早期有肺充血、水肿及肺泡气肿,一般则见到间质性气肿,即间质增宽,灰白色透明而清亮,有时间质因充气而明显分离与扩大,甚至形成中空的大气腔。严重病例,在肺的表面还可见到若干大小不等的球状气囊,肺表面的胸膜脏层透明发亮,呈现类似白色塑料薄膜在浸水后的外观。纵隔也发生气肿呈气球状。肩胛、背腰部皮下和肌间积聚大小不等的气泡。此外,还见有胃肠及心脏的出血斑点,胆囊及肝肿大,胰脏充血、出血及坏死。在瘤胃中可发现烂甘薯等。

诊断　根据病史、发病季节、烂甘薯现场的存在、吃食情况、临床症状等材料，不难诊断。此外，本病常以群发为特征，缺乏临床经验者可将其误诊为出血性败血症或牛肺疫，但本病体温不增高，亦不发生败血症。再者，单凭症状及病理变化进行诊断是不可靠的，否则会与急性变态反应性肺气肿、柞树叶中毒、对硫磷中毒等相混淆，重视病史调查是很有必要的。必要时可应用黑斑病甘薯或其酒精、乙醚浸出液进行人工复制发病试验。

治疗　尚无特效解毒药，多采取对症治疗。本病的治疗原则主要为排除牛体内毒物，解除呼吸困难，缓解氧饥饿，提高肝脏解毒和肾脏排毒功能。在毒物尚未完全被吸收前，通常采用催吐、洗胃或内服泻剂的方法。解毒可内服氧化剂，1%高锰酸钾 800 mL 或 1 :（500~1 000）双氧水洗胃。缓解呼吸困难，宜使用氧化剂，过氧化氢溶液（0.5%~1%）每次内服 1 000 mL；静脉注射 5%~10%硫代硫酸钠每次 500 mL。为了提高肝肾解毒、排毒功能，可静脉注射维生素 C 和等渗葡萄糖溶液，而且剂量可适当增大。这些药物有助于细胞的内呼吸，可防止内出血，促进红细胞、血红蛋白及网织红细胞的产生，对本病治疗有一定帮助。排毒可应用泻剂，还可静脉放血 1 000~5 000 mL，在放血的同时，可注射等量的林格氏液。中药白矾散：白矾、贝母、白芷、郁金、黄芩、大黄、葶苈、甘草、石苇、黄连、龙胆各 50 g，冬枣 200 g，煎水调蜜内服。轻症 1 剂，重症 3~4 剂。有条件的地方，皮下注射氧气，牛18~20 L。对于价值较高的牛，亦可经鼻管给氧。

预防　根本性预防措施在于防止甘薯感染黑斑病，故可采用温汤浸种法，用50℃的温水浸渍 10 min。此外在收获甘薯时，尽量勿擦伤其表皮。储藏甘薯时，地窖宜干燥密闭，温度宜控制在 11~15℃。至于霉烂甘薯及病甘薯的幼苗，应集中深埋、沤肥和火烧等处理，严禁乱丢，严防被牛误食。禁止用病甘薯，包括其加工副产品，如酒精、粉渣等饲喂家畜。

穗状葡萄菌毒素中毒（stachybotryotoxicosis）

穗状葡萄菌是死物寄生虫菌，主要寄生在潮湿的稿秆干草和杂草上。中毒多发生于舍饲期，2—4 月份发病率最高。由于摄食了被有毒的穗状葡萄菌（*Stachybotrys atra*）所污染的干草可引起中毒。在家畜中马较敏感，牛、羊、猪和其他动物亦可引起中毒。

症状　马的典型病例，在临床上分 3 期：第 1 期呈现卡他性口膜炎，可持续8~12 d。口角肿胀，口黏膜表层坏死，末梢水肿及流涎，下颌淋巴结肿胀，触诊有痛感，有时体温升高。这些局部损害有时在 2 周内消散，随着转入 5 d 或 5 d 以上的静止期。第 2 期以血液学变化为特征，可持续 15~20 d。病马血小板显著减少，凝血时间延长或甚至不凝血,白细胞总数下降,伴有嗜中性粒细胞减少症。此期口黏膜进入坏死期,呼吸、心脏机能和体温可保持正常,少数病例可发生轻度消化扰乱。第3期症状恶化,可持续1～6 d。病马体温升高达41℃,精神委顿,脉搏微弱,常有下痢,口炎更严重。血小板与白细胞数目继续下降,血液不凝固。孕马流产。多数病例死亡。

马的非典型病例(或称休克型)是吃了大量污染霉菌的饲草而发生,主要呈现神经紊乱的综合征。动物反应消失,狂躁,视力消失,僵硬,厌食,步态蹒跚,阵发性痉挛。体温升高,经2～3 d后或恢复正常,或持续稽留,死亡于呼吸衰竭。有些病例呈典型休克症状。体温迅速升至41℃以上,脉搏微弱,呼吸促迫,可视黏膜发绀和出血,绝大多数死亡。死后剖检,很多组织发生广泛性出血和坏死;最典型的并且最常见的变化是大肠黏膜表面出现小的灰黄色丘疹或呈现大而深的坏死,伸至黏膜下层和肌层。本病在坏死上的特点是坏死灶周围无明显界限。骨髓除有坏死灶外,骨髓象呈现颗粒白细胞减少。

牛症状和病理损害与马相似,但尚可发生水肿及体腔积液(呈血样而且多量),胆囊肿胀,死亡率颇高,但犊牛症状较轻。

防治 饲草保持干燥,防止霉菌生长,发霉干草不做饲料。至于治疗,目前尚无特效药物,首先停止饲喂生长霉菌的干草,轻症可用强心、补液等对症疗法。

红青霉毒素中毒(rubratoxin poisoning)

红青霉毒素中毒是肝脏毒素和致出血物质红青霉毒素所引起的一种以中毒性肝炎和泛发性出血为特征的中毒病。本病1957年由Burnside首次报道发生于美国的牛、羊,并从所饲喂饲料分离、鉴定出红色青霉(*Penicillium rubrum*)等产毒真菌。以后相继报道见于南非、英国和印度等国家。红青霉素中毒主要发生于牛、羊、猪和马,家禽也可发病,病死率较高。

病因 发病原因主要是畜禽采食了产毒真菌红色青霉和产紫青霉(*P. purparogenum*)特定菌株及其毒素所污染的禾本科、豆科作物或植物,如玉米、麦类、豆类及牧草。

症状 各种试验动物对红青霉毒素的急性反应主要是肝脏、肾脏、肾上腺、肺、脾脏和胃肠黏膜充血、出血以及皮下组织、浆膜、脂肪组织和腹腔其他脏器广泛出血。亚急性和慢性毒性反应则主要是全身黄疸、脾脏和淋巴组织坏死等。主要表现为肝炎、胃肠炎和出血综合征(hemorrhagic syndrome)。反刍动物中毒,呈现精神沉郁乃至昏睡,食欲减退或废绝,反刍中止,流涎,可视黏膜潮红或黄染,频频排混有血液的稀软粪便等中毒性肝炎和出血性胃肠炎的症状,且有血尿。马属动物中毒,除上述症状外,还表现狂躁、痉挛、共济失调,甚至陷于昏迷或虚脱,且由于体质虚弱,防御机能降低,常常继以各种传染病而转归死亡。猪中毒主要症状为精神不振,腹部皮肤出现明显的紫红色出血斑,体重减轻,脱水和结肠炎,妊娠母猪发生流产。家禽中毒,除增重减慢和生产性能降低外,主要显现致死性出血综合征的各种体征。急性病例经过1~2d,亚急性病例经过1~2周,通常转归于死亡,预后不良。

病理变化 突出的示病性病理变化是急性肝炎、胃肠炎和全身泛发性出血。中毒的马、牛,可见胸壁与胸膜、心包与心内膜、胃与盲肠黏膜以至脑膜,有广泛性出血。肝脏呈黄褐色、豆蔻样外观,质脆,肝索结构破坏,脂肪变性,混浊肿胀,并有中性粒细胞和淋巴细胞浸润。中毒猪胃肠出血更为严重,整个胃肠黏膜呈紫红色。

诊断 根据病史、临床症状和病理变化,不难做出初步诊断。为确定诊断,必须对霉败变质饲料进行真菌及其毒素的分离和鉴定。必要时应用培养提取液进行人工复制发病试验。应注意与黄曲霉毒素中毒等症进行鉴别。

防治 本病无特效解毒药,迄今仍无有效的防治办法。

(向瑞平 汪恩强 张德群 邵良平)

第十八章 农药及化学物质中毒

畜禽在其生长期内,能够接触到的有毒化学物质多种多样、种类繁多,其中以农药、化肥、灭鼠药以及畜(禽)舍产生的有毒气体较为多见,所造成的危害也较严重。农药是为了保护农作物、牧草、果树、蔬菜和树木等免遭病虫害、杂草和鼠类等的危害以及调节植物生长所应用的各种药剂的总称,在农药储藏、运输或使用过程中若被畜禽接触、吸入或误食,即可呈现不同程度的中毒反应;灭鼠药种类较多,常用的有磷化锌、安妥、敌鼠、灭鼠灵(华法令)等,一般多与食物混合制成毒饵,诱鼠采食而毒杀之,若由于毒饵放置不当,被畜禽误食,或食入被毒饵毒死的动物尸体,也可造成畜禽灭鼠药中毒;在动物生产中用做饲料添加剂的尿素以及农业生产中用做化肥的氨水若使用不合理,也可造成中毒;此外,对舍饲畜禽若管理不当,可使畜(禽)舍内产生有害气体,如氨气、一氧化碳等,若吸入过量,亦可引起中毒。通过学习本章内容,要求掌握畜禽常见的农药中毒、化肥中毒、灭鼠药中毒、有害气体中毒的防治方法和措施。

第一节 农 药 中 毒

有机磷农药中毒(organophosphate insecticides poisoning)

有机磷农药中毒是畜禽接触、吸入或误食某种有机磷农药所致的中毒性疾病,以体内胆碱酯酶钝化和乙酰胆碱蓄积为毒理学基础,以胆碱能神经效应为临床特征。

病因 有机磷农药有上百种,我国生产的有数十种之多,而且在不断更新。按大鼠口服LD_{50}和农药急性毒性分级标准,有机磷农药可分为3类:即剧毒类(LD_{50}为每千克体重1～50 mg),包括甲拌磷(3911)、硫特普(苏化203)、对硫磷(1605)、甲基对硫磷(甲基1605)、内吸磷(1059)、八甲磷等;高毒类(LD_{50}为每千克体重50～500 mg),包括敌敌畏(DDVP)、甲基内吸磷(甲基1059)、倍硫磷(百治屠,番硫磷)、稻丰散等;低毒类(LD_{50}为每千克体重500～5 000 mg 体重),包括乐果、马拉硫磷(4049,马拉松)、敌百虫等。

引起畜禽有机磷农药中毒的主要原因有以下几个方面:①误食撒布有机磷农

药的青草、农作物或用有机磷农药拌过的种子，误饮施药地区附近的地面水；②配制或撒布药剂时，农药粉末或雾滴污染附近或下风方向的畜舍、牧场、草料及饮水，被家畜舔吮、采食或吸入；③装过有机磷农药的车船，未经彻底清洗，即用来装运畜禽，尤其在通风不良的情况下，更易引起中毒；④误用配制农药的容器当做饲槽或水桶饮喂家畜；⑤用家畜驮运有机磷农药或拌了有机磷农药的种子，经皮肤吸收而中毒；⑥临床用药不当，如滥用有机磷农药治疗外寄生虫病、超剂量灌服敌百虫驱除胃肠寄生虫、用敌百虫作为泻剂治疗完全阻塞性肠便秘时被吸收入血而中毒；⑦人为投毒。

病理发生　有机磷农药经消化道、呼吸道以及皮肤吸收，进入机体后，能与胆碱酯酶结合，形成较稳定的磷酰化胆碱酯酶，而使胆碱酯酶失去分解乙酰胆碱的能力，导致乙酰胆碱在胆碱能神经末梢和突触部大量蓄积，持续不断地作用于胆碱能受体，出现一系列胆碱能神经机能亢进的临床表现，包括毒蕈碱、烟碱以及中枢神经系统症状，如虹膜括约肌收缩使瞳孔缩小；支气管平滑肌收缩和支气管腺体分泌增多，导致呼吸困难，甚至发生肺水肿；胃肠道平滑肌兴奋，表现腹痛不安，肠音增强，腹泻；膀胱平滑肌收缩，造成尿失禁；汗腺和唾液腺分泌增加，引起大出汗和流涎；骨骼肌兴奋，发生肌肉痉挛，最后陷于麻痹；中枢神经系统先兴奋后抑制，甚至发生昏迷。

体内存在有2种胆碱酯酶：一种是存在于神经组织和红细胞中的称为红细胞胆碱酯酶（真性胆碱酯酶），另一种为存在于血清中的称为血清胆碱酯酶（假性胆碱酯酶）。后者的活性不及红细胞胆碱酯酶强。发生有机磷农药中毒时，一般是红细胞胆碱酯酶的活性先减弱，继而血清胆碱酯酶的活性下降。恢复时则正好相反，故诊断时应测定红细胞胆碱酯酶或全血中胆碱酯酶的活性。

有机磷化合物与胆碱酯酶的结合虽然比较稳定，但在初期仍是可逆的，仍能缓慢水解而恢复活性，随着时间的推延，二者结合越加牢固，最后成为不可逆反应（老化）。

症状　中毒家畜的临床症状严重程度与有机磷农药的毒性、摄入量、染毒途径以及机体状态有密切关系。除少数呈闪电型最急性经过，部分呈隐袭型慢性经过外，大多数中毒家畜呈急性经过，于染毒后0.5 h至数小时发病。

神经系统症状　病初兴奋不安，暴进、暴退或无目的奔跑，之后陷入高度沉郁，甚至昏睡。瞳孔缩小，甚至呈线状。早期突出的表现是肌肉痉挛，一般从眼睑、颜面部肌肉开始，很快扩展到颈部、躯干部乃至全身肌肉，轻则震颤，重则抽搐，常常呈现侧弓反张和角弓反张。四肢肌肉痉挛时，病畜频频踏步（站立）或做游泳样动作（横卧）。头部肌肉痉挛时，可伴有舌频频伸缩和眼球震颤。

消化系统症状　　口腔湿润或流涎,食欲减退或废绝,腹痛不安,肠音高朗,连绵不断,排稀水样粪便,甚至排粪失禁。重症后期,肠音减弱乃至消失,伴发腹胀。

全身症状　　初期在胸前、会阴部及阴囊周围出汗,之后全身大汗淋漓(有汗腺动物)。体温多升高,呼吸明显困难,甚至张口喘气。严重病例心跳急速,脉搏细弱,不感于手,往往伴发肺水肿,有的窒息死亡。

血液胆碱酯酶活力测定　　一般下降到50％以下,严重病例则可下降到30％以下。

病程及预后　　病程从数小时至数日不等。轻症病畜,只表现流涎、肠音亢进、局部出汗以及肌肉震颤,经数小时即可自愈;重症病畜,多继发肺水肿或呼吸衰竭,可于发病当日死亡;病程超过24 h以上的,多有治愈希望,完全康复则需数日之久。

诊断　　依据有接触有机磷农药的病史,临床上呈现以胆碱能神经机能亢进为基础的综合症候群,包括流涎、出汗、肌肉痉挛、瞳孔缩小、肠音增强、排稀软粪便、呼吸困难等症状,可初步诊断为有机磷农药中毒。确诊需要测定全血胆碱酯酶活力以及采取可疑饲料或胃内容物进行有机磷农药的检验。

治疗　　本病的治疗原则:尽早实施特效解毒,尽快除去尚未吸收的毒物。

实施特效解毒,主要是指应用胆碱酯酶复活剂和乙酰胆碱对抗剂,前者治本,后者治标,双管齐下,疗效确实。常用的胆碱酯酶复活剂有解磷定(碘磷定,派姆)、氯磷定、双复磷和双解磷。它们的作用机理在于能和磷酰化胆碱酯酶的磷原子结合,形成磷酰化解磷定等,从而使胆碱酯酶游离而恢复活性。胆碱酯酶复活剂应用越早,则效果越好。解磷定和氯磷定的用量为每千克体重10～30 mg,以生理盐水配成2.5％～5％溶液,缓慢静脉注射,以后每隔2～3 h注射1次,剂量减半,直至恢复。双复磷和双解磷的用量为解磷定的1/2,用法相同。常用的乙酰胆碱对抗剂是硫酸阿托品,其一次用量牛为每千克体重0.25 mg,马、猪、羊为每千克体重0.5～1 mg,皮下或肌肉注射,病重者,以其1/3量混于葡萄糖盐水内缓慢静脉注射,另2/3量做皮下或肌肉注射。经1～2 h若症状未见减轻,可减量重复应用,直到出现所谓的阿托品化状态,即表现口腔干燥、出汗停止、瞳孔散大、心跳加快等。阿托品化之后,可每隔3～4 h皮下或肌肉注射1次一般剂量的阿托品,以巩固疗效,直至痊愈。

在实施特效解毒疗法的同时或稍后,应尽快除去尚未吸收的有机磷农药。利用碱性药物使有机磷农药毒性减弱的特性,经消化道染毒的,可投服2％～3％碳酸氢钠溶液或1％～2％石灰水,并灌服活性炭;经皮肤染毒者,可用5％石灰水、0.5％氢氧化钠溶液或肥皂水洗刷皮肤。但是在敌百虫中毒时不能用碱水洗胃或洗刷皮肤,因为敌百虫在碱性环境中可转变成毒性更强的敌敌畏。

有机氯化合物中毒（chlorinated hydrocarbons poisoning）

有机氯化合物中毒系家畜接触、吸入或误食氯化烃类化合物所致的中毒性疾病。由于此类化合物在生物体内残留期长、残毒量大，对畜产品污染严重，且许多害虫可产生抗药性，因此，国内已于1983年明令禁止生产与使用。有机氯化合物按其毒性大小分为3类，分别是：剧毒类，如碳氯灵（isobenzan）、艾氏剂（aldrin）、异艾氏剂（isodrin）和异狄氏剂（isoendrin）；强毒类，如毒杀芬（toxaphene）、林丹（丙体六六六，r-BHC）；低毒类，如滴滴涕（DDT）、六六六（BHC，六氯环己烷）、氯丹（chlordane）等。有机氯化合物中毒的发病原因及染毒途径与有机磷农药中毒大致相同。急性中毒病例多于染毒后24 h突然发病，病畜流涎，腹痛，肠音高朗，腹泻。因不同部位肌肉痉挛而表现轧齿、眨眼、掀唇或摆耳。兴奋不安，感觉过敏，易惊厥，可诱发间歇性或强直性全身痉挛，呈角弓反张或做游泳样运动。随病程进展，痉挛发作更加频繁，最终陷于昏睡和麻痹。慢性中毒病畜由于有机氯化合物在体内的蓄积，而有数周至数月的潜伏期，发病缓慢，其神经症状不太明显，而消化道症状较突出，且有齿龈及硬腭肥厚，口腔黏膜溃疡。经皮肤染毒者，还伴有鼻镜溃疡、角膜炎、皮肤溃烂、增厚或硬结等。一旦由慢性转为急性，则病情会突然恶化，神经症状迅速明显，痉挛发作剧烈而频繁，多于数日内死亡。本病尚无特效解毒药，对急性中毒病例应着重于排毒、镇静和保肝。用温水或肥皂水清洗皮肤，以2%～3%碳酸氢钠溶液洗胃（马），或用盐类泻剂加活性炭以吸附、排除肠内毒物。但禁用油类泻剂，以免促进毒物吸收。可选用硫酸镁注射液、安溴注射液、苯巴比妥钠溶液、10%葡萄糖酸钙注射液等，以降低神经兴奋性，缓解痉挛发作。保肝可用高渗葡萄糖溶液加维生素C，静脉注射。对于慢性中毒病例，应着眼于杜绝毒物继续进入、加速残毒排除和防止病情急变3个方面，用活性炭50～100 g，苯巴比妥钠5 g（牛、马），加水灌服，每日1次，连续2周，可获良效。但禁用肾上腺素，因氯化烃类化合物能使心肌对肾上腺素过敏，容易引起突然死亡。

第二节　化学物质中毒

尿素中毒（urea poisoning）

尿素中毒是指反刍动物突然采食、误食大量尿素或补饲尿素方法不当所引起的中毒性疾病。反刍动物瘤胃内微生物可将尿素或铵盐中的非蛋白氮转化为蛋白质，因此通常将尿素和铵盐加入日粮中，饲喂牛、羊等反刍动物以补充蛋白质，然而首次补饲时没有经过一个逐渐增量的过程,而是按定量突然饲喂,极易引起中毒。此外,在饲喂尿素时,超量使用尿素、添加的尿素与饲料混合不均匀、饲喂后立即饮水、将尿素溶于水等均可引起中毒;补饲尿素的同时大量饲喂富含脲酶的豆类饲料会增加中毒的危险;动物饮水不足、体温升高、肝脏机能障碍、瘤胃 pH 值偏高及动物处于应激状态等亦可增加尿素中毒的危险。牛食入中毒量(每千克体重 0.45 g 或给总量 100～200 g)的尿素后 30～60 min 出现症状,起初表现为呆滞和精神沉郁,随后出现不安,反刍停止,瘤胃臌气,肌肉抽搐,步态不稳。继而反复发作强直性痉挛,呼吸困难,脉搏加快,口鼻中流出泡沫样液体。后期出汗,瞳孔散大,肛门松弛。急性中毒病例 1～2 h 可因窒息而死亡。羊中毒症状与牛类似,常有角弓反张姿势。有采食尿素的病史对诊断本病有重要意义。此外还可测定血液中的氨,当血氨含量为 8.4～13 mg/L 时开始出现症状,20 mg/L 时表现共济失调,50 mg/L 时可引起死亡。尿素中毒尚无特效疗法,首先应立即停止饲喂尿素或含尿素的饲料,同时灌服醋或稀盐酸等弱酸以抑制瘤胃中脲酶的活性,同时中和氨,减少氨的吸收。此外还可采用对症治疗和支持疗法。

氨及氨水中毒(ammonia and ammonium solution poisoning)

氨及氨水中毒是畜禽吸入或摄入一定量的氨气或氨水后引起以黏膜刺激反应为主要症状的中毒性疾病。本病多发生于以下情况,如鸡舍通风不良及粪便清除不及时,鸡舍内氨气浓度升高;氨水作为氮肥在生产、储运及使用过程中,因储氨容器密闭不严而逸出氨气被畜禽吸入,或家畜饮入大量施用氨水的稻田水;低浓度的氨可引起黏膜充血、水肿和分泌物增多;高浓度的氨接触可使黏膜或皮肤发生溶解性坏死,吸入则可引起严重的肺充血和肺水肿,还可通过刺激三叉神经末梢反射性地引起呼吸中枢抑制。中毒畜禽主要表现流泪、咳嗽、流鼻液及肺水肿引发的呼吸困难;肺部听诊有湿性啰音。鸡主要表现结膜炎、角膜炎甚至角膜溃疡,产蛋量下降。接触高浓度氨水时可使皮肤、黏膜溃烂。误饮氨水或饮入大量施用氨水的稻田水时,主要表现溃疡性口炎。对于本病尚无特效药,首先应及时除去氨的来源,保持畜禽舍清洁、通风良好。并实施对症治疗,对溃烂黏膜可涂以碘甘油,皮肤灼伤处涂以磺胺软膏,眼部损伤涂以眼药膏,有继发感染时给予抗生素。肺水肿严重时,给予高渗利尿剂如 50% 葡萄糖溶液或 50% 甘露醇溶液,静脉注射。另据报道,在垫料上撒布过磷酸钙,每只鸡 6 g,可吸收氨气,减少发病率。

一氧化碳中毒(carbon monoxide poisoning)

一氧化碳中毒系由于畜禽吸入一氧化碳气体(CO)所致的以机体缺氧为特征

的中毒性疾病。各种动物均可发生，以育雏舍的雏鸡，冬季母猪产房，产羔棚内的母、仔畜较为多见，主要是由于在育雏舍或厩舍内用煤炭或木柴、秸秆等含碳物质取暖，当燃烧不完全时，再加上烟囱堵塞、倒烟或门窗紧闭等使得排烟不畅，可造成室内一氧化碳浓度急剧上升，畜禽吸入后可引起中毒。一氧化碳经呼吸道进入血液循环，在血液中，一氧化碳与血红蛋白(Hb)的亲和力比氧与 Hb 的亲和力大 250～300 倍，因此，一氧化碳很快与 Hb 结合形成稳定的碳氧血红蛋白(HbCO)。HbCO不仅自身无携氧功能，阻碍氧的转运，而且还影响氧合血红蛋白的解离，使氧合血红蛋白携带的氧不能释放出去供组织利用，于是组织受到双重缺氧的威胁。中毒动物轻则表现羞明、流泪，呕吐，心动疾速，呼吸困难，步态不稳等，此时若能及时将动物脱离中毒环境，让其呼吸新鲜空气，可不治自愈；重则表现迅速昏迷，反射消失，后躯麻痹，可视黏膜呈樱桃红色，全身大汗，呼吸急促，脉细弱，有时出现阵发性肌肉强直或抽搐，最后病畜意识丧失，大小便失禁，呼吸麻痹，窒息死亡。一旦发现中毒，应立即将中毒畜禽转移到空气新鲜处进行急救，同时查明、排除毒源。对于重症病例，可实施输氧疗法，应用二氧化碳与氧的混合气(二氧化碳 5%～7%加氧95%～93%)吸入。也可静脉注射双氧水(H_2O_2)。有条件时可进行输血疗法，同时针对脑水肿、心衰、呼吸麻痹、休克等对症治疗。

第三节　灭鼠药中毒

磷化锌中毒(zinc phosphide poisoning)

磷化锌中毒是指家畜误食了含有磷化锌的毒饵或饲料而引起的急性中毒性疾病。磷化锌(Zn_3P_2)是由锌粉和赤磷加热而成，纯品为黑色或灰黑色粉末，有大蒜样气味，在干燥的环境下相对稳定，若暴露于空气或加入食物中，则可缓慢分解，散发出类似蒜臭味的磷化氢气体，比较难闻，但鼠类却喜欢这种气味，易被诱食，中毒后又不能呕吐，是较为理想的灭鼠药。临床上动物中毒的主要原因是误食毒饵或被磷化锌污染的饲料，犬、猫中毒则主要是由于食入被磷化锌毒死的动物尸体而发生二次中毒。中毒发生较快，食入毒物后 15 min 即可出现症状，精神委靡，食欲废绝，呕吐，腹痛和腹泻，呕吐物和粪便在暗处发磷光，呕吐物有大蒜味，粪便中混有血液；呼吸困难，心跳缓慢，节律不齐；尿色发黄，尿蛋白检查呈阳性反应，尿沉渣检查可以见到红细胞和管型；疾病后期感觉过敏，甚至发生痉挛，肌肉颤抖，昏迷而死。根据有误食磷化锌毒饵或被毒饵毒死的畜禽尸体的病史，结合临床症状如呕吐、呕吐物有大蒜样臭味、呕吐物和粪便在暗处发磷光等，可做出初步诊断。确诊需要采取胃肠内容物或呕吐物进行磷化锌检验。对于本病尚无特效解毒药物,发现中毒后应立即灌服 1%的硫酸铜溶液,即能催吐,又可与磷化锌发生化学反应,生成磷化铜,降低毒性;也可服用 0.1%～0.5%高锰酸钾溶液,使磷化锌被氧化成磷酸酐而失去毒性。同时采用对症和支持疗法。

安妥中毒(antu poisoning)

安妥中毒是动物采食了灭鼠毒饵安妥后引起的中毒性疾病,临床上以肺水肿、胸腔积液、高度呼吸困难、组织器官淤血和出血为特征。安妥其化学名为 α-萘基硫脲(alphanaphthyl-thiourea)。纯品为白色结晶,不溶于水,可溶于有机溶剂和碱性溶液内,其商品为灰色粉剂,通常按 2%的比例加入食物中做成灭鼠毒饵使用。安妥是一种较安全的杀鼠药,对鼠类毒性大,对人、畜毒性较低。若由于保管、使用不当,使动物一次误食多量毒饵,或犬、猫捕食已中毒的老鼠,也能发生安妥中毒。安妥经胃肠道吸收入血后,主要在 3 个方面发挥其毒性作用:通过交感神经系统,阻断血管收缩神经,肺部血管通透性增加,导致肺水肿和胸腔积液;所含硫脲水解释放出的氨和硫化氢对局部有刺激作用;具有拮抗维生素 K 样作用,导致各组织器官淤血和出血。动物食入毒饵后数小时即显现中毒症状,主要表现呕吐,兴奋不安,嚎叫,高度呼吸困难,胸肺听诊有广泛的湿性啰音,口、鼻流出血样泡沫,可视黏膜发绀,很快窒息死亡。剖检可见全肺呈暗红色,极度肿大,散在或密布出血斑,胸腔内有多量水样透明液体。本病无特效解毒药。可采取中毒病一般急救措施,如先以0.1%～0.5%高锰酸钾溶液洗胃,再投服硫酸镁导泻。禁止投服油类、牛奶及碱性药物,以免促进毒物吸收。为缓解肺水肿和胸膜渗出,可先静脉放血,再缓慢静脉注射高渗利尿剂如 50%葡萄糖或甘露醇溶液。同时采取强心、输氧、注射维生素 K 制剂等对症疗法。

抗凝血杀鼠药中毒(anticoagulant rodenticides poisoning)

抗凝血杀鼠药中毒是指动物误食含有抗凝血类杀鼠药的毒饵或吞食被抗凝血杀鼠药毒死的鼠尸而引起的中毒性疾病,临床上以广泛性的皮下血肿和创伤(手术)后流血不止为特征。各种动物均可发生,尤其多见于犬、猫和猪。常用的抗凝血杀鼠药有 7 种,即华法令(warfarin, D-con,杀鼠灵)、杀鼠酮(pindone, piral)、敌鼠(diphacinone, diphacin)、克灭鼠(fumarin, coumafuryl)、灭鼠迷(coumatetralyl)、双杀鼠灵(dicoumarol,敌害鼠)和氯杀鼠灵(coumachlor, 比猫灵),其中以华法令使用最为广泛。这类杀鼠药的毒性作用机理在于它们的分子中均含有香豆素或茚满二酮(indandione)基核结构,因其结构与维生素 K 相似,所以能干扰维生素 K 的氧化-还原循环过程,特异性地抑制氧化型维生素 K 的还原,导致活化的维生素 K 枯竭,使得肝细胞生成的凝血酶原和凝血因子 Ⅶ、Ⅸ、Ⅹ 等维生素 K 依赖性凝血因子不能转化为有功能活性的凝血蛋白,从而使需要这些维生素 K 依赖性凝血因子参与的内、外途径凝血过程均发生障碍,导致出血倾向。此外,这类杀鼠药还能扩张毛细血管,增加血管壁的通透性,加剧出血倾向。急性中毒病例常无先兆症状而突然死亡,尤其是脑血管、心包腔、纵隔和胸腔发生大出血时,常常很快死亡。发生亚急性中毒的病畜主要表现吐血、便血和鼻衄,广泛性的皮下血肿,多发生于易受创伤的部位。可视黏膜苍白,心律不齐,呼吸困难,步态蹒跚,卧地不起。当脑、脊髓、硬膜下腔或蛛网膜下腔发生出血时,则出现痉挛、共济失调、抽搐、昏迷等神经症状而急性死亡。凝血相检验可见内、外途径凝血过程均发生障碍,凝血时间、凝血酶原时间、激活的凝血时间和激活的部分凝血活酶时间均显著延长。分别为正常的 2～10 倍。对于中毒病畜应保持安静,尽量避免创伤,在凝血酶原时间尚未恢复正常之前,禁止实施任何外科手术。为消除凝血障碍,应补给香豆素类毒物的拮抗剂维生素 K。首选维生素 K_1,按每千克体重剂量 1 mg,混合于葡萄糖溶液内静脉注射,每 12 h 1 次,连用 2 或 3 次,疗效显著。在此基础上,按每千克体重剂量 5 mg,同时口服维生素 K_3,连续 3～5 d,以巩固疗效。对于出血严重的急性病例,可按每千克体重剂量 10～20 mL,输入新鲜全血,1/2 量迅速输注,1/2 量缓慢滴注,止血效果显著。

氟乙酰胺中毒(fluoroacetoamide poisoning)

氟乙酰胺是我国广大城乡应用最广泛的杀鼠药之一,常通过多种渠道引起动物中毒,甚至有学者认为氟乙酰胺中毒是我国许多省(区)发生的猪、牛和羊猝死的原因之一。

关于氟乙酰胺中毒的病因、病理发生、症状、诊断和治疗等请参阅"有机氟化物中毒"中的内容。

(杨保收 王 凯)

第十九章 矿物类物质中毒

矿物类物质中毒即由矿物元素及其化合物引起的中毒。矿物元素可分为金属元素、类金属元素和非金属元素3类。常见的引起动物中毒的金属元素包括汞、铅、镉、铜和钼等;类金属元素包括硒、砷等;非金属元素如氟等。这些元素中,有的为必需微量元素,如铜、钼、硒和氟等,进入体内过多引起中毒,其他的则为有害元素。

矿物类物质中毒的发生,一方面可由动物饲料或饮水中添加的必需微量元素过多引起;另一方面是由于自然环境(土壤、水和空气等)中某些矿物元素含量过高,或者由于工业、农业或生活性污染,使环境中有害元素大量增加,从消化道、呼吸道或其他途径进入机体引起动物疾病。目前,环境污染对人类和动物健康的危害已越来越受到关注。人类不受控制的各种活动(如工农业生产),使环境的构成或状态发生变化,扰乱和破坏了生态系统和环境,称作环境污染(environmental pollution)。环境污染使生态平衡遭到破坏,进入环境的各种污染物不能被净化而越来越多,污染物不仅直接作用于人类和动物机体引起疾病,还可通过食物链中各种生物因素传递和放大,影响人和动物的健康。因此,加强环境监测,重视生态环境的保护和环境污染的治理,深入研究并努力使人们理解有害物质对人类和动物健康的危害,具有十分重要的意义。

第一节 金属类矿物质中毒

食盐中毒(salt poisoning)

食盐中毒是动物因食入过量的食盐,同时饮水又受限制时所产生的以消化紊乱和神经症状为特征的中毒病。除食盐外,其他钠盐如碳酸钠、丙酸钠、乳酸钠等亦可引起与食盐中毒一样的症状,因此倾向统称为"钠盐中毒"(sodium salt poisoning)。

食盐中毒可发生于各种动物,常见猪和鸡,其次是牛、羊、马。猪、马、牛的中毒剂量为每千克体重2.2 g,家禽为每千克体重2 g。

病因

(1)不正确地利用腌制食品(如腌肉、咸鱼、泡菜)或乳酪加工后的废水、残渣及酱渣等,其含盐量高,喂量过多可引起中毒。

(2)对长期缺盐饲养或"盐饥饿"的家畜突然加喂食盐,特别是喂含盐饮水,未加限制时,极易发生异常大量采食的情况,而引起食盐中毒。

(3)饮水不足,可促使本病发生。有人发现,饮水充分时,猪饲料中含盐量达13%也未必引起中毒。

(4)机体水盐平衡的状态,可直接影响对食盐的耐受性。如高产乳牛在泌乳期对食盐的敏感性要比干乳期高得多;夏季炎热多汗,失去大量水分等。往往耐受不了在冬季能够耐受的食盐量等。

(5)全价饲养,特别是日粮中钙、镁等矿物质充足时,对过量食盐的敏感性大大降低,反之则敏感性显著增高。

(6)维生素 E 和含硫氨基酸等营养成分的缺乏,可使猪对食盐的敏感性增高。

鸡可因"V"形食槽底部沉积食盐结晶,饥饿时食入槽底盐粒而中毒。配合饲料中鱼粉添加过多,常引起鸡中毒。小鸡易发生食盐中毒,死亡率亦较高。雏鸡饲料含盐量达1%,成年鸡饲料含盐量达3%,能引起大批鸡中毒死亡。鸭对食盐似乎更敏感。

病理发生 钠盐中毒的确切机理还不十分清楚,长期以来有 3 种学说:①水盐代谢障碍学说;②钠离子中毒学说;③过敏学学说。

水盐代谢障碍学说认为:当过量的食盐从消化道吸收后,血中钠离子浓度升高,通过离子扩散方式,大量钠离子通过脑屏障进入脑脊髓液中。由于血液和脑脊液中钠离子浓度升高,垂体后叶分泌抗利尿激素,尿液减少,血液中水分以至某些代谢产物如尿素、非蛋白氮、尿酸等,也随之进入脑脊液和脑细胞,产生脑水肿,并出现神经症状。因此,中毒初期当血钠浓度升高时,给予大量饮水,促使钠离子经尿排出是有意义的。而在出现神经症状后,再给予大量饮水,只能使脑水肿加重。

钠离子中毒学说从多种钠盐都可引起中毒的角度出发。细胞外钠离子浓度升高,"钠泵"作用不能维持。Na^+有刺激 ATP 向 ADP 和 AMP 转化并释放能量,以维持"钠泵"的功能;但大量 AMP 积聚在细胞内,不易被清除。AMP 因缺乏能量不能转化为 ATP,过量的 AMP 还有抑制葡萄糖酵解过程。因而脑细胞能量进一步缺乏,"钠泵"作用难以维持。细胞内钠离子向细胞外液的运送几乎停止,脑水肿更趋严重。

以上两种学说不能解释食盐中毒时脑血管周围出现嗜酸性粒细胞从集聚到游走,淋巴细胞相继进入等现象。因而过敏学说认为:在钠离子作用于脑细胞之后,一方面刺激脑细胞并引起神经症状,另一方面脑细胞释放组织胺、五羟色胺等化学趋向物质,引起嗜酸性粒细胞的积聚作用,大多在血管周围出现这种现象,形成"袖套"(cuffing)，故称之为嗜酸性颗粒白细胞性脑膜脑炎(eosinophilic meningo-cephalitis)。

症状 病猪不安、兴奋、转圈、前冲、后退、肌肉痉挛、身体震颤，齿唇不断发生咀嚼运动，有的表现为吻突、上下颌和颈部肌肉不断抽搐，口角出现少量白色泡沫。口渴，常找水喝，直至意识扰乱而忘记饮水。同时眼和口黏膜充血，少尿。尔后躺卧，四肢做游泳状动作，呼吸迫促，脉搏快速，皮肤黏膜发绀，最后倒地昏迷，常于发病后1～2 d死亡，也有些拖至5～7 d或更长。病猪体温正常，仅在惊厥性发作时，体温偶有升高。

家禽精神委顿，运动失调，两脚无力或麻痹，食欲废绝，强烈口渴。嗉囊扩张，口和鼻流出黏液性分泌物。常发生腹泻，呼吸困难，最后因呼吸衰竭而死亡。

牛中毒时呈现食欲减退、呕吐、腹痛和腹泻。同时，视觉障碍，最急性者可在24 h内发生麻痹，球节挛缩，很快死亡。病程较长者，可出现皮下水肿，顽固性消化障碍，并常见多尿、鼻漏、失明、惊厥发作或呈部分麻痹等神经症状。

剖检见胃、肠黏膜潮红、肿胀、出血，甚至脱落。脑脊髓各部可有不同程度的充血、水肿，尤其急性病例软脑膜和大脑实质最明显，脑回展平，表现水样光泽。脑切片镜检可见软脑膜和大脑皮质充血、水肿，脑血管周围有多量嗜酸性粒细胞和淋巴细胞聚集，呈特征性的"袖套"现象。

诊断 ①有过饲食盐和/或限制饮水的病史；②癫痫样发作等突出的神经症状；③脑水肿、变性、嗜酸性粒细胞血管袖套等病理形态学改变；④必要时可测定血清及脑脊液中的钠离子浓度。当脑脊液中 Na^+ 浓度超过 160 mmol/L，脑组织中 Na^+ 超过 1 800 μg/g 时，就可认为是钠盐中毒。

治疗 无特效解毒药。治疗要点是促进食盐排除、恢复阳离子平衡和对症治疗。①发现中毒，立即停喂食盐。对尚未出现神经症状的病畜给予少量多次的新鲜饮水，以利血液中的盐经尿排出；已出现神经症状的病畜，应严格限制饮水，以防加重脑水肿；②恢复血液中一价和二价阳离子平衡，可静脉注射 5％葡萄糖酸钙液 200～400 ml 或 10％氯化钙液 100～200 mL(马、牛)。猪按每千克体重 0.2 g 氯化钙计算；③缓解脑水肿，降低颅内压，可静脉注射 25％山梨醇液或高渗葡萄糖液；④促进毒物排除，可用利尿剂(如双氢克尿噻)和油类泻剂；⑤缓解兴奋和痉挛发作，可用硫酸镁、溴化物(钙或钾)等镇静解痉药。

汞中毒(mercury poisoning)

动物食入汞及其汞化合物或吸入汞蒸气引起的中毒，称为汞中毒。因汞剂侵入途径不同，可分别引起胃肠炎、支气管肺炎和皮肤炎；汞吸收后可导致肾脏和神经组织等实质器官的严重损害。急性中毒者多死于胃肠炎或肺水肿;慢性中毒病例多死于尿毒症,或以神经机能紊乱为后遗症。

病因　①误食经有机汞农药处理过的种子或农药污染的饲料和饮水。有机汞农药包括剧毒的西力生(氯化乙基汞)、赛力散(醋酸苯汞)和强毒的谷仁乐生(磷酸乙基汞)、富民隆(磺胺汞)等,残毒量大,残效期长。目前国内已不生产这类农药。②动物舔吮作为油膏剂外用的氯化汞、磺化汞等医疗用药,有时会引起中毒。③汞剂在常温下可升华产生汞蒸气,易污染下风的水源、牧草和禾苗,亦可直接被动物吸入,而造成中毒。④通过食物链传递而引起中毒。a. 某些水中微生物可把无机汞转变为有机汞(甲基汞),使毒性剧增,危害人、畜;b. 某些水生植物和动物有富集汞的能力,如在一定汞浓度水中生活的鱼不一定中毒致死,但人和动物食入鱼、鱼粉或其他鱼制品后,可产生中毒,发生于日本的"水俣病"就是这一原因引起的(称之为"狂猫跳海"事件)。

病理发生　①汞剂具腐蚀性,能损害微血管壁,凝聚蛋白成分,对局部有强烈的刺激作用。当汞剂经皮肤、消化道或呼吸道侵入畜体时,会分别引起皮肤炎、胃肠炎或支气管肺炎,乃至肺水肿;当汞经肾脏(主要)、结肠和唾液腺排泄时,会造成重剧的肾病、结肠炎以及口黏膜溃烂(汞中毒性口炎)。②神经毒和组织毒。汞化合物易溶于类脂质,排泄速度很慢,常大量沉积于神经组织内,造成脑和末梢神经的变性;另外,汞能与体内含巯基酶类的巯基结合,使之失去活性,使几乎所有的组织细胞都受到不同程度的损害。如汞与金属硫蛋白结合形成的复合物达一定量时,可引起上皮细胞损伤,血管上皮损伤可产生出血,肾小管上皮损伤可产生肾功能衰竭,肠上皮损伤可出现下痢、出血、疝痛等症状。③有机汞可通过胎盘屏障影响胎儿,还可通过乳汁传递给幼畜,引起幼畜肢端震颤,甚至死亡。

症状　无机汞急性中毒不多见,呈重剧的胃肠炎症状。病畜呕吐、呕吐物带血,剧烈腹泻,粪便内混有黏液、血液及伪膜。通常在数小时内因脱水和休克而死亡。

亚急性汞中毒,因误食而发生者主要表现流涎、腹泻、腹痛等胃肠炎症状;因吸入汞蒸气而发生的,则主要表现咳嗽、流泪、流鼻液、呼出气恶臭、呼吸迫促或困难(肺水肿时),肺部听诊有广泛的捻发音、干性和湿性啰音。几天后开始出现肾病症状和神经症状,病畜背腰弓起,排尿减少,尿中含大量蛋白,有的排血尿,尿沉渣检验有肾上皮细胞和颗粒管型;出现肌肉震颤、共济失调,有的后躯麻痹,最后多在全身抽搐状态下死亡,病程1周左右。

慢性汞中毒最常见,病畜沉郁,食欲减退,持续腹泻,呈渐进性消瘦,皮肤瘙痒,口唇黏膜红肿溃烂。神经症状最为突出,病畜头颈低垂,肌肉震颤,口角流涎,有的发生咽麻痹而不能吞咽。后期出现步态蹒跚,共济失调,后躯轻瘫,不能站立,最后多陷于全身抽搐,病程常拖延数周。

剖检变化　食入中毒的,胃肠黏膜充血、出血、水肿、溃疡甚至坏死;吸入中毒的,呼吸道黏膜充血、出血、支气管肺炎,甚至肺充血、出血,有的伴有胸膜炎;体表接触所致的,皮肤潮红、肿胀、出血、溃烂、坏死、皮下出血或胶样浸润。急性汞中毒的基本病变在各实质器官,特别是肾脏肿大、出血和浆液浸润;慢性汞中毒主要病变在神经系统,脑及脑膜有不同程度的出血和水肿。

诊断　依据接触汞剂的病史,临床上胃肠、肾、脑损害的综合病征,不难做出诊断。必要时,可测定饲料、饮水、胃肠内容物以及尿液中的汞含量。尸检时测定肾汞有诊断意义,当肾汞达 10~15 mg/kg 即可认为是汞中毒。

治疗　按一般中毒病常规处理后,及时使用解毒剂。可选用以下药物:

(1)巯基络合剂:5%二巯基丙磺酸液,5~8 mg/kg 肌肉或静脉注射,首日 3 或 4 次,次日 2 或 3 次,第三至第七天每日 1 或 2 次,停药数日后再进行下一疗程;或用 5%~10%二巯基丁二酸钠液,20 mg/kg 缓慢静脉注射,每日 3 或 4 次,连续3~5 d 为一疗程,停药数日后再进行下一疗程。

(2)硫代硫酸钠:马、牛 5~10 g,猪、羊 1~3 g,口服或静脉注射。

另配合保肝、输液、利尿等对症治疗。

钼中毒(molybdenum poisoning,molybdenosis)

钼是动物机体必需的微量元素。在钼矿附近及富钼地区,土壤、饮水和饲料中含钼量过高,或在饲料中过量添加了某些钼化合物,可引起动物钼中毒。临床上以持续性腹泻和被毛退色为特征。钼过量常与铜缺乏同时发生,因而一般认为钼中毒是由于动物采食高钼饲料引起的继发性低铜症。在自然条件下,该病仅发生于反刍兽,牛比羊易感,水牛的易感性高于黄牛,马和猪的易感性很低,一般不呈现临床症状。

病因

天然高钼土壤　含钼丰富土壤上生长的植物能大量吸收钼,动物食用这种植物可发生中毒。钼呈一定的地理分布,多为腐殖土和泥炭土,在英国、爱尔兰、加拿大、美国、新西兰、澳大利亚都曾报道过此病,称为"下泻病"(teart)或"泥炭泻"(peat scouring)。

工业污染　铝矿、钨矿石、铝合金、铁钼合金等生产冶炼过程可造成钼污染,形成高钼土壤或直接造成牧草污染。曾报道江西大余用含钼 0.44 mg/L 的尾沙水灌溉农田,逐年沉积使土壤含钼量达 25~45 mg/kg,生长的稻草含钼达182 mg/kg,牛采食后发生中毒。

不适当地施钼肥　为提高固氮作用,过多地给牧草施钼肥,植物含钼量增高。碱性土壤中可溶性钼较多,易被植物吸收。温暖多雨季节,植物生长旺盛,容易富集钼。

饲料铜、钼含量比值及硫化物的影响　一般饲料含铜 8～11 mg/kg,含钼 1～3 mg/kg。反刍动物饲料铜、钼含量比值最好保持在(6～10)∶1,若此值低于 2∶1,就可能发生钼中毒。有报道绵羊饲料中硫酸盐含量从 0.1％增加至 0.4％时增强钼的毒性,使铜的摄入低于正常。

毒理作用　钼中毒与铜缺乏表现的症状相似,因而认为慢性钼中毒主要是引起继发性铜缺乏而致病。饲料在瘤胃中消化产生 H_2S,与钼酸盐作用,形成一硫、二硫、三硫和四硫钼酸盐的混合物。在消化道中,铜与硫或硫钼酸盐及蛋白质作用,形成可溶性复合物,妨碍了铜的吸收。当钼酸盐被吸收入血液后,可激活血浆白蛋白上铜结合簇,使铜、钼、硫与血浆白蛋白间紧密结合,一方面可使血浆铜浓度上升,另一方面妨碍了肝组织对铜的利用。血液中的硫钼酸盐,一部分进入肝脏,可揿入到肝细胞核、线粒体及细胞浆,与细胞浆内蛋白质结合,特别是它可以影响和金属硫蛋白(MT)结合的铜,使它离开金属硫蛋白。从 MT 剥离的铜可进入血液,增加了血浆蛋白结合铜的浓度,或直接进入胆汁使铜从粪便中排泄的量增加,久之体内铜逐渐耗竭,产生慢性铜缺乏症。

急性钼中毒时,如用硫钼酸盐给山羊静脉注射,表现剧烈腹痛、腹泻,慢性钼中毒亦有明显的腹泻现象,这可能是钼的直接作用。在体外条件下,四硫钼酸盐可抑制大鼠小肠黏膜和肝细胞线粒体的呼吸,对呼吸链电子传递有明显抑制作用;给大鼠灌服四硫钼酸盐 24 h 后小肠黏膜上皮细胞线粒体细胞色素氧化酶活性明显降低,这可能与该酶是一种含铜酶,其中铜的生物学活性受四硫钼酸盐作用影响有关。

症状　牛在高钼草地上放牧后 1～6 周发病,水牛通常在第八,第九天后。最早出现,也是最特征性症状为严重的持续性腹泻,粪便呈液状,充满气泡。体重减轻、消瘦,皮肤发红,被毛粗糙而竖立,黑毛退色变为灰色,深黄色毛变为浅黄色毛。眼周围特别明显,像戴眼镜一样。关节疼痛,腿和背部明显僵硬,运动异常。产乳量下降,性欲减退或丧失,繁殖力降低。慢性钼中毒时常见骨质疏松、易骨折、长骨两端肥大,异嗜等(图 19-1)。

绵羊钼中毒症状较牛轻,表现轻度腹泻,被毛退色,卷曲度消失,质量下降。羔羊可出现严重运动失调、失明,典型背部凹陷特征。

诊断　根据地域流行性,持续性腹泻、消瘦、贫血、被毛退色、皮肤发红等临床表现,及对铜制剂治疗的反应可做出铜缺乏性钼中毒的诊断,饲料和组织中钼和铜

图 19-1　1 岁小公牛钼中毒，脱毛、消瘦

含量测定也有决定性意义。正常牛血铜含量为 $0.75 \sim 1.3$ mg/L，钼含量约为 0.05 mg/L；肝铜含量 $30 \sim 140$ mg/kg（湿重），钼含量低于 $3 \sim 4$ mg/kg。钼中毒时，早期血铜含量明显升高，后期血铜含量低于 0.6 mg/L，钼含量高于 0.1 mg/L；肝脏铜含量低于 $10 \sim 30$ mg/kg，钼含量高于 5 mg/kg。

防治　①重视工业钼污染对人、畜的危害，治理污染源，避免土壤、牧草和水源的污染；②对土壤高钼地区，可进行土壤改良，降低地下水位以减少饲草对钼的吸收，也可施用铜肥减少植物钼的吸收，增加植物铜的含量；③在饲草含钼高的地区，可在日粮中补充硫酸铜。放牧地区可采取高钼与低钼草地定期轮牧的方式；④注射或内服铜制剂是治疗缺铜性钼中毒的有效方法，成年牛每日 2 g，犊牛和成年羊每日 1 g，溶于水中内服，连续 4 d 为 1 个疗程。或用甘氨酸铜注射液皮内注射，犊牛用 60 mg，成年牛 120 mg，有效期 $3 \sim 4$ 个月。

镉中毒（cadmium poisoning）

镉中毒是因饲料、饮水中污染过量镉，动物长期摄入后引起的以生长发育缓慢、肝脏和肾脏损害、贫血以及骨骼变化为主要特征的一种中毒病，多呈慢性中毒，或为亚临床经过。主要因工业"三废"污染或含镉杀真菌剂污染所致。

病因　镉是一种重金属，它与氧、氯、硫等元素形成无机化合物分布于自然界中。动物饲料中镉主要来源于工农业生产所造成的环境污染。电镀、塑料、油漆、电池、磷肥工业都可能产生镉废料，镉与锌伴生，冶炼锌时可造成镉对环境的污染。有些地区用下水道污泥垩田，种植的植物可吸收和蓄积多量的镉。环境中的镉不易被降解，被美国毒物管理委员会（ATSDR）列为第 6 位危及人体健康的有毒物质。

病理发生 镉可经胃肠道、呼吸道、甚至皮肤吸收。实验动物一次性内服镉,在24 h内,约90%由粪排出,0.4%由尿排出,所以镉的吸收率很低。但动物体内缺乏排泄镉、限制镉沉着的机制,镉一旦在体内沉着就很难通过转换排出体外。镉在人体内的半减期为10～30年。镉主要沉积在肾、肝、睾丸、脾、肌肉等组织中并引起损害。镉的毒性作用有:

(1)镉与蛋白质有高度的亲和力,可使多种酶的活性受到影响,从而引起组织、细胞变性、坏死;镉与γ-球蛋白结合使动物的免疫力降低。

(2)镉能强烈地干扰锌、铁、铜、钙、硒等的吸收或在组织中的分布,产生相应的缺乏症。

(3)肝脏是镉急性中毒损伤的主要靶器官。大鼠经尾静脉注射的镉很快聚集于肝脏,引起肝脏脂质过氧化及自由基大量产生,抑制抗氧化酶的活力,造成细胞严重损伤。镉在肝脏中可诱导金属硫蛋白(MT)合成并生成Cd-MT复合物,这对肝细胞的保护可能有重要作用。

(4)镉对肾的损伤。在肝脏形成的Cd-MT在肾小管细胞中降解、分离、释放出游离的镉并产生毒害作用,主要危及肾近曲小管,严重时损及肾小球。

(5)镉的致肿瘤作用。试验发现镉可以引起肺、前列腺和睾丸的肿瘤。认为镉的致癌作用与损伤DNA、影响DNA的修复以及促进细胞增生有关。

(6)镉可引起骨质疏松、软骨症和骨折。一般认为镉对骨骼的影响继发于肾损伤,肾脏对钙、磷的重吸收率下降,维生素D代谢异常。同时镉也可损伤成骨细胞和软骨细胞。

症状 在正常饲养情况下镉急性中毒极少发生,可能呈慢性中毒或亚临床型,动物表现血压升高;蛋白尿,为小分子量蛋白质;骨骼矿化作用不良,骨骼变轻,质脆;贫血,血液稀薄,血红蛋白浓度极度降低;雄性动物出现睾丸萎缩、坏死,影响繁殖机能。

有人认为镉中毒实际上表现为锌缺乏症,当体内缺锌时可使多种酶活性受抑制,出现食欲下降,生长缓慢,繁殖机能减退,免疫机能受损。镉主要蓄积在肾脏,产生肾小管损伤,出现蛋白尿、尿圆柱等。此外,镉还可影响铁代谢,引起血红蛋白合成不足,造成贫血、骨代谢障碍甚至发生骨软症。

诊断 镉的慢性中毒多为亚临床,仅表现为生长发育缓慢,贫血,出现蛋白尿等,故生前诊断较难。尸检时测定肝、肾内镉含量有诊断意义,健康肝、肾内镉含量常低于2～5 mg/kg,中毒时高达10～30 mg/kg或以上。

防治 尚无确实治疗办法,可采用提高饲料中蛋白质比例,增加钙、锌、硒等的供给量来限制镉在体内沉着。目前有试验表明,硒制剂能有效地促使体内沉着镉的排泄。预防的关键是有效地控制环境污染,切实治理"三废"。对已受污染的土壤尚难彻底治理,有人主张种大头菜,因其可富集镉,然后再集中销毁,但大面积推广较困难。通过基因工程的方法让镉仅固定于植物根部,而不进入茎、叶、子实,但尚正在试验阶段。

铜中毒（copper poisoning）

动物因一次摄入大剂量铜化合物,或长期食入含过量铜的饲料或饮水,引起腹痛、腹泻、肝功能异常和溶血危象,称为铜中毒。

病因

急性铜中毒　多因一次性误食或注射大剂量可溶性铜盐等意外事故引起。如羔羊在用含铜药物喷洒过的草地上放牧,或饮用含铜浓度较高的饮水(如鱼塘内用硫酸铜灭杂鱼、螺丝和消毒),缺铜地区给动物不适当地补充过量铜制剂等。

慢性铜中毒　①环境污染或土壤中铜含量太高,所生长的牧草中铜含量偏高,如矿山周围、铜冶炼厂、电镀厂附近,含铜灰尘、残渣、废水污染了饲料及周围环境。②长期用含铜较多的猪粪、鸡粪给牧草施肥,可引起放牧的绵羊铜中毒。将饲喂高铜饲料鸡的粪便烘干除臭后喂羊,可引起羊慢性铜中毒。③猪、鸡饲料中常添加较高量的铜(有的达 250 mg/kg),因未予碾细、拌匀。④某些植物,如地三叶草、天芥菜等可引起肝脏对铜的亲和力增加,铜在肝内蓄积,加之这些植物中肝毒性生物碱引起肝损伤,易诱发溶血危象,发生慢性铜中毒急性发作。⑤有些犬可能是遗传基因缺陷,产生类似人 Wilson 氏病样的遗传性铜中毒。

动物中主要以羔羊对过量铜最敏感,其次是绵羊、山羊、犊牛、牛等反刍动物。单胃动物对过量铜较能耐受,猪、犬、猫时有发生铜中毒的报道,兔、马、大鼠却很少发生铜中毒。家禽中以鹅对铜较敏感,鸡、鸭对铜耐受量较大。研究表明,当饲料中锌、铁、钼、硫含量适当时,动物对饲料中铜的耐受量(mg/kg)为:绵羊 25,牛 100,猪 250,兔 200,马 800,大鼠 1 000,鸡、鸭 300,鹅 100。

病理发生　内服大量铜盐,对胃肠黏膜产生直接刺激作用,引起急性胃肠炎、腹痛、腹泻。高浓度铜在血浆中可直接与红细胞表面蛋白质作用,引起红细胞膜变性、溶血。肝脏是体内铜储存的主要器官,大量铜可集聚在肝细胞的细胞核、线粒体及细胞浆内,使亚细胞结构损伤。在溶血危象发生前几周出现肝功能异常,天门冬氨酸氨基移位酶(AST),精氨酸酶(ARG)等活性升高,当肝内铜积累到一定程度(一般在 6 个月左右),在某些诱因作用下,肝细胞内铜迅速释放入血,血浆铜含量大幅升高,红细胞变性,红细胞内海蒽次氏(Heinz)小体生成,溶血,体况迅速恶化并死亡。肾脏是铜储存和排泄的器官,溶血危象出现后,产生肾小管坏死和肾功能衰竭。

症状　羊急性铜中毒时,有明显的腹痛、腹泻、惨叫,频频排出稀水样粪便,有时排出淡红色尿液,猪、犬可出现呕吐,粪及呕吐物中含绿色至蓝色黏液,呼吸增快,脉搏频数,后期体温下降、虚脱、休克,3~48 h 死亡。

羊慢性铜中毒,临床上可分为 3 个阶段:早期是铜在体内积累阶段,除肝、肾铜含量大幅度升高、体增重减慢外,其他症状可能不明显;中期为溶血危象前阶段,肝功能明显异常,天冬氨酸氨基转移酶、精氨酸酶和山梨醇脱氨酶(SDH)活性迅速升高,血浆铜含量也逐渐升高,但精神、食欲变化轻微,此期因动物个体差异,可维持 5~6 周;后期为溶血危象阶段,动物表现烦渴,呼吸困难;极度干渴,卧地不起,血液呈酱油色,血红蛋白含量降低,可视黏膜黄染,红细胞形态异常,红细胞内出现 Heinz 小体,PCV 极度下降。血浆铜含量急剧升高达 1~7 倍,病羊可在 1~3 d 死亡。

猪中毒时食欲下降,消瘦,粪稀,有时呕吐,可视黏膜淡染,贫血,后期部分猪死亡。

病理变化　急性铜中毒时,胃肠炎明显,尤其真胃、十二指肠充血、出血,甚至溃疡,间或真胃破裂。胸、腹腔黄染并有红色积液。膀胱出血,内有红色以至褐红色尿液。慢性铜中毒时,羊肝呈黄色、质脆,有灶性坏死。肝窦扩张,肝小叶中央坏死,胞浆严重空泡化,肝、脾细胞内有大量含铁血黄素沉着,肝细胞溶解,电镜观察,肝细胞内线粒体肿胀,空泡形成。肾肿胀呈黑色,切面有金属光泽,肾小管上皮细胞变性,肿胀,肾小球萎缩。脾脏肿大,弥漫性淤血和出血。

猪铜中毒,肝肿大 1 倍以上、黄染,胆囊扩大,肾、脾肿大、色深,肠系膜淋巴结弥漫性出血,胃底黏膜严重出血,食道和大肠黏膜溃疡,组织学变化与羊类似。

诊断　急性铜中毒可根据病史,结合腹痛、腹泻、PCV 下降等做出初步诊断。饲料、饮水中铜含量测定有重要意义。慢性铜中毒诊断可依据肝、肾、血浆铜含量及酶活性测定结果。当肝铜＞500 mg/kg,肾铜＞80~100 mg/kg(干重),血浆铜含量(正常值为 0.7~1.2 mg/L)大幅度升高时,为溶血危象征兆。反刍动物饲料中铜含量＞30 mg/kg,猪、鸡饲料中铜含量＞250 mg/kg,应考虑铜过多。血清 AST,ARG,SDH 活性升高,PCV 下降,血清胆红素含量增加,血红蛋白尿及红细胞内有较多 Heinz 氏体,则可确诊,但应与其他引起溶血、黄疸的疾病相鉴别。

治疗　急性铜中毒的羊可用三硫(或四硫)钼酸钠溶液静脉注射。按每千克体重 0.5 mg 钼的三硫钼酸钠,稀释成 100 mL 溶液,缓慢静脉注射,3 h 后根据病情可再注射 1 次。对亚临床铜中毒及经硫钼酸盐抢救已经脱离溶血危象的急性中毒动物,按每日日粮中补充 100 mg 钼酸铵和 1 g 无水硫酸钠或 0.2% 的硫黄粉,拌匀饲喂,连续数周,直至粪便中铜降至接近正常时为止。

预防 在高铜草地放牧的羊,可在精料中添加钼 7.5 mg/kg,锌 50 mg/kg 及硫 0.2%,不仅可预防铜中毒,而且有利于被毛生长。鸡粪加工后不应喂羊。猪、鸡饲料中补充铜时应充分拌匀,同时应补充锌 100 mg/kg,铁 80 mg/kg,可减少铜中毒的几率。应特别注意不应将喂猪、鸡的饲料用于喂羊。

铅中毒(lead poisoning)

铅中毒是指动物摄入过量的铅化合物或金属铅所致的急、慢性中毒。临床上以兴奋狂躁、感觉过敏、肌肉震颤、痉挛和麻痹等神经症状(铅脑病);流涎、腹泻和腹痛等胃肠炎症状以及铁失利用性贫血为特征。多发生于牛、羊、家禽和马,也见于猪。

铅急性中毒量(mg/kg):山羊 400,犊牛 400～600,成年牛 600～800。铅慢性中毒日摄入量(mg/kg):绵羊 4.5 以上,牛 6～7,猪 33～66,连续 14 周;马 100,连续4 周。

病因 ①铅矿、炼铅厂排放的废水和烟尘污染附近的田野、牧地、水源;机油、汽油(搀入防爆剂四乙基铅)燃烧产生的废气污染路旁的草地和沟水,是铅污染的常见原因。②铅颜料(包括铅丹、铅白、硫酸铅及铬酸铅等)普遍用于调制油漆,生产漆布、油毛毡、电池等,是主要的铅毒源,动物因舔食油漆或剥落的油漆片、漆布、油毛毡和咀嚼电池等含铅废弃物而中毒。③某些含铅药物,如用砷酸铅给绵羊驱虫,有时亦会发生铅中毒。

病理发生 铅在消化道内形成不溶性铅复合物,仅有 1%～2%吸收,绝大部分随粪便排出。吸收的铅,一部分随胆汁、尿液和乳汁排泄,一部分沉积在骨骼、肝、肾等组织中。在一定条件下特别是酸血症时,组织中的铅可从沉积处释放。铅对各组织均有毒性作用,主要表现在 4 个方面:①铅可引起脑血管扩张,脑脊液压力升高,神经节变性和灶性坏死,因而常有神经症状和脑水肿。②铅可引起平滑肌痉挛,胃肠平滑肌痉挛而发生腹痛;小动脉平滑肌痉挛而出现缺血;肝、肾等脏器血流量减少,引起组织细胞变性。③铅能抑制血红素合成所需的 2 种酶,δ-氨基乙酰丙酸脱水酶(ALA-D)和铁螯合酶。前者受抑制,则卟胆原(PBG)生成障碍,卟啉代谢受阻;抑制后者,原卟啉 Ⅲ 不能与 Fe^{2+} 螯合,血红素生成障碍,而导致铁失利用性贫血。④铅可通过胎盘屏障,对胎儿产生毒害作用,有的引起流产。

症状 动物铅中毒的基本临床表现是兴奋狂躁、感觉过敏、肌肉震颤等铅脑病症状;失明、运动障碍、轻瘫以至麻痹等外周神经变性症状;腹痛、腹泻等胃肠炎症以及小细胞低色素型铁失利用性贫血。各种动物的具体铅中毒症状,因病程类型而不同。

　　牛：牛铅中毒可分为急性和亚急性2种类型：急性铅中毒多见于犊牛，主要表现铅脑病症状。病牛兴奋狂躁，攻击人、畜；视觉障碍以至失明；对触摸和声音等感觉过敏；全身肌肉震颤，步态僵硬、蹒跚，直至死亡，病程12～36 h。亚急性铅中毒多见于成年牛，除上述铅脑病表现外，胃肠炎症状更为突出。病牛沉郁、呆立，饮食欲废绝、前胃弛缓，便秘而后腹泻，排恶臭的稀粪，病程3～5 d。

　　羊：羊以亚急性铅中毒居多，表现与牛的亚急性铅中毒相似。惟有消化系统症状更明显，食欲废绝，初便秘后拉稀，腹痛，流产，偶发兴奋或抽搐。

　　禽：禽铅中毒表现为食欲减退和运动失调，继而兴奋和衰弱。产蛋量和孵化率降低。

　　猪：猪的铅中毒不常见，大剂量摄入铅可引起食欲废绝、流涎，腹泻带血，失明，肌肉震颤等。妊娠母猪可能流产。

　　诊断　依据铅接触、摄入病史，铅脑病、胃肠炎、铁失利用性贫血及外周神经麻痹等综合征，结合测定血 ALA-D 活性降低、尿 δ-氨基乙酰丙酸排泄增多，可帮助建立诊断。确诊须依据血、毛、组织中铅的测定：铅中毒时血铅含量高于 0.35 mg/L 以至 1.2 mg/L（正常为 0.05～0.25 mg/L）；毛铅含量可达 88 mg/kg（正常为 0.1 mg/kg）；肾皮质铅含量可超过 25 mg/kg（湿重），肝铅含量 10～20 mg/kg（湿重），有的甚至可达 40 mg/kg（正常肾、肝铅含量低于 0.1 mg/kg）。

　　治疗

　　慢性铅中毒　特效解毒药为乙二胺四乙酸二钠钙（CaNa$_2$EDTA），剂量为 110 mg/kg，配成 12.5%溶液或溶于 5%葡萄糖盐水 100～500 mL，静脉注射，每日 2 次，连用 4 d 为一疗程。同时灌服适量硫酸镁等盐类缓泻剂有较好效果。

　　急性铅中毒　常来不及救治而死亡。若发现较早，可采取催吐、洗胃（用 1%硫酸镁或硫酸钠液）、导泻等急救措施，并及时应用特效解毒药。

第二节　类金属和非金属类矿物质中毒

无机氟化物中毒（inorganic fluoride poisoning）

　　氟多以化合物的形式存在，氟中毒分无机氟化物和有机氟化物中毒两类。通常所称氟中毒一般指无机氟化物中毒，有机氟化物中毒则主要有氟乙酰胺、氟乙酸钠等中毒。

　　无机氟化物中毒是指动物摄入含氟化物过多的饲料或饮水或吸入含氟气体而

引起的急、慢性中毒的总称。急性氟中毒以胃肠炎、呕吐、腹泻和肌肉震颤、瞳孔扩大、虚脱死亡为特点;慢性氟中毒又称氟病(fluorosis),最为常见是因长期连续摄入超过安全限量的无机氟化物引起的一种以骨、牙齿病变为特征的中毒病,常呈地方性群发,主要见于犊牛、牛、羊、猪、马和禽。

病因　①地方性高氟:如火山喷发地区,萤石、冰晶石矿、磷矿地区,温泉附近,及干旱、荒漠地区,土壤中含氟量高,牧草、饮水含氟量亦高,达到中毒水平。②工业氟污染:利用含氟矿石作为原料或催化剂的工厂(磷肥厂、钢铁厂、炼铝厂、陶瓷厂、玻璃厂、氟化物厂等),未采取除氟措施,随"三废"排出的氟化物(如 HF,SiF_4)常污染周围空气、土壤、牧草及地表水,其中含氟废气与粉尘污染较广,危害最大。③长期用未经脱氟处理的过磷酸钙做畜禽的矿物质补充剂,亦可引起氟病。偶有乳牛因饲喂大量过磷酸盐以及猪用氟化钠驱虫用量过大引起的急性无机氟中毒。

病理发生　氟是动物机体必需的微量元素,氟参与机体的正常代谢,可以促进牙齿和骨骼的钙化,对于神经兴奋性的传导及参与代谢酶系统都有一定作用。但过量氟化物吸收进入体内产生明显的毒害作用,主要损害骨骼和牙齿,呈现低血钙、氟斑牙和氟骨症等一系列表现。氟及其化合物直接与呼吸道和皮肤接触,则会产生强烈的刺激作用和腐蚀作用。

胶原纤维损害是氟病最基本的病理过程。骨骼和牙齿内的胶原纤维分别由成骨细胞和成牙质细胞分泌,磷灰石晶体沿胶原纤维固位。氟化物可使成骨细胞和成牙质细胞代谢失调,合成蛋白质和能量的细胞器受损,合成的胶原纤维数量减少或质量缺陷。矿物晶体沉积在这样的胶原上,就会出现骨和牙的各种病理变化。再者,骨盐只能在磷酸化的胶原上沉积,而氟可抑制磷酸化酶,使胶原的磷酸化受阻,从而导致骨骼矿化过程障碍。

氟可使骨盐的羟基磷灰石结晶变成氟磷灰石结晶,其非常坚硬且不易溶解。大量氟磷灰石形成是骨硬化的基础。由于氟磷灰石的形成使骨盐稳定性增加,加之氟能激活某些酶使造骨活跃,导致血钙浓度下降,引起继发性甲状旁腺机能亢进,使破骨细胞活跃,骨吸收增加。因此,病畜表现骨硬化和骨疏松并存的病理变化。

氟对牙釉质、牙本质及牙骨质造成损害。氟作用于发育期(即齿冠形成钙化期)的成釉质细胞,使其分泌、沉积基质及其后的矿化过程障碍,导致釉质形成不良,釉柱排列紊乱、松散,中间出现空隙,釉柱及其基质中矿物晶体的形态、大小及排列异常,釉面失去正常光泽。严重中毒时,成釉质细胞坏死,造釉停止,导致釉质缺损,形成发育不全的斑釉(氟斑牙)。氟对牙本质的损害表现为钙化过程紊乱或钙化不全,牙齿变脆,易磨损。病牛牙齿磨片镜检发现,釉质发育不良,表面凹凸不平,凹陷处有色素沉着,钙化不全;牙本质小管靠近髓腔四周有局灶性断裂,断裂处出现空洞样坏死区。

症状　急性氟中毒实质上是一系列腐蚀性中毒的表现。多在食入过量氟化物0.5 h后出现临床症状。一般表现为厌食、流涎、呕吐、腹痛、腹泻,呼吸困难,肌肉震颤、阵发性强直痉挛,虚脱而死。

慢性氟中毒(氟病)常呈地方性群发,当地出生的放牧家畜发病率最高。病畜异嗜,生长发育不良,主要表现牙齿和骨骼损害有关的症状,且随年龄的增长而病情加重。

氟斑牙:牙面、牙冠有许多白垩状,黄、褐以至黑棕色、不透明的斑块沉着。表面粗糙不平,齿釉质碎裂,甚至形成凹坑,色素沉着在孔内,牙齿变脆并出现缺损,病变大多呈对称发生,尤其是门齿,具诊断意义。

氟骨症:下颌支肥厚,常有骨赘,有些病例面骨也肿大。肋骨上出现局部硬肿。管骨变粗,有骨赘增生;腕关节或跗关节硬肿,患肢僵硬,蹄尖磨损,有的蹄匣变形,重症起立困难。有的病例可见盆骨和腰椎变形。临床表现背腰僵硬,跛行,关节活动受限制,骨强度下降,骨骼变硬、变脆,容易出现骨折。病羊很少出现跛行及四肢骨、关节硬肿症状。

剖检变化　急性氟中毒主要呈出血性胃肠炎病变;慢性氟中毒除牙齿的特殊变化外,以头骨、肋骨、桡骨、腕骨和掌骨变化显著,表面粗糙呈白垩样,肋骨松脆,肋软骨连接部常膨大,极易折断,骨膜充血。骨质增生和骨赘生长处的骨膜增厚、多孔。有的病例下颌骨、骨盆和腰椎变形。

X射线检查:牛骨氟高于4 000 mg/kg,X射线可见明显变化,骨密度增大,骨外膜呈羽状增厚,骨密质增厚,骨髓腔变窄。乳牛椎尾骨变形,最后1～4尾椎密度减低或被吸收,个别牛可见尾椎陈旧性骨折。

诊断　根据骨骼、牙齿病理变化及其相关症状、流行病学特点,可做出初步诊断。为了确诊、查清氟源与确定病区,应进行畜体及环境含氟量的测定。一般情况下,饮水含氟7 mg/L可出现斑釉齿,牧草中含氟超过40 mg/kg即为异常。病畜可测定尿氟:8 mg/L为正常,10 mg/L为可疑,高于15 mg/L即可能中毒;骨氟:正常低于500 mg/kg,超过1000 mg/kg时即为异常,达3 000 mg/kg以上即出现中毒症状。

治疗　本病治疗较困难,首先要停止摄入高氟牧草或饮水。移至安全牧区放牧是最经济的有效办法,并给予富含维生素的饲料及矿物质添加剂。修整牙齿。对跛行病畜,可静脉注射葡萄糖酸钙。

有机氟化物中毒（organic fluoride poisoning）

有机氟化物主要有氟乙酰胺（FCH_2CONH_2，FAA）、氟乙酸钠（FCH_2COONa，SFA）及 N-甲基-N-萘基氟乙酸盐（MNFA）等，为一类药效高、残效期较长、使用方便的剧毒农药，主要用于杀虫（蚜螨）、灭鼠。其中氟乙酰胺使用及其引起的动物中毒较为常见，中毒后以突然发病、痉挛、鸣叫、疾速奔跑、迅速死亡为特征。这里仅介绍氟乙酰胺中毒。

动物对 FAA 的易感性顺序由高到低依次是：犬、猫、牛、绵羊、猪、山羊、马、禽。口服致死量（mg/kg）：犬、猫 0.05～0.2，牛 0.15～0.62，绵羊 0.25～0.5，猪 0.3～0.4，山羊 0.3～0.7，马 0.5～1.75，禽 10～30。

病因 氟乙酰胺（fluoroacetoamide）又称敌蚜胺，白色针状结晶，无臭无味，易溶于水，水溶液无色透明，化学性质稳定，在动、植物组织中活化为氟乙酸时产生毒性。动物多因误食（饮）被 FAA 处理或污染了的植物、种子、饲料、毒饵、饮水而中毒。犬、猫、猪等常因吃食被 FAA 毒死的鼠尸、鸟尸，家禽啄食被毒杀的昆虫后引起中毒，这是由于 FAA 在体内代谢、分解和排泄较慢，再被其他动物采食后引起所谓"二次中毒"。

病理发生 FAA 经消化道、呼吸道或皮肤吸收后，在体内脱胺形成氟乙酸，氟乙酸经乙酰辅酶 A 活化并在缩合酶的作用下，与草酰乙酸缩合，生成氟柠檬酸。氟柠檬酸的结构同柠檬酸相似，是柠檬酸的拮抗物，即与柠檬酸竞争顺乌头酸酶而使其活性受抑制，三羧酸循环减慢以至中断，柠檬酸不能转化为异柠檬酸，组织和血液内的柠檬酸蓄积（可达数倍）而 ATP 生成不足，破坏了组织细胞的正常功能。这一毒性作用普遍发生于全身所有的组织细胞内，但在能量代谢需求旺盛的心、脑组织出现得最快、最严重，从而出现痉挛、抽搐等神经症状。此外，氟柠檬酸对中枢神经可能有一定的直接刺激作用。

FAA 对不同种类动物毒害的靶器官有所侧重：草食动物，心脏毒害重；肉食动物，中枢神经系统毒害重；杂食动物，心脏和中枢神经毒害均重。

症状 犬、猫病程较急，摄入氟乙酰胺后 30 min 左右出现症状，吞食鼠尸 4～10 h 后发作。主要表现兴奋、狂奔、嚎叫，心动过速、心律不齐、呼吸困难，可在数分钟至几小时内因循环和呼吸衰竭而死。

猪：猪表现心动过速，突然狂奔乱跑，尖声吼叫、口吐白沫，共济失调、痉挛、倒地抽搐，数小时内死亡。

牛、羊：牛、羊分突发和潜发 2 种病型。突发型无明显的先兆症状，经 9～18 h，突然跌倒，剧烈抽搐，惊厥或角弓反张，迅速死亡；潜发型一般在摄入毒物 5～7 d

后发病,仅表现食欲减退,不反刍,不合群,单独依墙而立或卧地,有的可逐渐康复,有的以后在轻度劳役或外因刺激下突然发作,呈惊恐、狂躁、尖叫,在抽搐中死于心力衰竭和呼吸抑制。

剖检变化　一般情况下尸僵迅速,心脏扩张、心肌变性、心内、外膜有出血斑点;脑软膜充血、出血;肝、肾淤血、肿大;卡他性和出血性胃肠炎。

诊断　依据病史,有神经兴奋和心律失常为主的临床症状,可做出初步诊断。确诊尚需测定血液内的柠檬酸含量,并采取可疑饲料、饮水、呕吐物、胃内容物、肝脏或血液,做羟肟酸反应或薄层层析,以证实氟乙酰胺的存在。

治疗

(1)及时使用解氟灵(50%乙酰胺),剂量为每日每千克体重 0.1～0.3 g,以0.5%普鲁卡因液稀释,分 2～4 次注射,首次注射为日量的 1/2,连续用药 3～7 d。若没有解氟灵,亦可用乙二醇乙酸酯(醋精)100 mL 溶于 500 mL 水中饮服或灌服;或用 5%酒精和 5%醋酸每千克体重各 2 mL,内服。

(2)用硫酸铜催吐(犬、猫)或用高锰酸钾洗胃,然后灌服鸡蛋清。

(3)进行强心补液、镇静、兴奋呼吸中枢等对症治疗。

硒中毒(selenium poisoning)

硒中毒多发生于土壤和草料含硒量高的特定地区。急性型主要表现神经症状和失明;慢性型表现为消瘦、跛行和脱毛。我国湖北省恩施和陕西省紫阳等部分地区为高硒土壤,生长的植物和粮食含硒量高,曾发生人和动物(主要是猪)慢性硒中毒。

病因　①高硒土壤(如沉积岩地区)生长的植物含硒量较高。例如,陕西省紫阳县双安乡土壤含硒 15～27 mg/kg,生产的玉米含硒 37.53 mg/kg,蚕豆45.84 mg/kg,小麦 9.16 mg/kg。②有些植物可富集硒,称之为硒转换性植物或硒指示性植物。如紫云英、黄芪属、棘豆属、木质紫菀等硒的含量较高。据记载,有的植物中硒含量高达 2 000～6 000 mg/kg,最高可达 14 900 mg/kg 或以上,动物一般不采食这类植物,因有蒜臭味。但在过度饥饿或没有其他饲料可食时,有可能采食而发生中毒。③预防或治疗硒缺乏症时因配方、计算或称量错误,人为地在饲料中添加了过量的硒。曾有人配制 0.1%亚硒酸钠溶液时误配质量分数为 1%,注射后引起猪中毒。④工业污染的废水、废气中含有硒。硒容易挥发为气溶胶,在空气中形成二氧化硒,人、畜呼吸后亦可引起硒慢性中毒。

硒一次口服中毒量(mg/kg):马和绵羊 2.2,牛 9.0,猪 15.0。饲料中的硒不应超过 5 mg/kg(干物质)。在含硒 25 mg/kg(干物质)的草地上放牧数周,即可引起慢性硒中毒。饲料含硒 44 mg/kg 能引起马中毒,含硒 11 mg/kg 能引起猪中毒。

病理发生 摄入的可溶性硒和有机硒,绝大部分经小肠吸收。吸收入血后,硒主要与白蛋白结合,迅速遍布全身,并在肝、肾、毛等器官组织中沉积。硒可引起毛细血管扩张和通透性增加,引起肺及胃肠道黏膜充血、水肿。硒可减少羊肝内硫和蛋白质含量,食物中蛋白含量高,可缓解硒中毒。过量的硒对骨骼肌有明显的破坏作用。

硒可取代半胱氨酸中的硫,而影响谷胱甘肽的合成。谷胱甘肽是炎性细胞和其他体液细胞的化学趋向物质,因而硒中毒可影响机体抵抗力。硒与维生素 A、维生素 C 和维生素 K 的代谢有关。维生素 A 缺乏可加速视力障碍。硒可通过胎盘屏障,使母畜繁殖能力下降,胎儿生长发育停滞和畸形。羔羊生后不久死亡,仔猪生后脚爪出血或生后不久死亡。

症状 急性硒中毒,常见于犊牛和羔羊采食大量高硒转换植物或误食误用中毒量硒剂后,表现精神沉郁、呼吸困难、黏膜发绀、脉搏细数,运动失调、步态异常,腹痛、臌气、水样腹泻,数小时至数日内死于呼吸、循环衰竭。

亚急性硒中毒,又称瞎撞病(blind stagger),见于饲喂含硒 10～20 mg/kg 饲料或进入高硒牧地数周(6～8)的牛、绵羊和马。主要表现神经症状和失明。病畜步态蹒跚,头抵墙壁,无目的的徘徊,做圆圈运动,到处瞎撞,吞咽障碍、流涎、呕吐、腹泻,数日内死于麻痹和虚脱。

慢性硒中毒,又称碱质病(alkaline disease),见于长期采食含少量硒(5 mg/kg以上)谷物或牧草的动物。主要表现食欲下降,渐进性消瘦,中度贫血,被毛粗乱,鬃和尾毛(马)、尾根长毛(牛)脱落,跛行,蹄冠下部发生环状坏死,蹄壳变形或脱落。猪脊背部脱毛,蹄壳生长不良。鸡可能不表现明显症状,但蛋中硒含量升高,孵化率降低,鸡胚畸形(无眼、无喙、缺翅或肢异常)。

诊断 依据失明、神经症状、消瘦、贫血、脱毛、蹄匣脱落等临床综合征以及硒接触病史,可做出初步诊断。确诊应依据饲料以及血、毛和肝、肾等组织硒测定结果。饲料中的硒长期超过 5 mg/kg,毛硒 5～10 mg/kg,疑为硒中毒;毛硒超过10 mg/kg,肝、肾硒 10～25 mg/kg,蹄壳硒达 8～10 mg/kg 时可诊断为硒中毒。

治疗 立即停喂高硒日粮。无特效解毒药。对氨基苯胂酸按 40～60 mg/kg 砷含量补饲,可减少硒的吸收,促进硒的排泄。

砷中毒(arsenic poisoning)

砷及其化合物多作农药(杀虫药)、灭鼠药、兽药和医药之用。元素砷毒性不大,但其化合物毒性非常剧烈,管理不慎或使用不当可引起人、畜砷中毒。

砷化物可分为无机砷和有机胂化物2大类。无机砷化物依其毒性可分为剧毒和强毒2类：剧毒类包括三氧化二砷（俗称砒霜）、砷酸钠、亚砷酸钠等；强毒类包括砷酸铅等。有机胂化物则有甲基胂酸锌（稻谷青）、甲基胂酸钙（稻宁）、甲基胂酸铁铵（田安）、新胂凡钠明（914）、乙酰亚胂酸铜（巴黎绿）等。

无机砷比有机胂毒性强，无机砷化物中以亚砷酸钠和三氧化二砷的毒性最强。三氧化二砷中毒量(mg/kg)：猪$7.2\sim11.0$，马、牛和绵羊$33\sim55$。亚砷酸钠中毒量(mg/kg)：猪2.0，马6.5，牛7.5，绵羊11.0。

病因　①误食含砷农药处理过的种子，喷洒过的农作物及饮用被砷化物污染的饮水；②误食含砷的灭鼠毒饵；③以砷剂药浴驱除体外寄生虫时，因药液过浓，浸泡过久，皮肤有破损或吞饮药液、舐吮体表等；内服或注射某些含砷药物治疗疾病时，用量过大或用法不当均可引起中毒；④饲料中添加对氨基苯胂酸及其钠盐促进猪、鸡生长（分别为$50\sim100$ mg/kg 和$250\sim400$ mg/kg），用量过高或添加过久，引起中毒；⑤某些含金属矿物的矿床，特别是铁矿和铜矿，含有大量的砷。常因洗矿时的废水和冶炼时的烟尘污染周围的牧地或水源，引起慢性砷中毒。

病理发生　砷制剂可由消化道、呼吸道及皮肤进入机体，先聚积于肝脏，然后由肝脏慢慢释放到其他组织，储存于骨骼、皮肤及角质组织（被毛或蹄）中。砷可通过尿、粪便、汗及乳汁排泄。

砷制剂为原生质毒，可抑制酶蛋白的巯基(—SH)，使其丧失活性，阻碍细胞的氧化和呼吸作用，导致组织、细胞死亡。砷尚能麻痹血管平滑肌，破坏血管壁的通透性，造成组织、器官淤血或出血，并能损害神经细胞，引起广泛性的神经损害。此外，砷制剂对皮肤和黏膜也具有局部刺激和腐蚀作用。

症状　急性中毒多于采食后数小时发病，反刍动物可拖延至$20\sim50$ h 发生，主要呈现重剧胃肠炎症状和腹膜炎体征。病畜呻吟、流涎、呕吐、腹痛不安、胃肠臌胀、腹泻、粪便恶臭。口腔黏膜潮红、肿胀、齿龈呈黑褐色，有蒜臭样砷化氢气味。随病程进展，当毒物吸收后，则出现神经症状和重剧的全身症状。表现兴奋不安、反应敏感，随后转为沉郁，衰弱乏力，肌肉震颤，共济失调，呼吸迫促，脉搏细数，体温下降，瞳孔散大，经数小时乃至$1\sim2$ d，由于呼吸或循环衰竭而死亡。

慢性中毒主要表现为消化机能紊乱和神经功能障碍等症候。病畜消瘦，被毛粗乱逆立，容易脱落，黏膜和皮肤发炎，食欲减退或废绝，流涎，便秘与腹泻交替，粪便潜血阳性。四肢乏力，以致麻痹，皮肤感觉减退。

剖检变化　急性病例胃肠道变化十分突出，胃、小肠、盲肠黏膜充血、出血、水肿和糜烂，腹腔内有蒜臭样气味。牛、羊真胃糜烂、溃疡甚至发生穿孔。肝、肾、心脏等呈脂肪变性，脾增大、充血。

慢性病例除胃肠炎症病变外,尚见有喉及支气管黏膜的炎症以及全身水肿等变化。

诊断 依据消化紊乱为主,神经机能障碍为辅的综合征,结合接触砷毒的病史,进行综合诊断。必要时可测定饲料、饮水、乳汁、尿液、被毛,以及肝、肾、胃肠及其内容物中的砷含量。正常砷含量:被毛不超过 0.5 mg/kg,牛乳不超过 0.25 mg/L。肝、肾的砷含量(湿重)超过 10~15 mg/kg 时,即可确定为砷中毒。

治疗 ①急性中毒时,首先应用 20 g/L 氧化镁液或 1 g/L 高锰酸钾液,或 50~100 g/L 药用炭液,反复洗胃;②防止毒物进一步吸收,可将 40 g/L 硫酸亚铁液和 60 g/L 氧化镁液等量混合,振荡成粥状,每 4 h 灌服 1 次,马、牛 500~1 000 mL,猪、羊 30~60 mL,鸡 5~10 mL。也可使用硫代硫酸钠,马、牛 25~50 g,猪、羊 5~10 g 溶于水中灌服;③应用巯基络合剂(参考汞中毒的治疗);④实施补液、强心、保肝、利尿、缓解腹痛等对症疗法。为保护胃肠黏膜,可用黏浆剂,但忌用碱性药,以免形成可溶性亚砷酸盐而促进吸收,加重病情。

(王捍东)

第二十章 动物毒中毒

动物毒中毒是由某些动物体内固有的或向外分泌的有毒成分引起其他动物中毒的一类疾病。主要包括蛇毒中毒、蜂毒中毒、蝎毒中毒、蜘蛛毒中毒、蚋(一种吸食人、畜血液的昆虫)毒中毒、蟾蜍毒中毒、斑蝥中毒、蚜虫中毒以及壁虱麻痹等。绝大多数动物毒属蛋白质或肽类物质,能在叮咬螫伤局部(如蜂毒、蝎毒、蜘蛛毒)或胃肠道内(如斑蝥)呈现刺激作用而引起炎性反应,吸收后则分别引起血液变化(溶血、凝血)、肾脏损害(肾病、肾炎)、神经损害(变性、坏死)或皮肤损害(光敏性皮炎),甚至发生休克而迅速致死。

本章主要介绍常见多发的蛇毒中毒、蜂毒中毒以及危害严重的斑蝥中毒和蚜虫中毒。

蛇毒中毒(snake venom poisoning)

蛇毒中毒是指家畜被毒蛇咬伤,毒汁由伤口渗入引起的以毒血症、溶血、中枢麻痹及休克甚至死亡为特征的疾病。

病因和病理发生 世界上蛇类约有 3 000 种,其中毒蛇约 650 种。我国的蛇类约有 160 余种,其中 47 种毒蛇危害较大,能使动物中毒致死的主要有 10 种:即金环蛇、银环蛇、眼镜蛇、大眼镜蛇(眼镜王蛇)、五步蛇、蝮蛇、龟壳花蛇、竹叶青蛇、蝰蛇和海蛇。这些毒蛇,除海蛇主要分布于近海地区外,大多数分布于长江以南各省区,而长江以北平原和丘陵地区只有蝮蛇、蝰蛇、龟壳花蛇等少数几种。

毒蛇咬动物时,毒腺分泌毒液并注入被咬动物的伤口内。蛇毒是一种复杂的蛋白质化合物,含特异性毒蛋白、多肽类及某些酶类,如凝血素、抗凝血素、溶蛋白素、凝集素、胆碱酯酶、抗胆碱酯酶、蛋白分解酶等。蛇毒的毒性作用通常分为 3 类:即神经毒、血循毒和混合毒。神经毒主要作用于神经系统,可作用于脊髓神经和神经肌肉接头而使骨骼肌麻痹乃至全身瘫痪,也可直接作用于延髓呼吸中枢或呼吸肌,使呼吸肌麻痹,最后窒息而死。血循毒主要作用于血液循环系统,引起心力衰竭、溶血、出血、凝血、血管内皮细胞破坏,最后休克而死。混合毒兼有神经毒和血循毒的毒性作用,但大多以其中一种毒作用为主。眼镜蛇科和海蛇科的蛇毒,主要含神经毒;蝰蛇科和蝮蛇科的蛇毒,则主要含血循毒。

各种动物对蛇毒的敏感性不同,马属动物最敏感,其次是绵羊和牛,而猪的敏感性最小。

症状　家畜通常是在放牧时被毒蛇咬伤。多咬伤颜面、鼻端等处,亦可能在四肢的下端、飞节和球节等处。由于蛇毒的类型不同,各种毒蛇咬伤的局部与全身症状也不尽相同。

血循毒症状　咬伤后局部症状突出,主要表现为咬伤部剧痛,流血不止,迅速肿胀,发紫发黑,并极度水肿,往往发生坏死,而且肿胀很快向上发展,一般经 6～8 h 可蔓延到整个头部以至颈部,或蔓延到全肢以至背腰部。毒素吸收后,则呈现全身症状,包括血尿、血红蛋白尿、少尿或无尿及胸腹腔大量出血,最后导致心力衰竭或休克而死。

神经毒症状　咬伤后流血少,红肿热痛等局部症状轻微,但毒素很快由血液及淋巴循环吸收,通常在咬伤后数小时内出现急剧的全身症状。病畜兴奋不安,全身肌颤,吞咽困难,口吐白沫,瞳孔散大,血压下降,呼吸困难,脉律失常,最后四肢麻痹,卧地不起。终因呼吸肌麻痹,窒息死亡。

混合毒症状　咬伤后,红肿热痛和感染坏死等局部症状明显。兼有神经毒和血循毒所致的各种临床表现。因呼吸肌麻痹而窒息死亡,或心力衰竭休克而死。

家畜被毒蛇咬伤不易早期发现。一经发现,多早已陷于全身中毒,甚难救治。因此,病畜大多 1～2 d 死亡,预后不良。

治疗　要点是防止毒素的蔓延和吸收,并破坏和排除已吸收的毒素,维护循环和呼吸机能。

绑扎　可以防止毒素的吸收和蔓延,应尽快于咬伤部位的近心端进行绑扎,每隔 15～20 min 松绑 1～2 min,以免缺血而发生坏死。

清洗、扩创、敷药　咬伤部位立即用清水或氨水彻底冲洗,然后进行乱刺,或扩创切开,或施行烧烙,并敷以季德胜蛇药、南通蛇药,或取独脚莲根、七叶一枝莲、白花蛇舌草等中草药,加醋和酒捣烂,涂于患部。

局部注射　咬伤部周围,注射 1‰～2‰高锰酸钾液、双氧水或胃蛋白酶溶液,并用 0.25‰～0.5‰普鲁卡因液 100～200 mL 封闭。

排除或破坏已吸收的毒素:缓慢静脉注射 2‰高锰酸钾液 50～100 mL。单价或多价抗蛇毒血清静脉注射,早期使用常具有特效。此外还可口服蛇药片。

维护呼吸和循环机能:可应用山梗菜碱、安钠咖、乌洛托品、葡萄糖等解毒、强心、兴奋呼吸的药物。有窒息危险的,施行气管切开术。

蜂毒中毒（bee venom poisoning）

蜂属于节肢动物,有蜜蜂、黄蜂、大黄蜂、土蜂、竹蜂等,雌蜂尾部有毒腺及螯针。有的蜂螫针上有逆钩，刺后可留在伤口处产生剧痛。

病因和病理发生 蜂不主动螫人、畜，多因家畜放牧时触动蜂巢，群蜂飞出而袭击人、畜，也有因家禽啄食蜂而被其他蜂螫伤。马最敏感，严重的可引起死亡；乳牛的乳房常受到蜂的刺螫；鸭、鹅吞食蜂类，几分钟内可死亡。

蜂毒黄色透明、味苦，不溶于乙醇、耐酸碱、耐热，但可被氧化去毒。毒汁主要含乙酰胆碱、组胺及5-羟色胺、磷脂酶A，不仅可引起组织过敏、局部肿痛，且可产生溶血作用。

症状 当动物触动蜂巢时，群蜂倾巢而出，多数刺伤局限于头部，立即产生热痛、淤血及肿胀，轻者不久恢复，重者可引起组织坏死甚至全身症状，如体温升高，中枢神经由兴奋转为麻痹，血压下降，呼吸困难，甚至呼吸麻痹而死亡。

防治 有毒刺残留时，立即拔出毒刺，局部用2%～3%高锰酸钾液洗涤，涂擦氨水、樟脑水等。全身用抗过敏药，如氯丙嗪、异丙嗪、苯海拉明，大动物0.1～0.5 g肌肉注射，氢化泼尼松肌肉注射。有呼吸困难和虚脱的患畜，可注射10%葡萄糖溶液，并给予强心剂。

斑蝥中毒(cantharis poisoning)

牧草的茎叶上寄生了斑蝥成虫，动物采食这种牧草而引起的中毒称为斑蝥中毒。斑蝥(cantharides)系节肢动物昆虫纲、鞘翅目、芫菁科昆虫，分为苣斑蝥和大斑蝥2种。虫体全长15～30 mm，宽5～10 mm，有11节，头部呈圆三角形、红褐色，胸、腹、肢和翅鞘均呈黑色。

病因及病理发生 斑蝥寄生于豆科、茄科等植物，食叶为生。成虫4—5月份开始危害，7—9月份危害最为严重。动物吞食了被斑蝥成虫寄生的植物而中毒。斑蝥内服的致死量：马、牛为25～35 g，羊为1 g。斑蝥的主要有毒成分为斑蝥素(cantharidin)，具有强烈的局部刺激作用和吸收后的全身毒性作用。

如动物被斑蝥叮咬，斑蝥素很快进入组织，引起皮肤炎症，甚至发生水疱及化脓。斑蝥随饲草吞食，可刺激黏膜血管扩张，血管壁通透性增加，引起口炎、咽炎和胃肠炎。斑蝥素吸收后，造成心脏、肝脏、脑等实质器官变性、出血和坏死。斑蝥素经肾随尿排泄，可引起肾炎和尿路的炎症。

症状 斑蝥中毒多发生于马、牛、羊等放牧饲养的草食动物。通常取急性或亚急性病程，经过数日至数周，因吞食斑蝥的数量而不同，重症大多死亡。

咬伤部位皮肤潮红、肿胀、温热和疼痛，甚至发生水疱和溃烂。吞食斑蝥所致的，迅速显现口腔黏膜潮红、肿胀、温热、疼痛、水疱、溃烂、流涎、吞咽困难、腹痛、出血性腹泻等口炎、咽炎、食道炎和胃肠炎的症状。

毒素吸收后,出现兴奋、狂躁、痉挛、昏睡、麻痹等神经症状,以及呼吸困难、脉搏疾速等。后期则表现肾区疼痛、排尿带痛、尿淋漓、尿频以及血尿、蛋白尿、管型尿等。母畜可出现子宫收缩或阴道出血,孕畜常发生流产或早产。

治疗　斑蝥咬伤所致的,咬伤部皮肤立即用温稀碱水冲洗,涂敷氧化锌橄榄油等,按皮肤炎施行外科处置。

吞食斑蝥所致的,一方面可使用催吐剂,投服淀粉、蛋清、豆浆、牛奶等黏浆剂,以保护胃肠黏膜,阻止毒素吸收;另一方面针对实质器官损害和全泌尿系炎症,实施强心、利尿、保肝等对症处理和全身解毒疗法,如等渗葡萄糖生理盐水或林格氏液、5%碳酸氢钠溶液静脉输注,以及安钠咖、樟脑等强心剂。

蚜虫中毒（aphis poisoning）

蚜虫中毒是动物大量采食蚜虫寄生的植物所引起的一种动物毒中毒。临床特征是光敏性皮炎、黏(结)膜炎和血尿。多发生于白色皮毛的羊和猪。

病因　蚜虫寄生在胡萝卜、萝卜、黄豆、青菜以及苜蓿草的茎叶上,因蚜虫体内含有一种光能效应物质(亦称光能剂),动物大量采食后可发生中毒。有一种观点认为,当大量蚜虫寄生于植物上时,蚂蚁在采食蚜虫的同时,将其排泄物留于植物上,猪尤其是架子猪吃了这种未经漂洗的植物,即可引起消化、泌尿功能障碍。

症状和病理变化　发生光敏性皮炎,在皮毛浅淡尤其白皮白毛的羊和猪特别严重。出现拉稀、便秘、腹痛;运步弛缓、后躯僵硬或麻痹;频频排尿,病的中后期出现血尿,呈淡红、鲜红至深红,镜检有大量红细胞及上皮细胞。病猪呈进行性消瘦、衰竭、死亡。病程一般 3～10 d。

剖检呈肾肿大,呈紫红色,个别呈淡灰红色,被膜紧张,切面呈紫红色,多汁;肾盂弥漫性出血,输尿管、膀胱黏膜肿胀,弥漫性出血,有的积有少量红色尿液及黏液。尿道黏膜出血,胃肠黏膜呈急性卡他性炎症,肝肿大,有出血点。

治疗　迅速注射 5%碳酸氢钠,猪 4～6 g,配合强心、维生素 C 和补液,轻症者可迅速痊愈。重症者,特别肾功能严重衰竭者,治愈率较低。

（杨保收）

第六篇

免疫及免疫性疾病

第二十一章　免疫性疾病

　　临床免疫学是基础免疫学和临床医学相结合的一门免疫学分支学科。它运用免疫学的理论和技术,研究免疫性疾病的病因、病理发生、诊断、治疗和预防等有关问题。兽医临床免疫学,与医学临床免疫学相对应,是研究动物免疫性疾病的一门内容崭新、发展飞快的新兴学科。它不仅丰富和充实了兽医内科学的内容,拓宽了动物普通病学领域,而且还为研究人类的免疫性疾病提供了大量实验性和/或自发性动物模型,从而推动了比较免疫学、比较医学和比较生物学的发展。

　　动物的免疫性疾病,是人类相关免疫性疾病的对应病。20 世纪 50 年代以来,文献报道的已不下百种之多,其中约有半数是最近 10～20 年的研究成果。人和动物的免疫性疾病,均分为 4 大类,即超敏反应病(hypersensitivity disease)、自身免疫病(autoimmune disease)、免疫缺陷病(immunodeficiency disease)和免疫增生病(immunoproliferative disease)。

　　超敏反应病　指以超敏感性为其主要病理发生的一类免疫病。包括过敏性休克、过敏性鼻炎、变应性皮炎、荨麻疹、新生畜同种免疫性溶血性贫血(ⅡHA)、同种免疫性白细胞减少症(ⅡLP)、同种免疫性血小板减少性紫癜(ⅡTP)、血斑病、变应性肺炎、肾小球肾炎、虹膜睫状体炎、血清病综合征、变应性接触性皮炎、变应性脑脊髓炎、蚤咬性皮炎、蠕形螨病、壁虱麻痹等。

　　自身免疫病　指宿主免疫系统对自身成分的免疫反应性增高而造成自身组织损害的一类免疫病。包括系统性红斑狼疮(SLE)、类风湿性关节炎(RA)、重症肌无力(MG)、自免性溶血性贫血(AIHA)、自免性血小板减少性紫癜(AITP)、自免性甲状腺病、自免性脑炎、自免性神经炎、自免性睾丸炎、干燥综合征、多动脉炎、皮肌炎、结节性脂膜炎、晶体诱导性葡萄膜炎、视网膜变性、天疱疮、乳汁变态反应等。

　　免疫缺陷病　指以机体免疫系统发育缺陷或免疫应答障碍为基本病理过程的一类免疫病。包括联合性免疫缺陷病(CID)、免疫缺陷性侏儒、遗传性胸腺发育不全、法氏囊成熟缺陷、原发性无丙球血症、暂时性低丙球血症、选择性 IgA 缺乏症、选择性 IgM 缺乏症、选择性 IgG 缺乏症、选择性 IgG_2 缺乏症、遗传性 C_3 缺乏症、遗传性 C_2、C_4、C_5、C_6 缺乏症、周期性血细胞生成症、粒细胞病综合征以及获得性免疫缺乏综合征(艾滋病)等。

　　免疫增生病　指以浆细胞或淋巴细胞等免疫细胞异常增生为特征的一类免疫

病。包括多株系丙球病、淋巴细胞—浆细胞性胃肠炎、多发性骨髓瘤、巨球蛋白血症、淋巴增生性单株丙球病以及非骨髓瘤性单株丙球病等。

第一节 超敏反应病

过敏性休克(anaphylactic shock)

过敏性休克,包括大量异种血清注射所致的血清性休克,是致敏机体与特异变应原接触后短时间内发生的一种急性全身性过敏反应,属 I 型超敏反应性免疫病。各种动物均可发生,犬和猫比较多见。最近报道,鳕鱼可引发接触性荨麻疹和过敏性休克。

病因及病理发生 参见本书"过敏反应和过敏性休克"中的相关内容。

症状 牛、马、猪等动物过敏性休克的临床表现同样可以参见"过敏反应和过敏性休克"。

犬:犬表现兴奋不安,随即呕吐,频频排血性粪便,继而肌肉松弛,呼吸抑制,陷入昏迷惊厥状态,大多于数小时内死亡。

猫:猫表现呼吸困难,流涎,呕吐,全身瘫软,以至昏迷,于数小时内死亡或康复。

治疗 要点在于对症急救。作用于肾上腺素能 β 受体的各种拟肾上腺素药,能稳定肥大细胞,制止脱粒作用,还能兴奋心肌,收缩血管,升高血压,松弛支气管平滑肌,降低血管通透性,是控制急性过敏反应、抢救过敏性休克的最有效药物。如配合抗组胺类药物,则疗效更佳。

常用的是肾上腺素。0.1%肾上腺素注射液,皮下或肌肉注射量:马、牛 2～5 mL,猪、羊 0.2～1.0 mL,犬 0.1～0.5 mL,猫 0.1～0.2 mL。静脉(腹腔)注射量:马、牛 1～3 mL,猪、羊 0.2～0.6 mL,犬 0.1～0.3 mL。

常配伍用的是苯海拉明和异丙嗪。盐酸苯海拉明(可他敏)注射液,肌肉注射量:马、牛每千克体重 0.5～1.1 mg,羊、猪 0.04～0.068 g。盐酸异丙嗪(非那根)注射液,1 次肌肉注射量:马、牛 0.25～0.5 g,羊、猪 0.05～0.1 g,犬 0.025～0.1 g。

过敏性鼻炎(allergic rhinitis)

过敏性鼻炎,即变应性鼻炎,是 I 型超敏反应性免疫病。人类的过敏性鼻炎(枯草热),连同支气管哮喘是最常见多发的免疫病。动物的过敏性鼻炎,包括因吸入花粉而引发的所谓"干草感冒"并不罕见,但多被误诊。

病因　过敏性鼻炎的病因是所谓特应性的易感个体吸入来自植物或动物的化学结构复杂的变应原物质：如豚草、梯牧草、果园草、甜春草、红顶草、黑麦草等的草花粉；榆树、杨树、枫树、白杨树以及栎属、柏属、橘属等树木的树花粉；曲霉菌、青霉菌、毛霉菌、念珠菌和黑穗病霉菌等霉菌孢子；毛翅目昆虫的鳞屑上皮，膜翅科昆虫的发散物以及其他各种有机尘埃。放牧牛、羊的"夏季鼻塞"，常大批发生于牧草开花的春天和秋天，病因变应原尚未确定。

症状　群发于春、秋牧草开花季节的牛、羊"夏季鼻塞"，大多突然起病，最突出的症状是伴有窒息危象的呼吸困难，一种发出鼾声或鼻塞音的高度吸气性呼吸困难，甚至张口呼吸。两侧鼻孔流大量浓稠的、灰黄至橙黄色的黏液脓性或干酪样鼻液。患畜间断或连续地打喷嚏，频频摇头不安，在地面上蹭鼻或反复将口鼻部伸进围栏或树丛摩擦，表明有剧烈的痒感存在。视诊鼻腔黏膜潮红、肿胀，鼻道狭窄，被覆大量炎性渗出物。鼻液涂片染色镜检，见有多量嗜酸性粒细胞。慢性期，刺激症状消退，鼻液分泌减少，呼吸困难缓解。

犬特应性鼻炎，除喷嚏、流鼻涕等鼻炎症状外，还常伴有眼睑肿胀、羞明、流泪等结膜炎症状，特别是有瘙痒、丘疹等特应性皮炎的临床表现。

治疗　病畜急性期，除按鼻炎实施一般疗法外，要立即应用抗组胺类药物和交感神经兴奋剂，以缓解窒息危象，然后尽快远离疾病发生的牧地或现场。

当前应用的抗组胺药物可分为：烷基胺类，如氯苯吡胺（扑尔敏）；乙二胺类，如特赖皮伦胺（去敏灵）；氨基乙醇类，如苯海拉明（可他敏）。给药途径最好是水剂滴鼻或粉剂吹鼻。抗组胺药与拟交感药如麻黄碱、去甲肾上腺素等联合应用，能增强效果。

血管神经性水肿（angineurotic edema）

血管神经性水肿，是变应原物质所致的一种突然出现、迅速消退的皮下水肿和/或黏膜下水肿，属 I 型超敏反应性免疫病。各种动物均可发生，多见于牛和马。

病因　本病最常发生于放牧的马、牛，尤其在牧草开花季节，提示变应原是某种植物蛋白。花粉等各种外源性或内源性变应原物质都可致发本病。基本病理过程肥大细胞释放组胺，毛细血管扩张，血浆向皮下和黏膜下渗漏。

症状　大多数病例只发生皮下水肿，不伴有全身症状。通常出现于头部，可见唇、鼻、颊、眼睑弥漫性肿胀。有时局限于眼眶部，眼睑鼓起，瞬膜肿大外露，并大量流泪。也有出现于会阴部的，可见肛门、阴唇、乳头以至乳房基部水肿，有时扩展到下腿部，由膝至蹄冠呈弥漫性肿胀。这种皮下水肿有其特点：虽有一定的刺激性，表现为晃头、划腿和摩擦，但触诊无热也无痛；突然出现并在 24～48 h 自行消退。

治疗　血管神经性水肿为自限性疾病，病程短暂，通常不治而愈。个别重症病畜，可按急性过敏症用肾上腺素、皮质类固醇和抗组胺类药实施急救治疗。

荨麻疹（urticaria）

荨麻疹俗称风团或风疹块，是皮肤乳头层和棘状层浆液性浸润所表现的一种扁平疹，属 I 型超敏反应性免疫病。各种动物均可发生，常见于马和牛，猪和犬次之，其他动物少见。

病因　引起荨麻疹的变应原相当复杂。依据其常见的病因，可做如下归类：

外源性荨麻疹，其变应原包括某些动、植物毒，如蚊、蚋、虻、蝇、蚁等昆虫的刺螫，荨麻毒毛的刺激（因此得名）；某些药剂，如青霉素、磺胺类；生物制品，如血清疫苗等；石炭酸、松节油、芥子泥等刺激剂的涂擦；劳役后感受寒冷或凉风（故名风疹块），或经受抓搔及摩擦等物理刺激。

内源性荨麻疹，采食变质或霉败饲料，其中某些异常成分被吸收；胃肠消化紊乱，微生态异常（肠内菌群失调），某些消化不全产物或菌体成分被吸收；饲料质地虽完好，而畜体对其有特异敏感性，如马采食野燕麦、白三叶草和紫苜蓿，牛突然更换高蛋白饲料，猪饲喂鱼粉和紫苜蓿，犬吃入鱼肉、蛋、奶等。

感染性荨麻疹，在腺疫、流感、胸疫、猪丹毒、犬瘟热等传染病和寄生虫的经过中或痊愈后，由于病毒、细菌、原虫等病原体对畜体的持续作用而致敏，再次接触该病原体时即感作而发病。

致发荨麻疹的变应原，相对分子质量常较小，多为半抗原，与体组织蛋白结合后才具有免疫原作用，皮肤和黏膜为其主要靶器官，肥大细胞释放的组胺等活性递质，可使毛细血管和淋巴管扩张，渗出血浆和淋巴液，发生皮肤扁平丘疹和/或黏膜水肿。

症状　通常无先兆症状而再次接触变应原的数分钟至数小时内突然起病，发生丘疹。多见于颈、肩、躯干、眼周、鼻镜、外阴和乳房。丘疹扁平状或呈半球状，豌豆至核桃大，数量迅速增多，有时遍布全身，甚至互相融合而形成大面积肿胀。外源性荨麻疹，剧烈发痒，病畜站立不安，常使劲摩擦以至皮肤破溃，浆液外溢，被毛纠集，状似湿疹（湿性荨麻疹）。内源性和感染性荨麻疹，痒觉轻微或几乎不感痒觉。

通常取急性经过，病程数小时至数日，预后良好。有的取慢性经过（慢性荨麻疹），迁延数周乃至数月，反复发作，常遗留湿疹，顽固难治。

治疗　急性荨麻疹多于短期内自愈，无需治疗。慢性荨麻疹的治疗原则是消除致敏因素和缓解过敏反应。

消除致敏因素，应停止饲喂霉败饲料，驱除胃肠道寄生虫，灌服缓泻制酵剂，以清理胃肠,排除异常内容物等。

缓解致敏反应,常配合用抗组胺类药和拟交感神经药。参见过敏性休克的治疗。

变应性皮炎(allergic dermatitis)

变应性皮炎,即昆虫螫咬性皮炎,是马、骡的一种伴有剧烈瘙痒的皮肤炎症,属Ⅰ型超敏反应性免疫病。最近报道,本病还发生于猫和小鼠。病的发生有明显的季节性特点,通常在炎热潮湿的夏、秋季发病,寒冷季节症状即缓解乃至消失。

病因 本病系双翅目吸血昆虫糠蚊,即蠓叮咬所致。蠓的唾液中含变应原,为半抗原,与皮肤的蛋白结合后即变成完全抗原致敏动物,然后反复叮咬感作。靶器官是皮肤。

症状 病变通常集中在尾根、臀部、背部、鬐甲部、颈背和两耳等脊背侧。轻症病马,只见耳、尾等处皮屑增多和脱毛。重症病马,患病可扩延到胸腹侧、颈侧以至面部和四肢。病变部皮肤剧烈瘙痒,夜间尤甚,是本病的一大特点。病畜啃咬或摩擦皮肤,常数小时不已,甚而彻夜不眠,以至影响采食,形体消瘦,被毛纠集、脱落而形成斑秃,皮肤溃烂、渗出、结痂或继发感染。

病程缓长,夏、秋季发病,冬、春季缓解,翌年夏、秋季再发,病因不除则反复发作。

防治 局部使用和注射抗组胺类药物和皮质类固醇,只能缓解病情,且疗效短暂。根本性的防治措施是搞好厩舍卫生,降低吸血昆虫密度。马体喷洒驱蚊剂和地灶熏烟驱蠓可使发病率大幅度降低。

犬特应性皮炎(canine atopic dermatitis)

犬特应性皮炎是指特应性体质的犬吸入变应原而发生的一种变应性皮炎,属于Ⅰ型超敏反应性免疫病。它是一种常见的与遗传和反应素(IgE)有关的自发过敏反应的慢性进行性皮肤病。所有犬的品种都可发生,但大麦町犬(斑点犬、Dalmatian)、比格犬(Beagle)等品种及其杂种发病率高。任何年龄犬都可发生,以1~3岁犬多发。

病因 犬的特应性皮炎经常是由于吸入变应原,如花粉、尘螨、霉菌、皮屑等而引起,因此该病又称为吸入过敏性皮炎。与人不一样(呼吸道黏膜是过敏原的靶器官),犬的皮肤则是其靶器官。此病虽有一定的季节性,但慢性吸入性过敏全年都可发病。病程较长,有的可以伴随犬的一生。

症状 犬特应性皮炎最早最突出的临床症状表现就是剧烈瘙痒,大多为全身性的,但面部、脚和腋下尤甚。病犬常常舔嚼自己的脚和腋下。皮肤损害可因严重舔咬、抓搔和继发感染而加重。继而皮肤出现鳞片、表皮脱落和耳炎,慢性患犬眼周围、腋下和腹股沟区皮肤上形成苔藓样红斑,有的色素沉着过多。

诊断　根据病史和临床症状可做出初步诊断,皮内过敏原试验有助于本病的确诊。

治疗　应用醋酸泼泥松亦即强的松或强的松龙口服治疗,剂量为每千克体重2～4 mg,当症状好转后,改用维持剂量,每天每千克体重 0.5～1 mg。也可以用应用泼尼松或地塞米松。如发生继发感染,应配合抗生素治疗。

新生畜同种免疫性白细胞减少症
（neonatal isoimmune leukopenia）

新生畜同种免疫性白细胞减少症,是由于仔畜和母畜间白细胞型不合,母畜血清和乳汁中存在凝集破坏仔畜白细胞的同种白细胞抗体所致的白细胞减少症,属Ⅱ型超敏反应性免疫病。其病因及病理发生与新生畜同种免疫性血小板减少性紫癜相仿,即父畜和母畜间白细胞型不合,仔畜继承了父畜的白细胞型,作为潜在性抗原,一旦通过胎盘屏障,即刺激母体产生特异性抗白细胞同种抗体,存在于血清并分泌于乳汁特别是初乳中。仔畜出生时健康活泼,吮母乳后经过一定时间发病。本病报道只见于马驹和小鼠,其他动物尚无记载。基本临床表现是呼吸道、消化道和皮肤反复发生感染。主要检验所见包括白细胞总数减少,中性粒细胞比例降低,单核细胞绝对数增多,骨髓象显示粒系细胞左移并有成熟障碍。主要防治方法是停吮母乳,用抗生素对症治疗。

新生畜同种免疫性血小板减少性紫癜
（neonatal isoimmune thrombocytopenic purpura）

新生畜同种免疫性血小板减少性紫癜,是母畜血清和乳汁中存在凝集仔畜血小板的抗血小板抗体所致的一种免疫性血小板减少症,以皮肤、黏膜、关节和内脏显现广泛的出血为其临床特征,属Ⅱ型超敏反应性免疫病。主要发生于骡驹、马驹、仔犬和仔猪。

病因　基本病因是父畜母畜的血小板型不合,且胎儿继承了父畜的血小板型,以致胎儿血小板作为抗原,刺激母体产生抗血小板抗体存在于血清中,妊娠后期效价升高,产后则随乳汁特别是初乳而排出。这种抗体具有种特异性,即不仅能凝集胎儿及其父畜的血小板,还能凝集同种动物的血小板。新生仔畜,包括亲生的以及非亲生而血小板为该抗原类型的,一旦吸吮此乳汁,循环血小板即发生凝集并在脾脏等网状内皮系统中遭到滞留和破坏。

症状　仔畜出生时外观健康活泼,吃母乳后数小时(骡驹和马驹)或数日(仔猪)突然起病,眼、口腔、鼻腔等可视黏膜显示出血点或出血斑。骡驹和马驹,常发生皮肤渗血。仔猪和仔犬,常发生皮下出血而形成大小不等的血肿。有的因关节内出血或关节部皮下出血而表现腕、肘、跗等四肢关节肿胀,触之呈捏粉样,有痛感。有的因肺出血而表现呼吸困难。大多数病畜停吮母乳后 2~4 d 停止出血,病情好转,并逐渐康复。如再吮母乳,则随即复发。临床检验显示血小板减少、流血时间延长和血块收缩不良。

治疗　治疗的原则是除去病因,减少血小板破坏和补充循环血小板。为此,要立即停吮母乳,找保姆畜代哺。使病畜保持安静,减少活动,以免自发性出血加剧,并尽快输给新鲜相合血或富含血小板的新鲜血浆。

超敏反应性虹膜睫状体炎(allergic iridocyclitis)

虹膜睫状体炎,即前葡萄膜炎或前色素层炎,一般为角膜刺创等眼外伤感染所致。在马、犬、猫和兔等动物,有一种超敏反应性虹膜睫状体炎,属Ⅲ型超敏反应性免疫病。

病因　本病系发生在眼部的一种 Arthus 反应。肝炎病毒或其他抗原物质再度进入眼前房,与先前的相应抗体形成抗原-抗体复合物,沉积在虹膜睫状体上,结合并激活补体,吸引中性粒细胞浸润,释放蛋白溶解酶,损伤血管壁,发生坏死性炎症。

症状　犬虹膜睫状体炎,单侧或双侧发生。早期症状包括:角膜水肿和眼房液混浊;羞明、流泪、瞳孔缩小以及眼睑痉挛、前肢搔眼显示的眼部疼痛等炎性刺激症状;睫状体血管伸入角膜基质深层所致的毛刷样角膜缘;睫状体生成眼房液减少而虹膜血管吸收眼房液增多所致的眼内压大幅度降低。

随着炎症的进展,前房液中的炎性细胞或色素常黏附于角膜内皮,形成灰白色或棕褐色的角膜后沉积物。由于瞳孔缩窄和炎性反应,虹膜往往与晶状体的前囊黏着,发生后粘连,严重的可使瞳孔闭锁,后房液阻滞,虹膜膨隆,前房窄浅,眼压升高,而激发青光眼。严重者常造成失明。

治疗　抗菌消炎和抑制免疫反应是治疗要点。庆大霉素或新霉素或多黏菌素 B 与地塞米松联合局部用药(药液点眼)有良好效果。

为防止虹膜后粘连,应适当使用散瞳药。常用的是托吡酰胺等作用短暂的散瞳药。

血清病综合征（serum disease syndrome）

血清病综合征包括急性和慢性2种病型。急性血清病或血清性休克，属Ⅰ型超敏反应病。慢性血清病，属Ⅲ型超敏反应病。各种动物均可发生，近年在逐渐减少。

病因及病理发生 常见的原因是疾病防治上注射破伤风抗毒素、抗蛇毒血清等抗毒素和免疫血清或促肾上腺皮质激素等含异种蛋白的其他生物制品。异种血清或蛋白一次大量注射，常产生IgE抗体，激起Ⅰ型超敏反应，发生急性血清病以至血清性休克；多次小量注射常产生IgG抗体，形成免疫复合物，激起Ⅲ型超敏反应，发生慢性血清病。

症状 先前曾接受过同一抗原或高度敏感的所谓特应性个体，常在异种血清或蛋白注射后数分钟至数小时内突然显现急性血清病反应。因咽喉水肿和肺水肿而表现呼吸困难、发绀、咳嗽、流鼻液等呼吸道症状，或因过敏性休克（血清性休克）而表现循环衰竭、昏迷、抽搐、迅速致死。慢性血清病，通常在异种血清或蛋白注射后1～3周发病，病畜精神沉郁，食欲减退，体温升高，并伴有心律失常、脉搏细弱、皮肤水肿、关节肿痛、淋巴结肿大以及蛋白尿、管型尿等免疫复合物沉积器官组织损害的相应临床症状。轻症的，3～5 d症状消退；重症的，病程拖延数周。一般预后良好。

治疗 急性血清病和血清性休克，按急性过敏症和过敏性休克用肾上腺素和抗组胺类药实施抢救。慢性血清病为自限性疾病，大多不治而自愈。必要时可实施对症治疗。如伴有严重关节肿痛和发热的，应用皮质类固醇、水杨酸盐等退热、消炎、镇痛药。

变应性接触性皮炎（allergic contact dermatitis）

变应性接触性皮炎，是变应原物质直接频繁接触皮肤而致发的一种慢性变应性皮炎，属Ⅳ型即迟发型超敏反应性免疫病。各种动物均可发生，多见于牛、羊、犬和猫。

病因 主要是长期接触铬、铅、镍、苯、甲醛、醇类、油漆、沥青、苦味酸、植物脂类等各种无机和有机化合物，或反复应用碘酊、碘仿、松节油、甲醛溶液等药物涂擦皮肤。这些化合物相对分子质量低，多为半抗原，穿透皮肤角质层和胶原蛋白和/或角质蛋白结合成蛋白复合物之后，即变为完全抗原，刺激机体产生致敏淋巴细胞，当再与致敏机体反复接触感作时，则激起细胞介导的迟发型皮肤超敏反应。

症状 病变大多局限于接触抗原的皮肤，如鼻端、腹下和四肢等无毛少毛部位。原发性病变包括红斑、丘疹和水疱，有痒感。几经摩擦和啃咬，则病灶破溃、渗出并结痂。继发感染的,可引起脓皮病。病程迁延的,皮肤变厚,常导致棘皮症。

防治　关键在于确定并脱离病因变应原物质。皮质类固醇为首选药物。敷用肤轻松、氢化可的松、去炎松等软膏,疗效很好。

蚤咬变应性皮炎(flea allergic dermatitis)

蚤咬变应性皮炎是一种以迟发型超敏感性为主,并伴有 I 型速发型超敏感性和皮肤嗜碱性细胞超敏感性的混合型超敏反应性免疫病。一年四季均可发生,但以7—9 月份跳蚤活跃期发病率最高。犬、猫等伴侣动物最常发生。

病因　跳蚤的唾液内有十几种抗原,通过叮咬进入动物体内,致敏 T 淋巴细胞,蚤重复叮咬时即引起迟发型超敏反应。I 型速发型超敏感性在本病发生和延续上也起一定的作用,但引起瘙痒的递质不是组胺,因此用抗组织胺止痒无效。除前述 IgE 介导的速发型变态反应和细胞介导的迟发型变态反应外,还有皮肤嗜碱性细胞超敏感性,后一过程实际上可能是 IgE 介导的一种迟发型的变态反应。

症状　犬的皮肤病变通常开始于毛根和后肢内侧,以后扩展到腹部,主要表现为瘙痒、丘疹、脱毛和落屑。慢性病例可遍及整个躯干,但面部病变十分罕见,以此与犬的特应性皮炎相区别。猫的皮肤病变常发生在头颈基部、耳后、脊背和尾尖,表现为小的粟粒状糜烂,被覆血液及血浆,形成干硬的痂皮,特称粟粒性皮炎,是猫蚤咬性皮炎的特征。有时在犬、猫的被毛下能看到跳蚤或跳蚤排出的黑色或咖啡色排泄物。

诊断　根据临床症状,体表发现跳蚤和跳蚤的排泄物,可以确诊,但没有发现跳蚤或跳蚤排泄物,并不能排除本病。粪便中检出犬复孔绦虫的节片有助于诊断。

防治　防治要点在于驱灭蚤和控制超敏反应。

驱灭蚤药物包括有机磷酸盐、氨基甲酸酯、除虫菊酯类、伊维菌素等,杀虫剂都有一定的毒性,猫比犬更敏感,选用时应小心。目前市场常用的商品性的驱蚤杀蚤产品有梅里亚公司的"福来恩"和诺华公司的"克星"与"保健"。

控制超敏反应,制止瘙痒常用药物为皮质类固醇,如强的松龙日剂量为每千克体重 $1\sim2$ mg,2 次分服,连续 $3\sim5$ d 后,剂量减半,每日或隔日 1 次,连用 $7\sim10$ d。

第二节　自身免疫病

乳汁变态反应(milk allergy)

乳汁变态反应是乳房内潴留乳汁吸收所致的一种变态反应,属 I 型超敏反应性自身免疫病。本病主要发生于牛,特别是娟姗和更赛两品种特应性牛,具遗传特性,偶见于马和犬。过敏原是自身乳汁中的 α-酪蛋白。病因是挤奶延迟或干乳期乳汁滞留,乳房内压升高,乳腺合成分泌的酪蛋白再吸收入血。常见症状是荨麻疹。重症病例还表现明显的全身反应,呼吸困难(呼吸数可达百次),肌肉震颤,吼叫不安,舔吮皮肤,或精神迟钝,共济失调,卧地不起。病程有自限性,预后良好,通常不治而愈。确诊依据于直接皮肤过敏试验。自身乳汁千倍或万倍稀释后皮内注射,几分钟内皮肤水肿增厚的,为阳性反应。抗组胺类药治疗效果良好。预防在于避免干乳期起始阶段乳汁猛然潴留和淘汰特应性体质牛。

自身免疫性溶血性贫血(autoimmune hemolytic anemia)

自身免疫性溶血性贫血,简称自免溶贫(AIHA),是体内产生自身红细胞抗体而造成的慢性网状内皮系统溶血和/或急性血管内溶血,属Ⅱ型超敏反应性自身免疫病。依据病因,分为原发性 AIHA 和继发性 AIHA。依据自身抗体致敏红细胞的最适温度,分为温凝集抗体型和冷凝集抗体型,即冷凝集素病。本病在犬比较常见,猪、牛、马也有发生。

病因 原发性自免溶贫,病因尚不清楚,故称特发性自免溶贫。继发性自免溶血,见于多种疾病,包括链球菌、产气荚膜杆菌、病毒等各种微生物感染;淋巴瘤、淋巴肉瘤、白血病等恶性肿瘤以及系统性红斑狼疮、自身免疫性血小板减少性紫癜等其他自身免疫病。某些药物和毒物,如青霉素和铅中毒等偶尔也可引起本病。

症状 温抗体溶血病,由温凝集型抗体(主要为IgG)所致,原发性或特发性居多,分急性和慢性 2 种过程。通常取慢性经过,即以慢性网内系溶血为主要病理过程。病畜在长期间内反复发热、倦怠、厌食、烦渴、可视黏膜苍白黄染,呈渐进增重的进行性贫血和黄疸,腹部透视和腹壁或直肠触诊可认脾脏和肝脏明显肿大。

冷抗体溶血病,即冷凝集素病,由冷凝集型抗体(多数是IgM,少数是IgG)所致,继发性的居多,通常取急性经过,或在慢性迁延性经过中出现急性发作。主要表现为浅表血管内凝血和/或急性血管内溶血。突出的体征是躯体末梢部皮肤发绀和坏死。病畜在冬季或寒夜暴露于低温环境时,致敏红细胞可在浅表毛细血管内发生自凝,表现为耳尖、鼻端、唇边、眼睑、阴门、尾梢和趾垫等体躯末梢部位的皮肤发绀。局部皮肤因缺血而发生坏疽。发热、溶血、肝脾肿大等症状不如温抗体病明显。

治疗 皮质类固醇疗法是自身免疫性溶血性贫血的基本疗法。糖皮质激素,如强的松和强的松龙,每日 2 mg/kg,分次口服,或每日 1 mg/kg,混入葡萄糖盐水内缓慢静脉注射,对特发性自身免疫性溶血性贫血有良好的效果,配合应用环磷酰胺等其他免疫抑制剂则效果更佳,但必须减量持续用药相当长(数周至数月)的时间,否则容易复发。

继发性自免疫性溶血性贫血,应着重查明并治疗原发病,可适当配合上述糖皮质激素疗法。

冷凝集素病,继发性的居多,主要在于根治原发病,并应注意避免持续受寒。

自身免疫性血小板减少性紫癜
(autoimmune thrombocytopenic purpura, AITP)

自身免疫性血小板减少性紫癜,是体内产生抗血小板自身抗体所致发的一种免疫性血小板减少症,以皮肤、黏膜、关节和内脏的广泛出血为临床特征,属Ⅱ型超敏反应性自身免疫病。

AITP 是发生较多、研究较深的一种动物自身免疫病。AITP 在犬发现得最早,发生亦最多。以后有报道见于马和猫。

病因 自身免疫性血小板减少性紫癜的病因还不完全清楚,但临床上通常并发于一些胶原疾病和淋巴增生性疾病,大多继发于某些微生物感染和磺胺、抗生素、二氨二苯砜、左旋咪唑等药物过敏。近来报道,在骨髓移植停用免疫抑制剂之后可发生 AITP。

症状 本病急性突发型较少,绝大多数(80%以上)取慢性迁延型经过,在数月至1～3年反复缓解和发作,常见于成年犬,尤以4～6岁母犬居多。

急性突发型 AITP,多数起因于微生物感染或药物过敏,通常在接触病原因子或药物数日至数周后突然起病,显现厌食、沉郁、发热和呕吐(犬和猫)等全身症状,最突出的临床表现是出血体征,在可视黏膜上显现出血点和出血斑块,遍布于齿龈、唇、舌及舌下口腔黏膜,结膜、巩膜、瞬膜、鼻腔黏膜和口腔黏膜。

慢性迁延性 AITP,多并发或继发于淋巴组织增生病、系统性红斑狼疮等其他自身免疫病以及金制剂等少数药物的长期接触。起病隐袭,通常在原发病临床表现的基础上逐渐显现前述皮肤、黏膜及内脏器官的某些出血体征。出血程度较轻且常能自行缓解,但经常反复发作,病程迁延数月以至数年,顽固难愈。

检验所见:除出血后贫血的各种检验指征外,主要包括凝血时间延长,血块收缩不良,血小板数极度减少,以及血片血小板象和骨髓巨核细胞象的改变。

治疗 只要查明并除去病因,停用可疑的药物,急性 AITP 大多即自行痊愈。糖皮质激素,如氢化可的松、强的松、强的松龙等是对症治疗的首选药物。开始用大剂量,每日 2.5～5.0 mg/kg,分次口服,连续1～2周为一疗程,以后减半,以控制病情。绝大多数病畜经3～5周即可痊愈和临床缓解。

系统性红斑狼疮（systemic lupus erythemstosus，SLE）

系统性红斑狼疮，是由于体内形成抗核抗体等抗各种组织成分的自身抗体所致发的一种多系统非化脓炎症性自身免疫病。本病是医学上最早发现的全身性结缔组织疾病，即胶原-血管疾病。本病报道在动物上见于犬、鼠、猫和马。

病因 系统性红斑狼疮的病因学涉及多种因素，包括遗传、免疫等内在因素以及微生物感染、药物诱导等外在因素。某些动物有遗传性免疫缺陷，具有易感 SLE 的素质，即所谓狼疮素质，在特定微生物感染或药物诱导下，产生多种自身抗体，出现细胞溶解型和免疫复合物型超敏反应，导致血细胞和相应器官组织的免疫学损伤。

症状 系统性红斑狼疮常见于犬和猫，尤以 4～6 岁的中青年母犬发生较多。其起病隐袭，病程缓长，大多延续 1 年至数年，临床缓解和加剧反复交替。免疫损伤几乎遍及全身各系统器官，主要引起溶血性贫血、血小板减少性紫癜、皮炎、肾炎、多发性关节炎、胸膜炎、心内膜炎、坏死性肝炎以及脑-神经系统和视网膜的血管损害等，表现各式各样错综复杂的临床症状。病畜有间歇性发热，倦怠无力，食欲减退，体重减轻等一般症状。

治疗 SLE 急性发作的病畜，用强的松、强的松龙等大剂量糖皮质激素，配合应用硫唑嘌呤、环磷酰胺等免疫抑制剂，常能奏效。

类风湿性关节炎（rheumatoid arthritis）

类风湿性关节炎，简称类风湿（RA），是由于体内形成抗丙种球蛋白自身抗体所致发的一种全身性结缔组织（胶原-血管）疾病。以慢性进行性糜烂性多关节炎为主要病变，通常对称地侵害肢体远端小关节，眼观病理特征为关节滑膜及其软骨的糜烂和关节及其周围组织的变形。本病主要发生于犬，也有报道见于猪、猴、大鼠以及猫。

病因 类风湿性关节炎的病因迄今不明。早先的许多学者曾致力于研究棒状杆菌、丹毒丝菌、猪鼻霉形体和牛乳房炎霉形体等微生物的感染对犬、猪、牛、大鼠类风湿性关节炎的病因作用，但未取得确定性结果。

症状 起病突然或隐袭，常表现发热、沉郁、食欲减退和体重减轻等全身症状，同时或稍后出现一肢或数肢的不同程度跛行。髋、膝、跗、肩、腕、跖、趾等肢体大小关节均可受累，但远端小关节最常发生。典型的关节症状是温热、肿胀、疼痛和运动障碍。伴有关节韧带和半月状板损伤的，关节即变得松弛而失去稳固性。病程延续数周后，关节外形常发生明显改变，如腕关节和跗关节呈直角形或关节脱位。最终导致纤维性或骨性关节强直。

治疗　应用最广的是水杨酸钠、乙酰水杨酸(阿司匹林)等水杨酸盐。每日1～3 g,分次口服,持续数周至数月,配合消炎痛、保泰松等非类固醇抗炎药,常可治愈轻度和中度类风湿病畜。

重症肌无力(myasthenia gravis,MG)

重症肌无力是一种以运动终板区神经肌肉传导障碍为发病环节,以骨骼肌无力和易疲劳为临床特征的疾病。分获得性和先天性2种病型。获得性重症肌无力已肯定是由于体内产生抗乙酰胆碱受体和抗横纹肌的自身抗体所致的自身免疫病;先天性重症肌无力是由于运动终板区乙酰胆碱受体先天缺陷所致而免疫机理尚未定论的遗传性疾病。有报道见于犬和猫。

症状　主要包括遍及全身的骨骼肌无力体征,发作与缓解反复交替的慢性病程,肌电图上紧靠基线的低小动作电位以及抗乙酰胆碱酯酶药试验性治疗的快速应答效果。

治疗　因病型而异。先天性重症肌无力,只能应用抗胆碱酯酶药长期维持。抗胆碱酯酶类药物,可抑制胆碱酯酶活性,使乙酰胆碱的神经肌肉递质作用时间延长,是重症肌无力的速效对症措施。常用硫酸甲基新斯的明、嗅化吡啶斯的明注射液1～2 mL(1 mL＝1.5 mg)皮下或肌肉注射。获得性重症肌无力,除抗胆碱酯酶药而外,还有血浆清除法、胸腺切除法、糖皮质激素和免疫疗法。

天疱疮(pemphigus)

天疱疮是由于体内形成抗表皮细胞自身抗体所引起的一组慢性进行性大疱性自免皮肤病。至于抗表皮组织自身抗体形成的原因,亦即天疱疮的病因,迄今还未确定。动物的天疱疮病组依据皮肤病理组织学变化而分为4种病型。即寻常天疱疮、剥脱天疱疮、增殖天疱疮和红斑天疱疮,先后报道发生于犬、猫、马和山羊。

症状　突然或逐渐起病,伴有发热、厌食、精神委顿等不同程度的全身症状。各种动物各型天疱疮的共同临床特点是黏膜、皮肤的表皮内有大疱形成。犬、猫、羊、马的表皮都很薄,大疱期十分短暂,通常很快就出现皮肤糜烂和溃疡,以至结痂或继发感染。

治疗　天疱疮特别是寻常天疱疮病情重剧,在未应用糖皮质激素疗法之前几乎全部死亡。当前首选的疗法仍然是大剂量糖皮质激素,如强的松或强的松龙(每千克体重2 mg)连续应用。为防止感染可配合抗生素疗法。较低剂量糖皮质激素与其他免疫抑制剂配伍用,可获得较好的疗效,如强的松或强的松龙(1 mg/kg)与硫唑嘌呤或环磷酰胺(2 mg/kg),每周配伍用 4 d,单用 3 d。天疱疮病猫应用醋酸甲地孕酮可获得良好效果。

第三节 免疫缺陷病

联合性免疫缺陷病(combined immunodeficiency disease,CID)

联合性免疫缺陷病,又称遗传性联合性免疫缺陷病或原发性严重联合性免疫缺陷病,是由于骨髓干细胞先天缺陷、淋巴细胞生成障碍所致发的一种遗传性细胞免疫并体液免疫缺陷综合征。其免疫病理学特征包括胸腺极度发育不全;淋巴结、脾脏等次级淋巴器官的 T 细胞依赖区和 B 细胞依赖区匮乏;外周血 T/B 两类淋巴细胞稀少或缺如;兼有体液免疫和细胞免疫功能障碍,如 IgM 等各类免疫球蛋白含量低下以至缺乏,对抗原刺激不产生特异性抗体,淋巴细胞体外培养对各种致丝裂原刺激不发生母细胞转化,皮试不出现延迟型超敏反应,移植物抗宿主反应(GVHR)微弱,感染组织局部免疫病理反应轻微等。遗传特性已确定为单基因常染色体隐性类型。已报道发生于马,见于阿拉伯纯种及杂种马驹。临床特点是呈家族性发生,母源免疫球蛋白耗尽前后发病,主要表现呼吸道和消化道的一种或多种细菌、病毒、原虫性感染,各种抗生素治疗无效,一般于 5 月龄之内死亡。

免疫缺陷性侏儒(immunodeficient dwarf,IDD)

免疫缺陷性侏儒,又称消瘦综合征,是由于生长激素缺乏及胸腺发育不全所引起的一种原发性细胞免疫缺陷病。其病理学基础是生长激素缺乏,胸腺皮质先天性缺如,淋巴细胞对致丝裂物质的母细胞转化应答低下。临床特征是生长迟滞(侏儒)、消瘦、虚弱和易患感染。本病曾报道见于 Ames 和 Snell-Bagg 两品系的小鼠和一种单品系近亲繁殖的 Weimaraner 犬。

病因 目前一致认为,免疫缺陷性侏儒的发病过程大体如下:侏儒病畜垂体功能低下,生长激素分泌不足,胸腺皮质部发育不全,初级淋巴组织 T 细胞生成及成熟障碍,以至淋巴结和脾脏的 T 淋巴细胞依赖区稀少或缺如,发生 T 细胞介导的一系列细胞免疫功能缺陷,有的还因辅助 T 细胞数量不足或功能障碍而伴有一定程度的体液免疫紊乱。

症状 遗传类型尚未确定。病犬和病鼠出生时不见异常,4~13 周龄起病,发育迟滞,身体矮小,消瘦虚弱,黏膜苍白,反复或持续发生化脓性支气管肺炎、细小病毒性肠炎、欧利希氏病等各种各样的细菌性、霉形体性、病毒性、原虫性以至真菌性感染,通用的抗感染疗法一概无效,表现致死性的矮小或消瘦综合征。IDD 的治疗要点在于补给生长激素和/或胸腺激素。

第四节　免疫增生病

淋巴细胞-浆细胞性胃肠炎
（lymphocytic-plasmacytic gastroenteritis）

淋巴细胞-浆细胞性胃肠炎,曾名地方流行性大肠杆菌型肠炎和蛋白丢失性肠病,又称巨细胞增生性胃炎、淋巴细胞-浆细胞性肠炎、免疫增生性肠病或免疫增生性小肠病,是一种遗传性免疫增生病。根本病因在于基因突变,遗传特性已确定为单基因常染色体隐性类型。病理学基础是胃和/或小肠黏膜的淋巴细胞-浆细胞性浸润以至肠淋巴瘤。临床特征包括厌食、呕吐、极度消瘦和慢性进行性腹泻。主要检验所见是低白蛋白血症和高丙球蛋白血症。本病最早在人身上发现,在动物上的报道发生于犬和猫。为研究人类的该种对应病提供了惟一的自发性动物模型。本病的治疗,除用胰蛋白酶和抗生素等药物施行腹泻的对症处置外,目前尚无根本疗法。

多发性骨髓瘤（multiple myeloma）

多发性骨髓瘤,是以骨髓等组织器官内浆细胞恶性增殖并产生副蛋白（骨髓瘤蛋白）为特征的一种最常见的单株系丙球病。多发性骨髓瘤的真实病因尚不清楚。目前提出的可能病因主要是遗传素质、病毒感染和慢性免疫刺激。其免疫病理学基础是多灶性骨髓瘤和骨髓瘤蛋白生成。临床症状包括骨痛、贫血、出血性素质、高黏性综合征,肾功能不全以及易发生感染。主要检验所见:血沉加快,血钙增高,蛋白尿,血清电泳图上显现 M 蛋白峰,末梢血和骨髓内浆细胞显著增多并见钱串状红细胞形成。多发性骨髓瘤在动物的单株丙球病中居首位,约占 60%。本病可发生于各种动物,已报道见于猫、马、犬和水貂。目前尚无根治疗法。

巨球蛋白血症（macroglobulinemia）

巨球蛋白血症是由于单克隆 B 淋巴细胞或淋巴细胞样浆细胞过度增殖,IgM 类副蛋白（巨球蛋白）大量生成所引起的一种单株系丙球病。真实病因未明,提出的可能病因包括遗传素质、病毒感染和慢性免疫刺激。其免疫病理学基础包括肝、脾、淋巴结肿大,肝、脾、淋巴结以至骨髓内有淋巴细胞样浆细胞广泛浸润,并伴有同质性 IgM 类副蛋白大量生成。临床特点是高黏性综合征、出血性素质、视网膜病和贫血,而骨溶解性骨骼损害病征缺如。主要检验所见有血清电泳 M 蛋白峰,血清黏滞度增高和凝血相改变。巨球蛋白血症可发生于各种动物,已报道见于 犬、猫和小鼠,是人的 waldenstrom 巨球蛋白血症的对应病,在动物单株丙球病中居第二位,约占 20%。

　　治疗除用苯丙氨氮芥、环磷酰胺等烷化剂按淋巴瘤或淋巴性白血病实施抗肿瘤化疗外,最有效的支持疗法是血浆清除法,以缓解高黏性综合征有关的各种临床表现。

（张乃生　夏兆飞）

第二十二章　遗传性疾病

　　遗传性疾病是一种由亲代生殖细胞或受精卵遗传物质异常而使发育成的个体罹患的疾病。遗传性疾病的发生必定有一定的遗传因素，并按一定的方式在上、下代之间呈垂直传递，因而遗传性疾病常常是先天性的，而且具有家族性发病的特征。

　　在临床实践中，由于遗传性疾病的上述特征，兽医师对动物遗传性疾病的诊断，除了运用病史调查、临床检查及实验室检查等一般疾病的诊断方法以外，还必须辅以遗传性疾病的流行病学调查、细胞遗传学检查、DNA 分析以及携带者检测等针对遗传性疾病的特殊诊断手段，以确定动物所患疾病是不是遗传性疾病，弄清致病基因及其传递方式和遗传因素在发病上的作用。

　　遗传性疾病是遗传物质缺失或异常造成的，因此常常伴有明显的结构异常或机能障碍，前者如短颌、腭裂等，后者如凝血障碍、免疫力下降等，治疗往往难以奏效。因此，及时检出并淘汰畜群中致病基因的携带者，防止致病基因在畜群中传播，是根治遗传性疾病的惟一有效措施。

第一节　遗传性代谢病

糖原累积病 I 型（glycogenosis type I）

　　糖原累积病 I 型是由葡萄糖 6-磷酸酶先天性缺陷所致的一种遗传性糖原代谢病，又称肝肾糖原累积病（hepatorenal glycogenosis）或 von Gierke 氏病，简称 GSD I（glycose storage disease type I）。在小型犬幼犬中有发病的记载。GSP I 呈常染色体隐性遗传。病理学特征为葡萄糖 6-磷酸酶活性低下，肝、肾等组织器官的细胞溶酶体内沉积大量糖原而形成泡沫细胞。病犬在哺乳期发病，以 6~12 周龄最常见。早期出现肌肉震颤，共济失调和眩晕。以后右季肋部突隆，可触及肿大的肝脏，其表面平滑，无触痛。X 射线检查发现肾脏显著肿大。后期，当血糖低于 2.24 mmol/L 时，常发生低血糖性昏迷。纯合子病犬活体肝组织穿刺物中葡萄糖 6-磷酸酶活性常低于健康犬的 5%，携带致病基因的杂合子犬的酶活性介于病犬与健康犬之间。整个病程不超过 6 个月。对 GSD I 目前尚无根治疗法。当发生低血

糖性昏迷时，静脉注射 50%葡萄糖溶液 5～10 mL，有急救功效。强的松龙2.5 mg
口服，每日 2 次，连用 7 d，有助于防止低血糖性昏迷的发作。检出并淘汰杂合子犬
是消除本病的惟一有效措施。

糖原累积病 Ⅱ 型（glycogenosis type Ⅱ）

糖原累积病 Ⅱ 型是由酸性麦芽糖酶（α-1,4-葡萄糖苷酶）先天性缺乏所致的一
种遗传性糖原代谢病，又称全身性糖原累积病（generalized glycogenosis）或 Pompe
氏病，简称 GSD Ⅱ。在猫、Lapland 犬、绵羊、短角牛和婆罗门牛中都有发病的记载。
GSD Ⅱ 呈常染色体隐性遗传。病理学特征为全身组织器官的细胞变性，形成泡沫乃
至海绵状组织。犬、猫和绵羊通常在 2～3 月龄发病，主要表现为发育迟滞，肌无力，
感觉过敏，步样强拘乃至轻瘫或麻痹，渐进性共济失调，一般在 8～9 月龄时死于心
力衰竭或恶病质。病牛主要表现生长迟滞，肌软弱无力，肌颤和共济失调，心律失
常，心力衰竭。病畜外周血单核细胞抽提物及活体肝组织穿刺物中酸性麦芽糖酶活
性仅为健康畜的 10%。病程缓慢，常拖延数年。目前尚无根治疗法。根据杂合子犬
外周血单核细胞抽提物中酸性麦芽糖酶活性（0.244±0.085）U/L 仅为健康畜
（0.524±0.11）U/L 的 1/2。确认致病基因携带者，并予以淘汰是消除 GSD Ⅱ 的惟
一有效途径。

糖原累积病 Ⅲ 型（glycogenosis type Ⅲ）

糖原累积病型是由脱支链酶（淀粉-1,6 葡萄糖苷酶）先天性缺乏所致的一种
遗传性糖原代谢病，又称局限性糊精累积病（limited dextrinosis）、Forbe 氏病或
Cori 氏病，简称 GSD Ⅲ。在德国牧羊犬和日本一品系犬中有发病的记载。本病的遗
传方式尚未完全确定，现有资料表明可能为常染色体隐性遗传或限性遗传。病理学
特征是肝极度肿大，肝外观和心肌切面放红棕色光彩，除肾与脾以外的组织器官细
胞内均有糖原异常沉积。病犬常在 2 月龄左右显现症状，主要表现眩晕、肌无力和
发育迟滞，中后期右季肋部突隆，可触及肿大的肝脏，腹腔穿刺有大量浆性腹水流
出。病犬肝脏和骨骼肌中脱支链酶活性仅为健康犬的 7%以下，甚至缺如；杂合子
外周血白细胞脱支链酶活性 0.18～0.19 μmol/(min·g)为健康犬 0.32～0.41
μmol/(min·g)的 1/2；血清 GPT 和 GOT 活性增高。病程缓慢。目前尚无根治疗
法。根据外周血白细胞中脱支链酶活性测定结果检出杂合子，并予以淘汰是消灭
GSD Ⅲ 的有效方法。

α-甘露糖苷累积病（alpha-mannosidosis）

α-甘露糖苷累积病是由 α-甘露糖苷酶先天性缺乏引起各种短链多聚糖在细胞溶酶体内沉积所致的一种遗传性糖类代谢病。安格斯牛、盖洛威牛和波斯猫中均有发病的记载。安格斯牛中杂合子比例甚高,在新西兰为10%,澳大利亚为5%,苏格兰为2%。本病呈常染色体隐性遗传,呈家族性发生。主要病理特征是各组织器官的上皮细胞和神经细胞内有大量的空泡形成。牛在生后数周到数月发病,主要表现发育迟滞和神经症状。全身肌颤,因头部震颤而产生不停地点头或摇头动作,共济失调,轻瘫、麻痹,常在周岁龄前死亡。猫多在4～8周龄时出现角膜和晶状体混浊,视力减退,肝肿大,全身肌颤,因头部震颤而出现频频点头动作,常有不自主的蹦跳动作,多在9月龄前死亡。病牛血浆 α-甘露糖苷酶活性(U/L)仅为正常动物的1%～2%。目前尚无根治方法,检出并剔除致病基因的携带者是消除本病的惟一有效措施。在引进安格斯、盖洛威和莫累灰等品种牛时,必须进行严格检疫,剔除血浆 α-甘露糖苷酶活性低于正常牛50%(5 U/L)的杂合子个体,以防致病基因传入与扩散。

β-甘露糖苷累积病（β-mannosidosis）

β-甘露糖苷累积病是由 β-甘露糖苷酶先天性缺乏引起低聚糖在细胞溶酶体内沉积所致的一种遗传性糖类代谢病。仅发生于美国、澳大利亚的奴宾山羊。本病呈常染色体隐性遗传,呈家族性发生。主要病理特征是神经组织和内脏器官的细胞溶酶体内沉积低聚糖而形成空泡。病羊出生时不能自行站立,特征的症状是全身肌颤,以头部震颤尤其明显,双侧眼球水平或垂直震颤,但体温、脉搏和呼吸频率及食欲始终没有明显改变。神经症状渐进性增重,最后全身瘫痪,多数在1月龄内死亡。病羊血浆 β-甘露糖苷酶活性(<0.1 IU/L)常小于正常羊的5%。目前尚无根治方法,检出并剔除杂合子是消除本病的惟一有效措施。在引进奴宾山羊时,必须进行血浆 β-甘露糖苷酶活性测定,剔除酶活性不及正常羊的1/2杂合子个体,以防致病基因传入与扩散。

岩藻糖苷累积病（fucosidosis）

岩藻糖苷累积病是由 α-L-岩藻糖苷酶先天性缺乏,岩藻糖苷在细胞溶酶体内沉积所致的一种遗传性糖类代谢病。仅发生于英国的 springer spaniels 犬,呈常染色体隐性遗传。主要病理特征是神经细胞以及支气管、胆小管和膀胱上皮细胞内有空泡形成。病犬多于1～3岁出现症状,主要表现进行性意识紊乱和运动障碍。常频频点头或头抵住障碍物,听觉减退乃至耳聋,眼球震颤,两侧瞳孔大小不等,本体感觉减退,共济失调,常做圆圈运动,病程数月至数年,均以死亡告终。主要检验变化为外周血液涂片上 30%～40% 淋巴细胞胞浆内存在空泡;病犬血浆岩藻糖苷酶活性(0.02 U/L)低于正常犬的(2.66 U/L)1%。目前尚无有效的治疗办法,检出并淘汰携带者是消除本病惟一的有效措施。应用识别函数(DF)可较准确地检出携带致病基因的杂合子犬。病犬的 DF 值小于 1.5,正常犬的大于 14,杂合子犬的介于两者之间。DF 值可用以下公式计算:$DF=5 \times P+2.8 \times L$。式中 P 为血浆岩藻糖苷酶活性,L 为白细胞抽提物中岩藻糖苷酶活性与氨基己糖酶活性的比值。

GM₁ 神经节苷脂累积病(GM₁ gangliosidosis)

GM₁ 神经节苷脂累积病是由 β-半乳糖苷酶先天性缺乏所致的一种遗传性神经鞘类脂质代谢病。弗里生牛、暹罗猫、Korat 猫以及 springer spaniels、Water 和杂种 Beagle 犬中有发病的记载。本病呈常染色体隐性遗传,呈家族性发生。主要病理特征为神经细胞发生气泡样变,肝、肾、骨等组织细胞和外周血液白细胞胞浆内有空泡形成。患病犊牛发育迟滞,约从 3 月龄开始出现进行性运动障碍,共济失调,站立时四肢叉开,不愿走动,行走时呈僵硬的高跷步态,至 6～9 月龄出现轻瘫乃至麻痹,视力减退,失明,最终因衰竭而死亡。病猫在 2～3 月龄起出现角膜混浊,头和后肢肌肉间歇性震颤,7～8 月龄发展为四肢麻痹,1 周岁时出现听觉过敏,视力障碍和反复的癫痫样发作,多在 1～2 岁龄时死亡。病犬常在出生时或 3 月龄左右发病,出现咀嚼和吞咽缓慢,视力减退,眼球震颤,头部强烈颤动而出现点头或晃头动作,四肢过度伸展,共济失调及进行性运动障碍。病程 1～2 年。病畜肝、脑、肾等组织中 β-半乳糖苷酶活性仅为正常畜的 10%,而组织内 GM₁ 神经节苷脂含量比正常畜高 5 倍左右。携带者的上述指标均介于病畜与正常畜之间。目前尚无根治办法,临床上主要采取对症疗法。检出并淘汰携带者是消除本病的惟一有效措施。

GM₂ 神经节苷脂累积病(GM₂ gangliosidosis)

GM₂ 神经节苷脂累积病是由己糖胺酶或其辅酶(激活蛋白)先天性缺乏所致的一种遗传性神经鞘类脂质代谢病。猪、羊、犬、猫中都有发病的记载。本病呈常染色体隐性遗传,常呈家族性发生。主要病理特征为神经细胞和其他组织的细胞溶酶体内沉积糖脂类物质而形成泡沫细胞或海绵状组织。病猪在出生后生长停滞,3 月龄以后出现进行性共济失调,4～5 月龄时多发生瘫痪。视网膜出现灰白色斑点,视力减退或失明。病猫在 4～10 周龄发病,主要表现头部震颤,视力障碍,肢体过度伸展,共济失调,痉挛等。最后发生瘫痪,衰竭而死亡。病犬多在 6 月龄时发病,病状与猫类似,多在 2 岁内死亡。病畜脑内 β-己糖胺酶活性下降,而 GM_2 神经节苷脂含量倍增。目前尚无有效的治疗方法。可试用酶替代疗法。检出并淘汰携带者是消除本病的有效方法。通过检查血清己糖胺酶活性容易检出猫的携带者,而 AB 型病猪与 B_1 型病犬的血清己糖胺酶活性反而增高,因而它们携带者的检测方法尚待建立。

葡萄糖脑苷脂累积病(glucose rebroside storage disease)

葡萄糖脑苷脂累积病是由葡萄糖脑苷脂酶先天性缺乏引起葡萄糖脑苷脂在网状内皮系统和中枢神经系统细胞中沉积所致的一种遗传性神经鞘类脂质代谢病,又称葡萄糖鞘氨醇累积病(glycocyl ceramide lipoidosis)、高雪氏病(Gaucher's desease)。猪、绵羊和悉尼 silky 犬中都有发生。本病呈常染色体隐性遗传,呈家族性发生。主要病理特征为淋巴结、肝、脾肿大(病犬的肝脾不肿大),小脑明显缩小,脑白质部呈海绵状。整个脑髓变性和萎缩,出现大量高雪氏细胞——肿大变形呈泡沫状的网状内皮细胞。猪和犬在 4 月龄发病,病程短,发病急,通常在 $1\sim4$ 月龄时死亡;绵羊多在 $2\sim3$ 岁发病,病程缓慢。特征的临床表现是渐进小脑性共济失调,如全身震颤,运动过强,反射亢进,步态不稳,四肢广踏等。血液葡萄糖脑苷脂酶活性低下,肝和脑中葡萄糖脑苷脂含量明显增高,骨髓涂片上可见高雪氏细胞,外周血涂片上存在泡沫状小淋巴细胞。目前尚无根治方法,通过检测体外培养的皮肤成纤维细胞的 β 葡萄糖脑苷脂酶活性检出并淘汰杂合子是消除本病致病基因的惟一有效措施。

神经鞘髓磷脂累积病(sphigomyelin storage disease)

神经鞘髓磷脂累积病是由鞘髓磷脂酶先天性缺乏,引起类脂物质沉积所致的一种遗传性神经鞘类脂质代谢病,又称尼曼-匹克病(Niemann-pick disease)。暹罗猫、家猫、poodle 犬和小鼠中都有发生。本病呈常染色体隐性遗传,常呈家族性发生,主要病理特征是神经细胞和网状内皮细胞因类脂物质沉积而形成空泡。犬和猫多在 $4\sim5$ 月龄时出现症状,主要表现生长迟滞,头部持续颤动,肢体过度伸展,共济失调,晚期四肢轻瘫乃至麻痹,病程数月至 1 年,均以死亡告终。特征的检验变化为外周血液和骨髓涂片上淋巴细胞和单核细胞胞浆内充满大小不等的空泡;病犬脑、肝、肾组织鞘髓磷脂含量分别比正常犬增加 4 倍、7 倍和 100 倍;病猫循环白细胞蛋白抽提物内鞘髓磷脂酶活性低下甚至缺如,杂合子的 2.63 nmol/(mg·h)介于正常猫 4.97 nmol/(mg·h)与病猫之间,以此可以检出致病基因携带者。本病系致死性溶酶体累积病,目前尚无根治方法,检出并淘汰携带者是消除本病致病基因惟一有效措施。

白化病(albinism)

白化病为家畜中最常见的遗传性疾病,是由酪氨酸分解代谢障碍引起黑色素生成先天性缺陷所致的一种遗传性氨基酸代谢病,又称无黑色素症(amelanosis)、酪氨酸酶缺乏症(tyrosinase deficiency)。牛、绵羊、猪、马、犬、猫、狐、蓝狐、水貂、鸡、鹌鹑、Killer 鲸、鼠等 20 多种畜禽中都有发病的记载。大多数动物的白化病呈常染色体隐性遗传,少数呈常染色体显性遗传;各种动物的局部白化病,如白斑病、虹膜异色和眼白化病多数呈常染色体显性遗传。主要病理特征为皮肤或眼色素膜内黑色素细胞稀少,其黑素小体中酪氨酸含量不足。白化病在一定品系内呈家族性发生,临床上有皮肤白化病、眼白化病、白斑病和契-东二氏综合征等类型。

皮肤白化病:全身或局部的被毛及皮肤色泽变浅或变白,以眼睑、鼻唇、口角、肛门、阴门、包皮等黏膜与皮肤结合部尤为明显。白化部皮肤易出现光照性皮炎。

眼白化病:虹膜呈淡蓝色、淡灰色或白色,眼底非毡部无色素沉着,可见裸露的脉络膜血管,怕光、斜视、眼球震颤乃至失明。

白斑病:原先被覆黑色被毛的深色皮肤如眼睑、口角、肛门等部的皮肤逐渐变成灰色或白色,形成白斑。

契-东二氏综合征(Chediak-Higashi syndrome,简称 CHS):常发于牛、猫、狐、蓝狐、水貂等动物,呈常染色体隐性遗传。临床特点为皮肤和眼的部分白化,白细胞内有异常巨大的颗粒,有出血倾向,易反复发生细菌尤其化脓性细菌感染,多数最终死于败血症。

根据被毛、皮肤和眼不同程度的白化,容易做出白化病的诊断,但目前尚无根治疗法。Gilhar 等(1989)用皮肤移植法试治裸鼠白化病,使白斑皮肤重新沉积黑色素,表明本病的基因防治有成功的前景。

枫糖尿病(maple syrup urine disease)

枫糖尿病是由异丁酰辅酶 A、异戊酰辅酶 A 和 α-甲基丁酰辅酶 A 等 3 种支链酮酸脱羧酶先天性缺乏所致的一种遗传性氨基酸代谢病,又称支链酮酸尿症(branched chain ketoaciduria)。仅在牛中有发病的记载,尤其是海福特、安格斯和娟姗牛。本病呈常染色体隐性遗传,常呈家族性发生。病理特征为神经轴索水肿,髓鞘空泡变性及由此引起的海绵样髓鞘病和海绵样脑病。犊牛有产前型、初生型和迟发型 3 种病型。产前型较少，多表现为死产或产下虚弱的犊牛。初生型最为多见，犊牛在出生时皆正常，于吸吮初乳后 24～72 h 出现症状，表现体温升高（39.5～42.0℃），尿液散发出如食糖烧焦一样的枫糖尿味，以及肌肉震颤，点头或晃头，牙关紧闭，眼球震颤，感觉过敏，共济失调等多种多样的神经症状。上述症状中，枫糖尿味是固有的示病症状。迟发型仅为个别病例，病犊出生时正常，常在 10 日龄至 3 月龄发病。3 种病型都呈急性经过，均在出现症状后 3 d 内死亡。病犊皮肤成纤维细胞体外培养物中支链酮酸脱羧酶活性低于正常犊牛的 1%，血浆内缬氨酸、异亮氨酸和亮氨酸含量超过正常的 5～20 倍。目前无根治疗法，也无检测携带者的合适方法和标准。

尿苷-磷酸合酶缺陷
（deficiency of uridine-5-monophosphate synthase）

尿苷-磷酸合酶缺陷是由尿苷——磷酸合酶先天性缺乏而导致合成 DNA 和 RNA 的必须材料嘧啶核苷酸的形成受阻所致的遗传性嘧啶代谢病，又称乳清酸尿症（orotic aciduria）。主要发生于荷斯坦牛，美国某些牛群中携带者比例达到 0.2%～2.5%。本病呈常染色体隐性遗传。携带者牛在外观上与健康牛没有任何区别，但红细胞、肝、脾、胃、肌肉和乳腺中尿苷-磷酸合酶活性只有健康牛的 50%，而乳汁和尿中乳清酸含量显著高于健康牛。本病的纯合子为致死性的，胚胎多在 40～60 d 死亡。携带者母牛的每次产犊配种次数增加，产犊间隔延长，造成整个牛群的繁殖率降低。识别并剔除携带者是预防致病基因传播的根本办法。血液、尿液和乳汁中乳清酸含量可作为检测携带者的可信指标。健康牛与携带者的区分阈值分别为 100，150 和 200 mg/L。应注意的是携带母牛在泌乳开始 7 周后，乳汁中乳清酸含量才会超过阈值，尿液中乳清酸含量在泌乳 18 周后才超过阈值。红细胞中尿苷-磷酸合酶活性也是区分健康牛和携带者的可靠指标。健康成年母牛与携带者的酶活性分别为（3.35±0.07）U 和（1.66±0.03）U；6 月龄以下犊牛分别为 3.4～5.3 U 和 1.3～2.7 U。健康牛与携带者之间有明确的界限。

第二节　遗传性血液病

α-海洋性贫血（alpha thalassemia）

α-海洋性贫血是由控制珠蛋白 α 链的结构基因先天性缺失或发生突变，引起血红蛋白 A 缺乏或缺如的一种血红蛋白病，又称 α-地中海贫血（Mediterranean anemia）。本病呈常染色体共显性遗传，是人中常见的血红蛋白病。据报道，我国广州地区的发生率为 2.67％，南宁地区为 14.95％，在动物中仅发生于经 X 射线诱变的 2Hb 小鼠、352Hb 小鼠以及经癌宁诱变的 $Hb\alpha^{th-J}$ 小鼠。这 3 个品系小鼠的突变基因为 α_1 或 α_0。突变基因纯合子小鼠多数为死胎，少数在生后短期内死亡。主要表现溶血性贫血。全身水肿和肝脾肿大，脐带血电泳显现大量 γ 链四聚体（γ_4，即 Hb Bart's）和少量 β 链四聚体（β_4，即 Hb H）。杂合子病鼠的病程数月至 1 年，主要表现黏膜苍白，脾肿大，小细胞低色素性贫血，红细胞增多和网织红细胞增多，红细胞脆性降低。红细胞内含有 Hb H 和 Hb Bart's。目前尚无根治方法。发病的 3 个品系小鼠可作为研究人 α-海洋性贫血的动物模型。

β-海洋性贫血（beta thalassemia）

β-海洋性贫血是由控制珠蛋白 β 链的结构基因先天性缺失或发生突变，引起血红蛋白 A 缺乏或缺如的一种血红蛋白病，又称 β-地中海贫血（mediterranean anemia）。本病呈常染色体共显性遗传，是人中常见的血红蛋白病，动物中仅发生于 DBA/ZJ 小鼠，突变基因为 Hbb^{th-1}。业已证实，小鼠珠蛋白 β-链基因位于第七号染色体上，包括 β-major（重型 β-海洋性贫血基因）和 β-minor（轻型 β-海洋性贫血）2 个基因。β-海洋性贫血是由 β-major 完全缺失所致。纯合子病鼠在新生期发病，病程数周至数月，30％～40％在 3 周内死亡，大部分可存活至性成熟并能繁殖后代。主要临床症状是皮肤和可视黏膜苍白，脾肿大，小细胞低色素性贫血，网织红细胞和有核红细胞极度增多，大量红细胞内出现 α 链包涵体，电泳显示缺乏 β-major 链和 β-single 链，只有 β-minor 链。杂合子病鼠无贫血症状，仅有轻度的网织红细胞增多症。电泳显示珠蛋白 β-链构成明显改变，即缺乏 β-major 链，75％为 β-single 链，25％为 β-minor 链。目前尚无有效的防治方法。DBA/ZJ 小鼠可作为研究人类 β-海洋性贫血的动物模型。

葡萄糖-6-磷酸脱氢酶缺乏症
（glucose-6-phosphate dehydrogenase deficiency）

葡萄糖-6-磷酸脱氢酶（G_6PD）缺乏症是由 G_6PD 先天性缺陷所致的一种以溶血为特征的红细胞酶病。Weimeraner 犬和大鼠中有发病的记载，猫的海因兹体溶血性贫血，可能也是由某种红细胞酶缺乏所致。本病呈 X 连锁不完全显性遗传。病理特征为慢性网状内皮系统溶血和（或）急性血管内溶血。病犬的红细胞 G_6PD 中度缺乏(44%)，不表现慢性网状内皮系统溶血的有关症状，也无由外源性氧化剂激发的急性血管内溶血危象。猫的海恩兹体贫血存在与人类 G_6PD 缺乏症类似的症状。虽无明显临床症状，但在红细胞内存在海恩兹体。在应用退热净或美蓝等药物之后会突发急性溶血危象，可视黏膜高度苍白和黄染，出现血红蛋白尿。50%～80%红细胞内可见海恩兹体。目前尚无根治办法，当发生溶血危象时可进行对症治疗。

先天性卟啉病(congenital porphyria)

先天性卟啉病是由控制卟啉代谢和血红素合成的有关酶先天性缺陷所致的一组遗传性卟啉代谢病，又称红齿病(pink tooth disease)。常见于牛，猪，猫等动物中也有发生。牛的先天性卟啉病多数属红细胞生成性卟啉病型，呈常染色体隐性遗传，少数属红细胞生成性原卟啉病型，呈常染色体显性遗传；猪的先天性卟啉症属红细胞生成型卟啉病型，呈常染色体显性遗传或多基因遗传；猫的先天性卟啉病，兼有红细胞生成性和肝性卟啉病型的特点，呈常染色体显性遗传。病畜牙齿和骨骼因沉积大量卟啉而呈红褐色(红齿)，紫外线照射可发红色荧光。尿液因尿卟啉含量高而呈葡萄酒色。皮肤感光过敏，黏膜苍白，贫血。有的出现共济失调，惊厥等神经症状。病猪的症状轻微，仅见牙齿上有红色卟啉斑，常在屠宰时被发现。目前尚无有效的治疗方法。对于发生本病的猪群，淘汰有临床症状的病猪，经 1 或 2 个世代后即可将致病基因从猪群中消除。对于发生本病的牛群，除淘汰有临床症状的病牛外，必须用测交试验检出种公牛尤其是人工授精站采精用种公牛中的携带者，以杜绝致病基因在牛群中传播。

牛白细胞黏附缺陷(bovine leukocyte adhesion deficiency)

牛白细胞黏附缺陷是由嗜中性粒细胞表面的整合素 β-亚单位 CD_{18} 发生基因突变引起整合素表达缺陷所致的一种遗传性血液病，又称牛粒细胞病(bovine granulocytopathy)。仅发生于荷斯坦牛，美国北部某些牛群中携带者比例高达14%。本病呈常染色体隐性遗传。临床特征为生长发育受阻，体重只有同龄牛的50%～60%；反复发生细菌感染，最常见的有慢性肺炎、腹泻、牙周炎、溃疡性口炎，也可发生喉炎、浅表淋巴结炎、皮肤黏膜病；持续的重度嗜中性粒细胞增多，但不伴有核左移，嗜中性粒细胞的黏附功能、聚集活性、趋化性作用和吞噬能力降低。识别并剔除携带者是预防致病基因传播的根本办法。应用 DNA-PCR 技术对用于商品性人工授精的全部荷斯坦公牛进行致病基因的检测，淘汰携带致病基因的种公牛；当从国外尤其美国引入荷斯坦种公牛及其精液时，必须选用有"TL"标记(经检测没有发现致病基因的标记)者。对于没有标记的种牛,应采用 DNA-PCR 技术检查,确认不是突变基因的携带者后,方可引入。

第三节　其他遗传病

染色体病(chromosome disease)

由染色体畸变(chromosome aberration)引起的家畜结构和功能异常,统称为染色体病。染色体畸变包括染色体数目和结构的变化。按畸变发生的位置,可以分为常染色体畸变和性染色体畸变两类。前者多呈结构变化,而后者多为数目改变。

病因　放射性物质、某些化学药品、环境污染通常是引起家畜染色体病的主要原因。

症状

由染色体数量变化引起的染色体病

(1)肌肥大症(myohypertrophia disease):肌肥大症是由多倍体细胞比例增高引起的一种以肌肉肥大为特征的染色体病,仅见于夏洛来牛。病牛多倍体细胞的出现率达 17%～24%,其中以四倍体细胞为主,还可见到六倍体和十倍体。

(2)三体-短颌综合征(trisome-brachygnathia syndrome):病犊的常染色体中有一对为三体,使染色体总数达到 61 条(正常为 60 条)。以下颌缩短 2～4.5 cm 为主要特征,还可伴有关节弯曲、小眼、脑水肿、隐睾、脐疝、心脏畸形等异常。

(3)XO 型:病畜呈雌性的外部表型,但缺少一条性染色体。因卵巢发育不全,性功能低下,通常无生育能力,有的存在发育不全的阴茎。猪、绵羊、马、猫、猴等动物中多有过 XO 型的记载。

(4)X 三体:病畜外观上是雌性,但多一条 X 染色体。因卵巢小,子宫发育不全,性周期不规则而无生育能力。猪胚胎、牛和马中有过 X 三体的记载。

(5)XXY 三体:病畜呈雄性外部表型,但多一条 X 染色体。其阴茎短小,睾丸发育不全,不能生成精子。猪、牛、绵羊、山羊、马、犬和猫中都有过 XXY 三体的记载。

由染色体结构变化引起的染色体病　染色体结构改变包括易位、缺失、重复和倒位 4 类,以染色体易位发生最多。两条非同源染色体之间发生染色体片段转移,统称为易位。非同源染色体之间染色体片段互换,称为相互易位(reciprocal translocation);非同源染色体发生着丝粒融合,称为罗伯逊易位(Robertsonian translocation)。

(1)相互易位:相互易位是猪中最常见的染色体易位。目前至少已在猪中发现34种相互易位类型。相互易位可以发生在常染色体之间,如 t rcp($1p^-$;$6q^+$),t rcp($1p^-$;$8q^+$),t rcp($1p^-$;$11q^+$)等,也可以发生在常染色体与性染色体之间,如 t rcp(xp^+;$13q^-$),t rcp(xp^+;$8q^-$)等,在约克夏、大白猪、长白猪、杜洛克、皮脱莱恩品种猪中多发。携带易位染色体的公猪和母猪繁殖力下降。

(2)猪的罗伯逊易位:猪中最常见的罗伯逊易位是 t rob(13/17)。携带易位染色体的公猪和母猪的繁殖力降低。但据孙金海等(1993)的研究,易位纯合子猪具有正常的繁殖力,其后代的公母性别比例接近 3∶1。

(3)牛的罗伯逊易位:罗伯逊易位是牛中发生最多的易位类型。目前在牛中至少已发现 30 种罗伯逊易位类型,其中以 t rob(1/29)的分布最广泛,已在 40 多个品种中发现这种易位,以红白花牛的易位携带者频率最高,为 1.0%～39.99%。我国引进的苏系西门塔尔牛中携带者频率高达 33.3%,新疆褐牛中为 3.23%,易位携带母牛的胚胎死亡率增高,公牛的精液品质下降,受胎率降低,繁殖率下降5%～13%。

(4)绵羊的罗伯逊易位:在绵羊中已发现 3 种罗伯逊易位类型:t rob(5/26),t rob(8/11)和 t rob(7/25)。易位携带者的繁殖性能与正常绵羊没有区别,似为染色体的多态现象。

(5)犬的罗伯逊易位:曾在塞特杂种母犬中发现一例 t rob(15/35)易位携带者。

预防 定期检查种畜场繁殖种畜尤其用于商品性人工授精种公畜的核型,及时剔除核型异常的种畜;引进种畜或选留后备畜时,应将核型作为必检指标,只有核型正常的种畜尤其种公畜才能引进或做后备种畜。

遗传性甲状腺肿(inherited goiter)

遗传性甲状腺肿是由甲状腺球蛋白生成先天性缺陷所致的一种遗传性疾病,又称家族性甲状腺肿(familial goiter)或先天性甲状腺肿(congenital goiter)。在猪、牛、螺角绵羊、美利奴绵羊、荷兰山羊和内蒙古的二郎山白山羊中都有发病的记载。本病呈常染色体隐性遗传,呈家族性发生。致病基因纯合子常可足月出生;但死胎居多,或新生幼畜在生出时虚弱,多数不能站立。前颈部可看到 2 个高度肿大的甲状腺,如像板栗大到鸭蛋大。大多数病畜有皮肤增厚、皮下水肿、被毛稀少、生长停滞、呼吸困难等甲状腺功能不全的表现。常在生后数日、数周或数月后死亡。血液检查可见,血清 T_3 和 T_4 含量显著下降,均在正常畜的 10% 以下;血清甲状腺球蛋白含量约为正常畜的 5%。检出并剔除携带者是预防本病的根本措施,但迄今尚无简单实用的可靠方法。在二郎山白山羊中,杂合子血清甲状腺球蛋白含量 $(0.31\pm0.12)\mu g/mL$ 明显低于正常山羊 $(0.75\pm0.14)\mu g/mL$,其中 83% 杂合子的低于正常值的下限,介于病山羊与正常山羊之间,据此可望建立一种简单实用的检测携带者的方法。对于优秀的种公畜,可用测交试验检出携带者。严禁在出现过临床型病畜的家族中选留种畜。

(张才骏　王小龙)

第七篇

其他疾病

第二十三章　家禽胚胎病

禽类胚胎是在母体外形成的独立的生物体,在一个与外界相对隔绝的封闭系统蛋壳内发育生长。禽胚的发育由遗传因素所决定,受各种微量生物信息因子的综合调控,也很大程度上受各种外界环境因素的影响。在漫长的进化过程中,为了适应外界的变化,禽类胚胎已逐渐形成了一系列完善的保护机制。在适宜条件下,禽类胚胎能够正常地生长发育。但在某些异常的理化和生物因素的作用下,其发育会出现障碍,以致发生病变、畸形和死亡,亦即禽类胚胎病。其结果不但使孵化率明显降低,而且孵出雏禽出现畸形雏和病弱雏的数量增多,雏禽生长发育不良,抵抗力差,极易患病和死亡,使生产水平明显下降。

禽类胚胎病的基础涉及禽类的生殖生理、禽蛋的孵化条件、禽类的胚胎生理和禽类胚胎的发生和发育等。禽类的胚胎病根据发病的原因可分为:①遗传性胚胎病,包括遗传因素的致畸作用、环境因素的致畸作用等;②营养性胚胎病,包括维生素缺乏或过量、常量元素和微量元素缺乏或过量、有机营养物质(蛋白质、能量、脂肪、脂肪酸)的缺乏或过量;③中毒性胚胎病,包括霉菌毒素、农药残留等;④传染性胚胎病,包括病毒性胚胎病、细菌性胚胎病等;⑤生殖细胞异常性胚胎病,包括精卵异常和异常受精、双胚和多胚、种蛋形态和结构异常等;⑥孵化条件不当引起的胚胎病,包括温度、湿度、气体成分、气压以及种蛋的放置和翻动等。

第一节　营养性胚胎病
(nutritional embryonic disease)

禽类胚胎的正常生长和发育主要依靠种蛋的营养物质。母禽的平衡日粮,正常的新陈代谢,营养物质在蛋内的有效沉积是保证胚胎获得足够营养的 3 个基本环节,其中任何一个环节出现问题都有可能引起营养性胚胎病的发生,导致生理缺陷或致死性应激(lethal stress)。

维生素缺乏或过量引起的胚胎病

维生素 A　维生素 A 严重缺乏,影响胚胎的分化和发育。多数的胚胎死于孵化第一周,血管分化和骨骼发育不良,头和脊柱畸形,脑、脊索和神经变性,胚胎的错位发生率增加。孵化后期的胚胎发育缓慢,虚弱,常在出壳前或出壳后很快死亡。剖检可见眼干燥,呼吸道、消化道、泌尿道的上皮角化,皮下和肌肉水肿。卵黄囊、肾、尿囊中尿酸盐沉积(痛风样病变),特别是孵化末期更明显。孵化末期死亡的胚胎,其羽毛、脚的皮肤和喙缺乏色素沉着。日粮中添加维生素 A、动物性饲料和青绿饲料,可预防维生素 A 缺乏症。

过量维生素 A 对胚胎有毒性作用。母鸡日粮维生素 A 过量($>10\,000\ IU/kg$)可导致胚胎死亡和孵化率下降。

维生素 D 母鸡日粮维生素 D 缺乏,蛋壳较薄易破,蛋内维生素 D 含量较低,胚胎发育缓慢,尿囊发育受阻。在孵化的第十至第十四天和孵化末期的鸡胚死亡率高。火鸡在第四周时死亡率较高。剖检可见胚体水肿,皮下积聚大量浆液呈泡状水肿。结缔组织增生,肝脏脂肪变性。鸡胚的成骨受阻,肢体短小而弯曲。

维生素 D 长期过量饲喂,会引起中毒和孵化率降低,孵化后期死亡的鸡胚或雏鸡的肾脏有多量钙的沉积,动脉钙化。

核黄素 核黄素缺乏,胚胎多在孵化第十二至第十四天发生死亡。胚胎的大小和胚重明显低于同龄的正常胚胎。孵化后期,胚体仅相当于 $14\sim15\ d$ 胚龄的正常胚体。常见的症状为绒毛无法突破毛鞘,呈现卷曲状集结在一起。尿囊生长不良,闭合弛缓,颈弯曲,躯体短小,皮肤水肿,贫血。轻度短肢,关节明显变形,胫部弯曲。即使出壳,雏鸡亦表现瘫痪或先天性麻痹症状。

生物素 生物素缺乏,胚胎死亡率在孵化第一周最高,孵化最后 3 d 死亡率其次。死胚躯体短小,骨骼短粗,腿短而弯屈,关节增大,第三趾与第四趾之间出现较大的蹼状物。头圆如球,喙短且弯曲,酷似"鹦鹉嘴"。脊柱短缩,并弯曲。肾血管网和肾小球充血,输尿管上皮组织营养不良,原始肾退化加速。尿囊膜过早萎缩,以致较早啄壳和胚胎死亡。在蛋壳尖端蓄积大量没有被利用的蛋白。

维生素 B_{12} 维生素 B_{12} 缺乏,胚胎的肌肉萎缩,于孵化第十六至第十八天出现死亡高峰,高达 $40\%\sim50\%$。特征病变是腿部肌肉萎缩,双脚外观细小如铁丝状。胚体发育不良,约有 $1/2$ 死胚位异常,头夹在两腿之间。皮肤水肿,眼周水肿,心脏扩大及形态异常。部分或完全缺少骨骼肌,破坏了四肢的匀称性,同时可见尿囊膜、内脏器官和卵黄出血等。

维生素 B_1 维生素 B_1 缺乏,主要表现为孵化的第四至第五天胚胎发育明显减慢,逐渐衰竭和死亡增多。孵化期满时,胚雏无法啄破蛋壳而闷死。有些则延长孵化期,仍然无法出壳,最终死亡。即使出壳,可陆续表现维生素 B_1 缺乏症,如多发性神经炎等。母鸭放牧时,因采食大量鱼虾、白蚬、蝌蚪,同时谷类饲料供给不足时,新鲜鱼虾内含有硫胺素酶,破坏硫胺素,造成母鸭维生素 B_1 缺乏,导致鸭胚维生素 B₁ 缺乏。本病鸭子多见，称为"白蚬瘟"。

此外，泛酸、烟酸、叶酸、维生素 B₆、维生素 K、维生素 E 等缺乏均可引起禽胚发育异常。

微量元素缺乏或过量引起的胚胎病

锰缺乏　胚胎呈现软骨发育不良，四肢短粗，胚体矮小，腿、翅缩短，鹦鹉喙、球形头、绒毛异常和水肿。孵化后期的胚胎角弓反张和强直性痉挛。孵出的小鸡表现为神经功能异常，如行走不稳，特别是惊吓、激动时，头上举或下钩或扭向背部，强直性痉挛和共济失调。

硒和维生素 E 缺乏　孵化率降低，在胚胎形成第七天出现死亡高峰。死胚表现胚盘分裂破坏，边缘窦中淤血，卵黄囊出血，缺眼或水晶体混浊，肢体弯曲，皮下结缔组织渗出液增多，腹腔积水等。出壳的幼雏，表现为先天性白肌病，胰腺坏死，不能站立，并很快死亡。

过量的硒可引起胚胎死亡，侏儒，短喙或喙缺乏，腿骨和翅骨变短等。

锌缺乏　孵化率下降，胚胎死亡或出壳不久死亡。鸡胚脊柱和髋骨弯曲，肢体短小，肋骨发育不全。早期，鸡胚的脊柱显得模糊，四肢骨变短。有的还出现并趾或缺脚趾，缺腿，缺眼，喙畸形，内脏外露等。能出壳小鸡十分虚弱，不能采食和饮水，呼吸急促和困难。幸存小鸡羽毛生长不良、易折，皮肤角化不全等。

碘缺乏　胚体细小，21 日龄的鸡胚重仅有正常的 $5/7 \sim 6/7$。出壳时间延迟，$22 \sim 25$ 日龄才达到出壳高峰。雏鸡先天性甲状腺肿大，卵黄吸收迟滞，鸡胚死亡率增高。

过量的碘可使火鸡在孵化的第一周和啄壳期的死亡率增加。

此外，钙、磷、镁、硼等元素的缺乏也可引起禽胚发育异常。

第二节　中毒性胚胎病
（toxic embryonic disease）

虽然许多动物可通过一定的屏障作用，限制有毒物质向卵内转移，减少有毒物质对后代毒害的本能。但是，有些毒素对生育的影响是显而易见的。长期慢性中毒时，免不了有毒物质对睾丸、精子、卵巢、卵细胞的毒害作用。有些毒素可直接与 DNA 作用产生 DNA 序列的紊乱或基因片段的缺失。有些毒素的代谢次生物质，可在胚胎发育过程中，对受精卵、胚体产生影响，造成基因突变、畸变、免疫抑制等，甚至造成胚胎死亡。

现有资料表明,引起中毒性胚胎病的原因有:霉菌毒素及其代谢次生物;有机农药,尤其是有机氯农药;棉酚和芥子毒;硒和某些重金属的慢性中毒。兽医用药不当,药物对胚胎也有不良的影响。

霉菌毒素 有些霉菌毒素可产生致畸作用。用含 $0.05\ \mu g/mL$ 黄曲霉素 B_1,注入鸡胚气室,可抑制鸡胚分裂,并导致死亡。$0.01\ \mu g$ 棕色曲霉毒素 A(ochratoxin A)从气室注入,即可造成 1/2 鸡胚死亡,部分鸡胚畸变,四肢和颈部短缩、扭曲,颅骨覆盖不全,内脏外露,体型缩小。橘色霉素(citrinin)可引起四肢发育不良,头颅发育不全,小腿骨变形、喙错位(crossed beaks),偶尔可见头、颈左侧扭转。此外,细胞松弛素(cytochalasin),红青霉素(rubratoxin),T-2 毒素对鸡胚的发育都有不良影响。

农药残留 DDT 及其代谢产物(如 DDD)可引起鸡、鸭和某些野生禽类卵壳变薄,影响蛋的孵化率及雏禽的发育。这一现象已在鸡、山鸡、野鸡、企鹅、鹌鹑、鸭、食雀鹰等品种中证实。即使在它们日粮中供给足量的钙、磷,如果有机氯农药残留量过高,也会引起卵壳变薄。DDT、六六六等有机氯农药已禁止生产和使用。

某些除草剂,如 2,4-D(二氯苯氧乙酸)和四氯二苯二氧化磷(TCDD)等,在鸡体内和蛋内的残留作用,也可造成鸡胚发育缺陷或畸形。

其他有毒物质 饲料中含一定量棉酚时,鸡蛋中棉酚含量增加,储存时蛋白变成淡红色。含有棉酚的种蛋的孵化率下降,卵黄颜色变淡。成年母鸡喂菜籽饼过多,其有毒物质可影响体内碘的吸收和利用,导致鸡的胚胎缺碘而死亡。汞、镉在母鸡体内半衰期长,可干扰实质器官、性器官的发育,造成精子和卵细胞发育异常和胚胎畸形。畸形的胚胎表现为无眼、脑水肿、腹壁闭合不全等。有些药物,如乙胺嘧啶、苯丙胺、利眠宁、苯巴比妥等,在种蛋中残留也可导致胚胎畸形。

第三节　孵化条件控制不当引起的胚胎病
(embryonic disease caused by uncorrected hatching method)

孵化前种蛋的储存不当

种蛋在储存过程中,蛋内的新陈代谢并不停歇。长期储存时,蛋内进行着缓慢而持久的氧化过程。弱碱的蛋白被氧化,在酶的作用下,蛋白质分子分解。蛋白层的损耗,使其中过氧化物酶含量减少,溶菌酶的活性降低。水分从蛋壳的小孔蒸发,蛋内水分丧失。卵黄内的脂肪分解和游离水的形成,使卵黄变稀薄,卵黄膜失去弹性,通透性增大,胚盘结构发生变化,胚胎的分化受阻。其结果使胚胎在孵化的第一至第二天死亡,可见囊胚层多孔状。有的出现胚胎畸形。

种蛋储存的温度太高或太低对孵化率有很大的影响。种蛋储存最适的温度为15℃。

种蛋储存的湿度太低,蛋的水分蒸发较快,对胚胎有不良影响。湿度太高,蛋壳上会出现冷凝水滴,易使种蛋发霉、腐败。种蛋储存最适的相对湿度为70%~80%。

孵化温度不当

温度偏高 在一定范围和一定时间内温度偏高时,早期胚胎发育速度略加快。但如果温度偏高过度或作用时间较长,早期胚胎发育反而受抑制。温度偏高在一定范围内时,胚胎发育加快,雏禽提早出壳,如39.5℃孵化,可使鸡胚出壳提前1 d。

温度偏高对鸡胚器官的发育有一定的影响。如心脏的绝对重比正常的小,肾脏的绝对重增加,肝脏的绝对重略降低,尿囊液比正常减少。全胚重和骨骼生长的变化规律与正常的对比无明显变化。

在略高于正常温度下孵化,死亡率随着温度的升高而增加,在40℃或高于40℃孵化时,死亡率几乎为100%。全期孵化温度为38℃,38.5℃,39℃ 和39.5℃ 时,胚胎死亡率分别为42%,59%,75% 和90%。

剖检死亡胚胎,可见皮肤、大脑、心脏,有时在肝脏和肾脏出血。尿囊的血管扩张和充血。心脏贫血,颜色苍白。肝脏色淡。在器官的发育和形成阶段受高温作用时,各种畸形的胚胎显著增加。鸡胚胎在发育的第三至第四天时,温度过高还会出现器官错位。

温度偏低 温度偏低会减慢早期胚胎的发育,其影响程度比高温的影响更明显,具体表现为:①胚盘较小。孵化温度在15℃时,7 d之后胚盘仍未见增大。在29℃孵化时,第七天胚盘的大小才相当于正常温度下第二天的胚盘。②血管网较小。孵化温度在35.5℃时,第四天龄鸡胚的血管网面积比37.5℃条件下孵化的第三天龄的血管网还要小。③早期胚胎结构分化延迟,体节出现较慢。温度恒定偏低时,胚胎发育比正常减慢,出壳延迟。与正常温度相比,胚胎的大小和重量小而轻。在35.5℃或较低温度下孵化时,存活的胚胎要在25~28 d才出壳。

在偏低的温度下孵化,胚胎的器官发育也受到影响,如心脏、肾脏的绝对和相对重量增加;肝脏、肌胃绝对重减轻;骨骼的影响程度与全胚重量的影响成正比;尿囊出现延迟,尿囊较小,尿囊液消失时间延迟。

在略低于正常温度下孵化,胚胎死亡率随温度偏离程度而增加。35.5℃孵化的鸡胚,其死亡率为80%。低于35℃,孵化全期死亡率为100%。在孵化第一周或第二周连续 7 d 低温,可使鸡胚的死亡率增加,而在孵化的第三周,而即使是短时间的低温作用,对鸡胚也有严重的影响。

在任何情况下,禽蛋受热不足会抑制胚胎的生长和发育,但受热不足的程度、持续时间的长短以及胚龄的不同,其结果往往是不同的。

孵化湿度不当

湿度偏高 孵化全期相对湿度偏高时,胚胎发育减慢,出壳时间稍推迟。在孵化中期,禽蛋尿囊液的水分蒸发不足,到孵化终结时,胚胎尿囊液和羊水存留。幼雏体内的水分含量增加,使孵出的幼雏重量增加,但体质虚弱,精神不振,绒毛淡白并粘连,腹部膨胀。多数的雏禽在出壳后 1 周之内死亡。在略高于正常相对湿度下孵化,胚胎死亡率随着相对湿度的升高而增加。

湿度偏低 当相对湿度稍低于正常值时,胚胎生长发育稍加快,出壳时间提前,出壳雏鸡的重量比正常雏鸡较轻。这主要是胚胎内的水分过度蒸发所致。孵化全期相对湿度偏低,胚胎死亡率随着相对湿度的降低而上升。当相对湿度为 10% 时,胚胎死亡率高达 80%。

温度偏低时,禽蛋中的水分蒸发太快,导致胚胎水饥饿,严重影响胚胎的代谢过程,引起一系列的病理变化和出现头部畸形。整个孵化期间禽蛋重量的减轻有所增加,气室增大。幼雏出壳提前,雏禽瘦小,绒毛干巴,蛋壳干燥,有时带有出血的痕迹,内壳膜坚密而干缩。闷死在蛋壳里的幼雏可见羊水完全消失,绒毛干燥,卵黄黏滞。

水分不足往往由于下列情况引起,如蛋壳的机械损伤,蛋壳太薄,壳质疏松,气孔太多或太大以及周围环境的相对湿度太低等。

气体成分异常

胚蛋周围的气体,包括入孵前储存室、入孵后的孵化机、出雏机和孵房内的各种气体,均与胚胎的发育有着密切的关系,对胚胎的发育起着相当重要的作用。

氧气 正常的空气中含氧气 21%,二氧化碳 0.5%。所有研究证明,氧气不足会阻碍胚胎的生长发育,增加死亡率和畸形率,胚龄越大,死亡率越高。

窒息就是在氧饥饿条件下呼吸停止和二氧化碳在体内的积聚。但是窒息并不总是孵化器中气体交换障碍的结果,还应考虑输入孵化器的空气的含氧量。有时空气中氧的含量充足,但胚胎没有能力利用它,这种情况见于卵壳孔被脏物或邻近的破裂禽蛋流出的内容物所包裹,或是内壳膜过于紧密,气体不能透过。

对用实验方法引起的窒息而死亡的胚胎的羊水中均出现血液,是窒息的诊断特征。

二氧化碳 孵化器内气体交换不足时,氧的浓度降低,同时伴有二氧化碳含量的升高。胚胎在 4 日龄前对二氧化碳最为敏感。然后,随着胚龄的增大,胚胎对二氧化碳的敏感性有规律地逐渐降低。二氧化碳的浓度增高可抑制胚胎的生长。在孵化的前 3 d,二氧化碳浓度增高,会引起头部、大脑和脊髓严重异常和畸形。许多胚胎出现错位,头在蛋的锐端,足朝向并靠达气室,卵黄囊缠在颈的周围。

孵化全期,二氧化碳浓度较高时,胚胎死亡率与二氧化碳浓度成正比。

福尔马林 福尔马林广泛用于种蛋和孵化器等的消毒。熏蒸消毒,每立方米福尔马林用量 30 mL,高锰酸钾 15 g。高浓度的福尔马林对胚胎有毒性作用,尤其是当相对湿度很高时。如福尔马林的用量提高到正常的 5 倍,作用于 2～3 日龄的鸡胚时,胚胎的死亡率高达 80%。即使在孵化的后期,过高浓度的福尔马林也可使胚胎死亡率比正常高。死亡胚胎的典型病变是肺水肿。

此外,空气中的氮气、氨气、天然气(煤气)、一氧化二氮等气体的含量过高,对胚胎的发育均有不良的影响。

气 压 异 常

低气压 低于大气压的条件下孵化,在 1～9 日龄,胚胎的生长和代谢没有受到明显的影响。当 10 日龄时影响较为明显,胚胎生长明显迟滞,胚胎的死亡明显增多。

低气压环境会使蛋内水分过分散失,这是影响胚胎发育和致死的主要原因。置于低气压环境中孵化的禽胚,会出现多种畸形,侏儒胚,以及神经、心脏、血管的异常等。

高气压 将禽蛋置于较高气压下孵化,由于水分的散失较少,氧气较多,所以胚胎生长发育较快,全胚湿重也比正常的重。但如将受精蛋置于 4～6 个大气压的环境下孵化时,可引起较高的死亡率。

经高气压处理过的禽胚,畸形发生率明显增多,主要异常是胚外血管发育不良,伴随红细胞减少,血色素含量降低。据分析,高气压的不良影响主要是由于过高密度的氧气引起的。

种蛋的放置或翻动不当

禽蛋垂直放置时,如果尖头端向上,气室向下,头偏离气室,使胚胎处于不舒适的位置,对胚胎有不良的影响。气室向上垂直放置和水平放置进行孵化时,蛋白集聚在蛋的尖端,对鸡的胚胎发育没有明显的不良影响。但鹅蛋则例外,与鸡蛋相比,鹅蛋较大较重,如垂直放置时,鹅胚的发育较差。

　　禽蛋翻动和翻动的角度也有重要的意义。如果禽蛋在孵化的最初几天翻动很少,则胚盘粘在内壳膜上,甚至与内壳膜一起结成硬块,羊膜不能形成。在孵化中前阶段,若禽蛋翻动太少,蛋白牢固地紧贴在内壳膜上,则尿囊生长不良。在孵化的后半期,禽蛋不需要经常翻动。

　　禽蛋垂直放置时,蛋的位置应当偏离垂直线,每个侧面不低于 45°,使蛋的位置改变可达 90°。小于这个角度时,尿囊不能包住蛋白,蛋白不能进入羊膜囊内,而不能被利用。

第四节　传染性胚胎病
(infectious embryonic disease)

　　传染性胚胎病指由于病原微生物感染而引起的胚胎疾病。按病原可分为病毒性、细菌性和霉菌性 3 类,近几年关于寄生虫侵袭性胚胎病亦有所报道。病原微生物对胚胎的感染分为内源性感染和外源性感染。

　　内源性感染是由母体直接传递的胚胎感染。健康母禽的生殖器官一般不含病原微生物,故所产的蛋中亦不含病原微生物。但当母禽患某种传染性疾病,或种禽长期带菌,这些病原体侵入卵巢和输卵管,可在禽蛋形成过程中进入蛋白和卵黄,导致胚胎发生各种病理变化,甚至引起死亡。有些胚胎亦可带病孵出,成为下一代的传染源,使疾病持续发生。这一类传染病称为胚蛋传递疾病。已知可经胚蛋传递的病原微生物主要有:鼠伤寒沙门氏菌、白痢沙门氏菌、鸡沙门氏菌、禽结核杆菌、亚利桑那菌、链球菌、禽传染性脑脊髓炎病毒、包涵体肝炎病毒、禽白血病病毒、减蛋综合征腺病毒、禽呼肠孤病毒、火鸡病毒性肝炎病毒、鸡败血霉形体、滑液囊霉形体等。

　　外源性感染是外界环境中微生物侵入蛋内所引起的感染。禽蛋有天然的屏障,如蛋壳表面的黏液膜、蛋壳、壳膜;蛋白中各种抗微生物因素,如溶菌酶、伴清蛋白、亲和素,卵抑制物以及两层稀蛋白中的高 pH 值(9.1～9.6),都能有效地防御和抑制微生物的侵入和繁殖,保护胚胎正常发育。但当蛋壳表面受到严重污染或温度和湿度适合微生物迅速大量繁殖等情况下,微生物可迅速穿透蛋壳,克服或避开蛋白内的抗微生物因素,在蛋内繁殖使蛋腐败或感染疾病。尤其是储存日久的蛋,溶菌酶的活性下降,蛋白收缩、卵黄变稀、卵黄膜与壳内膜直接接触,穿过蛋壳的微生物便可直接进入卵黄。由于卵黄内不含上述抗微生物因素,侵入的微生物便可大量繁殖使蛋腐败。革兰氏阴性细菌对蛋白中抑菌因素有抵抗作用,进入蛋内后容易繁殖。

外源性感染的微生物有：①引起蛋腐败的微生物，如变形杆菌、假单胞菌、产气杆菌、产碱类杆菌、液化链球菌、葡萄球菌、大肠杆菌、沙门氏菌、枯草杆菌、梭状芽孢菌、褐霉菌、曲霉菌、青霉菌、白霉菌、毛霉菌、蜡叶芽孢霉菌等；②引起胚胎感染的病原微生物，如致病性大肠杆菌、沙门氏菌、鸡新城疫病毒、鸭瘟病毒等。

各个孵化场的卫生情况不尽相同，胚蛋受污染情况和主要致病菌也有很大的差别。但一般来说，微生物感染仍是影响孵化率的最重要因素之一。

常见的病毒性胚胎病有：新城疫、鸡传染性支气管炎、禽脑脊髓炎、禽流感、禽传染性喉气管炎、禽痘、包涵体性肝炎、减蛋综合征、禽病毒性关节炎、禽白血病、马立克氏病、传染性法氏囊病、鸭病毒性肝炎、鸭瘟等。

常见的细菌性胚胎病有：鸡白痢、禽伤寒、禽副伤寒、禽大肠杆菌病、亚利桑那菌病、禽结核病、弯曲杆菌性肝炎、禽霉形体（鸡败血霉形体、火鸡霉形体、滑液囊霉形体）、葡萄球菌病、链球菌病、绿脓杆菌感染、禽螺旋体病、禽衣原体病、禽曲霉菌病等。

第五节　胚胎疾病的预防方法
（controls of embryonic disease）

预防原则　预防为主是防治禽类胚胎病指导思想。建立健全的科学管理和卫生制度，严格执行科学的技术操作规程，是防制禽类胚胎病的基本保证。认真把好种蛋来源关、严格执行科学的消毒程序、调控禽胚孵化过程内外环境等措施，是预防禽类胚胎病的关键。

一般预防措施　①严格选择种蛋。种蛋应来自管理和防疫制度完善的种禽场，种禽应采食全价饲料，健康无病。历年所产的蛋受精率和孵化率较高，蛋形、蛋重、蛋壳均属正常。种蛋在收集、运输和储存中避免受热、受潮、受震动，储存时间不能过久。②制定并落实严密的卫生管理制度。包括环境、房舍、孵化器材、用具、人员、废弃物等卫生管理。种蛋储藏室、工作间、孵化室、出雏室等房舍应合理设置，通风良好，适于保温，便于消毒。各房舍均应经常打扫，保持清洁，定期消毒。孵化器和出雏器，蛋盘、蛋筐、雏鸡盒等各种用具在使用前后都应认真清洗和消毒。禁止外来人员进入工作场区，工作人员进入时必须淋浴，更换清洁的工作服、鞋、帽，进入孵化室应戴口罩，消毒裸手部。孵化场的蛋壳、死胚、死雏、消耗性用品等废弃物应运到远离孵化场的固定地点焚毁或深埋，绝不能随意抛弃。蛋壳、毛蛋、白蛋、血蛋等，含有丰富蛋白质、脂肪和矿物质，经高温处理，干燥后可制成粉状饲料。③定期测定孵化室内空气中细菌总数,并在孵化器内、孵化和出雏用具以及操作人员手部采样,做细菌总数、沙门氏杆菌、大肠杆菌群、霉菌等指标的测定,及时掌握污染程度及污染来源,有针对性做好消毒工作。④及时检出病胚、死胚,查明原因,妥善处置。⑤发生胚胎病时,应尽早做出诊断,不失时机采取防治措施。如果是传染性胚胎病,应注意切断传染来源,避免病原体扩散。⑥必须采取全面的综合措施,提高种禽的遗传育种、饲养管理和卫生防疫水平,使胚胎有良好的遗传素质和发育基础,同时做好孵化前后的卫生管理。⑦种禽场要严格控制禽胚递性传染病的发生,如沙门氏杆菌病、大肠杆菌病、亚利桑那菌病、慢性呼吸道病(CRD)、传染性滑膜炎(MS)、火鸡霉形体病(MM)、病毒性关节炎(VA)、禽脑脊髓炎(AE)、淋巴细胞性白血病(LL)、减蛋综合征(EDS)等。这些病原体可以长期甚至终生存在于禽体内,并可通过胚蛋传递给后代雏禽,使疾病持续发生。⑧杜绝孵化过程的污染,做好孵化场的清洁卫生和消毒工作,包括环境消毒,房舍消毒,孵化器材和用具消毒,雏禽的熏蒸消毒,孵化场废物处理等。⑨建立无胚递性传染病的禽群。

(邵良平)

第二十四章　新生畜和幼畜疾病

新生畜溶血病（haemolytic disease of the newborn）

新生畜溶血病是新生畜红细胞与母畜血清和初乳中存在的抗体不相合引起的一种同种免疫溶血反应。又叫新生畜同种免疫溶血性贫血（neonatal iso-immune hemolytic anaemia）、新生畜溶血性黄疸（haemolytic icterus of the newborn）、或新生畜同种红细胞溶解病（neonatal isoerythrolysis），以贫血、血红蛋白尿和黄疸为其特征。多见于驹和仔猪，少见于犊牛，罕见于家兔、仔犬和仔猫。

病因　发病的主要原因是仔体与母体的遗传性血型不相合。母畜对胎儿的抗原产生特异性抗体，以后母畜初乳中的抗体被仔畜吸收入血液中发生抗原抗体反应而引起发病。

病理发生　本病的发生不仅要具备父母畜双方红细胞抗原型不相合的先决条件，还要具备胎儿继承父畜而不是母畜的红细胞抗原、抗原能够进入母体、母畜血清抗体能够传递给新生仔畜等条件。在骡驹，业已证实骡胎儿的抗原来自它的红细胞本身，亦即红细胞所具有的驴种属性抗原。驴和马在红细胞表面抗原系列上有很大差别。公驴（马）与母马（驴）种间杂交，红细胞血型不合的频率最高，血型抗原活性和抗体应答最强，因而骡驹溶血病的发病率最高，病情最重。如果骡驹继承了父畜的红细胞抗原，则刺激母畜产生能凝集并溶解骡驹红细胞的特异性抗体即抗驴（马）抗体。母马（驴）血清中特异性血型抗体在妊娠后期，既第 3 至第 10 个月达到峰值，分娩前后浓集于乳腺，分泌于初乳中，凝集价一般可达 1∶（512～1 024）或以上。怀骡胎数越多，血清和初乳抗体效价以及骡驹发病率越高，连续怀胎 3～6 胎的，所生骡驹的发病率高达 60%。在马驹是由于胎儿与母马的血型存在有个体差异所致。马红细胞表面抗原分 8 个系列，每个系列包括一种至数种不同的血型因子（抗原）。已知 Aa,Qa,R,S,Dc 和 Ua 等因子与马驹溶血病的发生直接相关，其中抗原性最强的是 Aa，其余各因子依次减弱，本病大多是由 Aa 和 Qa 因子引起的。仔猪病理发生与马驹相似。猪红细胞表面抗原分 16 个系列，其中 A 型抗原活性最强。除了遗传原因外，还因母猪在妊娠前后多次接种含不同血型抗原的猪瘟结晶紫疫苗，血清中产生和初乳内浓集的同种血型抗体凝集价很高，能够克服新生仔猪胃液和血浆中游离抗原的减消作用而抵达靶细胞，与红细胞表面抗原结合而导致血管内溶血。母猪的这种抗体有时持续时间很久，可使连续几窝仔猪患病。牛的细胞表面抗原分12个系列，其中活性最强的是J抗原，其病理发生与马驹的相似，但临床发病较少，这是因为新生犊牛血浆和其他组织液中含有很多游离的J抗原，经初乳吸收的J血型抗体大部分在抵达靶细胞之前即被结合而减消。在欧洲和澳大利亚，临床见有反复使用抗巴贝斯虫苗和抗无定型体病疫苗引起发病的，这主要是由含有红细胞抗原的疫苗引起的。

胎儿抗原在正常怀孕情况下不能通过胎盘屏障，本病中胎儿抗原能进入母体可能与胎盘受损有关，与此同时，母体的免疫性抗体也有可能通过胎盘上的损伤进入胎儿体内，只不过进入的抗体效价不高，不致引起发病而已。本病中母畜免疫抗体的传递，家畜（反刍兽、马及猪等）都是在生后从初乳中获得免疫球蛋白，生后48 h内可吸收大量的免疫球蛋白G(IgG)。这种免疫球蛋白或未消化蛋白质的吸收，在仔畜生后24/48 h即停止，称为肠壁闭锁，这是由于初乳中的胰蛋白酶抑制作用消失或肠管蛋白分解酶活性增高所致。

症状 2日龄内的新生畜发病较为多见，生后发病越早，症状越严重，死亡率也越高。仔畜未吃初乳前一切正常，但吸吮后不久即出现症状。主要表现为精神沉郁，反应迟钝，头低耳聋，喜卧，有的有腹痛现象。可视黏膜苍白、黄染，尿量少而黏稠，病轻者为黄色或淡黄色，严重者为血红色或浓茶色（血红蛋白尿），排尿表现痛苦。心跳增数，心音亢进，呼吸粗厉。严重者卧地不起，呻吟，呼吸困难，有的出现神经症状（核黄疸症状），最终多因高度贫血，极度衰竭（主要是心力衰竭）而死亡。核黄疸又称为胆红素中毒脑病，为新生仔畜黄疸的严重并发症。发生原因是大量游离的间接胆红素渗入脑组织内，使中枢神经细胞核团也发生黄染，并引起神经细胞坏死。其临床特征是嗜睡、惊厥、肢体强直等。

驹：最急性型在生后8～48 h发病死亡，表现严重血红蛋白尿和黏膜苍白；急性型在生后2～4 d出现严重黄疸，中度血红蛋白尿；亚急性型在生后4～5 d出现症状，黄疸明显，无血红蛋白尿，多可自愈。

仔猪：急性型生后12 h内虚脱死亡，慢性型于2～6 d死亡。

犊牛：有2种病型，最急性型于吸吮初乳后不久突然发病，主要表现为急剧贫血和呼吸衰竭，常在短时间内死于窒息和休克。急性型病例，在生后24～48 h发病，临床症状基本与驹相似，重症多在1周内死亡，轻症在2～3周后痊愈。

临床病理学表现急性贫血，红细胞数呈不同程度的减少，严重者可降至100万/mm^3；红细胞形状不一，大小不等。红细胞压积和血红蛋白含量显著下降，血沉加快，血浆红染，黄疸指数升高，血清胆红素凡登白试验呈间接反应强阳性。尿液检查呈现血红蛋白尿，尿沉渣中含有肾上皮、脓球和黏液等。

诊断　根据出生时健康,吃初乳后发病的病史,急性血管内溶血的一系列症状及溶血性贫血和黄疸、血红蛋白尿的检验,易于诊断。必要时采集母畜的血清或初乳同仔畜的红细胞悬液做凝集试验。其做法:①红细胞悬液制备。试管内加适量草酸盐等抗凝剂,采集新生畜静脉血 10 mL,离心去血浆,加生理盐水洗涤 2 或 3 次,最后用生理盐水配成 2% 红细胞悬液备用。②检液稀释。取试管数支,第一管加生理盐水 0.3 mL,其余各管加 0.2 mL。第一管加被检血清或初乳 0.1 mL,混匀后取出 0.2 mL 加第二管内,依次稀释至最后一管,从中弃掉 0.2 mL,使各管稀释倍数分别为 4,8,16,32,64,128,256,512…… ③凝集感作。各管加 2% 红细胞悬液 0.2 mL,混匀,置 37℃ 水浴或温箱内 1 h,或放置 3～5 min 后离心。④结果判定。管底红细胞层边缘不整齐,轻摇试管出现红细胞凝集块或颗粒的,为阳性反应,记录其凝集效价;管底红细胞层边缘整齐,轻摇试管红细胞即均匀散开而无凝集颗粒的为阴性反应。

治疗　为中止特异性血型抗体进入仔畜体内,首先立即停喂母乳,改喂人工初乳、代乳品或由近期分娩的母畜代哺,直到初乳中抗体效价降至安全范围为止。

输血疗法是治疗本病的根本疗法。输入全血或生理盐水血细胞悬液,驹或犊每次 1 000～2 000 mL,当红细胞数达 400 万/mm³ 以上时可停止输血,否则,隔 12～24 h 再输血 1 次。为安全起见,应先做配血试验,最好选用相合血。若寻找血源确有困难时,可输注亲母马红细胞悬液,按 3.8% 柠檬酸钠 1 份,母马静脉血 9 份,无菌采血于输液瓶后,38℃ 保温 20～30 min,将血浆取出回输给母马,在红细胞沉淀物中加 5% 葡萄糖生理盐水使恢复原体积,混合后给病仔畜输注,驹每次输注量 1 000～1 500 mL,通常一次治愈。病情危重者应实施换血疗法。辅助疗法可应用氢化可的松、氢化强的松龙等糖皮质激素(按激素类用药原则使用),静脉注射葡萄糖、5% 碳酸氢钠,补充硫酸亚铁,维生素 A、维生素 B$_{12}$ 等,为防止感染可用抗生素,心衰时应用强心剂。

预防　预防的关键在于不让仔畜吸吮抗体效价高的初乳。因此应预先测定母畜血清或初乳的抗体效价。各种母畜抗体效价超过 1:8,初乳超过 1:32(母驴的超过 1:128)时提示有发病危险。应当采取:①产前 10 d 内催乳、挤掉初乳,使抗体效价降低;②产后挤乳,频繁彻底的挤乳,可使抗体效价迅速下降。待降至 1:16 的安全范围内,再喂仔畜;③暂停吃初乳(改喂人工初乳或它畜代养),待 48 h 后仔畜胃肠功能健全后再喂母乳;④灌服食醋,给抗体效价在 2 048 倍以下母畜所生的仔畜,吃初乳前后灌服 1:1 食醋水溶液 100～200 mL,每隔 2 h 1 次,共 3～7 次,效果良好,但对消化功能有一定影响。

新生畜腹泻综合征（neonatal diarrhea syndrome）

新生畜腹泻综合征是一种病因复杂的常见疾病。各种新生畜如犊牛、马驹、仔猪、羔羊都可发生。以急性腹泻、渐进性脱水，死亡快为特征。本病最常见于2～10日龄新生畜，也可早至出生后2～18 h发病，偶尔可晚至3周龄发病。发病越早，死亡率越高。

病因 本病病因复杂，包括生物性因素、初乳免疫水平、饮食性质、管理水平以及气候因素之间的相互反应。

生物性因素 埃希氏大肠杆菌的不同血清型，某些沙门氏菌属，梭状芽孢菌A、B、C、E型，轮状病毒，球虫等可引起多种新生畜肠炎和腹泻。传染性鼻气管炎病毒、冠状病毒也可引起反刍幼畜腹泻，衣原体致犊牛腹泻，隐孢子虫是细胞内的寄生原虫，可致犊牛腹泻。传染性胃肠炎病毒等可引起仔猪腹泻。

新生畜免疫水平 幼畜在生后的最初几天，其免疫能力极低，初生时体内无抗体，故新生畜必须依靠出生后数小时内摄取初乳来获得抗体及其他营养，以提高抗病力。新生畜吃初乳太晚、不足或吃不到初乳，均会使抗病力下降。

管理与卫生 乳品变质或卫生不良，乳具不消毒；幼畜饥饱不均致饮食性腹泻；产房、新生畜圈舍不清洁、不定期消毒；圈舍阴、冷、湿、通风不良、过度拥挤；无防寒、防风、防暑、防雨设施。以上因素均可诱发本病。

气候因素 多雨季节、寒冷多风季节、酷暑潮湿季节腹泻发病率明显升高。

病理发生 病理发生主要是：①生物因素的侵袭使肠道上皮细胞破坏而引起炎症；②肠腔内渗透压升高，使肠腔内水分增多；③细菌毒素等多种原因引起的肠分泌增加；④肠蠕动增强使肠内容物在肠道内停留时间缩短，使大肠吸收水分的能力下降。在上述各因素作用下引起新生畜腹泻、脱水、酸中毒、循环衰竭、休克、死亡。

症状 主要症状是腹泻、脱水（眼球凹陷、皮肤弹性下降，血液浓稠，静脉血流缓慢，血量减少）和衰弱，发病后1至数日内死亡。病因不同症状略有差异。

新生畜腹泻多由大肠杆菌引起，多在5日龄内发病，呈急性经过，健康活泼的幼畜在12～24 h后虚弱，病初腹胀，排水样、黄白色或绿色粪便。沙门氏菌病多侵袭2周龄以上的幼畜，粪便恶臭，常含血迹、多量黏液。梭状芽孢菌属引起出血性肠毒血症，表现突然沉郁、衰弱，水样腹泻，很快在粪便中混有纤维素、坏死的组织碎片和血液，几小时内死亡，偶见神经症状。轮状病毒引起1～2周龄的犊牛腹泻，若不继发大肠杆菌病时，水样腹泻持续数小时，在18～24 h后痊愈。冠状病毒感染几日龄至几周龄的犊牛，症状与轮状病毒的相似。饮食性腹泻，病初可见粪便量多，稍稠呈面糊状,病情加重则成稀汤样或水样。

诊断 根据发病日龄和临床症状可初步诊断,确诊须做病原微生物的培养分离及寄生虫检查,应取未死亡病畜的新鲜粪样检验。但有一定难度,因为不同病原菌引起的腹泻差别不大,且常为混合感染,况且病原菌可从正常幼畜中分离到,故诊断必须细心。

治疗 新生畜腹泻发生早,死亡快,因此治疗必须及时。治疗原则:除去病因、补液、抗菌、纠正酸中毒。

消除病因,加强护理。补液应尽早进行,静脉补液常用5‰葡萄糖生理盐水、生理盐水或复方生理盐水,多用于马驹和犊牛。20世纪80年代后推广口服补液盐补液,主治新生畜腹泻,有多种配方,但必须配成等渗溶液,禁用高渗液。如配方:氯化钠14 g,氯化钾4 g,碳酸氢钠13 g,葡萄糖43 g,甘氨酸18 g,加水至4 L,此溶液接近等渗,不论是何种幼畜,按每次每千克体重60~130 mL剂量让其自饮,不能自饮的可以灌服或直肠注入,每日3次,小动物可代替饮水。仔猪、羔羊可口服补液或灌肠,也可用上述静脉注射药物加温至38℃腹腔注射。为防止酸中毒可静脉注射或口服5‰碳酸氢钠溶液。抗菌消炎应与补液同时进行。抗菌可用:氟苯尼考、庆大霉素、卡那霉素、红霉素,还可口服痢特灵、磺胺脒、氟哌酸等药物。

预防 针对病因预防,搞好产房及环境卫生,定期消毒,注意新生畜饮食卫生。让新生畜尽早吃到并吃足初乳,饲喂定时定量,加强管理。注意防寒保暖,防止恶劣气候的危害。

新生畜胎粪秘结(meconium retention in neonatal animals)

胎粪是由胎儿胃肠道分泌的黏液、脱落的上皮细胞、胆汁及吞咽的羊水,经消化后所残余的废物积聚在肠道内形成的。胎儿出生时其肠道内就存在着胎粪,通常在生后数小时内排出,如果在生后1 d内排不出胎粪,肠道则出现阻塞而引起腹痛,称之为新生幼畜胎粪秘结。该病主要发生在体弱的新生驹,也见于犊牛、羔羊和其他仔畜。

病因 初乳含有较高的乳脂和较多的镁盐、钠盐和钾盐,具有轻泻作用,但是当母畜营养不良、初乳分泌不足或品质不佳、或仔畜吃不到初乳时可引发本病。

症状 新生畜出生后24 h内未排胎粪,吃奶次数减少,肠音减弱,表现不安,弓背、摇尾、努责;以后见精神不振,不吃奶;腹痛逐渐明显,回头顾腹、踢腹、仰卧、呻吟、前肢抱头打滚等腹痛症状;有的羔羊排粪时大声鸣叫;因胎粪堵塞肛门而继发肠臌气;呼吸和心跳加快,肠音消失,全身无力,卧地不起,发生自体中毒。如用手指直肠检查,触诊到硬固的粪块即可确诊。在羔羊为很稠的黏粪或硬粪块,有的公驹可在骨盆入口处有较大的硬粪块。

治疗 可用温肥皂水深部灌肠,或用石蜡油 100~250 mL(羔羊 5~15 mL)或硫酸钠 50 g,同时灌服酚酞 0.1~0.2 g,效果良好,但不宜用峻泻剂。用上述方法无效的大粪块,可用细铁丝做成套圈或钝钩将结粪拉出。

仔猪先天性震颤(congenital tremor of piglets)

仔猪先天性震颤,也叫仔猪先天性肌阵挛,俗称"小猪抖抖病",是由于脊髓以上的中枢神经系统髓鞘形成阻滞,致使肌肉发生阵发性痉挛的神经系统的先天性疾病,它不是单一的疾病,而是在出生后不久表现为全身性或局限性阵发性痉挛的综合征。本病至少有 AⅠ,AⅡ,AⅢ,AⅣ,AⅤ 和 B 型 6 种类型,其中 AⅢ 型、AⅣ型属于遗传性疾病。AⅠ型由猪瘟病毒感染母猪怀孕早期(10~15 d)的胎儿所引起。

症状 新生仔猪在出生后,或于生后数小时内发生肌痉挛而震颤,有的全窝发生,有的部分仔猪发生,症状轻重不一。多数小猪在站立时震颤加重,躺卧时震颤立即减轻或停止。震颤有多种变化,有的仔猪只在头部和颈部呈现强烈而快速的震颤,有的只出现在后躯,呈现弹肢急跳姿势。若四肢同时发生阵发性痉挛时即呈跳跃状,共济失调。重病小猪因不能到达乳头吮乳而死于饥饿。轻症小猪能耐过本病,虽全身震颤,但仍可运动,一般在 2~8 周后康复。

治疗 因病因复杂,有条件的单位可进行基因诊断与治疗。对患病小猪加强护理,保证吃到初乳,防寒保暖,注意安静,避免不良刺激以促进康复。

预防 预防应视病情而定,对遗传性类型,病猪不能留做种用。由病毒引起的可采用免疫措施使母猪在怀孕前获得免疫力。

幼畜肺炎(pneumonia of young animal)

幼畜肺炎是幼畜在致病因素作用下细支气管和肺泡发生的急性或慢性渗出性炎症。以卡他性肺炎或卡他性纤维素性肺炎较为常见,化脓性和坏死性肺炎较为少见。临床上以咳嗽、流鼻涕、呼吸困难、叩诊肺部出现局灶性浊音,听诊有捻发音为特征。本病可发生于各种幼畜,在早春和晚秋气候多变季节多见。特别是在常年舍饲、营养水平低下、卫生条件较差、幼畜拥挤、通风差的养殖场常以厩舍的方式流行。在我国北方营养状况较差的放牧羊群,每年冬末春初季节,都有许多羔羊发病,病愈后羔羊生长发育受阻。

病因 幼畜肺炎病因复杂,常见于下列因素:①幼畜抗病力差,呼吸系统的形态和机能尚未发育完善,因而对呼吸系统的致病因素比较敏感。②先天性营养不良,母畜在妊娠期间严重营养不良,如维生素 A 和胡萝卜素等缺乏或患有慢性消耗性疾病,所生的幼畜则异常虚弱,机体免疫力降低,容易罹患肺炎。③受寒感冒,感冒可使幼畜呼吸系统的屏障功能下降,病原微生物乘机感染引起肺炎。④营养缺乏,新生畜未吃到初乳或吃初乳太晚;幼畜生长快,饲喂不全价饲料或在断乳后缺乏营养。⑤各种不良环境因素的刺激(如尘埃、灰沙、烟雾、霉菌、湿热、氨气、寒流等)都能降低整个机体特别是呼吸系统的抵抗力,为各种各样的病原微生物感染创造了适宜的条件。⑥生物性因素(病原微生物和寄生虫)在本病的发生上起着重要作用。在马驹为肺疫链球菌、化脓棒状杆菌、副伤寒杆菌、坏死杆菌、疱疹病毒和安氏网尾线虫;在犊牛有化脓棒状杆菌、溶血型葡萄球菌、衣原体属、支原体属、3 型副流感病毒、腺病毒、鼻病毒,偶尔是绿脓杆菌;在仔猪常为大肠杆菌、放线杆菌和巴氏杆菌;羔羊肺炎亦以巴氏杆菌感染比较常见,且有时是一种非典型的巴氏杆菌(溶血性巴氏杆菌),其他感染的细菌有 β-链球菌,粪链球菌和双球菌。

幼畜肺炎的细菌感染,一方面是在前述内外条件的影响下而发生,另一方面感染的细菌往往是非特异性的和多种多样的。业已证实,健康幼畜上呼吸道黏膜上就有条件性致病菌存在,因此认为细菌性因素是在其他病因引起幼畜机体抵抗力下降时,细菌乘机繁殖、增强毒力而呈现致病作用。

病理发生 正在发育中的幼畜其机体的免疫机能就比较脆弱,在上述各种病因的作用下,幼畜的抗病能力明显下降,呼吸道内的条件性病原微生物则乘虚而入,引起肺脏局部乃至全身的病理变化。肺脏局部的感染造成各类渗出性炎症,并使肺脏局部血液循环和机能发生紊乱,肺局部淤血和机能受损。肺部多灶性炎症会引起血氧不足、加之炎症产物以及菌毒血症将引起全身病理反应,出现体温升高、精神沉郁、呼吸困难等症状,尤其是中枢神经系统和心血管系统受害时,又促使肺炎的病理过程加剧。

症状 有急性型和慢性型 2 种。急性型多见于 3 月龄内的幼畜。多由支气管炎发展而来。病初咳嗽频繁而痛苦,逐渐由干咳转为湿咳,马驹、犊牛和羔羊于每次咳嗽后,常伴有吞咽动作及喷鼻声,同时出现鼻液,初为浆液性,后为黏液脓性。中度发热,心跳加快,心律不齐。呼吸浅表频数、呈腹式呼吸,表现头颈伸直,四肢叉开站立。可视黏膜发绀,精神不振,吮乳和采食减少乃至废绝。肺部叩诊呈现灶性浊音,听诊病灶部呼吸音减弱或消失,可能出现捻发音。

慢性型多见于 3～6 月龄的幼畜。较急性型症状轻微,最初表现间断性咳嗽,以后咳嗽逐渐频繁,出现无力的连咳或痉咳。在起立、卧下和身体运动时多发生咳嗽和呼吸困难,胸部叩诊易诱发咳嗽,部分病例中度发热。精神、食欲等基本正常。X 射线检查,一般在肺的心叶出现许多灶性阴影,偶见弥散状阴影。

幼畜肺炎常继发于感冒和上呼吸道疾病,如喉头炎、气管炎,也可引起胸膜炎或诱发消化不良、胃肠卡他等疾病。

病理变化 病变多发生于肺尖部和肺中部,少见于膈叶。切面呈暗红色、黄褐色、灰白色,按压病灶可漏出血液或巧克力色样液体。有时可见多发性病灶散布于肺脏的表面或深在部位,病灶内容物变硬,缺乏空气,间或发生肝变。纵隔及支气管淋巴结肿大。部分病例可见肺和胸膜表面有绒毛样纤维素沉着,有时肺与胸膜粘连。

诊断 可根据病史如环境条件和各种因素所致的幼畜营养不良,咳嗽、流鼻液、呼吸困难、肺部的听叩诊变化、X射线检查心叶的灶性阴影等可确诊。

治疗 本病的治疗原则为加强护理、抑菌消炎、祛痰止咳、对症治疗。

加强护理 首先应将病幼畜置于干燥、温暖、清洁、空气清新的单独房间,天暖时可随母畜到附近牧地放牧或适当运动,为哺乳母畜和幼畜提供营养丰富的青绿饲料和蛋白质饲料。对病幼畜要注意维生素和矿物质的供给,特别是维生素A、维生素D、维生素C和矿物元素钙等的供应,如在乳中加入鱼肝油制剂或多种维生素制剂,口服或静脉注射葡萄糖酸钙等。

抑菌消炎 可应用抗生素和磺胺类制剂。常用的抗生素为青霉素、链霉素及广谱抗生素。犊牛、马驹可用青霉素80万～160万U,链霉素100 g,混合肌肉注射;仔猪、羔羊用量可酌减,每日2次,痊愈为止。常用的磺胺制剂有磺胺二甲基嘧啶,如犊牛、马驹可用10%磺胺二甲基嘧啶20～40 mL,加入5%葡萄糖生理盐水或25%的葡萄糖溶液100 mL中静脉注射,同时可配合使用磺胺增效剂。在条件允许时,治疗前最好取鼻液做药敏试验以便科学用药。例如,肺炎双球菌和链球菌对青霉素较敏感,一般用青霉素和链霉素联合应用效果更好。对金黄色葡萄球菌,可用青霉素或红霉素。对肺炎杆菌,可用链霉素、卡那霉素、氯霉素、土霉素(马属动物不宜内服),亦可应用磺胺类药物。对绿脓杆菌,可配伍用庆大霉素和多黏菌素B及多黏菌素E。对多杀性巴氏杆菌使用氯霉素,加入5%葡萄糖溶液内静脉注射,疗效很高。

气管内注射亦具有良好效果,犊牛、马驹可用青霉素80万～160万U,链霉素100 g,1%的普鲁卡因5～10 mL,气管内注射,每日1次,2～4次痊愈。

气雾疗法:在驹可采用一个气雾发生器通过一个4.5～5.0 L的塑料桶面罩,使病驹每6～8 h与气雾接触1次,每次30 min。其气雾药物为生理盐水180 mL,20%乙酰半胱氨酸5～10 mL,异丙肾上腺素2 mL,硫酸庆大霉素150 mg或硫酸卡那霉素400 mg混合而制成。犊牛可在密闭的1 000 m³的房舍内,借助于气雾发生器,给犊牛吸入含有抗生素和磺胺类药物的气溶胶,即用土霉素150 g,磺胺嘧啶钠120 g,硫酸卡那霉素30 g,加入20％的化学纯甘油为稳定剂。每天吸入1次,每次2 h。羔羊(50～70只)可在55 m³密闭小房内,将事先经过药敏试验选定的抗生素制成气雾剂。使用前5～10 min用37℃蒸馏水配成药剂溶液,再加入总量10％甘油做稳定剂,经气雾发生器(放在小房中央,离地面1 m高)使羊吸入,每日1次,直到痊愈。仔猪在1 000 m³的猪舍,用土霉素125 g,磺胺嘧啶钠250 g,10％维生素C适量,水1 175 mL,加入总量10％甘油作为稳定剂,通过气雾发生器,使仔猪吸入,每天早晚各1次,每次1 h,持续2～3 d。

祛痰止咳　当病畜频发咳嗽、分泌物黏稠不易咳出时,应用溶解性祛痰剂,如氯化铵、碘化钾、远志酊等;当频发痛咳而分泌物不多时可用镇痛止咳剂,如复方樟脑酊、复方甘草合剂等。

对症治疗　为缓解呼吸困难可输氧,心脏衰弱时可强心,为防止渗出可早期应用钙剂。

预防　首先,应当重视妊娠母畜的营养与健康,为其提供充足的蛋白质、维生素、矿物质元素营养及卫生舒适的环境,给予适当的运动;其次,应当重视幼畜的管理,出生后尽早吸吮初乳,密切注意乳汁和饲料营养供应,保证幼畜营养充足。根据各种幼畜生长需要提供清洁、干燥、温度适宜、空气清新无贼风的厩舍环境,气候变化时注意防暑防寒。

幼畜贫血(anemia of young animals)

幼畜贫血是指幼畜机体的单位容积血液中,红细胞数和血红蛋白含量低于正常数值,并呈现皮肤、结膜苍白以及缺氧为临床特征的一种血液疾病。

幼畜贫血与成年家畜贫血基本相似。按其发生原因及发生机理,也可分为出血性贫血、溶血性贫血、营养性贫血及再生障碍性贫血。

关于新生畜溶血病,本篇已有阐述。本文主要对幼畜营养性贫血做重点的论述。

幼畜营养性贫血是指母乳或饲料中,某些营养物质的缺乏或不足,致幼畜机体造血物质缺乏而引起的造血机能障碍。

患病幼畜主要表现为红细胞数、血红蛋白含量低下,可视黏膜苍白以及缺氧等临床症状。

引起幼畜营养性贫血的病因主要有以下方面。

母乳或饲料中,造血物质如铁、铜、钴,维生素 B_6、维生素 B_{12}、叶酸以及必需的氨基酸和有机化合物的长时间缺乏或不足所引起。

幼畜机体衰弱或罹患消化不良以及因此引起的代谢障碍。尽管母乳或饲料中造血物质充足,但不能为机体充分吸收和利用,经过一定时间,也会发生贫血。

此外,幼畜患有肠道寄生虫,尤其是蛔虫病时,由于慢性失血,久之也能引起营养性贫血。

营养性贫血以仔猪最为多发,羔羊、犊牛、幼驹比较少见。

缺铁性贫血:多见于冬、春季节分娩的 2～4 周龄的哺乳仔猪,故亦称仔猪贫血。病多发生于以木板或水泥铺设地面的舍饲仔猪,由于摄食不到土壤中的造血物质(铁)。铁是合成血红蛋白必需的元素,铁缺乏则影响血红蛋白的合成,而发生贫血。

正常的新生仔猪是不贫血的,每 100 mL 血液中含血红蛋白达 8～12 g,以后逐渐下降,到第八至第十天时降至最低限,仅为 4～5 g,这就是生理性贫血的表现。

哺乳期仔猪生长发育极其快速,伴随体重的增加,全血容量也相应地增长。机体为合成快速增加的血红蛋白,则对铁的需要不断增多,于最初 4 周期间,每天需消耗掉 7 mg 体内储存的铁(仔猪出生时机体含铁量约为 50 mg)。而仔猪在生后的 3 周内,从母乳中能获得 23 mg 铁,即每天从母乳摄入的铁仅有 1 mg,而远不能满足机体需要,这样到第五至第七天时,就引起体内铁的不足。此时若得不到外源铁的补充,由于铁缺乏,结果血红蛋白合成不足,血液中血红蛋白含量明显减少,即由生理性贫血转为病理性贫血。

至于其他造血物质缺乏引致的幼畜营养性贫血,如缺铜性贫血,多因饲料中钼含量过高,而干扰铜的吸收和利用所引起的贫血。

缺维生素 B_6 性贫血,其发生与原卟啉的合成障碍有关。维生素 B_6 缺乏时,原卟啉合成不足,影响血红蛋白合成,而发生贫血。

缺维生素 B_{12}、钴或叶酸性贫血,维生素 B_{12} 和叶酸是影响红细胞成熟过程的重要物质,缺乏时致幼红细胞内的脱氧核糖核酸合成障碍,发生巨幼红细胞性贫血。

症状　患病幼畜精神沉郁,食欲不振或停止吮乳,不愿活动,呆立或躺卧。皮肤、可视黏膜苍白,轻微时色淡,严重时苍白如瓷,几乎看不到血管。被毛粗糙、蓬乱,生长发育缓慢,衰弱乏力。心悸亢进,轻微活动时心搏即增速,呼吸迫促,甚至呈剧烈喘息现象。

消化不良,便秘和腹泻交替,犊牛、羔羊有时见有膨胀。

营养下降,消瘦,皮肤干皱,缺乏弹力,亦有出现水肿、黄疸及血红蛋白尿症状的幼畜。

血液学变化:以血红蛋白量降低和红细胞数值减少为主要特征,血红蛋白量可降至 50～70 g/L 或更低,红细胞数减少至 $3×10^{12}$ g/L 以下。

血液稀薄、色淡,黏稠度下降,凝固时间延长,血沉速度加快,血液中铜、铁、钴、

维生素 B_6、维生素 B_{12}、叶酸含量降低。

缺铁、铜、维生素 B_6 性贫血,红细胞形态改变,直径偏小,中央淡染,呈小细胞低色素性贫血变化。维生素 B_{12}、叶酸、钴缺乏性贫血则相反,红细胞直径偏大,染色正常,呈大细胞正色素性贫血变化。

白细胞分类见有嗜中性粒细胞增多,淋巴细胞减少。有时出现未成熟的髓细胞和不典型的组织细胞。

营养性贫血幼畜,往往死于贫血性心脏病,或是继发肺炎、胃肠炎、营养不良,衰竭而死亡。

诊断 幼畜贫血,可根据饲养管理状况,幼畜年龄,临床症状,并结合血液学检验结果(主要是血红蛋白和红细胞数量明显低下)较易建立诊断。

对日龄稍大的幼畜,可进行骨髓穿刺涂片检查。由于骨髓机能受到抑制,一般缺乏骨髓细胞和巨核细胞,仅见有淋巴、网状及浆细胞。

缺铁性贫血仔猪,骨髓涂片铁染色时,见有细胞外铁消失,幼红细胞内几乎看不到铁颗粒。即呈铁粒幼细胞缺乏。

此外,亦可应用相应的药剂(铁、铜、钴、维生素 B_6、维生素 B_{12}、叶酸)进行诊断性治疗,作为辅助诊断方法。在鉴别诊断方面,应与其他类型的贫血加以区别。仔猪应注意与新生仔猪溶血病及猪附红细胞体病的区别诊断。

防治 幼畜贫血的一般治疗原则,消除病因,改善饲养,加强护理,补给造血物质,扩充血容量,提高造血机能。首先应尽快查明病因,并采取相应措施予以消除。对出血性贫血,立即采取止血。对溶血性贫血,采取消除感染和排除毒物的措施。对营养性贫血则补给所缺乏的造血物质,并改善胃肠消化机能,促进其吸收、利用的措施等。其次,应改善饲养,加强护理。对患病幼畜应给予全价饲喂,并适当增加富含蛋白和脂肪的优质易消化补料。亦可补给维生素和微量元素制剂或是饲料添加剂。并为患病幼畜提供良好的生活环境和条件。

对缺铁性贫血病猪,可给予铁制剂内服或注射。临床多采用硫酸亚铁 75~100 mg 或枸橼酸铁铵 300 mg,内服,连用 7 d;焦硫酸铁 30 mg,连服 1~2 周;还原铁 0.5~1 g,每周内服 1 次。或用 0.5% 硫酸亚铁,0.1% 硫酸铜液等量混合,每日 5 mL,内服或涂于母猪乳头上使仔猪自行吮食。或将硫酸亚铁 2.5 g,氯化钴 2.5 g,硫酸铜 1 g,加常水至 1 000 mL,充分混合后,按每千克体重 0.25 mL 剂量服用或涂布于母猪乳头上,也可混于饲料或饮水中给予。亦可应用甘油磷酸铁 1~1.5 g,每日 1 次,连服 6~10 d,效果较好。注射用针剂,可应用含糖氧化铁注射液,1~2 mL,肌肉注射。或 20% 葡聚糖铁(右旋糖酐铁)注射液,1~2 mL,深部肌肉注射,间隔 2 d,重复 1 次用药;亦可应用血多素(gleptosil)铁葡聚糖酸(gleptoferron),肌肉注射。

此外,亦可于畜栏内置放盛装富含铁质的土盘(以红土和泥炭土为适宜),供仔猪任意拱食以补充铁质的不足。对哺乳母畜或其他营养性贫血幼畜,可给予维生素 B_6、维生素 B_{12}、叶酸制剂,以促进骨髓造血机能。

幼畜营养不良(dystrophia of young animals)

幼畜出生后,生长发育缓慢,体躯瘦小,体重低下,皮肤粗糙,被毛蓬乱,精神迟钝以及衰弱乏力等现象,统称为幼畜营养不良,各种动物均有发生,但一般以仔猪、羔羊较为多发,犊牛、幼驹比较少见,这可能与母畜多胎妊娠有关。特别是在集约化的群体饲养条件下,所培育的幼畜,如饲养管理失宜时,极易发生营养不良。

病因　本病主要是母畜和幼畜的饲养不良,管理不当,致机体营养物质和生物活性物质的不足或缺乏所引起。

幼畜营养不良,通常分为先天性和后天性营养不良。先天性营养不良是指幼畜在胎儿阶段的生长发育不良。后天性营养不良是指幼畜出生后,遭受外界不良因素作用而引起的营养不良。

先天性营养不良主要是由于妊娠母畜的饲喂不当和管理失宜,致母畜机体营养不良,生下的仔畜必然是弱畜;妊娠母畜,特别是妊娠后期母畜的饲喂不良或饲喂不足、长期饥饿;或是饲料质量低劣,尤其是发霉、变质的饲料以及含有大量乙酸和脂酸等的青贮料;饲料日粮调配不合理,能量物质过低,特别是蛋白质、脂肪、矿物质、维生素以及微量元素缺乏,或能量物质与蛋白比例不当,都能引起机体营养供给与消耗之间呈现负平衡。这不仅造成母体衰弱,代谢紊乱,而且也必然使胎儿在母体内的营养来源受阻,影响其正常生长发育,因而幼畜出生后,即呈现营养障碍,发育不良,体格弱小,体重低下。与此相反,妊娠母畜饲喂过剩,导致母体过度肥胖也能妨碍胎儿的正常发育,诱发营养不良。妊娠母畜营养不良,不仅直接影响胎儿的生长发育,而且导致初乳哺乳期母乳的质量低劣。妊娠母畜的管理不当,畜舍卫生条件不良,舍内湿度过低,温度太高,密集饲养,不分群饲喂,缺乏运动等不良环境因素的影响,都能妨碍母畜的健康,并妨碍胎儿的正常发育和幼畜的生长。母畜患病,特别是罹患慢性传染病、寄生虫病以及胃肠道等消耗性疾病时,致体质衰弱,代谢紊乱,不仅影响胎儿生长发育,而且也影响产后泌乳的数量和质量,造成幼畜营养不良。

配种不良,公畜精液质量不佳,母畜体质不良,过早交配,快速重配以及近亲繁殖或多胎妊娠等因素,均能导致幼畜发生营养不良。遗传因素对幼畜营养不良的发生,也具有一定作用。

后天性营养不良，大多数仔猪、羔羊的营养不良是因母畜泌乳不足或无乳所致。幼畜哺乳阶段，母乳不足，乳质不佳，吃食初乳过晚或补料不适当。断奶幼畜的断奶过早，所摄食的饲料营养价值又低于母乳时，造成幼畜能量物质和生物活性物质缺乏，极易引起发病。尤其在现代集约化的群体饲养条件下，为了提高繁殖率，多采取快速重配，迫使母畜早期断奶。断奶过早或突然断奶，使幼畜消化机能紊乱而发生营养不良。

此外，断奶前补料不及时，断奶后饲养管理粗放，饲料单一，缺乏蛋白质等必需的营养物质。或是混群饲养，由于采饲不均，体弱的幼畜往往吃不饱，饥饿致体内营养物质不足。一般幼畜对饲喂不足引起的饥饿极为敏感，久之则呈现营养不良。

幼畜生后患病，尤其是罹患消化不良、腹泻、代谢疾病以及寄生虫病时，由于消化、吸收及代谢机能障碍而引起营养不良。

外界环境不良，畜舍卫生条件差，空气污浊、寒冷、潮湿、阳光不足，密集饲养以及运动不足或缺乏等因素，都能导致幼畜发生营养不良。

病理发生　胎儿在胚胎期是通过母体接受包括营养在内的内、外界各种影响。因而当母畜喂不足或管理不当发生营养不良时，造成母体与胎儿间的营养代谢过程紊乱，这必然影响胎儿的正常发育，致其器官组织，特别是生长发育快速的组织（肌肉）和器官（肝脏）的发育受阻。

幼畜生后营养不良的病理发生和发展，一般均由消化道的机能紊乱开始。主要是胃肠的分泌蠕动和机能紊乱，胃液和胰液（酶）的分泌减少，活性降低，致使进入胃肠内的食物不能进行正常的消化，各种营养物质不能被机体完全吸收和利用，结果导致机体能量物质不足或缺乏而引起营养不良。

由于体内营养物质的不足，致营养代谢障碍，血液中胰岛素水平下降，肝糖原量减少，机体为维持生命活动的需要被迫进行自体消耗，异化作用增强，开始动用体内糖原、脂肪和蛋白等营养物质储备。随着这些物质的不断消耗，幼畜营养逐渐下降，肌肉不断萎缩，体重日益减轻。继则内脏实质器官的细胞也开始分解而陷入营养不良状态。

由于营养缺乏，脑及中枢神经系统能量物质供应不足，大脑皮质兴奋性明显降低，引起皮质下中枢以及其他神经中枢和神经系统的机能紊乱，致中枢神经对内脏器官的调节机能障碍，进而引起所支配的消化、呼吸、心血管、泌尿及造血器官系统发生机能紊乱。从而导致物质代谢障碍，机体抵抗力及血液中蛋白、糖、血红蛋白含量及红细胞数减少，出现缺氧，内中毒，水电解质代谢障碍，激素调节作用和维生素吸收紊乱。缺氧和内中毒往往成为新生幼畜出生后不久死亡的原因。

症状　先天性营养不良：幼畜出生时，体格较正常幼畜为小，体重较轻，一般低于正常幼畜 1/3～1/2,体质衰弱。生长发育缓慢,精神委靡不振,反应迟钝,四肢软弱无力,站立不稳,吮乳反射弱或缺乏。一般多于出生后不久或经数日衰竭死亡。

后天性营养不良:幼畜出生后尚属健康,经 1～2 周后,表现精神沉郁,呆立或喜卧,不愿活动,食欲减退或异嗜,并见有消化不良现象。与此同时,病畜生长发育缓慢,体重明显低于同龄或同窝幼畜。可视黏膜苍白,皮肤干燥,缺乏弹性,被毛稀疏,粗糙缺乏光泽,逐渐消瘦,眼窝凹陷,颈部及尾根部皮肤出现皱襞,腹围蜷缩,体温比正常低 1～1.5℃,心脏衰弱,心音混浊,脉搏细弱且节律不齐,呼吸浅表疾速。肠蠕动减弱,肠音沉衰。由于肠内容物剧烈腐败、发酵出现腹泻,或呈便秘与腹泻交替。严重病畜机体脱水。犊牛、羔羊反刍紊乱,前胃弛缓,瘤胃臌胀。

病势加重时,患病幼畜精神委顿,对外界刺激反应淡漠呈昏睡状,肌肉紧张力下降,起立困难,站立时四肢叉开,行走时步态踉跄,身体摇摆,最后卧地不起。骨骼肌肉发育不良致体躯矮小,肢腿纤细且短,呈侏儒状。

营养不良幼畜易并发维生素缺乏症。由于机体屏障机能破坏,抗病力低下易继发感染其他疾病。

临床病理变化 血液学变化,红、白细胞数减少,血红蛋白量低下,淋巴细胞增多,并出现红细胞和网织红细胞。血浆蛋白总量及白蛋白量降低,血糖含量减低。

病理剖检,见有尸体消瘦,皮下脂肪量少,黏膜和浆膜贫血,肌肉(骨骼肌、心肌)干燥、弛缓、脆弱,内脏器官(心脏、肝脏、肺脏、脑等)发育不全,绝对容积和重量均低下,呈明显的营养不良变化。

心包腔存有大量积液,肺脏萎缩见有膨胀不全的凹陷区域,胃肠呈卡他性炎症,黏膜充血、轻度肿胀,表面被覆黏液。

病程及预后 幼畜营养不良,主要根据机体营养障碍程度以及对患病幼畜的饲养和护理状况而不同。

先天性营养不良病畜,一般于生后不久死亡;后天性营养不良,轻症病畜,即当营养状况尚未达到衰竭程度时,如能改善饲养,加强护理并采取相应的治疗,可能恢复。但生长速度较健畜缓慢,也易罹患其他疾病。重症病畜,如营养状况陷于高度不良状态,且组织器官发生不可逆的形态学变化时,则不易恢复,多由于衰竭或并发其他疾病死亡。

诊断 幼畜营养不良,一般可根据幼畜体质、外貌(体格矮小、精神不活泼),临床症状(生长发育、体重增加缓慢、体格瘦弱、消化不良、全身衰弱等)及病理解剖变化(内脏器官容积缩小、体重轻,并见有变性、萎缩性营养不良变化)较易建立诊断。

此外,亦应考虑到母畜和幼畜的饲养管理状况以及育种工作等因素。

为排除传染性疾病,可进行流行病学调查,必要时也可做细菌学或病毒学检验。

治疗 幼畜营养不良的治疗,一般均采取综合疗法。即首先应改善饲养,加强护理,提高胃肠消化机能,排除或中和机体有害的代谢产物。其次是增强大脑皮质机能活动,改善中枢神经对内脏器官的调节作用,从而提高患畜的生活力,促进康复。

为改善饲养管理,对哺乳母畜应根据饲养标准,正确地调整日粮组成,给与全价的饲料,并注意保持畜舍清洁卫生,充足的舍外运动和阳光照射。

对有吮乳反射的幼畜,应安置于空调的畜舍中,进行人工饲喂。一般饮喂以微温、新鲜的牛奶并适量地添加矿物质和维生素。仔猪可单独固定乳头,也可给予人工哺乳。对缺乏吮乳反射的或体质过弱的幼畜,可以酌情淘汰。

断奶的幼畜,应单独饲喂以质优、富营养、易消化且能充分满足机体生长发育需要的全价饲料。在饲养方法上,应采取多次、少量给予的饲喂方式。

为增强机体代谢活动,恢复中枢神经系统机能,调节器官组织机能活动,进而改善幼畜的营养状态,提高机体抵抗力,可施行血液疗法。

母畜储存血:采取健康母畜血液 900 mL,枸橼酸钠 5 g,葡萄糖 5 g,灭菌蒸馏水 100 mL 制备。犊牛、羔羊每千克体重 10～15 mL,静脉注射,间隔 3～5 d 1 次,共注 2 或 3 次;或每千克本重 1～2 mL,皮下或肌肉注射,以提高机体代谢和抵抗力。

仔猪可应用健康猪的储存血:猪血液 200 mL 与 10％枸橼酸钠液 30 mL 混合后置冰箱内(3～6℃)储存,经 3～4 d 后,便可使用,剂量为 4～8 mL,皮下注射。亦可应用母畜储存血 4～6 mL 皮下注射,隔日 1 次,每 4 次为 1 个疗程,共注射 2 个疗程,疗程间隔为 15 d。

近几年国外开始应用水解蛋白,治疗犊牛营养不良,剂量为 50～150 mL,皮下注射,每间隔 2 d 1 次,14 d 为 1 个疗程。也可应用γ球蛋白或辅酶等制剂。为增强营养,可给予人工初乳或是嗜酸菌乳,或补给葡萄糖口服或应用其注射液。对机体呈现明显机能障碍的营养不良幼畜,可应用药物疗法。

为调节糖代谢和抑制体内脂肪、蛋白质的生糖作用,可应用胰岛素,剂量:犊牛 5～20 U,羔羊 4～10 U,仔猪 2～5 U,皮下注射,每日 1 次,连用 5 d 为 1 个疗程。在注药同时,喂饲葡萄糖粉可增强疗效,一般按胰岛素 1 U,加喂葡萄糖 3～5 g 的比例计算。

当有维生素缺乏现象时,可应用鱼肝油,犊牛、羔羊 100～150 mL,仔猪 5～10 mL,混饲。亦可应用精制鱼肝油,犊牛、羔羊 5～10 mL,仔猪 2～4 mL,分点肌肉注射,隔日 1 次,连用 6～10 次为 1 个疗程,或是应用其他维生素制剂。

为改善胃肠消化机能,可给予天然胃液,或酶类以及健胃剂。

为促进心脏活动机能,促进机体解毒作用,可采用安钠咖,强尔心等强心剂皮下注射;或应用等渗糖盐水,复方氯化钠注射液,静脉注射。

预防　对母畜,特别是妊娠母畜,应根据不同阶段胎儿发育的需要,选择不同种类、数量的富营养且易消化的优质饲料,并严格地按照饲料日粮标准进行饲喂。

新生幼畜应尽早地、充分吮食初乳,并应适时、恰当地补喂矿物质和维生素。幼畜断奶不宜过早,应逐渐进行。

保持畜舍清洁卫生,避免机体受寒,应有充足的阳光照射和适当的舍外运动。

严格进行选种、配种工作,避免近亲繁殖。

应用抗生素(土霉素)做饲料补充物,具有促进幼畜生长发育、预防疾病的良好效果。

犊牛前胃周期性臌胀
（periordical tympany of forestomaches in calf）

犊牛前胃周期性臌胀是因断乳期饲养失误所造成的犊牛前胃疾病,多发于2～3月龄犊牛。在瘤胃发育尚未健全的情况下,过早地停止乳饲而改喂饲料,尤其是饲喂难消化或品质不良的饲料,使饲料在瘤胃内积滞并发酵产气,致使胃壁弛缓,严重时发展为瘤胃麻痹。临床上主要表现为瘤胃周期性臌气和消化紊乱。瘤胃臌气可每天或间隔数天呈周期性发生,多于采食后短时间内发作。病初臌胀轻,能自行消散,以后膨胀逐渐增剧,持续时间延长。腹围增大,左肷尤甚,触诊腹壁紧张而有弹性,叩诊呈鼓音,穿刺或导胃见有大量气体喷出。呼吸困难,黏膜发绀,腹痛,呻吟,肌肉震颤,频频回视腹部不断努责。病初胃肠音高朗,继则减弱,有时消失,有的病犊剧烈腹泻或继发真胃炎。大多数病犊因窒息或瘤胃破裂而死亡,少数自行恢复。治疗应消除病因、制止发酵、恢复前胃蠕动机能。可借导胃、穿刺排出气体,放气后可灌服稀盐酸或鱼石脂、酒精水溶液,或瘤胃注射 0.25% 普鲁卡因和青霉素,也可用活性炭吸附气体。当瘤胃液酸度较高时可用 2% 碳酸氢钠水溶液洗胃。恢复前胃蠕动机能可静脉注射促反刍液。当瘤胃液检查无纤毛虫时可在洗胃后接种健牛瘤胃液。预防应早期(15 日龄)开始诱导采食,注意断乳期饲料逐渐合理地过渡。

仔猪低糖血症（hypoglycemia of piglet）

仔猪低糖血症又称乳猪病或憔悴猪病,是新生仔猪由于血糖低于正常而引起的中枢神经系统机能障碍的营养代谢病。本病发生于 7 日龄内的仔猪,以生后 3 日内发病最为多见,死亡率通常为 30%～70%,在有些猪场可见全窝死亡,死亡率达

70%～100%。

病因 吃不到初乳是仔猪发生低血糖症的主要原因。①母猪无乳或拒绝喂乳。母猪泌乳量不足或无乳见于母猪患乳房炎、传染性胃肠炎、子宫内膜炎、链球菌感染、母猪子宫炎—乳房炎—无乳综合征。患神经系统疾病、食仔癖、母猪歇斯底里症等疾病的母猪会拒绝喂乳。②仔猪吃不到乳。母猪在妊娠期间营养不良，致使仔猪在母体内发育不良，出生后衰弱或畸形而吃不到乳；或由于新生仔猪消化吸收机能（先天的和后天的）障碍，不能充分利用和吸收乳汁中的营养成分。患有下列疾病的仔猪可能会发生吮乳困难，如大肠杆菌性败血症、传染性胃肠炎、链球菌病、脑积水、先天性肌震颤和新生仔猪溶血病。新生仔猪受寒冷刺激后，为维持正常体温而增加体内糖原的消耗，使体内储存的糖原减少也可促使本病发生。

小猪在出生后 7 d 内糖异生作用不健全，此期内糖原储存在吮乳受到限制后很快耗竭，于是血糖水平极不稳定，此时的血糖水平完全取决于饮食来源，因此生后第 1 周为危险期，在此后阶段剥夺食物只引起体重减轻而对血糖水平无影响。这种新生仔猪对低血糖症的特殊敏感性是猪的特征，也是造成小猪损失的重要原因之一。

症状 本病主要危害 3 日龄内的仔猪，在一窝猪里，若有一头发病，其余常相继发病，可在 0.5 d 之内全部死亡。最初小猪活泼有力，要奶吃，逐渐变成精神委顿，吃奶欲望消失，直至卧地不起。有些小猪步态蹒跚，叫声低弱，盲目游走。当共济失调加剧时，小猪常用鼻部抵地帮助四肢站立，呈现犬坐姿势，然后卧地不起。部分小猪出现阵发性痉挛，头向后仰，四肢游泳状划动，口流泡沫，眼球震颤。有的四肢瘫软，不能负重而卧在地上，四肢软绵可随人摆弄。体温降至 36℃以下，呼吸加快，心力衰弱，心率减慢至 80 次/min，皮肤冷粘、苍白，被毛干枯无光，最后出现昏迷，瞳孔散大，数小时内死亡。从出现症状到死亡一般不超过 36 h。

诊断 根据发病前几乎没有吃到奶的病史，发病日龄、低血糖的症状、患病小猪对葡萄糖治疗的良好反应可做出初步诊断。如果不测定血糖含量，仅凭明显的神经症状会产生误诊，此外，原发性和继发性低血糖症都会对葡萄糖治疗有良好反应。结合检查病猪血糖含量，若降至 2.75 mmol/L 以下（正常小猪血糖含量为 4.95～7.15 mmol/L，禁食小猪使血糖降至 2.2 mmol/L 可诱发低血糖昏迷），血液非蛋白氮（NPN）、尿素氮（UN）明显升高；尸体剖检见脱水、胃内无或仅有少量凝乳块，颈、胸、腹下不同程度水肿可综合确诊。引起仔猪吮乳困难的疾病（如病因中所述）会继发本病。确诊必须排除其他原发病，病毒性脑炎和伪狂犬病的症状与本病几乎一致，但并不限发于 1 周龄内的小猪。细菌性脑膜脑炎包括链球菌病和李氏杆菌病也易与本病混淆，可通过细菌学检查、抗生素治疗有效手段等加以区别。

治疗 腹腔内注射 5%葡萄糖注射液 10～15 mL，4～6 h 重复 1 次，直至能够吃乳或代乳品为止。小猪的防寒保暖很重要，环境温度 27～32℃ 能够改善小猪的存活率。治疗中应尽快让小猪学会吃乳，还可把小猪寄养给其他泌乳母猪。预防应重视消除病因，让小猪尽早吃到母乳，出生后细心观察疾病早期的所有症状并尽早治疗，维持稳定的 32℃ 环境温度对预防本病有益。

幼畜水中毒（water poisoning in young animal）

幼畜水中毒是由于幼畜久渴失饮后暴饮大量水，导致机体组织短时间内大量蓄水，血浆渗透压迅速降低而出现的中毒疾病。其临床特征表现为腹痛、排淡红至暗红色尿液、拉水样便、肺部有啰音和神经症状。本病多见于犊牛，也见于猪、马、鸡、火鸡等其他动物，以幼龄动物多见。先缺水、后暴饮是最常见的发病原因。如长途运输，或因牧场较长时间停水后突然暴饮，或高温季节饮用大量缺盐水以及某些不法商贩在出售前大量灌水，均可引起发病。亦见于用未洗净的奶桶盛水或突然更换清洁优质水引起暴饮而发病。幼畜禽久渴后暴饮，水分在短时间内大量进入血液，致使血浆渗透压迅速下降、血细胞胀裂。同时水分随血液循环很快影响到全身各组织器官，使过多的水分潴留在组织内，引起组织水肿，溶血而稀薄的血液会影响到心、肺、脑、肾等器官的机能而呈现一系列症状。症状：犊牛暴饮大量水（1 次可饮 30 L）后，表现瘤胃臌胀，约 1 h（快的 15 min）可排出淡红色，以后渐变深为酱油色的血红蛋白尿。排血红蛋白尿的持续时间为 8～9 h，多数犊牛尿量多、尿频。严重病例可突然卧地或起卧不安，呼吸困难，肺部有啰音，从口鼻流出淡红色泡沫状液体，心律不齐，两心音融合。常回头顾腹，频频排暗红色尿液，排水样便。肌肉震颤，若抢救不及时个别的则很快死亡。死后剖检，肾呈深红色，膀胱里充满深红色透明尿液，气管、支气管及肺断面有红色泡沫样液体。鸡在暴饮后突然死亡，病情轻者两肢瘫痪，昏睡，有些在昏睡中死去。

治疗　为调节血浆渗透压，可静脉注射 10% 氯化钠注射液，为减轻脑水肿和肺水肿可静脉注射 20% 甘露醇和山梨醇。

预防　幼龄畜禽久渴后应少量多次地饮水，防止暴饮，并在水中加少量盐，炎热季节为动物提供充足饮水。

羔羊肠痉挛（intestinal spasm in lamb）

羔羊肠痉挛是因寒冷等不良因素刺激而使羔羊肠管发生痉挛性收缩所致的急性、间歇性腹痛病。多发生于哺乳期羔羊，尤其在刚学会吃草、饮水时发病率最高。寒冷对肠道及畜体的突然刺激是常见的主要原因。如羔羊受到寒流突然袭击，饮用冰冷水或舔食冰雪和采食冰冻饲料；或采食酸败的乳汁及乳制品，或采食霉败变质的或难以消化的饲料；羔羊在霜冻的草地上放牧、露宿等，这些因素都会直接或间接地引起羔羊肠痉挛。其症状多在饮冷水吃冰冻料后短时间内出现，表现突然发病，腹痛不安，回头顾腹，后肢踢腹，排粪次数增多，排软便甚至水样便，有的腹胀。严重病羔急起急卧，或前肢刨地，急速前进，有的突然跳起，落地后就地转圈或顺墙急行，咩叫不止，持续十多分钟又处于安静状态，有的此时出现食欲，腹痛呈间歇性，腹痛时胃肠音响亮。防治应在寒流来时注意羔羊保暖，调整羊群出牧时间，防止羔羊采食冰冷、变质的饲料、代乳品，防止饮用冰冷水。及时治疗，收效迅速，30%安乃近注射液2~6 mL，肌肉注射。或肌肉注射氯丙嗪25~50 mg；也可内服姜酊、茴香酊、桂皮酊、酒精中的任一种10 mL；或5%葡萄糖生理盐水加入适量普鲁卡因加温至40℃腹腔注射。轻症病羔，经饮温水暖腹部不治而愈。

（何宝祥　邵良平）

第二十五章 应激性疾病

第一节 急性应激综合征
（acute stress syndrome）

急性应激综合征是指动物在应激原作用下，很短时间内出现的一系列应答性反应。本病除常发生于猪（猪应激综合征，PSS），肉鸡，蛋鸡、蛋鸭外，还可发生于犬、马、猫、鹿、牛和其他野生动物。在同种动物之间，存在明显的品种差异。

病因 动物的急性应激综合征与遗传因素和应激原共同作用有关。引起动物应激反应的应激原包括以下诸多因素。

饲养管理因素 断奶、拥挤、过热、过冷、运输、驱赶、斗架、混群、去势、免疫注射、去角、抓捕、声音、灯光、电击等。

化学药品 氟烷、甲氧氟烷、氯仿、安氟醚、琥珀酸胆碱等，作为应激原或单独或合并应用，可导致应激的产生。

营养因素 饲料中的营养，特别是微营养（维生素、微量元素）的不足或缺乏是导致应激发生原因之一。据报道，在给猪添加微营养后，可明显降低 PSS 的发生。

遗传因素 最近研究表明，猪的应激基因是一种常染色体隐性遗传基因，具有明显的种属之间的差异。据报道易发生急性应激综合征的猪的品种有皮特兰（pieterain）、丹麦长白猪（landrace）、波中猪（Poland-China）。艾维因肉鸡是公认应激敏感品种之一。

病理发生 关于急性应激综合征的病理发生，目前有两种学说来解释，即神经内分泌学说和自由基学说。

神经内分泌学说 本学说认为，动物在应激原作用下，经过大脑皮层整合，交感-肾上腺髓质轴和垂体-肾上腺皮质轴兴奋，垂体-性腺轴、垂体-甲状腺轴等发生改变，引起应激激素变化，继而出现一系列效应，导致应激综合征的发生。Dalin（1993）观察到，PSS 猪运输应激时，肾上腺素由 $3.0\,\text{ng/L}$ 上升到 $11\,\text{ng/L}$。此外观察到应激时皮质醇、三碘甲状腺素（T_3）、四碘甲状腺素（T_4）均发生明显升高。肌酸激酶（CK）被认为是最有价值指标之一，韩博等（1995）报道，仔猪运输前后的 CK 值分别为 $260.60\,\text{IU/L}$ 和 $3\,174.80\,\text{IU/L}$。

自由基学说　在动物体内与疾病有关的氧自由基有，羟基自由基（·OH⁻），超氧阴离子（O_2^-·）。在生理情况下，自由基在体内不断产生，体内借助酶性清除系统，如超氧化物歧化酶（SOD）、谷胱甘肽过氧化物酶（GSH-Px）、过氧化氢酶（CAT）和过氧化物酶（POD）；及非酶性清除系统（包括维生素 E、维生素 C、辅酶 Q 及谷胱甘肽），不断被清除，并不显示对机体的有害作用，而且还有一定的有益作用。但在应激时，自由基代谢可发生紊乱，自由基产生增加，其清除能力减弱，结果使自由基过剩，活性氧增多，因而引起脂质过氧化（使多链不饱和脂肪酸分子过氧化），生成脂质过氧化物（LPO）、乙烷等。LPO 是极活泼的交联剂，可使细胞发生交联失去活性，导致在体内发挥一系列毒害作用。所以从营养角度来看，能够提供 SOD 及 GSH-Px 活性中心的铜、锌、锰等微量元素，维生素 E、维生素 C 以及微量元素硒等，均具有一定的抗应激作用；实验研究支持这一观点。

症状　由于动物种类不同，临床症状也不尽一致，现分别叙述如下。

猪：参阅本章第二节。

禽：在肉鸡中最为敏感，常可因抓捕、声音、灯光等发生应激。应激鸡可出现呼吸困难，循环衰竭，皮肤及可视黏膜发绀，急性休克死亡。蛋鸡少有死亡，但可出现明显产蛋率下降或停止，免疫力低下，易继发各种疾病。产蛋鸭因抓捕运输或转场，可于第三天完全停止产蛋，并持续 1 个月以上。

牛、羊：急性应激可出现拉稀、腹泻，瘤胃轻度臌气，采食减少，反刍减少或停止，抗病力降低，极易继发其他疾病，泌乳牛（羊）产奶量急剧下降。

犬：最常见的症状为呕吐、腹泻、体温升高、厌食，幼龄犬病程一般为 3～5 d，如不及时治疗死亡率一般可达 30% 以上。

其他：鹿、斑马等动物为神经质类动物，常可由于细小的变化而发生强烈的应激反应，表现惊恐不安、冲撞、来回不停地奔跑，很快倒地，呈休克状，如不及时抢救则迅速死亡。

病理学检查　急性死亡病例的病理变化有，胃肠溃疡，胰脏急性坏死，心、肝、肾实质变性坏死，肾上腺出血，血管炎和肺坏疽。猪、鸡、羊可见肌肉苍白、柔软、液体渗出，故在猪可出现所谓的水猪肉或白肌病。组织病理学变化可见肌纤维横断面直径大小不等和蜡样变性。

防治　对于应激敏感动物，预防的作用远远大于治疗。

（1）适量添加微营养素（维生素 A、维生素 E、维生素 C，微量元素硒、铁），添加量因动物种类不同而异，一般可添加 NEC 量 1～3 倍。

（2）预防短期应激，安定每千克体重 1～7 mg，盐酸苯海拉明、静松灵每千克体重 0.5～1 mg。

（3）对于已发生应激的动物除上述镇静药物外，还应注意补碱，对于已发生休克的病例，应补液、强心等对症处理。

（4）加强饲养管理，防止光污染、噪声污染和畜舍过热，过冷或拥挤。

（5）对于猪、鸡应加强品种选育，筛除致病基因，据报道育种学家已成功培养出不带有应激敏感基因的皮特兰猪。

第二节　猪应激综合征
（porcine stress syndrome，PSS）

猪应激综合征（porcine stress syndrome，PSS）是猪在自然应激因子如运输、高温、运动、争斗、交配、分娩等的作用下发生进行性呼吸困难、高烧、心跳亢进、肌肉收缩、死后迅速僵直的一种综合征候群。其中恶性高温综合症（malignant hyper-thermia syndrome，MHS）是 PSS 的典型特征。PSS 是产生 PSE 肉即肌肉呈灰白色、松软、汁液渗出或 DFD 肉即肌肉呈现暗黑色、坚硬和干燥等劣质肉的直接原因，给世界各地养猪生产、猪肉加工和销售造成了巨大的经济损失。某些品种的猪（如兰德瑞斯猪及皮特兰猪）特别具有应激易感性。

据丹麦、德国、法国、荷兰、英国、波兰、日本、美国及南非等国家报道，表明猪的应激反映问题在世界各地是普遍存在的。在我国许多大城市的肉联加工厂也发现这一综合征。在美国，有 36% 的养猪企业碰到这个问题，造成了较大的损失。据称在养猪企业中，凡是部分或全部利用关禁饲养系统，并且加强遗传选择肌肉生长得最丰满的猪，应激反应综合征的发病率也最高。已经发现在牧地生长的猪，如果给予强烈的刺激，也会发生应激反应综合征。据报道美国每年因 PSE 肉约损失 3.2 亿美元；英国的劣质猪肉损失约为全部屠宰猪瘦肉量价值的 2.2%；丹麦商品猪中产生的劣质肉占 10%～15%；在我国，由于高瘦肉率猪种的引入和利用，PSE 肉的发生率也在不断上升。

病因　根据英国的研究，认为应激易感猪的常染色体在浸染性和表现度方面发生了变异，且认为是属于显性遗传问题，但在后来美国工作者对应激易感猪做了分离率和携带父母血缘配种的试验，有力地提出了常染色体在浸染性方面的变异是一种隐性遗传问题。近年来研究也指出，杂交猪和大多数含某些血缘纯种猪也有这种不正常应激综合征的发生。Topel 于 1968 年首先报道了猪的应激综合征。研究表明，用氟烷麻醉剂可诱导猪应激综合征的发生，由此来判断应激敏感猪。因此，控制应激综合征的基因又称为氟烷基因（halothane gene）。进一步研究发现，猪应激综合征是因兰尼定受体基因（Ryanodine receptor gene，RYR1）突变所致（Fujii

等,1991),此突变是隐性突变,突变基因纯合体表现为应激敏感性,并认为此突变基因即是氟烷隐性基因。业已证明,氟烷敏感性状由一对基因 Hal N 和 Hal n 控制,N 对 n 表现显性。Hal N Hal N 个体抗应激能力强,称为应激抵抗猪,Hal n Hal n 个体对应激敏感,称为应激敏感猪,Hal N Hal n 个体的应激敏感性研究结果不尽相同。多数研究结果表明,Hal N 基因对 Hal n 基因表现完全显性。但是,Webb 和 Smith(1976)将氟烷阳性皮特兰猪与氟烷阳性汉普夏猪交配,75 头后代中 96％表现氟烷阳性,4％表现氟烷阴性。加拿大 Pommier 等(1993)报道,3 种氟烷基因型猪的 PSE 肉发生率分别是:Hal N Hal N 型为 53.7％,Hal N Hal n 型为 79.8％,Hal n Hal n 型为 90.9％。刘铁铮等(1994)报道了一例杂合子个体表现应激敏感性。表明氟烷基因只是引起猪应激综合征的一个主效基因,而非惟一原因,氟烷隐性基因纯合所致猪应激综合征具有不同的外显率,氟烷隐性有害基因对 PSE 肉的发生并非完全隐性。因此,猪应激综合征产生的原因除氟烷基因外,还有其他重要的遗传和环境因素的作用。氟烷基因在产生不良效应的同时还兼有良性效应,表现在与瘦肉率密切相关,它能使瘦肉率和胴体重增加 2％～3％,这是因为 PSS 易感猪骨骼肌长时间的超强度收缩,使肌肉间和肌肉内脂肪沉积减少,瘦肉比率相对增加的缘故,因此在对瘦肉率等性状定向选择时,常常无意识地选中了 Hal 基因。

症状与病理发生 在应激反应的早期,主要病征是肌肉和尾巴震颤,进一步则呈现不规则的呼吸及明显的呼吸困难,皮肤一会儿发白,一会儿发红,体温迅速升高至 42～45℃,皮肤、黏膜发绀,呈现高度酸中毒现象。最后导致虚脱,肌肉显著发硬和高热,在休克阶段中发生死亡。

体温和肌肉代谢 当猪发生应激反应时,很快地利用肌糖原作为能量的主要来源。已经发现当应激易感猪遭受应激性的刺激时,β-肾上腺素能受体产生额外的兴奋作用,导致肌糖原分解和肌乳酸过度形成。在这一代谢活动中,引起了体温迅速地增高。如果这种反应严重,可使病猪死亡。

关于应激易感猪的骨骼肌异常的特征,近年来通过美国关于恶性高热症(malignant hyperthermia,MHT)的研究得到进一步的证实。猪的恶性高热症的综合征能通过氯化琥珀酰胆碱、氯仿的触发作用而发生,但用硫喷妥钠和氧化亚氮(笑气)为触发剂时,则不曾发生。

对易感猪给予触发剂,则导致呼吸促迫,肌肉僵硬,皮肤污秽发绀,心搏过速,体温很快升高到 42～45℃,并出现乳酸中毒。至于这种综合征的病原学,目前还不了解,但其致死原因,在很大程度上涉及麻醉问题。

根据美国研究提出,猪的恶性高热症问题与猪遭受严重打击而引起强烈的肌体运动或兴奋刺激所造成的死亡都是一种遗传异常,因为在应激易感猪,通过肌体运动而触发的一种应激综合征与通过氟烷而触发的恶性高热症综合征是相似的。

肌肉能量与应激适应 这个问题已经通过应激易感猪而不是通过正常猪的试验才确定的,在应激易感猪,氟烷使骨骼肌中三磷酸腺苷很快地耗损,而以肌体运动所触发的应激综合征,骨骼肌的三磷酸腺苷也大大下降。因此,在应激状态下,其骨骼肌中三磷酸腺苷很快地耗损,看成是骨骼肌的一种主要的异常变化。

骨骼肌中的能量(三磷酸腺苷)主要是从糖原酵解及氧化磷酸化作用而产生的,而氧化磷酸化的机制也影响肌糖原酵解的调节控制的机制。已经证明,在应激易感猪,线粒体的呼吸机制和高能化合物(三磷酸腺苷、磷酸肌酸)的潜在力都是低的(Eikelenboom 和 Van Der Bergh,1973)。从此提出一种假说:在线粒体的呼吸控制力低时,能导致氧化磷酸化作用的能量降低及三磷酸腺苷的产生减少,这种现象将是一种主要的异常现象。但其他工作者,包括 Campion 等(1974)研究在内,则不同意上述的假说。因为从明显具有应激易感的活体猪或死后立即剖检的猪,借两者骨骼肌样品仔细观察线粒体以鉴别时,无法说明这 2 种猪在三磷酸腺苷的耗损或乳酸的生成等方面有很大的区别。近年来结合糖原酵解作用研究了肌浆网(sarcoplasmic reticulum)、钙代谢及酶系统对骨骼肌潜在性的异常现象做了评价。

血液 pH 值 骨骼肌中产生了大量的乳酸,导致血液 pH 值很低,血液乳酸水平可高至 425 mg/dL,到了综合征的末期,血液 pH 值低到 6.95。此外,在应激易感猪,对于过度产生的乳酸,其代谢消耗能力也是明显降低的,并且不能控制糖原的代谢。

血浆电解质水平 猪的代谢活动能改变血清磷的浓度。血清磷浓度在运动前为 2.6 mg/dL,运动后则增高至 3.2 mg/dL。但在对照组的猪,虽给予运动,但实际上并不引起变化(由 2.7 变为 2.8),表明在中间代谢中磷可能成为一种最终产物。已经通过研究(Jones 等,1972)证实了在应激易感猪,当其遭遇到应激条件时,其三磷酸腺苷的破坏加剧,这就可以解释为什么血磷浓度会增高的缘故。

血液 pH 值下降至 7.0 以下时,血清钾浓度升高。此外,在应激易感猪遭受严重应激后,血清钙浓度也有相当的增高,但血清钠的浓度则无较大变化。

血液酶水平 关于猪的血清乳酸脱氢酶(LDH)、醛缩酶(ALD)及肌酸磷酸激酶(CPK)的浓度问题,都曾有人做了广泛的研究,也有两个报道(Addis 等,1974,Schmidt 等,1974)谈到猪应激易感性与血清中上述三种酶之间的关系。由于血样品采集的方法不一致,或是采样前猪的生理条件不尽相同,从而使他们的研究结果产生一些差异。如白昼的差异、酶的无活性、器官特异性疾病等,都与应激适应没有直接关系。猪在采样前的兴奋、针头穿刺肌肉组织造成血液酶的污染、应激程度上没有差异而因采血困难造成一些影响等,都能使血液酶的浓度产生一些差异。

当这些干扰条件受到控制时,则测得的血液酶浓度可以明确地说明与应激适应特征之间的关系。

若将血液酶浓度用于评定猪应激易感性的诊断,必须控制上述一些可能性的差异变化。美国工作者已经注意到这个问题,如依阿华州立大学对 48 头非应激的断乳小猪进行血液肌酸磷酸激酶值的测定时,血液样品是用小号针头从耳静脉小心采得的,因此所测定的各种血液酶浓度的结果,都是与应激分类相适应的。

肾上腺激素 在荷兰应激易感兰德瑞斯猪尿中,肾上腺素水平比应激耐受的对照猪要高 3 倍(Topel 等,1974)。这种反应在应激易感猪与糖原分解率是一致的。肾上腺素刺激糖原酵解作用在应激易感猪是大大加快的。

在循环血液中,应激易感猪和正常猪的肾上腺类皮质激素水平在血浆中都存在着相当大的差异,因此要想就猪的应激易感特性而联系到循环血液中类皮质激素水平的变化来做出合理的解释是困难的。

尽管肾上腺类质激素的循环水平可以是没有实际应用价值,但通过对氢化可的松转换率的研究(Marple 和 Cassens,1973),则发现易感猪的这种转换率要比正常猪快 3 倍,并且在清除血浆中氢化可的松的速率也快 5 倍。从肾上腺功能研究中表明了身体的氢化可的松和肾上腺素的代谢是有很大区别的,不过这种代谢反应的原因目前还不够了解。

肾上腺组织学 应激易感猪的肾上腺皮质的组织学特征,最早研究时观察到在网状带有大量脂肪滴的积聚。其后通过超显微结构的观察,发现这些脂肪小滴主要是由形态学上正常的脂肪所组成的。Ball 等(1972,1973)则发现,虽在高度应激易感猪也发现这种情况,但并非所有应激易感猪都可呈现这种特征。

应激易感猪肾上腺皮质有很多薄膜样碎屑(髓磷脂)所形成的有机凝胶(organelle)残余物。这种情况表明是由于一系列的"穗状花序"形成所致,或是由于发生间歇性应激反应的结果。这种间歇性应激反应是因肾上腺功能增高而随后功能抑制,终于导致有机凝胶的转换率周期性地增高,而网状带则最终也变成了一种膜样残余物的沉积带。

电子显微镜观察,发现应激易感猪的网状带往往有大的、带弹性的硼酸盐峰的线粒体及靠近光面的内质网(endoplasmic reticulum)。这些猪在屠宰前血液中也有高水平的肾上腺类皮质激素。

促肾上腺皮质激素(ACTH) 在应激易感猪血浆中发现有较高水平的ACTH。它本身有兴奋作用,特别在恐怖反应中是如此。此外,大多数增强 ACTH 分泌的应激性刺激,也激活交感神经髓系统。关于在易感猪的这个系统与肾上腺类皮质激素功能和代谢之间的关系,需要做进一步研究。

生长激素　对对照猪和应激易感猪的血浆中生长激素水平进行比较观察,未发现这2种猪之间存在什么太大的差异。就猪来说,不像其他一些动物,因应激而引起血液中生长激素的反应是迟钝的。不管是应激易感猪或是对照猪,在轻度或高度肌体运动后,其生长激素的水平都有所升高。

甲状腺素　关于甲状腺素在猪应激适应中的作用问题,Lister(1973)曾做了研究。当猪处于应激状态下,发现 L-三碘甲腺原氨酸(L-triiodothyronine)的临界平衡很重要。因为在用猫研究时曾表明,骨骼肌中肌浆网的作用与甲状腺之间有一种临界关系,且在应激易感人,骨骼肌中肌浆网呈现功能异常现象。但在正常猪和应激易感猪的骨骼肌肌浆网中,钙的摄取能力没有差异。关于猪的甲状腺功能、骨骼肌肌浆网活力及应激适应之间的意义,需要做进一步的研究。

营养关系　有一些工作者曾经把猪的硒和维生素 E 缺乏症(白肌病)与猪的应激反应综合征混为一谈。已经报道,采用日粮中补充高水平维生素 E 可能减少应激反应综合征的死亡。通过大量研究材料清楚地表明,对猪具有遗传异常的应激反应综合征,虽采用含高水平的维生素 E 的补充饲养以减少应激反应综合征的发生或死亡,但都没有多大作用。

维生素 E-硒缺乏症所发生的症状包括肝坏死,心脏出血,心肌和骨骼肌中出现苍白区,肠出血,体脂肪变成黄褐色,内部组织普遍呈现水肿、贫血以及青年猪死亡率高。然而在这些症状中,只有死后肌肉呈现苍白色、柔软的状态这一点与应激反应综合征相似。组织学研究,在患维生素 E-硒缺乏症的猪,骨骼肌呈现变性现象,而在应激综合征的猪,则见不到这种现象。这就进一步表明这2种病是决然不同的两个问题。

然而据 Ullrey(1973)叙述,当维生素 E 或硒缺乏或两者都缺乏时,能在环境应激因子增强的情况下使症状更加严重。假如猪对很冷或很热的气候产生反应,从而发生高度寒战或过热,则其维生素 E 缺乏症的发病率也随之增高。在患维生素 E 缺乏症的猪群,若小猪断乳时仍与其他窝猪混在一起而发生严重的殴斗,同样可使维生素 E 缺乏症的发病率增高。在濒于维生素 E 和/或硒缺乏边缘的许多猪中,只要遇到应激因子的作用,就会导致死亡,但这种死亡不应该与那些由于遗传异常的应激反应的死亡混为一谈。

组织病理学变化　对于典型的应激反应综合征死亡的猪,尸体剖检时一般发现没有特殊的病理学变化。内脏会有充血,并且由于最终发生肺水肿,有时在小支气管中见到泡沫状物质。但最有特征的是死亡后立即发生尸僵,随时间延长,使肌肉僵硬程度加剧。

有 60%～70%应激易感猪死后 15～20 min 肌肉呈现苍白、柔软而渗出物增多的状态(即所谓"白猪肉",PSE),这种状态的出现,是因死后其肌肉立即呈现高热及含高量乳酸,造成肌肉蛋白质变性所致。但苍白、多水分的肌肉在包装工厂的正常情况下也能发生,并且伴同这种猪肉的加工过程可以造成有害的经济损失。

将大量的心肌和背最长肌应用光和电子显微镜检查,都未曾发现任何炎性渗出物,也不表明在死前就有病理损害。曾有报道指出,在有应激倾向的猪,肌肉中出现"巨纤维"(giantfibers),并且注意其运动神经终板是有变化的。死亡的猪,大多数器官没有从组织学观点上做充分的研究。然而至少在死后观察时,大多数器官都表明没有病理性并发症。关于病理学特征有必要进一步研究,并注意有没有可能伴同发生"Herztod"病、母猪无乳症或母猪子宫病等问题。

治疗 发现个别猪出现应激反应综合征的早期症状(肌肉和尾巴震颤,不规则的呼吸困难),应立即剔除这种猪,并给予休息。假如综合征没有进一步发展,通常只要给予休息,不进行治疗可以恢复。假如见到皮肤呈现污秽、发绀,并且开始发生轻微的肌肉僵硬,则静脉注射镇静剂、快速反应的氢化可的松和碳酸氢钠,以降低乳酸酸中毒,有时有一些帮助。假如从肌肉僵硬而证实病猪已处于休克末期状态,这时就没有治疗希望。

已知某些特殊个体的猪具有应激易感性,可以先给予镇静剂,有助于避免出现应激反应所发生的死亡。

预防 良好的管理可以降低应激反应的发生,并且当购买种猪精液时,着重注意遗传选择问题(即系谱上有无这种病的来源),是防止出现应激反应综合征的最好方法。要想准确地判断是否为应激易感的猪,关键是建立一种客观、快速而又简易的检测方法。根据美国衣阿华州试验站的经验,采用一种筛选法,比较血浆中肌酸磷酸激酶水平及对 13.6～27.2 kg 猪给予氟烷,有一些用处。

1969 年 Harrison 等首次将氟烷应用于检出 PSS 猪,随后被越来越多的人应用,现已成为全世界通用的检测方法。氟烷检测是借助麻醉剂氟烷,来推断应激敏感性的一种方法。当幼猪吸入混有氟烷的氧气后,根据其症状将猪判定为氟烷阳性(应激敏感猪),表现为肌肉痉挛,四肢僵直和不出现任何症状的氟烷阴性(应激低抗猪)。氟烷浓度一般为 1.5%～5.0%,吸入速度为 1 500～2 500 mL/min,使用面具有密闭式、半开放式和开放式 3 种,持续时间为 3～5 min。氟烷检测法简单、易操作,但由于该法对隐性纯合子的外显率不完全(范围在 50%～100%),且外显率的高低受猪月龄和性别的影响,其准确性仅限于检出 Hal n Hal n 纯合子,而无法区分 Hal n Hal n Hal N Hal N 纯合子和 Hal N Hal n 杂合子,因为它们都是表现氟烷不敏感型,而且对基因型 Hal n Hal n 的个体也相当一部分没有表现为敏感型,无法彻底净化猪群。

近年来,随着世界各国猪基因图谱计划的实施和生物技术的发展及其在养猪业中的应用,猪应激综合征基因检检测方法的研究取得了重大进展。研究发现,猪应激综合征是因兰尼定受体基因(ryanodine receptor gene,RYR1)突变所致。用PCR 扩增该区段基因经内切酶消化电泳,氟烷阴性纯合子(Nal N Nal N)呈现两条带,阳性纯合子(Nal n Nal n)只有一条带,而阳性杂合子(Nal N Nal n)为 3 条带。兰尼定受体基因的发现,不仅可使育种者能方便地检出氟烷阳性杂合子,而且由于应用 PCR 技术,只需极微量的组织、血液甚至几根猪毛就能检测,因而减少了氟烷测验给猪带来的痛苦。

(王 哲 郭定宗 李家奎)

参考文献

1. 张庆斌,史言．动物普通病学．长春:吉林科学技术出版社,1994
2. 张才骏．家畜心电图学．北京:华文出版社,2001
3. 张才骏．荷斯坦奶牛的新遗传病——尿苷-磷酸合酶缺陷．国外兽医学——畜禽疾病,1991,(4):1～3
4. 张才骏．高原绵羊心律失常．畜牧与兽医,1990,22(6):252～253
5. 杨自军,赵爱莲,吉朝松．狐狸自咬症病因分析与防治．内蒙古农业大学学报,2000,21(增刊):162～163
6. 宣大蔚,石发庆,等．低磷奶牛红细胞膜磷脂组分的研究．中国农业科学,2001,34(5):544～549
7. 许乐仁．蕨和与蕨相关的动物病．贵阳:贵州科学技术出版社,1993
8. 徐忠宝,石发庆,等．畜禽硒-维生素 E 缺乏症．北京:农业出版社,1987
9. 熊云龙,王哲．动物营养代谢病．长春:吉林科学技术出版社,1995
10. 肖定汉．奶牛疾病监控．北京:北京农业大学出版社,1994
11. 夏咸柱．养犬大全．长春:吉林科学技术出版社,1993
12. 西北农业大学．家畜内科学．第 2 版．北京:中国农业出版社,1988
13. 威廉·C·雷布汉(Rebhum W C.)著,赵德明,沈建忠主译．奶牛疾病．北京:中国农业大学出版社,1999
14. 王宗元,史德浩,王金法,等．动物营养代谢病和中毒病．北京:中国农业出版社,1997
15. 王小龙．兽医临床病理学．北京:中国农业出版社,1995
16. 王小龙．母牛产后血红蛋白尿病．动物普通病学,长春:吉林科学技术出版社,1994
17. 王民桢．家畜遗传病学．北京:科学出版社,1996
18. 王力光,董君艳．犬病临床指南．长春:吉林科学技术出版社,1991
19. 王建华．动物中毒病与毒理学．杨陵:天则出版社,1993
20. 王洪章,段得贤,倪有煌,等．家畜中毒学．北京:农业出版社,1985
21. 王道光,等．霉菌毒素对家禽的危害．饲料博览,1989(1):17～20
22. 王春傲,阎青．养犬与犬病防治．济南:山东科技出版社,1999
23. 斯特劳 B E,阿莱尔 S D,蒙加林 W L,泰勒 D J. 猪病学．赵德明,张中秋,沈建忠主译．北京:中国农业大学出版社,2000
24. 史志诚．牛栎树叶中毒的发病机理研究．畜牧兽医学报,1988,增刊(1):192～196
25. 史志诚,李祚煌,邹康南,等．中国草地重要有毒植物．北京:中国农业出版社,1997
26. 石发庆．磷与奶牛健康．黑龙江畜牧兽医,1991(2)32～35
27. 石发庆,宣大蔚,等．血红蛋白尿症奶牛红细胞扫描电镜观察．畜牧兽医学报,2001,32(4):319～323
28. 石发庆,宣大蔚,等．血红蛋白尿症奶牛红细胞膜骨架蛋白的研究．中国农业科学,2000,33

　　　(5):91～96

29. 邱行正,张鸿钧,罗长荣,等. 实用畜禽中毒手册. 成都:四川大学出版社,1996

30. 倪有煌,李毓义. 兽医内科学. 北京:中国农业出版社,1996

31. 梅文辉. 山羊胎儿遗传性甲状腺肿. 内蒙古兽医,1983(2):1～10

32. 李祚煌,傅有丰,杨桂云,等. 家畜中毒及毒物检验. 北京:农业出版社,1994

33. 李毓义,杨谊林. 动物普通病学. 长春:吉林科学技术出版社,1994

34. 李毓义,李彦舫. 动物遗传免疫病学. 北京:科学出版社,2001

35. 李同方. 高原疾病防治. 北京:人民军医出版社,1991

36. 李槿年. 饲料中的真菌毒素及其检测. 中国饲料,1997(3):14～15

37. 李家熙,等. 人体硒与人体健康. 北京:地质出版社,2000

38. 卡尔尼克·B·W. 禽病学. 第10版. 高福,苏敬良主译. 北京:中国农业出版社,1999

39. 黄有德,刘宗平. 动物中毒病与营养代谢病学. 兰州:甘肃科学技术出版社,2001

40. 贺普宵. 家禽内科学. 杨凌:天则出版社,1993

41. 高民,侯勇跃,张远钰,等. 遗传性甲状腺肿杂合子山羊与正常山羊血清 T_4,T_3,rT_3 含量对
    比. 畜牧与兽医,1991,23(4):158

42. 冯跃生. 硒对黄曲霉毒素 B_1 所致乌骨鸡肝脏损害的保护作用. 中国兽医科技,1997,27
    (4):28～29

43. 段得贤. 家畜内科学. 北京:中国农业出版社,1988

44. 丁伯良. 动物中毒病理学. 北京:中国出版社,1996

45. 但堂胜. 饲料中霉菌毒素对动物免疫机能的影响. 中国饲料,1996(22):20

46. 程伟. 饲料霉菌毒素及其预防控制. 饲料工业,1991,12(5):19～20

47. 陈创夫,刘永庆,张远钰,等. 二郎山白山羊遗传性甲状腺肿发病机理及诊断研究. Ⅱ. 甲状
    腺组织中 TG 分布,TG 带谱分析血清 TG 含量检测. 兽医大学学报,1992,12(1):47～52

48. 陈北亨. 新生仔畜疾病,兽医产科学. 第2版. 北京:农业出版社,1994

49. 白景煌,张玉,王贵. 养犬与疾病. 长春:吉林科学技术出版社,1994

50. Голиков А Н,Ипполикова Т В,Фомила,В. Д. идр. Электрокардиографические исследованиекоров,
    Ветеринария,1985(12):60～62

51. Xiaolong wang, Kehe Huang, Jinbao Gao, Xiangzhen Shen et al., Chemical composition
    and microstrueture of uroliths and urinary Sediment crystals associated with the feeding of
    high level cottonseed meal diet to water buffalo calves, Res in Vet Sci, 1997,62:275～280

52. Xiaolong Wang, C H Gallagler, et al. Bovine post-parturient haemoglobinuria: Effect of in-
    organic phosphorus of red blood cell metabolism, Res in Vet Sci, 1998,39(3):333～339

53. Wondra K J, Hancock J D, Kennedy G A, et al. Reducing Particle size of corn in lactation
    diets from 1,200 to 400 micrometers improves sow and litter performance. J Anim Sci,
    1995,73:421～426

54. Wondra K J, Hancock J D, Behnke K C,et al. Effects of dietary buffers on growth perfor-

mance nutrient digestibility and stomach morphology in finishing pigs. J Anim Sci, 1995, 73:414~420

55. Whitlock R. H. : Abomasal ulcers. In Veterinary Gastroenterology. Edited by N. V. Anderson. Philadeiphia, Lea&Febiger, 1980

56. Watson, A D J, Moore A S, Helfand S C. Primary erythrocytosis in the cat: treatment with hydroxyurea. J. Small Animal Practice, 1994, 35(6): 320~325

57. Ware W A, Lund D D, Subiera A R, et al. Sympathetic activation in dogs with congestive heart failure caused by chronic mitral valve disease and dilated cardiomyopathy. JAVMA, 1990, 197(11): 1 475~1 481

58. Voros K, Vrabely T, Manczur F. Efficacy of analapril in the treatment of congestive heart failure in dogs. Vet. Bulletin, 1998, 69(12): 1 418

59. Vollmar A M, Reusch C. ANP(atrial natriuretic peptide) measurement in dog plasma-a diagnostic tool. Vet. Bulletin, 1991, 61(11): 1 203

60. Varga J. Recent progress in mycotoxin research. Acta Microbiol Immunol Hung. 1999, 46 (2~3): 233~243

61. Tony Andrews. Ketosis and fatty liver in cattle, In practice. 1998, October, . 509~513

62. Simpson D F, Erb H N, Smith D F. Base excess as a prognosfic and diagnostic indicator in cows with abomasal volvolus in right displacement of the abomasums. Am. J. Vet. Res, 1985, 46: 796~797

63. Schone F, Kirchheim U, Schuman W, Ludke H. Apparent digestibility of high-fat rapeseed press cake in growing pigs and effects on feed intake, growth and weight of thyroid and liver. Anim Feed Sci And Technol, 1996, 162

64. Robinson J T, Dombrowski D B, Harpestad G W, et al. Detection and prevalence of UMP synthase dificiency among dairy cattle. J. Heredity, 1984, 75(4): 277~280

65. Robinson J T, Dombrowski D B, Clark, J H, et al. Orotate in milk and urine of dairy cows with a portial deficiency of uridine monophosphate synthase. J. Dairy Sciency, 1984, 67 (5): 1 024~1 029

66. Robert C J, Reid I M. Rumen atony and Fat cow syndrome and subclinical fatty liver. In Current Veterinary Therapy: Food Animal Practice. 2-nd. Ed. By J. L. Howard. Philadelphia. , W. B. Saunders. 1986, 324~326

67. Rebhum W C. Differentiating the causes of left abdominal tympanitic resonance in dairy cattle. Vet. Med, 1991, 86(11): 126~134

68. Raymond J. Shamberger Biochemistry of selenium, New York and London: Selenium Deficiency Diseases in Animals, 1983, 31~54

69. Potkins Z V, Lawrence T L J. Rate of development of oesophagogastric parakeratosis in the growing pig: Some effects of finely ground barley diets, genotype, and the previous hus-

bandry. Res in Vet Sci,1989,47:68~74

70. Potkins Z V, Lawrence T L J. Oesophagogastric parakeratosis in the growing pig: Effects of the physical from of barley-based diets and added fibre. Res in Vet Sic, 1989,47:60~67

71. Perl S,等. 徐载春摘译. 饲喂干鸡粪引起的肉牛心力衰竭. 国外畜牧科技,1991, 18(6):49 ~50

72. Palmer J E, Whitlock R H. Perforated abomasal ulcers in abult dairy cows. J. Am. Vet. Med. Assoc. 1984,184:171~173

73. Orton E C, Bruecker K A, McCracken T O. An open patch-graft technique for correction of pulmonic stenosis. Vet. Bulltin, 1990, 60(8):859~860

74. Onderka D K, Bhatnagar R. Ultrastructural changes of sodium chloride-induced cardiomyopathy in turkey poult. Avian Dis,1982, 26(4):835~841

75. Oguz H,et al. Effect of clinoptilolite on serum biochemical and hacmatological characters of broiler chickens during aflatoxicosis. Res Vet Sci,2000,69(1):89~93

76. Oguz H,et al. Effect of clinoptilolite on performance of broiler chickens during experimental aflatoxicosis. Br Poult Sci,2000,41(4):512~517

77. O M Radostis,et al. Veterinary Medicine 9th (ed) 2000,421~447

78. Neonatal Diarrhed in Ruminants and Pig. In Current Veterinary Therapy:Food Animal Practice. By J. L. Howward. Philadelphia. ,W. B. Saunders. 1981,116~133

79. Negro M,Guarda F. Contributions to the endocardial pathology of conventionally slaughtered pigs. Vet. Bulletin, 1989, 59(7):604

80. Nagalaksbmi D. & Rama Rao S. V. Fatty liver syndrome in layer, Poultry International, 2000,39(14):48~59

81. Nagahata H, Matsuki S, Higuchi H, et al. Bone transplantation in a Holstein heifer with bovine leukocyte adhesion deficiency[J]. Vet. Bulletin, 1998, 186(1):15

82. Mcguirk S M, Butler D G. Metabolic alkalosis with paradoxic aciduria in cattle. J. Am. Vet. Med. Assoc,1980,177:551~554

83. Landman W J M,Gruys E,Gielkens A L J. Avian amyloidosis. Avian Pathology, 1998,27: 437~449

84. Kerstetter K K, Sackman J E,Buchanan J W,et al. Short-term hemodynamic evaluation of circumferential mitral annuloplasty for correction of mitral valve regurgitation in dogs. Vet. Surgery, 1998, 27(3):216~223

85. Kehrli M E, Ackermann M R, Shuster D E,et al. Bovine leukocyte adhesion dificiency. β_2 integrin deficiency in young Holstein cattle[J]. Am. J. Pathology, 1992, 140(6):1 489~1 492

86. Ibrahim I K,et al. Ameliorative effects of sodium bentonite on phagocytosis and Newcastle disease antibody formation in broiler chickens during aflatoxicosis. Res Vet Sci,2000, 69

(2):119~122

87. Hofmann S, Kersteni U. Efficiency and tolerance of ramipril and captopril in the treatment of canine heart failure. Vet. Bulletin, 1997, 67(4):308

88. Henry S C. Gastric ulcers:Feed management is top priority for prevention. Large Anim Vet, 1996,8~11

89. Hedde R D, Lindsey T O, Parrish R C,et al. Effect of diet particle size and feeding of H_2-receptor ant-agonists on gastric ulcers in swine. J Anim Sci,1985,61:179~186

90. Hamori D. Constitutional disorders and hereditary diseases in domestic animals. Budapest: Akagemiai Kiado, 1983

91. Guarda F, Bussadori C, Scottl, et al. Heart diseases in dogs: study of 157 cases. Vet. Bulletin, 1991, 61(2):182

92. Graber H U, Martig J, Tschudi P. Studies on chronic interstitial nepritis in cattle affected with heart disease. Vet. Bulletin, 1991, 61(6):612~613

93. Fraser, C.M. 主编. 韩谦译. 默克手册(第 7 版). 北京:北京农业大学出版社,1997

94. Fernandez A,et al. Effect of aflatoxin on performance, hematology, and clinical immunology in lambs. Can J Vet Res,2000,64(1):53~58

95. Elbers A R,Vos J H, Hunneman W A. Effect of hammer mill screen size and addition of fibre or S-methylmethionine-sulphonium chloride to the diet on the occurrence of oesophagogastric lesions in fa-ttening pigs. Vet Rec,1995,137:290~293

96. Dolf G, Stricker C,Tontis A,et al. Evidence for autosomal recessive inheritance of a major gene for bovine dilated cardiomyopathy. J. Anim Sci,1998, 76(7):1 824~1 829

97. Darke P. G. G. Myocardial disease in small animals. Brit. Vet. J. 1985,141(4):342~348

98. D. C. Blood, O M. Radostits J H. Arundel and C C. Gay Hysteria in sows and Pregnancy toxemia in cattle (Fatty cow Syndrome),In Veterinary Medicine, 7-th. ed. ,The English Language Book Society and Bailliere Tindall,1989,441,1 114~1 138

99. D. C. Blood, O. M. Radosits and J. A. Henderson. Veterinary Medicine Sixth edition, The English Language Book sociaty and Baillere Tindall,1989

100. Cox E, Mast J, Machugh N,et al. Expression of β_2 integrins on blood leukocytes of cows with or without bovine leukocyte adhesion deficiency. Vet. Immunology and Immunopathology, 1997, 58(3/4):249~263

101. Constabl P D,et al. Risk factors for abomasal volvus and left abomasal displacement in Cattle. Am. j. vet. Res,1992,53(1):184~192

102. Buchanan J W. Pulmonic stenosis caused by single coronary artery in dogs: four cases(1965 ~1984). JAVMA, 1990, 196(1):115~120

103. Bogin E, Ratner D, Avidar Y. Biochemical changes in blood and tissues associated with round heart disease in turkey poults. Avian Pathology, 1983, 12(4):437~442

104. Blood D C, Henderson J A, Radostits O M, et al. Veterinary Medicine. 6thEd. London, Bailliere Tindall,1983

105. Barton C C,et al. Bacterial lipopoly saccharide enhances aflatoxin B1 hepatotoxicity in rats by a mechanism that depends on tumor necrosis factor alpha. Hepatology,2001,33(1): 66~73

106. Barton CC,et al. Bacterial lipopoly saccharide exposure augments aflatoxin Bl-induced liver injury,Toxicol Sci,2000,55(2):444~452

107. Baird J D, Maxie M G, Kennedy B W,et al. Dilated (congestive) cardiomyopathy in Holstein cattle in Canada;Genetic analysis of 25 cases. Vet. Bulletin, 1987, 57(2):122

108. Argenzio R A, Eisemann S. Mechanisms of acid injury in porcine gastroesophageal mucosa. Am J Vet Res,1996, 57:564~573

109. (英)E.G.C. 克拉克,Myra L 克拉克著. 兽医毒物学. 王建元,史志诚,扈文杰,等译. 西安:陕西科学技术出版社,1984

索　引

图书在版编目(CIP)数据

兽医内科学/王小龙主编 . —北京:中国农业大学出版社,2004.3
ISBN 978-7-81066-707-4

Ⅰ. 兽… Ⅱ. 王… Ⅲ. 兽医学:内科学 Ⅳ. S856

中国版本图书馆 CIP 数据核字(2003)第 113298 号

书　　名	兽医内科学		
作　　者	王小龙　主编		
策划编辑	赵玉琴　董夫才	责任编辑	赵玉琴　郑　丽
封面设计	郑　川	责任校对	王晓凤　陈　莹
出版发行	中国农业大学出版社		
社　　址	北京市海淀区圆明园西路 2 号	邮政编码	100193
电　　话	发行部 010-62732620,1190	读者服务部	010-62732336
	编辑部 010-62732617,2618	出　版　部	010-62733440
网　　址	http://www.cau.edu.cn/caup	E-mail	caup @ public.bta.net.cn
经　　销	新华书店		
印　　刷	涿州市星河印刷有限公司		
版　　次	2004 年 3 月第 1 版　　2016 年 1 月第 4 次印刷		
规　　格	787×980　　开本 16　　38.25 印张　　698 千字		
定　　价	55.00 元		